Mechanik

Richard Markert

Strukturdynamik

Shaker Verlag GmbH
ISBN 978-3-8440-2098-4

sdy

Bibliografische Information der Deutschen Nationalbibliothek

Die Deutsche Nationalbibliothek verzeichnet diese Publikation in der Deutschen Nationalbibliografie; detaillierte bibliografische Daten sind im Internet über http://dnb.d-nb.de abrufbar.

Printed in Germany.

ISBN 978-3-8440-2098-4
ISSN 1616-0126

Shaker Verlag GmbH • Postfach 101818 • 52018 Aachen
Telefon: 02407 / 95 96 - 0 • Telefax: 02407 / 95 96 - 9
Internet: www.shaker.de • E-Mail: info@shaker.de

Der Autor:

Richard Markert ist Professor für Strukturdynamik an der Technischen Universität Darmstadt. Seit mehreren Jahrzehnten hält er Vorlesungen über Technische Mechanik, Schwingungen, Strukturdynamik und Rotordynamik an verschiedenen Universitäten für Hörer unterschiedlicher Fachrichtungen.

Kontakt:
Markert@sdy.tu-darmstadt.de

Vorwort

Das vorliegende Buch *Strukturdynamik* enthält den Stoff meiner gleichnamigen Lehrveranstaltung, die ich seit dem Wintersemester 2006/07 an der Technischen Universität Darmstadt als Pflichtveranstaltung für Studierende der Fachrichtung Maschinenbau im 5. Semester halte.

Die Auswahl des Stoffes war im Groben vorgegeben und beschränkt sich auf die wesentlichen Elemente der Strukturdynamik. Sie ist so gestaltet, daß die Studierenden dynamische Probleme erfassen, modellieren und analysieren können.

Aufbau und Niveau des Buches orientieren sich an den Kenntnissen von Studierenden im 5. Semester. Vorausgesetzt werden folglich die Grundkenntnisse in der Statik, der Elastomechanik, der Kinematik und der Kinetik, wie sie üblicherweise für Ingenieure in den ersten drei Semestern an allen Technischen Universitäten für unterschiedlichste Fachrichtungen gelehrt werden.

Besonderer Wert wurde auf eine kurze und prägnante Darstellung der Zusammenhänge gelegt, rein algebraische Zwischenrechnungen, bei denen keine besonderen Kniffe notwendig sind, wurden unterdrückt.

Der Stoffumfang ist auf die grundlegenden Zusammenhänge und Vorgehensweisen beschränkt; Für spezielle Fragestellungen ist die Standardliteratur zur Strukturdynamik, Maschinendynamik, Rotordynamik, Schwingungsmeßtechnik und Schwingungslehre heranzuziehen. Wertvolle Hilfen bei der Auswahl und didaktischen Aufbereitung des Stoffes waren die Bücher, Skripte und Aufgabensammlungen meiner Vorgänger H. P. Wölfel und E. Krämer sowie meiner Kollegen H. Witfeld, P. Hagedorn und R. Gasch. Diesen Herren danke ich hierfür. Mein besonderer Dank gilt meinen wissenschaftlichen und studentischen Mitarbeitern, ohne deren aktive Mitarbeit das Buch nicht die vorliegende Form hätte. Insbesondere muß ich hier Frau Dr.-Ing. Baumann, die Herren Dr.-Ing. Bauer, Dipl.-Ing. Köhl und Dr.-Ing. Norrick sowie die Damen und Herren Rauck, Schüle, Schwarz und Xiao hervorheben, die mit unermüdlichem Einsatz den Text geschrieben, die Bilder erstellt, das Dokument formatiert und schließlich Korrektur gelesen haben. Darüber hinaus danke ich allen, die durch Ihre Hinweise dazu beigetragen haben, daß etliche Schreibfehler korrigiert werden konnten. Dem Shaker-Verlag danke ich für die gute Zusammenarbeit.

Darmstadt im Juli 2013 — Richard Markert

Meinen Darmstädter Mechanik-Kollegen und Förderern

Dietmar Gross,
Peter Hagedorn und
Werner Hauger

gewidmet

Inhaltsverzeichnis

Kapitel 1

Einführung in die Strukturdynamik und Grundbegriffe

1.1 Schwingungen von Strukturen

Die Strukturdynamik behandelt die Bewegungen und Beanspruchungen von Maschinen, Fahrzeugen, Flugzeugen, Maschinenteilen bis hin zu Bauwerken infolge zeitabhängiger mechanischer Belastungen. Im Vordergrund stehen oszillierende Bewegungen oder Beanspruchungen, die als Schwingungen bezeichnet werden.

Schwingungen sind die mehr oder weniger regelmäßig erfolgenden zeitlichen Schwankungen der Zustandsgrößen $q(t)$ von schwingungsfähigen Strukturen. In der DIN 1311 werden die Zustandsgrößen eines mechanischen Systems auch Koordinaten genannt. Die Zustandsgrößen eines schwingungsfähigen Systems beschreiben dessen aktuellen, also zeitabhängigen Zustand. Je nach Art des Schwingungssystems, der Fragestellung und der Modellierung können die Zustandsgrößen verschiedenste physikalische Größen sein. Häufig anzutreffende Zustandsgrößen sind Auslenkungen, Winkel, Geschwindigkeiten, Beschleunigungen, Drücke, Kräfte, Momente, elektrische Spannungen, Ströme und Ladungen.

In vielen Fällen sind die Schwingungen von Strukturen unerwünscht. Beispiele sind die Fahrzeugschwingungen infolge von Fahrbahnunebenheiten und die Ratterschwingungen von Werkzeugmaschinen. In diesen Fällen ist es das Ziel der Strukturdynamik, Schwingungen zu vermeiden oder zu vermindern. Es gibt aber auch etliche Fälle, in denen Schwingungen ausdrücklich erwünscht sind oder in denen durch sie die Funktion einer Anlage, Maschine oder Struktur erst möglich wird. Beispiele hierfür sind Schwingförderanlagen, Unwuchterreger, Rüttler, Lautsprecher und Stimmbänder. Beide Fragestellungen setzen die Kenntnisse der Zusammenhänge zwischen den Erregungen, den Konstruktionsmerkmalen, den schwingungstechnischen Eigenschaften und den Schwingungen der Struktur voraus.

Da Schwingungen überall dort auftreten, wo sich Strukturen oder Maschinenteile bewegen oder umströmt werden, wird die Strukturdynamik in nahezu allen Fachgebieten des Maschinenbaus benötigt. Wachsende Bedeutung erhält sie aus der Tatsache, daß mit steigender Arbeitsgeschwindigkeit und höherer Materialausnutzung die Schwingungsanfälligkeit von Strukturen zunimmt.

1.2 Verfahren der Strukturdynamik

Die Strukturdynamik stellt Methoden bereit, mit denen Strukturen und mechanische Systeme theoretisch und experimentell analysiert werden können. Mit diesen Methoden können

- die Einflüsse konstruktiver Merkmale der Struktur auf die Dynamik des Systems quantifiziert,
- Maßnahmen zur Vermeidung oder Verringerung unerwünschter Schwingungen entwickelt und
- erwünschte Schwingungen an die Anforderungen angepaßt werden.

Die Untersuchung des Schwingungsverhaltens kann sowohl im Entwurfsstadium als auch bei einer realisierten Struktur erforderlich werden. Die Analyse von schwingungsfähigen Strukturen in der Konstruktionsphase ist von großer Bedeutung, da sich das Schwingungsverhalten meist durch geringe konstruktive Veränderungen günstig beeinflussen läßt. Änderungsmaßnahmen an der realen Struktur sind in aller Regel wesentlich aufwendiger als in der Konstruktionsphase. Ist die Struktur bereits realisiert, so werden in der Strukturdynamik

- Schwingungen überwacht, um zulässige Schwinggrenzwerte einzuhalten,
- konstruktive Maßnahmen zur Verbesserung des Schwingungsverhaltens und der Schadensvermeidung erarbeitet und
- Schadensfrüherkennungen und Schadensdiagnosen durchgeführt.

Die Strukturdynamik benutzt dabei zum einen rechnerische Verfahren, die auf numerischem oder analytischem Wege das dynamische Strukturverhalten ermitteln und zum anderen meßtechnische Verfahren, bei denen an der realen Struktur die Schwingungen und ggf. die Erregungen erfaßt werden. Kombinationen der rechnerischen und meßtechnischen Verfahren nennt man hybride Verfahren. Hierzu gehören insbesondere Verfahren der Identifikation und der Modellanpassung (model updating).

Für rechnerische Verfahren wird die reale Struktur nicht benötigt. Der Einfluß von konstruktiven Veränderungen läßt sich ohne großen Aufwand untersuchen und die Struktur läßt sich rechnerisch optimieren. Mit rechnerischen Verfahren lassen sich darüber hinaus praktisch alle Zustände innerhalb und außerhalb der Struktur ermitteln, auch an Stellen, zu denen man mit der Meßtechnik keinen Zugang hat. Da der Berechnung immer idealisierende Annahmen zugrunde liegen, kann das Ergebnis immer nur eine Näherung sein. Anwendungsschwerpunkte von rechnerischen Strukturanalysen sind:

- die Vorausberechnung des dynamischen Verhaltens im Entwurfsstadium,
- die Untersuchung von Konstruktionsvarianten im Sinne einer Optimierung,
- die Gewinnung von allgemeinen Aussagen und
- der Nachweis der Funktionsfähigkeit sowie der Sicherheit bei Störfällen oder ungewöhnlichen Lastfällen.

Die rechnerische Untersuchung schwingungsfähiger Strukturen läuft im allgemeinen in folgenden Teilschritten ab:

- Erstellen eines Ersatzmodells,
- Formulieren der Bewegungsgleichungen,
- Lösen der Bewegungsgleichungen und
- Interpretation der Ergebnisse und Schlußfolgerungen.

Die auf Messungen basierenden strukturdynamischen Analysen werden in der experimentellen Strukturdynamik behandelt. Wichtige Gebiete der experimentellen

Strukturdynamik sind die Schwingungsmessung, die experimentelle Modalanalyse, die Identifikation mechanischer Strukturen und die Schadensfrüherkennung. Da an der realen Struktur gemessen wird, sind die Ergebnisse nicht von Modellierungsfehlern beeinflußt. Allerdings
– benötigt man die reale Struktur,
– sind Konstruktionsänderungen nur mit extrem hohem Aufwand möglich und
– können in der Regel nur wenige Antwortgrößen des Systems registriert werden.

Die experimentelle Strukturdynamik ist notwendig,
– um Berechnungsmodelle zu überprüfen,
– um Schwingungen zu überwachen und
– um eine Schadensfrüherkennung und Schadensdiagnose durchzuführen.

Bei den hybriden Verfahren werden die Ergebnisse der Berechnungen beispielsweise benutzt, um die Messungen durch geschickte Wahl der Meßstellen, der Meßgrößen und der Meßbereiche zu verbessern. Andererseits werden die Ergebnisse der Messungen zur Absicherung oder zur Verbesserung von Rechenmodellen und idealisierenden Annahmen herangezogen. Notwendig hierzu ist die digitale Signalverarbeitung, die es ermöglicht, gemessene und berechnete Schwingungsverläufe zusammenzuführen und abzugleichen. Allerdings sind die hybriden Verfahren recht aufwendig und viele Methoden sind noch nicht völlig ausgereift.

1.3 Relation zu anderen Arbeitsgebieten

Die Strukturdynamik umfaßt ein weites Gebiet mit vielen speziellen Arbeitsdisziplinen. Hierzu gehören auch die Maschinenakustik, die Betriebsfestigkeit und die Baudynamik.

Bei der Maschinenakustik werden Maschinengeräusche behandelt, die sich als Körperschall bemerkbar machen. Der Unterschied zur Strukturdynamik liegt in den betrachteten Frequenzbereichen. Die Strukturdynamik beschränkt sich meist auf den Frequenzbereich von 0 bis 1000 Hz, die Maschinenakustik behandelt in der Regel den Bereich zwischen 100 und 16.000 Hz. Körperschall entsteht durch elastische Schwingungen von Maschinen und Strukturen. Er läßt sich daher mit den Maßnahmen zur Reduzierung von Schwingungen verringern.

Die Betriebsfestigkeit behandelt die Festigkeit von Bauteilen unter dynamischen Beanspruchungen. Für die Ermittlung der Betriebsfestigkeit sind vertiefte Kenntnisse der Strukturdynamik die grundlegende Voraussetzung.

Die Baudynamik wendet die Methoden der Strukturdynamik auf Bauwerke wie Brükken und Häuser an. Zwischen den Schwingungen von maschinenbaulichen Strukturen und den Bauwerksschwingungen bestehen häufig Interaktionen: Schwingungen von Maschinen werden auf das Bauwerk übertragen und verursachen Bauwerksschwingungen. Schwingungen des Bauwerks, z. B. aus Verkehrserschütterungen, werden auf die darin aufgestellten Maschinen und Anlagen übertragen. In vielen Fällen können die Maschinen- und Bauwerksschwingungen gar nicht getrennt behandelt werden. Beispielsweise muß bei der Auslegung von Turbosätzen von Kraftwerken auch die

Dynamik des Fundaments und des Untergrunds berücksichtigt werden. Die Wechselwirkung zwischen Maschinensatz und Fundament prägt hier das Gesamtverhalten ganz wesentlich.

1.4 Ursachen für Schwingungen

Es gibt eine Vielzahl von Ursachen für Schwingungen:

Vom Antriebssystem hervorgerufene Schwingungen resultieren häufig
- aus den Trägheitskräften oszillierender Massenteile bei ungenügendem Massenausgleich,
- aus Unwuchten und Unrundheiten von rotierenden Maschinenteilen,
- aus Formabweichungen von Zahnrädern in Getrieben,
- aus ungleichförmigen Antriebsmomenten und -kräften und
- aus periodischen Schwankungen der Antriebsdrehzahl.

Von außen hervorgerufene Schwingungen resultieren beispielsweise
- aus Fahrbahnunebenheiten oder
- außergewöhnlichen Störfällen (z. B. Schaufelbruch eines Flugtriebwerks).

Durch Strömungsvorgänge hervorgerufene Schwingungen resultieren aus den Gas- und Flüssigkeitskräften, die auf die umströmten Strukturen wirken. Die Phänomene strömungserregter Schwingungen reichen von Karman-Wirbeln mit periodischen Anregungen bis hin zu selbsterregtem Galopping und Flattern.

1.5 Charakterisierung schwingungsfähiger Systeme

Typisch für schwingungsfähige Strukturen ist die Existenz von zwei Energiespeichern, zwischen denen fortwährend im Rhythmus der Schwingungen Energie ausgetauscht wird. Beim mechanischen System findet der Austausch zwischen kinetischer und potentieller Energie statt. Darüber hinaus tritt in der Regel Energiedissipation infolge Dämpfung auf. Zur Aufrechterhaltung eines stationären periodischen Vorganges bedarf es deshalb noch einer entsprechenden Energiezufuhr in Form einer Erregung. Energiezufuhr und Energiedissipation sind zwar wesentlich für die sich einstellenden Amplituden, das Zeitverhalten des Schwingers wird jedoch vorwiegend durch den Austausch von potentieller und kinetischer Energie geprägt, also durch das Zusammenspiel von Steifigkeits- und Masseneigenschaften.

1.6 Klassifizierung von Schwingungssystemen

Schwingungssysteme werden nach den unterschiedlichsten Gesichtspunkten eingeteilt. Als Einteilungskriterien werden die Entstehungsmechanismen, die Form der beschreibenden Differentialgleichungen, die Form des Zeitverlaufs, das Zeitverhalten selbst und v. a. m. herangezogen.

Eine i. a. lückenlose, aber sehr formale Einteilung verwendet die Anzahl der Freiheitsgrade des schwingungsfähigen Systems. Die Freiheitsgrade sind diejenigen skalaren Zustandsgrößen, die notwendig sind, um die Bewegung oder den Zustand eines schwingungsfähigen Systems in eindeutiger Weise zu beschreiben. Bei der Einteilung nach Freiheitsgraden unterscheidet man Schwingungssysteme

– mit einem Freiheitsgrad (einläufige oder einfache Schwinger),
– mit endlich vielen Freiheitsgraden (mehrläufige oder mehrfache Schwinger) und
– mit unendlich vielen Freiheitsgraden (schwingungsfähige Kontinua).

Andere Gesichtspunkte der Einteilungen sollen anhand der Erklärung einiger Begriffe erläutert werden:

Autonome Schwingungssysteme führen freie Schwingungen aus. Das sind Schwingungen, deren beschreibende Differentialgleichungen die Zeit t nicht explizit enthalten. Der Schwinger unterliegt keinen äußeren Einwirkungen und ist sich selbst überlassen. Freie Schwinger werden konservativ (ungedämpft) genannt, wenn die Gesamtenergie des Systems zeitlich konstant bleibt. Freie Schwinger sind gedämpft oder dissipativ, wenn die Gesamtenergie des Systems abnimmt. Freie Schwinger werden als selbsterregt (angefacht) bezeichnet, wenn die Gesamtenergie des Systems zunimmt. Selbsterregte Schwingungen bedürfen einer Energiezufuhr. Der Schwinger entnimmt der Energiequelle im Takt seiner Schwingungen mindestens soviel Energie, wie zur Aufrechterhaltung der Bewegung erforderlich ist. Die freien Schwingungen konservativer oder gedämpfter Systeme werden als Eigenschwingungen bezeichnet. Eigenschwingungen sind Bewegungen eines Systems, dessen Gleichgewicht gestört wird und das danach sich selbst überlassen bleibt. Insbesondere wird keine Energie zugeführt und die beschreibenden Differentialgleichungen sind homogen. Eigenschwingungen und selbsterregten Schwingungen ist gemeinsam, daß die Periodendauer der Schwingung durch den Schwinger selbst bestimmt wird.

Heteronome Schwingungssysteme führen fremderregte Schwingungen aus. In den beschreibenden Differentialgleichungen ist die Zeit explizit enthalten:

Fremderregte Schwingungen werden zwangserregt oder erzwungen genannt, wenn die ausschließlich von der Zeit abhängigen Terme der Differentialgleichung von den Gliedern, die die Zeit nicht explizit enthalten, additiv abgetrennt werden können. Erzwungene Schwingungen werden durch äußere Einflüsse bewirkt, wobei die Fremderregung in Bewegungsrichtung des Schwingers wirksam ist. Die beschreibenden Differentialgleichungen werden durch Störglieder inhomogen.

Von Parametererregung oder rheonomen Systemen spricht man, wenn keine additive Trennung der Zeitfunktionen und der Funktionen der Zustandsgrößen möglich ist. Parametererregte Schwingungen setzen – vereinfacht gesprochen – eine Fremderregung voraus, die senkrecht zur Bewegungsrichtung wirkt. Die beschreibenden Differentialgleichungen sind zwar homogen, enthalten aber zeitabhängige Koeffizienten. Kennzeichnend für parametererregte Schwingungen ist also die Tatsache, daß sich die Erregung nicht auswirken kann, wenn das Schwingungssystem in seiner Gleichgewichtslage ist. Jedoch kann diese Gleichgewichtslage unter bestimmten Bedingungen instabil sein, so daß jede kleine Störung das Aufschaukeln von Schwingungen auslöst.

Bei erzwungenen und parametererregten Schwingungen wird die Periodendauer durch die äußere Erregung (Fremderregung) vorgegeben.

Zwischen den hier genannten Schwingungstypen sind vielfältige Kombinationen möglich. So können Schwingungen gleichzeitig erzwungen und selbsterregt sein, es können Eigenschwingungen überlagert sein, auch können parameter-selbsterregte Schwingungen vorkommen.

Insbesondere im Hinblick auf die mathematische Behandlung von Schwingungen unterscheidet man zwischen linearen und nichtlinearen Systemen. Gemeint ist ausschließlich die Form der beschreibenden Differentialgleichungen. Während lineare Systeme systematisch behandelt werden können, fehlt eine solche Grundlage für nichtlineare Systeme. Nichtlineare Systeme sind daher jeweils individuell zu betrachten. Für einige wenige Beispiele existieren geschlossene exakte Lösungen, i. a. ist man jedoch auf Näherungsverfahren und numerische Simulationen angewiesen.

Beispiel 1.1:

Bei einem mathematischen Pendel wird der Aufhängepunkt A in y- und z-Richtung harmonisch bewegt,

$$y_A = \widehat{y} \sin \Omega t,$$

$$z_A = \widehat{z} \cos \Omega t.$$

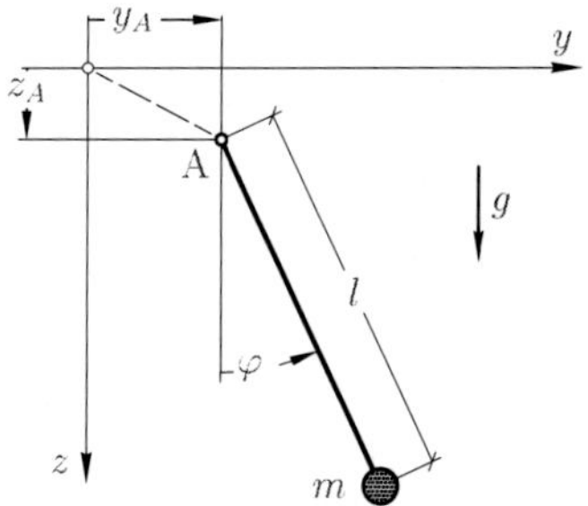

Bild B1.1: Mathematisches Pendel mit bewegtem Aufhängepunkt

Die Bewegungsdifferentialgleichung der Zustandsgröße φ lautet

$$\ddot{\varphi} + \frac{1}{l}\left(g + \Omega^2\, \widehat{z} \cos \Omega t\right) \sin \varphi - \frac{1}{l}\, \Omega^2\, \widehat{y} \sin \Omega t \, \cos \varphi = 0\,.$$

In dieser Form beschreibt die Differentialgleichung parametererregte Schwingungen eines nichtlinearen heteronomen Systems. Für kleine Bewegungen $|\varphi| \ll 1$ läßt sich die Differentialgleichung linearisieren,

$$\ddot{\varphi} + \frac{1}{l}\left(g + \Omega^2\, \widehat{z} \cos \Omega t\right) \varphi = \frac{\Omega^2}{l}\, \widehat{y} \sin \Omega t.$$

Diese lineare Differentialgleichung charakterisiert parameter- und zwangserregte Schwingungen. Für $\widehat{z} = 0$ handelt es sich um reine Zwangserregung, bei $\widehat{y} = 0$ liegt reine Parametererregung vor. Ist der Aufhängepunkt A in Ruhe, $\widehat{y} = \widehat{z} = 0$, so liegt für große Auslenkungen wegen

$$\ddot{\varphi} + \frac{g}{l} \sin \varphi = 0$$

ein nichtlineares, konservatives, autonomes Schwingungssystem vor, das nur freie Schwingungen ausführt.

1.7 Periodendauer und Frequenz

Eine besondere Rolle spielen in der Schwingungstechnik die periodischen Vorgänge. Solche Vorgänge sind dadurch charakterisiert, daß sich der Wert der Zustandsgröße $q(t)$ zu jedem beliebigen Zeitpunkt nach der Periode T wiederholt,

$$q(t) = q(t+T)\,. \tag{1.1}$$

Die Anzahl der Schwingungsperioden je Zeit ist die Frequenz, genauer die Grundfrequenz

$$f = \frac{1}{T}\,. \tag{1.2}$$

Sie wird in Schwingungen je Sekunde gemessen und ihre Einheit nennt man Hertz (1 Hz = 1 Schwingung/Sekunde). Für die mathematische Beschreibung von Schwingungen ist es günstiger, statt mit der Frequenz f mit der Kreisfrequenz

$$\omega = 2\pi f = \frac{2\pi}{T} \tag{1.3}$$

zu rechnen. Wenn Verwechslungen ausgeschlossen werden können, wird im Folgenden statt Kreisfrequenz das Wort Frequenz benutzt. Die Größe einer Schwingung wird durch die Amplitude beschrieben. Unter der Amplitude versteht man die halbe Schwingweite, bei mittelwertfreien, symmetrischen Schwingungen also den Maximalwert der Zustandsgröße. Die Angabe der Amplitude ist allerdings nur bei harmonischen Schwingungen ausreichend und definiert.

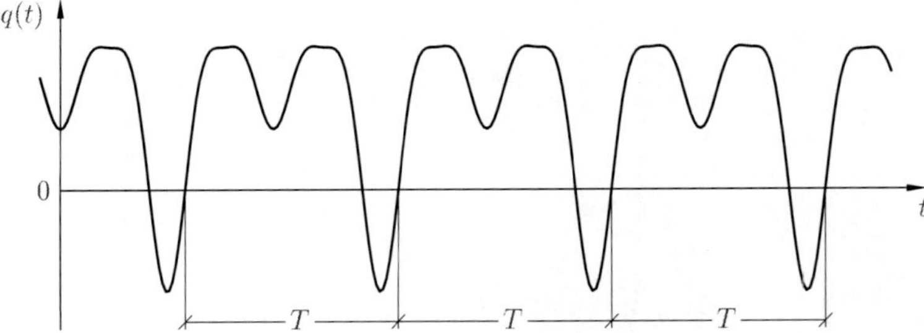

Bild 1.1: Zeitverlauf einer periodischen Schwingung

1.8 Modellbildung

Bei der theoretischen Behandlung strukturdynamischer Fragestellungen ist der wichtigste Punkt, das technische Objekt auf ein abstraktes, mechanisches Modell so abzubilden, daß dieses Modell der Wirklichkeit im Hinblick auf die gewünschte Aussage möglichst gut entspricht. Die Modellbildung ist also problemorientiert vorzunehmen. Die Ergebnisse der theoretischen Untersuchung sind nur so gut, wie das mathematische Ersatzsystem das Schwingungsverhalten der realen Struktur beschreiben kann. So sind die an der realen Struktur beobachteten Phänomene nur dann in der theoretischen Analyse wiederzufinden, wenn sie modellimmanent sind. Da es eine unüberschaubare Vielzahl von technischen Objekten gibt, ist es praktisch unmöglich, eine allgemeine Systematik für die Modellbildung anzugeben. Das Erstellen eines der Problemstellung angemessenen Modells ist eine Aufgabe, die viel Erfahrung erfordert. Besonders anspruchsvoll wird die Modellbildung, wenn technisches Neuland zu betreten ist oder wenn neue Phänomene an herkömmlichen technischen Strukturen zu beschreiben sind.

Die hier behandelten Modelle sind immer zusammengesetzt aus einzelnen, der Berechnung zugänglichen mechanischen Elementen. Je nach Fragestellung kann die Modellbildung einer Struktur zu sehr unterschiedlichen mechanischen Ersatzsystemen führen, solche aus einigen wenigen Elementen bis hin zu solchen aus vielen tausend Elementen. Beispiele sind in Bild 1.2 aufgeführt.

Längsschwingungen eines Zuges

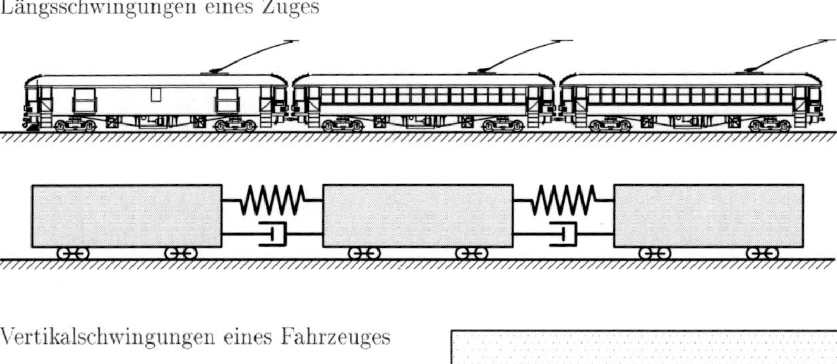

Vertikalschwingungen eines Fahrzeuges

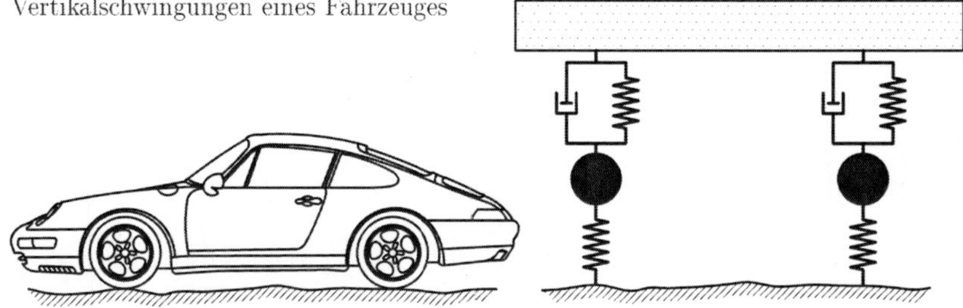

Biegeschwingungen einer Turbine

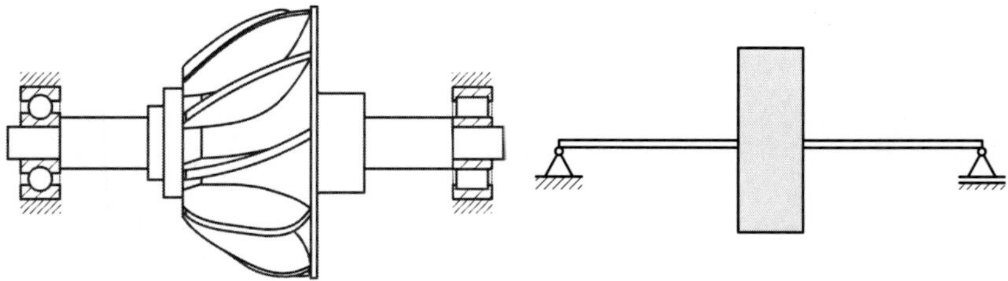

Bild 1.2: Strukturen und Modelle (Teil 1)

Drehschwingungen von Kurbelgetrieben

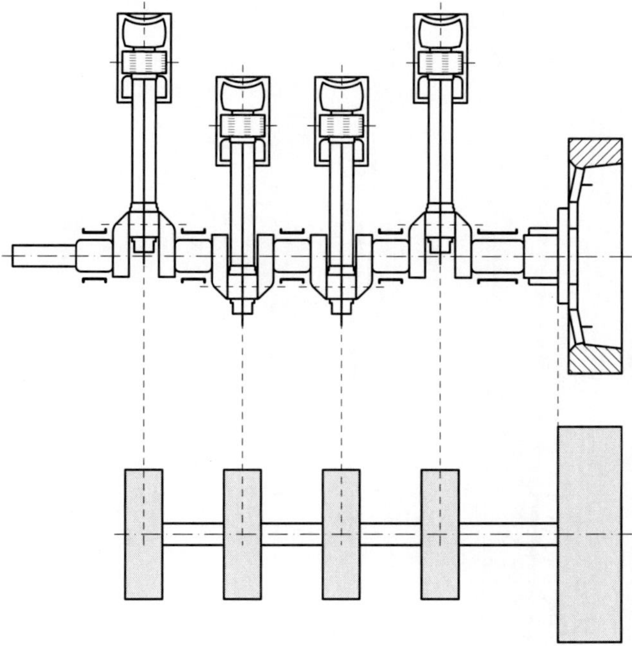

Ratterschwingungen einer Bremse

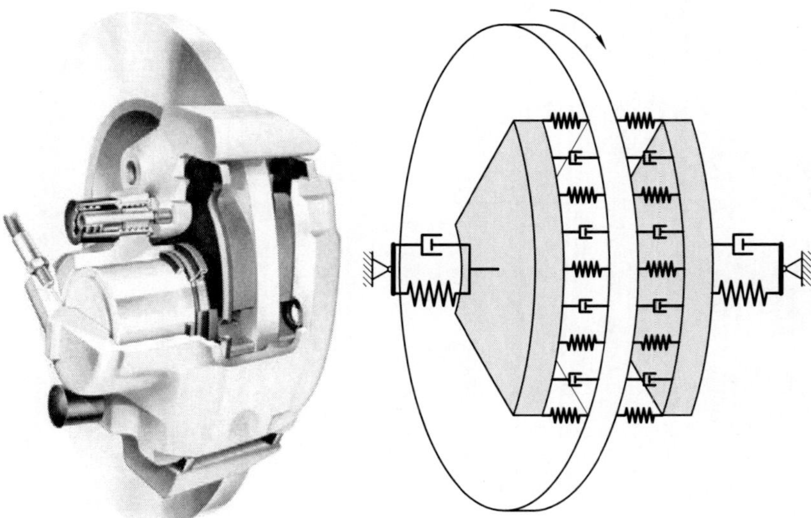

Bild 1.2: Strukturen und Modelle (Teil 2)

Schwingungen von Passagieren

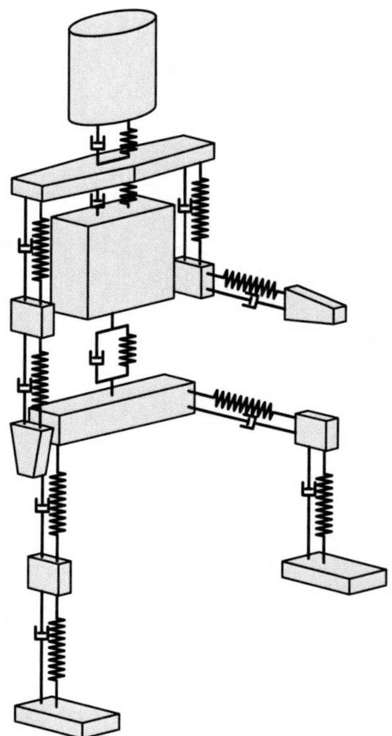

Schwingungen einer Violinsaite

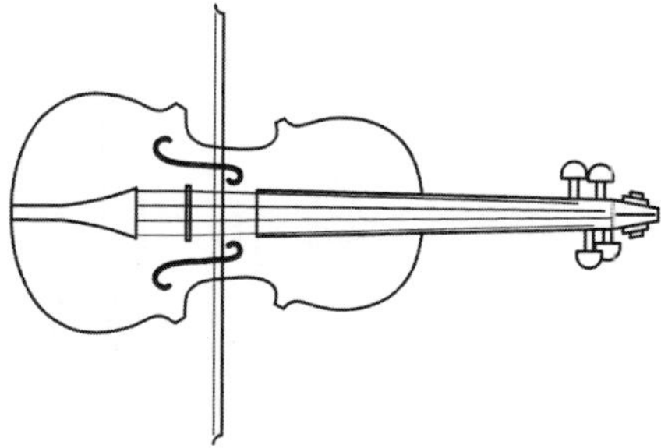

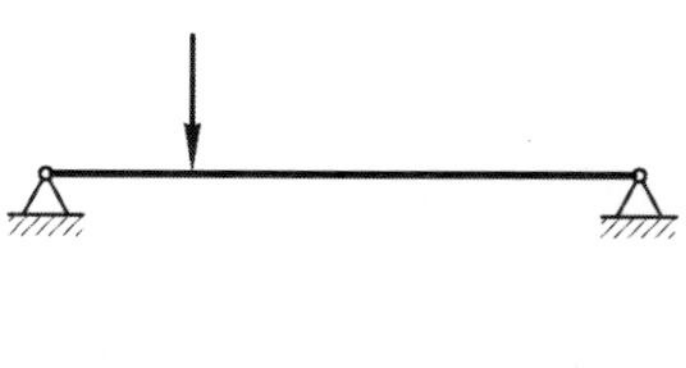

Bild 1.2: Strukturen und Modelle (Teil 3)

Die Modellbildung besteht in der Regel aus einer Idealisierung der Gestalt der Struktur und einer Trennung der mechanischen Eigenschaften.

Bei der Idealisierung der Gestalt erhält man einfache ein-, zwei- oder dreidimensionale Elemente wie Stäbe, Balken, Scheiben, Platten, Membranen etc.

Bei der Idealisierung der mechanischen Eigenschaften trennt man die Eigenschaften Masse (Trägheit), Nachgiebigkeit (Steifigkeit) und Energiedissipation (Dämpfung und Reibung), indem man die aus der technischen Mechanik bekannten Elemente einführt. Elemente, bei denen die mechanischen Eigenschaften getrennt sind, bezeichnet man als diskrete oder diskontinuierliche Elemente. Systeme, die aus solchen diskreten Elementen aufgebaut sind, bezeichnet man als diskrete schwingungsfähige Systeme. Als diskrete Elemente werden starre, massebehaftete Körper, nachgiebige masselose Federelemente und energiedissipierende Dämpfer benutzt. Das Verhalten von diskreten Modellen wird durch gewöhnliche Differentialgleichungen beschrieben.

Werden die mechanischen Eigenschaften Masse und Nachgiebigkeit zusammengefaßt behandelt, bezeichnet man die Elemente als kontinuierliche Elemente oder Kontinua. Schwingungssysteme, die aus kontinuierlichen Elementen aufgebaut sind, bezeichnet man als kontinuierliche Systeme. Ihr Verhalten wird durch partielle Differentialgleichungen beschrieben.

1.9 Freiheitsgrade diskreter Schwingungssysteme

Zur Beschreibung des dynamischen Verhaltens eines Modells, das aus diskreten Elementen zusammengesetzt ist, ist eine endliche Anzahl von Bewegungsgrößen (Zustandsgrößen) erforderlich. Man nennt diese Bewegungsgrößen auch Koordinaten. Als Zustandsgrößen können Verschiebungsgrößen oder Kraftgrößen verwendet werden. Die Verschiebungen beschreiben die Lageänderungen, die Kraftgrößen die inneren Belastungen der Struktur. Die Zahl N der voneinander unabhängigen Zustandsgrößen, die notwendig ist, um die Bewegung eines Schwingungssystems eindeutig zu beschreiben, nennt man die Anzahl der Freiheitsgrade. Manchmal ist es zweckmäßig, mehr Koordinaten einzuführen, als das System Freiheitsgrade hat. Dann bestehen zwischen den Koordinaten entsprechend viele Bindungsgleichungen. Bei einem diskreten System müssen an all den Stellen der Struktur Freiheitsgrade eingeführt werden, an denen sich Massen oder Trägheiten befinden oder an denen Dämpfer oder äußere Kräfte angreifen. Ein Schwingungssystem mit mehreren Freiheitsgraden entsteht, wenn das System mehrere Massen oder mindestens eine Masse mit mehreren unabhängigen Bewegungsmöglichkeiten hat. Eine Hauptaufgabe bei der Modellierung von mechanischen Schwingungssystemen als Ersatzssysteme für schwingungsfähige Strukturen besteht also darin, die Steifigkeits- und Masseneigenschaften der Struktur geeignet wiederzugeben.

Bestehen zwischen den verallgemeinerten Koordinaten Zwangsbedingungen, in denen neben der Zeit nur die verallgemeinerten Koordinaten selbst, nicht aber ihre Zeitableitungen (Geschwindigkeiten) auftreten, spricht man von holonomen Zwangsbedingungen. Sind die ersten zeitlichen Ableitungen der Zustandsgrößen, also die Geschwindigkeiten nicht eliminierbar, werden die Zwangsbedingungen nichtholonom genannt. Eine schwingungsfähige Struktur mit N Freiheitsgraden wird auch N-läufig genannt. Bindungen beschränken die Bewegungsmöglichkeiten der Körper gegenüber der Umgebung oder untereinander. Bei geregelten Systemen kommen unter Umständen weitere Freiheitsgrade aufgrund der Regelung hinzu. Koordinaten, die so gewählt sind, daß zwischen ihnen keine Bindungen mehr bestehen, heißen verallgemeinerte oder generalisierte Koordinaten.

Als Bewegungskoordinaten eines Schwingungssystems können die verschiedensten Größen definiert werden. Für die Beschreibung mechanischer und akustischer Systeme werden Ausschlag, Geschwindigkeit, Beschleunigung, Deformation, Kraft, Dichte, Druck usw. verwendet, bei elektrischen und optischen Systemen kommen Strom, Spannung, Ladung, elektrische oder magnetische Feldstärke, Polarisation, Brechungsindex, Beleuchtungsstärke usw. in Betracht.

Kapitel 2

Elemente schwingungsfähiger mechanischer Strukturen

2.1 Grundbegriffe

Die Rechenmodelle der Strukturdynamik sind in der Regel aus diskreten Elementen zusammengesetzt. Meist werden getrennte Elemente für die elastischen Eigenschaften, die Trägheitseigenschaften und die dämpfenden oder anfachenden Eigenschaften der Komponenten von Strukturen eingeführt. Somit beschreibt jedes diskrete Element nur eine Eigenschaft. Elastische Eigenschaften werden durch Federelemente und Trägheitseigenschaften durch starre, massebehaftete Körper repräsentiert. Die Energiedissipation wird durch Dämpferelemente beschrieben.

In diesem Kapitel werden die Gesetzmäßigkeiten derartiger diskreter Elemente angegeben. Dabei werden nicht nur einzelne Elemente – wie Einzelfedern – behandelt, sondern auch die Gesetzmäßigkeiten von ganzen Elementstrukturen, die aus mehreren solcher Elemente bestehen. Die meisten Gesetzmäßigkeiten der Elemente sollten aus den Grundvorlesungen zur Technischen Mechanik bekannt sein, dennoch sollen sie hier nochmals komprimiert dargestellt werden.

Bevor auf die verschiedenen Elementtypen eingegangen wird, sollen jedoch die beiden Begriffe Linearität und Elastizität präzisiert werden:

Die Linearität eines Elementes ist charakterisiert durch einen linearen Zusammenhang zwischen der Belastung und der Verformung bzw. der Verformungsgeschwindigkeit.

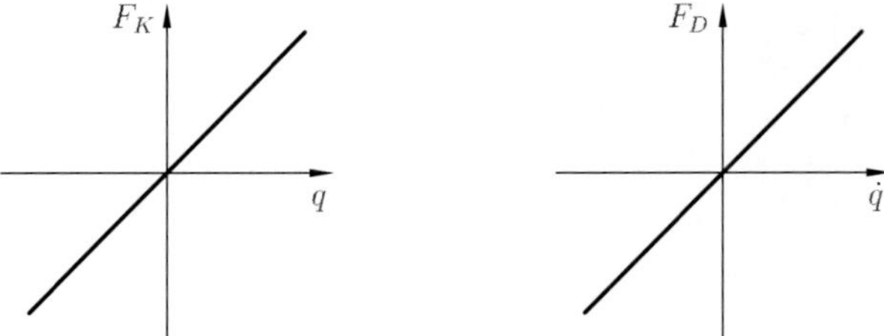

Bild 2.1: Kraft-Verformungs-Kurven; links: linear elastisches, rechts: linear viskoses Verhalten

Je nach Kraft-Verformungs-Beziehung unterscheidet man elastisches und inelastisches Verhalten. Bei elastischem Verhalten ist die Kraft-Verformungs-Kurve der Entlastung identisch mit der der Belastung, bei inelastischem Verhalten erfolgt die Entlastung auf einem anderen Pfad als die Belastung. Ein viskoser Dämpfer ist inelastisch, kann aber linear sein, wie im Bild 2.3 zu sehen ist.

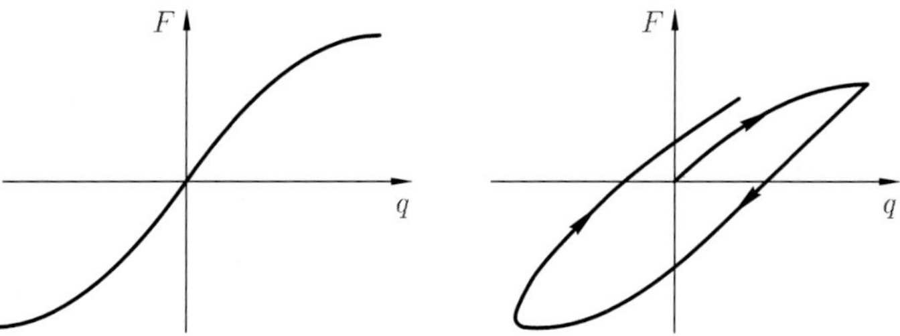

Bild 2.2: Kraft-Verformungs-Kurven; links: elastisches, rechts: inelastisches Verhalten.

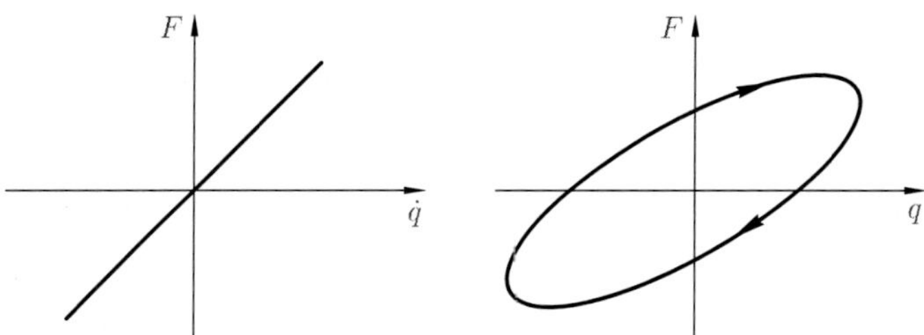

Bild 2.3: Kraft-Geschwindigkeits-Kurve (links) und Kraft-Verformungs-Kurve (rechts) eines linearen viskosen Dämpfers bei zyklischer Beanspruchung.

2.2 Elastische Elemente und Strukturen

2.2.1 Übersicht

Bei vielen schwingungsfähigen mechanischen Strukturen wird die Rückstellung nach Auslenkungen aus der Gleichgewichtslage durch elastische Elemente bewirkt, deren Trägheits- und Dämpfungseigenschaften vernachlässigt werden. Dies sind verschiedene Typen von Federn und deren Zusammenschaltungen zu elastischen Strukturen. Beschrieben werden elastische Elemente und Strukturen durch ihre Kraft-Verformungs-Beziehungen oder alternativ durch die infolge der Verformungen in ihnen gespeicherten potentiellen Energien (Formänderungsenergien).

Wird eine masselose, elastische Schraubenfeder an ihren Endpunkten in Längsrichtung durch Kräfte belastet, antwortet sie mit einer Verlängerung. Wird eine Spiralfeder durch ein Moment belastet, verdrehen sich ihre Enden gegeneinander. Die Richtung der Deformation ist stets in der Richtung der Belastung, die auf das elastische Element wirkt, und damit entgegen der Belastung der restlichen, umgebenden Struktur. Die bekanntesten Federtypen sind die Schraubenfeder, der Dehnstab, der Torsionsstab, die Spiralfeder und der Biegebalken.

Jede wirkliche Feder ist mit Masse behaftet. Ist die Federmasse klein gegenüber den anderen Massen des Systems, kann sie vernachlässigt oder auf die Endpunkte aufgeteilt werden. In der Realität unvermeidbare Bewegungswiderstände werden vernachlässigt oder durch getrennte Elemente (Dämpfer) berücksichtigt.

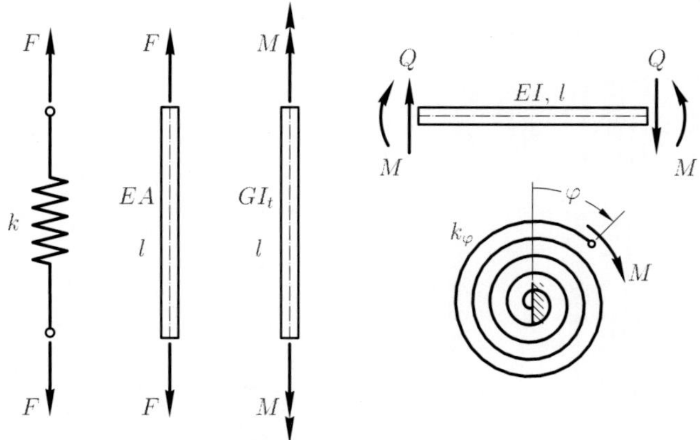

Bild 2.4: Schraubenfeder, Dehnstab, Torsionsstab, Biegebalken und Drehfeder

Der Zusammenhang zwischen Belastung und Deformation wird durch die Kraft-Verformungs-Beziehung beschrieben und durch die Federkennlinie dargestellt. Ist die Federkennlinie eine Gerade, besteht also ein linearer Zusammenhang zwischen Last und Deformation, so spricht man von einer linearen Feder. Fälle, in denen die Federkennlinie über einen großen Deformationsbereich gerade verläuft, sind aber nicht sehr häufig. Sind die Ausschläge jedoch klein, so begeht man in der Regel keinen erheblichen Fehler, wenn man lineare Kennlinien voraussetzt bzw. eine Linearisierung vornimmt.

Weicht die Federkennlinie von ihrer Nullpunktsgeraden ab, so ist die Feder nichtlinear. Nichtlinearitäten treten meist bei großen Auslenkungen auf, sie resultieren aus der Geometrie oder den Werkstoffeigenschaften.

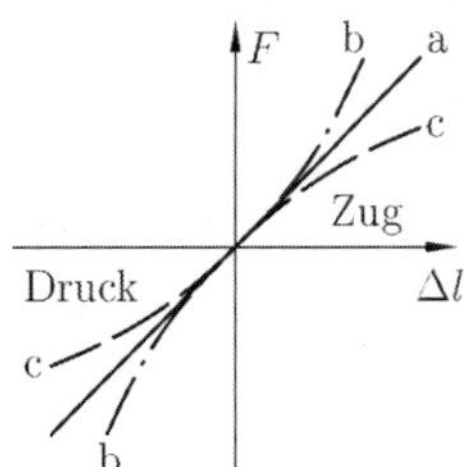

Bild 2.5: Kraft-Verschiebungs-Diagramm: a) linear, b) progressiv, c) degressiv

Wird die Federkennlinie mit zunehmendem Ausschlag steiler, spricht man von einer überlinearen oder progressiven Feder. Wird hingegen die Steigung der Federkennlinie mit zunehmendem Ausschlag kleiner, handelt es sich um eine unterlineare oder degressive Feder. Es gibt aber auch nichtlineare Federn, die man weder zu den unterlinearen noch zu den überlinearen zählen kann. Solche Federn verhalten sich in einem gewissen Deformationsbereich degressiv, in einem anderen progressiv.

2.2.2 Elastische Elemente

2.2.2.1 Schrauben- oder Längsfeder

Bei einer Schraubenfeder besteht zwischen der Längenänderung Δl und der Axialkraft F der Zusammenhang

$$F = k\,\Delta l\,. \tag{2.1}$$

Dabei errechnet sich die Steifigkeit k aus der reinen Torsionsbeanspruchung des Federdrahtes zu

$$k = \frac{G\,a^4}{4\,R^3\,n}\,. \tag{2.2}$$

Dabei sind n die Anzahl der Windungen, a der Drahtradius, G der Schubmodul und R der Windungsradius der Feder. Bei einer Längsfeder ist die Längenänderung Δl der Feder in irgendeiner Weise mit der Federkraft F verknüpft. Den Zusammenhang $F = F(\Delta l)$ nennt man Federgesetz. Federkraft und Längenänderung liegen auf der selben Wirkungslinie. Üblicherweise werden Federverlängerungen und Zugkräfte positiv gezählt. Druckkräfte und Federverkürzungen haben dann negative Werte.

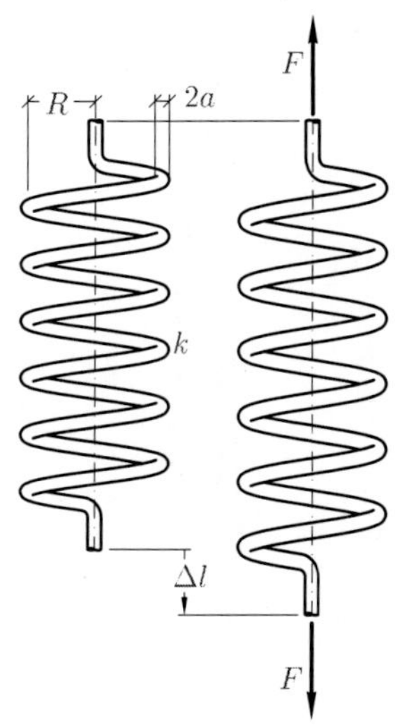

Bild 2.6: Schraubenfeder

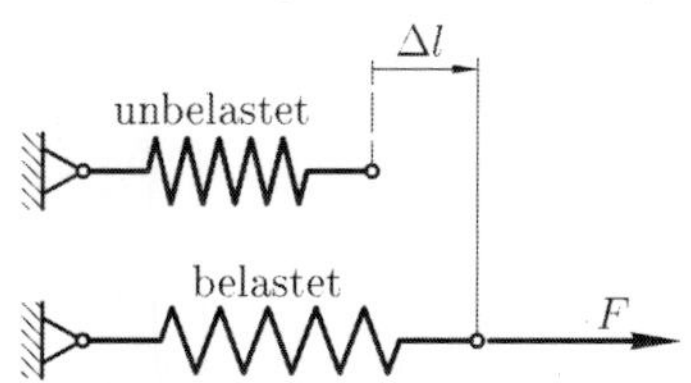

Bild 2.7: Schraubenfeder unter Last

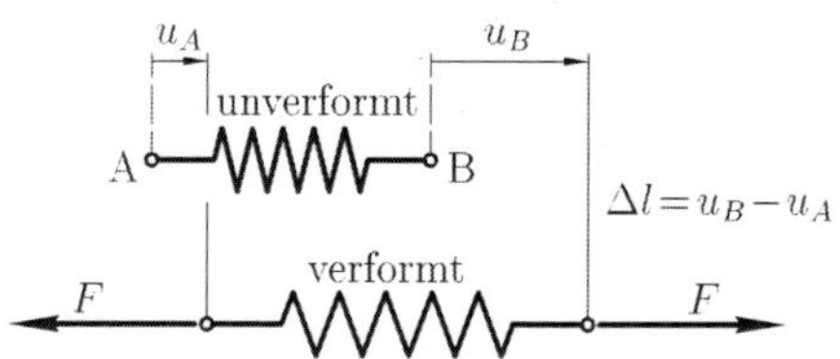

Bild 2.8: Längenänderung einer Feder bei Verschiebung beider Federendpunkte

Das einfachste Federgesetz ist das lineare,

$$F = k\,\Delta l\,. \tag{2.3}$$

Die Federkraft F ist hier proportional zur Längenänderung Δl. Die Steifigkeit k einer Längsfeder hat die Einheit N/m, $[k]$ = N/m. Der Kehrwert der Steifigkeit wird als Nachgiebigkeit $h = 1/k$ bezeichnet.

Die potentielle Energie einer Längsfeder beträgt

$$U = \frac{1}{2}\,k\,(\Delta l)^2. \tag{2.4}$$

Die Längenänderung Δl einer Feder hängt nicht allein von der Verschiebung eines Federendes ab, vielmehr ist sie der Unterschied der Verschiebungen u_R und u_L beider Federendpunkte in Längsrichtung der Feder.

Die Schraubenfeder entspricht der einfachen Annahme ausschließlicher Längsbelastung allerdings nur, wenn ihre beiden Enden gelenkig sind oder durch geometrische Restriktionen ausschließlich Längsbelastungen in die Feder eingeleitet werden können. Sind Schraubenfedern an ihren beiden Enden nicht gelenkig gelagert, so setzen sie auch ihrer Querverformung Widerstand entgegen.

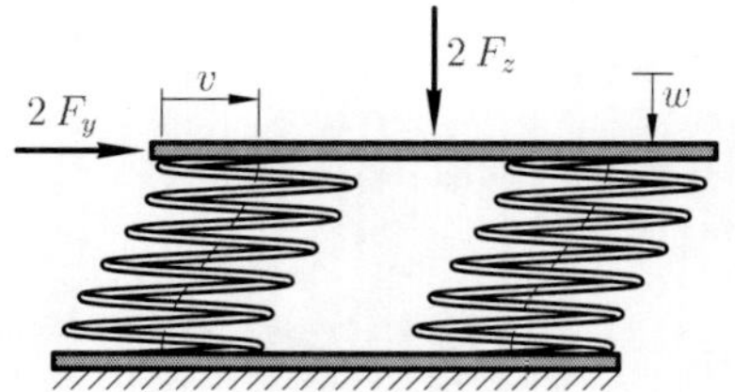

Bild 2.9: Beidseitig eingespannte Schraubenfedern bei Quer- und Längsbelastung

Die Quersteifigkeit $k_y = F_y/v$ hängt in komplexer Weise von den Lagerungsbedingungen der Feder und ihrer Längsbelastung F_z ab.

Hinsichtlich der Steifigkeiten bei anderen Belastungen (Torsion um die Längsachse, Biegung der Längsachse etc.) muß auf die Spezialliteratur über Federn verwiesen werden.

Neben der häufig verwendeten Schraubenfeder sind insbesondere elastische Stäbe, Tellerfedern und Gummibänder oder -puffer typische Vertreter für Zug- oder Druckfedern. Bei den Gleichgewichtsbetrachtungen der Statik ist es völlig unerheblich, wie die Feder die Federkraft von einem Federendpunkt zum anderen überträgt.

In vielen technischen Anwendungen verwendet man nichtlineare Federn, bei denen im Gegensatz zu linearen Federn eine α-fache Belastung nicht auf die entsprechende α-fache Längenänderung führt. Bei nichtlinearen Federn hängt die Steifigkeit von der Verformung ab. Häufig definiert man die aktuelle Steigung

$$k^*(\Delta l_1) = \left. \frac{dF}{d\Delta l} \right|_{\Delta l = \Delta l_1} \tag{2.5}$$

der Kraft-Verschiebungs-Kennlinie als lokale Steifigkeit bei der Auslenkung Δl_1.

2.2.2.2 Dehnstab

Bei einem linearen Dehnstab besteht wie bei der Längsfeder ein linearer Zusammenhang zwischen der Zugbelastung F und der Verlängerung Δl,

$$F = k\,\Delta l\,. \tag{2.6}$$

Bei konstantem Querschnitt A errechnet sich die Steifigkeit zu

$$k = \frac{EA}{l}\,, \tag{2.7}$$

wobei l die Stablänge und E der Elastizitätsmodul sind.

Hat der Dehnstab keinen konstanten Querschnitt, muß die Längssteifigkeit $k = N/\Delta l$ aus der elastischen Gleichung

$$\frac{du}{dx} = \frac{N(x)}{EA(x)} \tag{2.8}$$

durch Integration der Längsverschiebung $u(x)$ über die Stablänge l ermittelt werden.

Die im Stab gespeicherte potentielle Energie beträgt in diesem allgemeinen Fall

$$U = \frac{1}{2}\int_0^l \frac{N^2(x)}{EA(x)}dx = \frac{1}{2}\int_0^l EA(x)\,u'^2(x)\,dx. \tag{2.9}$$

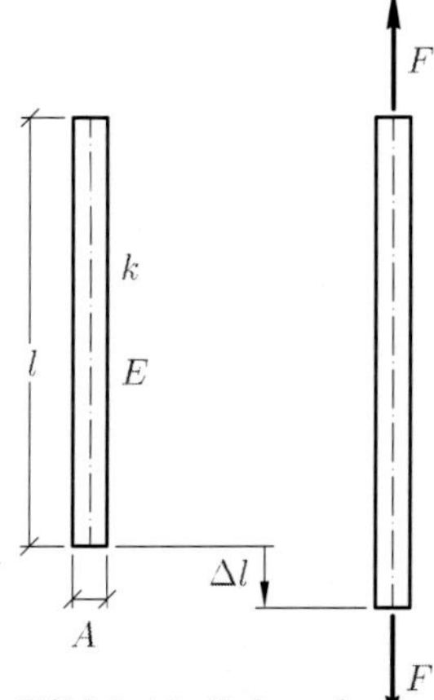

Bild 2.10: Dehnstab

2.2.2.3 Torsionsstab

Bei einem Torsionsstab mit verdrillungsfreiem Querschnitt lautet der Zusammenhang zwischen Rückstellmoment M und Verdrehungswinkel φ

$$M = k_\varphi\,\varphi = \frac{GI_t}{l}\,\varphi. \tag{2.10}$$

Die Drehsteifigkeit k_φ bestimmt sich aus der Stablänge l, dem Torsionsflächenträgheitsmoment I_t und dem Schubmodul G. Bei veränderlichem Querschnitt gilt

$$\frac{d\varphi}{dx} = \frac{M(x)}{GI_t(t)}. \tag{2.11}$$

Die potentielle Energie beträgt

$$U = \frac{1}{2}\,k_\varphi\,\varphi^2. \tag{2.12}$$

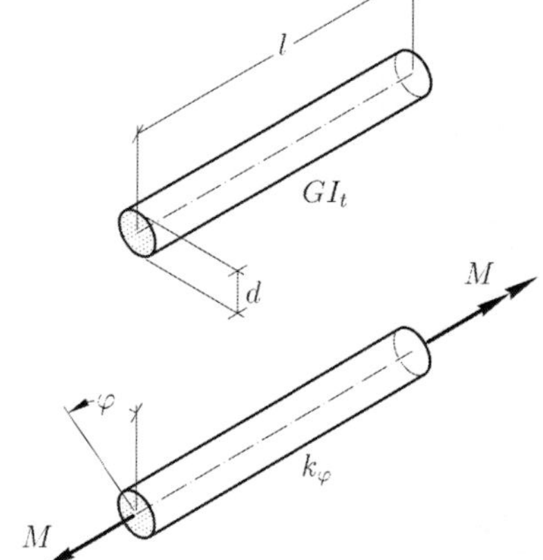

Bild 2.11: Torsionsstab

Bei kreisringförmigen Stabquerschnitten ist das Torsionsflächenträgheitsmoment I_t identisch mit dem polaren Flächenträgheitsmoment I_p,

$$I_t = I_p = \frac{\pi}{2}\,(R_a^4 - R_i^4). \tag{2.13}$$

Bei dünnwandigen geschlossenen Profilen (Rohren) mit der Wandstärke t und dem gefangenen Rohrquerschnitt A_m berechnet es sich aus

$$I_t = \frac{4\,A_m^2}{\oint \frac{ds}{t(s)}} \tag{2.14}$$

und bei dünnen offenen Querschnitten (Blechprofilen) mit der Dicke t und der Bogenlänge s_{max} beträgt es

$$I_t = \frac{1}{3} \int_0^{s_{max}} t^3(s)\, ds. \tag{2.15}$$

Analog zum Dehnstab beträgt die potentielle Energie

$$U = \frac{1}{2} \int_0^l \frac{M^2(x)}{GI_t(x)}\, dx = \frac{1}{2} \int_0^l GI_t(x)\, \varphi'^2(x)\, dx. \tag{2.16}$$

2.2.2.4 Spiralfeder

Zwischen dem Verdrehwinkel φ einer Spiralfeder und dem angreifenden Moment M besteht der Zusammenhang

$$M = k_\varphi\, \varphi. \tag{2.17}$$

Die Drehfedersteifigkeit

$$k_\varphi = \frac{EI}{L} \tag{2.18}$$

hängt von der Biegesteifigkeit EI und der Bandlänge L des Federbandes ab. Die potentielle Energie ist durch Gl. (2.12) gegeben.

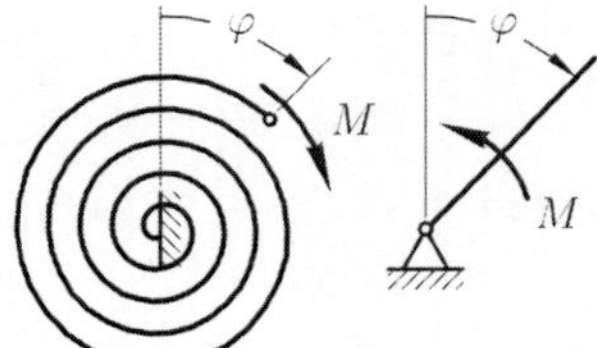

Bild 2.12: Dreh- oder Spiralfeder

2.2.2.5 Biegebalken

Bei Balkenelementen hängt die Steifigkeit von Belastungsort und -art (Kraft, Moment), von Ort und Art der Verformungskoordinate (Durchbiegung, Neigungswinkel) und von den Randbedingungen ab. Wesentliche Größe für die Steifigkeit von Balken ist die sogenannte Biegesteifigkeit EI_y, wobei I_y das axiale Flächenträgheitsmoment des Balkenquerschnittes um die Biegeachse y ist.

Bei vorgegebenen Lagerungsbedingungen und vorgegebenem Belastungsort kann die Steifigkeit häufig aus Tabellen für Biegelinien abgeleitet werden. Im Einzelfall muß sie aus der elementaren Biegetheorie berechnet werden. Bei ebener Biegung sind dazu die Differentialgleichungen der Biegelinie

$$\begin{aligned} EI_y(x)\, w''(x) &= -M_y(x), \\ [EI_y(x)\, w''(x)]' &= -M_y'(x) = -Q(x), \\ [EI_y(x)\, w''(x)]'' &= -M_y''(x) = -Q'(x) = q(x) \end{aligned} \tag{2.19}$$

für die Querverschiebung $w(x)$ zu lösen.

Die im Balken gespeicherte potentielle Energie berechnet sich aus

$$U = \frac{1}{2} \int_0^l \frac{M^2(x)}{EI(x)}\, dx = \frac{1}{2} \int_0^l EI(x)\, w''^2(x)\, dx. \tag{2.20}$$

Aufgrund der Vielzahl möglicher Lagerbedingungen ist eine allgemeine Angabe für die Steifigkeit nicht möglich. Sie muß je nach Kraftangriffspunkt, Durchsenkungsstelle und Lagerbedingungen aus der Theorie der Balkenbiegung gewonnen werden. Statt einer Kraft kann auch ein Moment wirken und als Deformationsgröße der Biegewinkel benötigt werden.

2.2.3 Elastische Strukturen

2.2.3.1 Zusammenschaltungen von Federn

Bei der Zusammenschaltung von Federn (Schraubenfedern, Dehnstäbe etc.) unterscheidet man Parallelschaltungen und Reihen- oder Serienschaltungen:

Bei einer *Parallelschaltung* sind die Längenänderungen aller beteiligten Federn gleich,

$$\Delta l = \Delta l_1 = \Delta l_2 = \dots ,$$

die Einzelfederkräfte addieren sich zur Resultierenden

$$F = F_1 + F_2 + \dots = \sum_i F_i ,$$

und für die Gesamtfedersteifigkeit folgt

$$k = k_1 + k_2 + \dots = \sum_i k_i . \tag{2.21}$$

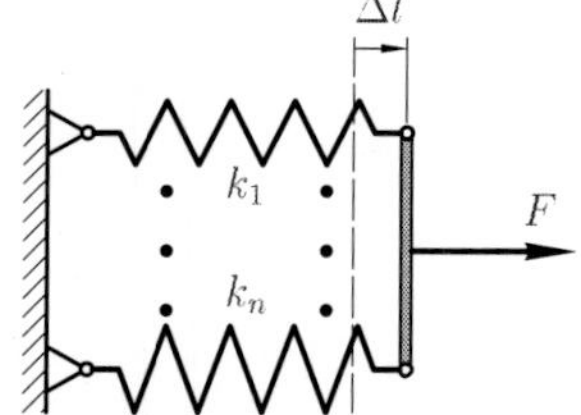

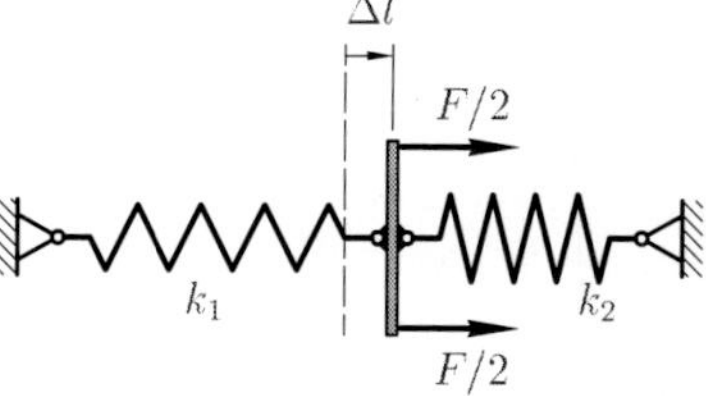

Bild 2.13: Parallelschaltungen von Federn

Bei einer *Reihenschaltung* von Federn tritt in jeder Feder die gleiche Kraft auf,

$$F = F_1 = F_2 = \dots ,$$

und die Einzelverlängerungen addieren sich zur Gesamtverlängerung

$$\Delta l = \Delta l_1 + \Delta l_2 + \dots = \sum_i \Delta l_i .$$

Die Gesamtfedersteifigkeit k aller in einer Reihe geschalteten Federn ergibt sich somit aus

$$\frac{1}{k} = \frac{1}{k_1} + \frac{1}{k_2} + \dots = \sum_i \frac{1}{k_i} . \tag{2.22}$$

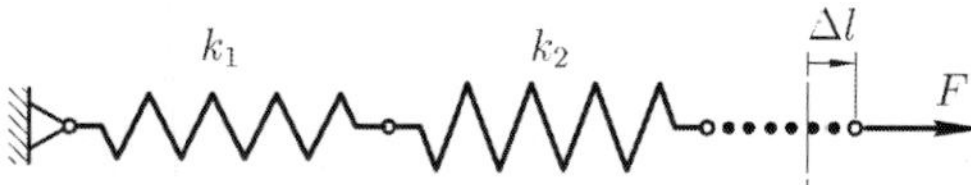

Bild 2.14: Reihenschaltung von Federn

2.2.3.2 Strukturen mit mehreren Koordinaten

In der Regel sind die elastischen Strukturen diskreter Systeme – auch solcher mit einem Freiheitsgrad – aus mehreren elastischen Elementen aufgebaut. Zum Aufstellen der Bewegungsgleichungen werden die Kraft-Verformungs-Beziehungen dieser elastischen Strukturen benötigt. Auf die elastischen Strukturen können an verschiedenen Stellen Kräfte und Momente

- infolge der Trägheiten der dort angekoppelten massebehafteten Körper,
- der Dämpfungselemente,
- von äußeren Erregungen oder
- infolge vorgegebener Verschiebungen

wirken. Überall dort, wo solche Belastungen angreifen, sind zur Beschreibung der Verformung der Struktur Koordinaten einzuführen, die in Richtung der Belastungen zeigen. In der Regel werden diese Koordinaten die Freiheitsgrade der mechanischen Struktur sein. Aber auch an Stellen, an denen äußere Erregerkräfte wirken oder äußere dynamische Verschiebungen vorgegeben werden, müssen Koordinaten eingeführt werden. Die Koordinaten (Verschiebungen und Verdrehungen) werden in einem allgemeinen Verschiebungsvektor

$$\boldsymbol{q} = [q_1,\ q_2,\ \dots\ q_N]^T \tag{2.23}$$

und die an den Koordinaten in Richtung der Koordinaten wirkenden Belastungen in einem allgemeinen Kraftvektor

$$\boldsymbol{f} = [f_1,\ f_2,\ \dots\ f_N]^T \tag{2.24}$$

zusammengefaßt. Dabei ist f_n die Kraftgröße, die an der Stelle und in Richtung der Koordinate q_n wirkt.

• Potentielle Energie von Strukturen

Die in einer Struktur aus mehreren elastischen Elementen oder pendelnden Massen gespeicherte potentielle Energie ergibt sich als Summe der potentiellen Energien aller Komponenten.

• Nachgiebigkeitsmatrix

Bei linearem Verhalten ergibt sich mit dem Superpositionsgesetz die Gesamtverschiebung der Koordinate q_i einer elastischen Struktur aus der Summe der Verschiebungsbeiträge aller äußeren Kräfte f_n,

$$\begin{aligned}
q_1 &= h_{11} f_1 + h_{12} f_2 + \ldots + h_{1N} f_N = \sum_{n=1}^{N} h_{1n} f_n\,, \\
q_2 &= h_{21} f_1 + h_{22} f_2 + \ldots + h_{2N} f_N = \sum_{n=1}^{N} h_{2n} f_n\,, \\
\vdots \quad & \quad \vdots \qquad\qquad\qquad\qquad\qquad\quad \vdots \\
q_N &= h_{N1} f_1 + h_{N2} f_2 + \ldots + h_{NN} f_N = \sum_{n=1}^{N} h_{Nn} f_n\,.
\end{aligned} \tag{2.25}$$

In Matrizenschreibweise lautet diese Kraft-Verformungs-Beziehung

$$\begin{bmatrix} q_1 \\ \vdots \\ q_N \end{bmatrix} = \begin{bmatrix} h_{11} & h_{12} & \dots & h_{1N} \\ \vdots & & & \vdots \\ h_{N1} & \dots & \dots & h_{NN} \end{bmatrix} \begin{bmatrix} f_1 \\ \vdots \\ f_N \end{bmatrix} \tag{2.26}$$

oder kurz

$$\boldsymbol{q} = \boldsymbol{H}\boldsymbol{f}. \tag{2.27}$$

Die Elemente h_{ik} sind die Nachgiebigkeiten, die in der Nachgiebigkeitsmatrix $\boldsymbol{H}$ zusammengefaßt werden. Sie werden Verschiebungseinflußzahlen genannt. Die Nachgiebigkeitsmatrix $\boldsymbol{H}$ ist wegen des Satzes von MAXWELL-BETTY symmetrisch,

$$h_{ik} = h_{ki} \qquad \text{oder} \qquad \boldsymbol{H} = \boldsymbol{H}^T. \tag{2.28}$$

Die Verschiebungseinflußzahlen haben die folgende mechanische Bedeutung:
h_{ik} ist die Verschiebung q_i infolge einer alleinigen Einheitsbelastung $f_k = 1$ ($f_\nu = 0$ für $\nu \neq k$), die an der Stelle und in Richtung der Koordinate q_k wirkt.

Beispiel 2.1: Balken mit sechs Koordinaten unter Einheitsbelastung

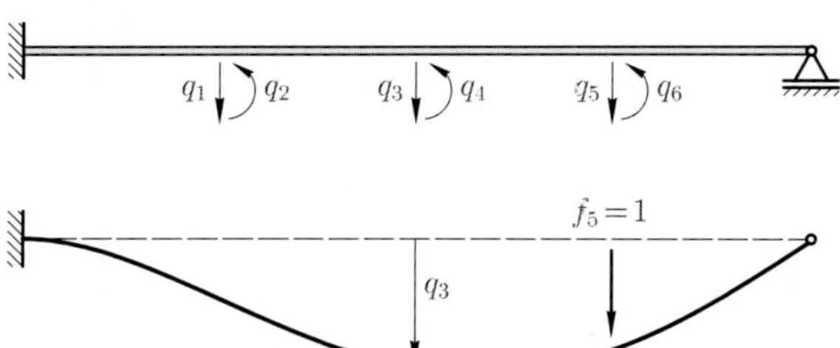

Bild B2.1: Balkenstruktur mit Verschiebungskoordinaten und Einheitsbelastung

Die Einheitsbelastung $f_k = 1$ an der Stelle k, wenn alle anderen Koordinaten unbelastet sind, führt an der Stelle i zur Durchbiegung $q_i = h_{ik}$.

- **Steifigkeitsmatrix**

Die Kehrmatrix der Nachgiebigkeitsmatrix $\boldsymbol{H}$ ist die Steifigkeitsmatrix

$$\boldsymbol{K} = \boldsymbol{H}^{-1}. \tag{2.29}$$

Mit der Steifigkeitsmatrix hat die Kraft-Verformungs-Beziehung von elastischen Strukturen die zu den Gleichungen (2.26) und (2.27) alternative Form

$$\begin{bmatrix} k_{11} & k_{12} & \dots & k_{1N} \\ \vdots & & & \vdots \\ k_{N1} & \dots & \dots & k_{NN} \end{bmatrix} \begin{bmatrix} q_1 \\ \vdots \\ q_N \end{bmatrix} = \begin{bmatrix} f_1 \\ \vdots \\ f_N \end{bmatrix} \tag{2.30}$$

oder kurz

$$\boldsymbol{K}\,\boldsymbol{q} = \boldsymbol{f}. \tag{2.31}$$

Auch die Steifigkeitsmatrix ist symmetrisch,

$$k_{ik} = k_{ki} \qquad \text{oder} \qquad \boldsymbol{K} = \boldsymbol{K}^T. \tag{2.32}$$

Die Glieder k_{ik} der Steifigkeitsmatrix werden als Krafteinflußzahlen bezeichnet. Sie haben eine für ihre Ermittlung interessante mechanische Bedeutung, die man erkennt, wenn man eine Zeile der Gleichung (2.30) betrachtet:
k_{ik} ist die Kraft f_i, die man an der Stelle und in Richtung der Koordinate q_i anbringen muß, um einen Einheitsverschiebungszustand $q_k = 1$ und $q_\nu = 0$ für $\nu \neq k$ zu erzeugen.

Beispiel 2.2: Balken mit sechs Freiheitsgraden mit Einheitsverschiebungszustand

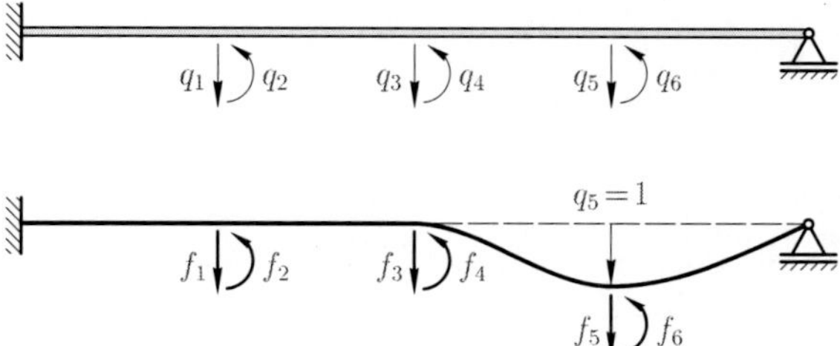

Bild B2.2: Balkenstruktur mit Einheitsverschiebungskoordinaten und Belastungen

Zur Erzeugung des Einheitsverschiebungszustandes $q_k = 1$ und $q_\nu = 0$ für $\nu \neq k$ sind in der Regel von Null verschiedene Belastungen f_1 bis f_6 notwendig. Diese Belastungen ergeben die k-te Spalte der Steifigkeitsmatrix $\boldsymbol{K}$, $k_{ik} = f_i$.

Die Ermittlung der Nachgiebigkeitsmatrix oder der Steifigkeitsmatrix ist eine rein elastostatische Aufgabe. Sie erfolgt bei größeren Systemen mit vielen Koordinaten mit dem Verfahren der finiten Elemente durch automatisierten, rechnergestützten Aufbau der Gesamtsteifigkeitsmatrix $\boldsymbol{K}$ aus den Steifigkeitsmatrizen der einzelnen Elemente. Bei kleineren Strukturen (etwa wenn die Zahl der Freiheitsgrade N kleiner als 5 ist), können die Nachgiebigkeits- und die Steifigkeitsmatrix in Handrechnungen ermittelt werden. Die Verfahren dazu sollten aus den Grundvorlesungen zur Technischen Mechanik bekannt sein.

• Nachgiebigkeitsmatrix aus Einheitsbelastungszuständen

Bei vielen Strukturen lassen sich die Verschiebungseinflußzahlen h_{ik} und damit die Nachgiebigkeitsmatrix $\boldsymbol{H}$ besonders vorteilhaft mit Hilfe des Prinzips der virtuellen Kräfte berechnen. Besonders einfach ist die Vorgehensweise bei statisch bestimmten Systemen. Aber auch bei statisch unbestimmten Systemen kann das Prinzip verwendet werden. Ein statisch unbestimmtes System ist zunächst durch Wegnahme von Bindungen und Einführen von zusätzlichen Freiheitsgraden statisch bestimmt zu machen. Ist die Nachgiebigkeitsmatrix des statisch bestimmt gemachten Systems ermittelt, werden dem System durch geometrische Zwangsbedingungen an den zusätzlich eingeführten Freiheitsgraden die zusätzlichen Freiheiten wieder genommen. Das statisch bestimmte System wird dadurch auf das ursprünglich statisch unbestimmte System zurückgeführt.

Bei dem Prinzip der virtuellen Kräfte folgt die Nachgiebigkeit

$$
\begin{aligned}
h_{ik} = \sum \int_0^l \frac{\overline{N}_i\,\overline{N}_k}{EA}\,dx &+ \int_0^l \kappa_z \frac{\overline{Q}_{zi}\,\overline{Q}_{zk}}{GA}\,dx + \int_0^l \kappa_y \frac{\overline{Q}_{yi}\,\overline{Q}_{yk}}{GA}\,dx \\
+ \int_0^l \frac{\overline{M}_{yi}\,\overline{M}_{yk}}{EI_y}\,dx &+ \int_0^l \frac{\overline{M}_{zi}\,\overline{M}_{zk}}{EI_z}\,dx + \int_0^l \frac{\overline{M}_{Ti}\,\overline{M}_{Tk}}{GI_t}\,dx
\end{aligned}
\qquad (2.33)
$$

aus der Bilanz der passiven Formänderungsarbeiten. Dabei sind $\overline{N}_i, \overline{M}_{yi}, \overline{M}_{zi}, \overline{Q}_{zi}, \overline{Q}_{yi}$ und $\overline{M}_{Ti}$ die Schnittlasten infolge einer Einheitsbelastung f_i an der Stelle und in Richtung der Koordinate q_i und $\overline{N}_k, \overline{M}_{yk}, \overline{M}_{zk}, \overline{Q}_{zk}, \overline{Q}_{yk}$ und $\overline{M}_{Tk}$ die Schnittlasten infolge einer Einheitsbelastung f_k an der Stelle und in Richtung der Koordinate q_k.

Die Nachgiebigkeitsmatrix $\boldsymbol{H}$ ergibt sich spaltenweise, indem man nacheinander die Verformungen infolge der N Einheitsbelastungszustände $f_k = 1$ berechnet. Für den k-ten Einheitsbelastungszustand wird an der Stelle und in Richtung der Koordinate q_k eine äußere Kraft $f_k = 1$ aufgebracht und alle anderen äußeren Kräfte f_ν werden null gesetzt. Die Verschiebungseinflußzahlen h_{ik} für $i = 1$ bis N – also die Elemente in der k-ten Spalte der Nachgiebigkeitsmatrix – sind dann die Verschiebungen der N Koordinaten q_i infolge dieses Einheitsbelastungszustandes $f_k = 1$. Dazu werden die aus dem Einheitsbelastungszustand resultierenden Schnittlastenverläufe $\overline{N}_k, \overline{M}_{yk}, \overline{M}_{zk}, \overline{Q}_{zk}, \overline{Q}_{yk}$ und $\overline{M}_{Tk}$ ermittelt und die Arbeitsintegrale unter Ausnutzung der Koppeltafel 15.6 berechnet. Eine Kontrollmöglichkeit bietet die Symmetrie $h_{ik} = h_{ki}$.

Beispiel 2.3: Statisch bestimmt gelagerter Balken der Länge $3l$

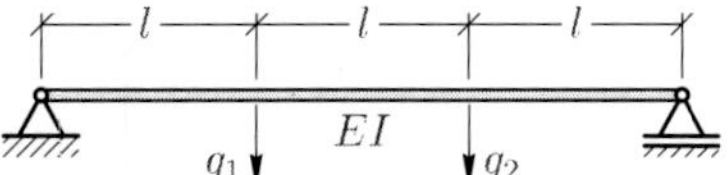

Bild B2.3.1: Balkenstruktur

Zur Ermittlung der Nachgiebigkeitsmatrix werden die beiden Einheitsbelastungszustände von Bild B2.3.2 aufgebracht. Diese führen zu den dargestellten Schnittmomentenverläufen.

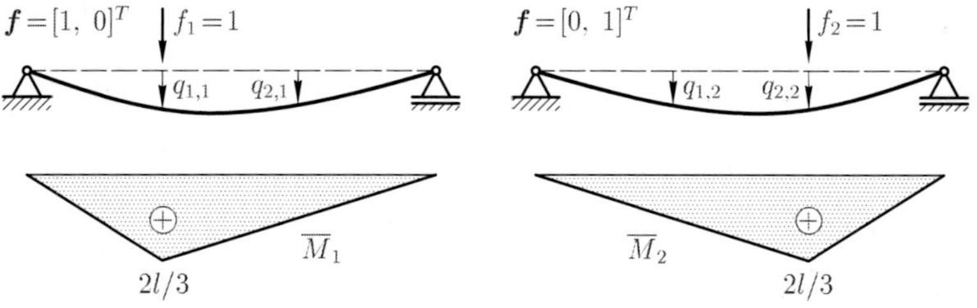

Bild B2.3.2: Einheitsbelastungen und Schnittmomentenverläufe

Das Koppeln nach der Vorschrift

$$h_{ik} = \int_0^l \frac{\overline{M}_i\,\overline{M}_k}{EI}\,dx$$

führt auf die vier Verschiebungseinflußzahlen

$$h_{11} = \frac{4}{9}\frac{l^3}{EI}, \qquad h_{12} = \frac{7}{18}\frac{l^3}{EI},$$
$$h_{21} = \frac{7}{18}\frac{l^3}{EI}, \qquad h_{22} = \frac{4}{9}\frac{l^3}{EI}$$

und damit auf die Nachgiebigkeitsmatrix

$$\boldsymbol{H} = \frac{l^3}{18EI}\begin{bmatrix} 8 & 7 \\ 7 & 8 \end{bmatrix}.$$

• Steifigkeitsmatrix aus Einheitsverschiebungszuständen

Die Steifigkeitsmatrix $\boldsymbol{K}$ ergibt sich spaltenweise, indem man nacheinander die N Einheitsverschiebungszustände $q_k = 1$ erzeugt. Der k-te Einheitsverschiebungszustand hat an der Koordinate q_k die Verschiebung $q_k = 1$, die Verschiebungen an allen anderen Koordinaten sind 0. Die Krafteinflußzahlen k_{ik} für $i = 1$ bis N – also die Elemente einer Spalte der Steifigkeitsmatrix – sind die Kräfte, die man an den N Koordinaten q_n in Richtung von q_n anbringen muß, um diesen Einheitsverschiebungszustand zu erhalten. Für häufig vorkommende Einheitsverschiebungszustände von Balken lassen sich die dafür notwendigen Kräfte aus der Tabelle in Kapitel 15 entnehmen.

Für die Berechnung von Krafteinflußzahlen k_{ik} von Balkensystemen ist die Elementsteifigkeitsmatrix des Elementarbalkens hilfreich: Eine Spalte der Elementsteifigkeitsmatrix liefert die zur Erzeugung des zugehörigen Einheitsverschiebungszustandes notwendigen Randkräfte. Die Vorgehensweise wird im Beispiel 2.4 verdeutlicht.

Werden bei Balkenstrukturen nur Querverschiebungen als Koordinaten eingeführt, verformt sich die Balkenstruktur bei einem Einheitsverschiebungszustand über das gesamte System, da die Verdrehungen der Balkenquerschnitte keine Koordinaten sind und nicht null gesetzt werden dürfen. Werden hingegen auch die Querschnittsverdrehungen als Koordinaten eingeführt, dann erstreckt sich die Verformung bei einem Einheitsverschiebungszustand nur über die zwei benachbarten Balkenelemente.

• Steifigkeitsmatrix aus potentieller Energie

Bei linearen elastischen Strukturen kann manchmal die potentielle Energie $U(q_1, q_2, \ldots, q_N)$ einfacher aufgestellt werden als die Kraft-Verschiebungs-Relationen. Bei linearen Systemen ist sie eine quadratische Form der Zustandsgrößen. Aus der potentiellen Energie folgen die Komponenten der Steifigkeitsmatrix mittels der einfachen Ableitungsvorschrift

$$k_{ik} = \frac{\partial^2 U}{\partial q_i\, \partial q_k}. \tag{2.34}$$

• Eigenschaften von Steifigkeits- und Nachgiebigkeitsmatrix

Die Steifigkeitsmatrix folgt also aus Einheitsverschiebungszuständen und die Nachgiebigkeitsmatrix aus Einheitsbelastungszuständen.

Bei statisch unbestimmten Systemen ist die Ermittlung der Steifigkeitsmatrix $\boldsymbol{K}$ über den Weg der Krafteinflußzahlen k_{ik} aus Einheitsverschiebungszuständen in der Regel einfacher als die Ermittlung der Nachgiebigkeitsmatrix $\boldsymbol{H}$.

Bei statisch bestimmten Systemen kann die Ermittlung der Nachgiebigkeitsmatrix $\boldsymbol{H}$ über den Weg der Verschiebungseinflußzahlen h_{ik} aus Einheitsbelastungszuständen mit dem Prinzip der virtuellen Kräfte einfacher sein, als die Ermittlung der Steifigkeitsmatrix $\boldsymbol{K}$.

Die Nachgiebigkeitsmatrix $\boldsymbol{H}$ ist in der Regel voll besetzt, da sich infolge eines Einheitsbelastungszustandes die gesamte Struktur verformt. Die Steifigkeitsmatrix $\boldsymbol{K}$ von Balkensystemen hat Bandstruktur, falls sämtliche Drehungen und Biegungen an den Kollokationsstellen der Balken als fortlaufende Koordinaten eingeführt werden.

Bei ungefesselten Systemen (vgl. Bsp. 2.5), also bei kinematisch unbestimmten Mechanismen, gibt es keine Nachgiebigkeitsmatrix. Die Steifigkeitsmatrix $\boldsymbol{K}$ ist bei solchen Systemen singulär, $\det \boldsymbol{K} = 0$.

Beispiel 2.4: Statisch unbestimmt gelagerter Balken

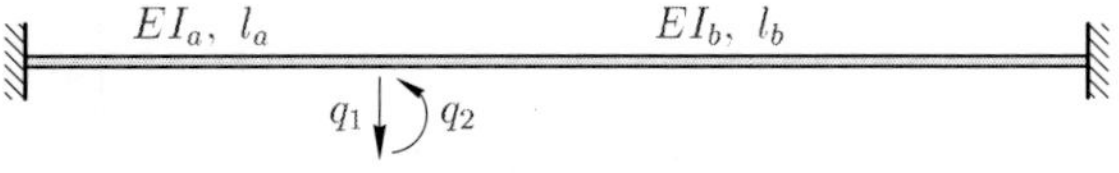

$EI_a,\ l_a$ $EI_b,\ l_b$

q_1 q_2

Bild B2.4.1: Balkenstruktur

Die Berechnung der Steifigkeitsmatrix $\boldsymbol{K}$ erfolgt spaltenweise. Die erste Spalte folgt aus dem Einheitsverschiebungszustand $\boldsymbol{q} = [1,\ 0]^T$. Bild B2.4.2 zeigt die vorgegebene Verformung und die dazu notwendigen Kräfte an den Elementarbalken.

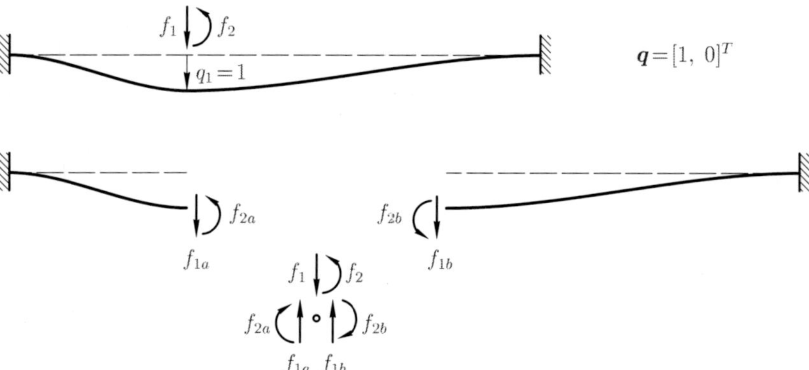

Bild B2.4.2: Verformung und Schnittkräfte infolge der Einheitsverschiebung q_1

Die Kraft-Verformungs-Beziehungen der Elementarbalken folgen aus der Tabelle 15.8 für Krafteinflußzahlen zu

$$f_{1a} = \frac{12EI_a}{l_a^3}, \qquad f_{1b} = \frac{12EI_b}{l_b^3},$$

$$f_{2a} = \frac{6EI_a}{l_a^2}, \qquad f_{2b} = -\frac{6EI_b}{l_b^2}.$$

Die Verbindungsstelle der Elementarbalken, also die Angriffsstelle der äußeren Lasten, muß im Gleichgewicht sein. Für die Elementbelastungen gilt also

$$k_{11} = f_1 = f_{1a} + f_{1b} = \frac{12EI_a}{l_a^3} + \frac{12EI_b}{l_b^3},$$

$$k_{21} = f_2 = f_{2a} + f_{2b} = \frac{6EI_a}{l_a^2} - \frac{6EI_b}{l_b^2}.$$

Die Berechnung der Belastung zur Erzeugung des Einheitsverschiebungszustandes q_2 gemäß Bild B2.4.3 erfolgt analog:

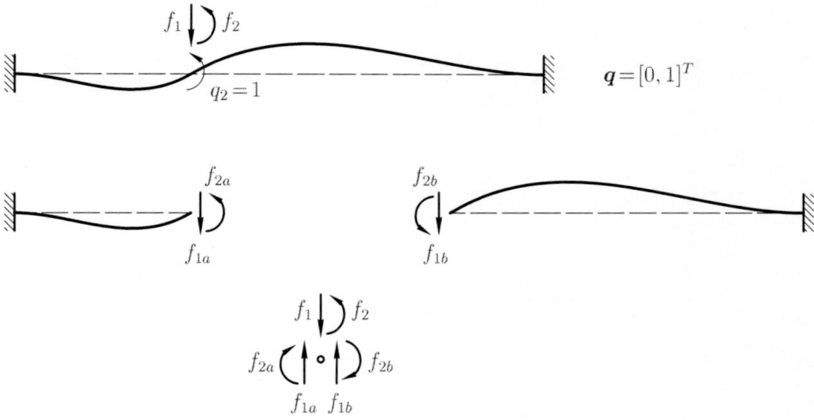

Bild B2.4.3: Verformung und Schnittkräfte beim Einheitsverschiebungszustand q_2

Aus der Tabelle 15.8 für die Krafteinflußzahlen für den Elementarbalken liest man für diese Verformung die Randlasten

$$f_{1a} = \frac{6EI_a}{l_a^2}, \qquad f_{1b} = -\frac{6EI_b}{l_b^2},$$

$$f_{2a} = \frac{4EI_a}{l_a}, \qquad f_{2b} = \frac{4EI_b}{l_b}$$

ab. Das Gleichgewicht am Koppelknoten liefert die für den Einheitsverschiebungszustand q_2 notwendigen äußeren Lasten

$$k_{12} = f_1 = f_{1a} + f_{1b} = \frac{6EI_a}{l_a^2} - \frac{6EI_b}{l_b^2},$$

$$k_{22} = f_2 = f_{2a} + f_{2b} = \frac{4EI_a}{l_a} + \frac{4EI_b}{l_b}.$$

Die Elemente der Steifigkeitsmatrix der Balkenstruktur sind gerade die zur Erzeugung der Einheitszustände notwendigen Kräfte,

$$\boldsymbol{K} = \begin{bmatrix} \frac{12EI_a}{l_a^3} + \frac{12EI_b}{l_b^3} & \frac{6EI_a}{l_a^2} - \frac{6EI_b}{l_b^2} \\ \frac{6EI_a}{l_a^2} - \frac{6EI_b}{l_b^2} & \frac{4EI_a}{l_a} + \frac{4EI_b}{l_b} \end{bmatrix}.$$

Beispiel 2.5: Ungefesseltes Feder-Masse-System mit drei Freiheitsgraden (Zugmodell)

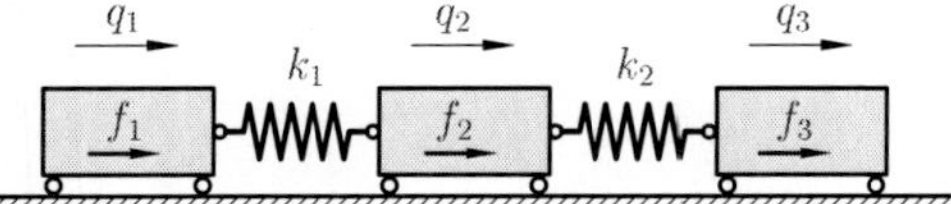

Bild B2.5.1: Zugmodell

Die Einheitsverschiebungszustände liefern der Reihe nach die Elemente der Steifigkeitsmatrix:

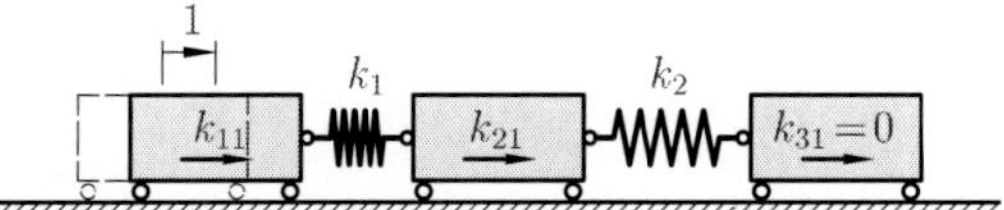

Bild B2.5.2: Erster Einheitsverschiebungszustand

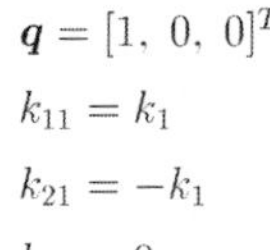

$\boldsymbol{q} = [1,\ 0,\ 0]^T$

$k_{11} = k_1$

$k_{21} = -k_1$

$k_{31} = 0$

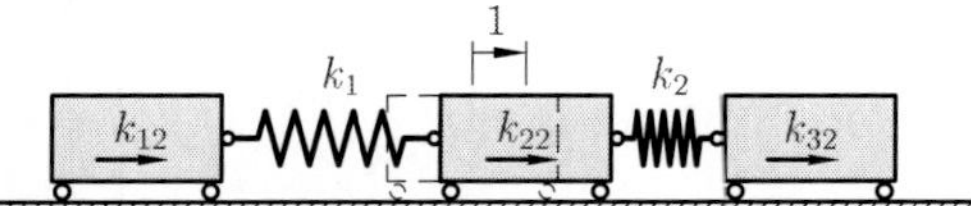

Bild B2.5.3: Zweiter Einheitsverschiebungszustand

$\boldsymbol{q} = [0,\ 1,\ 0]^T$

$k_{12} = -k_1$

$k_{22} = k_1 + k_2$

$k_{32} = -k_2$

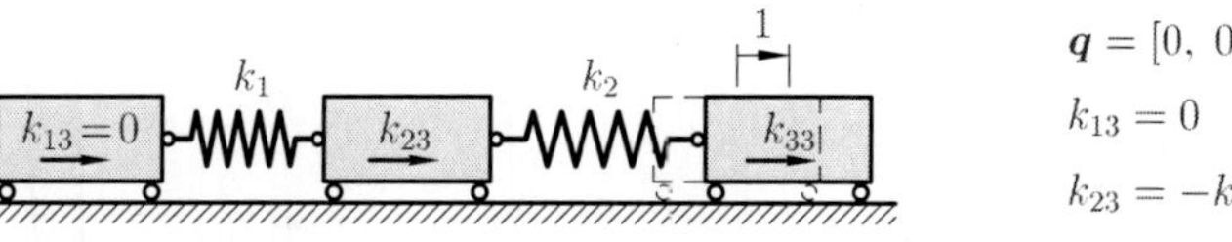

Bild B2.5.4: Dritter Einheitsverschiebungszustand

$\boldsymbol{q} = [0,\ 0,\ 1]^T$

$k_{13} = 0$

$k_{23} = -k_2$

$k_{33} = k_2$

Die Steifigkeitsmatrix hat somit die Form

$$\boldsymbol{K} = \begin{bmatrix} k_1 & -k_1 & 0 \\ -k_1 & k_1 + k_2 & -k_2 \\ 0 & -k_2 & k_2 \end{bmatrix}.$$

Wegen $\det \boldsymbol{K} = 0$ ist die Steifigkeitsmatrix singulär.

Bei einer beliebigen Verformung des Systems ist in den Federn die potentielle Energie

$$U = \frac{1}{2}\, k_1\, (q_2 - q_1)^2 + \frac{1}{2}\, k_2\, (q_2 - q_3)^2$$

gespeichert.

Statt aus Einheitsverschiebungen kann die Steifigkeitsmatrix gemäß Gl. (2.34) auch durch Differentiationen aus der potentiellen Energie ermittelt werden:

$$\begin{aligned}
k_{11} &= \frac{\partial^2 U}{\partial q_1^2} = \frac{\partial}{\partial q_1}\Big[-k_1(q_2-q_1)\Big] &&= k_1\,,\\
k_{12} &= \frac{\partial^2 U}{\partial q_1\,\partial q_2} = \frac{\partial}{\partial q_2}\Big[-k_1(q_2-q_1)\Big] &&= -k_1\,,\\
k_{13} &= \frac{\partial^2 U}{\partial q_1\,\partial q_3} = \frac{\partial}{\partial q_3}\Big[-k_1(q_2-q_1)\Big] &&= 0\,,\\
k_{22} &= \frac{\partial^2 U}{\partial q_2^2} = \frac{\partial}{\partial q_2}\Big[k_1(q_2-q_1)+k_2(q_2-q_3)\Big] &&= k_1+k_2\,,\\
k_{23} &= \frac{\partial^2 U}{\partial q_2\,\partial q_3} = \frac{\partial}{\partial q_3}\Big[k_1(q_2-q_1)+k_2(q_2-q_3)\Big] &&= -\,k_2\,,\\
k_{33} &= \frac{\partial^2 U}{\partial q_3^2} = \frac{\partial}{\partial q_3}\Big[-k_2(q_2-q_3)\Big] &&= k_2\,.
\end{aligned}$$

• **Fußpunkterregung und Lagerverschiebungen**

Eine schwingungsfähige Struktur kann nicht nur durch äußere Kräfte, sondern auch durch zeitabhängige Lagerverschiebungen zu Schwingungen angeregt werden. Man nennt dies Fußpunkterregung. Natürlich verlangen solche vorgegebenen Bewegungen entsprechende Lagerkräfte.

Bei statisch bestimmter Lagerung bewirken Lagerverschiebungen eine reine Starrkörperverschiebung des elastischen Systems. Bei statisch unbestimmter Lagerung rufen Lagerverschiebungen elastische Lagerkräfte, Verformungen und Beanspruchungen der elastischen Struktur hervor, es sei denn, die Lagerverschiebungen bilden selbst eine Starrkörperverschiebung der Struktur.

Zur Formulierung der Kraft-Verformungs-Beziehungen unter Berücksichtigung von vorgegebenen Fußpunkterregungen, also von Lagerverschiebungen, muß man das Gleichungssystem (2.30) um die Koordinaten erweitern, an denen Zwangsverschiebungen vorgegeben werden.

Bei Computerberechnungen mit der Finite-Elemente-Methode (FEM) werden zunächst sogar sämtliche Verschiebungsmöglichkeiten an allen Lagerstellen als Koordinaten eingeführt.

Für eine beliebige Struktur mit N Freiheitsgraden, die durch Zwangsverschiebungen an m Lagerkoordinaten beansprucht wird, führen wir folgende Bezeichnungen ein:

- $\boldsymbol{q}$ Vektor der N unbekannten Verschiebungen (Freiheitsgrade),
- $\boldsymbol{q}_0$ Vektor der m vorgegebenen Lagerverschiebungen aus Fußpunkterregungen,
- $\boldsymbol{f}$ Vektor der N vorgegebenen äußeren Kräfte, die auf die elastische Struktur wirken und
- $\boldsymbol{f}_0$ Vektor der unbekannten Kräfte, die die Lagerverschiebungen erzeugen.

Zur Ermittlung der Kraft-Verformungs-Beziehungen unter Einschluß von Lagerverschiebungen faßt man die Verschiebungen an den Freiheitsgraden und die vorgegebenen Lagerverschiebungen zu einem Gesamtverschiebungsvektor $\boldsymbol{q}_{ges}$ und die Kräfte an den Freiheitsgraden und an den Lagerverschiebungen zu einem Gesamtkraftvektor $\boldsymbol{f}_{ges}$ zusammen. Dann gilt die Beziehung

$$\boldsymbol{K}_{ges}\,\boldsymbol{q}_{ges} = \boldsymbol{f}_{ges}\,. \tag{2.35}$$

Vorgegebene Lagerverschiebungen machen sich bei schwingungsfähigen Strukturen durch steifigkeitsabhängige Terme auf der rechten Seite der Bewegungsgleichungen bemerkbar. Sie beeinflussen allerdings nicht die Steifigkeitsmatrix.

Zur Ermittlung der entsprechenden Anteile sortiert man die Zeilen von Gl. (2.35) nach den Verschiebungen an den Freiheitsgraden des Systems und den vorgegebenen Verschiebungen der Lager und teilt die Gesamtsteifigkeitsmatrix $\boldsymbol{K}_{ges}$ in Untermatrizen auf,

$$\begin{bmatrix} \boldsymbol{K} & \boldsymbol{K}_0 \\ \boldsymbol{K}_0^T & \boldsymbol{K}_{00} \end{bmatrix} \cdot \begin{bmatrix} \boldsymbol{q} \\ \boldsymbol{q}_0 \end{bmatrix} = \begin{bmatrix} \boldsymbol{f} \\ \boldsymbol{f}_0 \end{bmatrix}. \tag{2.36}$$

Die Matrizen $\boldsymbol{K}_0$ und $\boldsymbol{K}_0^T$ sind im allgemeinen nicht quadratisch. Aus dem oberen Teil des Gleichungssystems ergibt sich der für die Aufstellung der Bewegungsgleichungen notwendige Kraft-Verschiebungs-Zusammenhang

$$\boldsymbol{K}\boldsymbol{q} = \boldsymbol{f} - \boldsymbol{K}_0\,\boldsymbol{q}_0 \tag{2.37}$$

bzw.

$$\boldsymbol{q} = \boldsymbol{H}\boldsymbol{f} - \boldsymbol{H}\boldsymbol{K}_0\,\boldsymbol{q}_0\,. \tag{2.38}$$

Man erkennt, daß die Steifigkeitsmatrix und die Nachgiebigkeitsmatrix identisch mit denen bei verschwindenden Lagerverschiebungen sind. Die äußeren Kräfte auf die elastische Struktur sind jedoch um die Kräfte $-\boldsymbol{K_0}\,\boldsymbol{q}_0$ zu ergänzen, die für die vorgegebenen Lagerverschiebungen benötigt werden.

Beispiel 2.6: Balkenstruktur bei vorgegebener Bewegung $q_3^0(t)$ der Koordinate q_3

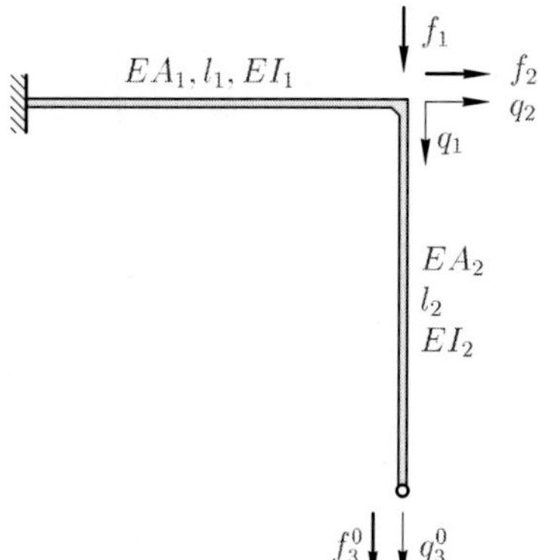

Bild B2.6.1: Balkenstruktur mit vorgegebener Verschiebung $q_3^0(t)$

Gesamt-Verschiebungs- und Gesamt-Kraftvektor:

$$\boldsymbol{q}_{ges} = [\ q_1,\ \ q_2,\ \ q_3^0\ ]^T, \qquad \boldsymbol{f}_{ges} = [\ f_1,\ \ f_2,\ \ f_3^0\ ]^T$$

Gesamt-Steifigkeitsmatrix $\boldsymbol{K}_{ges}$ aus Einheitsverschiebungszuständen:

$$\boldsymbol{q}_{ges} = [\ 1,\ \ 0,\ \ 0\ ]^T, \qquad \boldsymbol{q}_{ges} = [\ 0,\ \ 1,\ \ 0\ ]^T, \qquad \boldsymbol{q}_{ges} = [\ 0,\ \ 0,\ \ 1\ ]^T$$

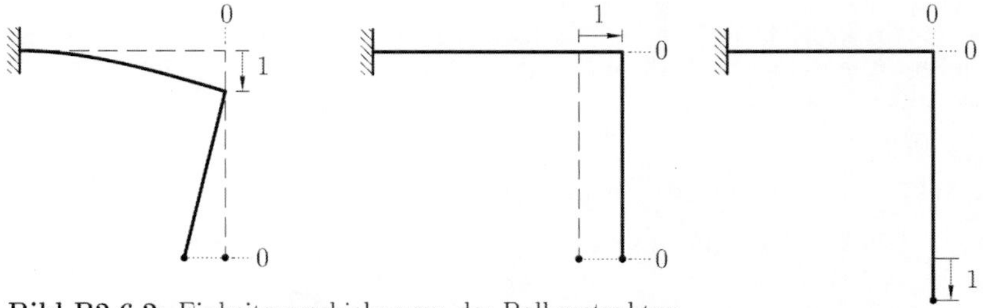

Bild B2.6.2: Einheitsverschiebungen der Balkenstruktur

Abkürzungen für die Elementsteifigkeiten:

$$k_{Z1} = \frac{EA_1}{l_1}, \qquad k_{Z2} = \frac{EA_2}{l_2}, \qquad k_{B1} = \frac{3EI_1}{l_1^3}$$

Elemente der Steifigkeitsmatrix:

$$\begin{array}{lll} k_{11} = k_{Z2} + k_{B1} & k_{12} = 0 & k_{13} = -k_{Z2} \\ k_{21} = 0 & k_{22} = k_{Z1} & k_{23} = 0 \\ k_{31} = -k_{Z2} & k_{32} = 0 & k_{33} = k_{Z2} \end{array}$$

Gesamt-Steifigkeitsmatrix:

$$\boldsymbol{K}_{ges} = \begin{bmatrix} k_{Z2} + k_{B1} & 0 & -k_{Z2} \\ 0 & k_{Z1} & 0 \\ -k_{Z2} & 0 & k_{Z2} \end{bmatrix} = \left[\begin{array}{c:c} \boldsymbol{K} & \boldsymbol{K}_0 \\ \hdashline \boldsymbol{K}_0^T & \boldsymbol{K}_{00} \end{array}\right]$$

Kraft-Verformungs-Beziehungen gemäß Gl. (2.37):

$$\begin{bmatrix} k_{Z2} + k_{B1} & 0 \\ 0 & k_{Z1} \end{bmatrix} \cdot \begin{bmatrix} q_1 \\ q_2 \end{bmatrix} = \begin{bmatrix} f_1 \\ f_2 \end{bmatrix} - \begin{bmatrix} -k_{Z2} \\ 0 \end{bmatrix} q_3^0$$

Die für die vorgegebene Lagerverschiebung q_0^3 notwendige elastische Kraft f_3^0 kann aus dem unteren Teil des Gleichungssystems (2.37) errechnet werden:

$$\boldsymbol{f}_0 = \boldsymbol{K}_0^T\, \boldsymbol{q} + \boldsymbol{K}_{00}\, \boldsymbol{q}_0 \qquad \text{bzw.}$$

$$f_3^0 = [\ -k_{Z2},\ \ 0\ ] \begin{bmatrix} q_1 \\ q_2 \end{bmatrix} + k_{Z2}\, q_3^0$$

2.3 Energiedissipierende Elemente und Strukturen

Sehr detaillierte Informationen zu Dämpfungsmechanismen, deren mathematische Beschreibungen und Anwendungen findet man in VDI-Richtlinien und DIN-Normen. Insbesondere sind in diesem Zusammenhang die verschiedenen Teile der VDI-Richtlinie „VDI 3830, Werkstoff- und Bauteildämpfung“ zu nennen, die der Autor dieses Buches zusammen mit Experten aus Wissenschaft und Industrie entwickelt hat. Die nachfolgenden Abschnitte enthalten in geringen Auszügen grundlegende Zusammenhänge, die in den Richtlinien weitaus umfassender dargestellt sind. Alle Bilder der VDI-Richtlinie, auch die, die auszugsweise hier gezeigt werden, wurden am Institut des Autors erstellt.

2.3.1 Dämpfungsmechanismen

Als mechanische Dämpfung wird die bei zeitabhängigen Vorgängen stattfindende irreversible Umwandlung mechanischer Energie in andere Energieformen bezeichnet. In vielen Fällen beeinflußt die Dämpfung den Zeitverlauf, die Intensität oder sogar die Existenz von Schwingungen wesentlich. In der Literatur sind die Bezeichnungen, die Beschreibung der Dämpfung, die Versuchstechniken sowie die analytischen und numerischen Methoden leider nicht einheitlich.

Während Massen- und Steifigkeitsmatrizen komplexer Strukturen aus den CAD-Zeichnungen relativ genau ermittelt werden können, kann die Dämpfung in der Regel nicht aus solchen Überlegungen abgeleitet werden. Genaue Dämpfungsgesetze können nur experimentellen ermittelt werden. Nur in Sonderfällen läßt sich das dynamische Verhalten gedämpfter Strukturen aus kontinuumsmechanisch fundierten Materialgesetzen für inelastische Werkstoffe berechnen.

Als Werkzeug zur Dämpfungsermittlung hat sich die experimentelle Modalanalyse etabliert. Sie identifiziert aus gemessenen Frequenzgangfunktionen mit Curve-Fitting-Verfahren die modalen Parameter Eigenfrequenzen, Eigenschwingungsformen und modale Dämpfungen.

Bei harmonischen Zeitverläufen können die elastischen und dämpfenden Eigenschaften mit komplexen Größen beschrieben werden. Diese hängen aber von einer Reihe von Parametern ab: Werkstoffdaten, Verformungsgeschwindigkeit, Frequenz, Temperatur, Anzahl der Lastzyklen usw. Bei nichtlinearem Verhalten kommt im allgemeinen noch eine Abhängigkeit von der Amplitude hinzu.

In der Strukturdynamik hat sich die Verwendung modaler Dämpfungsmaße bewährt, die keine Detailinformation über die Dämpfungsmechanismen mehr enthalten.

Die folgenden Abschnitte gehen zuerst auf den Begriff der Dämpfung und die Ursachen der Dämpfung ein, behandeln dann verschiedene Beschreibungsweisen für das lineare und nichtlineare Verhalten fester Werkstoffe und stellen Querverbindungen zwischen ihnen her. Den Ausführungen über linear-viskoelastische Werkstoffe folgen Modelle für gedämpfte Strukturen.

2.3.2 Einteilung der Dämpfungsphänomene

Neben Reibungs-, Wellenausbreitungs- oder Strömungsvorgängen können auch die Phasenumwandlung in Materialien oder die elektromechanische Energiewandlung zu Dämpfung führen.

Die Dämpfungskräfte sind nichtkonservativ. Sie können als innere und äußere Kräfte auftreten. Falls beim Freischneiden actio und reactio der Dämpfungskraft innerhalb der Systemgrenze wirken, handelt es sich um innere Dämpfung. Wenn die Reaktionskraft außerhalb der Systemgrenze wirkt, handelt es sich um äußere Dämpfung.

Beispiele für äußere Dämpfung sind

- Reibung mit dem umgebenden Medium und
- Abstrahlung von Energie in das umgebende Medium (Luft, Boden etc.).
- Wird der Struktur Energie aus dem umgebenden Medium zugefügt, spricht man von negativer äußerer Dämpfung.

Beispiele für innere Dämpfung sind

- Werkstoffdämpfung und
- Reibung zwischen Bauteilen.

Die Dämpfung eines mechanischen Systems kann sich phänomenologisch aus folgenden Bestandteilen zusammensetzen:

• Werkstoffdämpfung

Die durch Verformung bewirkte Energiedissipation im Werkstoff heißt Werkstoffdämpfung. Zu den wesentlichen physikalischen Ursachen gehören

- bei festen Werkstoffen
  - verformungsinduzierte Wärmeströme,
  - Gleitvorgänge und
  - mikroplastische Verformungen,
- bei Fluiden
  - Strömungsverluste.

• Kontaktflächendämpfung: Relativbewegung, Reibung

Kontaktflächendämpfung entsteht bei Relativbewegungen in den Kontaktflächen gefügter Bauteile, z. B. an Schraub-, Niet- und Klemmverbindungen. Physikalische Ursachen sind

- Reibung und
- Pumpverluste des eingeschlossenen Mediums.

• Dämpfung in Führungen

Hierunter fallen Maschinenschlitten und Gleitlager.

• Elektromechanische Dämpfung

Elektromechanische Dämpfung kann durch piezoelektrische, magnetostriktive oder elektromagnetische Effekte hervorgerufen werden.

• Energieabgabe an umgebendes Medium

Hierzu gehören

- Luftdämpfung,
- Flüssigkeitsdämpfung und
- Bettungsdämpfung.

2.3.3 Diskrete Dämpfungselemente in Strukturen

2.3.3.1 Übersicht

In schwingungsfähigen Strukturen wird die Dämpfung in der Regel analog zu den elastischen Elementen durch einzelne diskrete Elemente modelliert. Die bekanntesten eindimensionalen Dämpfungselemente sind der lineare viskose Dämpfer (Bild 2.15 links) und der Trockenreibungsdämpfer (Bild 2.15 rechts).

Bild 2.15: Ein-parametrische Dämpfungselemente; links: linearer viskoser Dämpfer; rechts: Trockenreibungsdämpfer

Die von den Dämpfungsmechanismen hervorgerufenen Kräfte der Einzelelemente hängen von der Relativbewegung

$$\Delta q = q_B - q_A \tag{2.39}$$

zwischen den beiden Endpunkten des Dämpfungselementes ab und sind der Relativgeschwindigkeit $\Delta\dot{q}$ entgegengerichtet.

Die Abhängigkeit der Dämpfungskraft $F_D(\Delta\dot{q}, \Delta q)$ von der Relativgeschwindigkeit $\Delta\dot{q}$ wird auch hier Kraft-Verformungs-Beziehung genannt (Bild 2.16).

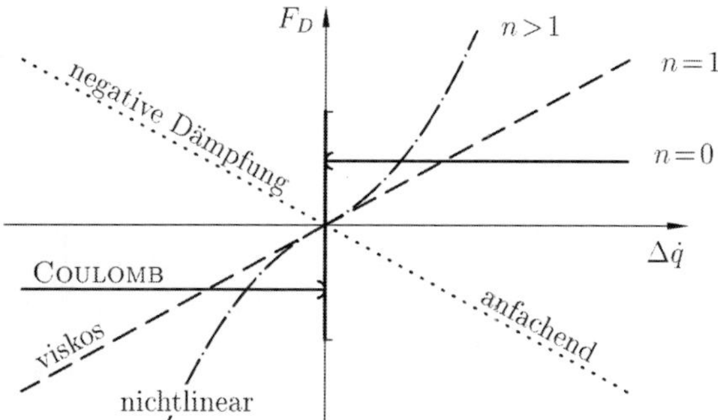

Bild 2.16: Kraft-Verformungs-Beziehung von Dämpfungselementen

Bei einer allgemeineren nichtlinearen Beschreibung wird die Dämpfungskraft proportional einer Potenz n der Relativgeschwindigkeit und der Bewegung entgegen gerichtet angenommen,

$$F_D = b_n\, v_{rel}^n\,.$$

Die Fälle $n=0$ und $n=1$ sind die oben bereits beschriebenen Bewegungsgesetze. Bei Luftwiderstand von Fahrzeugen mißt man den Exponenten $n = 2$. Der Exponent n kann auch eine nicht ganze Zahl sein, wobei dann allerdings die Relativgeschwindigkeit auf einen Bezugswert v_0 zu normieren ist, $F_D = b_n(v_{rel}/v_0)^n$.

Grundsätzlich soll jede nichtkonservative Kraft in einem schwingungsfähigen System als Dämpferkraft bezeichnet werden. Dies schließt neben den energiezerstreuenden Dämpfungsmechanismen auch anfachende Mechanismen mit ein. Man spricht im zweiten Fall von negativer Dämpfung.

2.3.3.2 Linearer viskoser Dämpfer

Das diskrete Element der linearen viskosen Dämpfung in Bild 2.15 links dargestellt. Die Dämpfungskraft ist proportional zur Relativgeschwindigkeit $\Delta\dot{q}$ der Dämpferendpunkte,

$$F_D = b\,\Delta\dot{q}\,. \tag{2.40}$$

Der Koeffizient b ist die Dämpfungskonstante. Die Beziehung (2.40) stellt eine lineare Näherung der tatsächlichen, meist kompliziert nichtlinearen Dämpfung dar.

Lineare Dämpfung kann angesetzt werden

- bei langsamer Bewegung in zäher Flüssigkeit (laminare Strömung, kleine REYNOLDS-Zahl),
- beim Gleiten auf geschmierter Kontaktfläche,
- bei hydraulischen Dämpfern und
- bei schleichendem Strömen zäher Medien durch Rohre.

Auch die Schwingungsdämpfer von Kraftfahrzeugen – die häufig fälschlicherweise Stoßdämpfer genannt werden – können mit dem linearen Ansatz meist hinreichend genau beschrieben werden.

2.3.3.3 Trockenreibungsdämpfer

Reiben zwei rauhe feste Körper aneinander, so wird eine Reibkraft hervorgerufen, die der Relativbewegung $\Delta\dot{q}$ entgegenwirkt,

$$F_D = R\,\mathrm{sgn}(\Delta\dot{q})\,. \tag{2.41}$$

Eine erste Näherung für den Betrag der Reibkraft R ist das COULOMBsche Gesetz

$$R = \mu N\,. \tag{2.42}$$

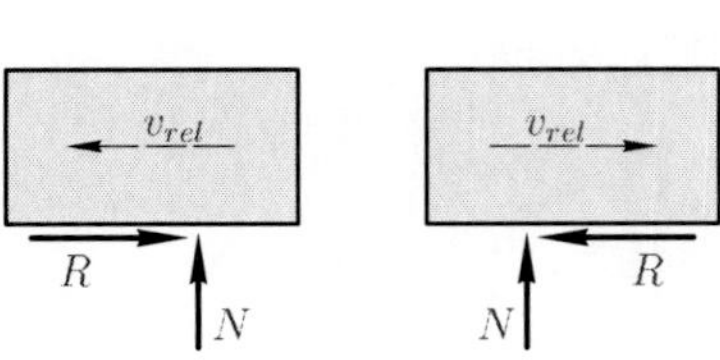

Bild 2.17: Zur Richtung der Reibkraft

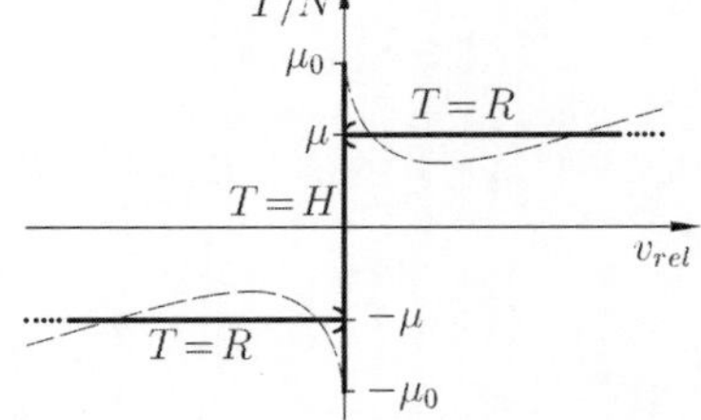

Bild 2.18: Reibkennlinie bei trockener Reibung

Die Reibkraft R ist hier proportional zur Normalkraft N und wirkt stets der Relativgeschwindigkeit entgegen. Sie versucht also, das Gleiten zu verhindern. Der Reibkoeffizient μ ist bei COULOMBscher Reibung unabhängig von der Normalkraft und der Relativgeschwindigkeit. Meist ist der Reibkoeffizient μ kleiner als der Haftbeiwert μ_0. Er kann sich natürlich von Ort zu Ort ändern, so daß die Reibkraft auch eine Ortsabhängigkeit aufweisen kann.

Das COULOMBsche Reibgesetz ist eine Idealisierung. In der Regel ist die Reibkraft in irgendeiner Weise auch vom Betrag der Relativgeschwindigkeit abhängig. Häufig fällt sie mit wachsender Relativgeschwindigkeit zunächst ab, was zu Ratterschwingungen und ähnlichen Phänomenen führen kann. Dieser Sachverhalt wird z. B. durch den Ansatz

$$R(\Delta\dot{q}) = \frac{R(0) - R(\infty)}{1 + \lambda\,|v_{rekl}|} + R(\infty) \tag{2.43}$$

berücksichtigt, der den kontinuierlichen Übergang von der Reibkraft $R(0)$ bei sehr langsamer Bewegung in die Reibkraft $R(\infty)$ bei sehr schneller Bewegung beschreibt.

Deutlich muß auf den Unterschied zwischen Haftung und Reibung hingewiesen werden: Bei Reibung ist die Tangentialkraft R von μ abhängig, bei Haftung ist die Tangentialkraft H nicht von μ_0 abhängig. Haftung führt nicht zu Dämpfung und Energieverzehr.

2.3.3.4 Bewegungswiderstände fester Körper in Flüssigkeiten und Gasen

Der bei Relativbewegung zwischen einem festen Körper und flüssigen oder gasförmigen Medien zu überwindende Widerstand hat im wesentlichen zwei Ursachen:

Zum einen findet Reibung zwischen dem Körper und dem umgebenden Medium oder im körpernahen Medium selbst statt, wodurch mechanische Energie in Wärme umgewandelt wird. Die resultierende Widerstandskraft hängt von der Form des Körpers und vom umgebenden Medium ab und ist in etwa proportional zur Relativgeschwindigkeit $\Delta\dot{q}$,

$$F_D = b\,\Delta\dot{q}\,. \tag{2.44}$$

Dieses lineare Widerstandsgesetz setzt laminare Strömungen voraus, die nur bei niedrigen Strömungsgeschwindigkeiten und zähen Medien stabil bleiben. Der lineare Ansatz wird besonders bei analytischen Untersuchungen schwingungsfähiger mechanischer Systeme benutzt, weil die resultierenden Bewegungsgleichungen linear bleiben.

Bei größeren Geschwindigkeiten, insbesondere in Medien mit niedriger Zähigkeit (wie beispielsweise in Luft) wird die Strömung sehr schnell turbulent. Hier resultiert dann die wesentliche Widerstandskraft daraus, daß laufend neue Fluidteilchen beschleunigt und mitgerissen werden. Der Widerstand hängt hier quadratisch von der relativen Anströmgeschwindigkeit v ab,

$$F_D = \frac{1}{2}\,c_W\,\rho\,A_p\,v^2\,\mathrm{sgn}(v)\,. \tag{2.45}$$

Die Widerstandskraft F_D ist proportional zur Projektionsfläche A_p des Körpers in Strömungsrichtung (Schattenfläche), zur Dichte ρ des umströmenden Mediums und zum Widerstandsbeiwert, dem sogenannten c_W-Wert. Der c_W-Wert gibt an, wie gut die umströmte Form hinsichtlich niedriger Widerstandskraft optimiert ist. Er muß im allgemeinen experimentell ermittelt werden. Für eine Kugel gilt $c_W \approx 0.5$, für einen in Längsrichtung angeströmten langen Zylinder $c_W \approx 1$, für einen modernen PKW $c_W \approx 0.3$ und für ein Bauwerk $c_W \approx 0.35 - 2.8$.

Wird die Anströmungsgeschwindigkeit sehr hoch und kommt in die Nähe der Schallgeschwindigkeit im umströmenden Medium, steigt der c_W-Wert stark an.

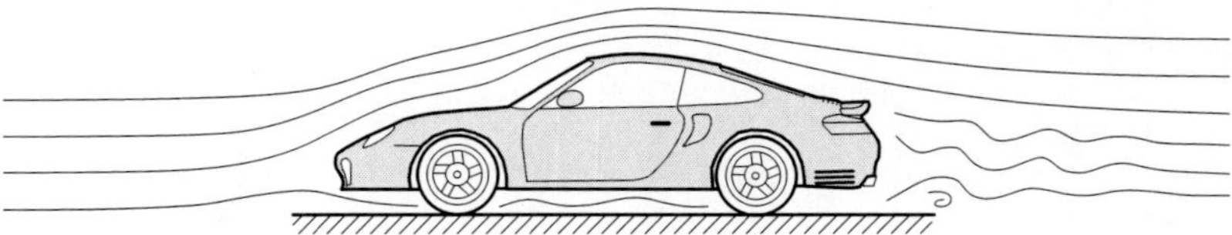

Bild 2.19: Umströmung eines Fahrzeuges mit niedrigem c_W-Wert

2.3.3.5 Wegproportionale Dämpfung

Bei Energiezerstreuung in realen Strukturen steigt die Dämpfungskraft häufig nicht proportional mit der Frequenz (wie es beim viskosen Dämpfer der Fall ist), sondern ist in größeren Frequenzbereichen unabhängig von der Frequenz. Dies läßt sich durch ein wegproportionales Dämpfungsgesetz

$$F_D = b\,\Delta q\,\mathrm{sgn}(\Delta\dot{q}) \tag{2.46}$$

beschreiben.

2.3.4 Systeme mit viskoser Dämpfung

2.3.4.1 Dämpfungsmatrix

Wegen der einfachen mathematischen Behandlung ist der lineare viskose Dämpfer das meistverwendete Dämpfungsmodell. Er kann nicht nur für lineare Dämpfungsmechanismen verwendet werden, sondern auch für nichtlineare. Fast jedes nichtlineare Dämpfungsgesetz läßt sich durch Energiebetrachtungen näherungsweise auf ein äquivalentes viskoses Dämpfungsgesetz abbilden. In der überwiegenden Zahl aller technischer Fragestellungen läßt sich der Einfluß der Dämpfung mit ausreichender Genauigkeit durch eine viskose Ersatzdämpfung beschreiben.

Zur Berechnung der Dämpfungsmatrix von Strukturen mit mehreren diskreten Einzeldämpfern werden analoge Methoden wie zur Ermittlung der Steifigkeitsmatrix angesetzt. Bei Systemen mit mehreren Freiheitsgraden mit viskosen linearen Dämpfern bestehen lineare Zusammenhänge zwischen den Geschwindigkeiten $\dot{q}_i$ und den an den Koordinaten q_k angreifenden äußeren Dämpfungskräften f_k. Analog zu elastischen Systemen können die Dämpfungskräfte von viskosen Systemen durch eine Dämpfungsmatrix $\boldsymbol{B}$ dargestellt werden,

$$\boldsymbol{f} = \boldsymbol{B}\,\dot{\boldsymbol{q}}\,. \tag{2.47}$$

Von Sonderfällen abgesehen gilt bei passiven Systemen

$$\boldsymbol{B} = \boldsymbol{B}^T \qquad \text{bzw.} \qquad b_{ik} = b_{ki}\,. \tag{2.48}$$

Die Dämpfungsmatrix ist symmetrisch. Die mechanische Deutung der Glieder b_{ik} der Dämpfungsmatrix entspricht den Gliedern k_{ik} der Steifigkeitsmatrix: b_{ik} ist die Kraft f_i, die an der Stelle und in Richtung der Koordinate q_i wirken muß, um einen Einheitsgeschwindigkeitszustand $\dot{q}_k = 1$ und $\dot{q}_\nu = 0 \;\; \forall\; \nu \neq k$ zu erzeugen.

Die Dämpfungsmatrix $\boldsymbol{B}$ von Systemen mit mehreren Freiheitsgraden mit viskoser (linearer) Dämpfung kann wie die Steifigkeitsmatrix $\boldsymbol{K}$ ermittelt werden: Man ermittelt sie aus Einheitsgeschwindigkeitszuständen, bei denen die Einzeldämpfer genauso behandelt werden, wie Einzelfedern bei Einheitsverschiebungszuständen. Alle elastischen Elemente stellt man sich dabei als schlaff und alle Trägheiten (Massen- und Drehträgheiten) als nicht vorhanden vor.

Eine Alternative ist die Ermittlung der Dämpfungsmatrix aus einem Leistungsausdruck. Dazu stellt man die Leistung $P(\dot{q}_1, \dot{q}_2, \ldots, \dot{q}_N)$ aller Dämpfungskräfte $b\,\Delta\dot{q}$ der einzelnen linearen Dämpfer an deren Relativbewegungen $\Delta\dot{q}$ auf. Der Leistungsausdruck P ist ähnlich aufgebaut wie eine potentielle Energie von Federn, wenn statt der Dämpfer Federn eingebaut wären. Statt den Steifigkeiten k enthält die Dämpferleistung jedoch die Dämpferkonstanten b und statt den Verschiebungen q die Geschwindigkeiten $\dot{q}$ der Strukturkoordinaten. Die Elemente der viskosen Dämpfungsmatrix folgen dann aus der Dämpferleistung P mittels der Ableitungsvorschrift

$$b_{ik} = \frac{1}{2}\,\frac{\partial^2 P}{\partial \dot{q}_i\,\partial \dot{q}_k}\,. \tag{2.49}$$

Beispiel 2.7: Feder-Masse-System mit drei Freiheitsgraden (vgl. Zugmodell von Bsp. 2.5)

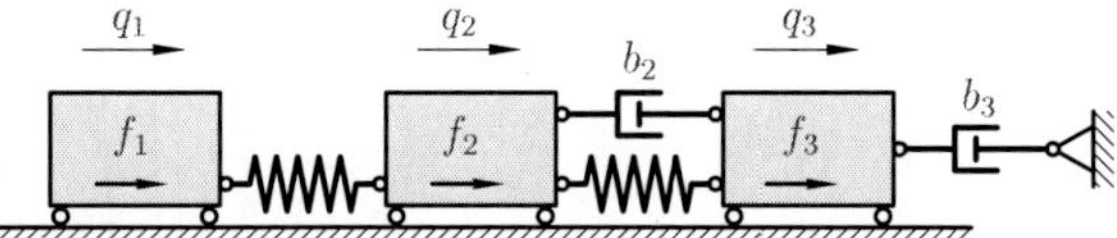

Bild B2.7.1: Feder-Masse-System mit Dämpfung

Die Einheitsgeschwindigkeitszustände liefern der Reihe nach die Elemente der Dämpfungsmatrix:

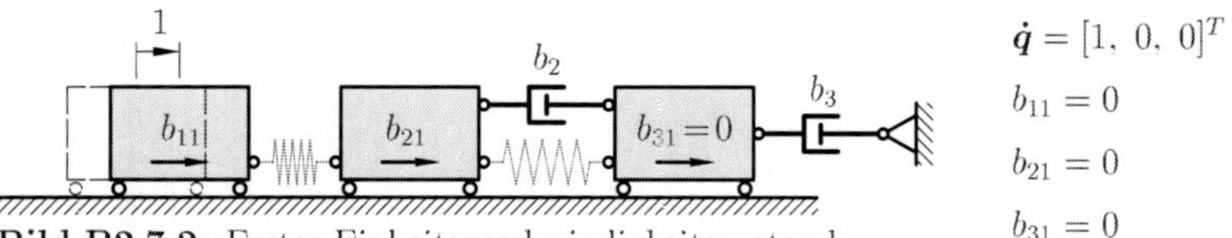

Bild B2.7.2: Erster Einheitsgeschwindigkeitszustand

$\dot{\boldsymbol{q}} = [1,\ 0,\ 0]^T$

$b_{11} = 0$

$b_{21} = 0$

$b_{31} = 0$

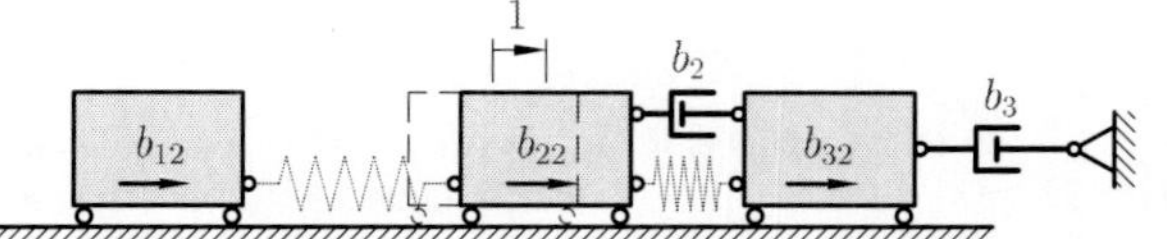

Bild B2.7.3: Zweiter Einheitsgeschwindigkeitszustand

$$\dot{\boldsymbol{q}} = [0,\ 1,\ 0]^T \quad b_{12} = 0 \quad b_{22} = b_2 \quad b_{32} = -b_2$$

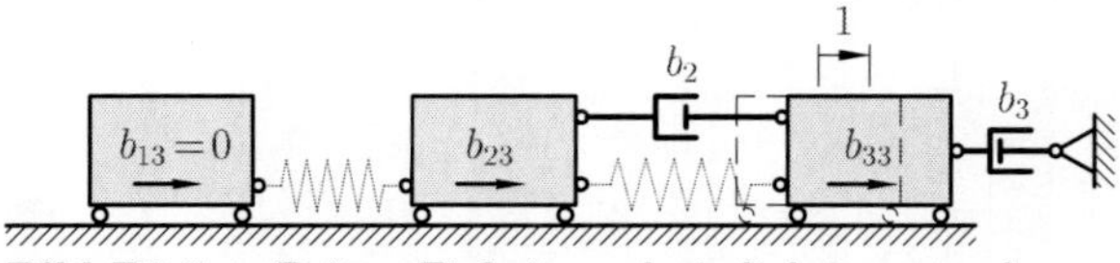

Bild B2.7.4: Dritter Einheitsgeschwindigkeitszustand

$$\dot{\boldsymbol{q}} = [0,\ 0,\ 1]^T \quad b_{13} = 0 \quad b_{23} = -b_2 \quad b_{33} = b_2 + b_3$$

Die Dämpfungsmatrix hat somit die Form

$$\boldsymbol{B} = \begin{bmatrix} 0 & 0 & 0 \\ 0 & b_2 & -b_2 \\ 0 & -b_2 & b_2 + b_3 \end{bmatrix}.$$

Die Dämpferleistung

$$P(\dot{q}_1, \dot{q}_2, \dot{q}_3) = b_2\,(\dot{q}_3 - \dot{q}_2)^2 + b_3\,\dot{q}_3^2$$

liefert mit der Differentiationsvorschrift (2.49) die Elemente der Dämpfungsmatrix,

$$b_{11} = \frac{1}{2}\frac{\partial^2 P}{\partial \dot{q}_1^2} = 0, \qquad b_{12} = \frac{1}{2}\frac{\partial^2 P}{\partial \dot{q}_1\,\partial \dot{q}_2} = 0, \qquad b_{13} = \frac{1}{2}\frac{\partial^2 P}{\partial \dot{q}_1\,\partial \dot{q}_3} = 0,$$

$$b_{22} = \frac{1}{2}\frac{\partial^2 P}{\partial \dot{q}_2^2} = \frac{1}{2}\frac{\partial}{\partial \dot{q}_2}\big[-2b_2(\dot{q}_3 - \dot{q}_2)\big] = b_2,$$

$$b_{23} = \frac{1}{2}\frac{\partial^2 P}{\partial \dot{q}_2\,\partial \dot{q}_3} = \frac{1}{2}\frac{\partial}{\partial \dot{q}_3}\big[-2b_2(\dot{q}_3 - \dot{q}_2)\big] = -b_2,$$

$$b_{33} = \frac{1}{2}\frac{\partial^2 P}{\partial \dot{q}_3^2} = \frac{1}{2}\frac{\partial}{\partial \dot{q}_3}\big[2b_2(\dot{q}_3 - \dot{q}_2) + 2b_3\dot{q}_3\big] = b_2 + b_3.$$

2.3.4.2 Bequemlichkeitshypothese

Mangels genauerer Kenntnisse der Dämpfungsverteilung wird die Dämpfungsmatrix häufig proportional zur Massen- und Steifigkeitsmatrix angesetzt,

$$\boldsymbol{B} = \alpha_0\,\boldsymbol{M} + \alpha_1\,\boldsymbol{K}.$$

Dabei ist der massenproportionale Anteil $\alpha_0\boldsymbol{M}$ als äußere Dämpfung anzusehen, wobei in einem Dämpfungsmodell die diesbezüglichen Dämpfer gegen einen festen Bezugspunkt arbeiten. Der steifigkeitsproportionale Dämpfungsanteil $\alpha_1\,\boldsymbol{K}$ beschreibt die innere Dämpfung; die entsprechenden Dämpfer sind parallel und proportional zu allen Steifigkeiten des Schwingungssystems angeordnet. Dieser Ansatz, der auf Rayleigh zurückgeht und unter dem Begriff Bequemlichkeitshypothese bekannt ist, erleichtert und vereinfacht die analytischen und numerischen Berechnungen der Schwingungsvorgänge in gedämpften Strukturen erheblich.

2.3.5 Dämpfung in festen Werkstoffen

Von Werkstoffdämpfung spricht man dann, wenn die Verformungskraft eines elastischen Körpers nicht mehr alleine von der Deformation abhängt, sondern auch von der Deformationsgeschwindigkeit. Dabei geht dem System während der Verformung mechanische Energie verloren, deren Umfang durch die sogenannte Hysterese gegeben ist. Die Kraftgesetze für solche Dämpfungsmechanismen sind im allgemeinen schwierig zu finden, man ist auf Experimente angewiesen. Häufig wird Geschwindigkeitsproportionalität angesetzt.

Die beiden Standardversuche von Bild 2.20 und 2.21 verdeutlichen die typischen Eigenschaften des inelastischen Werkstoffverhaltens: Wird der Werkstoff durch einen Spannungssprung[1] $\sigma(t) = \sigma_0\, 1(t)$ beansprucht, so setzt zeitabhängiges Kriechen der Dehnung $\varepsilon(t)$ ein. Wird hingegen nach einem Dehnungssprung $\varepsilon(t) = \varepsilon_0\, 1(t)$ die Dehnung festgehalten, sinkt die Spannung $\sigma(t)$. Diesen Effekt bezeichnet man als Relaxation.

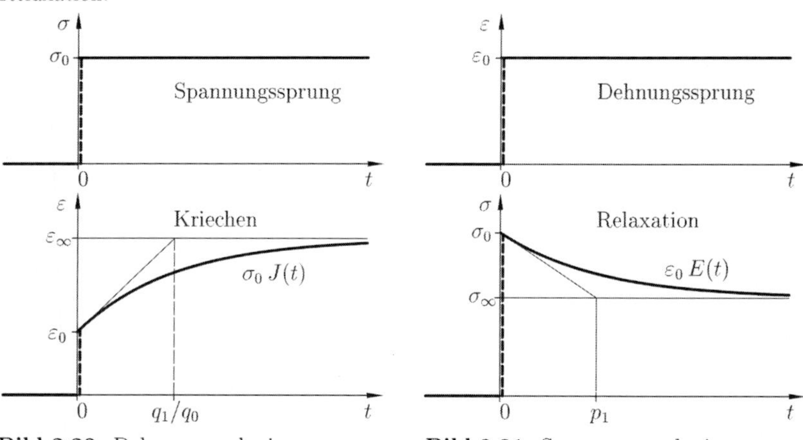

Bild 2.20: Dehnung nach einem Spannungssprung

Bild 2.21: Spannung nach einem Dehnungssprung

Bei zyklischer Belastung des Werkstoffes tritt ein Verlust an mechanisch nutzbarer Energie auf. Diesen Effekt bezeichnet man als Hysterese. Bild 2.22 zeigt zwei Hysteresezyklen.

Der Verlust an mechanischer Energie pro Volumen (Dämpfungsarbeit pro Volumen) während eines Zyklus mit der Periodendauer T_p bei ansonsten beliebigem Zeitverlauf beträgt

$$W_D = \oint \sigma\, d\varepsilon = \int_0^{T_p} \sigma(t)\, \dot{\varepsilon}(t)\, dt\,. \tag{2.50}$$

Eine bezogene Dämpfungskenngröße ist der *Werkstoffverlustfaktor*

$$\chi = \frac{W_{Dh}}{2\pi\, U_{ref}}\,. \tag{2.51}$$

[1] Der Einheitssprung wird hier mit $1(t)$ bezeichnet.

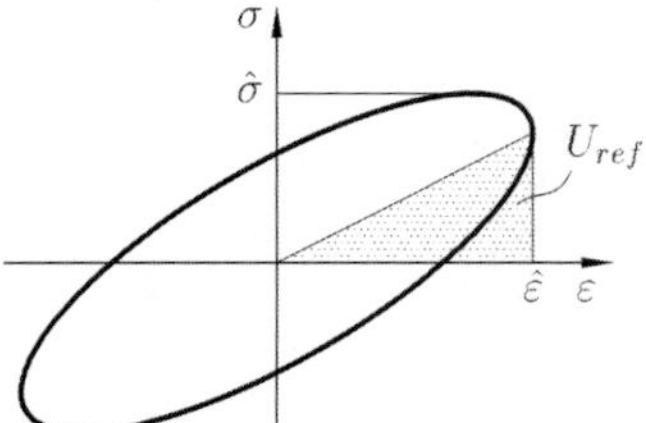

b) Nichtlinearer Werkstoff

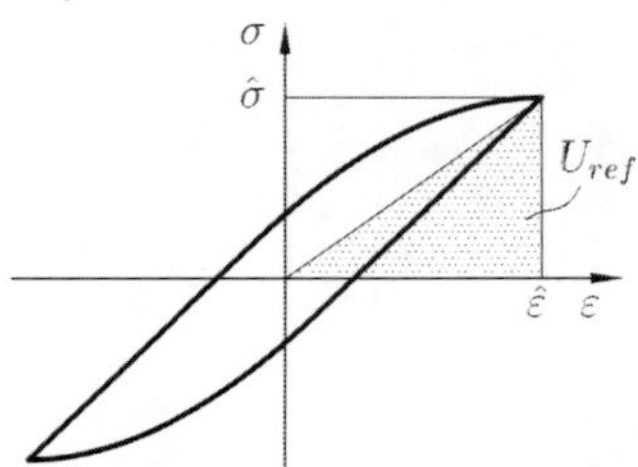

Bild 2.22: Spannungs-Dehnungskurven bei zyklischer Belastung und Verformung: a) elliptische Hystereseschleife (lineares Werkstoffverhalten), b) lanzettförmige Hystereseschleife (nichtlineares Werkstoffverhalten)

Darin sind W_{Dh} die auf das Volumen bezogene Dämpfungsarbeit pro Zyklus bei harmonischem Dehnungsverlauf und U_{ref} die in Bild 2.22 als Fläche dargestellte Referenzenergie pro Volumen bei der Maximaldehnung $\hat{\varepsilon}$. Im linearen Fall (Bild 2.22a) ist dies die bei Maximaldehnung $\hat{\varepsilon}$ gespeicherte potentielle Energie U_{max}. Wesentlichen Einfluß auf den Werkstoffverlustfaktor χ haben die Amplitude $\hat{\varepsilon}$ und die Periodendauer. Für ein Bauteil wird der Verlustfaktor analog definiert. Die Anschaulichkeit der Kenngröße *Dämpfungsarbeit je Zyklus* wird mit dem Nachteil erkauft, daß die Kenngröße nur für zyklische Beanspruchungen oder Verformungen angebbar ist.

2.3.6 Lineare mehrparametrige Modelle

2.3.6.1 Modelle

Die Phänomene bei linearem Werkstoffverhalten lassen sich durch rheologische Modelle beschreiben, die aus vernetzten Federn und Dämpfer bestehen, gelegentlich aber auch Trägheiten berücksichtigen.

2.3.6.2 Zwei-Parameter-Modelle

Ein viskoelastisches Zwei-Parameter-Modell besteht aus einer masselosen linearen Feder und einem masselosen linearen Dämpfungselement, Bild 2.23.

Bei Festkörpern sind Feder und Dämpfer parallel geschaltet, das Modell heißt KELVIN-VOIGT-Modell. Dieses läßt allerdings nicht die in den Bildern 2.20 und 2.21 ersichtlichen spontanen elastischen Dehnungen $\varepsilon_0\, 1(t)$ zu.

Auf Werkstoffebenen verknüpft die Kraft-Verformungsbeziehung

$$\sigma = E\,\varepsilon + R\,\dot{\varepsilon} \tag{2.52}$$

die Dehnung ε und die Dehnungsgeschwindigkeit $\dot{\varepsilon}$ mit der Spannung σ. Auf Elementebene gilt entsprechend

$$F_D = k\,q + b\,\dot{q} \tag{2.53}$$

zwischen der Relativverschiebung q, der Relativgeschwindigkeit $\dot{q}$ und der Last F_D.

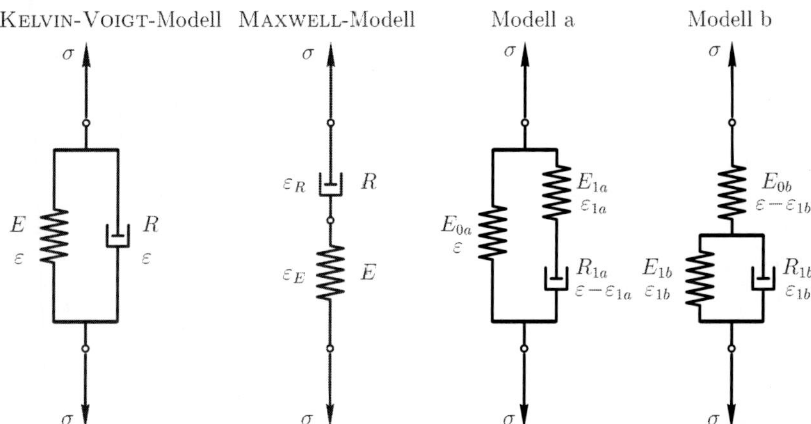

Bild 2.23: Zwei-Parameter-Modelle

Bild 2.24: Drei-Parameter-Modelle

2.3.6.3 Drei-Parameter-Modelle

Das lineare Drei-Parameter-Modell ist die einfachste Konfiguration, die die Ergebnisse der Standardversuche in den Bildern 2.20 und 2.21 beschreiben kann. Für Festkörper gibt es die beiden im Bild 2.24 dargestellten Feder-Dämpfer-Kombinationen, die in ihrem Verhalten äquivalent sind. Alle anderen Anordnungen von Federn und Dämpfern in Drei-Parameter-Modellen beschreiben das Verhalten von Fluiden.

Für das Modell a von Bild 2.24 mit den Parametern E_{0a} und E_{1a} der Federn und R_{1a} des Dämpfers, der Gesamtdehnung ε sowie der Federdehnung ε_{1a} fordert das Gleichgewicht

$$\sigma = E_{0a}\,\varepsilon + E_{1a}\,\varepsilon_{1a} \qquad \text{und} \qquad E_{1a}\,\varepsilon_{1a} = R_{1a}\,(\dot{\varepsilon} - \dot{\varepsilon}_{1a}). \tag{2.54}$$

Die beiden Gleichgewichtsbedingungen (2.54) führen auf das viskoelastische Stoffgesetz

$$\sigma + p_1\,\dot{\sigma} = q_0\,\varepsilon + q_1\,\dot{\varepsilon} \tag{2.55}$$

mit den Faktoren

$$p_1 = \frac{R_{1a}}{E_{1a}}, \qquad q_0 = E_{0a} \qquad \text{und} \qquad q_1 = R_{1a}\,\frac{E_{0a} + E_{1a}}{E_{1a}}. \tag{2.56}$$

Für das Modell b von Bild 2.24 ergibt sich das selbe Stoffgesetz, allerdings mit den veränderten Faktoren

$$p_1 = \frac{R_{1b}}{E_{0b} + E_{1b}}, \qquad q_0 = \frac{E_{1b}\,E_{0b}}{E_{0b} + E_{1b}} \qquad \text{und} \qquad q_1 = \frac{R_{1b}\,E_{0b}}{E_{0b} + E_{1b}}. \tag{2.57}$$

2.3.6.4 Harmonische Spannungs- und Dehnungsfunktion

Die Materialgleichung (2.52) führt bei harmonischer Dehnung

$$\varepsilon(t) = \hat{\varepsilon}\,\cos(\Omega t + \alpha) = \mathrm{Re}\{\underline{\hat{\varepsilon}}\,e^{i\Omega t}\} \tag{2.58}$$

im eingeschwungenen Zustand auf die hierzu phasenverschobene Spannung

$$\sigma(t) = \hat{\sigma}\,\cos(\Omega t + \beta) = \mathrm{Re}\{\underline{\hat{\sigma}}\,e^{i\Omega t}\}. \tag{2.59}$$

Der komplexe Modul

$$\underline{E}(\Omega) = E'(\Omega) + i\,E''(\Omega)\,, \tag{2.60}$$

dessen Realteil E' *Speichermodul* und dessen Imaginärteil E'' *Verlustmodul* heißt, stellt den linearen Zusammenhang zwischen den komplexen Amplituden der Spannung $\underline{\hat{\sigma}} = \hat{\sigma}\,e^{i\beta}$ und der Dehnung $\underline{\hat{\varepsilon}} = \hat{\varepsilon}\,e^{i\alpha}$ her,

$$\underline{\hat{\sigma}} = \underline{E}(\Omega)\,\underline{\hat{\varepsilon}}\,. \tag{2.61}$$

Mit dem *Verlustfaktor*

$$\chi(\Omega) = \frac{E''(\Omega)}{E'(\Omega)} \tag{2.62}$$

schreibt sich der komplexe Modul auch in der Form

$$\underline{E}(\Omega) = E'(\Omega)\,[1 + i\,\chi(\Omega)]\,. \tag{2.63}$$

Die Beziehungen (2.58) bis (2.63) führen zur Verknüpfung

$$\chi(\Omega) = \tan\delta(\Omega) \tag{2.64}$$

zwischen dem Verlustfaktor $\chi(\Omega)$ und dem Verlustwinkel $\delta(\Omega) = \beta - \alpha$, den Phasenunterschied zwischen Spannung und Dehnung.

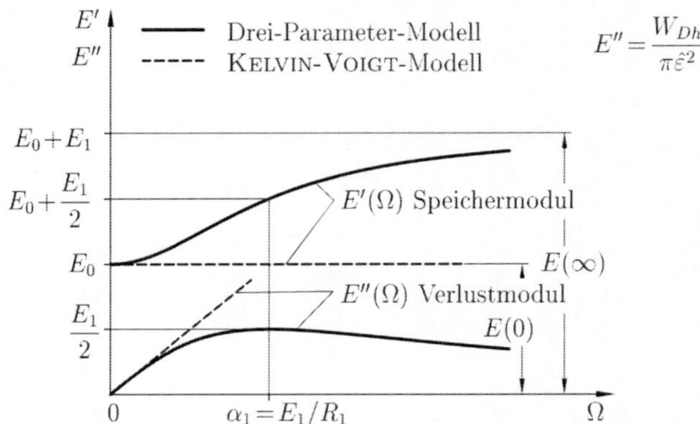

Bild 2.25: Speicher- und Verlustmodul der Drei-Parameter-Modelle und des zweiparametrigen KELVIN-VOIGT-Modells

Die spezifische Dämpfungsarbeit je Zyklus ergibt sich aus Gl. (2.50) zu

$$W_{Dh}(\Omega) = \pi\, E''(\Omega)\, \hat{\varepsilon}^2 = \pi\, \chi(\Omega)\, E'(\Omega)\, \hat{\varepsilon}^2 = \pi\, \chi(\Omega)\, \frac{E'(\Omega)}{|\underline{E}(\Omega)|^2}\, \hat{\sigma}^2. \tag{2.65}$$

Bis auf den Normierungsfaktor $\pi\,\hat{\varepsilon}^2$ stimmt der Verlustmodul $E''(\Omega)$ mit der spezifischen Dämpfungsarbeit je Zyklus $W_{Dh}(\Omega)$ überein.

Für das zwei-parametrige KELVIN-VOIGT-Modell und die Drei-Parameter-Modelle für Festkörper sind der Speicher- und der Verlustmodul in Bild 2.25 dargestellt. Bild 2.26 zeigt die Kennwerte in der Hysteresekurve bei linear-viskoelastischem Material.

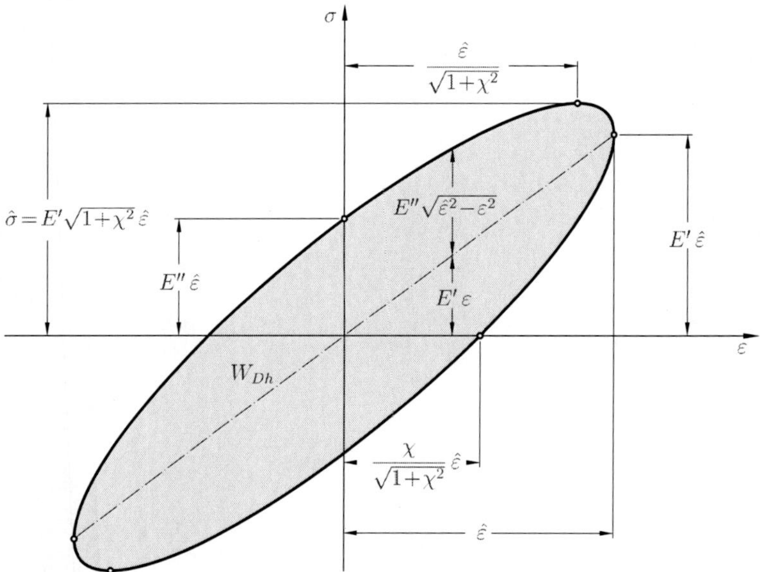

Bild 2.26: Kennwerte der Hysterese bei linear-viskoelastischem Materialverhalten

2.3.6.5 Dämpfung mit vorgegebener Frequenzabhängigkeit

Die Frequenzabhängigkeit von Verlustfaktoren $\chi(\Omega)$ muß in Experimenten ermittelt werden. Bei frequenzunabhängigen Dämpfungskoeffizienten R läßt sich der komplexe Modul

$$\underline{E}(\Omega) = E + i\Omega R \tag{2.66}$$

des rheologischen KELVIN-VOIGT-Modells von Bild 2.23 links mit dem positiven Verlustfaktor

$$\chi(\Omega) = \frac{R\,|\Omega|}{E} > 0 \tag{2.67}$$

als

$$\underline{E}(\Omega) = E\,[1 + i\chi(\Omega)\,\mathrm{sgn}\Omega] \tag{2.68}$$

beschreiben.

Für frequenzabhängige, beliebige Dämpfungskoeffizienten $R(\Omega)$ aus Messungen kann der Ansatz (2.68) ebenfalls verwendet werden, wobei allerdings $\chi(\Omega)$ nicht mehr proportional zu Ω ist. Gl. (2.68) gilt nur im Frequenzbereich, also für fouriertransformierte Zustandsgrößen oder für den eingeschwungenen Zustand harmonischer Bewegungen.

Dem Sonderfall konstanter, d. h. frequenzunabhängiger Verlustfaktoren $\chi(\Omega) = \chi_0$ (Strukturdämpfung) kommt in den Anwendungen – etwa in der Flatteranalyse von Flugzeugen oder als Modell der Werkstoffdämpfung von Wellensträngen – große Bedeutung zu. Er führt auf eine frequenzunabhängige Dämpfungskraft.

Zur Berechnung des Zeitverhaltens ist die Rücktransformation in den Zeitbereich vorzunehmen. Wird die Strukturdämpfung auf diese Weise beschrieben, treten in der Lösung allerdings kleine nichtkausale Anteile auf.

Die Zusammenstellung der Verlustfaktoren mit den zugehörigen modellmäßigen Frequenzabhängigkeiten zeigt Bild 2.27.

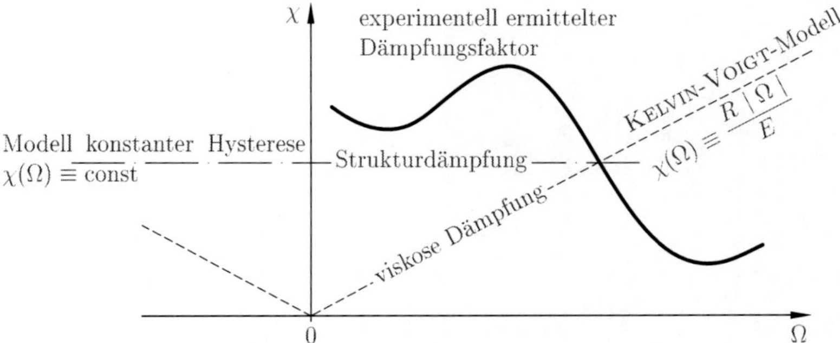

Bild 2.27: Frequenzabhängigkeit der Verlustfaktoren

2.3.7 Nichtlineare Modelle

Bei großen Verzerrungen verhalten sich alle Werkstoffe physikalisch nichtlinear. Der Zusammenhang zwischen Spannungen und Dehnungen läßt sich dann nicht mehr durch lineare Gleichungen beschreiben, das Superpositionsprinzip gilt nicht mehr.

Für die Strukturdynamik geeignet sind rheologische Modelle oder Rechenmodelle mit jeweils begrenztem Anwendungsbereich, deren Parameter aus Meßergebnissen, z. B. Hysteresekurven, Gedächtnis- oder Kriechfunktionen, identifiziert werden. Dieser Abschnitt behandelt Beispiele für solche Modelle, die für den einachsigen Spannungszustand gelten.

- **Modelle für statische Hysterese:**

Die Hysteresekurve vieler, vor allem metallischer Werkstoffe weist im Zugversuch mit der harmonischen Dehnung $\varepsilon(t) = \hat{\varepsilon}\cos(\Omega t + \alpha)$ die in Bild 2.22b dargestellte Lanzettform auf, wenn die Spannungsamplitude etwa 1/20 der Dauerwechselfestigkeit überschreitet. Die Form der Hysteresekurve und damit die spezifische

Dämpfungsarbeit hängen kaum von der Frequenz ab, $W_{Dh} = W_{Dh}(\hat{\varepsilon})$, weshalb von statischer Hysterese oder geschwindigkeitsunabhängigem Verhalten des Werkstoffs gesprochen wird. Im Gegensatz zu den linear-viskoelastischen Werkstoffen ist die spezifische Dämpfungsarbeit W_{Dh} im allgemeinen nicht proportional zu $\hat{\varepsilon}^2$.

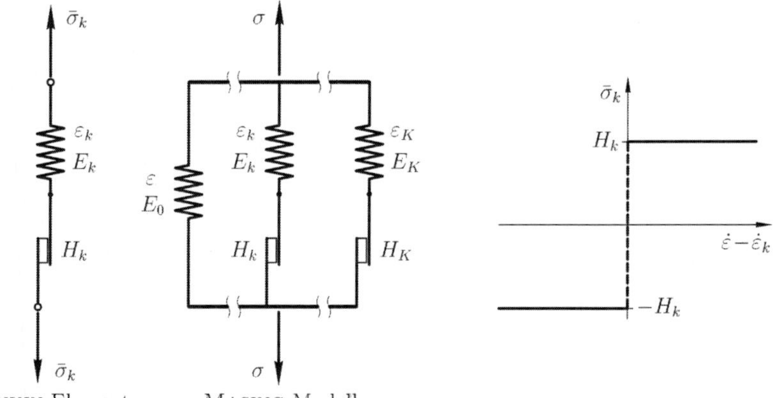

Bild 2.28: Ein phänomenologisches Modell für statische Hysterese; Kennlinie des k-ten COULOMB-Elementes

Im sogenannten JENKIN-Element von Bild 2.28 sind eine Feder und ein COULOMB-Element hintereinander angeordnet. Das MASING-Modell von Bild 2.28 besteht aus einer linearen Feder und mehreren JENKIN-Elementen.

Die Spannungs-Dehnungs-Kurven des MASING-Modells bestehen stückweise aus Geraden. Es dissipieren nur die COULOMB-Elemente Energie, die rutschen; haftende Elemente dissipieren keine Energie.

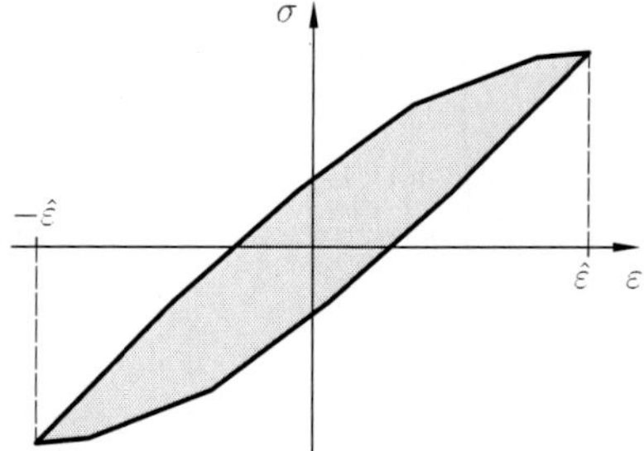

Bild 2.29: Qualitative Darstellung der Hysterese des MASING-Modells aus Bild 2.28 bei harmonischer Dehnung

2.3.8 Vom Werkstoff zum homogenen Bauteil

Im Bauteil sind der Spannungs- und der Verzerrungszustand i. a. ortsabhängig. Der Verlustfaktor χ eines Bauteils unterscheidet sich daher i. a. vom Verlustfaktor des Werkstoffs. Er folgt aus der Dämpfungsarbeit des Bauteilvolumens, bezogen auf die maximal im Bauteil gespeicherte potentielle Energie.

2.3.9 Dämpfung von Baugruppen

Die Dämpfungskenngrößen von Baugruppen werden, vom Werkstoff ausgehend, über die Bauteile bis zur Baugruppe aufgebaut. Es besteht die Möglichkeiten, die Dämpfung von Baugruppen zu messen, und zwar

- im Zeitbereich durch Auswerten von Zeitverläufen bei linearen Verformungsgesetzen (Stoffgesetzen), insbesondere durch die Bewertung von Amplitudenabnahmen gedämpfter Schwingungen,
- im Frequenzbereich durch Ausnutzen der Beziehungen zwischen den Eingangs- und Ausgangsgrößen und
- durch Bestimmen der Energiedissipation, speziell bei stationären Schwingungen.

2.3.10 Dämpfung an Fügestellen

Die Dämpfung in den Kontaktflächen von Fügestellen (z. B. Schraub-, Niet- und Klemmverbindungen sowie in Schrumpfsitzen und Führungen) überwiegt in technischen Strukturen meist gegenüber der Werkstoffdämpfung.

Die Fügestellendämpfung entsteht durch Mikroschlupf in Teilbereichen der Kontaktflächen. Mit zunehmender Tangentiallast oder sinkender Flächenpressung geht der Mikroschlupf in Makroschlupf über, d. h. die gesamten Fügestellenflächen bewegen sich relativ zueinander. Der Makroschlupf kann mit Hilfe des COULOMBschen Reibgesetzes angenähert werden.

In Fügestellen wirken die genannten Mechanismen zusammen und ergeben nichtlineare Effekte. Die Dissipationsmechanismen hängen stark von der Flächenpressung, der Oberflächenbeschaffenheit der Wirkflächen und der Werkstoffpaarung ab.

2.3.11 Verdrängungsdämpfung

2.3.11.1 Luftverdrängungsdämpfung

Bei schwingender Biegeverformung von verbundenen Platten klaffen die Kontaktflächen auf und schließen sich wieder. Dadurch wird Luft angesaugt und ausgequetscht. Experimente zeigten, daß diese Luftverdrängung im Frequenzbereich über der niedrigsten Eigenfrequenz den wesentlichen Beitrag zur Gesamtdämpfung liefert.

2.3.11.2 Gleitlager

Bei Gleitlagern und Quetschfilmdämpfern entsteht die Dämpfungswirkung durch den Druckaufbau infolge von Verdrängungsströmungen. In erster Näherung läßt sich der dynamische Anteil der Gesamttragkraft für eine vorgegebene statische Gleichgewichtslage linearisieren und die Dämpfungskraft lassen sich mit Dämpfungsfaktoren annähern.

In Bild 2.30 ist – als Beispiel – ein Radiallager mit kreisförmiger Bohrung dargestellt. Bei statischer Belastung mit der Kraft F_S nimmt die Zapfenmitte eine durch die Exzentrizität e und den Verlagerungswinkel α gekennzeichnete Lage ein. Die relative Exzentrizität $\varepsilon = e/\delta$ und der Winkel α hängen von der Sommerfeldzahl

$$So = \frac{F_S\, \psi^2}{B D\, \eta\, \Omega} \tag{2.69}$$

und dem Breitenverhältnis B/D ab.

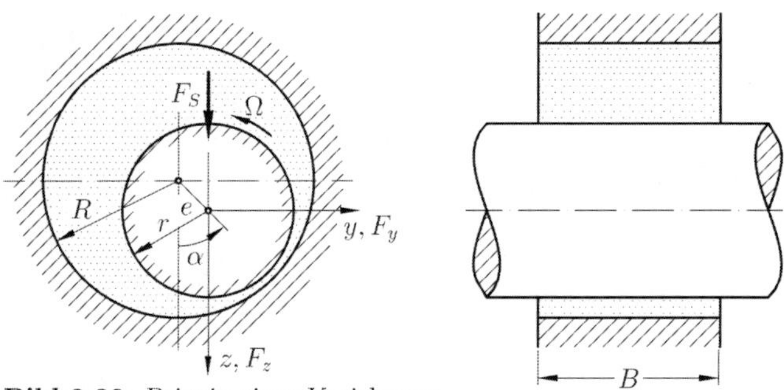

Bild 2.30: Prinzip eines Kreislagers

Dabei sind

η	die dynamische Zähigkeit des Schmiermittels,
$D = 2R$	der Lagerdurchmesser,
B	die Lagerbreite,
r	der Zapfenradius,
$\delta = R - r$	das Lagerspiel,
$\psi = \delta/R$	das relative Lagerspiel,
e	die Zapfenexzentrizität,
$\varepsilon = e/\delta$	die relative Exzentrizität,
F_S	die statische Lagerkraft (meist das Gewicht),
α	der Verlagerungswinkel und
Ω	die Winkelgeschwindigkeit (Drehzahl) des Rotors.

Führt der Zapfen kleine Bewegungen $z(t)$ und $y(t)$ um die von der statischen Lagerkraft F_S verursachte Gleichgewichtslage aus, dann können die Komponenten der entstehenden Zusatzkraft näherungsweise linear angesetzt werden,

$$\begin{aligned} \Delta F_z(t) &= k_{zz}\, z + k_{zy}\, y + b_{zz}\, \dot{z} + b_{zy}\, \dot{y}\,, \\ \Delta F_y(t) &= k_{yz}\, z + k_{yy}\, y + b_{yz}\, \dot{z} + b_{yy}\, \dot{y}\,. \end{aligned} \tag{2.70}$$

Die Koeffizienten k_{ik} und b_{ik} sind die Steifigkeits- und Dämpfungskoeffizienten des Schmierfilms. Diese Linearisierung wird auch für Lager mit beliebiger Spaltgeometrie und für Kippsegmentlager benutzt. Die dimensionslosen Koeffizienten

$$\gamma_{ik} = k_{ik}\,\frac{\delta}{F_S} \qquad \text{und} \qquad \beta_{ik} = b_{ik}\,\frac{\delta\,\Omega}{F_S} \tag{2.71}$$

für die Steifigkeit und die Dämpfung, die bei einem Kreislager nur noch Funktionen der Sommerfeldzahl So sind, vereinfachen die Darstellung.

Für Kreislager mit kleinem Breitenverhältnis folgen nach entsprechenden Vereinfachungen geschlossene Ausdrücke für γ_{ik} und β_{ik}, die sich für $B/D < 0.3$ als brauchbar erwiesen haben. Die Bilder 2.31 und 2.32 zeigen die Abhängigkeiten dieser Koeffizienten von der relativen Exzentrizität ε für ein kurzes Kreislager. Die Exzentrizität und die Koeffizienten hängen von der dimensionslosen Belastungskennzahl $So/(B/D)^2$ ab.

Bei großen Lagerzapfenamplituden oder großen dynamischen Belastungen muß das Schwingungsverhalten des Rotor-Lager-Systems nichtlinear berechnet werden.

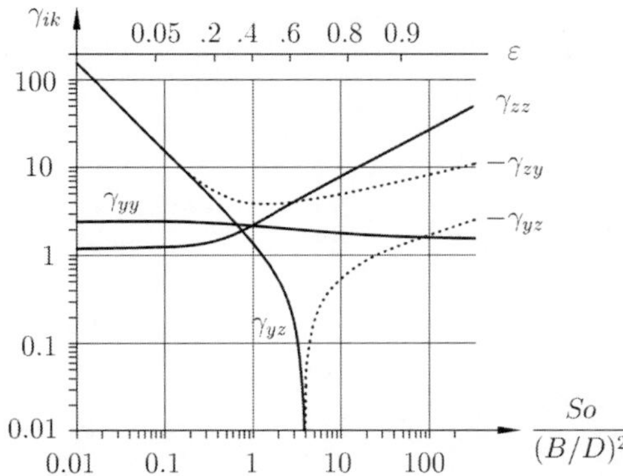

Bild 2.31: Bezogene Steifigkeitskoeffizienten des kurzen Kreislagers

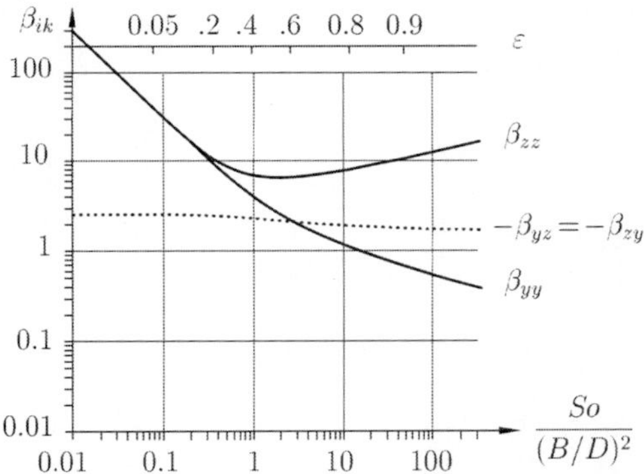

Bild 2.32: Bezogene Dämpfungskoeffizienten des kurzen Kreislagers

2.3.11.3 Quetschfilmdämpfer

Das Prinzip des Quetschfilmdämpfers ist aus Bild 2.33 ersichtlich. Das Lager der Welle ist in einem Ring montiert, der am Drehen gehindert ist und sich daher nur radial bewegen kann. Die radiale Bewegung wird durch das Medium im Spalt gedämpft.

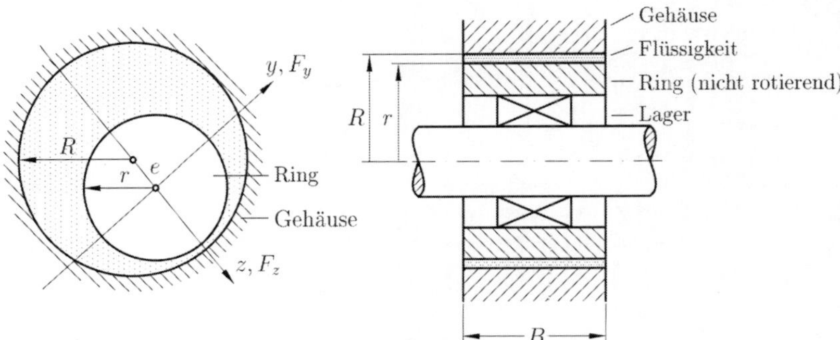

Bild 2.33: Prinzip eines Quetschfilmdämpfers

Der Quetschfilmdämpfer kann als Gleitlager mit nicht rotierendem Zapfen aufgefaßt werden. Beim seitlich offenen Dämpfer ohne Taschen treten im Hauptachsensystem keine Koppelglieder wie beim Gleitlager auf. In linearer Näherung gilt auch bei exzentrischer Lage für die Dämpfungskräfte im zy-Hauptachsensystem ($z \| e$)

$$F_z(t) = b_z\, \dot{z} \qquad \text{und} \qquad F_y(t) = b_y\, \dot{y}\,. \tag{2.72}$$

Bei kreiszylindrischer Bohrung und zentrischer Stellung ist im Idealfall $b_y = b_z$.

Die Dämpfungskoeffizienten

$$b_z = \frac{2\,B\,\eta}{\psi^3}\,\beta_z^* \qquad \text{und} \qquad b_y = \frac{2\,B\,\eta}{\psi^3}\,\beta_y^* \tag{2.73}$$

können aus den dimensionslosen Koeffizienten β_z^* bzw. β_y^* berechnet werden, die von der bezogenen Exzentrizität e/δ und dem Breitenverhältnis B/D (mit $D = 2R$) abhängen (Bilder 2.34 und 2.35).

Bei großen Schwingungsamplituden tritt Kavitation im Quetschspalt auf, so daß die Dämpfungswirkung des Quetschfilmdämpfers stark herabgesetzt wird, und es zu einem Totalausfall des Dämpfers kommen kann.

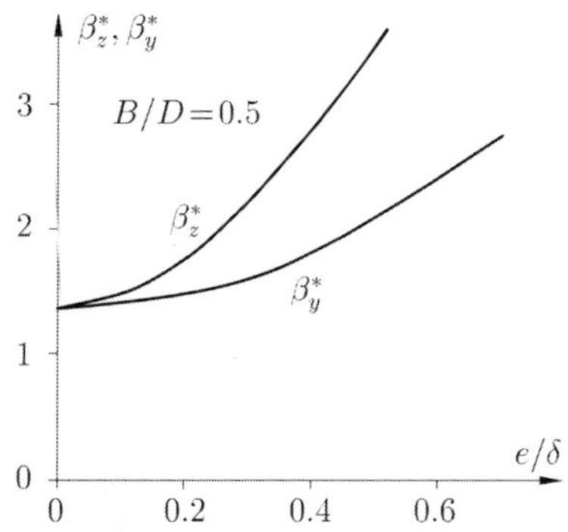

Bild 2.34: Bezogene Dämpfungskoeffizienten eines Quetschfilmdämpfers in Abhängigkeit von der relativen Exzentrizität

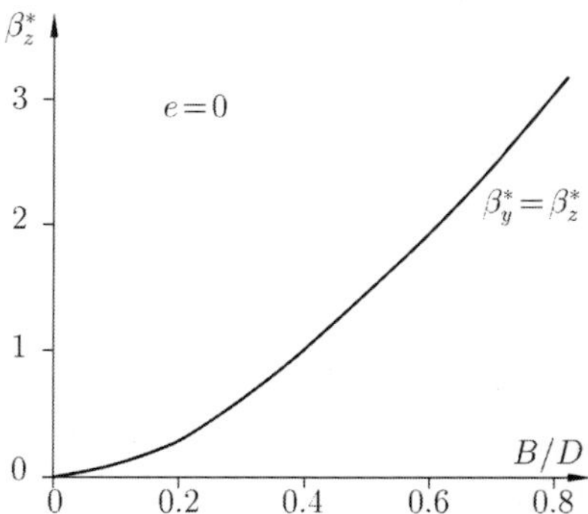

Bild 2.35: Bezogener Dämpfungskoeffizient eines Quetschfilmdämpfers bei zentrischer Lage ($e = 0$) in Abhängigkeit vom Breitenverhältnis

2.3.12 Versuchstechniken

2.3.12.1 Experimentelle Ermittlung von Dämpfungswerten

Die mathematische Beschreibung der Dämpfung enthält Größen, die im Experiment ermittelt werden müssen. Die Messung der Dämpfungskenngrößen erfordert immer dynamische Versuche. An einem System (Probe, Bauteil, Flüssigkeitsvolumen, Schwinger) werden entweder Eingangs- und Ausgangssignale (Anregung und Antwort) gemessen und miteinander verknüpft (z. B. bei der Messung von Übertragungsfrequenzgängen) oder es wird die Energiebilanz für das System gebildet.

Die Schwierigkeiten häufen sich bei sichtbar nichtlinearer Dämpfung. Deswegen verwundert es nicht, daß die Ergebnisse von Dämpfungsmessungen stark streuen.

2.3.12.2 Fremddämpfung

Der Verlust an mechanischer Energie, der die Messung der betrachteten Dämpfungskenngrößen verfälscht, heißt Fremddämpfung. Diese entsteht z. B. durch

- die umgebende Luft,
- Energietransport über zusätzliche Lager,
- Energiedissipation in Einspannungen (mit Kontaktflächendämpfung) und
- Energieentzug durch Meßgeräte.

2.3.12.3 Übertragbarkeit von Meßergebnissen

Gemessene Dämpfungskenngrößen beziehen sich streng genommen nur auf die untersuchte Probe und die speziellen Versuchsbedingungen. Die Übertragung der Ergebnisse auf gleichartige Bauteile, Belastungsfälle und Zeitverläufe ist möglich. Eine Verallgemeinerung ist wegen der großen Anzahl von Einflüssen – vor allem im Bereich der nichtlinearen Dämpfung – allerdings problematisch.

2.3.12.4 Apparative Möglichkeiten

Die rasante Entwicklung der Rechnertechnologie ermöglicht den Einsatz komplexer numerischer Identifikationsalgorithmen. Auf diese wird hier nicht eingegangen. Vielmehr werden grundlegende Auswertemethoden kurz skizziert, eine schnelle Abschätzung von Parametern und die Kontrolle der numerischen Ergebnisse ermöglichen.

Soll die Dämpfung von Werkstoffen im Grundsätzlichen geklärt werden, dann bauen die anzuwendenden Versuchstechniken auf die Standard-Versuche nach Bild 2.20 und 2.21 auf. Es wird also bei *Festkörpern im Kriechversuch die Kriechnachgiebigkeit* als Dehnungsantwort auf einen Spannungssprung und/oder im *Relaxationsversuch* die *Relaxationsfunktion* als Spannungsantwort auf eine spontan aufgebrachte, dann konstant gehaltene Dehnung ermittelt.

Zu den klassischen Versuchstechniken gehört die experimentelle Dämpfungsermittlung aus freien, gedämpften Schwingungen im sogenannten *Ausschwingversuch.*

Zur Ermittlung der Dämpfung wird häufig sich der *Zwangsantrieb* mit harmonischer Verformungsbeanspruchung benutzt. Hierbei werden Kraft-Geschwindigkeits- und Kraft-Weg-Diagramme aufgenommen. Mitunter geben *erzwungene Schwingungen* in Resonanznähe in der Approximation eines Systems mit *einem* Freiheitsgrad einfach auswertbare Informationen. Auch bei nichtlinearen Systemen ermöglichen erzwungene Schwingungen eine verhältnismäßig einfache Auswertung. Im linearen Modell mit einem Freiheitsgrad läßt sich die Dämpfung unmittelbar in Form der Halbwertsbreite erfassen. Bei Systemen mit mehreren Freiheitsgraden können Resonanzen von Vergrößerungsfunktionen ausgewertet werden. Als Standardidentifikationsverfahren für Systeme mit vielen Freiheitsgraden hat sich die experimentelle Modalanalyse bewährt, welche ein optimales lieneares modales Ersatzmodell ermittelt.

2.4 Starre, massebehaftete Körper

2.4.1 Beschreibung starrer Körper

Die Trägheitseigenschaften eines ausgedehnten starren Körpers werden durch seine Masse m, seinen Schwerpunkt S und seine Massenträgheitsmomente, zusammengefaßt im Massenträgheitsmomententensor $\boldsymbol{\Theta}^S$, beschrieben. Die Kinematik wird durch die Bewegung eines Punkt des Körpers und die Rotation des Körpers beschrieben.

Zunächst beschreiben wir die Kinematik eines Punktes auf einem starren Körper, dann die Kinematik des starren Körpers an sich und schließlich die kinetischen Eigenschaften des starren Körpers.

2.4.2 Kinematik eines Punktes auf dem starren Körper

2.4.2.1 Kinematische Begriffe

Die aktuelle Lage eines Punktes P auf einem starren Körper wird durch den (absoluten) *Ortsvektor* $\vec{r}(t)$ beschrieben. Die *Geschwindigkeit*

$$\vec{v} = \dot{\vec{r}} \tag{2.74}$$

des Punktes P ist die zeitliche Änderung des Ortsvektors und die *Beschleunigung*

$$\vec{a} = \ddot{\vec{r}} \tag{2.75}$$

die zeitliche Änderung der Geschwindigkeit.

Die Beschreibung der Bewegung hängt vom gewählten Bezugssystem ab, insbesondere davon, ob sie bezüglich eines Absolut- oder eines Relativsystems vorgenommen wird:

Bei einem *Absolutsystem*, das auch *Inertialsystem* genannt wird, erfährt der Koordinatenursprung keine Beschleunigung und die Orientierung des Koordinatensystems ändert sich nicht mit der Zeit.

Von einem *Relativsystem* spricht man hingegen, wenn entweder der Koordinatenursprung beschleunigt wird oder wenn sich die Orientierung des Koordinatensystems mit der Zeit ändert.

2.4.2.2 Kartesisches Inertialsystem

In einem kartesischen Inertialsystem haben der Ortsvektor, die Geschwindigkeit und die Beschleunigung die Darstellungen

$$\vec{r}(t) = x(t)\,\vec{e}_x + y(t)\,\vec{e}_y + z(t)\,\vec{e}_z\,, \tag{2.76}$$

$$\vec{v}(t) = \dot{x}(t)\,\vec{e}_x + \dot{y}(t)\,\vec{e}_y + \dot{z}(t)\,\vec{e}_z\,, \tag{2.77}$$

$$\vec{a}(t) = \ddot{x}(t)\,\vec{e}_x + \ddot{y}(t)\,\vec{e}_y + \ddot{z}(t)\,\vec{e}_z\,. \tag{2.78}$$

2.4.2.3 Natürliche Koordinaten

Natürliche Koordinaten sind an die Bahn des Punktes P angepaßte Koordinaten. Die aktuelle Lage des Punktes P auf der Bahn wird mit der Bogenkoordinate $s(t)$ beschrieben.

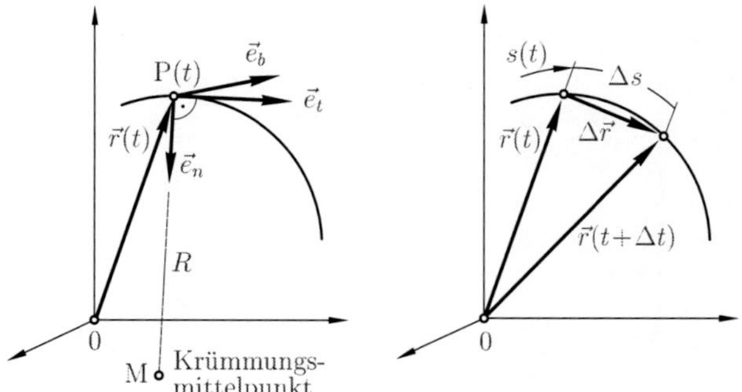

Bild 2.36: Natürliche Koordinaten einer Bewegung

Die Einheitsvektoren $\vec{e}_t$, $\vec{e}_n$ und $\vec{e}_b = \vec{e}_t \times \vec{e}_n$ bilden ein rechtwinkliges Basissystem, das die Bewegung des Punktes P begleitet und daher in jedem Punkt der Bahnkurve anders orientiert sein kann. Der *Tangenten-Einheitsvektor* $\vec{e}_t$ zeigt stets in Bahnrichtung und der *Hauptnormalen-Einheitsvektor* $\vec{e}_n$ zeigt auf den Krümmungsmittelpunkt M der Bahnkurve. Beide Einheitsvektoren spannen die sogenannte *Schmiegungsebene* auf, auf der schließlich der *Binormalen-Einheitsvektor* $\vec{e}_b$ senkrecht steht. Die drei Einheitsvektoren sind über die Differentialgleichungen

$$\frac{d\vec{e}_t}{ds} = \frac{1}{R}\vec{e}_n,$$

$$\frac{d\vec{e}_n}{ds} = -\frac{1}{R}\vec{e}_t + \frac{1}{\tau}\vec{e}_b,$$

$$\frac{d\vec{e}_b}{ds} = -\frac{1}{\tau}\vec{e}_n$$

miteinander verknüpft (FRENETsche Formeln). Die Faktoren sind der *Krümmungsradius* $R(s)$ und der *Windungsradius* $\tau(s)$. Die *Krümmung* $\kappa(s) = 1/R(s)$ ist ein Maß für die Abweichung der Bahnkurve von einer Geraden. Die *Windung* $T(s) = 1/\tau(s)$ charakterisiert die Abweichung der Bahnkurve von einer ebenen Kurve.

Der Geschwindigkeitsvektor

$$\vec{v} = \frac{ds}{dt}\vec{e}_t = v\,\vec{e}_t \tag{2.79}$$

zeigt stets in Richtung der Bahnkurve. Der Beschleunigungsvektor

$$\vec{a} = \dot{v}\,\vec{e}_t + \frac{v^2}{R}\vec{e}_n = a_t\,\vec{e}_t + a_n\,\vec{e}_n \tag{2.80}$$

enthält zwei Komponenten: Die *Tangentialbeschleunigung* $a_t = \dot{v} = \ddot{s}$ gibt die Änderung des Geschwindigkeitsbetrages an. Die *Normalbeschleunigung* $a_n = v^2/R$ gibt die Richtungsänderung des Geschwindigkeitsvektors wieder und zeigt stets zum Krümmungsmittelpunkt M hin. Der Beschleunigungsvektor hat keinen Anteil in Binormalenrichtung, er liegt also in der von $\vec{e}_t$ und $\vec{e}_n$ aufgespannten Schmiegungsebene.

2.4.2.4 Zylinderkoordinaten

Bei manchen Bewegungsabläufen ist es vorteilhaft, sie in Zylinderkoordinaten $r(t)$, $\varphi(t)$ und $z(t)$ zu beschreiben. $r(t) \geq 0$ ist der Abstand des Projektionspunktes P' in der xy-Ebene vom Koordinatenursprung 0, $\varphi(t)$ ist der Winkel zwischen der x-Achse und der Strecke $r(t)$ und $z(t)$ ist die Höhe des Punktes P über der xy-Ebene. Bei ebener Bewegung ($z \equiv 0$) sind $r(t)$ und $\varphi(t)$ die Polarkoordinaten.

Der Ortsvektor

$$\vec{r}(t) = r\,\vec{e}_r + z\,\vec{e}_z \tag{2.81}$$

hat eine Radialkomponente $r(t)$, die sich für $z \neq 0$ vom Betrag des Ortsvektors $|\vec{r}(t)|$ unterscheidet.

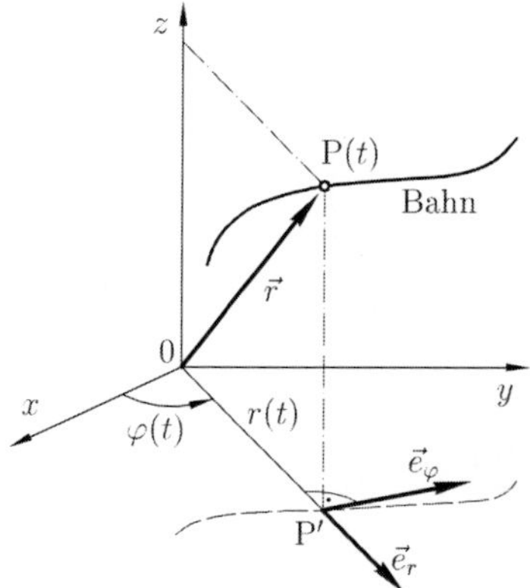

Bild 2.37: Zylinderkoordinaten

Für den Übergang auf kartesische Koordinaten gilt

$$x = r\cos\varphi \qquad \text{und} \qquad y = r\sin\varphi\,. \tag{2.82}$$

Die zeitliche Änderung des Winkels $\varphi(t)$ ist die Winkelgeschwindigkeit $\omega(t) = \dot{\varphi}(t)$ der Projektionsstrecke $r(t)$ in der xy-Ebene. Zwischen der Drehzahl $n(t)$ und der Winkelgeschwindigkeit $\omega(t)$ besteht die Beziehung $\omega = 2\pi n$.

Für die Geschwindigkeit des Punktes P in Zylinderkoordinatendarstellung ergibt sich

$$\vec{v} = \dot{r}\,\vec{e}_r + r\,\dot{\varphi}\,\vec{e}_\varphi + \dot{z}\,\vec{e}_z \tag{2.83}$$

und für die Beschleunigung

$$\vec{a} = (\ddot{r} - r\,\dot{\varphi}^2)\,\vec{e}_r + (2\dot{r}\,\dot{\varphi} + r\,\ddot{\varphi})\,\vec{e}_\varphi + \ddot{z}\,\vec{e}_z\,. \tag{2.84}$$

In die Umfangskomponente der Beschleunigung $a_\varphi = 2\dot{r}\dot{\varphi} + r\ddot{\varphi}$, die auch Zirkularbeschleunigung genannt wird, geht neben den bereits erläuterten Größen auch die Winkelbeschleunigung $\ddot{\varphi}(t) = \dot{\omega}(t)$ der Projektionsstrecke $r(t)$ ein.

2.4.2.5 Relativbewegung

Für die Kinetik ist es in der Regel notwendig, die Bewegung eines Punktes oder Körpers in Bezug auf ein Inertialsystem zu beschreiben (Absolutsystem). In manchen Fällen ist es jedoch einfacher, die Bewegung in einem bewegten Koordinatensystem darzustellen (Relativsystem). Mittels der Relativkinematik können die absoluten Bewegungsgrößen aus den relativen berechnet werden.

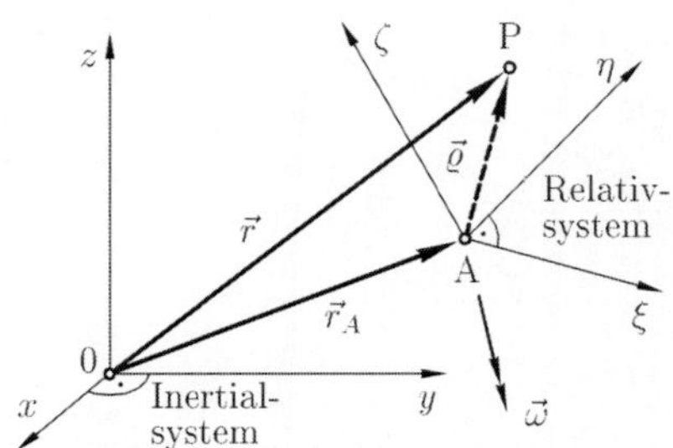

Bild 2.38: Koordinatensysteme der Relativbewegung

Die Umrechnung hängt vom Bewegungszustand des Relativsystems ab, nämlich von der Geschwindigkeit $\vec{v}_A$ und der Beschleunigung $\vec{a}_A$ des bewegten Koordinatenursprungs A sowie von der Winkelgeschwindigkeit $\vec{\omega}$ und der Winkelbeschleunigung $\dot{\vec{\omega}}$ des bewegten Relativsystems ξ, η, ζ.

Zunächst soll eine allgemeine Vorschrift für die Berechnung der absoluten Zeitableitung eines beliebigen, im Relativsystem dargestellten Vektors

$$\vec{\varrho} = \xi\,\vec{e}_\xi + \eta\,\vec{e}_\eta + \zeta\,\vec{e}_\zeta$$

angegeben werden. Die Differentiation des Vektors $\vec{\varrho}$ liefert zwei Anteile: Der erste Anteil ist die *Relativableitung*

$$\frac{d_{rel}\vec{\varrho}}{dt} = \dot{\xi}\,\vec{e}_\xi + \dot{\eta}\,\vec{e}_\eta + \dot{\zeta}\,\vec{e}_\zeta\,,$$

die lediglich die Änderung von $\vec{\varrho}$ relativ zum bewegten System berücksichtigt. Der zweite Anteil berücksichtigt die Änderung der Basisvektoren,

$$\dot{\vec{e}}_\xi = \vec{\omega}\times\vec{e}_\xi\,, \qquad \dot{\vec{e}}_\eta = \vec{\omega}\times\vec{e}_\eta\,, \qquad \dot{\vec{e}}_\zeta = \vec{\omega}\times\vec{e}_\zeta\,,$$

also die *Drehung des Relativsystems*. Die absolute Zeitableitung eines beliebigen Vektors $\vec{\varrho}$ kann im Relativsystem somit stets in der Form

$$\dot{\vec{\varrho}} = \frac{d_{rel}\vec{\varrho}}{dt} + \vec{\omega}\times\vec{\varrho} \tag{2.85}$$

angeben werden.

Ein Punkt P hat im Relativsystem den Lagevektor

$$\vec{\varrho} = \xi\,\vec{e}_\xi + \eta\,\vec{e}_\eta + \zeta\,\vec{e}_\zeta\,, \tag{2.86}$$

sein absoluter Lagevektor im Inertialsystem ist

$$\vec{r} = \vec{r}_A + \vec{\varrho}. \tag{2.87}$$

Ein Beobachter im Relativsystem registriert die *Relativgeschwindigkeit*

$$\vec{v}_{rel} = \frac{d_{rel}\vec{\varrho}}{dt} = \dot{\xi}\,\vec{e}_\xi + \dot{\eta}\,\vec{e}_\eta + \dot{\zeta}\,\vec{e}_\zeta\,. \tag{2.88}$$

Die *Absolutgeschwindigkeit* des Punktes P ergibt sich zu

$$\vec{v} = \vec{v}_A + \vec{\omega} \times \vec{\varrho} + \vec{v}_{rel} . \tag{2.89}$$

Die ersten beiden Terme stellen die *Führungsgeschwindigkeit* dar, also die Geschwindigkeit, die ein im Relativsystem festgehaltener Punkt hätte.

Die *Absolutbeschleunigung* des Punktes P besteht aus drei Anteilen: Die Relativableitung der Relativgeschwindigkeit ist die *Relativbeschleunigung*

$$\vec{a}_{rel} = \frac{d_{rel}\vec{v}_{rel}}{dt} = \ddot{\xi}\,\vec{e}_\xi + \ddot{\eta}\,\vec{e}_\eta + \ddot{\zeta}\,\vec{e}_\zeta . \tag{2.90}$$

Sie beschreibt den Beschleunigungsanteil, den ein Beobachter im Relativsystem registriert.

Die *Führungsbeschleunigung*

$$\vec{a}_f = \vec{a}_A + \dot{\vec{\omega}} \times \vec{\varrho} + \vec{\omega} \times (\vec{\omega} \times \vec{\varrho}) \tag{2.91}$$

ist die Beschleunigung, die ein im Relativsystem festgehaltener Punkt erfahren würde.

Die *Coriolisbeschleunigung*

$$\vec{a}_c = 2\,\vec{\omega} \times \vec{v}_{rel} \tag{2.92}$$

tritt immer dann auf, wenn die Relativgeschwindigkeit $\vec{v}_{rel}$ nicht parallel zur Winkelgeschwindigkeit $\vec{\omega}$ des Relativsystems ist.

Führungsbeschleunigung, Coriolisbeschleunigung und Relativbeschleunigung ergeben in ihrer Summe die absolute Beschleunigung des Punktes P,

$$\vec{a} = \vec{a}_A + \dot{\vec{\omega}} \times \vec{\varrho} + \vec{\omega} \times (\vec{\omega} \times \vec{\varrho}) + 2\,\vec{\omega} \times \vec{v}_{rel} + \vec{a}_{rel} . \tag{2.93}$$

2.4.3 Kinematik des ausgedehnten Starrkörpers

Der Starrkörper hat im dreidimensionalen Raum sechs Freiheitsgrade.

Die Lage eines starren Körpers im Raum wird durch die Lage eines in ihm markierten Dreiecks eindeutig festgelegt. Jeder Eckpunkt des Dreiecks besitzt drei Freiheitsgrade. Da sich die Abstände zwischen den drei Eckpunkten nicht ändern können, bestehen drei Bindungsgleichungen. Von den neun Freiheitsgraden der drei Punkte verbleiben für den starren Körper sechs.

Wie Bild 2.39 zeigt, kann die allgemeine Bewegung eines starren Körpers als Überlagerung der Translationsbewegung $d\vec{r}$ eines beliebig wählbaren Bezugspunktes und einer reinen Rotation $d\vec{\varphi}$ um den gewählten Bezugspunkt aufgefaßt werden. Die Rotation $d\vec{\varphi}$ ist dabei unabhängig von der Wahl des Bezugspunktes, nicht jedoch die Translation $d\vec{r}$.

Der *Vektor der Winkelgeschwindigkeit*

$$\vec{\omega}(t) = \omega\,\vec{e}_\omega \tag{2.94}$$

beschreibt die Rotation des Starrkörpers.

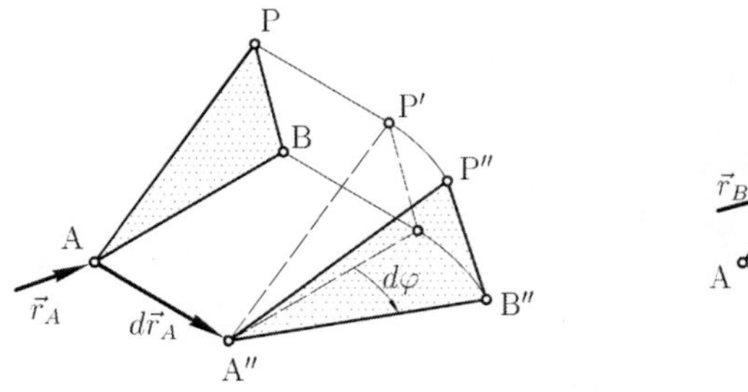

Bild 2.39: Translation und Rotation eines Starrkörpers

Die Winkelgeschwindigkeit $\vec{\omega}$ zeigt im Rechtsschraubensinn in Richtung der *momentanen Drehachse* $\vec{e}_\omega$ des Starrkörpers (Momentanachse), ihr Betrag ω gibt die zeitliche Änderung der Winkellage $d\varphi/dt$ an. Der Winkelgeschwindigkeitsvektor $\vec{\omega}$ des starren Körpers ist von der Wahl des Bezugspunktes unabhängig, er ist – wie der Momentenvektor – ein freier Vektor. Alle Markierungslinien im starren Körper rotieren mit derselben Winkelgeschwindigkeit.

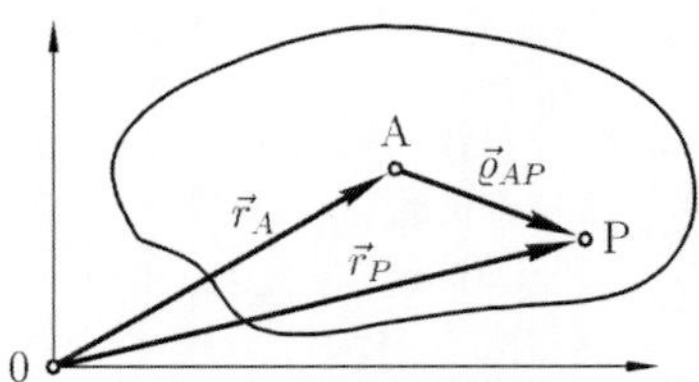

Bild 2.40: Der Vektor $\vec{\varrho}_{AP}$ im starren Körper

Die Zeitableitung eines Vektors $\vec{\varrho}$ mit konstantem Betrag kann mit der Winkelgeschwindigkeit $\vec{\omega}$, mit der sich der Vektor $\vec{\varrho}$ dreht, in der Form

$$\dot{\vec{\varrho}} = \vec{\omega} \times \vec{\varrho} \qquad \text{für} \qquad |\vec{\varrho}\,| = \text{const.} \tag{2.95}$$

ausgedrückt werden.

Die aktuelle Lage $\vec{r}_P$ eines Punktes P im Starrkörper kann durch den Ortsvektor $\vec{r}_A$ des Referenzpunktes A und dem in der Länge unveränderlichen Verbindungsvektor $\vec{\varrho}_{AP}$ ausgedrückt werden (vgl. Bild 2.40),

$$\vec{r}_P = \vec{r}_A + \vec{\varrho}_{AP} \qquad \text{mit} \qquad |\vec{\varrho}_{AP}\,| = \text{const.} \tag{2.96}$$

Die Geschwindigkeit des Punktes P findet man durch Differentiation des Ortsvektors und Beachtung der Ableitungsregel für Vektoren mit konstantem Betrag. Es ergibt sich die EULERsche Geschwindigkeitsformel

$$\vec{v}_P = \vec{v}_A + \vec{\omega} \times \vec{\varrho}_{AP}\,. \tag{2.97}$$

Die Geschwindigkeiten zweier beliebiger Punkte A und P auf einem Starrkörper sind über die Winkelgeschwindigkeit der Körpers miteinander verknüpft: Die Geschwindigkeit des Punktes P unterscheidet sich von der des Punktes A lediglich um den Drehanteil $\vec{\omega} \times \vec{\varrho}_{AP}$.

Für die Beschleunigung des Punktes P findet man durch nochmaliges Differenzieren

$$\vec{a}_P = \vec{a}_A + \dot{\vec{\omega}} \times \vec{\varrho}_{AP} + \vec{\omega} \times (\vec{\omega} \times \vec{\varrho}_{AP})\,. \tag{2.98}$$

In diese Beziehung gehen die Beschleunigung $\vec{a}_A$ des körperfesten Bezugspunktes A, die Winkelgeschwindigkeit $\vec{\omega}$ und die Winkelbeschleunigung $\dot{\vec{\omega}}$ des Starrkörpers sowie der körperfeste Vektor $\vec{\varrho}_{AP}$ vom Bezugspunkt A zum betrachteten Punkt P ein.

• **Ebene Bewegung des starren Körpers**

Bei *ebener Bewegung* besitzt der Starrkörper nur *drei Freiheitsgrade*: zwei Freiheitsgrade der Translation in der Bewegungsebene und einen Freiheitsgrad der Rotation um eine Achse senkrecht auf der Bewegungsebene. Die Bewegung soll in der xy-Ebene stattfinden, alle Orts-, Geschwindigkeits- und Beschleunigungsvektoren liegen in dieser Ebene, der Winkelgeschwindigkeitsvektor $\vec{\omega}=\omega\vec{e}_z$ steht senkrecht darauf.

Die Momentanachse schrumpft bei der ebenen Bewegung auf einen Punkt – den *Momentanpol* M – zusammen. Die ebene Bewegung kann in jedem Augenblick als reine Drehung um den Momentanpol aufgefaßt werden. Am Momentanpol ist die Geschwindigkeit des Körpers null, nicht aber die Beschleunigung.

Der Momentanpol ist weder körper- noch raumfest. Im Raum durchläuft er die *Rastpolbahn* (Spurkurve), im Körper die *Gangpolbahn* (Rollkurve). Die Gangpolbahn rollt ohne zu rutschen auf der Rastpolbahn ab.

Der Momentanpol liegt stets auf der zu $\vec{v}_A$ senkrechten Geraden durch A. Sind die Richtungen der Geschwindigkeiten zweier Körperpunkte bekannt, findet man ihn im Schnittpunkt der Senkrechten auf die Geschwindigkeitsvektoren.

2.4.4 Massengeometrie

2.4.4.1 Schwerpunkt

Die Lage des Schwerpunktes S ist durch die Beziehung

$$\vec{r}_S = \frac{1}{m} \int\limits_{(m)} \vec{r}\, dm \tag{2.99}$$

definiert.

2.4.4.2 Definition von Massenträgheitsmomenten

Zur Beschreibung der Kinetik drehender Körper benötigt man die *axialen Massenträgheitsmomente*

$$\Theta_x = \int\limits_{(m)} (y^2 + z^2)\, dm\,,$$
$$\Theta_y = \int\limits_{(m)} (z^2 + x^2)\, dm\,, \qquad (2.100)$$
$$\Theta_z = \int\limits_{(m)} (x^2 + y^2)\, dm$$

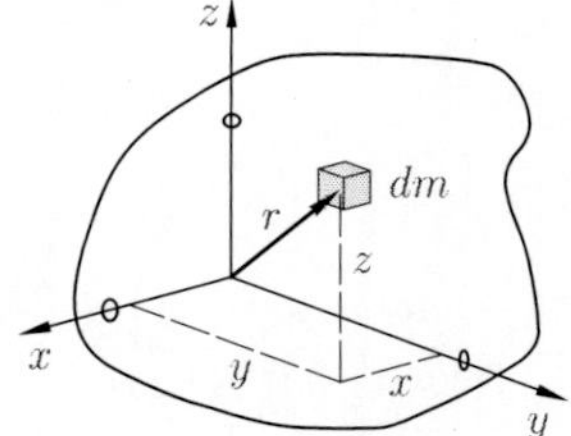

Bild 2.41: Koordinaten eines Massenelementes

und die *Massendeviationsmomente* (Zentrifugalmomente)

$$\Theta_{xy} = -\int\limits_{(m)} x\,y\,dm\,, \qquad \Theta_{yz} = -\int\limits_{(m)} y\,z\,dm\,, \qquad \Theta_{zx} = -\int\limits_{(m)} z\,x\,dm\,. \qquad (2.101)$$

Massenträgheitsmomente geben an, welchen Widerstand die Drehträgheit eines Körpers einer Drehbeschleunigung entgegen setzt.

Bei prismatischen homogenen Körpern lassen sich die Massenträgheitsmomente oftmals aus Flächenträgheitsmomenten von Querschnittsflächen ableiten. Beispielsweise gilt für das axiale Massenträgheitsmoment Θ_z eines homogenen Zylinders mit der Querschnittsfläche A und der Höhe h über der xy-Ebene

$$\Theta_z = \int\limits_{(m)} (x^2 + y^2)\, dm = \rho \int\limits_{z=0}^{h} \Big\{ \int\limits_{(A)} (x^2 + y^2)\, dA \Big\}\, dz = \rho h (I_y + I_x)\,.$$

Die Massenträgheitsmomente eines Körpers hängen vom Bezugspunkt – dem Koordinatenursprung des zugrunde gelegten Koordinatensystems – und der Orientierung der Koordinatenachsen ab. Daher ist bei Massenträgheitsmomenten neben den Koordinatenrichtungen stets auch der Bezugspunkt anzugeben. Sofern im Folgenden der Bezugspunkt unterdrückt wurde, gelten die Aussagen für jeden beliebigen Bezugspunkt.

Massenträgheitsmomente einfacher Körper sind in der Tabelle 15.10 angegeben.

Die Massenträgheitmomente werden im positiv definiten Massenträgheitsmomententensor

$$\mathbf{\Theta} = \begin{bmatrix} \Theta_x & \Theta_{xy} & \Theta_{xz} \\ \Theta_{xy} & \Theta_y & \Theta_{yz} \\ \Theta_{xz} & \Theta_{yz} & \Theta_z \end{bmatrix} \qquad (2.102)$$

zusammengefaßt. Wegen $\Theta_{xy} = \Theta_{yx}$, $\Theta_{yz} = \Theta_{zy}$ und $\Theta_{xz} = \Theta_{zx}$ ist dieser Tensor symmetrisch.

Die axialen Massenträgheitsmomente sind positiv und die Summe zweier axialer Massenträgheitsmomente ist stets größer als das dritte,

$$\begin{aligned} \Theta_x + \Theta_y &\geq \Theta_z \geq 0, \\ \Theta_y + \Theta_z &\geq \Theta_x \geq 0, \\ \Theta_z + \Theta_x &\geq \Theta_y \geq 0. \end{aligned} \tag{2.103}$$

Die Summe der drei axialen Massenträgheitsmomente

$$\Theta_x + \Theta_y + \Theta_z = 2\int (x^2 + y^2 + z^2)\, dm = 2\int r^2\, dm$$

ist unabhängig von der Orientierung des gewählten Bezugssystems, sie ist invariant gegenüber Kordinatendrehung.

Der Tensor der Massenträgheitsmomente hat drei Invarianten, nämlich die Koeffizienten des charakteristischen Polynoms (2.109),

$$\begin{aligned} a_1 &= \mathrm{Spur}\{\boldsymbol{\Theta}\}, \\ a_2 &= \frac{1}{2} \sum_{\substack{i,j=1 \\ i \neq j}}^{3} \left(\Theta_j\, \Theta_i - \Theta_{ij}^2\right), \\ a_3 &= \det\{\boldsymbol{\Theta}\}. \end{aligned} \tag{2.104}$$

Für jedes der axialen Massenträgheitsmomente kann ein Trägheitsradius

$$k_x = \sqrt{\Theta_x/m}, \qquad k_y = \sqrt{\Theta_y/m}, \qquad k_z = \sqrt{\Theta_z/m} \tag{2.105}$$

definiert werden. Der Trägheitsradius gibt denjenigen Abstand von der Bezugsachse an, auf dem man sich die gesamte Masse vereinigt denken kann. Er ist also stets kleiner als das größte entsprechende Außenmaß des Körpers.

2.4.4.3 Satz von Huygens und Steiner

Die Umrechnung der Massenträgheitsmomente bei einer Parallelverschiebung des Koordinatensystems erfolgt nach dem Satz von Huygens und Steiner:

$$\begin{aligned} \Theta_{\bar{x}}^A &= \Theta_x^S + m\,(a_y^2 + a_z^2), \\ \Theta_{\bar{y}}^A &= \Theta_y^S + m\,(a_x^2 + a_z^2), \\ \Theta_{\bar{z}}^A &= \Theta_z^S + m\,(a_x^2 + a_y^2), \\ \Theta_{\bar{x}\bar{y}}^A &= \Theta_{xy}^S - m\,a_x\,a_y, \\ \Theta_{\bar{y}\bar{z}}^A &= \Theta_{yz}^S - m\,a_y\,a_z, \\ \Theta_{\bar{z}\bar{x}}^A &= \Theta_{zx}^S - m\,a_z\,a_x. \end{aligned} \tag{2.106}$$

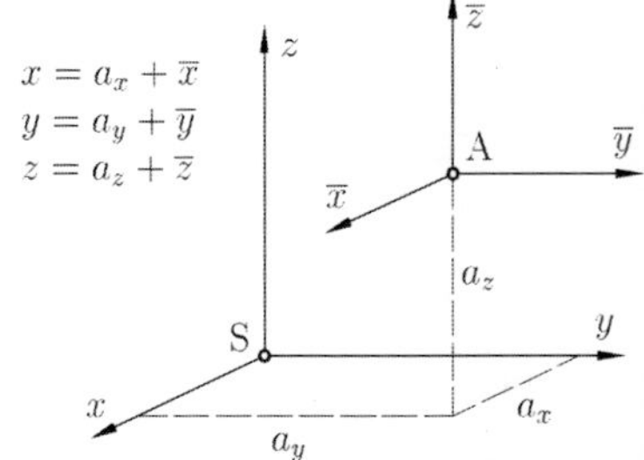

Bild 2.42: Parallelverschiebung des Koordinatensystems

Von allen parallelen Achsen sind die Schwerpunktsachsen diejenigen mit den kleinsten axialen Massenträgheitsmomenten.

2.4.4.4 Hauptträgheitsmomente und Hauptachsen

Für jeden Körper existieren zu jedem Bezugspunkt drei aufeinander senkrecht stehende Achsen, bezüglich denen die *Deviationsmomente verschwinden* und zwei der drei *axialen Massenträgheitsmomente extremal* (minimal und maximal) werden, während das dritte einen Zwischenwert annimmt. Man spricht von Hauptträgheitsachsen, die wir mit 1, 2 und 3 kennzeichnen wollen. Die diesbezüglichen axialen Massenträgheitsmomente sind die Hauptträgheitsmomente Θ_1, Θ_2 und Θ_3. Liegt der Koordinatenursprung des Hauptachsensystems im Schwerpunkt S, nennt man die Achsen *zentrale Hauptachsen*.

Besitzt ein Körper eine Symmetrieebene, so liegen zwei zentrale Hauptachsen in dieser Ebene und die Deviationsmomente, welche die zur Symmetrieebene senkrechte Koordinate enthalten, verschwinden. Ist beispielsweise die xy-Ebene eine Symmetrieebene, gilt $\Theta_{xz} = \Theta_{yz} = 0$.

Bei rotationssymmetrischen Körpern ist die Symmetrieachse zentrale Hauptachse. Alle dazu senkrechten Achsen durch den Schwerpunkt sind Hauptzentralachsen mit gleich großen Hauptträgheitsmomenten.

Sind die drei Hauptträgheitsmomente gleich groß, so sind alle beliebigen Schwerpunktsachsen Hauptzentralachsen (z. B. Würfel, Tetraeder usw.).

Die Richtungen der Hauptträgheitsachsen und die Hauptträgheitsmomente ergeben sich aus der Lösung des Eigenwertproblems

$$(\boldsymbol{\Theta} - \Theta\mathbf{E})\,\vec{n} = \vec{0}, \tag{2.107}$$

wobei $\mathbf{E}$ der Einheitstensor und $\vec{n}$ ein beliebig großer Richtungsvektor der jeweiligen Hauptachse ist. Ausgeschrieben hat dieses Eigenwertproblem die Form

$$\begin{bmatrix} \Theta_x - \Theta & \Theta_{xy} & \Theta_{xz} \\ \Theta_{xy} & \Theta_y - \Theta & \Theta_{yz} \\ \Theta_{xz} & \Theta_{yz} & \Theta_z - \Theta \end{bmatrix} \begin{bmatrix} n_x \\ n_y \\ n_z \end{bmatrix} = \begin{bmatrix} 0 \\ 0 \\ 0 \end{bmatrix}. \tag{2.108}$$

Nichttriviale Lösungen für $\vec{n}$ gibt es nur, wenn die Koeffizientendeterminante verschwindet. Die drei Hauptträgheitsmomente Θ_j $(j = 1, 2, 3)$ ergeben sich also aus der Bedingung

$$\det\{\boldsymbol{\Theta} - \Theta\mathbf{E}\} = 0,$$

die auf das charakteristische Polynom dritten Grades

$$\Theta^3 - a_1\,\Theta^2 + a_2\,\Theta - a_3 = 0 \tag{2.109}$$

führt.

Die zu den drei Hauptträgheitsmomenten gehörigen Eigenvektoren $\vec{n}_j$ $(j = 1, 2, 3)$ geben die Richtungen der Hauptträgheitsachsen des Körpers an. Die drei Hauptachsen stehen senkrecht aufeinander, die Eigenvektoren sind orthogonal. Der zu einem Hauptträgheitsmoment Θ_j gehörige Eigenvektor $\vec{n}_j$ kann auf einen Einheitsvektor $\vec{e}_j$ normiert und aus zwei beliebigen Zeilen des homogenen Gleichungssystems (2.108) unter Beachtung der Bedingung $n_x^2 + n_y^2 + n_z^2 = 1$ berechnet werden.

Im 123-Koordinatensystem, dem Hauptachsensystem, ist die Matrix des Massenträgheitsmomententensors eine reine Diagonalmatrix, die auf ihrer Diagonalen die Eigenwerte Θ_j $(j=1,2,3)$, also die Hauptträgheitsmomente, enthält,

$$\mathbf{\Theta} = \begin{bmatrix} \Theta_1 & 0 & 0 \\ 0 & \Theta_2 & 0 \\ 0 & 0 & \Theta_3 \end{bmatrix}. \tag{2.110}$$

In Tensorschreibweise läßt sich die Koordinatentransformation – also die Drehung des Koordinatensystems – für einen Vektor in der Form

$$\vec{\rho} = \mathbf{T}\,\vec{r} \tag{2.111}$$

und für einen zweistufigen Tensor in der Form

$$\mathbf{\Theta}_T = \mathbf{T}\,\mathbf{\Theta}\,\mathbf{T}^T \tag{2.112}$$

angeben. Die Transformationsmatrix **T** enthält zeilenweise die Richtungskosinus der drei gedrehten Achsen gegenüber dem Ausgangskoordinatensystem. Speziell bei der Transformation ins Hauptachsensystem enthält sie in ihren drei Zeilen die auf einen Betrag von eins normierten Eigenvektoren. Diese Transformation nennt man Hauptachsentransformation.

2.4.5 Kräfte- und Momentensatz

2.4.5.1 Axiome der Kinetik

Der Kräfte- und der Momentensatz beschreiben den Zusammenhang zwischen der Bewegung eines Körpers und den auf ihn einwirkenden Kräften und Momenten.

Der *Kräfte- oder Schwerpunktsatz* stellt den Zusammenhang zwischen einer Translationsbewegung und den Kräften her.

Der *Momentensatz* verknüpft die Drehbewegung mit den äußeren Momenten. Dieses zweite Axiom läßt sich nur für Punktmassen aus dem ersten herleiten. Für ausgedehnte Körper ist es ein eigenständiges Axiom, aus dem unter anderem der Satz von BOLTZMANN über die Gleichheit der zugeordneten Schubspannungen abgeleitet werden kann.

2.4.5.2 Impuls

Der Impuls eines ausgedehnten Körpers ist

$$\vec{p} = \int\limits_{(m)} \vec{v}\,dm\,. \tag{2.113}$$

Dabei ist $\vec{v}$ die absolute, also die im Inertialsystem gemessene Geschwindigkeit des Massenelementes dm.

Für einen Körper mit unveränderlicher Masse folgt für den Impuls

$$\vec{p} = m\,\vec{v}_S\,. \tag{2.114}$$

Der Impuls als Produkt aus Masse mal absoluter Schwerpunktsgeschwindigkeit gilt nicht nur für den Einzelkörper, sondern auch für Gruppen ausgedehnter starrer oder auch nichtstarrer Körper.

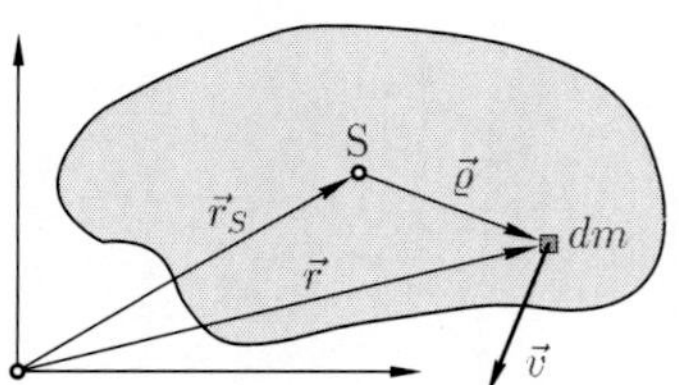

Bild 2.43: Zur Definition des Impulses

2.4.5.3 Kräftesatz

Der Kräftesatz

$$\frac{d\vec{p}}{dt} = \sum \vec{F} \tag{2.115}$$

verknüpft die Translationsbewegung eines Körpers mit den an ihm angreifenden Kräften. Er besagt, daß die zeitliche Änderung des Impulses $\vec{p}$ gleich der Resultierenden aller am Körper angreifenden äußeren Kräfte ist. Bei konstanter Masse m folgt daraus der *Schwerpunktsatz*

$$m\,\vec{a}_S = \sum \vec{F}\,. \tag{2.116}$$

Der Schwerpunkt eines Körpers erfährt eine absolute Beschleunigung $\vec{a}_S$, als ob sämtliche äußeren Kräfte in ihm angreifen würden, und zwar unabhängig von einer eventuell überlagerten Drehbewegung. Der Schwerpunktsatz ist nicht auf Einzelkörper beschränkt, er gilt auch für die Schwerpunktsbewegung von Systemen aus starren oder auch nichtstarren Körpern mit zeitlich konstanter Gesamtmasse. Der Schwerpunktsatz ist eine Vektorgleichung, die man in der Regel komponentenweise auswertet.

Bei der Beschreibung der Bewegung eines Körpers in einem beschleunigten Bezugssystem ist im Schwerpunktsatz stets die *absolute Beschleunigung*

$$\vec{a}_S = \vec{a}_f + \vec{a}_c + \vec{a}_{rel}$$

des Schwerpunktes anzusetzen. Die dabei auftretenden Produkte $-m\vec{a}_f$ und $-m\vec{a}_c$ werden bedauerlicherweise manchmal als Trägheitskräfte (Führungskraft, Corioliskraft, Fliehkraft etc.) im Relativsystem bezeichnet. Es muß deutlich festgehalten werden, daß es sich bei diesen sogenannten „Scheinkräften“ nicht um Kräfte im Sinne der Technischen Mechanik handelt, denn sie verletzen unter anderem das Reaktionsaxiom. Sie existieren nicht und sind daher auch nicht meßbar; meßbar sind allenfalls die aus den Beschleunigungsanteilen resultierenden Reaktionskräfte (z. B. Auflager-, Schnitt- und Kontaktkräfte).

2.4.5.4 Drall des starren Körpers

Der Drall eines ausgedehnten Körpers mit konstanter Masse m ist bezüglich eines raumfesten Punktes 0 definiert als

$$\vec{L}^0 = \int_{(m)} \vec{r} \times \vec{v}\, dm\,. \tag{2.117}$$

Darin sind $\vec{r}$ der Ortsvektor und $\vec{v}$ die Absolutgeschwindigkeit des Massenelementes dm.

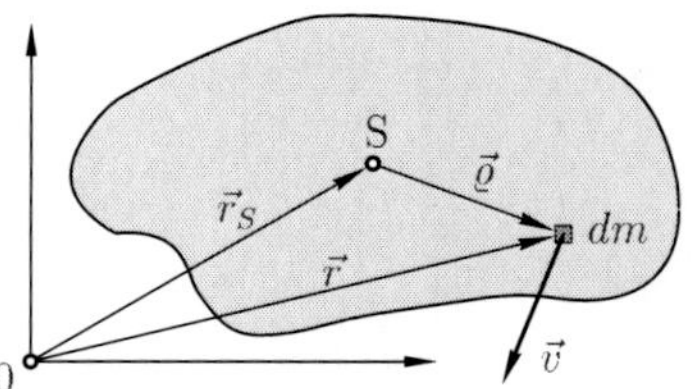

Bild 2.44: Zum Drall eines Körpers

Der auf den Schwerpunkt S bezogene Drall ist definiert als

$$\vec{L}^S = \int_{(m)} \vec{\varrho} \times \dot{\vec{\varrho}}\, dm\,. \tag{2.118}$$

Beide Größen hängen voneinander ab,

$$\vec{L}^0 = \vec{L}^S + \vec{r}_S \times \vec{p}\,. \tag{2.119}$$

Der Drall eines Körpers bezüglich eines raumfesten Punktes 0 setzt sich zusammen aus dem Drall bezüglich des beliebig bewegten Schwerpunktes S und dem Impulsmoment des Körpers um den Punkt 0.

Bei einem starren Körper erweist es sich in vielen Fällen als zweckmäßig, den Drall in einem körperfesten und damit möglicherweise bewegten Koordinatensystem $\vec{e}_x$, $\vec{e}_y$, $\vec{e}_z$ darzustellen:

Der Vektor $\vec{\varrho} = x\,\vec{e}_x + y\,\vec{e}_y + z\,\vec{e}_z$ liegt im Körper fest, seine Länge ist unveränderlich. Seine Zeitableitung

$$\dot{\vec{\varrho}} = \vec{\omega} \times \vec{\varrho}$$

kann somit mit der absoluten Winkelgeschwindigkeit des starren Körpers $\vec{\omega} = \omega_x \vec{e}_x + \omega_y \vec{e}_y + \omega_z \vec{e}_z$ im körperfesten Achsensystem berechnet werden.

Für den Drall bezüglich des Schwerpunktes ergibt sich damit im körperfesten Bezugssystem

$$\vec{L}^S = \mathbf{\Theta}^S \cdot \vec{\omega}\,. \tag{2.120}$$

In *Matrizenschreibweise* hat er die Form

$$\begin{bmatrix} L_x^S \\ L_y^S \\ L_z^S \end{bmatrix} = \begin{bmatrix} \Theta_x^S & \Theta_{xy}^S & \Theta_{xz}^S \\ \Theta_{xy}^S & \Theta_y^S & \Theta_{yz}^S \\ \Theta_{xz}^S & \Theta_{yz}^S & \Theta_z^S \end{bmatrix} \cdot \begin{bmatrix} \omega_x \\ \omega_y \\ \omega_z \end{bmatrix}. \tag{2.121}$$

Die Trägheitsmomente sind im Massenträgheitsmomententensor $\mathbf{\Theta}^S$ zusammengefaßt. Wegen $\Theta_{xy} = \Theta_{yx}$, $\Theta_{yz} = \Theta_{zy}$ und $\Theta_{xz} = \Theta_{zx}$ ist dieser Tensor symmetrisch. Für den Drall bezüglich eines raumfesten Punktes 0 ergibt sich eine entsprechende Darstellung.

Drall eines starren Körpers bei ebener Bewegung:

Von einer ebenen Bewegung spricht man, wenn eine Symmetrieebene (genauer eine Hauptachsenebene) des Körpers während der Bewegung ihre Orientierung nicht ändert. Die Bewegung des Körpers wird dann vollständig durch die Bewegung der Punkte in dieser Körperebene beschrieben. Alle Ortsvektoren, Geschwindigkeiten und Beschleunigungen liegen in der Bewegungsebene. Die Vektoren der Winkelgeschwindigkeit und der Winkelbeschleunigung stehen senkrecht auf der Bezugsebene. Ist beispielsweise die xy-Ebene die Bewegungsebene, hat die Winkelgeschwindigkeit die Form $\vec{\omega} = \omega \vec{e}_z$. Wegen der geforderten Symmetrie verschwinden die Deviationsmomente Θ_{xz} und Θ_{yz}. Für den Drall bezüglich S verbleibt in diesem Sonderfall

$$\vec{L}^S = \Theta_z^S \, \omega_z \, \vec{e}_z \,. \tag{2.122}$$

Drall einer Punktmasse bezüglich eines raumfesten Punktes 0:

Bei einer Punktmasse liegen alle Massenelemente dm im Schwerpunkt der Punktmasse. Wegen der fehlenden Ausdehnung verschwinden die Massenträgheitsmomente bezüglich des Schwerpunktes und damit auch der auf den Schwerpunkt bezogene Drall, $\vec{L}^S = \vec{0}$. Der Drall bezüglich des raumfesten Punktes 0 besteht somit ausschließlich aus dem Impulsmoment der Punktmasse

$$\vec{L}^0 = \vec{r} \times \vec{v} \, m = \vec{r} \times \vec{p}. \tag{2.123}$$

Drall eines starren Körpers in seinem Hauptachsensystem:

Im körperfesten Hauptachsensystem vereinfacht sich die Matrix des Trägheitsmomententensors und für den Drall gilt in Matrizenschreibweise

$$\begin{bmatrix} L_1^S \\ L_2^S \\ L_3^S \end{bmatrix} = \begin{bmatrix} \Theta_1^S & 0 & 0 \\ 0 & \Theta_2^S & 0 \\ 0 & 0 & \Theta_3^S \end{bmatrix} \cdot \begin{bmatrix} \omega_1 \\ \omega_2 \\ \omega_3 \end{bmatrix}. \tag{2.124}$$

2.4.5.5 Momentensatz

Der Momentensatz als eigenständiges Axiom der Kinetik verbindet die Drehbewegung eines Körpers mit dem resultierenden Moment der äußeren Belastungen. *Bezüglich eines raumfesten Punktes* 0 lautet der Momentensatz

$$\dot{\vec{L}}^0 = \vec{M}^0. \tag{2.125}$$

Die Änderung des Dralls bezüglich eines raumfesten Punktes 0 ist der Summe aller am Körper angreifenden äußeren Momente um 0 gleich.

Oft erweist es sich als zweckmäßig, den Drall und die äußeren Momente auf den Schwerpunkt zu beziehen.

Bezüglich des beliebig bewegten Schwerpunktes S hat der Momentensatz die gleiche Form wie bezüglich des raumfesten Punktes 0,

$$\dot{\vec{L}}^S = \vec{M}^S. \tag{2.126}$$

Wählt man hingegen einen anderen Bezugspunkt, hat der Momentensatz nicht diese einfache Form. Andere Bezugspunkte als der Schwerpunkt S oder ein raum- und körperfester Punkt 0 sollten bei der Anwendung des Momentensatzes deshalb vermieden werden.

2.4.5.6 Ebene Bewegung des starren Körpers

Bei ebener Bewegung eines Starrkörpers in der xy-Ebene verbleibt für den Drall

$$\vec{L}^0 = \Theta_z^0\,\omega\,\vec{e}_z \qquad \text{bzw.} \qquad \vec{L}^S = \Theta_z^S\,\omega\,\vec{e}_z\,. \tag{2.127}$$

Da das einzig relevante Massenträgheitsmoment Θ_z^S beim ebenen Starrkörper konstant ist, hat der Momentensatz bezüglich des Schwerpunktes die einfache skalare Form

$$\Theta_z^S\,\dot{\omega} = M^S. \tag{2.128}$$

Wenn es einen Punkt 0 gibt, der sowohl *raum-* als auch *körperfest* ist, hat der diesbezügliche Momentensatz ebenfalls die einfache Form

$$\Theta_z^0\,\dot{\omega} = M^0. \tag{2.129}$$

2.4.5.7 Räumliche Drehung und EULERsche Gleichungen

Stellt man den Drall und die Bewegung eines starren Körpers in einem im Schwerpunkt S verankerten, *körperfesten Koordinatensystem* dar, so haben die Elemente des Massenträgheitsmomententensors $\boldsymbol{\Theta}^S$ konstante Werte. Die Richtungen der körperfesten Achsen werden sich jedoch mit der Drehung des Körpers ändern; die Winkelgeschwindigkeit $\vec{\omega}$ des körperfesten Koordinatensystems stimmt mit der des Körpers überein. Im Momentensatz

$$\frac{d\vec{L}^S}{dt} = \boldsymbol{\Theta}^S\cdot\dot{\vec{\omega}} + \vec{\omega}\times(\boldsymbol{\Theta}^S\cdot\vec{\omega}) = \vec{M}^S \tag{2.130}$$

ist diese Tatsache bei der Zeitableitung des Dralls zu berücksichtigen. Die absolute Dralländerung $\dot{\vec{L}}^S$ besteht aus zwei Anteilen: aus der Betragsänderung der Drallkomponenten infolge einer Winkelbeschleunigung $\dot{\vec{\omega}}$ und aus der Richtungsänderung des Drallvektors.

Weniger umfangreich wird die Darstellung, wenn man als Bezugssystem die körperfesten *Hauptachsen* 1, 2 und 3 verwendet, da für ein Hauptachsensystem alle Deviationsmomente null sind. Im Hauptachsensystem erhält man die drei nichtlinearen Gleichungen des Momentensatzes

$$\begin{aligned}
\Theta_1^S\,\dot{\omega}_1 - \omega_2\,\omega_3\,(\Theta_2^S - \Theta_3^S) &= M_1^S,\\
\Theta_2^S\,\dot{\omega}_2 - \omega_3\,\omega_1\,(\Theta_3^S - \Theta_1^S) &= M_2^S,\\
\Theta_3^S\,\dot{\omega}_3 - \omega_1\,\omega_2\,(\Theta_1^S - \Theta_2^S) &= M_3^S.
\end{aligned} \tag{2.131}$$

Dies sind die EULERschen Kreiselgleichungen, deren Lösung nur für einige Sonderfälle analytisch angegeben werden kann. Dazu müssen allerdings die Winkelgeschwindigkeit $\vec{\omega}$, die Winkelbeschleunigung $\dot{\vec{\omega}}$ und der Vektor der äußeren Momente $\vec{M}^S$ in die Komponenten der Hauptachsenrichtungen zerlegt werden.

Alle hergeleiteten Beziehungen gelten auch, wenn man das körperfeste Koordinatensystem im raum- und körperfesten Bezugspunkt 0 verankert. Die Kennzeichnung S ist in diesem Fall durch 0 zu ersetzen.

In manchen Fällen mag es sinnvoll sein, den Momentensatz in einem bewegten Koordinatensystem anzuschreiben, das jedoch nicht körperfest ist. Für solche Fälle gelten die EULERschen Kreiselgleichungen nicht, denn die Winkelgeschwindigkeit $\vec{\Omega}$ des Koordinatensystems ist eine andere als die des Körpers. Für den Drall ist die absolute Winkelgeschwindigkeit $\vec{\omega}$ des Körpers maßgeblich, für die Richtungsableitung aber die Winkelgeschwindigkeit $\vec{\Omega}$ des Bezugssystems.

2.4.5.8 Drehung um eine raumfeste Achse

Die Drehung des starren, räumlich ausgedehnten Körpers um eine raumfeste Achse ist ein Sonderfall der allgemeinen Bewegung, der im Maschinenbau von grundlegender Bedeutung ist. Man spricht von einem Rotor.

Die Winkelgeschwindigkeit eines starren Rotors zeigt in Richtung der festen Drehachse,

$$\vec{\omega} = \omega \, \vec{e}_x \, .$$

Bei einem Rotor wird der Schwerpunkt S in der Regel nicht auf der Drehachse liegen, sondern von ihr den Abstand ε haben (Exzentrizität, statische Unwucht). Der Schwerpunkt erfährt damit die Beschleunigung

$$\vec{a}_S = -\omega^2 \, \varepsilon \, \vec{e}_r + \dot{\omega} \, \varepsilon \, \vec{e}_\varphi \, .$$

Außerdem wird im allgemeinen auch keine der Hauptträgheitsachsen mit der Drehachse zusammenfallen (kinetische Unwucht). Dies führt zu Lagerbelastungen, die nur durch Auswuchten beseitigt werden können.

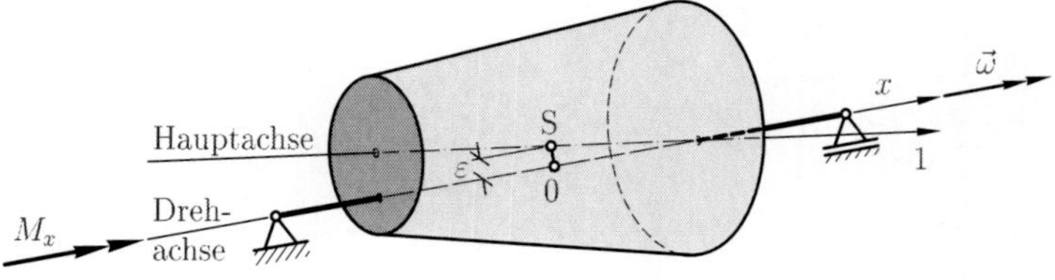

Bild 2.45: Unwuchtiger starrer Rotor

Das Zusammenspiel der äußeren Kräfte und Momente mit der Drehbewegung des Rotors wird durch die beiden dynamischen Grundgesetze beschrieben: *Kräftesatz* und *Momentensatz*.

Den Momentensatz formuliert man vorzugsweise in einem mitrotierenden Koordinatensystem, wobei man je nach Aufgabenstellung entweder ein im Punkt 0 auf der

Drehachse befestigtes xyz-Koordinatensystem oder das zentrale 123-Hauptachsensystem wählt:

Die Beschreibung im Hauptachsensystem hat den Vorteil, daß alle Deviationsmomente verschwinden, jedoch muß der Winkelgeschwindigkeitsvektor in seine Komponenten entlang der Hauptachsen zerlegt werden. Es ergeben sich auch hier die EULERschen Kreiselgleichungen.

Im körperfesten xyz-Koordinatensystem, dessen x-Achse in der Drehachse liegt, entfällt die Zerlegung der Winkelgeschwindigkeit, denn sie ist parallel zur x-Achse. Allerdings sind in diesem Koordinatensystem die Deviationsmomente in der Regel nicht null. Der Drallvektor

$$\vec{L}^0 = \Theta_x^0 \, \omega \, \vec{e}_x + \Theta_{xy}^0 \, \omega \, \vec{e}_y + \Theta_{xz}^0 \, \omega \, \vec{e}_z \tag{2.132}$$

zeigt weder in die Richtung einer Hauptachse noch in die Richtung der Drehachse.

Die Ableitung des Dralls besteht aus der Betragsänderung $\mathbf{\Theta}^0 \cdot \dot{\vec{\omega}}$ und der Richtungsänderung $\vec{\omega} \times (\mathbf{\Theta}^0 \cdot \vec{\omega})$. Wegen $\vec{\omega} = \omega \, \vec{e}_x$ verbleibt für den Momentensatz im mitrotierenden xyz-Koordinatensystem komponentenweise

$$\Theta_x^0 \, \dot{\omega} = M_x^0, \tag{2.133}$$

$$\Theta_{xy}^0 \, \dot{\omega} - \Theta_{xz}^0 \, \omega^2 = M_y^0, \tag{2.134}$$

$$\Theta_{xz}^0 \, \dot{\omega} + \Theta_{xy}^0 \, \omega^2 = M_z^0. \tag{2.135}$$

M_x^0 ist das Antriebsmoment, das den Rotor beschleunigt oder bremst. Die beiden anderen Momente resultieren aus den Lagerkräften des Rotors.

Der Kräftesatz

$$m \, \vec{a}_S = m \, \varepsilon \, (-\omega^2 \, \vec{e}_r + \dot{\omega} \, \vec{e}_\varphi) = \vec{F} \tag{2.136}$$

und der Momentensatz zeigen, daß bei Rotation umlaufende Lagerbelastungen auftreten. Diese verschwinden nur dann, wenn

a) der Schwerpunkt auf der Drehachse liegt ($\varepsilon = 0$, der Rotor ist statisch ausgewuchtet) und

b) die Drehachse eine Hauptträgheitsachse ist ($\Theta_{xy} = \Theta_{xz} = 0$, der Rotor ist kinetisch ausgewuchtet).

Beispiel 2.8:

Auf einer starren Welle (Länge l) ist mittig eine homogene dünne Scheibe (Radius R, Dicke $t \ll R$, Masse m) unter dem Winkel α schief aufgesetzt.

Die Welle rotiert ohne Antrieb mit der konstanten Winkelgeschwindigkeit $\vec{\omega}$. Der Schwerpunkt liegt auf der Drehachse, er erfährt keine Beschleunigung und die Summe der beiden umlaufenden Lagerkräfte $A+B$ verschwindet.

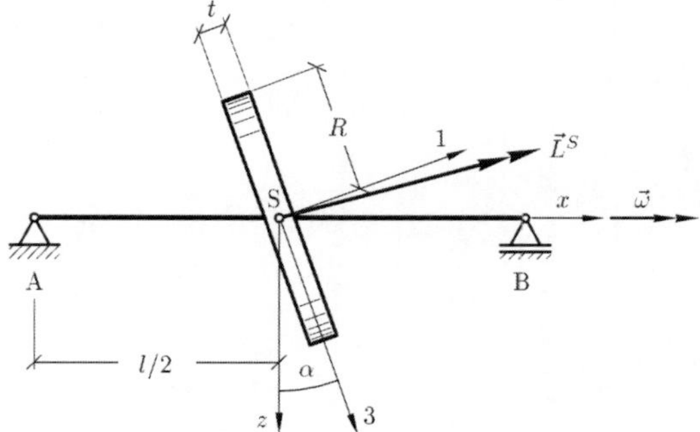

Bild B2.8.1: Rotor mit schief aufgesetzter Scheibe

Beschreibung im mitrotierenden Hauptachsensystem:

Hauptträgheitsmomente: $\Theta_1 = \frac{1}{2} m R^2 \qquad \Theta_2 = \Theta_3 = \frac{1}{4} m R^2$

Winkelgeschwindigkeit: $\vec{\omega} = \omega \cos\alpha \, \vec{e}_1 + \omega \sin\alpha \, \vec{e}_3$

Drall: $\vec{L}^0 = \frac{1}{4} m R^2 \omega \, (2 \cos\alpha \, \vec{e}_1 + \sin\alpha \, \vec{e}_3) = \vec{L}^S$

EULERsche Gleichungen: $M_2^0 = (B - A) \frac{l}{2} = -\omega_1 \omega_3 (\Theta_3 - \Theta_1) = \omega^2 \frac{1}{4} m R^2 \sin\alpha \cos\alpha$

Lagerkräfte: $A = -B = -\frac{1}{l} \omega^2 \frac{1}{4} m R^2 \sin\alpha \cos\alpha$

Die Lagerkräfte werden für $\alpha = 45^\circ$ maximal.

2.4.5.9 Kinetik der räumlichen Bewegung in einem Relativsystem

Bei etlichen technischen Fragestellungen ist es vorteilhaft, die Bewegung des starren Körpers in einem Koordinatensystem zu beschreiben, das mit dem Schwerpunkt des Körpers verbunden ist, jedoch nicht die gesamte Bewegung des Körpers mitmacht. Damit haben der Körper und das Koordinatensystem unterschiedliche Winkelgeschwindigkeiten: Das Koordinatensystem hat die Führungswinkelgeschwindigkeit $\vec{\Omega}$, während der Körper selbst die absolute Winkelgeschwindigkeit $\vec{\omega}$ besitzt. Der Unterschied wird durch die relative Winkelgeschwindigkeit $\vec{\omega}_{rel}$ des Körpers gegenüber dem bewegten Koordinatensystem erfaßt,

$$\vec{\omega} = \vec{\Omega} + \vec{\omega}_{rel} \, . \tag{2.137}$$

Der Drall in der Schreibweise von Gl. (2.120) wird im bewegten Führungssystem angeschrieben. Er wird grundsätzlich mit der absoluten Winkelgeschwindigkeit des Körpers gebildet. Bei der Differentiation des Dralls nach der Zeit müssen zum einen die Änderungen seiner skalaren Koordinaten und zum anderen die Richtungsänderung des Führungssystems berücksichtigt werden. Der Momentensatz hat damit die Form

$$\frac{d_{rel}\vec{L}^S}{dt} + \vec{\Omega} \times \vec{L}^S = \vec{M}^S . \tag{2.138}$$

Besonders einfach werden die Verhältnisse, wenn das mit der Führungswinkelgeschwindigkeit $\vec{\Omega}$ rotierende Koordinatensystem ein Hauptachsensystem ist. Dazu muß es nicht unbedingt körperfest sein, es genügt die Rotationssymmetrie der Trägheitseigenschaften. Zur Klasse solcher Körper gehören trivialerweise die rotationssymmetrischen Körper, aber auch alle nicht rotationssymmetrischen Körper, die im Führungskoordinatensystem zwei gleichgroße Hauptträgheitsmomente besitzen (z. B. Prisma mit regelmäßiger n-eckiger Grundfläche). Sind die Koordinatenachsen Hauptträgheitsachsen, wird die räumliche Drehbewegung durch die drei Bewegungsgleichungen

$$\begin{aligned} \Theta_1^S\,\dot{\omega}_1 \;-\; (\Theta_2^S\,\omega_2\,\Omega_3 \;-\; \Theta_3^S\,\omega_3\,\Omega_2) &= M_1^S, \\ \Theta_2^S\,\dot{\omega}_2 \;-\; (\Theta_3^S\,\omega_3\,\Omega_1 \;-\; \Theta_1^S\,\omega_1\,\Omega_3) &= M_2^S, \\ \Theta_3^S\,\dot{\omega}_3 \;-\; (\Theta_1^S\,\omega_1\,\Omega_2 \;-\; \Theta_2^S\,\omega_2\,\Omega_1) &= M_3^S \end{aligned} \tag{2.139}$$

beschrieben.

Für den Sonderfall, daß das Koordinatensystem körperfest ist, folgen aus den Gln. (2.139) selbstverständlich die EULERschen Kreiselgleichungen (2.131).

Sind die Massenträgheitsmomente im Relativsystem hingegen nicht konstant, so ergeben sich für die Relativableitung erheblich längere Beziehungen, die zum einen die Deviationsmomente und zum anderen zeitliche Ableitungen der Massenträgheitsmomente enthalten.

2.4.5.10 Linearisierter Momentensatz

Bei kleinen Winkelgeschwindigkeiten können die quadratischen Glieder $\omega_j\omega_k$ in den Gln. (2.131) vernachlässigt werden, man erhält den Momentensatz in linearisierter Form

$$\begin{aligned} \Theta_1^S\,\dot{\omega}_1 &= M_1^S, \\ \Theta_2^S\,\dot{\omega}_2 &= M_2^S, \\ \Theta_3^S\,\dot{\omega}_3 &= M_3^S. \end{aligned} \tag{2.140}$$

Manchmal werden die Verschiebungsfreiheitsgrade x, y und z des Schwerpunktes und die Drehfreiheitsgrade φ_x, φ_y und φ_z der Drehung zu einem Verschiebungsvektor $\boldsymbol{q} = [x,\, y,\, z,\, \varphi_x,\, \varphi_y,\, \varphi_z]^T$ des starren Körpers zusammengefaßt. Analog werden auch die Komponenten der äußeren Kraft und des äußeren Momentes zu einem verallgemeinerten Kraftvektor $\boldsymbol{f} = [F_x,\, F_y,\, F_z,\, M_x^S,\, M_y^S,\, M_z^S]^T$ kombiniert. Mit diesen Definitionen lassen sich Kräftesatz und Momentensatz in einer einzigen Matrizengleichung

$$\begin{bmatrix} m & 0 & 0 & 0 & 0 & 0 \\ 0 & m & 0 & 0 & 0 & 0 \\ 0 & 0 & m & 0 & 0 & 0 \\ 0 & 0 & 0 & \Theta_x^S & \Theta_{xy}^S & \Theta_{xz}^S \\ 0 & 0 & 0 & \Theta_{xy}^S & \Theta_y^S & \Theta_{yz}^S \\ 0 & 0 & 0 & \Theta_{xz}^S & \Theta_{yz}^S & \Theta_z^S \end{bmatrix} \begin{bmatrix} \ddot{x} \\ \ddot{y} \\ \ddot{z} \\ \ddot{\varphi}_1 \\ \ddot{\varphi}_2 \\ \ddot{\varphi}_3 \end{bmatrix} = \begin{bmatrix} F_x \\ F_y \\ F_z \\ M_x^S \\ M_y^S \\ M_z^S \end{bmatrix} \tag{2.141}$$

angeben. In Kurzschreibweise heißt diese dann

$$\boldsymbol{M}\,\ddot{\boldsymbol{q}} = \boldsymbol{f}. \tag{2.142}$$

Die symmetrische Matrix $\boldsymbol{M}$ wird allgemein als Massenmatrix bezeichnet, hier speziell ist sie die Massenmatrix des starren Körpers. Die Massenmatrix ist eine Diagonalmatrix, wenn die Koordinaten x, y und z Hauptträgheitsachsen sind, da bezüglich Hauptachsen die Deviationsmomente verschwinden.

• **Massenpunkt**

Der ausgedehnte Körper entartet zu einem Massenpunkt, wenn der Körper reine Translationsbewegungen ausführt oder wenn die Massenträgheitsmomente und die Winkelgeschwindigkeiten so klein sind, daß die Rotationsenergie gegenüber der Translationsenergie vernachlässigbar ist. Von den sechs Freiheitsgraden werden dann nur die drei Translationsfreiheitsgrade berücksichtigt.

• **Ebene Bewegung**

Bei der ebenen Bewegung hat der starre Körper zwei Translations- und einen Rotationsfreiheitsgrad, x, y und φ_z. Mit diesen drei Freiheitsgraden lautet die Bewegungsgleichung

$$\begin{bmatrix} m & 0 & 0 \\ 0 & m & 0 \\ 0 & 0 & \Theta_z^S \end{bmatrix} \begin{bmatrix} \ddot{x} \\ \ddot{y} \\ \ddot{\varphi}_z \end{bmatrix} = \begin{bmatrix} F_x \\ F_y \\ M_z^S \end{bmatrix}. \tag{2.143}$$

Die anderen Freiheitsgrade werden vernachlässigt.

2.4.6 Impuls- und Drallsatz

2.4.6.1 Impulssatz

Durch direkte Integration des Kräftesatzes über das Zeitintervall $t_A \leq t \leq t_B$ erhält man den *Impulssatz*

$$\vec{p}(t_B) - \vec{p}(t_A) = m\,\vec{v}_S(t_B) - m\,\vec{v}_S(t_A) = \int_{t_A}^{t_B} \vec{F}\,dt = \check{\vec{F}}. \tag{2.144}$$

Das Zeitintegral über die äußeren Kräfte $\vec{F}$ nennt man *Kraftstoß* $\check{\vec{F}}$, irreführend auch manchmal Impuls.

2.4.6.2 Drallsatz

Das Zeitintegral von $t_A \leq t \leq t_B$ über den Momentensatz führt auf den Drallsatz. Bezüglich des beliebig bewegten Schwerpunktes gilt

$$\vec{L}^S(t_B) - \vec{L}^S(t_A) = \int_{t_A}^{t_B} \vec{M}^S\,dt = \check{\vec{M}}^S \tag{2.145}$$

und analog bezüglich eines körper- und raumfesten Punktes 0 im Inertialsystem

$$\vec{L}^0(t_B) - \vec{L}^0(t_A) = \int_{t_A}^{t_B} \vec{M}^0\,dt = \check{\vec{M}}^0. \tag{2.146}$$

Impuls- und Drallsatz sind die kinetischen Ausgangsgleichungen für die Behandlung von Stoßvorgängen.

2.4.6.3 Einfache Stoßvorgänge

Von einem Stoß spricht man, wenn die Geschwindigkeit eines Körpers in sehr kurzer Zeit eine erhebliche Änderung erfährt, ohne daß sich die Lage des Körpers wesentlich ändert. Während des Stoßes werden die beteiligten Körper an der Stoßstelle elastisch oder plastisch verformt und es können Wellenausbreitungsvorgänge in den Körpern angestoßen werden. Um Stoßvorgänge dennoch einer einfachen Berechnung zugänglich zu machen, sind gravierende *Idealisierungen* erforderlich:

Stoßdauer: Die Dauer des Stoßes sei so kurz, daß die Lageänderungen der beteiligten Körper während des Stoßes vernachlässigt werden dürfen, nicht aber die Geschwindigkeitsänderungen.

Geometrie: Die Deformationen der beteiligten Körper seien so klein, daß sie bei der Beschreibung der Bewegung vor und nach dem Stoß vernachlässigt werden dürfen. Die Körper werden hinsichtlich ihrer Geometrie als starr angesehen.

Kräfte: Die vom Stoß hervorgerufenen Kräfte seien so groß, daß alle anderen Kräfte (Gewicht, Federkräfte etc.) im Vergleich zu ihnen vernachlässigt werden dürfen.

Stoßpunkt: Die Berührung an der Stoßstelle soll so sein, daß sich dort die Tangentialebene und die Stoßnormale eindeutig definieren lassen.

Wir beschränken uns auf den Stoß zweier ebener Körper 1 und 2. Der Geschwindigkeitszustand vor dem Stoß soll mit v und ω, der nach dem Stoß mit $\overline{v}$ und $\overline{\omega}$ charakterisiert werden.

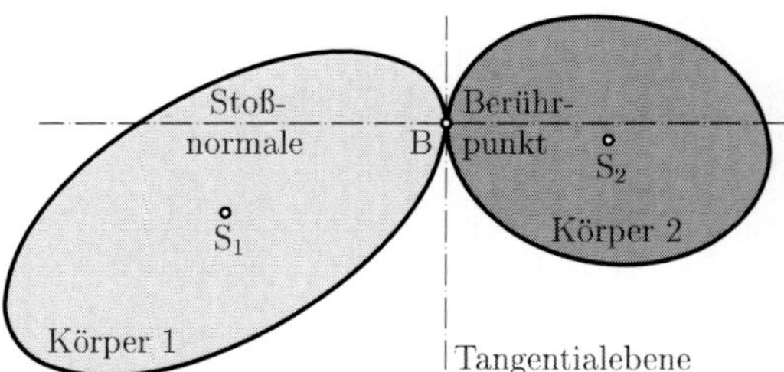

Bild 2.46: Bezeichnungen beim Stoß

Um den Geschwindigkeitszustand $\overline{v}$ und $\overline{\omega}$ der Körper nach dem Stoß aus dem Zustand v und ω vor dem Stoß berechnen zu können, sind neben den dynamischen Grundgesetzen (Impulssatz und Drallsatz) zwei *Annahmen über die Eigenschaften der Stoßstelle* erforderlich:

In *Tangentialrichtung* wird eine Aussage über die Rauhigkeit gemacht:

- Beim *glatten Stoß* ist die Tangentialkraft null.
- Beim *rauhen Stoß* wird angenommen, daß die Reibung in der Stoßstelle so groß ist, daß die beteiligten Körper nach dem Stoß an der Stoßstelle B die gleiche Tangentialgeschwindigkeit haben, $\overline{v}_{1B,T} = \overline{v}_{2B,T}$.
- Die dazwischen liegenden Fälle sind einer einfachen Beschreibung nicht zugänglich.

In *Normalenrichtung* benutzt man in der Regel die NEWTONsche Stoßhypothese

$$e = -\frac{\overline{v}_{2B,N} - \overline{v}_{1B,N}}{v_{2B,N} - v_{1B,N}}, \tag{2.147}$$

die die Änderung der Relativgeschwindigkeiten an der Stoßstelle in Stoßnormalenrichtung beschreibt. Die Geschwindigkeiten beider Körper sind dabei in die gleiche

Richtung positiv zu zählen. Die Stoßzahl e hängt insbesondere vom Material und der Form der beteiligten Körper ab. Theoretische Überlegungen zeigen, daß die Stoßzahl e stets zwischen 0 und 1 liegt, $0 \leq e \leq 1$:

- Im Falle $e=0$ haben die beteiligten Körper nach dem Stoß an der Stoßstelle B die gleiche Normalgeschwindigkeit. Die Körper werden plastisch verformt und verhaken sich (in Normalenrichtung). Man spricht daher von einem *plastischen Stoß*. Ein Teil der kinetischen Energie geht wegen der plastischen Verformung der Bewegung verloren.
- Bei $e=1$ spricht man von einem *elastischen Stoß*, die kinetische Energie der beiden Körper bleibt während des Stoßes in ihrer Summe erhalten.
- Die meisten Stoßvorgänge liegen zwischen dem plastischen und dem elastischen Stoß, $0<e<1$, man spricht von *teilplastischen* Stößen.

Die Beschreibung mit der Stoßzahl ist in manchen Fällen nur eine grobe Nährung der Realität. Genauere Aussagen erfordern die Berücksichtigung der Wellenausbreitungsvorgänge in den beteiligten Körpern.

Da mit dem Impulssatz die Änderungen der Geschwindigkeiten der Schwerpunkte S, mit den Annahmen über die Art des Stoßes aber die Geschwindigkeiten an der Stoßstelle B beschrieben werden, benötigt man für die Berechnung außerdem noch die kinematischen Beziehungen zwischen den Geschwindigkeiten dieser Punkte. Dabei wird die Geometrie der beteiligten Körper als unveränderlich angesetzt, so daß die EULERsche Geschwindigkeitsformel gilt.

2.4.7 Kinetische Energie

Die kinetische Energie eines Körpers ist definiert als

$$T = \frac{1}{2} \int\limits_{(m)} \vec{v}^2 \, dm. \tag{2.148}$$

Mit den Definitionen für den Impuls $\vec{p}$ und für den Drall $\vec{L}^S$ um den Schwerpunkt S kann die kinetische Energie des Starrkörpers in der Form

$$T = \frac{1}{2} \vec{v}_S \cdot \vec{p} + \frac{1}{2} \vec{\omega} \cdot \vec{L}^S. \tag{2.149}$$

angegeben werden. Sie besteht aus dem Translationsanteil $T_{\text{trans}} = \vec{v}_S \cdot \vec{p}/2$ und dem Rotationsanteil $T_{\text{rot}} = \vec{\omega} \cdot \vec{L}^S/2$.

Mit dem Trägheitsmomententensor $\boldsymbol{\Theta}^S$ läßt sich die kinetische Energie eines Starrkörpers auch in der gebräuchlicheren Form

$$T = \frac{1}{2} m \vec{v}_S^2 + \frac{1}{2} \vec{\omega} \cdot \boldsymbol{\Theta}^S \cdot \vec{\omega} \tag{2.150}$$

schreiben.

Im Spezialfall der *ebenen Bewegung* wird daraus die einfache Beziehung

$$T = \frac{1}{2} m v_S^2 + \frac{1}{2} \Theta^S \omega^2. \tag{2.151}$$

Kapitel 3

Bewegungsgleichungen von schwingungsfähigen Strukturen

3.1 Feder-Masse-Dämpfer-Systeme

Schwingungsfähige Strukturen enthalten mindestens zwei Energiespeicher, zwischen denen die Energie hin und her pendelt. Bei mechanischen Systemen sind dies die Speicherelemente für die potentielle Energie (Federn, Gewichtsverlagerung) und für die kinetische Energie (Masse, Drehträgheit). Hinzu kommen Dämpfer, die die unvermeidlichen Verluste berücksichtigen. Schließlich können dem System von außen noch Kräfte oder Bewegungen aufgeprägt werden, die Erregungen heißen.

Das dynamische Verhalten einer schwingungsfähigen Struktur im Zusammenwirken aller Elemente des Systems wird durch Bewegungsdifferentialgleichungen beschrieben, die die Bewegungskoordinaten mit ihren zeitlichen Ableitungen verknüpfen. Die Bewegungsdifferentialgleichungen charakteristieren den zeitlichen Bewegungsablauf. Dieser wird aber erst durch Anfangsbedingungen eindeutig festgelegt.

Im Folgenden werden einige Methoden angegeben, mit denen die Bewegungsdifferentialgleichungen mechanischer Systeme aufgestellt werden können. Je nach Systemaufbau kann die eine oder die andere Methode Vorteile bieten. Alle aufgeführten Methoden sollten im Grundsatz aus den Grundvorlesungen zur Kinetik bekannt sein. Darüber hinaus zeigen wir in diesem Kapitel noch auf, wie Gleichgewichtslagen berechnet und Bewegungsdifferentialgleichungen linearisiert werden können. Im letzten Abschnitt sind Hinweise zusammengefaßt, wie die Bewegungsgleichungen von einfachen strömungsmechanischen Schwingungsproblemen, von Schwingungen in elektrischen Schaltkreisen und von Schwingungen in aktiven Systemen unter Einbezug von Wandlern aufgestellt werden können.

3.1.1 Anwendung der dynamischen Grundgesetze

Die klassische Vorgehensweise zur Aufstellung der Bewegungsgleichungen von mechanischen Strukturen ist die Anwendung von Kräfte- und Momentensatz. Bei der Anwendung dieser dynamischen Grundgesetze werden die einzelnen massebehafteten Körper in einem willkürlichen Bewegungszustand freigeschnitten. Zweckmäßigerweise stellt man die Verhältnisse bei positiven Auslenkungen und positiven Geschwindigkeiten dar. An den freigeschnittenen Körpern greifen Feder- und Dämpfungskräfte, Reaktionskräfte in den Lagern und zwischen den Körpern, Gewichtskräfte sowie äußere Erregerkräfte an.

Die Feder- und Dämpfungskräfte hängen von den Auslenkungen und den Geschwindigkeiten ab; die Zusammenhänge werden durch die in Kapitel 2 angegebenen Stoffgesetze beschrieben. Die Kräfte wirken an den freigeschnittenen Körpern stets den positiven Auslenkungen bzw. Geschwindigkeiten entgegen.

Kräfte- und Momentensatz liefern die kinetischen Gleichungen der einzelnen Körper.

Hängen einzelne Bewegungskoordinaten voneinander ab, wird dies durch kinematische Zwangsbedingungen berücksichtigt.

Die Bewegungsdifferentialgleichungen des mechanischen Systems folgen aus den kinetischen Gleichungen, indem man die Reaktionskräfte eliminiert, die Stoffgesetze für Dämpfer und Federn einsetzt und überzählige Koordinaten mit den kinematischen Gleichungen durch generalisierte Koordinaten ersetzt. Man erhält ein Differentialgleichungssystem zweiter Ordnung, das die allgemeine Form

$$\boldsymbol{M}\,\ddot{\boldsymbol{q}} + \boldsymbol{f}^b(\dot{\boldsymbol{q}},\boldsymbol{q},t) + \boldsymbol{f}^k(\boldsymbol{q},t) = \boldsymbol{f}(t)\,, \tag{3.1}$$

hat. Der Vektor der Zustandsgrößen $\boldsymbol{q}(t)$ beschreibt die Bewegung des Systems. In der Bewegungsgleichung sind $\boldsymbol{M}$ die Massenmatrix, die die Trägheitseigenschaften zusammenfaßt, und $\boldsymbol{f}(t)$ der Vektor der äußeren Erregerkräfte.

Die Dämpferkräfte

$$\boldsymbol{f}^b = \boldsymbol{f}^b(\dot{\boldsymbol{q}},\boldsymbol{q},t) \tag{3.2}$$

hängen von den Geschwindigkeiten $\dot{\boldsymbol{q}}$ ab, sie können aber auch von den Auslenkungen $\boldsymbol{q}$ und explizit von der Zeit t abhängig sein.

Die elastischen Rückstellkräfte

$$\boldsymbol{f}^k = \boldsymbol{f}^k(\boldsymbol{q},t) \tag{3.3}$$

hängen von den Auslenkungen $\boldsymbol{q}$ ab. Auch sie können explizit von der Zeit abhängen. Beide Kräfte können nichtlinear sein.

Im einfachsten Fall sind die Feder- und die Dämpferkraft linear und nicht explizit von der Zeit abhängig. Dann folgt die lineare Bewegungsgleichung

$$\boldsymbol{M}\,\ddot{\boldsymbol{q}} + \boldsymbol{B}\,\dot{\boldsymbol{q}} + \boldsymbol{K}\,\boldsymbol{q} = \boldsymbol{f}(t)\,, \tag{3.4}$$

deren Koeffizientenmatrizen konstant sind.

Speziell für ein Schwingungssystem mit einem Freiheitsgrad kann die lineare Bewegungsgleichung in die Normalform

$$\ddot{q} \;+\; 2D\omega_0\,\dot{q} \;+\; \omega_0^2\,q \;=\; \omega_0^2\,u(t) \tag{3.5}$$

gebracht werden. Die Parameter des Systems mit einem Freiheitsgrad sind die Kennkreisfrequenz ω_0, $[\omega_0] = \mathrm{s}^{-1}$, und der Dämpfungsgrad D, $[D] = 1$. Sie beinhalten die Steifigkeits- und Trägheitseigenschaften des Systems sowie Informationen über die Energieab- oder auch Energiezufuhr. Die Erregerfunktion $u(t)$ hat in der Normalform die gleiche physikalische Einheit wie die Zustandsgröße $q(t)$, unabhängig davon, ob sie von einer äußeren Kraft, einer vorgegebenen Bewegung oder auf andere Weise erzeugt wird.

- **Allgemeine Vorgehensweise und Eigenschaften:**

Der Weg zum Aufstellen der Bewegungsgleichungen mechanischer Strukturen läßt sich in allgemeiner Form angeben:

Kräfte- und Momentensatz für alle starren Körper des Systems liefern

$$\boldsymbol{M}\,\ddot{\boldsymbol{q}} = \boldsymbol{f}\,.$$

Die Kräfte $\boldsymbol{f}$, die auf die einzelnen freigeschnittenen Körper des Systems wirken, setzen sich zusammen aus den äußeren eingeprägten Kräften

$$\boldsymbol{f}(t) = \boldsymbol{f}^a(t)\,,$$

den konservativen (elastischen) Kräften

$$\boldsymbol{f}^k = \boldsymbol{K}\,\boldsymbol{q}\,,$$

und den nichtkonservativen, dämpfenden oder energiezuführenden Kräften

$$\boldsymbol{f}^b = \boldsymbol{B}\,\dot{\boldsymbol{q}}\,.$$

Die Bewegungsgleichung hat in Matrizenschreibweise die Form

$$\boldsymbol{M}\,\ddot{\boldsymbol{q}} + \boldsymbol{B}\,\dot{\boldsymbol{q}} + \boldsymbol{K}\,\boldsymbol{q} = \boldsymbol{f}(t)\,.$$

Die allgemeinste Form der Bewegungsgleichung linearer Systeme mit mehreren Freiheitsgraden

$$\boldsymbol{M}\,\ddot{\boldsymbol{q}} + (\boldsymbol{B}+\boldsymbol{G})\,\dot{\boldsymbol{q}} + (\boldsymbol{K}+\boldsymbol{N})\,\boldsymbol{q} = \boldsymbol{f}(t)$$

beinhaltet neben der Massen-, Dämpfungs- und Steifigkeitsmatrix noch die geschwindigkeitsproportionalen Kräfte

$$\boldsymbol{f}^g = \boldsymbol{G}\,\dot{\boldsymbol{q}}$$

aus Kreiseleffekten sowie die lageproportionalen Kräfte

$$\boldsymbol{f}^n = \boldsymbol{N}\,\boldsymbol{q}$$

aus nichtkonservativen verformungsabhängigen Kräften (zirkulatorische Kräfte).

Die Massenmatrix ist symmetrisch,

$$\boldsymbol{M} = \boldsymbol{M}^T.$$

Sie kann formal aus Einheitsbeschleunigungszuständen ermittelt werden, analog zur Ermittlung von Steifigkeits- und Dämpfungsmatrizen. Hierbei werden alle Federn und Dämpfer als kräftefrei angesehen.

Die Massenmatrix ist eine Diagonalmatrix, wenn

– alle Körper rein translatorisch bewegt werden, oder wenn

– alle Bezugsachsen der Rotation Hauptträgheitsachsen sind.

Ist die Massenmatrix eine Diagonalmatrix, steht an der Stelle ii die Masse bzw. die Trägheit, die dem Freiheitsgrad q_i zugeordnet ist.

Die Steifigkeitsmatrix ist bei konservativen Systemen symmetrisch,

$$\boldsymbol{K} = \boldsymbol{K}^T.$$

Die Dämpfungsmatrix ist beim gewöhnlichen System ebenfalls symmetrisch,

$$\boldsymbol{B} = \boldsymbol{B}^T.$$

Die Kräfte $\boldsymbol{f}^g$ aus den Kreiseleffekten leisten – im Gegensatz zu den Dämpferkräften $\boldsymbol{f}^b$ – keine Arbeit und gehen somit nicht in Energiebilanzen ein. Die Matrix $\boldsymbol{G}$ heißt gyroskopische Matrix oder Kreiselmatrix. Sie ist schiefsymmetrisch,

$$\boldsymbol{G} = -\boldsymbol{G}^T.$$

Die Matrix $\boldsymbol{N}$ der nichtkonservativen lageabhängigen zirkulatorischen Kräfte ist ebenfalls schiefsymmetrisch,

$$\boldsymbol{N} = -\boldsymbol{N}^T.$$

Die Vorgehensweise zum Aufstellen der Bewegungsgleichung soll an einigen Beispielen demonstriert werden:

Beispiel 3.1: Krafterregtes Schwingungssystem mit einem Freiheitsgrad

Ein Körper (Masse m) ist durch eine Feder (Steifigkeit k) und einen Dämpfer (Dämpferkonstante b) gefesselt. Auf den Körper wirkt eine äußere zeitabhängige Kraft $F(t)$. Die absolute Verschiebung des Körpers wird mit $q(t)$ bezeichnet.

Mit der in Bild B3.1 dargestellten Weise der Angabe der Koordinate q soll stets die absolute Verschiebung eines Körpers bezeichnet werden. Relativverschiebungen bedürfen der Angabe der (möglicherweise bewegten) Referenzpunkte.

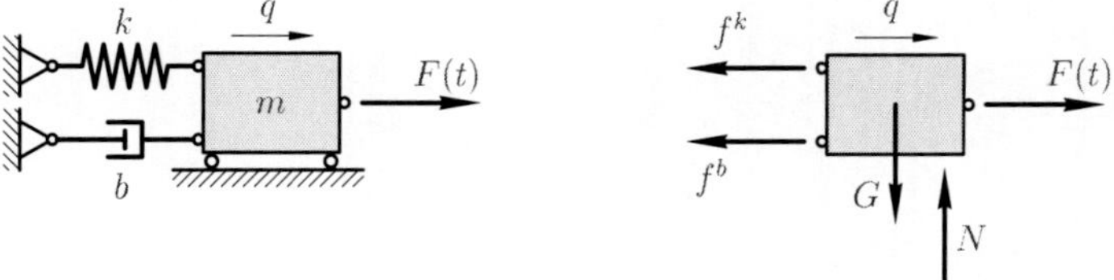

Bild B3.1: Feder-Masse-Schwinger mit einem Freiheitsgrad und Freikörperbild

Der Kräftesatz

$$m\,\ddot{q} = -f^b - f^k + F(t)$$

sowie die Stoffgesetze für die Feder

$$f^k = k\,q$$

und den Dämpfer

$$f^b = b\,\dot{q}$$

beschreiben das Verhalten des Systems. Eliminiert man die Kräfte der Feder und des Dämpfers aus dem Kräftesatz, folgt die Bewegungsgleichung

$$m\,\ddot{q} + b\,\dot{q} + k\,q = F(t)\,.$$

Beispiel 3.2: Elastisch gefesselter Pendelschwinger bei großen Auslenkungen

Bild B3.2 zeigt links die Gleichgewichtslage des Pendelschwingers. Die Feder sei bei vertikaler Stellung des Pendels entspannt.

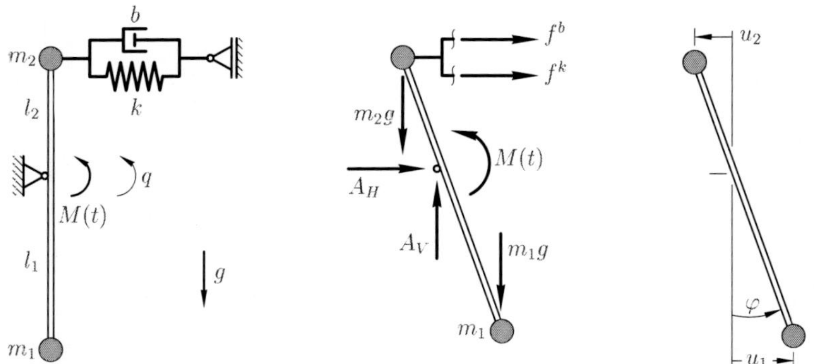

Bild B3.2: Pendelschwinger, Freikörperbild und Geometrie

Die Vorgehensweise zum Aufstellen der Bewegungsgleichung erfolgt in den skizzierten Schritten:

1. Koordinaten festlegen, System auslenken und freischneiden:
Als Zustandsvariable q wird der Winkel φ benutzt, der von der vertikalen Gleichgewichtslage aus gezählt wird, Bild B3.2 Mitte und rechts.

2. Momentensatz:

$$\Theta^A \ddot{\varphi} = M^A = m_2 g\, u_2 \;-\; m_1 g\, u_1 \;+\; M(t) \;-\; (f^k l_2 + f^b l_2) \cos\varphi$$

3. Massengeometrie:

$$\Theta^A = m_1\, l_1^2 + m_2\, l_2^2$$

4. Geometrie:

$$u_1 = l_1 \sin\varphi\,,$$

$$u_2 = l_2 \sin\varphi\,,$$

$$\dot{u}_2 = l_2\, \dot{\varphi} \cos\varphi$$

5. Kraft-Verformungsbeziehungen:

$$f^k = k\, u_2\,,$$

$$f^b = b\, \dot{u}_2$$

6. Elimination der inneren Kräfte und der überzähligen Koordinaten, Bewegungsgleichung:

$$\Theta^A \ddot{\varphi} \;+\; \left[b\, l_2^2 \cos^2\varphi\right] \dot{\varphi} \;+\; \left[k\, l_2^2 \cos\varphi \;+\; g\,(m_1 l_1 - m_2 l_2)\right] \frac{\sin\varphi}{\varphi}\, \varphi = M(t)$$

Die Bewegungsgleichung hat die allgemeine Form

$$\Theta^A\,\ddot{\varphi} + b(\dot{\varphi},\varphi)\,\dot{\varphi} + k(\varphi)\,\varphi = M(t)\,.$$

Neben dem Rückstellmoment aus der Federkraft wirken noch Rückstellmomente aus den Gewichtskräften. Die Bewegungsgleichung ist nichtlinear, die Ursache der Nichtlinearität ist die große Auslenkung; man spricht von geometrischer Nichtlinearität.

Beispiel 3.3: Schwingungsfähiges Feder-Masse-System mit drei Freiheitsgraden

Ein schwingungsfähiges System besteht aus drei horizontal verschieblichen Körpern, die durch Federn und Dämpfer untereinander und gegenüber der Umgebung gefesselt sind. In der im Bild B3.3 dargestellten Ruhelage sind die Federn kräftefrei. Als Koordinaten werden die Horizontalverschiebungen der Körper gegenüber der Ruhelage benutzt.

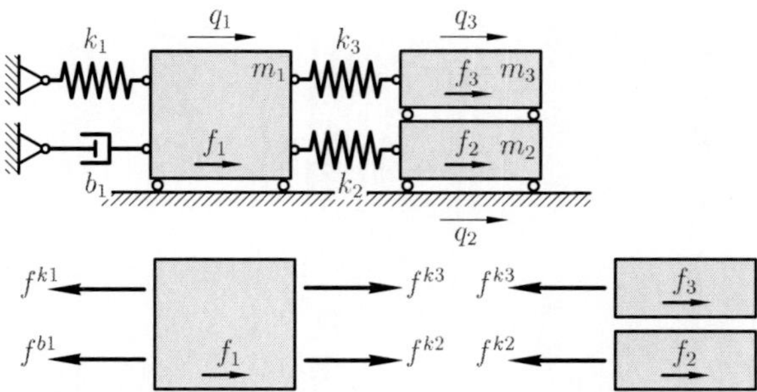

Bild B3.3: Feder-Masse-System mit Freikörperbildern

Die Freikörperbilder mit den Schnittkräften sind in Bild B3.3 unten zu sehen. Der besseren Übersichtlichkeit wegen zeichnen wir die äußeren Erregungen häufig nicht dort ein, wo sie wirken, sondern versetzt. Der Kräftesatz für die drei freigeschnittenen Körper liefert die Gleichungen

$$m_1\,\ddot{q}_1 = f_1(t) - f^{k1} - f^{b1} + f^{k2} + f^{k3},$$

$$m_2\,\ddot{q}_2 = f_2(t) - f^{k2},$$

$$m_3\,\ddot{q}_3 = f_3(t) - f^{k3}.$$

Die Feder- und Dämpferkräfte werden durch die Kraft-Verformungsbeziehungen

$$f^{k1} = k_1\,q_1\,,$$

$$f^{b1} = b_1\,\dot{q}_1\,,$$

$$f^{k2} = k_2\,(q_2 - q_1)\,,$$

$$f^{k3} = k_3\,(q_3 - q_1)$$

beschrieben. Das Einsetzen der Kraft-Verformungsbeziehungen in die kinetischen Gleichungen liefert die Bewegungsgleichungen

$$m_1\,\ddot{q}_1 + b_1\,\dot{q}_1 \quad +(k_1 + k_2 + k_3)\,q_1 \quad -k_2\,q_2 \quad -k_3\,q_3 \quad = f_1(t)\,,$$

$$m_2\,\ddot{q}_2 \quad -k_2\,q_1 \quad +k_2\,q_2 \quad = f_2(t)\,,$$

$$m_3\,\ddot{q}_3 \quad -k_3\,q_1 \quad +k_3\,q_3 \quad = f_3(t)\,.$$

Die Bewegungsgleichungen sind ein System von drei linearen zeitinvarianten gekoppelten Differentialgleichungen zweiter Ordnung. Sie haben in Matrizenschreibweise die Form

$$\begin{bmatrix} m_1 & 0 & 0 \\ 0 & m_2 & 0 \\ 0 & 0 & m_3 \end{bmatrix} \begin{bmatrix} \ddot{q}_1 \\ \ddot{q}_2 \\ \ddot{q}_3 \end{bmatrix} + \begin{bmatrix} b_1 & 0 & 0 \\ 0 & 0 & 0 \\ 0 & 0 & 0 \end{bmatrix} \begin{bmatrix} \dot{q}_1 \\ \dot{q}_2 \\ \dot{q}_3 \end{bmatrix} +$$

$$+ \begin{bmatrix} k_1+k_2+k_3 & -k_2 & -k_3 \\ -k_2 & k_2 & 0 \\ -k_3 & 0 & k_3 \end{bmatrix} \begin{bmatrix} q_1 \\ q_2 \\ q_3 \end{bmatrix} = \begin{bmatrix} f_1 \\ f_2 \\ f_3 \end{bmatrix}$$

oder abgekürzt

$$\boldsymbol{M}\ddot{\boldsymbol{q}} + \boldsymbol{B}\dot{\boldsymbol{q}} + \boldsymbol{K}\boldsymbol{q} = \boldsymbol{f}(t)\,.$$

3.1.2 Anwendung des Arbeitssatzes der Mechanik

- **Arbeit von Kräften und Momenten:**

Die *Arbeit einer Kraft* $\vec{F}$ bei einer Verschiebung ihres Angriffspunktes von $\vec{r}_A$ nach $\vec{r}_B$ ist als Linienintegral

$$W_{AB}(F) = \int\limits_{\vec{r}_A}^{\vec{r}_B} \vec{F}(\vec{r}) \cdot d\vec{r} \tag{3.6}$$

entlang des Verschiebungsweges definiert. Entlang einer differentiellen Verschiebung $d\vec{r}$ leistet nur die parallel zu $d\vec{r}$ wirkende Kraftkomponente Arbeit.

Die *Arbeit eines Einzelmomentes* $\vec{M}$ bei Drehung des Momentenangriffsbereiches beträgt

$$W_{AB}(M) = \int\limits_{\varphi_A}^{\varphi_B} \vec{M} \cdot d\vec{\varphi}, \tag{3.7}$$

wobei $d\vec{\varphi}$ die differentiell kleine Drehung des Momentenangriffsbereiches ist.

Die *gesamte Arbeit einer Kräftegruppe* erhält man durch Aufsummation aller Einzelanteile,

$$W_{AB} = \sum_i \int\limits_{\vec{r}_A}^{\vec{r}_B} \vec{F}_i \cdot d\vec{r}_i + \sum_j \int\limits_{\varphi_A}^{\varphi_B} \vec{M}_j \cdot d\vec{\varphi}_j \tag{3.8}$$

oder

$$W_{AB} = \int\limits_{\vec{r}_A}^{\vec{r}_B} \sum \vec{F}_i \cdot d\vec{r}_i + \int\limits_{t_A}^{t_B} \sum \vec{M}_j \cdot \vec{\omega}_j \, dt, \tag{3.9}$$

wobei $\vec{\omega}_j$ die Winkelgeschwindigkeit des Momentenangriffsbereiches ist. Ist die Arbeit einer Kräftegruppe positiv, so wird dem System, an dem sie angreift, Arbeit zugeführt, ist sie negativ, wird dem System Arbeit entzogen.

Innere Kräfte im starren Körper leisten keine Arbeit, da sie paarweise entgegengesetzt auftreten und die Angriffspunkte von actio und reactio dieselbe Geschwindigkeit besitzen. In idealen (reibungsfreien) Systemen leisten die inneren Kräfte in den Verbindungselementen ebenfalls keine Arbeit, denn die Kontakt- und Auflagerkräfte stehen stets senkrecht auf einer möglichen Relativbewegung. In reibungsbehafteten Systemen leisten innere Kräfte nur dann Arbeit, wenn die beiden Angriffspunkte von actio und reactio unterschiedliche Geschwindigkeiten in Kraftrichtung haben. Für die Momente und die zugehörigen Winkelgeschwindigkeiten gelten diese Aussagen entsprechend.

- **Der Arbeitssatz:**

Die auf einen *Starrkörper* einwirkenden äußeren Kräfte und Momente lassen sich in *konservative* und *nichtkonservative* unterteilen: Die Arbeit der konservativen Kraftgrößen bei einer Zustandsänderung von A nach B läßt sich durch die Differenz der potentiellen Energien $U_A - U_B$ erfassen. Für die nichtkonservativen Kraftgrößen existiert kein Potential, ihre Arbeit werde mit W^*_{AB} gekennzeichnet.

Die äußeren Kräfte und Momente sind die Ursache der Bewegung des Starrkörpers. Beschrieben werden die Zusammenhänge durch die dynamischen Grundgesetze (Kräfte- und Momentensatz). Durch einfache Umformungen läßt sich aus den dynamischen Grundgesetzen ableiten, daß die Arbeit der äußeren Kraftgrößen an einem Starrkörper gleich der Änderung seiner kinetischen Energie $T_B - T_A$ ist. Innere Kräfte im Starrkörper leisten keine Arbeit.

Sind mehrere Bauteile miteinander zu einem *mechanischen System* verbunden, so ist die gesamte momentan im System gespeicherte Energie die Summe der Energien aller beteiligten Einzelteile. Die Arbeit der inneren Kräfte in den idealen (reibungsfreien) Verbindungen verschwindet.

Die Arbeit der inneren Kräfte in den nichtidealen (reibungsbehafteten oder aktiven) Verbindungen wird mit der Arbeit der nichtkonservativen äußeren Kräfte in W^*_{AB} zusammengefaßt. Als Resultat erhält man den *Arbeitssatz der Mechanik*

$$T_A + U_A + W^*_{AB} = T_B + U_B \,. \tag{3.10}$$

Die Energie, die zu Beginn des Vorganges (Zeitpunkt t_A) als kinetische und potentielle Energie im System vorhanden ist, und die Arbeit W^*_{AB}, die beim Übergang von A nach B ($t_A \leq t \leq t_B$) dem System zugeführt wird, sind am Ende (t_B) als kinetische und potentielle Energie im System vorhanden. Dies gilt für beliebig gewählte Zeitpunkte t_A und t_B.

Abhängig vom Vorzeichen der Arbeit W^*_{AB} der nichtkonservativen Kräfte und Momente sind drei Fälle zu unterscheiden:

$W^*_{AB} > 0$: Energiezufuhr (z. B. durch Elektromotor),

$W^*_{AB} = 0$: Energieerhaltung, konservatives System,

$W^*_{AB} < 0$: Energiedissipation (z. B. durch Reibung und andere Verluste).

Eine Bewegungsgleichung erhält man, indem man den Arbeitssatz für einen beliebigen Zeitpunkt $t = t_B$ aufstellt und ihn dann nach der Zeit t differenziert. Da die potentiellen und kinetischen Energien U_A und T_A zum Anfangszeitpunkt t_A feste Werte haben, verschwinden ihre Zeitableitungen und es verbleibt die Gleichung

$$\frac{d}{dt}\Big[T_B(t) + U_B(t) - W^*_{AB}(t)\Big] = 0\,. \tag{3.11}$$

Der Arbeitssatz liefert allerdings nur eine einzige Gleichung. Daher ist seine Anwendung in der Regel nur bei Systemen mit einem Freiheitsgrad sinnvoll. Bei Systemen mit mehreren Freiheitsgraden führt er nicht direkt zum Ziel. Bei solchen Systemen ist das Prinzip von D'ALEMBERT in der LAGRANGEschen Fassung besser geeignet.

Beispiel 3.4: Rollpendel

Eine homogene Kugel (Masse m, Radius r) rollt in einer kreisförmigen Bahn (Radius R). Gesucht ist die Bewegungsdifferentialgleichung für die Rollbewegung ϑ der Kugel.

Der Kugelschwerpunkt bewegt sich mit der Winkelgeschwindigkeit $\dot\vartheta$ auf einer Kreisbahn mit dem Radius $l = R - r$. Die Kugel selbst hat die absolute Winkelgeschwindigkeit $\dot\varphi$ und dreht sich um ihren Momentanpol M.

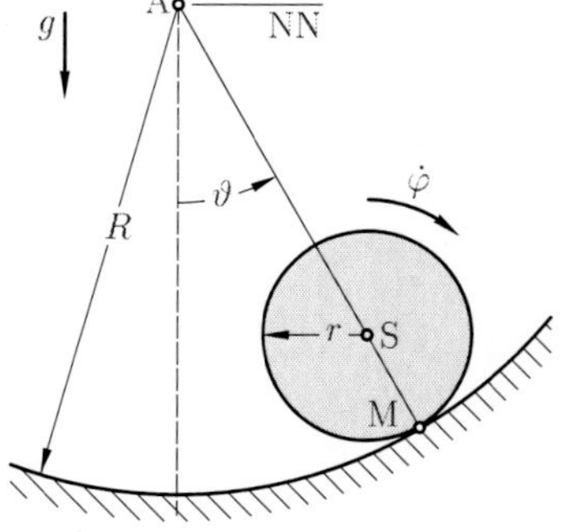

Bild B3.4: Rollpendel

Die EULERsche Geschwindigkeitsformel liefert die kinematische Beziehung

$$v_S = \dot\varphi\, r = \dot\vartheta\ (R - r)$$

zwischen den beiden Winkelgeschwindigkeiten.

Die kinetische und die potentielle Energie betragen

$$T_B = \frac{1}{2} m\, v_S^2 + \frac{1}{2} \Theta^S \dot\varphi^2$$

und

$$U_B = -mg\,(R-r)\cos\vartheta\,.$$

Nichtkonservative Kräfte sind keine vorhanden.

Die Differentiation des Arbeitssatzes

$$T_A + U_A + W^*_{AB} = T_B(t) + U_B(t)$$

nach der Zeit führt auf

$$m\, v_S\, \dot v_S + \Theta^S \dot\varphi\, \ddot\varphi + mg\,(R-r)\sin\vartheta\, \dot\vartheta = 0\,.$$

Eliminiert man aus dieser Gleichung die kinematischen Größen v_S und $\dot\varphi$, setzt das Massenträgheitsmoment der homogenen Kugel $\Theta^S = 2mr^2/5$ ein und dividiert durch $\dot\vartheta$, so findet man schließlich die nichtlineare Bewegungsgleichung

$$\ddot\vartheta + \frac{5\,g}{7\,(R-r)}\,\sin\vartheta = 0$$

für die Schwingbewegung der Kugel um die untere Gleichgewichtslage.

3.1.3 Anwendung des Leistungssatzes

Die Differentation des Arbeitssatzes nach der Zeit führt zum Leistungssatz. Dieser besagt, daß die von den äußeren Kräften und Momenten in das System eingebrachte Leistung P_a zuzüglich der im System erzeugten bzw. abzüglich der im System vernichteten Leistung P_i gleich der Änderung der kinetischen Energie $\dot{T}$ ist,

$$\dot{T} = \sum_n \vec{F}_n \cdot \dot{\vec{r}}_n + \sum_k \vec{M}_k \cdot \vec{\omega}_k + \sum_j P_i^j . \tag{3.12}$$

Als innere Leistung P_i wird der Leistungsanteil bezeichnet, der einem System im Inneren zugeführt wird. Demnach ist die innere Leistung eines geschwindigkeitsproportionalen Dämpfers

$$P_i^b = -\vec{F}^b \cdot \dot{\vec{r}}^b = -b\,(\Delta l)^{\cdot\,2}, \tag{3.13}$$

die innere Leistung einer linearen Druck- oder Zugfeder

$$P_i^k = -\vec{F}^k \cdot \dot{\vec{r}}^k = -k\,\Delta l\,(\Delta l)^{\cdot}, \tag{3.14}$$

und die innere Leistung einer linearen Drehfeder

$$P_i^f = -\vec{M}^f \cdot \vec{\omega}^f = -k_\varphi\,\Delta\varphi\,(\Delta\varphi)^{\cdot}. \tag{3.15}$$

Beispiel 3.5: Pendel mit Feder und Dämpfer

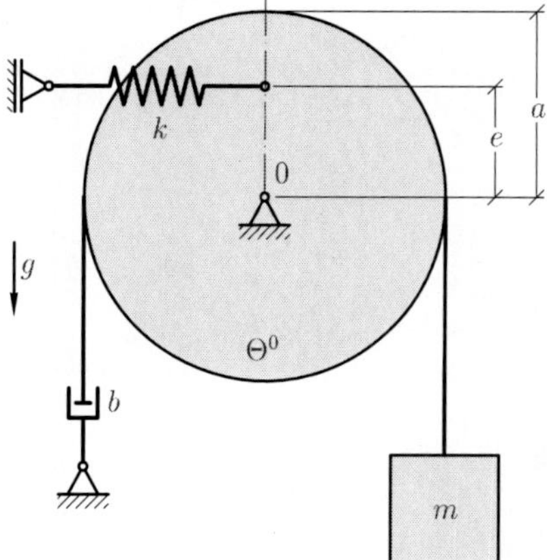

Bild B3.5: System bei spannungsfreier Feder

Bei dem skizzierten System ist die Feder in der gezeichneten Lage spannungslos. Die Massen von Feder, Dämpfer und Seil sollen vernachlässigt werden.

Gesucht ist die Bewegungsdifferentialgleichung unter Vernachlässigung des Schrägstellens der Feder.

Leistung des Gewichtes:

$$P^g = mg\,a\,\dot{\varphi}$$

Innere Leistung des Dämpfers:

$$P^b = -b\,(a\,\dot{\varphi})^2$$

Innere Leistung der Feder:

$$P^k = -k\,e\,\varphi\,(e\,\dot{\varphi})$$

Kinetische Energie:

$$T = \frac{1}{2} m\,(a\,\dot{\varphi})^2 + \frac{1}{2}\Theta^0\,\dot{\varphi}^2 \qquad \Longrightarrow \qquad \dot{T} = m\,a^2 \dot{\varphi}\,\ddot{\varphi} + \Theta^0\,\dot{\varphi}\,\ddot{\varphi}$$

Leistungssatz:

$$(m\,a^2 + \Theta^0)\,\ddot{\varphi}\,\dot{\varphi} = mg\,a\,\dot{\varphi} - b\,a^2\,\dot{\varphi}^2 - k\,e^2\,\varphi\,\dot{\varphi}$$

Bewegungsgleichung:

$$(m\,a^2 + \Theta^0)\,\ddot{\varphi} + b\,a^2\dot{\varphi} + k\,e^2\varphi = mg\,a$$

3.1.4 Anwendung des Prinzips von D'ALEMBERT

Prinzipien sind im Grunde nichts Neues, sie erleichtern uns aber oft das Rechnen, da sie vorgefertigte Gleichungen sind, die sich bei bestimmten Systemen besonders leicht, übersichtlich und systematisch anwenden lassen. Auf ihre Herleitungen wird verzichtet.

Das Prinzip von D'ALEMBERT führt die Probleme der Dynamik formal auf solche der Statik zurück und läßt sich besonders vorteilhaft bei Systemen starrer Körper anwenden.

3.1.4.1 Trägheitskräfte und dynamisches Gleichgewicht

Die dynamischen Grundgesetze der Kinetik (Kräfte- und Momentensatz) lassen sich formal auf die Gesetze der Statik (Gleichgewicht, Arbeitsprinzip) zurückführen, wenn man D'ALEMBERTsche Trägheitskräfte (und -momente) einführt. Bei starren Körpern mit konstanter Masse haben die Trägheitskräfte die Form

$$\vec{F}_T = -m\,\vec{a}_S \qquad \text{und} \qquad \vec{M}_T^S = -\frac{d}{dt}(\Theta^S \cdot \vec{\omega}), \tag{3.16}$$

und bei ebener Bewegung

$$F_{Tx} = -m\,\ddot{x}, \qquad F_{Ty} = -m\,\ddot{y}, \qquad M_T^S = -\Theta^S\,\ddot{\varphi}. \tag{3.17}$$

Die D'ALEMBERTschen Trägheitskräfte (Fliehkräfte, Corioliskräfte etc.) sind den Beschleunigungen stets entgegen gerichtet.

Trägheitskräfte sind in Wirklichkeit nicht vorhanden. Es sind sogenannte Scheinkräfte, die das Reaktionsaxiom (actio = reactio) verletzen, da sie keine Gegenkräfte haben. Das subjektive aber falsche Gefühl, man könne Trägheitskräfte spüren, beruht häufig auf ihrer Verwechslung mit den realen äußeren Kräften, welche die entsprechenden Beschleunigungen erst erzeugen (z. B. Kontaktkräfte). Trotz der Tatsache, daß Trägheitskräfte gar nicht existieren, erleichtert ihre Einführung manchmal die Lösung spezieller Problemstellungen.

Mit den Scheinkräften folgen aus dem Kräftesatz und dem Momentensatz die sogenannten „dynamischen Gleichgewichtsbedingungen“

$$\vec{F} + \vec{F}_T = \vec{0} \qquad \text{und} \qquad \vec{M}^S + \vec{M}_T^S = \vec{0}, \tag{3.18}$$

die formal so wie die Gleichgewichtsbedingungen der Statik aussehen. Ein System bewegt sich also so, als würden die realen Kräfte und die D'ALEMBERTschen Trägheitskräfte ein Gleichgewichtssystem bilden. Die Kinetik kann folglich mit den Gesetzen der Statik behandelt werden, wenn zusätzlich zu den realen Kräften und Momenten die Scheinkräfte und -momente (Trägheitskräfte) auf das System aufgebracht werden. Dabei sind die Scheinkräfte stets in den Schwerpunkten der Körper anzubringen.

Damit ergibt sich das folgende Rezept zur Lösung von dynamischen Problemen: Zu den eingeprägten Kräften füge man die Trägheitskräfte als Scheinkräfte hinzu und behandle dann das System nach den Gesetzen der Statik.

Da sich Momente und Drall in gleicher Weise vom Schwerpunkt S auf jeden anderen festen Bezugspunkt umrechnen lassen, darf in den „dynamischen Gleichgewichtsbedingungen“ – analog zu den Gleichgewichtsbedingungen der Statik – jeder beliebige feste Punkt als Momentenbezugspunkt gewählt werden. Durch geschickte Wahl des Momentenbezugspunktes können die „dynamischen Gleichgewichtsbedingungen“ so aufgeschrieben werden, daß sie etliche oder alle Zwangskräfte gar nicht enthalten und mühevolle Eliminationsarbeit entfällt.

3.1.4.2 Das Prinzip von D'ALEMBERT in der LAGRANGEschen Fassung

Eine alternative Formulierung zum Gleichgewichtsprinzip mittels Kräfte- und Momentensatz und Trägheitskräften ist das Prinzip der virtuellen Verrückungen der Statik. Dieses hat den großen Vorteil, daß Kräfte und Momente in idealen Bindungen (Auflager- oder Zwischenbindungen) nicht in die Gleichungen eingehen, da deren Arbeit entlang virtueller Verrückungen verschwindet.

Virtuelle Verrückungen eines beweglichen Systems sind beliebige, gedachte und differentiell kleine Verschiebungen $\delta\vec{r}$ oder Verdrehungen $\delta\vec{\varphi}$ der Systemteile, denen das System testweise unterworfen wird. Sie müssen mit den Bindungen des Systems verträglich sein, brauchen aber nicht mit evtl. vorhandenen realen Verrückungen oder Bewegungen übereinzustimmen.

Das Prinzip der virtuellen Verrückungen läßt sich auf die Kinetik ausdehnen, wenn man die D'ALEMBERTschen Trägheitskräfte einführt. Aus dem Prinzip der virtuellen Arbeiten folgt dann das Prinzip von D'ALEMBERT in der LAGRANGEschen Fassung, das gelegentlich auch Prinzip der virtuellen Geschwindigkeiten genannt wird:

Ein System aus starren Körpern bewegt sich so, daß bei jeder virtuellen Verrückung die Summe der virtuellen Arbeiten der realen, eingeprägten Kräfte und der D'ALEMBERT*schen Trägheitskräfte verschwindet:*

$$\delta W + \delta W_T = 0 . \tag{3.19}$$

Die virtuelle Arbeit δW der realen Kräfte und Momente setzt sich zusammen aus der virtuellen Arbeit δW^* der Kräfte und Momente, die nicht in einem Potential erfaßt sind, und der negativen Variation $-\delta U$ des Potentials der konservativen Kräfte und Momente,

$$\delta W = \delta W^* - \delta U = \sum_i \vec{F}_i \cdot \delta\vec{r}_i + \sum_j \vec{M}_j \cdot \delta\vec{\varphi}_j - \delta U . \tag{3.20}$$

Neben der virtuellen Arbeit δW der realen Kräfte und Momente tritt im Arbeitsprinzip (3.19) noch die virtuelle Arbeit

$$\delta W_T = \sum \vec{F}_T \cdot \delta\vec{r}_S + \sum \vec{M}_T \cdot \delta\vec{\varphi} \tag{3.21}$$

der Scheinkräfte und Scheinmomente auf. Zwangskräfte in idealen Bindungen verrichten keine Arbeit und sind daher nicht in der Gleichung enthalten.

Ausgeschrieben hat das Prinzip von D'ALEMBERT in der LAGRANGEschen Fassung die Form

$$\sum_i \left[\vec{F}_i - m_i\,\vec{a}_{Si}\right] \cdot \delta\vec{r}_{Si} + \sum_j \left[\vec{M}_j^S - \left(\vec{\omega}_j\,\mathbf{\Theta}_j^S\right)^{\cdot}\right] \cdot \delta\vec{\varphi}_j - \delta U = 0 . \tag{3.22}$$

Bei einem System mit mehreren Freiheitsgraden gibt es genauso viele unabhängige virtuelle Verrückungen, wie das System Freiheitsgrade besitzt. Jede dieser unabhängigen virtuellen Verrückungen liefert eine eigene Bewegungsgleichung, so daß man insgesamt so viele Gleichungen erhält, wie das System Freiheitsgrade hat.

Beispiel 3.6: Pendel unter Berücksichtigung des Schrägstellens der Feder.

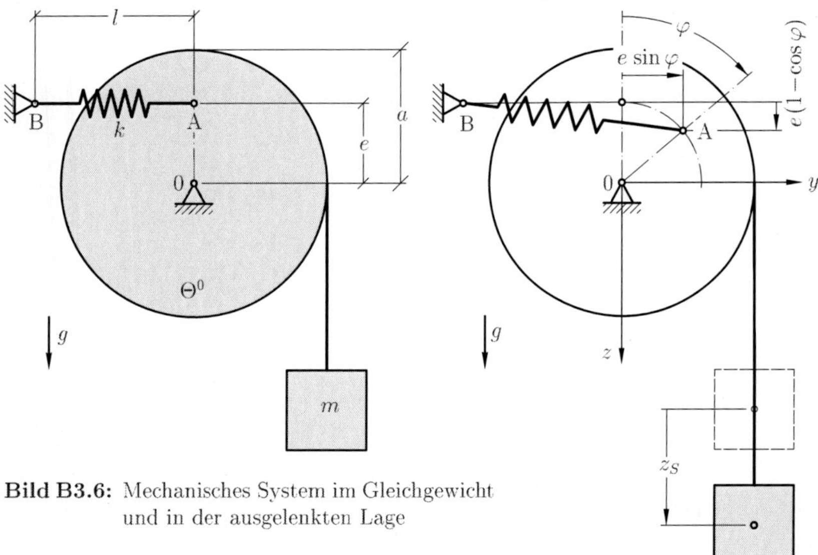

Bild B3.6: Mechanisches System im Gleichgewicht und in der ausgelenkten Lage

Kinematik:

$$z_S = a\,\varphi\,, \qquad \delta z_S = a\,\delta\varphi$$

$$\vec{r}_{BA} = e\,(1-\cos\varphi)\,\vec{e}_z + (l+e\sin\varphi)\,\vec{e}_y$$

$$x = \Delta l = |\vec{r}_{BA}|-l = l\Big(\sqrt{1+2(e/l)^2\,(1-\cos\varphi)+2e/l\sin\varphi}\; - \;1\Big)$$

$$\delta x = \frac{e/l\sin\varphi+\cos\varphi}{\sqrt{1+2(e/l)^2\,(1-\cos\varphi)+2e/l\sin\varphi}}\;e\,\delta\varphi$$

Potentielle Energie:

$$U = -mg\,z_S + \frac{1}{2}k\,x^2$$

Variation der potentiellen Energie:

$$\delta U = -mg\,\delta z_S + k\,x\,\delta x$$

Prinzip von D'ALEMBERT:

$$-\,m\ddot{z}_S\,\delta z_S - \Theta^0\ddot{\varphi}\,\delta\varphi - \delta U = 0$$

Bewegungsgleichung:

$$(ma^2+\Theta^0)\ddot{\varphi} + kel\Big(\frac{e}{l}\sin\varphi+\cos\varphi\Big)\Bigg(1-\frac{1}{\sqrt{1+2(e/l)^2\,(1-\cos\varphi)+2e/l\sin\varphi}}\Bigg) = mga$$

3.1.5 Die Anwendung der LAGRANGEschen Gleichungen

Zu den Energieprinzipien gehören die LAGRANGEschen Gleichungen zweiter Art, die eine elegante Möglichkeit bieten, die Bewegungsgleichungen komplizierter mechanischer Systeme aufzustellen. Sie haben – wie das Prinzip von D'ALEMBERT – den großen Vorteil, daß innere Kräfte in idealen Bindungen nicht in den Gleichungen auftreten und somit – im Gegensatz zu den Grundaxiomen – nicht mühsam aus diesen eliminiert werden müssen.

Zur Beschreibung des Bewegungszustandes eines (holonomen) mechanischen Systems mit N Freiheitsgraden benötigt man N voneinander unabhängige verallgemeinerte Koordinaten $q_n(t)$ mit $(n=1,2,...,N)$, die generalisierte Koordinaten heißen. Werden zur Beschreibung mehr als N verallgemeinerte Koordinaten verwendet, so existieren stets so viele geometrische Zwangsbedingungen wie überzählige verallgemeinerte Koordinaten. Welche der verallgemeinerten Koordinaten man in einem solchen Fall als generalisierte Koordinaten definiert, hängt von der Zweckmäßigkeit der Beschreibung und der Fragestellung ab. Bei holonomen Systemen lassen sich überzählige verallgemeinerte Koordinaten stets durch die generalisierten Koordinaten darstellen. Daher beschränken wir uns auf holonome Systeme.

Holonome Systeme sind dadurch gekennzeichnet, daß ihre geometrischen Zwangsbedingungen lediglich die verallgemeinerten Koordinaten enthalten, nicht jedoch deren Zeitableitungen, die generalisierte Geschwindigkeiten heißen. Zu den holonomen Systemen zählen natürlich auch solche mit integrierbaren Zwangsbedingungen für die Geschwindigkeiten. Ein Beispiel für ein System mit einer holonomen Zwangsbedingung ist die in der Ebene rollende Scheibe, für die aus der EULERschen Geschwindigkeitsformel $\dot{x}_S=\dot{\varphi}\,r$ durch Integration die holonome Zwangsbedingung $x_S=x_{S0}+\varphi\,r$ zwischen den verallgemeinerten Koordinaten x_S und φ folgt.

Nichtholonome Zwangsbedingungen sind solche, aus denen sich die zeitlichen Ableitungen der verallgemeinerten Koordinaten nicht eliminieren lassen. Ihre zweiten partiellen Ableitungen erfüllen also nicht den SCHWARZschen Vertauschungssatz. Ein Beispiel für ein System mit nichtholonomen Zwangsbedingungen ist die räumliche Rollbewegung einer Scheibe auf einer Ebene. Systeme mit nichtholonomen Zwangsbedingungen müssen wir hier ausschließen.

Die potentielle Energie U der konservativen Elemente eines holonomen mechanischen Systems (z. B. einer Feder, des Gewichtes) hängt nur von den generalisierten Koordinaten $q_n(t)$, nicht aber von den generalisierten Geschwindigkeiten $\dot{q}_n(t)$ ab,

$$U = U(q_1,...,q_N)\,. \tag{3.23}$$

Die kinetische Energie T hängt hingegen sowohl von den generalisierten Koordinaten $q_n(t)$ als auch von den generalisierten Geschwindigkeiten $\dot{q}_n(t)$ ab,

$$T = T(q_1,...,q_N;\dot{q}_1,...,\dot{q}_N)\,. \tag{3.24}$$

Die Differenz (nicht die Summe) von kinetischer und potentieller Energie ist die LAGRANGEsche Funktion

$$L = T - U\,, \tag{3.25}$$

die man auch unter dem Begriff kinetisches Potential antrifft. Sie hängt sowohl von den generalisierten Koordinaten $q_n(t)$ als auch von den generalisierten Geschwindigkeiten $\dot{q}_n(t)$ ab.

Mit diesen Definitionen und unter den genannten Bedingungen können zum Aufstellen der Bewegungsgleichungen von holonomen mechanischen Systemen die N LAGRANGEschen Gleichungen zweiter Art

$$\frac{d}{dt}\frac{\partial L}{\partial \dot{q}_n} - \frac{\partial L}{\partial q_n} = Q_n^* \qquad \text{mit} \qquad n = 1, 2, ..., N \tag{3.26}$$

verwendet werden.

Kraftwirkungen, die weder durch die kinetische noch durch die potentielle Energie erfaßt sind, werden in den Gleichungen als sogenannte nichtkonservative generalisierte Zusatzkräfte Q_n^* berücksichtigt. Hierzu gehören insbesondere die nichtkonservativen und die von außen vorgegebenen Kräfte und Momente (z. B. Reibungs- und Dämpfungskräfte, Erregerkräfte). Diese errechnen sich aus den entsprechenden realen nichtkonservativen Kräften und Momenten nach der Vorschrift

$$Q_n^* = \sum_i \vec{F}_i \cdot \frac{\partial \dot{\vec{r}}_i}{\partial \dot{q}_n} + \sum_j \vec{M}_j \cdot \frac{\partial \vec{\omega}_j}{\partial \dot{q}_n}. \tag{3.27}$$

Generalisierte Kräfte Q_n^* können als Projektionen der realen Kräfte und Momente auf die generalisierten Geschwindigkeiten $\dot{q}_n$ gedeutet werden. Eine generalisierte Kraft zu einer generalisierten Verschiebungskoordinate hat die Einheit einer Kraft, eine generalisierte Kraft zu einer generalisierten Winkelkoordinate hat die Einheit eines Momentes.

Die LAGRANGEsche Vorschrift (3.26) liefert also gerade so viele gewöhnliche Differentialgleichungen zweiter Ordnung, wie das System Freiheitsgrade besitzt. Zwangskräfte in idealen Bindungen sowie Kräfte von konservativen Elementen treten in den Gleichungen nicht explizit auf. Ein völliges Freischneiden, wie es bei der Anwendung von Kräfte- und Momentensatz notwendig war, ist hier also nicht erforderlich.

Beispiel 3.7: Loses Pendel auf glatter horizontaler Ebene

Ein dünner homogener Stab (Masse m, Länge l) hat an seinem einen Ende A einen Stift. Der Stab wird mit dem Stift in eine glatte horizontale Führung gehängt. Das Pendel hat somit $N = 2$ Freiheitsgrade. Zur Beschreibung seines aktuellen Zustandes wählen wir die Horizontalverschiebung $x_A(t)$ des Aufhängepunktes und den Winkel $\varphi(t)$ der Schrägstellung. Die generalisierten Koordinaten sind also $q_1 = x_A$ und $q_2 = \varphi$.

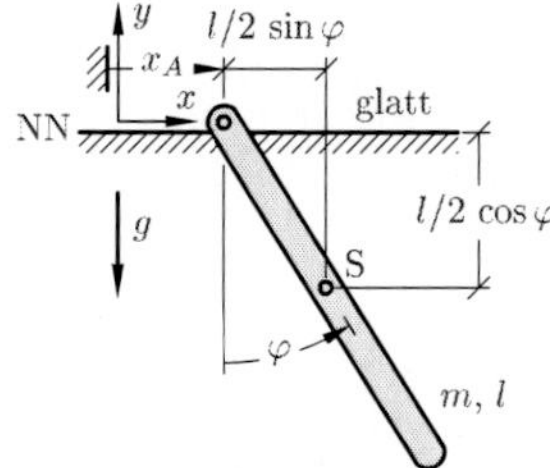

Bild B3.7: Pendel mit losem Aufhängepunkt

Die Koordinaten des Pendelschwerpunktes hängen von den generalisierten Koordinaten ab,

$$x_S = x_A + \frac{l}{2}\sin\varphi \qquad \text{und} \qquad y_S = -\frac{l}{2}\cos\varphi.$$

Die Geschwindigkeit des Pendelschwerpunktes hat somit die beiden Komponenten

$$\dot{x}_S = \dot{x}_A + \dot{\varphi}\,\frac{l}{2}\cos\varphi \qquad \text{und} \qquad \dot{y}_S = \dot{\varphi}\,\frac{l}{2}\sin\varphi\,.$$

Mit dem zentralen Massenträgheitsmoment $\Theta^S = ml^2/12$ folgt für die kinetische Energie

$$T = \frac{1}{2}m\,v_S^2 + \frac{1}{2}\Theta^S\omega^2 = \frac{1}{2}m\left[\left(\dot{x}_A + \dot{\varphi}\,\frac{l}{2}\cos\varphi\right)^2 + \left(\dot{\varphi}\,\frac{l}{2}\sin\varphi\right)^2\right] + \frac{1}{2}\frac{1}{12}m\,l^2\dot{\varphi}^2 =$$

$$= \frac{1}{2}m\left[\dot{x}_A^2 + \dot{x}_A\dot{\varphi}\,l\cos\varphi + \frac{1}{3}l^2\dot{\varphi}^2\right].$$

Die potentielle Energie resultiert aus dem Gewicht. Bei Wahl des Nullniveaus in Höhe der glatten Ebene beträgt sie

$$U = -mg\frac{l}{2}\cos\varphi\,.$$

Kräfte, die nicht in der potentiellen Energie U enthalten sind, greifen nicht an, so daß auch keine nichtkonservativen generalisierten Kräfte $Q_n^*(t)$ auftreten.

Die Bewegungsgleichungen folgen nun nach der Vorschrift (3.26) durch formale Differentiationen der LAGRANGEschen Funktion

$$L = T - U = \frac{1}{2}m\left[\dot{x}_A^2 + \dot{x}_A\,\dot{\varphi}\,l\,\cos\varphi + \frac{1}{3}\,l^2\,\dot{\varphi}^2 + gl\cos\varphi\right].$$

Im einzelnen ergeben sich die Ausdrücke

$$\frac{\partial L}{\partial q_1} = \frac{\partial L}{\partial x_A} = 0\,,$$

$$\frac{d}{dt}\frac{\partial L}{\partial \dot{q}_1} = \frac{d}{dt}\frac{\partial L}{\partial \dot{x}_A} = \frac{d}{dt}\left\{\frac{1}{2}m\Big(2\dot{x}_A + \dot{\varphi}\,l\,\cos\varphi\Big)\right\} = m\left(\ddot{x}_A + \ddot{\varphi}\frac{l}{2}\cos\varphi - \dot{\varphi}^2\frac{l}{2}\sin\varphi\right),$$

$$\frac{\partial L}{\partial q_2} = \frac{\partial L}{\partial \varphi} = -\frac{1}{2}m\{\dot{x}_A\,\dot{\varphi}\,l\,\sin\varphi + gl\sin\varphi\}\,,$$

$$\frac{d}{dt}\frac{\partial L}{\partial \dot{q}_2} = \frac{d}{dt}\frac{\partial L}{\partial \dot{\varphi}} = \frac{d}{dt}\left\{\frac{1}{2}m\Big(\dot{x}_A l\cos\varphi + \frac{2}{3}l^2\dot{\varphi}\Big)\right\} = m\left(\ddot{x}_A\frac{l}{2}\cos\varphi - \dot{x}_A\dot{\varphi}\frac{l}{2}\sin\varphi + \frac{l^2}{3}\ddot{\varphi}\right).$$

Die allgemeine (freie) Bewegung des rutschenden Pendels wird also durch die beiden nichtlinearen Bewegungsdifferentialgleichungen

$$m\,\ddot{x}_A \quad + \quad m\,\ddot{\varphi}\,\frac{l}{2}\cos\varphi \quad - \quad m\,\dot{\varphi}^2\frac{l}{2}\sin\varphi \quad = 0 \qquad \text{und}$$

$$m\,\ddot{x}_A\cos\varphi \quad + \quad m\,\ddot{\varphi}\,\frac{2l}{3} \quad + \quad mg\sin\varphi \quad = 0$$

beschrieben. Setzen wir zur Kontrolle $\ddot{x}_A = 0$, so folgt aus der ersten Bewegungsgleichung die Energieerhaltung und aus der zweiten die bekannte Differentialgleichung des physikalischen Pendels.

Beispiel 3.8: Gedämpfter Feder-Masse-Schwinger

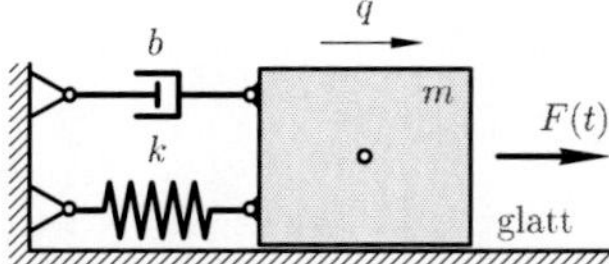

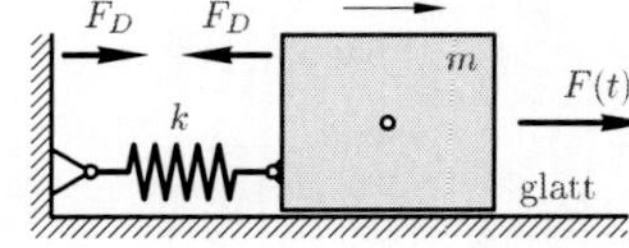

Bild B3.8: Feder-Masse-Schwinger

Ein linearer Feder-Masse-Schwinger mit der Masse m, der Federsteifigkeit k und der Dämpfungskonstanten b wird durch eine äußere Kraft $F(t)$ zu erzwungenen Schwingungen angeregt. Als generalisierte Koordinate wählen wir den Ausschlag q des Schwingers. Die Dämpferkraft $F_D(t)$ und die äußere Erregerkraft $F(t)$ besitzen keine Potentiale, so daß wir sie nicht mit der potentiellen Energie U erfassen können.

Neben der LAGRANGEschen Funktion

$$L = T - U = \frac{1}{2} m\,\dot{q}^2 - \frac{1}{2} k\,q^2$$

wird für den LAGRANGEschen Formalismus die generalisierte Kraft Q_q^* benötigt, welche die Wirkungen der Dämpferkraft $F_D = b\,\dot{q}$ und der Erregerkraft $F(t)$ erfaßt. Der Formalismus (3.27) führt auf die generalisierte nichtkonservative Kraft

$$Q_q^* = F(t)\frac{\partial \dot{q}}{\partial \dot{q}} - F_D(t)\frac{\partial \dot{q}}{\partial \dot{q}} = F(t) - F_D(t) = F(t) - b\,\dot{q}\,.$$

Das System hat nur den einen Freiheitsgrad q, so daß auch nur eine LAGRANGEsche Bewegungsgleichung (3.26) angesetzt werden kann. Aus dieser folgt der Reihe nach

$$\frac{d}{dt}\frac{\partial\left[\frac{1}{2} m\,\dot{q}^2 - \frac{1}{2} k\,q^2\right]}{\partial \dot{q}} - \frac{\partial\left[\frac{1}{2} m\,\dot{q}^2 - \frac{1}{2} k\,q^2\right]}{\partial q} = Q_q^*\,,$$

$$\frac{d}{dt}(m\,\dot{q}) + k\,q = F(t) - b\,\dot{q}$$

und schließlich die bekannte Bewegungsgleichung

$$m\,\ddot{q} + b\,\dot{q} + k\,q = F(t)$$

des linearen Feder-Masse-Schwingers. Natürlich wäre man bei diesem Beispiel mit den früher behandelten dynamischen Grundaxiomen schneller zur Bewegungsgleichung gelangt.

Beispiel 3.9: Angetriebener LAVAL-Rotor

Ein einfaches, aber äußerst effektives Modell zur Beschreibung des Schwingungsverhaltens von nachgiebigen Rotoren ist der LAVAL-Rotor. Dieser besteht aus einer masselosen elastischen runden Welle (Biegesteifigkeit k_W) und einer mittig, aber exzentrisch darauf befestigten starren Scheibe (Masse m, Trägheitsmoment Θ^S, Schwerpunktsexzentrizität ε). Der Rotor wird durch ein äußeres Moment M_A angetrieben. Das Gewicht wollen wir vernachlässigen (vertikaler Rotor).

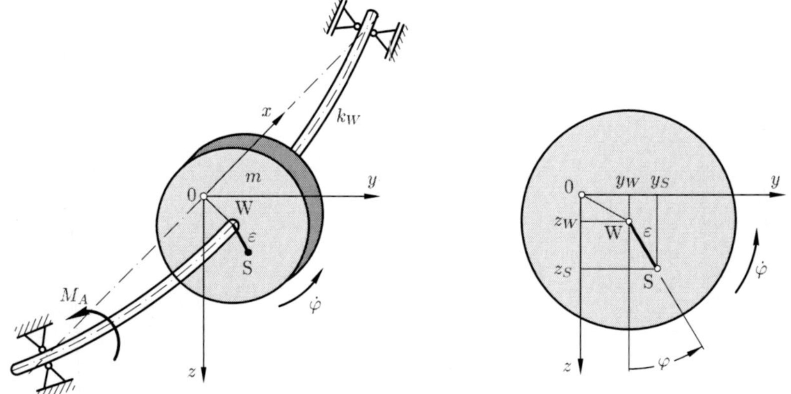

Bild B3.9: LAVAL-Rotor

Die Translationsbewegung der Rotorscheibe wird durch die beiden Koordinaten z_S und y_S des Scheibenschwerpunktes und die Rotation durch den Drehwinkel φ beschrieben. Diese drei verallgemeinerten Koordinaten wählen wir zweckmäßigerweise als generalisierte Koordinaten. Für die potentielle

Energie der elastischen Welle werden darüber hinaus die Auslenkungskomponenten z_W und y_W des Wellendurchstoßpunktes W benötigt. Diese sind aber nicht unabhängig von denen des Schwerpunktes S. Die Abhängigkeiten werden durch die geometrischen Zwangsbedingungen

$$z_W = z_S - \varepsilon \cos\varphi \qquad \text{und} \qquad y_W = y_S - \varepsilon \sin\varphi$$

beschrieben.

Die kinetische Energie

$$T = \frac{1}{2} m v_S^2 + \frac{1}{2}\Theta^S \dot{\varphi}^2 = \frac{1}{2} m(\dot{z}_S^2 + \dot{y}_S^2) + \frac{1}{2}\Theta^S \dot{\varphi}^2$$

und die potentielle Energie

$$U = \frac{1}{2} k_W (z_W^2 + y_W^2) = \frac{1}{2} k_W \left[(z_S - \varepsilon\cos\varphi)^2 + (y_S - \varepsilon\sin\varphi)^2\right]$$

werden zur LAGRANGEschen Funktion $L = T - U$ kombiniert.

Die Differentiationsvorschriften in den LAGRANGEschen Bewegungsgleichungen (3.26) liefern die Teilresultate

$$\frac{\partial L}{\partial z_S} = -k_W(z_S - \varepsilon\cos\varphi)\,, \qquad \frac{\partial L}{\partial \dot{z}_S} = m\,\dot{z}_S\,, \quad \frac{d}{dt}\frac{\partial L}{\partial \dot{z}_S} = m\,\ddot{z}_S\,, \quad Q_z^* = 0\,;$$

$$\frac{\partial L}{\partial y_S} = -k_W(y_S - \varepsilon\sin\varphi)\,, \qquad \frac{\partial L}{\partial \dot{y}_S} = m\,\dot{y}_S\,, \quad \frac{d}{dt}\frac{\partial L}{\partial \dot{y}_S} = m\,\ddot{y}_S\,, \quad Q_y^* = 0\,;$$

$$\frac{\partial L}{\partial \varphi} = -k_W\varepsilon[z_S\sin\varphi - y_S\cos\varphi]\,, \quad \frac{\partial L}{\partial \dot{\varphi}} = \Theta^S\,\dot{\varphi}\,, \quad \frac{d}{dt}\frac{\partial L}{\partial \dot{\varphi}} = \Theta^S\,\ddot{\varphi}\,, \quad Q_\varphi^* = M_A\frac{\partial \dot{\varphi}}{\partial \dot{\varphi}} = M_A\,.$$

Setzt man diese Ausdrücke in die LAGRANGEschen Gleichungen ein, ergeben sich die drei gekoppelten nichtlinearen Bewegungsgleichungen

$$m\,\ddot{z}_S + k_W\,z_S = k_W\varepsilon\cos\varphi\,,$$

$$m\,\ddot{y}_S + k_W\,y_S = k_W\varepsilon\sin\varphi\,,$$

$$\Theta^S\,\ddot{\varphi} + k_W\varepsilon\,[z_S\sin\varphi - y_S\cos\varphi] = M_A$$

für den elastischen LAVAL-Rotor. Die letzte Gleichung – die Drehgleichung – zeigt, daß beim Anfahren das Antriebsmoment M_A nicht völlig für die Drehbeschleunigung $\ddot{\varphi}$ des Rotors zur Verfügung steht. Ein Teil des Antriebsmomentes wird über den nichtlinearen Koppelterm $k_W\varepsilon[z_S\sin\varphi - y_S\cos\varphi]$ für den Aufbau der Biegeschwingungen $z_S(t)$ und $y_S(t)$ benötigt. Dies führt unter anderem zu dem gefürchteten Effekt, daß bei zu geringem Antriebsmoment der Rotor nicht über seine biegekritische Drehzahl hinwegkommt. Die Drehzahl $\dot{\varphi}$ bleibt unterhalb der Resonanz hängen. Das ist ein Phänomen, das beispielsweise bei stark unwuchtig beladenen Waschmaschinen beobachtet werden kann.

Beispiel 3.10:

Nichtlineares Doppelpendel

Gesucht ist die nichtlineare Bewegungsdifferentialgleichung des skizzierten Doppelpendels (Teilpendellängen l) unter Vernachlässigung des Schrägstellens von Feder und Dämpfer.

Massenträgheitsmomente der Balken:

$$\Theta^S = \frac{1}{12}\, m\, l^2$$

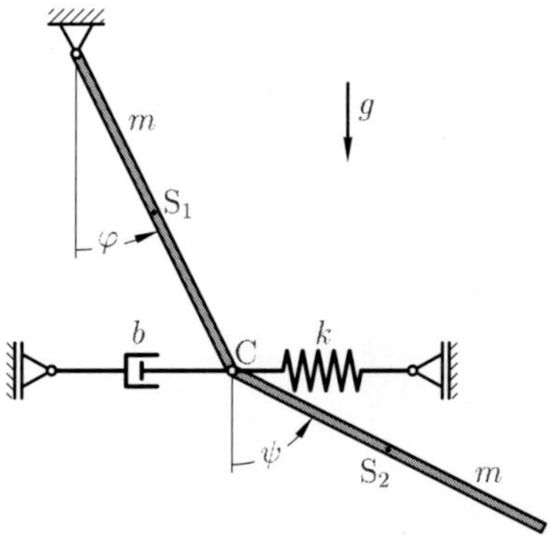

Bild B3.10.1: Doppelpendel

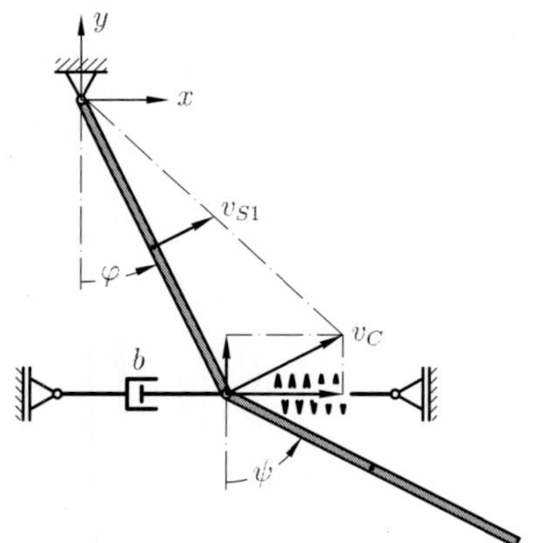

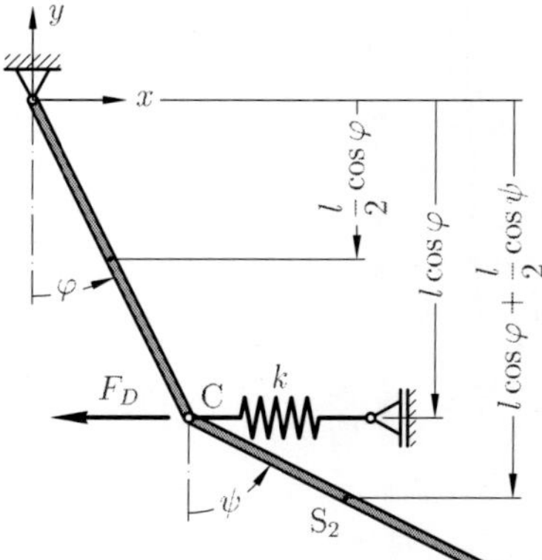

Bild B3.10.2: Kinematik (links) und konservatives Ersatzsystem (rechts)

Kinematik:

$$\vec{v}_{S1} = \frac{l}{2}\,\dot{\varphi}\,\{\cos\varphi, \sin\varphi, 0\} \qquad \Longrightarrow \qquad v_{S1}^2 = \frac{l^2}{4}\,\dot{\varphi}^2$$

$$\vec{v}_C = l\,\dot{\varphi}\,\{\cos\varphi, \sin\varphi, 0\} \qquad \Longrightarrow \qquad v_C = l\,\dot{\varphi}$$

$$\vec{v}_{S2} = \vec{v}_C + \vec{\omega}_2 \times \vec{r}_{CS2} = l\,\dot{\varphi}\,\{\cos\varphi, \sin\varphi, 0\} + \dot{\psi}\,\{0, 0, 1\} \times \frac{l}{2}\,\{\sin\psi, -\cos\psi, 0\}$$

$$v_{S2}^2 = l^2 \left[\dot{\varphi}^2 + \frac{1}{4}\,\dot{\psi}^2 + \dot{\varphi}\,\dot{\psi}\,\cos(\varphi - \psi)\right]$$

Energien und LAGRANGEsche Funktion:

$$\begin{aligned}
T &= \frac{1}{2}\,m\,v_{S1}^2 + \frac{1}{2}\,m\,v_{S2}^2 + \frac{1}{2}\,\Theta^S\dot{\varphi}^2 + \frac{1}{2}\,\Theta^S\dot{\psi}^2 = \\
&= \frac{1}{8}\,m\,l^2\,\Big[5\,\dot{\varphi}^2 + \dot{\psi}^2 + 4\,\dot{\varphi}\,\dot{\psi}\,\cos(\varphi-\psi)\Big] + \frac{1}{2}\,\frac{m\,l^2}{12}\,\Big(\dot{\varphi}^2 + \dot{\psi}^2\Big) \\
U &= mg\Big\{-\frac{l}{2}\,\cos\varphi - \Big(l\,\cos\varphi + \frac{l}{2}\,\cos\psi\Big)\Big\} + \frac{k}{2}\,l^2\,\sin^2\varphi = \\
&= -\frac{mgl}{2}\,\Big(3\,\cos\varphi + \cos\psi\Big) + \frac{k}{2}\,l^2\,\sin^2\varphi \\
L &= T - U
\end{aligned}$$

Generalisierte Kräfte des Dämpfers:

$$\begin{aligned}
Q_\varphi &= \Big\{-bl\dot{\varphi}\cos\varphi, 0, 0\Big\}\cdot\frac{\partial}{\partial\dot{\varphi}}\Big\{l\dot{\varphi}\cos\varphi, l\dot{\varphi}\sin\varphi, 0\Big\} &= -b\,l^2\cos^2\varphi\,\dot{\varphi} \\
Q_\psi &= \Big\{-bl\dot{\varphi}\cos\varphi, 0, 0\Big\}\cdot\frac{\partial}{\partial\dot{\psi}}\Big\{l\dot{\varphi}\cos\varphi, l\dot{\varphi}\sin\varphi, 0\Big\} &= 0
\end{aligned}$$

LAGRANGEsche Bewegungsgleichung:

$$\frac{d}{dt}\left(\frac{\partial L}{\partial\dot{\varphi}}\right) - \frac{\partial L}{\partial\varphi} = Q_\varphi\,, \qquad \frac{d}{dt}\left(\frac{\partial L}{\partial\dot{\psi}}\right) - \frac{\partial L}{\partial\psi} = Q_\psi$$

Zwischenrechnung:

$$\begin{aligned}
\frac{\partial L}{\partial\dot{\varphi}} &= \frac{m\,l^2}{4}\,\Big[5\,\dot{\varphi} + 2\,\dot{\psi}\,\cos(\varphi-\psi)\Big] + \frac{m\,l^2}{12}\,\dot{\varphi} \\
\frac{\partial L}{\partial\dot{\psi}} &= \frac{m\,l^2}{4}\,\Big[\dot{\psi} + 2\,\dot{\varphi}\,\cos(\varphi-\psi)\Big] + \frac{m\,l^2}{12}\,\dot{\psi} \\
\frac{\partial L}{\partial\varphi} &= -\frac{m\,l^2}{2}\,\dot{\varphi}\,\dot{\psi}\,\sin(\varphi-\psi) - \frac{3\,m\,g\,l}{2}\,\sin\varphi - k\,l^2\,\sin\varphi\,\cos\varphi \\
\frac{\partial L}{\partial\psi} &= \frac{m\,l^2}{2}\,\dot{\varphi}\,\dot{\psi}\,\sin(\varphi-\psi) - \frac{m\,g\,l}{2}\,\sin\psi
\end{aligned}$$

Einsetzen in die LAGRANGEschen Bewegungsgleichungen:

$$\begin{aligned}
&\left(\frac{4}{3}\,m\,l^2\right)\ddot{\varphi} + \frac{m\,l^2}{2}\,\ddot{\psi}\,\cos(\varphi-\psi) - \frac{m\,l^2}{2}\,\dot{\psi}\,(\dot{\varphi}-\dot{\psi})\,\sin(\varphi-\psi) + \\
&\qquad + \frac{m\,l^2}{2}\,\dot{\varphi}\,\dot{\psi}\,\sin(\varphi-\psi) + \frac{3\,m\,g\,l}{2}\,\sin\varphi + k\,l^2\,\sin\varphi\,\cos\varphi = -b\,l^2\,\cos^2\varphi\,\dot{\varphi} \\
&\left(\frac{1}{3}\,m\,l^2\right)\ddot{\psi} + \frac{m\,l^2}{2}\,\ddot{\varphi}\,\cos(\varphi-\psi) - \frac{m\,l^2}{2}\,\dot{\varphi}\,(\dot{\varphi}-\dot{\psi})\,\sin(\varphi-\psi) - \\
&\qquad - \frac{m\,l^2}{2}\,\dot{\varphi}\,\dot{\psi}\,\sin(\varphi-\psi) + \frac{m\,g\,l}{2}\,\sin\psi = 0
\end{aligned}$$

Bewegungsgleichungen:

$$\begin{aligned}
&\left(\frac{4}{3}\,m\,l^2\right)\ddot{\varphi} + \frac{m\,l^2}{2}\,\cos(\varphi-\psi)\,\ddot{\psi} + b\,l^2\,\cos^2\varphi\,\dot{\varphi} + \\
&\qquad + \frac{m\,l^2}{2}\,\sin(\varphi-\psi)\,\dot{\psi}^2 + \left(\frac{3\,m\,g\,l}{2} + k\,l^2\,\cos\varphi\right)\,\sin\varphi = 0 \\
&\left(\frac{1}{3}\,m\,l^2\right)\ddot{\psi} + \frac{m\,l^2}{2}\,\cos(\varphi-\psi)\,\ddot{\varphi} - \frac{m\,l^2}{2}\,\sin(\varphi-\psi)\,\dot{\varphi}^2 + \frac{m\,g\,l}{2}\,\sin\psi = 0
\end{aligned}$$

3.1.6 Systemmatrizen aus Energie- und Leistungsausdrücken

Manchmal ist es erheblich einfacher, die kinetischen und die potentiellen Energien linearer Systeme anzugeben, als die dynamischen Grundgesetze anzuschreiben. Dann folgen – wie in Kapitel 2 bereits angegeben – die Elemente der Steifigkeitsmatrix $\boldsymbol{K}$ aus der im System gespeicherten potentiellen Energie U nach der Vorschrift

$$k_{ik} = \frac{\partial^2 U}{\partial q_i\, \partial q_k} \tag{3.28}$$

und die Elemente der Dämpfungsmatrix $\boldsymbol{B}$ aus der Dämpferleistung P nach der Vorschrift

$$b_{ik} = \frac{1}{2}\,\frac{\partial^2 P}{\partial \dot{q}_i\, \partial \dot{q}_k}\,. \tag{3.29}$$

In gleicher Weise lassen sich auch die Elemente der Massenmatrix $\boldsymbol{M}$ ermitteln. Sie ergeben sich aus der kinetischen Energie T des Systems nach der Vorschrift

$$m_{ik} = \frac{\partial^2 T}{\partial \dot{q}_i\, \partial \dot{q}_k}\,. \tag{3.30}$$

Bei Relativkoordinaten q_i, q_k lauten die entsprechenden Vorschriften für die Elemente der gyroskopischen Matrix $\boldsymbol{G}$

$$g_{ik} = 2\,\frac{\partial^2 T}{\partial \dot{q}_i\, \partial q_k} \tag{3.31}$$

und für die trägheitsbedingten Anteile der auslenkungsproportionalen Matrix $\boldsymbol{K}^m$

$$k_{ik}^m = -\frac{\partial^2 T}{\partial q_i\, \partial q_k}\,. \tag{3.32}$$

Bei nicht mitbewegten Dämpfern ergeben sich die Koeffizienten der auslenkungsproportionalen Dämpfungsmatrix $\boldsymbol{K}^b$ in Relativkoordinaten aus

$$k_{ik}^b = \frac{1}{2}\,\frac{\partial^2 P}{\partial \dot{q}_i\, \partial q_k}\,. \tag{3.33}$$

Beispiel 3.11: System mit zwei Freiheitsgraden: Körper auf rotierender Scheibe

Eine Scheibe rotiert mit der konstanten Winkelgeschwindigkeit Ω in der Horizontalebene. Auf der Scheibe ist mit drei Federn ein Körper der Masse m gemäß Bild B3.11.1 befestigt. Die Steifigkeiten betragen $k_1 = 4k$, $k_2 = 8k$ und $k_3 = 12k$. Die Gleichgewichtslage des Körpers liegt auf der Drehachse der Scheibe. Der Körper ist zum einen durch die beiden mitrotierenden Dämpfer b_1 und zum anderen durch die beiden ortsfest verankerten Dämpfer b_x gedämpft.

Gesucht sind die linearen Bewegungsgleichungen für kleine Auslenkungen für

a) das nichtrotierende, gedämpfte System ($\varphi = 0$),

b) das rotierende, ungedämpfte System,

c) das rotierende System mit mitrotierenden Dämpfern (innere Dämpfung) und

d) das rotierende System mit allen Dämpfern (innere und äußere Dämpfung).

Wir ermitteln die Bewegungsgleichungen des Systems aus den Energie- und Leistungsausdrücken nach den Vorschriften (3.28) bis (3.33).

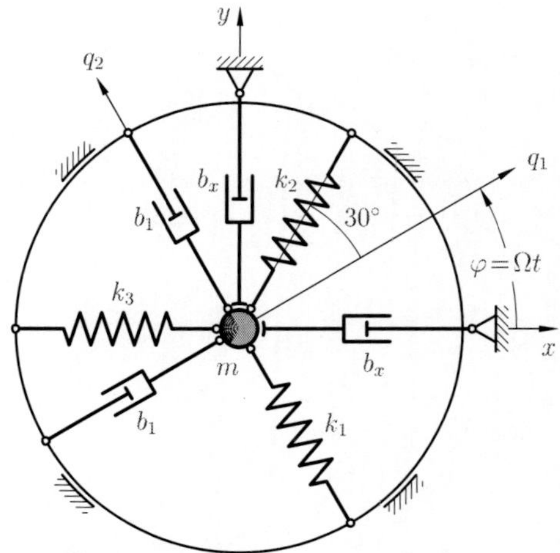

Bild B3.11.1: Gefesselter Körper auf rotierender Scheibe

a) Nichtrotierendes System:

Bei der Ermittlung der Federverlängerungen Δl_i helfen die Einheitsverschiebungszustände von Bild B3.11.2. Wegen der vorausgesetzten Linearität dürfen die Einzelverschiebungen geometrisch superponiert werden:

$$\begin{aligned}
\Delta l_1 &= & y &= & y\,, \\
\Delta l_2 &= & -\cos 30^\circ\, x - \sin 30^\circ\, y &= & -\frac{\sqrt{3}}{2}x - \frac{1}{2}y\,, \\
\Delta l_3 &= & \cos 30^\circ\, x - \sin 30^\circ\, y &= & \frac{\sqrt{3}}{2}x - \frac{1}{2}y\,.
\end{aligned}$$

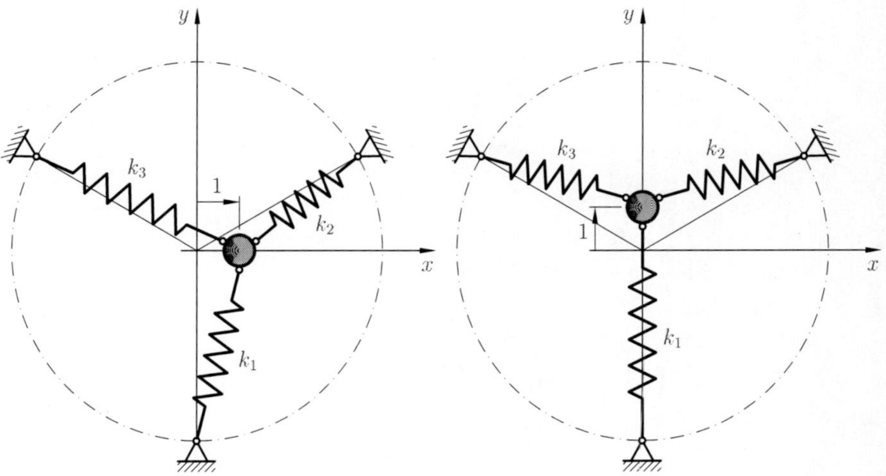

Bild B3.11.2: Einheitsverschiebungen

Daraus folgt für die bei beliebiger Auslenkung (x, y) in den Federn gespeicherte potentielle Energie

$$U = \frac{1}{2}k_1\,\Delta l_1^2 + \frac{1}{2}k_2\,\Delta l_2^2 + \frac{1}{2}k_3\,\Delta l_3^2 = \frac{1}{2}k\left\{15\,x^2 - 2\sqrt{3}\,xy + 9\,y^2\right\}.$$

Die Differentiationsvorschrift (3.28) liefert unmittelbar die Elemente der Steifigkeitsmatrix im festen xy-Koordinatensystem,

$$k_{xx} = \frac{\partial^2 U}{\partial x^2} = 15\,k\,, \qquad k_{xy} = \frac{\partial^2 U}{\partial x\,\partial y} = -\sqrt{3}\,k\,, \qquad k_{yy} = \frac{\partial^2 U}{\partial y^2} = 9\,k\,.$$

Die Elemente der Massenmatrix folgen in analoger Weise aus der kinetischen Energie

$$T = \frac{1}{2}m\left\{\dot{x}^2 + \dot{y}^2\right\}$$

zu

$$m_{11} = m\,,$$

$$m_{12} = m_{21} = 0\,,$$

$$m_{22} = m\,.$$

Die Dämpfungsmatrix des nichtrotierenden Systems folgt aus der Leistung

$$P = (b_x + b_1)\,\dot{x}^2 + (b_x + b_1)\,\dot{y}^2$$

der vier Dämpfer mittels der Vorschrift (3.29). Die Ausführung der Differentiationen liefert die Elemente

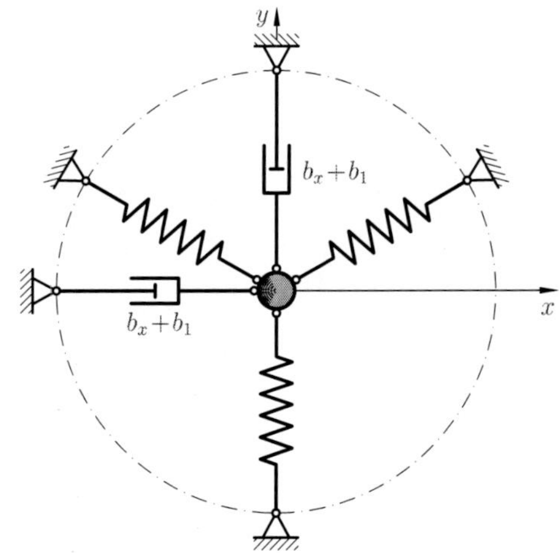

Bild B3.11.3: Feststehendes gedämpftes System

$$b_{xx} = \frac{1}{2}\frac{\partial^2 P}{\partial \dot{x}^2} = b_x + b_1\,, \qquad b_{xy} = b_{yx} = \frac{1}{2}\frac{\partial^2 P}{\partial \dot{x}\,\partial \dot{y}} = 0\,, \qquad b_{yy} = \frac{1}{2}\frac{\partial^2 P}{\partial \dot{y}^2} = b_x + b_1$$

der diagonalen Dämpfungsmatrix.

Die Bewegungsdifferentialgleichung für die absoluten Koordinaten des gedämpften, nichtrotierenden Systems hat also die Form

$$\begin{bmatrix} m & 0 \\ 0 & m \end{bmatrix}\begin{bmatrix} \ddot{x} \\ \ddot{y} \end{bmatrix} + \begin{bmatrix} b_x + b_1 & 0 \\ 0 & b_x + b_1 \end{bmatrix}\begin{bmatrix} \dot{x} \\ \dot{y} \end{bmatrix} + \begin{bmatrix} 15k & -\sqrt{3}k \\ -\sqrt{3}k & 9k \end{bmatrix}\begin{bmatrix} x \\ y \end{bmatrix} = \begin{bmatrix} 0 \\ 0 \end{bmatrix}.$$

b) Rotierendes, ungedämpftes System:

Beim rotierenden System erfolgt die Beschreibung durch die Relativkoordinaten q_1 und q_2. Infolge der Führungsbewegung $\vec{\omega}\times\vec{\rho}$ treten zusätzliche Terme in der kinetischen Energie

$$T = \frac{1}{2}\, m\, v^2$$

auf.

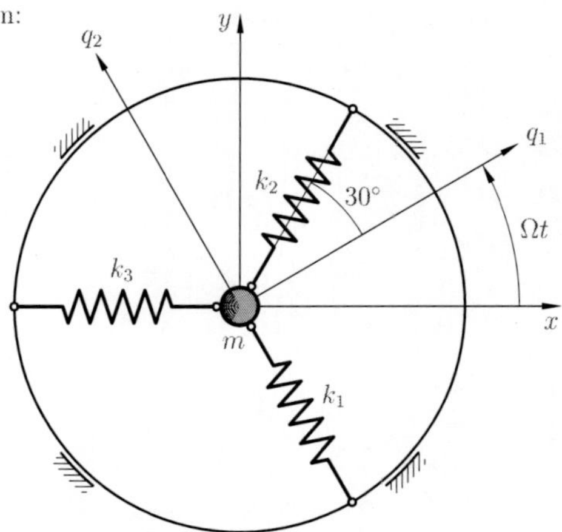

Bild B3.11.4: Rotierendes ungedämpftes System

Gemäß Gl. (2.89) setzt sich die absolute Geschwindigkeit des punktförmigen Körpers zusammen aus der Führungsgeschwindigkeit und der Relativgeschwindigkeit,

$$\vec{v} = \vec{\omega} \times \vec{\varrho} \; + \; \vec{v}_{rel} \, .$$

In diesem speziellen Fall ergibt sich der Geschwindigkeitsvektor zu

$$\vec{v} = \Omega\, \vec{e}_z \times (q_1\, \vec{e}_1 + q_2\, \vec{e}_2) + (\dot{q}_1\, \vec{e}_1 + \dot{q}_2\, \vec{e}_2) = (\dot{q}_1 - \Omega q_2)\, \vec{e}_1 + (\dot{q}_2 + \Omega q_1)\, \vec{e}_2 \, .$$

Die kinetische Energie hat somit die Form

$$\begin{aligned} T &= \frac{1}{2}\, m \left\{ (\dot{q}_1 - \Omega\, q_2)^2 + (\dot{q}_2 + \Omega\, q_1)^2 \right\} = \\ &= \frac{1}{2}\, m \left\{ (\dot{q}_1^2 + \dot{q}_2^2) - 2\,\Omega\, (\dot{q}_1\, q_2 - \dot{q}_2\, q_1) + \Omega^2 (q_1^2 + q_2^2) \right\} . \end{aligned}$$

Die Trägheit verursacht in mitbewegten Koordinaten nicht nur eine Massenmatrix, sondern auch eine gyroskopische Matrix und eine auslenkungsproportionale Matrix infolge der Führungsbeschleunigung. Die Elemente der gyroskopischen Matrix $\boldsymbol{G}$ ergeben sich aus der kinetischen Energie T nach der Vorschrift (3.31) zu

$$g_{11} = g_{22} = 0 \, , \qquad g_{12} = -g_{21} = -2\, \frac{\partial^2 T}{\partial \dot{q}_1\, \partial q_2} = -2\, m\, \Omega \, .$$

Die trägheitsbedingte auslenkungsproportionale Matrix $\boldsymbol{K}^m$ folgt aus der Vorschrift (3.32) zu

$$k_{11}^m = k_{22}^m = -\frac{\partial^2 T}{\partial q_1^2} = -\Omega^2 m \, , \qquad k_{12}^m = k_{21}^m = 0 \, .$$

Die Bewegungsgleichung für die Relativbewegung q_1 und q_2 des ungedämpften rotierenden Systems lautet somit

$$\begin{bmatrix} m & 0 \\ 0 & m \end{bmatrix} \begin{bmatrix} \ddot{q}_1 \\ \ddot{q}_2 \end{bmatrix} + \begin{bmatrix} 0 & -2m\Omega \\ 2m\Omega & 0 \end{bmatrix} \begin{bmatrix} \dot{q}_1 \\ \dot{q}_2 \end{bmatrix} + \begin{bmatrix} 15k - m\Omega^2 & -\sqrt{3}k \\ -\sqrt{3}k & 9k - m\Omega^2 \end{bmatrix} \begin{bmatrix} q_1 \\ q_2 \end{bmatrix} = \begin{bmatrix} 0 \\ 0 \end{bmatrix} .$$

c) Rotierendes System mit mitrotierenden Dämpfern b_1:

Massenmatrix $\boldsymbol{M}$, gyroskopische Matrix $\boldsymbol{G}$ und Steifigkeitsmatrix $\boldsymbol{K}+\boldsymbol{K}^m$ bleiben unverändert. Neu hinzu kommt ein Dämpfungsanteil, der aus der Dämpferleistung

$$P = b_1\,\dot{q}_1^2 + b_1\,\dot{q}_2^2$$

der mitrotierenden Dämpfer folgt. Die Berechnungsvorschrift (3.29) liefert unmittelbar die Koeffizienten

$$b_{11} = b_1\,, \qquad b_{12} = b_{21} = 0 \qquad \text{und} \qquad b_{22} = b_1\,.$$

d) Rotierendes System mit mitrotierenden Dämpfern b_1 und ortsfesten Dämpfern b_x:

Zu den Betrachtungen des vorherigen Abschnittes kommt die Dämpferleistung der feststehenden Dämpfer hinzu. Die gesamte Dämpferleistung beträgt somit

$$P = b_1\,\dot{q}_1^2 + b_1\,\dot{q}_2^2 + b_x\,\dot{x}^2 + b_x\,\dot{y}^2 = b_1\,(\dot{q}_1^2 + \dot{q}_2^2) + b_x\left\{(\dot{q}_1 - \Omega\,q_2)^2 + (\dot{q}_2 + \Omega\,q_1)^2\right\}.$$

Die Vorschriften (3.29) und (3.33) führen zu den Dämpfungselementen

$$b_{11} = b_1 + b_x\,, \qquad b_{12} = b_{21} = 0 \qquad \text{und} \qquad b_{22} = b_1 + b_x$$

sowie

$$k_{11}^b = k_{22}^b = 0\,, \qquad k_{12}^b = -k_{21}^b = -b_x\,\Omega\,.$$

Das vollständige rotierende System mit äußerer und innerer Dämpfung wird somit in Relativkoordinaten durch die Bewegungsdifferentialgleichung

$$\begin{bmatrix} m & 0 \\ 0 & m \end{bmatrix}\begin{bmatrix} \ddot{q}_1 \\ \ddot{q}_2 \end{bmatrix} + \begin{bmatrix} b_1+b_x & -2m\Omega \\ 2m\Omega & b_1+b_x \end{bmatrix}\begin{bmatrix} \dot{q}_1 \\ \dot{q}_2 \end{bmatrix} + \begin{bmatrix} 15k - m\Omega^2 & -\sqrt{3}k - b_x\Omega \\ -\sqrt{3}k + b_x\Omega & 9k - m\Omega^2 \end{bmatrix}\begin{bmatrix} q_1 \\ q_2 \end{bmatrix} = \begin{bmatrix} 0 \\ 0 \end{bmatrix}$$

beschrieben.

3.2 Ruhelagen eines Systems

Die statischen Ruhelagen eines schwingungsfähigen Systems

$$\boldsymbol{M}\ddot{\boldsymbol{q}} + \boldsymbol{f}^b(\dot{\boldsymbol{q}}, \boldsymbol{q}) + \boldsymbol{f}^k(\boldsymbol{q}) = \boldsymbol{f}(t) \tag{3.34}$$

sind dadurch definiert, daß das System bei fehlender zeitabhängiger äußerer Erregung in Ruhe bleibt. Die zeitlichen Ableitungen der Bewegungskoordinaten (d. h. Geschwindigkeit und Beschleunigung) verschwinden. Daher läßt sich die statische Ruhelage $\boldsymbol{q}_S$ aus den Bewegungsdifferentialgleichungen errechnen, indem man darin sowohl die zeitabhängige Erregung $\boldsymbol{f}(t)$ als auch alle Zeitableitungen $\dot{\boldsymbol{q}}_S$ und $\ddot{\boldsymbol{q}}_S$ der Zustandsgrößen null setzt. Aus dem Differentialgleichungssystem wird ein algebraisches Gleichungssystem

$$\boldsymbol{f}^b(\boldsymbol{0}, \boldsymbol{q}_S) + \boldsymbol{f}^k(\boldsymbol{q}_S) = \boldsymbol{0} \tag{3.35}$$

für die Koordinaten $\boldsymbol{q}_S$ der statischen Ruhelagen.

Die Bewegungsdifferentialgleichungen für Schwingungen um eine statische Ruhelage erhält man, wenn man von den ursprünglichen Koordinaten $\boldsymbol{q}(t)$ die der statischen Ruhelage $\boldsymbol{q}_S$ subtrahiert, $\Delta\boldsymbol{q} = \boldsymbol{q} - \boldsymbol{q}_S$.

Beispiel 3.12: Pendel mit Feder und Dämpfer (vgl. Bsp. 3.5)

Bei dem skizzierten System ist in der gezeichneten Lage die Feder spannungsfrei.

Die Bewegungsdifferentialgleichung aus Beispiel 3.5,

$$(m a^2 + \Theta^0)\,\ddot{\varphi} + b a^2\,\dot{\varphi} + k e^2 \varphi = m g a\,,$$

enthält auf der rechten Seite den konstanten Term mga, der zu einer statischen Drehung führt. Die Gleichgewichtslage φ_S berechnet sich gemäß Gl. (3.35) aus

$$k e^2 \varphi_S = m g a\,,$$

zu

$$\varphi_S = \frac{m g a}{k e^2}\,.$$

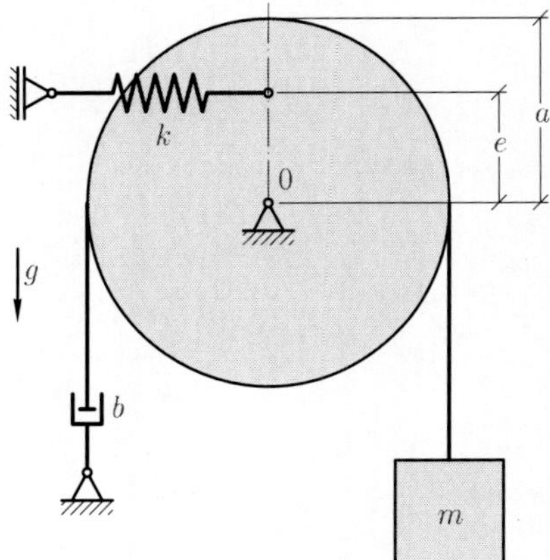

Bild B3.12: System bei spannungsfreier Feder

Die Transformation

$$\psi = \varphi - \varphi_S\,, \qquad \dot{\psi} = \dot{\varphi}\,, \qquad \ddot{\psi} = \ddot{\varphi}$$

führt auf die homogene Bewegungsgleichung

$$(m a^2 + \Theta^0)\,\ddot{\psi} + b a^2\,\dot{\psi} + k e^2\,\psi = 0$$

der Schwingungen ψ um die statische Ruhelage φ_S.

3.3 Linearisierung von Bewegungsgleichungen

Die Beschreibung schwingungsfähiger Systeme führt häufig, insbesondere bei großen Auslenkungen, auf nichtlineare Differentialgleichungen. Die Berücksichtigung der Nichtlinearitäten erschwert die theoretischen Betrachtungen. Während sich die meisten nichtlinearen Differentialgleichungen nicht geschlossen lösen lassen, existiert für lineare Differentialgleichungen mit konstanten Koeffizienten eine vollständige Theorie. Daher wird man stets versuchen, die nichtlinearen Differentialgleichungen durch lineare Differentialgleichungen zu ersetzen, die das Verhalten des nichtlinearen Schwingungssystems möglichst gut annähern. In vielen Fällen lassen sich Linearisierungen ermitteln, die das Verhalten des nichtlinearen Systems nur in einem beschränkten Bereich gut approximieren. Überschreiten die Zustandsgrößen die Gültigkeitsgrenzen der Linearisierung, so verlieren die Ergebnisse der linearen Näherungsrechnung zwangsläufig ihre Gültigkeit.

Von den verschiedenen Linearisierungsverfahren sind das der harmonischen Balance (vgl. Kapitel Nichtlineare Schwingungen) und das der Nullpunktstangente die gebräuchlichsten. Das letztere soll hier erläutert werden:

Sind die einzelnen Terme des Differentialgleichungssystems

$$\boldsymbol{M}\ddot{\boldsymbol{q}} + \boldsymbol{f}^b(\dot{\boldsymbol{q}}, \boldsymbol{q}) + \boldsymbol{f}^k(\boldsymbol{q}) = \boldsymbol{f}(t), \tag{3.36}$$

d. h. die Dämpfungs- und Rückführfunktion

$$\boldsymbol{g}(\dot{\boldsymbol{q}}, \boldsymbol{q}) = \boldsymbol{f}^b(\dot{\boldsymbol{q}}, \boldsymbol{q}) + \boldsymbol{f}^k(\boldsymbol{q}) \tag{3.37}$$

im Arbeitspunkt $\boldsymbol{q}_A$ und $\dot{\boldsymbol{q}}_A$ stetig differenzierbare Funktionen der Zustandsgrößen und deren Zeitableitungen, so lassen sich diese Terme durch die ersten Glieder ihrer TAYLOR-Entwicklung um den Arbeitspunkt ersetzen,

$$\boldsymbol{g}(\dot{\boldsymbol{q}}, \boldsymbol{q}) \approx \boldsymbol{g}(\dot{\boldsymbol{q}}_A, \boldsymbol{q}_A) + \left.\frac{\partial \boldsymbol{g}}{\partial \dot{\boldsymbol{q}}}\right|_{\substack{\boldsymbol{q}_A \\ \dot{\boldsymbol{q}}_A}} (\dot{\boldsymbol{q}} - \dot{\boldsymbol{q}}_A) + \left.\frac{\partial \boldsymbol{g}}{\partial \boldsymbol{q}}\right|_{\substack{\boldsymbol{q}_A \\ \dot{\boldsymbol{q}}_A}} (\boldsymbol{q} - \boldsymbol{q}_A). \tag{3.38}$$

Häufig werden die Schwingungen um die statische Ruhelage $\boldsymbol{q}_S$ mit $\dot{\boldsymbol{q}}_S = \boldsymbol{0}$ betrachtet. Dann ist es sinnvoll, die Bewegungsdifferentialgleichungen um diese statische Ruhelage zu linearisieren, d. h. um $\dot{\boldsymbol{q}}_A = \boldsymbol{0}$ und $\boldsymbol{q}_A = \boldsymbol{q}_S$.

Beispiel 3.13: Pendelschwingungen einer Scheibe

Eine homogene Kreisscheibe (Masse m, Radius r) ist im Punkt A reibungsfrei gelagert. Sie ist durch zwei Federn (Steifigkeit k) und einen Dämpfer (Dämpferkonstante b) gegenüber der Umgebung gefesselt. Die Federn und der Dämpfer bleiben stets horizontal.

Zur Ermittlung der Bewegungsdifferentialgleichung wird die Scheibe in einer willkürlichen Lage φ freigeschnitten, Bild B3.13 rechts unten. Die Auflagerkraft in A teilt man sinnvollerweise in Radial- und Tangentialrichtung auf. Der Momentensatz um S und der Kräftesatz in Tangentialrichtung,

$$\Theta^S \ddot{\varphi} = -A_t\, e - (F_1 + F_2)\, r \cos\varphi,$$

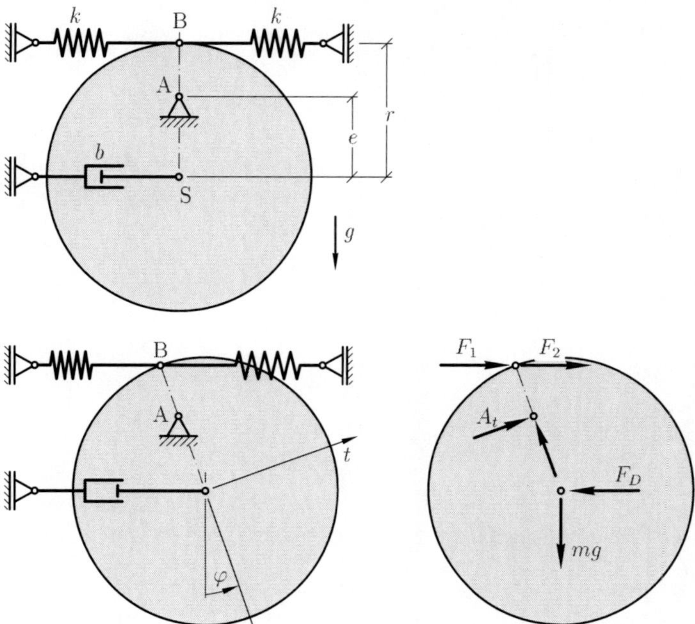

Bild B3.13: Elastisch gefesseltes und gedämpftes Pendel; ausgelenkte Lage; Freikörperbild

$$m\,a_t = A_t + (F_2 + F_1 - F_D)\cos\varphi - mg\sin\varphi\,,$$

enthalten das Trägheitsmoment um S,

$$\Theta^S = \frac{1}{2}m\,r^2,$$

die Auflagerkraft A_t, das Gewicht mg sowie die Kräfte

$$F_D = b\,e\,(\sin\varphi)^{\cdot} = b\,e\cos\varphi\,\dot{\varphi}\,,$$

$$F_1 = F_2 = k\,(r-e)\sin\varphi$$

der Federn und des Dämpfers. Der kinematische Zusammenhang zwischen der Tangentialbeschleunigung a_t und der Winkelbeschleunigung $\ddot{\varphi}$ folgt aus der EULERschen Geschwindigkeitsformel

$$v = \dot{\varphi}\,e$$

zu

$$a_t = \dot{v} = \ddot{\varphi}\,e\,.$$

Nach Elimination der Lagerkraft A_t erhält man schließlich die nichtlineare Bewegungsdifferentialgleichung

$$m\left(e^2 + \frac{r^2}{2}\right)\ddot{\varphi} + b\,e^2\cos^2\!\varphi\,\dot{\varphi} + \Big[2k\,(r-e)^2\cos\varphi + mg\,e\Big]\sin\varphi = 0\,.$$

Die Lage $\varphi = 0$ ist eine statische Ruhelage. Für kleine Schwingungen $\varphi \ll 1$ um die statische Ruhelage kann die Funktion

$$g(\dot{\varphi}, \varphi) = b e^2 \cos^2\varphi\, \dot{\varphi} + \left[2\,k\,(r-e)^2 \cos\varphi + m g e\right] \sin\varphi$$

linearisiert werden. Mit

$$g(0,0) = 0\,,$$

$$\left.\frac{\partial g}{\partial \dot{\varphi}}\right|_{\varphi=0} = b e^2 \qquad \text{und}$$

$$\left.\frac{\partial g}{\partial \varphi}\right|_{\varphi=0} = 2k\,(r-e)^2 \left(\cos^2\varphi - \sin^2\varphi\right) + m g e \cos\varphi\Big|_{\varphi=0} = 2k\,(r-e)^2 + m g e$$

folgt die linearisierte Bewegungsgleichung

$$m\left(e^2 + \frac{r^2}{2}\right)\ddot{\varphi} + b e^2\,\dot{\varphi} + \left[2k\,(r-e)^2 + m g e\right]\,\varphi = 0\,.$$

3.4 Einfache strömungsmechanische Schwingungen

Wir wollen nun anhand einiger Beispiele aufzeigen, mit welchen Methoden Schwingungsvorgänge, bei denen strömungsmechanische Komponenten involviert sind, beschrieben werden können. Beispiele sind Schwingungen von Flüssigkeitssäulen in kommunizierenden Röhren, Schwingungen mit Gasbehältern sowie Hub- und Kippschwingungen schwimmender Körper. Dabei können wir hier nur die einfachsten Grundprinzipien exemplarisch skizzieren.

3.4.1 Inkompressible Flüssigkeiten in Rohren

Beispielhaft betrachten wir die freien Schwingungen der Flüssigkeitsspiegel in einer U-förmigen Rohrleitung gemäß Bild 3.1. Zur Kennzeichnung der jeweiligen Stelle in der Röhre führen wir – beginnend an der Flüssigkeitsoberfläche in der Gleichgewichtslage – auf einem mittleren Stromfaden die Koordinate s in Strömungsrichtung ein. Der jeweilige Rohrquerschnitt an der Stelle s ist dann durch $A(s)$ gegeben. Zur Zustandsbeschreibung der Schwingungen benutzen wir die mittlere Verschiebung $q(s,t)$ der Flüssigkeit an der Stelle s. Die Auslenkungen der Flüssigkeitsspiegel von der Gleichgewichtslage sind $q_1(t) = q(0,t)$ und $q_2(t) = q(l,t)$, worin l die Länge der Flüssigkeitssäule im Gleichgewicht ist.

Der Arbeitssatz der Mechanik liefert die BERNOULLIsche Gleichung

$$\frac{\rho}{2}\,\dot{q}_1^2 - \rho\, g\, q_1 + p_1 = \frac{\rho}{2}\,\dot{q}_2^2 + \rho\, g\, q_2 + p_2 + \Delta p_V + \rho \int\limits_{s=q_1}^{l+q_2} \frac{\partial \dot{q}(s,t)}{\partial t}\, ds \tag{3.39}$$

für die instationäre Strömung der inkompressiblen Flüssigkeit. Darin sind ρ die Dichte der Flüssigkeit, g die Gravitationskonstante, p_1 und p_2 die Drücke auf die beiden Flüssigkeitsspiegel sowie Δp_V der Druckverlust durch Reibung in der Flüssigkeit und an den Wänden.

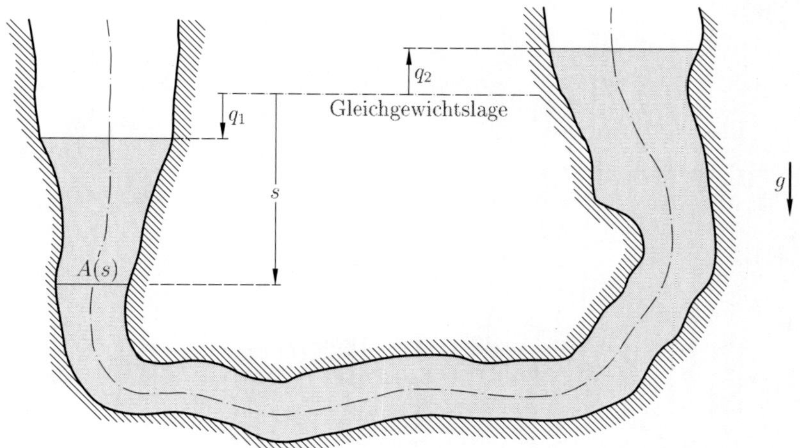

Bild 3.1: Schwingungen der Flüssigkeitsspiegel in einer kommunizierenden Röhre

Inkompressible Flüssigkeiten müssen darüber hinaus die Kontinuitätsgleichung

$$\dot{q}_1 A_1 = \dot{q}(s,t) A(s) = \dot{q}_2 A_2 \tag{3.40}$$

erfüllen.

Die Ansätze für den Verlustdruck Δp_V hängen im wesentlichen von der Art der Strömung (laminar oder turbulent) sowie von der Ursache des Verlustes (Eintrittsverlust, Krümmerverlust, Erweiterungsverlust, Ventilverlust etc.) ab. Der Verlust in runden Rohren kann bei langsamer (laminarer) Strömung durch

$$\Delta p_V = 8\pi \, \eta \int\limits_{s=q_1}^{l+q_2} \frac{\dot{q}(s,t)}{A(s)} \, ds \tag{3.41}$$

berücksichtigt werden, wobei η die dynamische Zähigkeit des Fluids ist, $[\eta] = \mathrm{Ns/m^2}$.

Bei schneller (turbulenter) Strömung in runden Rohren ist der Verlust dem Quadrat der Strömungsgeschwindigkeit $\dot{q}(s,t)$ proportional,

$$\Delta p_V = \lambda \, \rho \, \frac{\sqrt{\pi}}{4} \int\limits_{s=q_1}^{l+q_2} \frac{\dot{q}^2(s,t)}{\sqrt{A(s)}} \, \mathrm{sgn}\dot{q}(s,t) \, ds \,, \tag{3.42}$$

worin λ eine dimensionslose Widerstandsziffer der Rohrleitung ist. Verluste an singulären Stellen (Eintritte, Krümmer, Rohrerweiterungen, Ventile etc.) s_j werden in der Regel durch Verlustziffern ζ erfaßt und wie bei der turbulenten Rohrströmung quadratisch zur Strömungsgeschwindigkeit $\dot{q}(s_j, t)$ an der Störungsstelle s_j angesetzt,

$$\Delta p_V(s_j, t) = \zeta \, \frac{\rho}{2} \, \dot{q}^2(s_j, t) \, \mathrm{sgn}\dot{q}(s_j, t) \,. \tag{3.43}$$

Beispiel 3.14: Laminare Flüssigkeitsschwingung in offenem U-Rohr

In einem offenen U-förmigen Rohr mit konstantem Querschnitt A befindet sich gemäß Bild B3.14 eine Flüssigkeitssäule der Länge l. Sie ist um die Höhe q ausgelenkt.

Die Kontinuitätsgleichung (3.40) besagt, daß die Geschwindigkeit $\dot{q}$ an jeder Stelle des mittleren Stromfadens gleich und unabhängig von s ist,

$$\dot{q}_1 = \dot{q}_2 = \dot{q}\,.$$

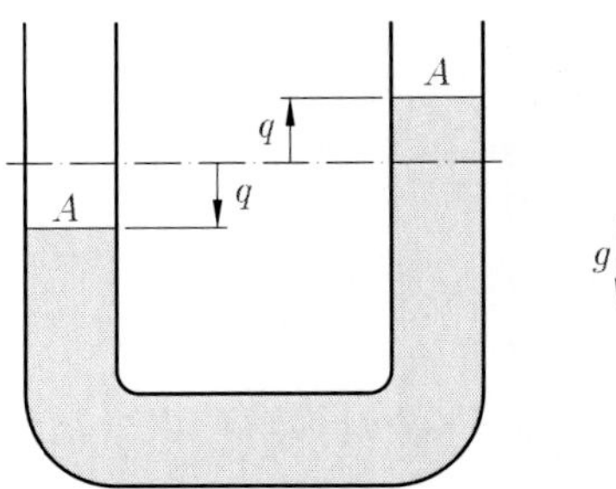

Bild B3.14: Laminare Flüssigkeitsschwingung in einem offenen U-Rohr

Für den instationären Term in der BERNOULLIschen Gleichung errechnet sich folglich

$$\rho \int\limits_{s=q_1}^{l+q_2} \frac{\partial \dot{q}(s,t)}{\partial t}\, ds = \rho\, l\, \ddot{q}\,.$$

Wird schließlich noch der (laminare) Reibungsverlust durch

$$\Delta p_V = 8\pi\, \eta\, \frac{l}{A}\, \dot{q}$$

berücksichtigt, folgt aus der BERNOULLIschen Gleichung nach Multiplikation mit dem Querschnitt A die Bewegungsgleichung

$$(\rho A\, l)\, \ddot{q} + (8\pi \eta\, l)\, \dot{q} + (2\rho\, g A)\, q = 0\,.$$

3.4.2 Einfache Schwingungen mit kompressiblen Medien

Auch für die Bewegung von Gasen können eine BERNOULLIsche Gleichung und eine Kontinuitätsgleichung angeben werden. Die Gleichungen sind jedoch recht umfangreich, da als zusätzliche Veränderliche die Dichte ρ und die absolute Temperatur T auftreten. Auf eine detaillierte Darstellung dieser Beschreibung muß hier verzichtet werden.

Oft führen aber auch einfachere Überlegungen, die im folgenden skizziert sind, zu der Bewegungsgleichung. Den Betrachtungen werden ideale Gase zugrunde gelegt, die der thermischen Zustandsgleichung

$$p = \rho\, R\, T \tag{3.44}$$

gehorchen. Darin ist R die spezielle Gaskonstante des beteiligten Gases. Eine weitere Beziehung liefert die Art der Zustandsänderung des Gases beim Schwingungsvorgang. Man unterscheidet

- isotherme Zustandsänderung mit $T = \text{const.}$,
- isobare Zustandsänderung mit $p = \text{const.}$,
- isochore Zustandsänderung mit $\rho = \text{const.}$ und
- isentrope (adiabatische) Zustandsänderung.
  (ohne Wärmeaustausch und ohne Entropieänderung).

Im allgemeinen findet jedoch keine dieser idealen Zustandsänderungen statt, sondern eine, die zwischen der isothermen und der isentropen liegt. Diese nennt man polytrop. Mit dem Polytropenexponenten n, der zwischen den Exponenten der isothermen ($n=1$) und der adiabatischen Zustandsänderung ($n=\kappa$) liegt, gehorcht sie der Zustandsgleichung

$$\frac{p}{\rho^n} = \text{const.} \tag{3.45}$$

Beispiel 3.15: Schwingungen eines Kolbens auf einer Luftsäule

In einem Zylinder fällt ein glatter, dicht schließender Kolben der Masse m herab und führt Schwingungen $q(t)$ aus. Zu Beginn der Kolbenbewegung herrsche im Zylinder der gleiche Druck p_0 wie außerhalb.

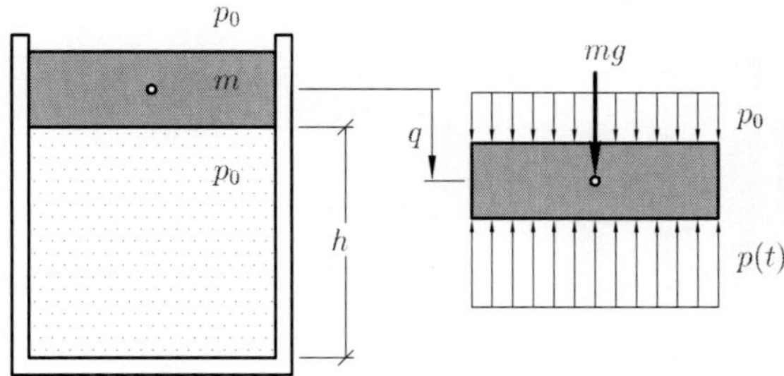

Gesucht ist die Differentialgleichung für die Bewegung des Kolbens bei isothermer Zustandsänderung der Luft im Zylinder.

Bild B3.15: Gasbehälter mit Kolben und Freikörperbild

Zustandsgleichung bei isothermer Zustandsänderung:

$$\frac{p_0}{\rho_0} = \frac{p(t)}{\rho(t)} = \frac{p_0 + \Delta p(t)}{\rho_0 + \Delta\rho(t)} \qquad \Longrightarrow \qquad \Delta p = p_0 \frac{\Delta\rho}{\rho}$$

Dichteänderung:

$$\Delta\rho = \rho - \rho_0 = \left(\frac{\rho}{\rho_0} - 1\right)\rho_0 = \left(\frac{V_0}{V} - 1\right)\rho_0 = \left[\frac{Ah}{A(h-q)} - 1\right]\rho_0 = \rho_0\,\frac{q}{h-q}$$

Druckänderung:

$$\Delta p = p_0\,\frac{\Delta\rho}{\rho_0} = p_0\,\frac{q}{h-q}$$

Kräftesatz:

$$m\,\ddot{q} = mg - \Delta p\, A$$

Nichtlineare Bewegungsgleichung:

$$m\,\ddot{q} + p_0\, A \frac{q}{h-q} = mg$$

Linearisierte Bewegungsgleichung:

$$m\,\ddot{q} + \frac{p_0 A}{h}\, q = mg$$

Beispiel 3.16: HELMHOLTZ-Kugelresonator

Bei einem HELMHOLTZ-Kugelresonator wird die im Hals befindliche Luftmasse als bewegter Pfropfen betrachtet, der den Resonator verschließt. Durch einen Zuschlag von $2\Delta l$ zur Pfropfenlänge l wird der Einfluß der außerhalb der Mündung und im Resonator mitbewegen Luftmassen berücksichtigt (Mündungskorrektur). Die Zustandsänderung des Gases wird als adiabatisch angenommen.

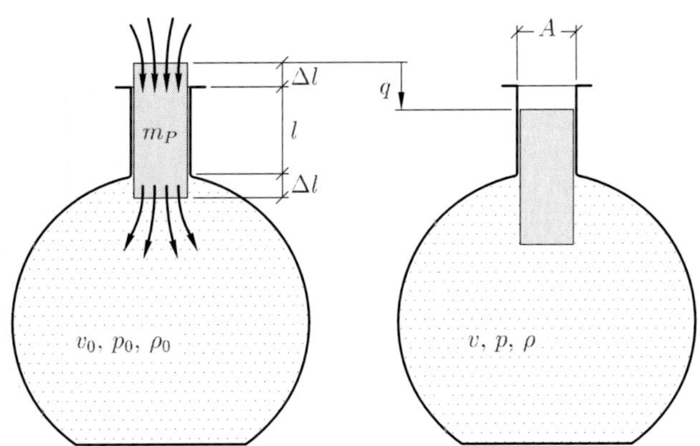

Bild B3.16: HELMHOLTZ-Kugelresonator

Volumenänderung:

$$\Delta p = p_0\left[\left(\frac{1}{1-(A/V_0)q}\right)^{\kappa}-1\right]$$

Zustandsgleichung:

$$\frac{p_0}{\rho_0^{\kappa}} = \frac{p_0+\Delta p}{\rho^{\kappa}} \qquad \Longrightarrow \qquad \Delta p = p_0\left[\left(\frac{\rho}{\rho_0}\right)^{\kappa}-1\right]$$

Pfropfenmasse:

$$m_P = A(l+2\Delta l)\rho_0$$

Kräftesatz für den Pfropfen:

$$m_P\,\ddot{q} = -\Delta p\,A = -p_0A\left[\left(\frac{1}{1-(A/V_0)q}\right)^{\kappa}-1\right]$$

Nichtlineare Bewegungsgleichung:

$$A(l+2\Delta l)\rho_0\,\ddot{q} + p_0A\left[\left(\frac{1}{1-(A/V_0)q}\right)^{\kappa}-1\right] = 0$$

Linearisierte Bewegungsgleichung für kleine Bewegungen:

$$\left[A(l+2\Delta l)\rho_0\right]\ddot{q} + \left[p_0A\frac{A}{V_0}\kappa\right]q = 0$$

3.4.3 Schwingungen schwimmender Körper

In Flüssigkeit schwimmende starre Körper, wie z. B. Schiffe, können schwingende Bewegungen ausführen. Im allgemeinen hat ein schwimmender starrer Körper sechs Freiheitsgrade. Bei symmetrischen Gebilden sind die Bewegungen in den Symmetrieebenen voneinander unabhängig, so daß es genügt, die Bewegungen in den einzelnen Ebenen der Hauptträgheitsachsen getrennt zu betrachten. Man hat dann in jeder Ebene Hubschwingungen und Kippschwingungen zu unterscheiden. Allen Betrachtungen liegt das Auftriebsgesetz zugrunde: Die Auftriebskraft greift im Schwerpunkt W der verdrängten Flüssigkeit an und hat die Größe des Gewichtes der verdrängten Flüssigkeit.

3.4.3.1 Hubschwingungen

Wird das Gleichgewicht eines schwimmenden Körpers der Masse m in vertikaler Richtung gestört, so treten Hubschwingungen auf. Die Rückstellkraft resultiert aus der mit der Eintauchtiefe q einhergehenden Änderung

$$\Delta F = \Delta m_F(q)\, g \tag{3.46}$$

der Auftriebskraft. Dabei sind $\Delta m_F(q)$ die beim Eintauchen zusätzlich verdrängte Flüssigkeitsmasse und g die Gravitationskonstante.

Aus dem Kräftesatz für den schwimmenden Körper folgt die Bewegungsgleichung

$$m\,\ddot{q} + \Delta m_F(q)\, g = 0\,. \tag{3.47}$$

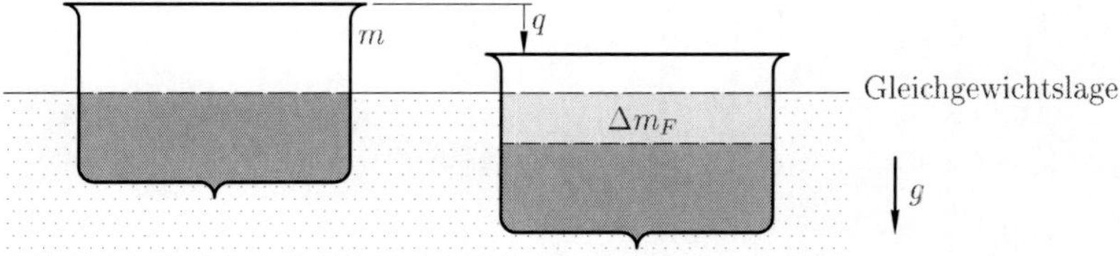

Bild 3.2: Schwimmender Körper bei Hubschwingungen

Beispiel 3.17: Hubschwingungen einer schwimmenden Kugel

Eine homogene Kugel (Radius r, Dichte ρ) schwimmt in einer Flüssigkeit (Dichte ρ_F). Im Gleichgewicht ist sie gerade bis zur Mitte eingetaucht. Die Kugel erfährt eine Anfangsstörung in vertikaler Richtung und führt danach vertikale Hubschwingungen $q(t)$ aus.

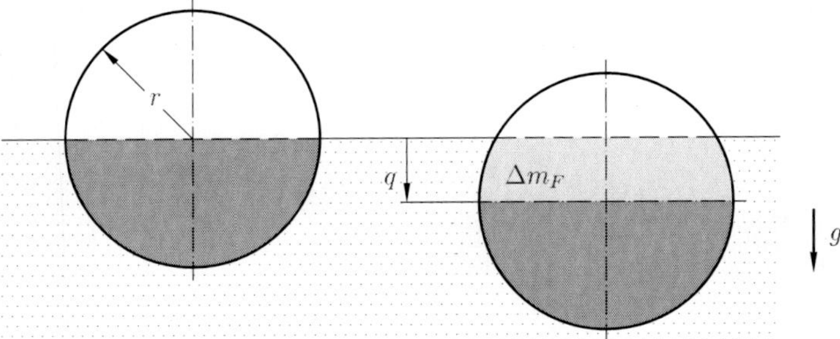

Bild B3.17: Schwimmende Kugel im Gleichgewicht und im ausgelenkten Zustand

Masse der Kugel:

$$m = \rho\,\frac{4}{3}\,\pi\,r^3$$

Masse der verdrängten Flüssigkeit im Gleichgewichtszustand:

$$m_F(0) = \frac{1}{2}\,\rho_F\frac{4}{3}\,\pi\,r^3$$

Gleichgewichtszustand:

$$m\,g = m_F(0)g \qquad \Longrightarrow \qquad \rho_F = 2\rho$$

Masse der verdrängten Flüssigkeit in der eingetauchten Position:

$$m_F(q) = \rho_F\,\frac{1}{3}\pi\,(r+q)^2\,(2r-q)$$

Zusätzlich verdrängte Flüssigkeit:

$$\Delta m_F(q) = \rho_F\,\frac{1}{3}\pi\,\left[(r+q)^2\,(2r-q) - 2r^3\right]$$

Kräftesatz für die Kugel:

$$m\,\ddot{q} + \Delta m_F(q)\,g = 0$$

Nichtlineare Bewegungsgleichung:

$$\ddot{q} + \frac{g}{2r}\left[3 - \left(\frac{q}{r}\right)^2\right]q = 0$$

Linearisierte Bewegungsgleichung:

$$\ddot{q} + \frac{3g}{2r}\,q = 0$$

3.4.3.2 Kippschwingungen

Die Drehung eines stabil schwimmenden symmetrischen Körpers mit dem Gewicht G um eine horizontale Achse ist i. a. mit Rückstellmomenten verbunden. In der Gleichgewichtslage greift die Auftriebskraft $F = m_F g$ im Schwerpunkt W_0 der verdrängten Flüssigkeit an. Der Schwerpunkt S des Schwimmkörpers liegt im Abstand e senkrecht darüber.

Bei einer Drehung φ ändert sich i. a. die Form der verdrängten Flüssigkeit und somit auch die Lage des Angriffspunktes W der Auftriebskraft. Die Wirkungslinie der Auftriebskraft verschiebt sich um $w(\varphi)$. Dadurch entsteht ein Moment

$$M = F\,[w(\varphi) - e\sin\varphi] \tag{3.48}$$

um S, das je nach Querschnittsform des Schwimmkörpers rückstellend oder destabilisierend sein kann.

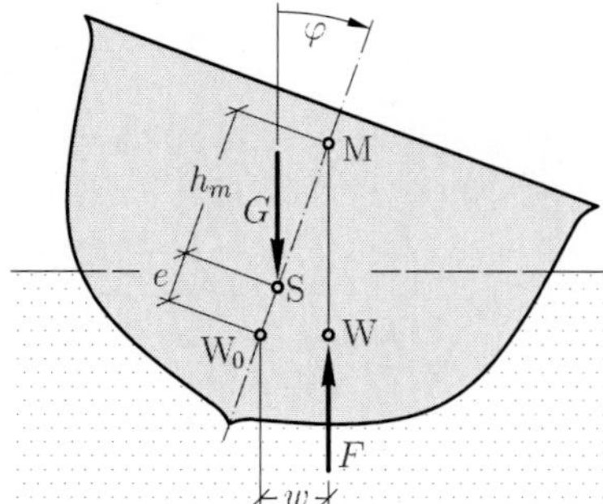

Bild 3.3: Schwimmkörper in schräger Position

Die Bewegungsgleichung für die Kippschwingungen des Schwingkörpers folgt aus dem Momentensatz um S zu

$$\Theta^S\ddot{\varphi} + F\,[w(\varphi) - e\sin\varphi] = 0\,, \tag{3.49}$$

wobei Θ^S das Massenträgheitsmoment des Schwimmkörpers um die horizontale Längsachse durch S ist. Unberücksichtigt blieb dabei allerdings die Trägheit der zwangsweise mitbewegten Flüssigkeit. Häufig wird diese näherungsweise durch einen geeignet gewählten Massenzuschlag berücksichtigt.

In der Schiffstechnik wird der Schnittpunkt M der Wirkungslinie des Auftriebes mit der Symmetrielinie des Querschnittes als Metazentrum bezeichnet und der Abstand zwischen S und M als metazentrische Höhe h_m.

Beispiel 3.18: Kippschwingungen eines Schiffes mit geraden Wänden

Ein Schiff mit geraden Wänden verdrängt auf der Wasseroberfläche die Fläche $A = \int_{(l)} b(z)dz$. Es führt kleine Kippschwingungen aus.

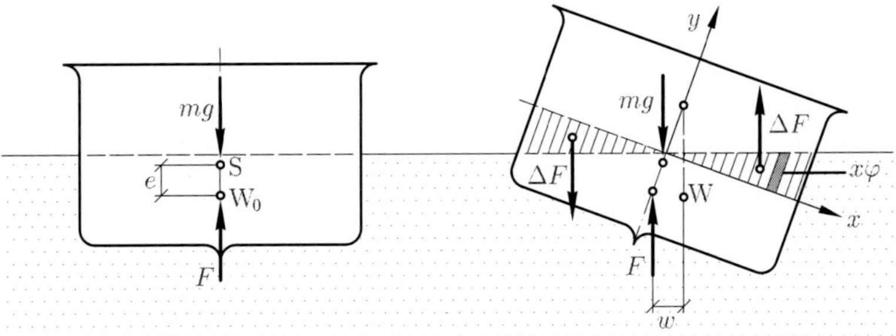

Bild B3.18: Schiff mit geraden Wänden

Das resultierende Rückstellmoment folgt aus den Auftriebskräften der durch das Kippen zusätzlich verdrängten Wassermassen. Es errechnet sich näherungsweise aus

$$M = \int\limits_{(l)} \int\limits_{-b/2}^{b/2} x\,(x\varphi)\rho_F\, g\, dx\, dz = \rho_F\, g\, \varphi \int\limits_{(l)} \int\limits_{-b/2}^{b/2} x^2\, dx\, dz = \rho_F\, g\, \varphi\, I_z\,.$$

Dabei ist I_z das Flächenträgheitsmoment der vom Schiffskörper eingenommenen Wasseroberfläche A. Andererseits gilt für das Versetzungsmoment

$$M = F\, w(\varphi) = m_F\, g\, w(\varphi) = \rho_F\, V_F\, g\, w(\varphi)\,,$$

so daß für die metazentrische Höhe

$$h_m = \frac{w(\varphi)}{\varphi} - e = \frac{I_z}{V_F} - e$$

folgt. Der Momentensatz um S liefert für kleine Schwingungen ($\sin\varphi \approx \varphi$) schließlich die Bewegungsdifferentialgleichung

$$\Theta^S \ddot{\varphi} + g\left(\rho_F\, I_z - e\, m_F\right)\varphi = 0\,.$$

3.5 Schwingungen in elektrischen Schaltungen

3.5.1 Elektrische Elemente

Schwingungen haben in der Elektrotechnik eine ebenso große Bedeutung wie in der Mechanik. Man denke dabei nur an Wechselstrom, Hochfrequenztechnik, Nachrichtenübermittlung usw. Hier soll ein Einblick in die einfachsten Schwingungssysteme der Elektrotechnik gegeben werden. Dabei werden nur Systeme betrachtet, in denen

Induktivitäten, Widerstände, Kapazitäten und Spannungsquelle als getrennte Elemente dargestellt werden können. Die elektrischen Ersatzbilder dieser Elemente in Schaltplänen sind dem Bild 3.4 zu entnehmen. Als Zustandsgrößen werden

– die Ladungen $Q(t)$,

– der Strom $i(t) = \dot{Q}$ oder

– die Spannung $u(t)$

benutzt.

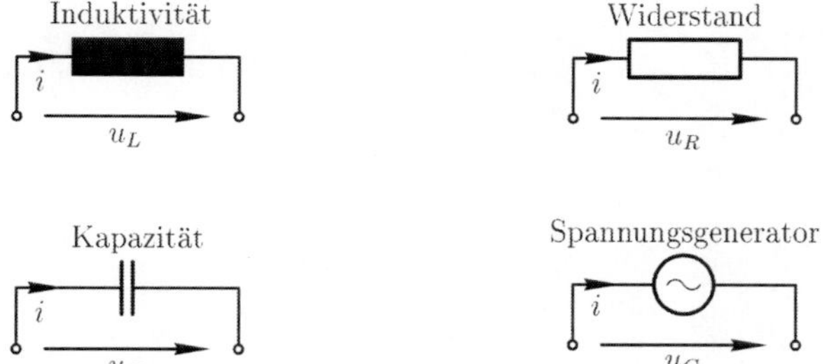

Bild 3.4: Elektrische Elemente: Induktivität, elektrischer Widerstand, Kapazität und Spannungsgenerator

Einer Induktivität L in einem elektrischen Schaltkreis entspricht eine Trägheit in einem mechanischen System. Realisiert wird die Induktivität durch eine Spule, die im Idealfall keinen elektrischen Widerstand besitzt. Das Gesetz

$$u_L = L\,\frac{di}{dt} = L\,\ddot{Q} \tag{3.50}$$

verknüpft die anliegende Spannung $u_L(t)$ mit dem fließenden Strom i bzw. der verschobenen Ladung $Q(t)$.

Ein elektrischer Widerstand R in einem Schaltkreis entspricht einem viskosen Dämpfer in einem mechanischen System. Das OHMsche Gesetz

$$u_R = R\,i = R\,\dot{Q} \tag{3.51}$$

verknüpft die anliegende Spannung $u_R(t)$ mit dem Strom i bzw. der fließenden Ladung Q.

Eine Kapazität C in einem elektrischen Schaltkreis entspricht einer Nachgiebigkeit eines mechanischen Systems. Die Größe $1/C$ entspricht einer Steifigkeit. Die Kapazität C wird in einem Kondensator erzeugt. Die anliegende Spannung $u_C(t)$ ist über die Diffentialgleichung

$$\frac{du_C}{dt} = \frac{1}{C}\,i = \frac{1}{C}\,\dot{Q} \tag{3.52}$$

mit dem Strom i bzw. der gespeicherten Ladung Q verknüpft.

Die äußere Erregung u_G wird von Generatoren oder Spannungsquellen hervorgerufen.

3.5.2 Elektrische Schaltungen

Die beschreibenden Differentialgleichungen elektrischer Schaltungen werden durch Anwendung der Maschen- und der Knotenpunktsregel aufgestellt. Die Knotenpunktsregel besagt, daß die in einen Knoten hineinführenden Ströme in der Summe verschwinden müssen,

$$\sum_{n=1}^{N} i_n = 0 \,. \tag{3.53}$$

Die Maschenregel liefert eine Aussage über die Spannungen in einer Masche des Schaltkreises. Sie besagt, daß die Summe der Einzelspannungen an den Elementen einer geschlossenen Masche (eines Kreises) verschwinden muß,

$$\sum_{k=1}^{K} u_k = 0 \,. \tag{3.54}$$

Knoten

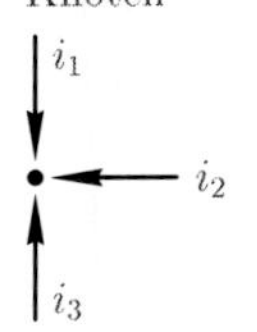

Masche

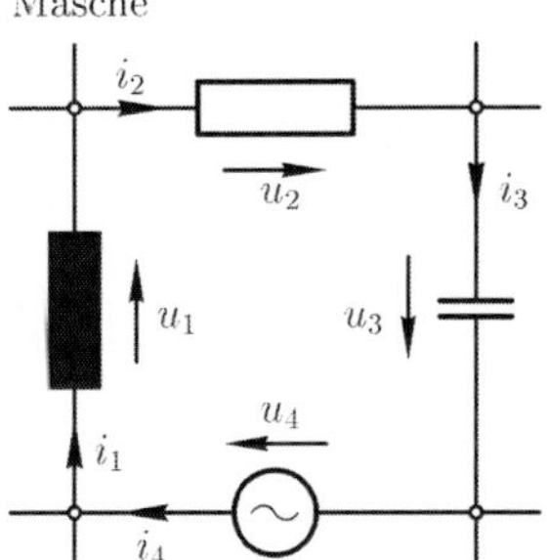

Bild 3.5: Knoten und Masche

Beispiel 3.19: Einfacher elektrischer Schwingkreis

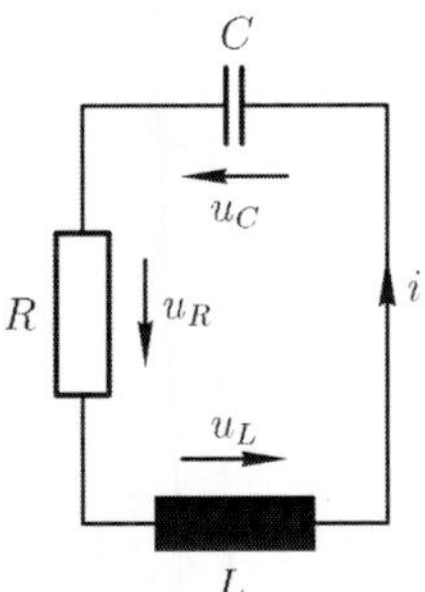

Bild B3.19: Elektrischer Schwingkreis mit Spannungen und Strom

Aus der Knotenpunktsregel folgt, daß alle Elemente vom selben Strom i durchflossen werden,

$$i_L = i_R = i_C = i \,.$$

Die Maschenregel

$$u_L + u_C + u_R = 0$$

liefert nach Differentiation und Einsetzen der Spannungs-Strom-Gleichungen (3.50) bis (3.52) der Elemente die Schwingungsgleichung für den Strom

$$L\frac{d^2i}{dt^2} + R\frac{di}{dt} + \frac{1}{C}i = 0$$

und nach Differentiation die in der Struktur identische Differentialgleichung

$$L\frac{d^2Q}{dt^2} + R\frac{dQ}{dt} + \frac{1}{C}Q = 0.$$

für die Ladung.

Beispiel 3.20: Elektrischer Schwingkreis mit zwei Freiheitsgraden

Ein elektrischer Schwingkreis aus Parallel- und Reihenschaltungen von Spulen, Widerständen und Kondensatoren wird von einem Generator mit der Spannung $u_G(t)$ zu Schwingungen angeregt.

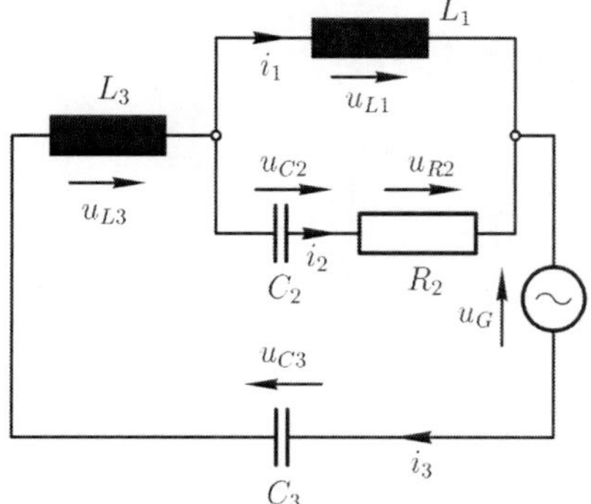

Bild B3.20: Elektrischer Schaltkreis mit zwei Freiheitsgraden

Maschenregel:

$$u_{L1} - u_{R2} - u_{C2} = 0$$

$$u_{C3} + u_{L3} + u_{C2} + u_{R2} - u_G = 0$$

Knotenpunktsregel:

$$i_3 = i_1 + i_2$$

Das Einsetzen der Beziehungen für die einzelnen elektrischen Elemente liefert für die Ströme die beiden inhomogenen Differentialgleichungen zweiter Ordnung:

$$\begin{aligned} L_1\frac{d^2i_1}{dt^2} + R_2\frac{di_1}{dt} - R_2\frac{di_3}{dt} + \frac{1}{C_2}i_1 - \frac{1}{C_2}i_3 &= 0\,,\\ L_3\frac{d^2i_3}{dt^2} - R_2\frac{di_1}{dt} + R_2\frac{di_3}{dt} - \frac{1}{C_2}i_1 + \Big(\frac{1}{C_2}+\frac{1}{C_3}\Big)\,i_3 &= \frac{du_G}{dt}\,. \end{aligned}$$

Diese haben in Matrizenschreibweise die gleiche allgemeine Form wie die Bewegungsdifferentialgleichungen von mechanischen Feder-Masse-Dämpfer-Systemen:

$$\begin{bmatrix} L_1 & 0 \\ 0 & L_3 \end{bmatrix} \begin{bmatrix} i_1 \\ i_3 \end{bmatrix}^{\cdot\cdot} + \begin{bmatrix} R_2 & -R_2 \\ -R_2 & R_2 \end{bmatrix} \begin{bmatrix} i_1 \\ i_3 \end{bmatrix}^{\cdot} + \begin{bmatrix} 1/C_2 & -1/C_2 \\ -1/C_2 & 1/C_2+1/C_3 \end{bmatrix} \begin{bmatrix} i_1 \\ i_3 \end{bmatrix} = \begin{bmatrix} 0 \\ \dot{u}_G \end{bmatrix}$$

3.5.3 Mechanisch-elektrische Analogie

Die Beschreibungen von mechanischen Schwingern und von elektrischen Schwingkreisen sind einander ähnlich. Es besteht Analogie zwischen den mechanischen und den elektrischen Größen und Bauelementen.

Mechanischer Schwinger		Elektrischer Schwingkreis	
Auslenkung	q	Elektrische Ladung	Q
Geschwindigkeit	$v = \dot{q}$	Stromstärke	$i = \dot{Q}$
Masse	m	Induktivität	L
Dämpferkonstante	b	Elektrischer Widerstand	R
Steifigkeit	k	1/Kapazität	$1/C$
Kraft	F	Spannung	U

Tabelle 3.1: Mechanisch-elektrische-Analogie

Beispiel 3.21: Mechanisch-elektrische Analogie

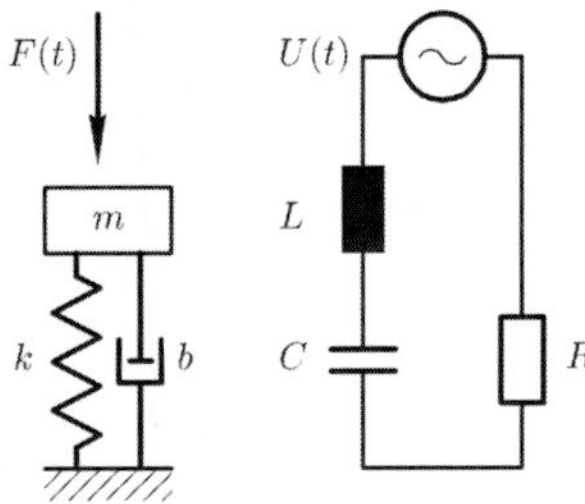

Bild B3.21: Mechanischer Schwinger und elektrisches Analogon

Bewegungsgleichung des mechanischen Schwingers:

$$m\ddot{q} + b\dot{q} + kq = F(t)$$

Differentialgleichung für den elektrischen Schaltkreis:

$$L\ddot{Q} + R\dot{Q} + \frac{1}{C}Q = U(t)$$

3.6 Schwingungssysteme mit Wandler

In den vorherigen Abschnitten haben wir Systeme betrachtet, deren Elemente jeweils nur aus einer Ingenieurdisziplin stammen. Beispiele hierfür waren neben den mechanischen Schwingungssystemen, hydro- und gasdynamische Systeme sowie elektrische Schwingkreise. Immer häufiger aber werden mechatronische Elemente und Systeme eingesetzt, bei denen mechanische und elektrische Eigenschaften gekoppelt sind und die ihre Aufgaben erst durch diese Kopplung erfüllen. So werden beispielsweise mechanische Schwingungen fast ausschließlich auf dem Umweg über elektrische Größen gemessen und größtenteils auch erzeugt. Weitere Beispiele sind Regelkreise, Plattenspieler, Lautsprecher und Mikrofone. Die Kopplung der mechanischen mit den elektrischen Zustandsgrößen wird mit sogenannten Wandlern realisiert. Die Funktionsweise und die dynamischen Eigenschaften von solchen mechatronischen Systemen können nur durch die Berücksichtigung der Wandler und deren dynamischen Eigenschaften beschrieben werden.

Die ohne Zweifel wichtigsten Wandler sind die elektromechanischen. Jeder elektromechanische Wandler stellt einen Zusammenhang zwischen mechanischen Größen (Kraft, Geschwindigkeit, Auslenkung) und elektrischen Größen (Strom, Spannung) her. Sind die elektrischen Größen die Eingangsvariablen und die mechanischen die Ausgangsgrößen des Wandlers, so spricht man von einem Sender. Beispiele sind Lautsprecher und Schwingungserreger. Schwingungsaufnehmer, auch Geber genannt, und Mikrofone sind Beispiele für Empfänger, die mechanische Eingangsgrößen in elektrische Ausgangsgrößen umwandeln. Viele Wandler sind reversibel, sie lassen sich sowohl als Sender als auch als Empfänger betreiben.

Die mechanischen und elektrischen Größen sind bei den einzelnen elektromechanischen Wandlertypen in unterschiedlicher Weise miteinander verknüpft. Beim elektrodynamischen Wandler sind die Kraft dem elektrischen Strom und die Geschwindigkeit der elektrischen Spannung proportional, beim piezoelektrischen Wandler sind die Kraft der elektrischen Spannung und die Geschwindigkeit dem elektrischen Strom proportional. Es können aber auch nichtlineare Beziehungen zwischen elektrischen und mechanischen Größen eines Wandlers bestehen.

3.6.1 Elektrodynamische Wandler

Von allen elektromechanischen Wandlern haben die elektrodynamischen den übersichtlichsten Aufbau. Praktisch alle Lautsprecher, elektrodynamische Mikrofone, elektrodynamische Tonabnehmer und elektrodynamische Schwingtische arbeiten nach diesem Prinzip. Die Geräte haben den im Bild 3.6 schematisch dargestellten Aufbau. Im Spalt eines Magneten mit einem Magnetfeld der Flußdichte B kann eine Tauchspule mit der Drahtlänge l in axialer Richtung schwingen. Zwischen dem Strom i und der von der Spule durch Induktion erzeugten axialen Kraft F besteht im idealisierten Fall der lineare Zusammenhang

$$F = B\,l\,i\,. \tag{3.55}$$

Aus der Leistungsbilanz

$$P = F\,v = u\,i$$

zwischen mechanischer und elektrischer Leistung ergibt sich der Zusammenhang

$$u = B\,l\,v \tag{3.56}$$

zwischen elektrischer Spannung u und Geschwindigkeit v der Spule. Das Kraftgesetz (3.55) und das Bewegungsgesetz (3.56) sind die Grundgleichungen des elektrodynamischen Wandlers.

Jede Spule besitzt aber auch einen Widerstand R und eine Induktivität L. Die Wirkung dieser Größen kann in der Modellierung durch getrennte, in Reihe zum idealen Wandler geschaltete Elemente erfaßt werden.

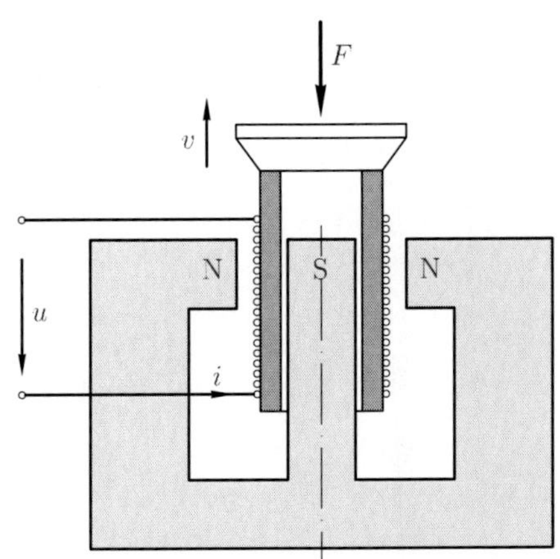

Bild 3.6: Elektrodynamischer Wandler

Beispiel 3.22: Elektrodynamischer Geschwindigkeitsaufnehmer

Häufig verwendete Schwingungsaufnehmer sind die seismischen Geschwindigkeitsaufnehmer, auch Seismographen genannt. Solche Geräte bestehen aus einem mit dem Aufnehmergehäuse fest verbundenen Permanentmagneten mit der Flußdichte B und einer elastisch und gedämpft (Steifigkeit k, Dämpferkonstante b) aufgehängten seismischen Masse m. Fest mit der seismischen Masse verbunden ist die Spule mit der Drahtlänge l, dem Innenwiderstand R_i und der Induktivität L_i. Die Ausgangsspannung wird an einem elektrischen Widerstand R_a gemessen.

Das Gehäuse wird mit der (Führungs-)Geschwindigkeit $\dot{x}_e$, die gemessen werden soll, bewegt. Die seismische Masse hat gegenüber dem Gehäuse die Relativverschiebung x_a, so daß sie die Absolutbeschleunigung $a = \ddot{x}_e + \ddot{x}_a$ erfährt. An der seismischen

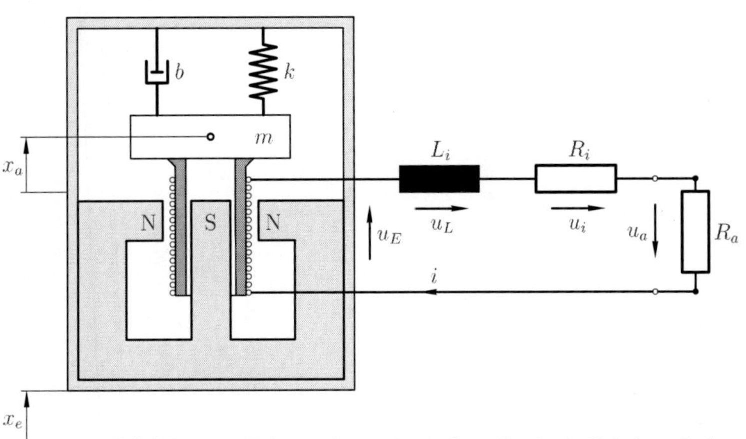

Bild B3.22: Prinzip eines seismischen Geschwindigkeitsaufnehmers

Masse greifen die Federkraft

$$F_F = k\,x_a\,,$$

die Dämpferkraft

$$F_D = b\,\dot{x}_a$$

und die elektrische Kraft

$$F_E = B\,l\,i$$

an. Somit folgt für den mechanischen Teil des Aufnehmers aus dem Kräftesatz die Gleichung

$$m(\ddot{x}_a + \ddot{x}_e) + b\,\dot{x}_a + k\,x_a = -B\,l\,i\,.$$

Die Gleichung für den elektrischen Teil des Aufnehmers folgt aus der Maschenregel für die Spannungen und der Knotenpunktsregel für die Ströme,

$$L_i\frac{di}{dt} + (R_a + R_i)\,i = -u_E\,.$$

Die Bewegung der Spule im Magnetfeld induziert die erregende Spannung

$$u_E = B\,l\,\dot{x}_a\,.$$

Gemessen wird die Ausgangsspannung

$$u_a = R_a\,i\,.$$

Eliminiert man den Strom i, verbleiben die beiden gekoppelten Differentialgleichungen

$$m\,\ddot{x}_a + b\,\dot{x}_a + k\,x_a = -m\,\ddot{x}_e - \frac{Bl}{R_a}\,u_a\,,$$

$$L\,\dot{u}_a + (R_a + R_i)u_a = R_a Bl\,\dot{x}_a\,.$$

Für den in der Praxis näherungsweise vorliegenden Sonderfall $R_a \to \infty$ wird die mechanische Bewegung unabhängig von der elektrischen Seite und es verbleiben die einfacheren Beziehungen

$$m\,\ddot{x}_a + b\,\dot{x}_a + k\,x_a = -m\,\ddot{x}_e \qquad \text{und} \qquad u_a = B\,l\,\dot{x}_a\,.$$

Beispiel 3.23: Elektrodynamisches Mikrofon

Ein elektrodynamisches Mikrofon arbeitet nach dem im Bild B3.23 dargestellten Prinzip. Der Schalldruck p_s beaufschlagt die Membran (wirksame Fläche A) des als Druckempfänger gebauten Mikrofons. Dadurch verändert sich das Volumen V der im Mikrofon eingeschlossenen Luft adiabatisch. Die Rückstellkraft ΔpA der Membran resultiert überwiegend aus dieser Volumenänderung, die Dämpfungskräfte $b\,\dot{x}$ werden näherungsweise proportional zur Membrangeschwindigkeit gesetzt. Fest mit der Membran verbunden ist eine Spule (Drahtlänge l, Innenwiderstand R_i, Induktivität L_i), die sich im Feld B eines Magneten bewegt.

Durch die Bewegung der Spule wird die Spannung

$$u_E = B\,l\,\dot{x}$$

in den elektrischen Kreis induziert und durch den fließenden Strom i eine rückwirkende elektrische Kraft

$$F_E = B\,l\,i$$

auf die Spule aufgebracht.

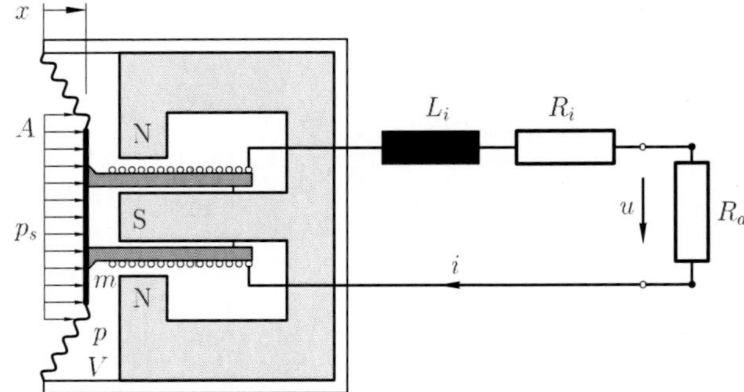

Bild B3.23: Prinzip eines elektrodynamischen Mikrofons

Die bewegten Teile (Spule und Membran) haben die Masse m. Ihre Bewegung wird durch den Kräftesatz

$$m\,\ddot{x} + b\,\dot{x} = \Delta p\,A - F_E + p_s\,A$$

beschrieben.

Die Rückstellkräfte ΔpA der Membran resultieren aus der Volumenänderung ΔV der im Mikrofon eingeschlossenen Luftmenge. Bei adiabatischer Zustandständerung gilt

$$(p_0 + \Delta p)(V_0 + \Delta V)^\kappa = p_0\,V_0^\kappa,$$

woraus nach einer TAYLOR-Entwicklung und der Beschränkung auf lineare Glieder wegen

$$|\Delta p| \ll p_0 \qquad \text{und} \qquad |\Delta V| \ll V_0$$

für den Druckzuwachs

$$\Delta p = -\frac{p_0\,\kappa}{V_0}\,\Delta V = -\frac{p_0\,\kappa}{V_0}\,A\,x$$

und für die resultierende Steifigkeit

$$k = -\frac{\Delta p\,A}{x} = \frac{p_0\,\kappa\,A^2}{V_0}$$

folgt.

Für den elektrischen Teil folgt – analog zum vorherigen Beispiel – aus der Maschenregel die Beziehung

$$L_i\,\dot{u}_a + (R_a + R_i)\,u_a = R_a\,B\,l\,\dot{x}\,.$$

Das dynamische Verhalten des Mikrofons wird also durch die beiden Differentialgleichungen

$$m\,\ddot{x} + b\,\dot{x} + k\,x = \frac{B\,l}{R_a}\,u_a + A\,p_s(t),$$

$$L_i\,\dot{u}_a + (R_a + R_i)\,u_a = R_a\,B\,l\,\dot{x}$$

beschrieben, die die Übertragung des Schalldruckes p_s auf die elektrische Klemmenspannung u_a angeben.

3.6.2 Piezoelektrischer Wandler

Durch mechanische Deformation entstehen an den Oberflächen bestimmter Ionenkristalle elektrische Ladungen. Diese Erscheinung bezeichnet man als piezoelektrischen Effekt. Der Vorgang ist reversibel, d. h. beim Anlegen eines elektrischen Feldes werden derartige Kristalle verformt. Ein Piezoelement wandelt also die elektrische Spannung u in die mechanische Kraft F und eine mechanische Kraft oder Verformung in eine elektrische Größe um. Der prinzipielle Aufbau eines piezoelektrischen Wandlers ist sehr einfach; ein geeignet geformtes Stück piezoelektrischen Materials ist lediglich mit mechanischen und elektrischen Anschlüssen zu versehen.

Bei niedrigen Frequenzen haben die Beziehungen zwischen Strom i und Geschwindigkeit $\dot{q}$ und zwischen Kraft F und Spannung u die Form

$$\begin{aligned} i &= \frac{d}{k}\dot{q}, \\ F &= \frac{d}{k}u. \end{aligned} \tag{3.57}$$

Darin sind d der piezoelektrische Modul und k die Drucksteifigkeit des Piezoelementes in Belastungsrichtung. Die Grundgleichungen (3.57) gelten für einen idealen piezoelektrischen Wandler als Sender und Empfänger. Ein realer piezoelektrischer Wandler hat stets eine Kondensatorkapazität C_i, die im Schaltplan durch ein parallelgeschaltetes Glied berücksichtigt werden kann.

3.6.3 Weitere Wandlertypen

Ein kapazitiver Wandler, der auch elektrostatischer oder dielektrischer Wandler genannt wird, nutzt die Kraftwirkung zwischen den Platten eines aufgeladenen Kondensators aus. Die Änderung der Kapazität kann sowohl durch Plattenquerverschiebung bei gleichbleibendem Plattenabstand als auch durch Änderung des Plattenabstandes realisiert werden.

Ein magnetischer Wandler nutzt die Kraft aus, die ein Magnet auf ein Weicheisenjoch ausübt. Die magnetische Kraft ist umgekehrt proportional zum Quadrat des Abstandes zwischen Weicheisenjoch und Magnet.

Weitere Wandlertypen sind OHMsche Wandler (z. B. bei Dehnungsmeßstreifen) und induktive Wandler (Motoren und Generatoren).

Kapitel 4

Schwingungs- und Erregersignale

4.1 Einteilung von Signalen

Man unterscheidet deterministische und stochastische Signale:

Deterministische Signale sind analytisch oder auch numerisch explizit beschreibbar und damit reproduzierbar. Ihr weiterer Verlauf ist vorhersehbar. Eine wichtige Gruppe der deterministischen Signale sind die periodischen (harmonisch, nichtharmonisch). Nichtperiodische deterministische Signale nennt man aperiodisch (Oszillation, Relaxation).

Stochastische Signale sind zufällige Signale, die nur mit statistischen Methoden beschrieben werden können. (Natürlich lassen sich auch deterministische Signale statistisch beschreiben.) Aus einem aktuellen Signalwert läßt sich weder auf vergangene noch auf zukünftige Werte schließen.

Sind die statistischen Kenngrößen (z. B. Mittelwert, Streuung etc.) eines stochastischen Signals zeitinvariant, nennt man das Signal *stationär*. Erhält man darüber hinaus aus einer zeitlichen Mittelung dieselben statistischen Kenngrößen wie aus einer Ensemble-Mittelung, nennt man das Signal *ergodisch*. Die in der Praxis verwendeten Signal- und Systemanalysemethoden setzen stets Ergodizität voraus.

<table>
<tr><td rowspan="7">Signal</td><td rowspan="4">deterministisch</td><td rowspan="2">periodisch</td><td>harmonisch</td></tr>
<tr><td>nicht harmonisch</td></tr>
<tr><td rowspan="2">aperiodisch</td><td>oszillierend</td></tr>
<tr><td>relaxierend</td></tr>
<tr><td rowspan="3">stochastisch</td><td rowspan="2">stationär</td><td>ergodisch</td></tr>
<tr><td>nicht ergodisch</td></tr>
<tr><td>instationär</td><td></td></tr>
</table>

Tabelle 4.1: Einteilung der Signale

Zur Charakterisierung stochastischer Signale werden verschiedenste Kenngrößen herangezogen. Je nach Betrachtungsart unterscheidet man Amplitudeneigenschaften, Zeiteigenschaften und Frequenzeigenschaften. Der Übergang vom Zeitbereich in den Frequenzbereich erfolgt mit der FOURIER-Transformation. Die Betrachtungsweise im Frequenzbereich ist in der Schwingungstechnik wohl die wichtigste.

4.2 Die FOURIER-Transformation

4.2.1 Definition des FOURIER-Integrals

Jede eindeutige Funktion $x(t)$, die stückweise monoton und stetig ist, deren Norm in jedem endlichen Zeitintervall $[t_1, t_2]$ endlich ist und die für $t \to \pm\infty$ verschwindet,

$$\int_{t_1}^{t_2} |x(t)|\, dt \;<\; \infty\,, \qquad \lim_{t\to\infty} x(t) \;=\; \lim_{t\to-\infty} x(t) \;=\; 0\,, \tag{4.1}$$

läßt sich eindeutig als FOURIER-Integral

$$x(t) \;=\; \mathcal{F}^{-1}\{X(\Omega)\} \;=\; \frac{1}{2\pi}\int_{-\infty}^{\infty} X(\Omega)\, e^{i\Omega t}\, d\Omega \tag{4.2}$$

darstellen. Darin ist $X(\Omega)$ das kontinuierliche, komplexe FOURIER-Spektrum,

$$X(\Omega) \;=\; \mathcal{F}\{x(t)\} \;=\; \int_{-\infty}^{\infty} x(t)\, e^{-i\Omega t}\, dt\,. \tag{4.3}$$

Die FOURIER-Transformierte $X(\Omega)$ und die Zeitfunktion $x(t)$ bilden ein FOURIER-Transformiertenpaar. Die FOURIER-Transformation zerlegt das Zeitsignal $x(t)$ in ein kontinuierliches Spektrum $X(\Omega)$, das sich über das Frequenzintervall $-\infty < \Omega < \infty$ erstreckt. Die FOURIER-Transformierte ist auch bei reellen Zeitfunktionen eine komplexe Funktion, dargestellt wird sie in der Regel durch Betrag $|X(\Omega)|$ und Phase $-\arg\{X(\Omega)\}$.

4.2.2 Wichtige Beziehungen bei der FOURIER-Transformation

Die wichtigsten Eigenschaften der FOURIER-Transformation sind:

$$\mathcal{F}\{x(-t)\} \;=\; X(-\Omega) \tag{4.4}$$

$$\mathcal{F}\{x(at)\} \;=\; \frac{1}{|a|}X\Big(\frac{\Omega}{a}\Big) \tag{4.5}$$

$$\mathcal{F}\{x(t+T)\} \;=\; e^{i\Omega T}X(\Omega) \tag{4.6}$$

$$\mathcal{F}\{\frac{dx}{dt}\} \;=\; i\Omega X(\Omega) \tag{4.7}$$

$$\mathcal{F}\{\frac{d^2x}{dt^2}\} \;=\; -\Omega^2 X(\Omega) \tag{4.8}$$

$$\mathcal{F}\{\int x(t)dt\} \;=\; \frac{1}{i\Omega}X(\Omega) + \pi\, X(0)\, \delta(\Omega) \tag{4.9}$$

$$\mathcal{F}\{ax_1 + bx_2\} \;=\; aX_1(\Omega) + bX_2(\Omega)\,. \tag{4.10}$$

Darüber hinaus gilt das *Dualitätsprinzip*: Zu jedem FOURIER-Transformiertenpaar $X(\Omega)=\mathcal{F}\{x(t)\}$ gehört eine duale Korrespondenz,

$$2\pi\, x(-\Omega) \;=\; \mathcal{F}\{X(t)\} \qquad \Longleftrightarrow \qquad X(\Omega) \;=\; \mathcal{F}\{x(t)\}\,. \tag{4.11}$$

Aus bekannten Korrespondenzen lassen sich damit neue Korrespondenzen ableiten.

Bei *reellen* Zeitfunktionen $x(t)$ hat die FOURIER-Transformierte gewisse Symmetrieeigenschaften:
Bezüglich $\Omega=0$ ist der Realteil eine gerade Funktion, $\mathrm{Re}\{X(-\Omega)\}=\mathrm{Re}\{X(\Omega)\}$, und der Imaginärteil eine ungerade Funktion, $\mathrm{Im}\{X(-\Omega)\}=-\mathrm{Im}\{X(\Omega)\}$.
Bei reellen Zeitfunktionen genügt es also, die FOURIER-Transformierte für positive Frequenzen $\Omega \geq 0$ darzustellen und es gilt

$$X(-\Omega)=X^{*}(\Omega) \quad \text{für} \quad x(t)\in\mathbb{R}. \tag{4.12}$$

Ist die reelle Zeitfunktion gerade, so ist ihre FOURIER-Transformierte reell, ist sie ungerade, ist ihre FOURIER-Transfomierte rein imaginär.

Die FOURIER-Transformation ist eng mit der Laplace-Transformation

$$\mathcal{L}\,\{x(t)\} \;=\; \int\limits_{0}^{\infty} x(t)\, e^{-st} dt \tag{4.13}$$

verwandt. Die Bildfunktion $\mathcal{L}\{x(t)\}$ ist hier allerdings eine komplexe Funktion der komplexen Variablen $s=i\Omega+\delta$, während die FOURIER-Transformierte eine komplexe Funktion der reellen Frequenz Ω ist.

Die FOURIER-Transformierten einiger spezieller Zeitverläufe sind in der Tabelle 15.11 angegeben.

Beispiel 4.1: Rechteckstoß

Zeitverlauf:

$$x(t) = \begin{cases} A & \text{für} \quad 0 \leq t \leq T_0 \\ 0 & \text{sonst} \end{cases}$$

FOURIER-Transformierte:

$$X(\Omega) = A\,T_0 \left\{ \frac{\sin \Omega T_0}{\Omega T_0} - i\, \frac{1-\cos \Omega T_0}{\Omega T_0} \right\}$$

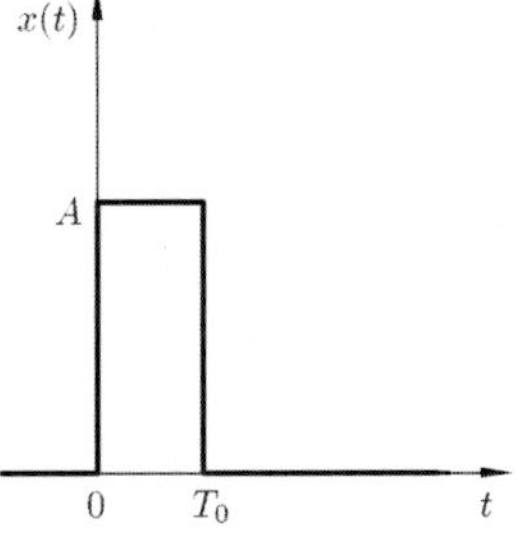

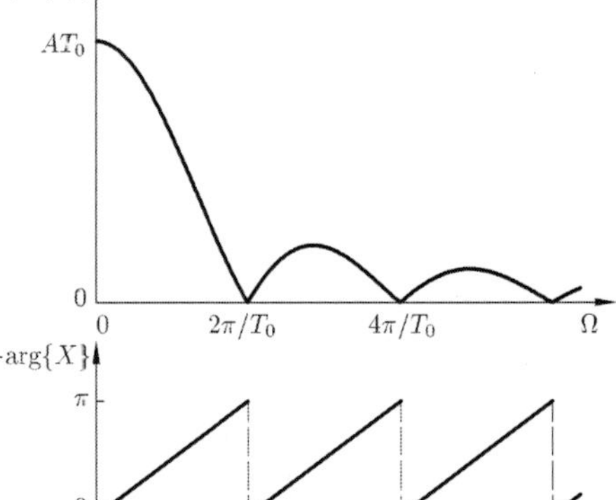

Bild B4.1: Zeitdarstellung, Amplituden- und Phasenspektrum eines Rechteckstoßes

4.2.3 Normierung der FOURIER-Transformierten

Meßtechnisch kann das Signal $x(t)$ nicht für alle Zeiten erfaßt werden. Vielmehr wird es nur innerhalb eines Zeitfensters der Länge $T_{meß}$ aufgezeichnet. Im Rechner verarbeitet wird also nur der Zeitausschnitt $0 \leq t < T_{meß}$. In den nicht erfaßten Zeitintervallen $-\infty < t < 0$ und $T_{meß} \leq t < \infty$ wird das zu analysierende Signal zu Null gesetzt. Anstelle des gesamten Signals $x(t)$ wird also nur der zeitlich begrenzte Signalausschnitt

$$x_T(t) = \begin{cases} 0 & -\infty < t < 0 \\ x(t) \quad \text{für} & 0 \leq t < T_{meß} \\ 0 & T_{meß} \leq t < \infty \end{cases} \tag{4.14}$$

analysiert. Durch das Abschneiden wird die FOURIER-Transformierte $X_T(\Omega)$ von der Meßdauer $T_{meß}$ abhängig. Die mathematische Operation, die aus der Originalfunktion $x(t)$ die zeitlich begrenzte Funktion $x_T(t)$ herausschneidet, ist die Multiplikation mit einem Rechteckfenster der Dauer $T_{meß}$, das um den Zeitpunkt $T_{meß}/2$ zentriert ist.

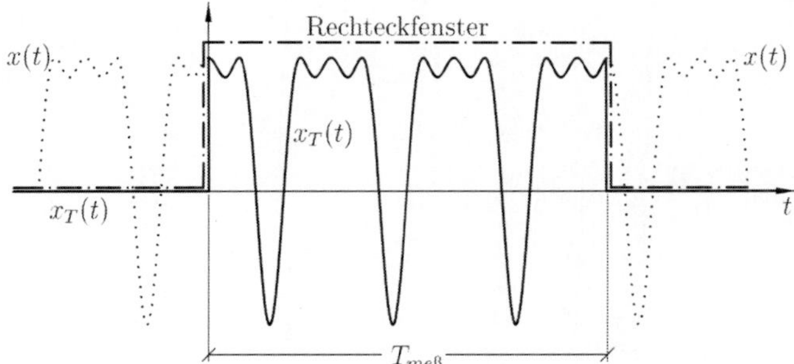

Bild 4.1: Orginalfunktion $x(t)$, Rechteckfenster und zeitbegrenzte Funktion $x_T(t)$

In der praktischen Anwendung wird nicht die FOURIER-Transformierte selbst betrachtet, sondern die auf die Meßdauer $T_{meß}$ bezogene Funktion

$$\widetilde{X}_T(\Omega) = \frac{1}{T_{meß}} X_T(\Omega) . \tag{4.15}$$

Mit der Normierung auf $T_{meß}$ wird erreicht, daß bei periodischen Signalen die Amplituden der einzelnen Harmonischen unabhängig von der Meßdauer $T_{meß}$ sind, sofern sich diese über eine ganze Anzahl von Perioden erstreckt. Die Werte an den Frequenzstützstellen $\Omega = n\,\omega_1$, den ganzzahligen Vielfachen der Grundkreisfrequenz ω_1, stimmen mit den komplexen Koeffizienten c_n der FOURIER-Reihe (4.47) überein. Bei der diskreten FOURIER-Transformation hat eine Veränderung der Meßzeit $T_{meß}$ jedoch entsprechend Gl. (4.18) auch eine Änderung der Frequenzauflösung $\Delta\Omega$ zur Folge.

4.2.4 Praktische Umsetzung der FOURIER-Transformation

◆ **Die diskrete FOURIER-Transformation (DFT):**

Die FOURIER-Transformation wird in der Praxis numerisch als Fast-FOURIER-Transform ausgeführt (FFT von COOLEY & TUKEY). Dazu wird das Signal innerhalb des Intervalls $0 \leq t \leq T_{meß}$ N mal abgetastet, die Zeitspanne zwischen zwei Abtastungen ist Δt. Die Meßdauer ist also

$$T_{meß} = N \Delta t \tag{4.16}$$

und die Abtastfrequenz (Samplingfrequenz)

$$f_s = 1/\Delta t. \tag{4.17}$$

Zur Reduzierung des Rechenaufwandes werden bei der FFT zwei Einschränkungen vorausgesetzt:

- Die Anzahl N der Zeitstützstellen $t_n = n\,\Delta t$ ist eine Potenz von 2, $N = 2^m$.
- Das FOURIER-Spektrum wird an $K = N/2$ Frequenzstützstellen $\Omega_k = k\,\Delta\Omega$ berechnet, wobei die Frequenzauflösung $\Delta\Omega$ über die Bedingung

  $$\Delta\Omega\, N \Delta t = \Delta\Omega\, T_{meß} = 2\pi \tag{4.18}$$

  festgelegt ist.

Durch diese Annahmen reduziert sich die Zahl der notwendigen Multiplikationen auf etwa $2N \log_2 N$, wodurch die Berechnung der FOURIER-Transformierten online auf Laborrechnern und Analysatoren ausgeführt werden kann.

Das diskrete FOURIER-Spektrum ist periodisch mit N. Da außerdem bei reellen Zeitsignalen das FOURIER-Spektrum die Symmetrieeigenschaft $X(-\Omega) = X^*(\Omega)$ besitzt, genügt die Berechnung von $K = N/2$ Werten der FOURIER-Transformierten. Die zweite Hälfte kann aus der ersten Hälfte rekonstruiert werden,

$$\widetilde{X}\Big((\tfrac{N}{2} + k)\Delta\Omega\Big) = \widetilde{X}\Big((-\tfrac{N}{2} + k)\Delta\Omega\Big) = \widetilde{X}^*\Big((\tfrac{N}{2} - k)\Delta\Omega\Big). \tag{4.19}$$

Die FFT beinhaltet einige mögliche Fehlerquellen, die bei der Interpretation der Ergebnisse berücksichtigt werden müssen:

- Aufgrund der Abtastung im Zeitbereich entsteht bei nicht bandbegrenzten Signalen ein *Aliasing*-Fehler. Abhilfe wird durch ein vorgeschaltetes Tiefpaßfilter, dem sogenannten Anti-Aliasingfilter geschaffen.

- Durch die endliche Dauer $T_{Meß} = N\Delta t$ des Zeitfensters entsteht ein Abschneidefehler, der einen Verschmiereffekt, *Leakage* genannt, zur Folge hat. Dieser Fehler kann durch Multiplikation der Zeitfunktion mit geeigneten Fensterfunktionen (*Hanning-*, *Hamming-*, *Kaiser-* oder *Blackman*-Fenster) vermindert werden.

- Bei der FFT wird das FOURIER-Spektrum nur an bestimmten Frequenzen berechnet. Dazwischen liegt keine Information vor. Diese Informationslücke läßt sich durch Verlängern der Zeitfunktion mit Nullen verkleinern. Die Steigerung der Frequenzauflösung muß jedoch mit einer größeren Anzahl von Abtastwerten erkauft werden. Eine andere Methode zur Steigerung der Frequenzauflösung ist das *Zoom*-Verfahren.

◆ **Die inverse FOURIER-Transformation (IFT):**

Die Inverse FOURIER-Transformation $x(t) = \mathcal{F}^{-1}\{X(\Omega)\}$ kann bei geeigneten Umdefinitionen nach dem gleichen numerischen Schema ausgeführt werden, wie die direkte FOURIER-Transformation.

Die numerischen Realisierungen der diskreten und der inversen FOURIER-Transformation sind exakt umkehrbare Transformationen und Näherungen für die Integrale (4.2) und (4.3).

4.3 Spezielle deterministische Signale

4.3.1 DIRAC-Stoß

Eine für theoretische Untersuchungen sehr wichtige Funktion ist der DIRAC-Stoß, manchmal auch DIRAC-Impuls genannt,

$$\delta(t) = \begin{cases} 0 & \text{für} \quad t \neq 0 \\ \infty & \phantom{\text{für}} \quad t = 0 \end{cases} \qquad \text{mit} \qquad \int_{-\infty}^{\infty} \delta(t)\,dt = 1\,. \tag{4.20}$$

Die Einheit des DIRAC-Stoßes im Zeitbereich ist $[\delta(t)] = 1/\text{s}$, für den DIRAC-Stoß im Frequenzbereich gilt entsprechend $[\delta(\Omega)] = \text{s}$.

Der DIRAC-Stoß gehört zu den Distributionen, die den klassischen Funktionsbegriff verallgemeinern. Zu einer ingenieurmäßigen Vorstellung des DIRAC-Stoßes gelangt man im Grenzübergang, wenn man gemäß Bild 4.2 bei einem kurzen Rechtecksignal $x(t)$ die Dauer ΔT verringert und gleichzeitig die Höhe derart vergrößert, daß der repräsentierte Stoßinhalt (z. B. Kraftstoß) konstant bleibt,

$$\int_{-\infty}^{\infty} \delta(t - t_0)\,dt = \lim_{\Delta T \to 0} \Delta T \cdot \frac{1}{\Delta T} = 1\,.$$

Leider ist der DIRAC-Stoß wegen seiner unendlich großen Amplitude in der Praxis nicht realisierbar; man arbeitet statt dessen mit technischen Approximationen, z. B. bei der Stoßerregung mittels eines Meßhammers.

Die wohl wichtigste Eigenschaft des DIRAC-Stoßes ist seine Ausblendeigenschaft,

$$x(t_0) = \int_{-\infty}^{\infty} \delta(t - t_0)\,x(t)\,dt\,. \tag{4.21}$$

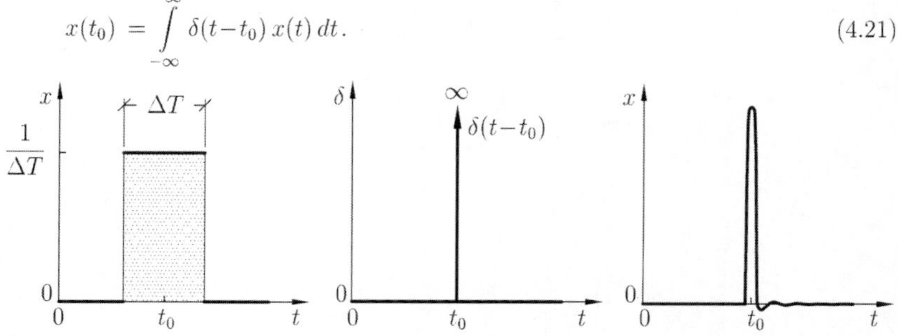

Bild 4.2: Rechteckstoß (links) für den Grenzübergang zum DIRAC-Stoß (Mitte) und technische Realisierung (rechts) mit dem Meßhammer

Für beliebige stetige Funktionen $x(t)$ gilt also

$$x(t)\,\delta(t-t_0) \;=\; x(t_0)\,\delta(t-t_0)\,. \tag{4.22}$$

Integriert man den DIRAC-Stoß über die Zeit, ergibt sich die Sprungfunktion

$$\sigma(t-t_0) \;=\; \int\limits_{-\infty}^{t} \delta(\tau-t_0)\,d\tau = \begin{cases} 0 & t < t_0 \\ 1/2 \quad \text{für} & t = t_0 \\ 1 & t > t_0\,. \end{cases}$$

Für die FOURIER-Transformierte des zeitlich verschobenen DIRAC-Stoßes erhält man als Folge seiner Ausblendeigenschaft (4.21)

$$\mathcal{F}\{\delta(t-t_0)\} \;=\; \int\limits_{-\infty}^{\infty} \delta(t-t_0)e^{-i\Omega t}\,dt \;=\; e^{-i\Omega t_0}.$$

Im FOURIER-Spektrum des DIRAC-Stoßes

$$\mathcal{F}\{\delta(t-t_0)\} \;=\; e^{-i\Omega t_0} \tag{4.23}$$

sind also alle Frequenzen mit gleichgroßer Intensität vertreten,

$$|\mathcal{F}\{\delta(t-t_0)\}| \;=\; 1\,.$$

Im Spezialfall $t_0 = 0$ ist die FOURIER-Transformierte des DIRAC-Stoßes rein reell, $\mathcal{F}\{\delta(t)\}=1$.

Mit dem DIRAC-Stoß läßt sich als Folge der Dualität (4.11) nun auch die FOURIER-Transformierte einer zeitlich konstanten Funktion $x(t)=\hat{x}$ angeben,

$$\mathcal{F}\{\hat{x}\} \;=\; 2\pi\hat{x}\,\delta(\Omega)\,.$$

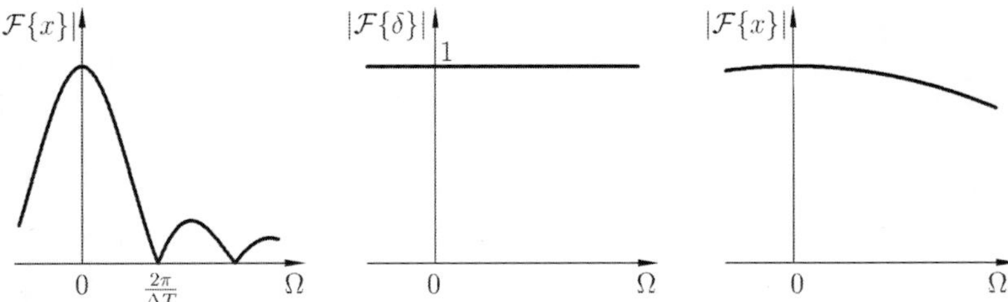

Bild 4.3: FOURIER-Transformierte des Rechteckstoßes (links), des DIRAC-Stoßes (Mitte) und des Hammerschlages (rechts)

4.3.2 Harmonische Signale

Der wichtigste periodische Zeitverlauf ist ohne Zweifel der harmonische:

a) Harmonische Vorgänge lassen sich mathematisch recht einfach behandeln.

b) Viele Schwingungsvorgänge haben über eine gewisse Zeitdauer mit guter Näherung einen harmonischen Zeitverlauf.

c) Alle periodischen Funktionen lassen sich als Linearkombination harmonischer Funktionen darstellen (FOURIER-Reihe).

Harmonische Signale sind sinus- oder kosinusförmige Signale der Form

$$x(t) = \hat{x}\sin(\omega t + \alpha_s), \tag{4.24}$$

$$x(t) = \hat{x}\cos(\omega t + \alpha_c) \tag{4.25}$$

oder beliebige, auch komplexe, aber gleichfrequente Linearkombinationen,

$$x(t) = A_c \cos\omega t + A_s \sin\omega t, \tag{4.26}$$

$$x(t) = C_+\, e^{i\omega t} + C_-\, e^{-i\omega t}. \tag{4.27}$$

Der harmonische Vorgang $x(t)$ besitzt die Periodendauer T, die Frequenz $f = 1/T$, die Kreisfrequenz $\omega = 2\pi f = 2\pi/T$, die Amplitude $\hat{x}$ und den Nullphasenwinkel α. Ein und derselbe reelle harmonische Vorgang kann alternativ in einer der vier Formen (4.24) bis (4.27) dargestellt werden. Es gelten dabei die Umrechnungsbeziehungen

$$\begin{aligned}
\alpha_s &= \alpha_c + \pi/2 &&= \arctan(A_c/A_s) &&= -\arctan\frac{i(C_+ + C_-)}{C_+ - C_-},\\
\alpha_c &= \alpha_s - \pi/2 &&= -\arctan(A_s/A_c) &&= -\arctan\frac{i(C_+ - C_-)}{C_+ + C_-},\\
\hat{x} & &&= \sqrt{A_s^2 + A_c^2} &&= 2\sqrt{C_+ C_-},\\
\hat{x}\cos\alpha_s &= -\hat{x}\sin\alpha_c &&= A_s &&= i(C_+ - C_-),\\
\hat{x}\sin\alpha_s &= \hat{x}\cos\alpha_c &&= A_c &&= C_+ + C_-,\\
-i\frac{\hat{x}}{2}e^{i\alpha_s} &= \frac{\hat{x}}{2}e^{i\alpha_c} &&= \frac{1}{2}(A_c - iA_s) &&= C_+,\\
i\frac{\hat{x}}{2}e^{-i\alpha_s} &= \frac{\hat{x}}{2}e^{-i\alpha_c} &&= \frac{1}{2}(A_c + iA_s) &&= C_-,
\end{aligned} \tag{4.28}$$

die sich unter Verwendung der EULERschen Identität

$$e^{i\delta} = \cos\delta + i\sin\delta \tag{4.29}$$

und der Additionstheoreme

$$\sin(\omega t \pm \alpha) = \sin\omega t\,\cos\alpha \pm \cos\omega t\,\sin\alpha, \tag{4.30}$$

$$\cos(\omega t \pm \alpha) = \cos\omega t\,\cos\alpha \mp \sin\omega t\,\sin\alpha \tag{4.31}$$

leicht beweisen lassen.

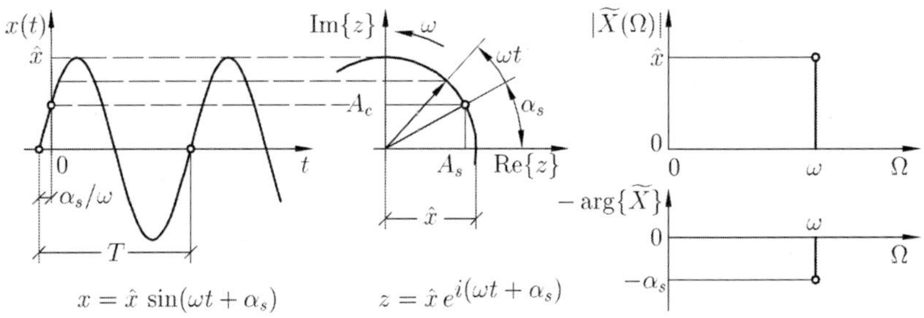

Bild 4.4: Zeitdarstellung, Zeigerdiagramm, Amplituden- und Phasendiagramm eines harmonischen Signals

Da der harmonische Vorgang monofrequent ist, zeigen die Darstellungen im positiven Frequenzbereich (Amplituden- und Phasendiagramm) jeweils nur einen von Null verschiedenen Wert (diskretes Frequenzdiagramm mit einer Frequenz ω).

Ist $x(t)$ eine reelle harmonische Auslenkung, ergibt sich die zugehörige Schwinggeschwindigkeit zu

$$\dot{x}(t) = \omega\, x(t + \frac{1}{4}\frac{2\pi}{\omega}) = \omega\, x(t + \frac{\pi}{2\omega}), \tag{4.32}$$

und die Schwingbeschleunigung zu

$$\ddot{x}(t) = -\omega^2\, x(t)\,. \tag{4.33}$$

Inbesondere gilt für die Amplituden (Scheitelwerte) dieser Größen

$$\hat{\dot{x}} = \omega\, \hat{x} \qquad \text{und} \qquad \hat{\ddot{x}} = \omega^2\, \hat{x}\,. \tag{4.34}$$

Häufig werden Signale $x(t)$ auch durch den arithmetischen Mittelwert des gleichgerichteten Signals (average absolute value)

$$x_m := \frac{1}{T}\int_0^T |x(t)|\, dt\,, \tag{4.35}$$

den Effektiv- bzw. RMS-Wert (root mean square)

$$x_{\mathit{eff}} := \sqrt{\frac{1}{T}\int_0^T x^2(t)\, dt} \tag{4.36}$$

oder den Spitze-Spitze-Wert

$$x_{ss} := \mathrm{Max}\,\{x(t)\} \;-\; \mathrm{Min}\,\{x(t)\} \tag{4.37}$$

beschrieben.

Der *Spitze-Spitze-Wert* x_{ss} ist von Bedeutung, wenn der Vorgang um einen Gleichanteil oszilliert.

Der *Scheitel-* oder *Spitzenwert* gibt die tatsächliche Auslenkung wieder; er ist bei gleichanteilfreien Vorgängen mit der Amplitude identisch.

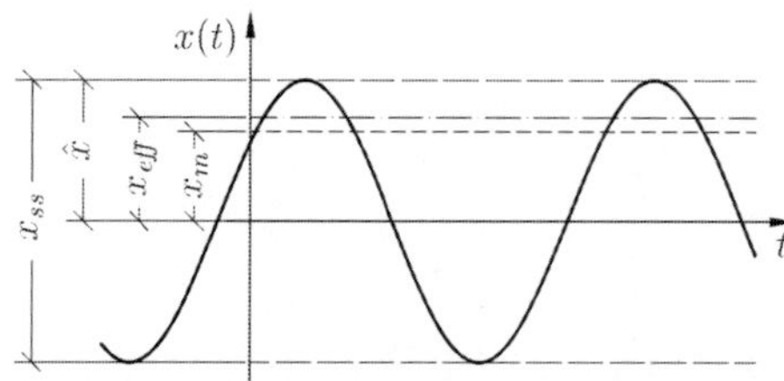

Bild 4.5: Harmonische Funktion

Bei reellen, mittelwertfreien harmonischen Zeitfunktionen gilt

$$x_m = \frac{2}{\pi}\,\hat{x} \approx 0.64\,\hat{x}\,,$$

$$x_{eff} = \frac{\sqrt{2}}{2}\,\hat{x} \approx 0.71\,\hat{x}\,,$$

$$x_{ss} = 2\,\hat{x}\,.$$

Der *arithmetische Mittelwert der absoluten Ausschläge* x_m ist von geringer praktischer Bedeutung.

Der *Effektiv-* oder *RMS-Wert* x_{eff} ist das wichtigste Maß zur Beurteilung der *Intensität* andauernder Schall- oder Schwingungssignale und ein direktes Maß für die im Signal enthaltene Energie.

Der *Crest*-Faktor

$$C_F = \frac{\mathrm{Max}\,\{x(t)\} - \mathrm{Min}\,\{x(t)\}}{2\,x_{eff}} = \frac{x_{ss}}{2\,x_{eff}}, \tag{4.38}$$

der auch Scheitelfaktor genannt wird, ist ein Maß für die Rauhigkeit einer Schwingung. Für mittelwertfreie harmonische Sinus- oder Kosinussignale hat er den Wert $C_F = \sqrt{2}$, bei rauschartigen Vorgängen liegt C_F in der Größenordnung von 5 bis 10.

Die harmonische Funktion $x(t) = \hat{x}\,e^{i\omega t}$ erfüllt nicht die Voraussetzungen für die FOURIER-Transformation. Dennoch läßt sich ihr mit Hilfe eines Konvergenzfaktors $e^{-d|t|}$ eine FOURIER-Transformierte zuordnen,

$$\begin{aligned}
\mathcal{F}\{\hat{x}e^{i\omega t}\} &= \hat{x}\,2\pi\,\delta(\Omega-\omega)\,,\\
\mathcal{F}\{\hat{x}e^{-i\omega t}\} &= \hat{x}\,2\pi\,\delta(\Omega+\omega)\,,\\
\mathcal{F}\{\hat{x}\sin\omega t\} &= \hat{x}\,\frac{\pi}{i}\,[\delta(\Omega-\omega)-\delta(\Omega+\omega)]\,,\\
\mathcal{F}\{\hat{x}\cos\omega t\} &= \hat{x}\,\pi\,\,[\delta(\Omega-\omega)+\delta(\Omega+\omega)]\,.
\end{aligned} \tag{4.39}$$

Mit $\omega = 0$ folgt aus der ersten Beziehung die FOURIER-Transformierte eines unendlich langen, zeitlich konstanten Signals,

$$\mathcal{F}\{\hat{x}\} = 2\pi\hat{x}\,\delta(\Omega)\,. \tag{4.40}$$

Für einen zeitlichen Ausschnitt aus einem harmonischen Signal bleibt die FOURIER-Transformierte endlich. Beispielsweise ist für das zeitbegrenzte Signal

$$x_T(t) = \begin{cases} 0 & t < 0 \\ \hat{x}\,e^{i\omega t} \quad \text{für} & 0 \le t \le T \\ 0 & t > T \end{cases} \tag{4.41}$$

die FOURIER-Transformierte gegeben durch

$$X_T(\Omega) = \hat{x}\,\frac{e^{i(\omega-\Omega)T} - 1}{i(\omega-\Omega)}\,. \tag{4.42}$$

Der Betrag

$$|X_T(\Omega)| \;=\; \hat{x}\,T\left|\frac{\sin\left(\frac{\omega-\Omega}{2}\,T\right)}{\frac{\omega-\Omega}{2}\,T}\right| \;=\; \hat{x}\,T\,\left|\mathrm{si}\left(\frac{\omega-\Omega}{2}\,T\right)\right|$$

dieser FOURIER-Transformierten kann mit der *Spaltfunktion*

$$\mathrm{si}(x) \;=\; \frac{\sin(x)}{x} \qquad (4.43)$$

dargestellt werden. Bild 4.6 zeigt, daß die si-Funktion ihre Nullstellen bei ganzzahligen Vielfachen von π hat.

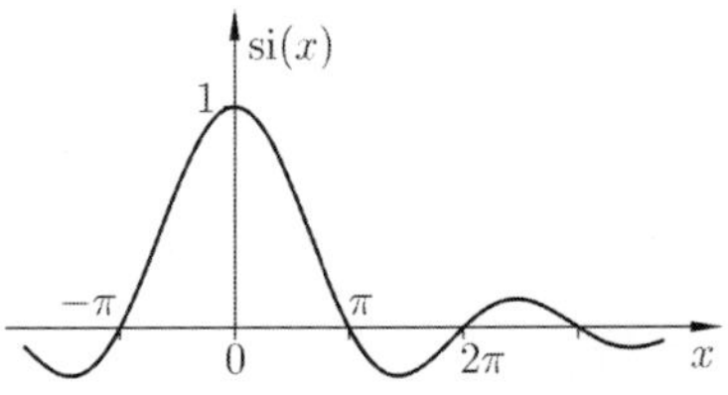

Bild 4.6: Die Spaltfunktion

Das bezogene FOURIER-Spektrum $\widetilde{X}_T(\Omega)$ hat an der Frequenzstützstelle $\Omega = \omega$ den Wert $\widetilde{X}_T(\omega) = \hat{x}$, also genau die Amplitude des zeitlich unbegrenzten harmonischen Signals, (Bild 4.7a). Für $\Omega \neq \omega$ gibt die FFT jedoch nicht das diskrete Amplituden- und Phasendiagramm des zeitlich unlimitierten harmonischen Signals wieder.

Ist die Abtastfrequenz zufällig so, daß genau eine ganze Anzahl von Perioden eines periodischen Zeitsignals im Zeitfenster enthalten ist, stimmen die Werte der FOURIER-Transformierten an den Frequenzstützstellen $k\Delta\Omega$ mit den entsprechend zusammengefaßten Werten $\hat{x}\,e^{i\alpha}$ des Amplituden- und Phasendiagramms des periodischen Signals überein, (Bild 4.7a und Bild 4.7c). Das diskrete FOURIER-Spektrum ist an

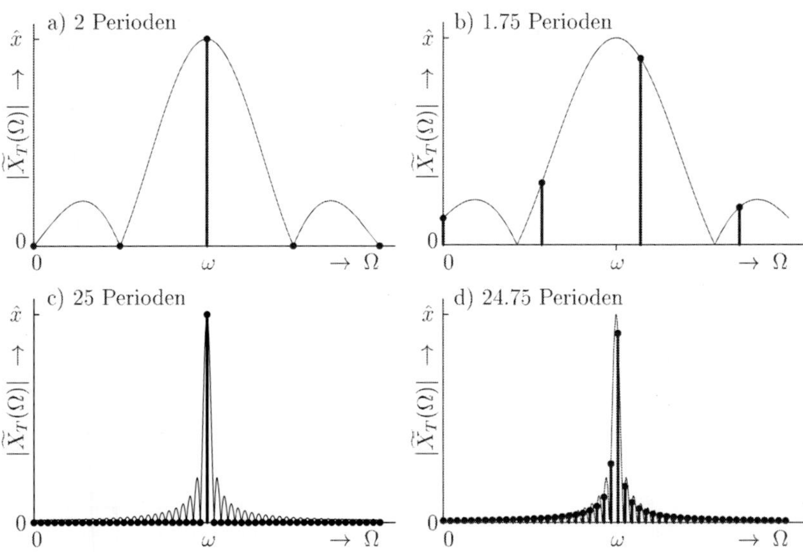

Bild 4.7: FOURIER-Transformierte und FFT-Ergebnis für das zeitlich begrenzte harmonische Signal $x(t) = \hat{x}\,e^{i\omega t}$, a) mit 2 Perioden, b) mit 1.75 Perioden, c) mit 25 Perioden und d) mit 24.75 Perioden im Zeitfenster $T_{Meß}$

allen Frequenzstützstellen mit $\Omega_k \neq \omega$ Null, nur an der Stelle $\Omega_k = \omega$ hat die bezogene FOURIER-Transformierte den Betrag $\hat{x}$.

Im Normalfall wird das Zeitfenster jedoch keine ganze Anzahl von Perioden enthalten. Die Frequenzstützstellen $k\Delta\Omega$ der mit der FFT berechneten FOURIER-Transformierten treffen in diesem Fall nicht die ganzzahligen Vielfachen von ω und das bezogene FFT-Ergebnis kann nicht ohne weiteres als diskretes Spektrum interpretiert werden (Bild 4.7b und Bild 4.7d). Die größte Spektrallinie des diskreten Spektrums ist kleiner als die Amplitude $\hat{x}$ und auch für $\Omega_k \neq \omega$ haben die Spektrallinien nennenswerte Beträge. Diesen Verschmiereffekt des Abschneidefehlers bezeichnet man als Leakage. Verbesserung erhält man durch Fensterfunktionen.

Wenn allerdings sehr viele Perioden der Zeitfunktion im Meßfenster liegen (Bild 4.7d), ist der Einfluß eines nicht ganzzahligen Periodenrestes gering. Die graphische Darstellung der FFT (Bild 4.7d) nähert sich mit steigender Anzahl von Perioden dem Amplituden- bzw. Phasendiagramm des zeitlich unbegrenzten periodischen Signals.

Speziell für $\omega = 0$ ergibt sich aus Gl. (4.42) die FOURIER-Transformierte eines Rechteckfensters mit der Höhe $\hat{x}$ und der Dauer T,

$$\mathcal{F}\{\hat{x}_T\} = \hat{x}\, T \,\mathrm{si}\Big(\frac{\Omega T}{2}\Big)\, e^{-i\Omega T/2}. \tag{4.44}$$

Bei vielen Schwingungsvorgängen ändert sich die Amplitude langsam mit der Zeit, während die Zeitdauer zwischen zwei gleichsinnigen Nulldurchgängen oder Maxima gleich bleibt. Solche Zeitverläufe nennt man quasi-periodisch. Ist der Zeitverlauf bis auf eine langsame Amplitudenänderung harmonisch, dann wird er als quasiharmonisch bezeichnet.

4.3.3 Periodische Signale

Periodische Signale mit der Perioden- oder Schwingungsdauer T, also der Grundfrequenz $f = 1/T$ bzw. der Grundkreisfrequenz $\omega = 2\pi f$, haben bei um T auseinanderliegenden Zeitpunkten jeweils den gleichen Wert,

$$x(t) = x(t+T) = x(t \pm nT). \tag{4.45}$$

Jede beschränkte periodische Funktion, die stückweise monoton und stetig ist, kann eindeutig als konvergente FOURIER-Reihe

$$x(t) = \frac{a_0}{2} + \sum_{n=1}^{\infty} (a_n \cos n\omega t + b_n \sin n\omega t) \tag{4.46}$$

bzw. in komplexer Form

$$x(t) = \sum_{n=-\infty}^{\infty} c_n\, e^{in\omega t} \tag{4.47}$$

dargestellt werden. Die FOURIER-Koeffizienten der Reihe sind durch

$$a_n = \frac{2}{T} \int_{t=0}^{T} x(t) \cos n\omega t \, dt, \tag{4.48}$$

$$b_n = \frac{2}{T} \int_{t=0}^{T} x(t) \sin n\omega t \, dt, \tag{4.49}$$

$$c_n = \frac{1}{T} \int_{t=0}^{T} x(t) \, e^{-in\omega t} \, dt \tag{4.50}$$

gegeben (Harmonische Analyse). Zwischen den Koeffizienten der reellen und der komplexen Darstellung bestehen die Beziehungen

$$c_n = \begin{cases} \frac{1}{2}(a_n - i\,b_n) & n > 0, \\ \frac{1}{2}a_0 \qquad \text{für} & n = 0, \\ \frac{1}{2}(a_{-n} + i\,b_{-n}) & n < 0. \end{cases} \tag{4.51}$$

Bei reellen Funktionen $x(t)$ ist $c_{-n} = \bar{c}_n$. Die Koeffizienten c_n geben an, wie stark der Schwingungsanteil mit der Frequenz $n\omega$ im Gesamtsignal $x(t)$ enthalten ist. Sie stellen ein diskretes FOURIER-Spektrum dar.

Die FOURIER-Koeffizienten von einigen speziellen periodischen Funktionen sind in der Tabelle 15.11 angegeben.

Die schnelle Konvergenz der unendlichen FOURIER-Reihe ist der Grund für die gute Approximation periodischer Funktionen durch abgebrochene endliche Reihen harmonischer Funktionen. Die Konvergenz ist um so besser, je glatter der Funktionsverlauf ist. Dort, wo die Funktion $x(t)$ stetig ist, hat die FOURIER-Reihe den Wert $x(t)$. An Unstetigkeitsstellen nimmt die FOURIER-Reihe den Mittelwert zwischen rechts- und linksseitigem Grenzwert an. Approximiert man eine Funktion mit Unstetigkeitsstellen durch ihre nach N Gliedern abgebrochene FOURIER-Reihe, so erhält man einen Verlauf wie in Bild 4.9. Die unstetige Funktion wird durch eine stetige approximiert. Die Approximation zeigt sowohl nach als auch vor jedem Sprung Oszillationen, deren

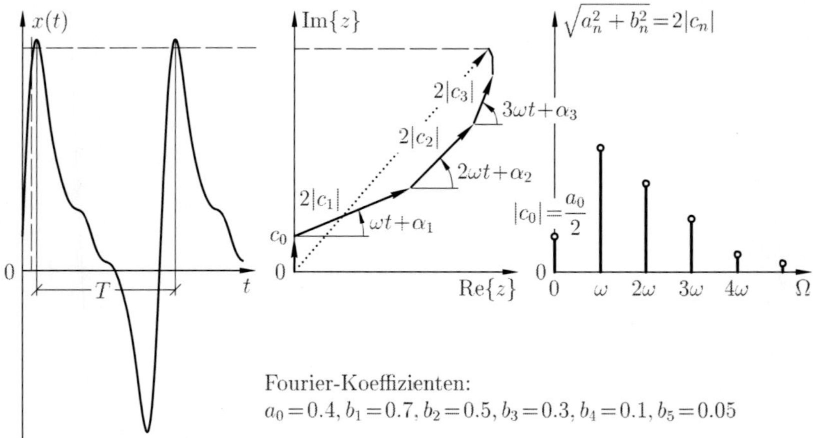

Bild 4.8: Zeitdarstellung, Zeiger- und Amplitudendiagramm eines periodischen Signals

Amplituden mit Annäherung an die Unstetigkeitsstelle zunehmen. Diese Erscheinung wird das GIBBSsche Phänomen genannt. Bemerkenswert ist, daß die Amplitude des Überschwingens der Partialsumme mit zunehmendem N nicht gegen Null konvergiert, sondern daß an der Unstetigkeitsstelle bei $N \to \infty$ ein Überschwingen um ca. 17.9% der Sprunghöhe verbleibt.

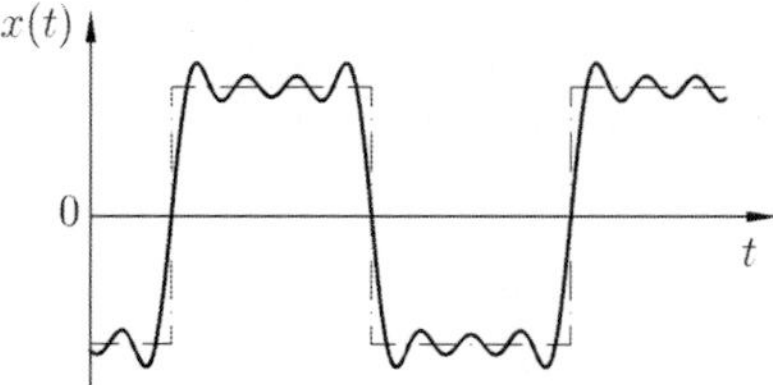

Bild 4.9: GIBBSsches Phänomen bei einem periodischen Rechtecksignal, Partialsumme bis $N=7$

Hat die periodische Funktion gewisse Symmetrieeigenschaften, vereinfacht sich die Berechnung der FOURIER-Koeffizienten:

- Für gerade Funktionen bezüglich $t = 0$, $f(-t) = f(t)$, verschwinden die Sinus-Koeffizienten, $b_n = 0$. Bei der Berechnung der Kosinus-Koeffizienten genügt es, über eine halbe Periode zu integrieren.
- Für gerade Funktionen bezüglich $t = 0$ mit zusätzlicher Punktsymmetrie an der Stelle $t = T/4$ verschwinden neben den Sinus-Koeffizienten auch die Kosinus-Koeffizienten geradzahliger Ordnung, $a_{2n} = 0$. Das Integrationsintervall kann auf ein Viertel der Periode beschränkt werden.
- Für ungerade Funktionen bezüglich $t = 0$, $f(-t) = -f(t)$, verschwinden die Kosinus-Koeffizienten, $a_n = 0$. Bei der Berechnung der Sinus-Koeffizienten genügt es, über eine halbe Periode zu integrieren.
- Für ungerade Funktionen bezüglich $t = 0$ mit zusätzlicher axialer Symmetrie bei $t = T/4$ verschwinden neben den Kosinus-Koeffizienten auch die Sinus-Koeffizienten geradzahliger Ordnung, $b_{2n} = 0$.

Im übrigen sei erwähnt, daß sich jede beliebige periodische Funktion in einen geraden und einen ungeraden Anteil zerlegen läßt,

$$\begin{aligned} x_g(t) &= \frac{1}{2}\big[x(t) + x(-t)\big], \\ x_u(t) &= \frac{1}{2}\big[x(t) - x(-t)\big]. \end{aligned} \tag{4.52}$$

Der *Klirrfaktor* eines periodischen Signals

$$k = \sqrt{\frac{\sum\limits_{n=2}^{\infty} |c_n|^2}{\sum\limits_{n=1}^{\infty} |c_n|^2}} = \sqrt{\frac{\sum\limits_{n=2}^{\infty} (a_n^2 + b_n^2)}{\sum\limits_{n=1}^{\infty} (a_n^2 + b_n^2)}} = \sqrt{1 - \frac{|c_1|^2}{\sum\limits_{n=1}^{\infty} |c_n|^2}} \tag{4.53}$$

ist ein Maß für die im Signal enthaltenen Oberschwingungen. Er ist das Verhältnis aus dem Effektivwert der Oberschwingungen zum Effektivwert des Gesamtsignals. Seine Werte liegen zwischen Null und Eins. Mit dem Klirrfaktor kann beispielsweise

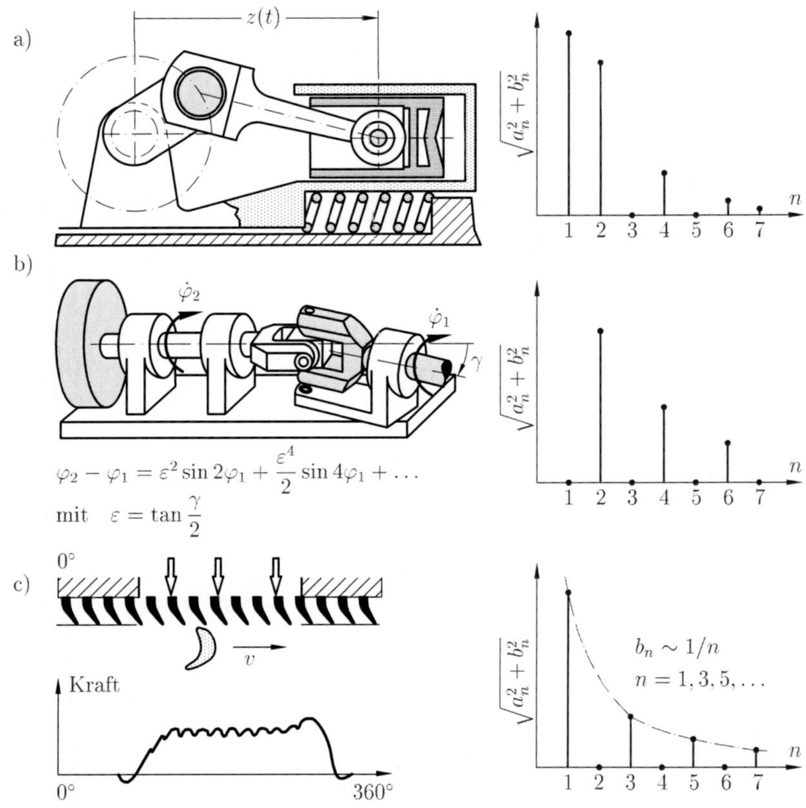

Bild 4.10: Technische Beispiele für periodische Bewegungen oder Kräfte
a) Elastisch aufgehängter Kurbeltrieb [Pfützner]
b) Wellenstrang mit Kardangelenk [Hein]
c) Turbinen- oder Verdichterschaufelschwingungen [Irretier]

festgestellt werden, ob ein harmonisch erregtes System nichtlinear ist und daher nicht rein harmonisch, sondern periodisch antwortet.

Die FOURIER-Transformierte einer periodischen Funktion ergibt sich als Überlagerung der FOURIER-Transformierten der einzelnen harmonischen Anteile. Liegen genau K Perioden des Signals im Zeitfenster, stimmen die Werte der bezogenen FOURIER-Transformierten $\widetilde{X}_T(\Omega_k)$ des zeitbegrenzten Signals $x_T(t)$ an allen Frequenzstützstellen $\Omega_k = k\omega$ mit den komplexen Koeffizienten c_k der FOURIER-Reihe des unendlich lange andauernden periodischen Signals überein,

$$\widetilde{X}(k\omega) = c_k .$$

Bei einem nicht ganzzahligen Vielfachen von Perioden im Zeitfenster treten die gleichen Abweichungen wie bei den harmonischen Signalen auf.

4.3.4 Überlagerung und Modulation harmonischer Signale

In der Technik treten recht häufig aus mehreren Anteilen zusammengesetzte Schwingungen auf.

Die Überlagerung zweier harmonischer Signale gleicher Frequenz ergibt wieder eine harmonische Schwingung.

Die Überlagerung zweier Sinussignale

$$x_1 = \hat{x}_1 \sin(\omega_1 t + \alpha_1), \tag{4.54}$$

$$x_2 = \hat{x}_2 \sin(\omega_2 t + \alpha_2) \tag{4.55}$$

mit verschiedenen Frequenzen $\omega_1 \neq \omega_2$ kann zu den unterschiedlichsten Bildern führen,

$$x(t) = x_1(t) + x_2(t) = \hat{x}(t) \sin(\omega_T t + \alpha(t)). \tag{4.56}$$

Das Trägersignal $\sin(\omega_T t + \alpha)$ mit der Trägerfrequenz

$$\omega_T = \frac{\omega_1 + \omega_2}{2} \tag{4.57}$$

wird sowohl in der Amplitude als auch in der Phase mit der Modulationsfrequenz

$$\omega_m = |\omega_1 - \omega_2| \tag{4.58}$$

verändert. Die Amplitude $\hat{x}(t)$ und die Phase $\alpha(t)$ der Summenschwingung sind zeitabhängig,

$$\hat{x}(t) = \sqrt{\hat{x}_1^2 + \hat{x}_2^2 + 2\hat{x}_1\hat{x}_2 \cos[(\omega_1 - \omega_2)t + (\alpha_1 - \alpha_2)]}, \tag{4.59}$$

$$\alpha(t) = \frac{\alpha_1 + \alpha_2}{2} + \arctan\left[\frac{\hat{x}_1 - \hat{x}_2}{\hat{x}_1 + \hat{x}_2} \tan\frac{(\omega_1 - \omega_2)t + (\alpha_1 - \alpha_2)}{2}\right]. \tag{4.60}$$

Bewegungsverläufe wie in Bild 4.11 nennt man Schwebungen. Als Schwebungsdauer T_m bezeichnet man die Zeit, die verstreicht, bis die Amplitude $\hat{x}(t)$ wieder den gleichen Wert gleichsinnig durchläuft. Schwebungen lassen sich als Sinusschwingungen

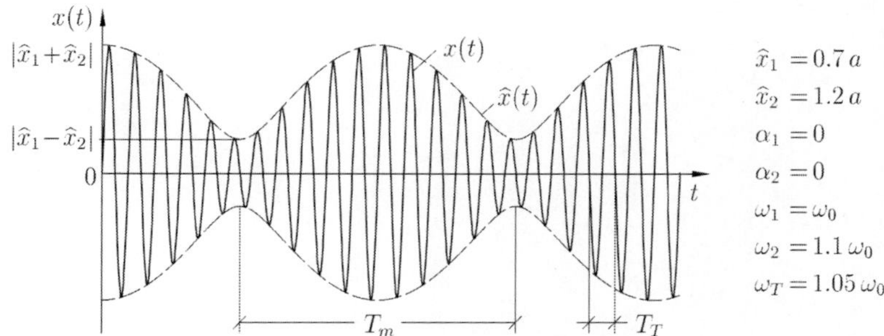

Bild 4.11: Modulierte Schwingung als Summe zweier harmonischer Signale

mit der mittleren Frequenz $(\omega_1+\omega_2)/2$ auffassen, deren Amplituden $\hat{x}(t)$ und Phasenwinkel $\alpha(t)$ sich mit einer kleinen Schwebungsfrequenz $|\omega_1-\omega_2|$ als Funktionen der Zeit ändern. Der Abstand der Hüllkurve von der Mittellage der Bewegung schwankt zwischen den Grenzen

$$|\hat{x}_1 - \hat{x}_2| \leq |\hat{x}(t)| \leq |\hat{x}_1 + \hat{x}_2|. \tag{4.61}$$

Eine wichtige Anwendung solcher Vorgänge ist die bei der *Nachrichtenübertragung* benutzte *Modulationstechnik*. Bei der Überlagerung von zwei Sinusschwingungen mit ungleichen Frequenzen entsteht gleichzeitig eine Amplituden- und eine Phasenmodulation. Dies bedeutet, daß der Zeitverlauf sowohl in der Amplitude $\hat{x}(t)$ als auch in der Phase $\alpha(t)$ von einem harmonischen Signal mit der Trägerfrequenz $\omega_T = (\omega_1+\omega_2)/2$ abweicht. Wird darüber hinaus auch die Trägerfrequenz ω_T mit der Zeit variiert, so spricht man von Frequenzmodulation.

Zusammengesetzte Schwingungen mit unterschiedlichen Frequenzen sind i. a. nicht periodisch. Besteht jedoch zwischen den beiden Frequenzen ω_1 und ω_2 ein *rationales* Verhältnis, so ist der Bewegungsverlauf der Summenschwingung periodisch. Die Periodendauer ist gleich dem kleinsten gemeinsamen Vielfachen der beiden einzelnen Periodendauern.

Bei einem Schwingungssignal, das mehrere Frequenzanteile enthält, lassen sich die einzelnen Frequenzen und ihre Amplituden nicht unmittelbar aus dem Zeitdiagramm ablesen. Eine Frequenzbestimmung gelingt in der Regel nur anhand einer Spektraldarstellung, bei der das Schwingungssignal in die einzelnen Frequenzanteile aufgespalten wird (Frequenzanalyse).

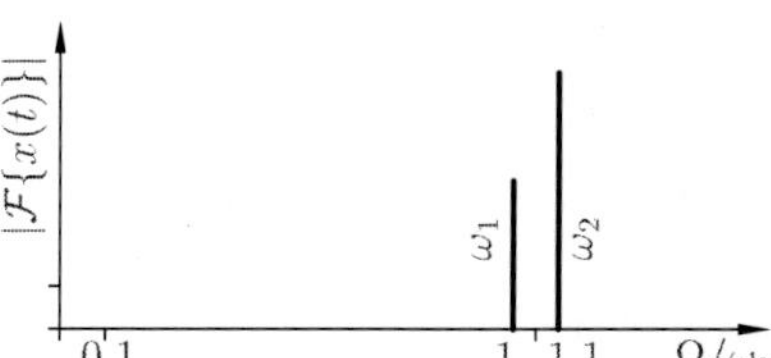

Bild 4.12: Betrag der FOURIER-Transformierten der Schwebung aus Bild 4.11

Bild 4.12 zeigt, daß die Schwebung von Bild 4.11 tatsächlich nur die Frequenzen ω_1 und ω_2 enthält. Weder die Trägerfrequenz ω_T (hier $1.05\,\omega_1$) noch die Modulationsfrequenz ω_m (hier $0.1\,\omega_1$) sind im FOURIER-Spektrum zu finden.

4.3.5 Sprung-, Signum- und Rechteckfunktionen

Die Sprungfunktion

$$\sigma(t) = \begin{cases} 0 & t < 0, \\ 1/2 \quad \text{für} & t = 0, \\ 1 & t > 0 \end{cases} \tag{4.62}$$

ist an der Stelle $t=0$ unstetig. Eine andere Schreibweise für die Sprungfunktion ist das FÖPPL-Symbol $\sigma(t)=\langle t\rangle^0$.

Die zeitliche Ableitung der Sprungfunktion $\sigma(t)$ ergibt den DIRAC-Stoß $\delta(t)$,

$$\frac{d}{dt}[\sigma(t)] = \delta(t). \tag{4.63}$$

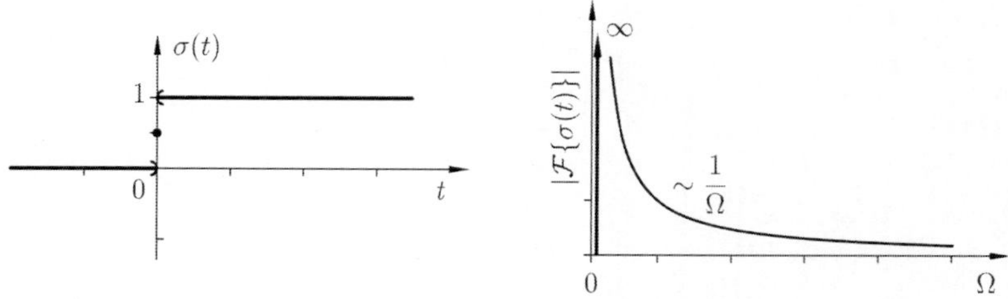

Bild 4.13: Sprungfunktion $\sigma(t)$ und ihre FOURIER-Transformierte

Die FOURIER-Transformierte der Sprungfunktion (4.62) setzt sich zusammen aus einem DIRAC-Stoß $\delta(\Omega)$ der Intensität π und einer Hyperbel $1/(i\Omega)$,

$$\mathcal{F}\{\sigma(t)\} \;=\; \pi\delta(\Omega) + \frac{1}{i\Omega}\,. \tag{4.64}$$

Mit der Sprungfunktion eng verwandt ist die Signumfunktion

$$\operatorname{sign}(t) = \begin{cases} -1 & t < 0 \\ \;\;0 \quad \text{für} & t = 0 \\ \;\;1 & t > 0\,. \end{cases} \tag{4.65}$$

Zwischen der Signumfunktion und der Sprungfunktion gilt die Beziehung

$$\operatorname{sign}(t) \;=\; 2\sigma(t) - 1\,. \tag{4.66}$$

Für die Ableitung der Signumfunktion folgt daraus

$$\frac{d}{dt}[\operatorname{sign}(t)] \;=\; 2\delta(t) \tag{4.67}$$

und für die FOURIER-Transformierte

$$\mathcal{F}\{\operatorname{sign}(t)\} \;=\; \frac{2}{i\Omega}\,. \tag{4.68}$$

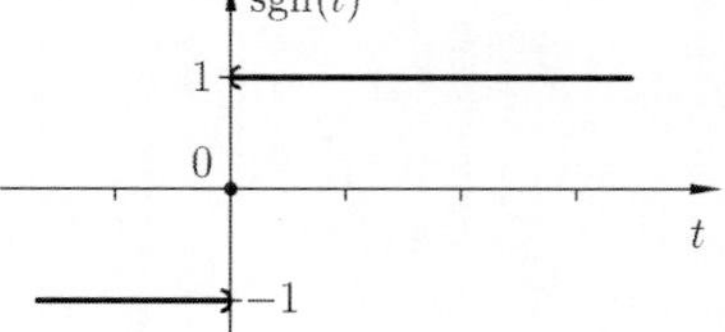

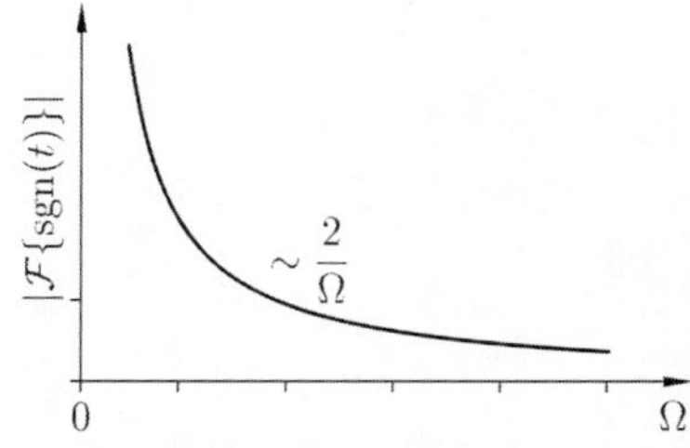

Bild 4.14: Signumfunktion und ihre FOURIER-Transformierte

Auch die zentrierte Rechteckfunktion

$$\operatorname{rect}\Big(\frac{t}{T_R/2}\Big) = \begin{cases} 1 & |\,t\,| < T_R/2 \\ 1/2 \quad \text{für} & |\,t\,| = T_R/2 \\ 0 & |\,t\,| > T_R/2 \end{cases} \tag{4.69}$$

läßt sich durch Sprungfunktionen darstellen,

$$\operatorname{rect}\Big(\frac{t}{T_R/2}\Big) \;=\; \sigma\Big(t + \frac{T_R}{2}\Big) - \sigma\Big(t - \frac{T_R}{2}\Big) \;=\; \sigma\left(t + \frac{T_R}{2}\right) \cdot \sigma\Big(\frac{T_R}{2} - t\Big). \tag{4.70}$$

Das Argument $(t+T_R/2)$ drückt ein zeitliches Voreilen, das Argument $(t-T_R/2)$ eine Verzögerung und das Argument $(-t+T_R/2)$ eine Zeitumkehr mit Verzögerung aus.

Die direkte Anwendung des FOURIER-Integrals auf die Definition der Rechteckfunktion (4.69) liefert als zugehörige FOURIER-Transformierte die Spaltfunktion,

$$\mathcal{F}\Big\{\mathrm{rect}\Big(\frac{t}{T_R/2}\Big)\Big\} = T_R\,\mathrm{si}\Big(\Omega\frac{T_R}{2}\Big). \quad (4.71)$$

Daß die FOURIER-Transformierte in diesem Fall reell ist, ist ein Sonderfall, im allgemeinen ist sie eine komplexwertige Funktion.

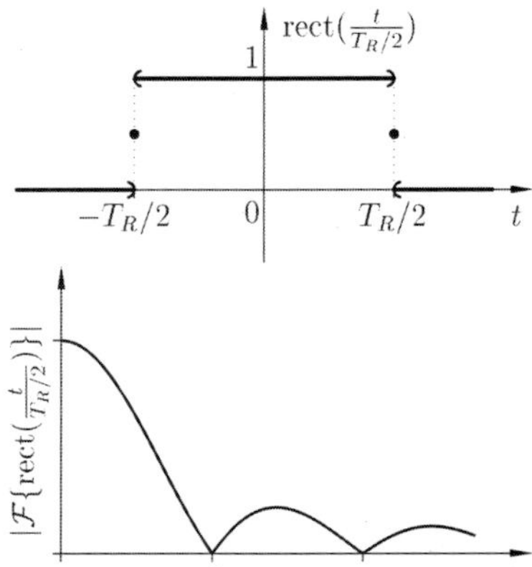

Bild 4.15: Rechteckfunktion und ihre FOURIER-Transformierte

Auf die gleiche Weise kann auch die FOURIER-Transformierte (4.44) für das Rechteckfenster, das bei $t=0$ beginnt und die Dauer T besitzt, berechnet werden,

$$\mathcal{F}\{\hat{x}_T\} = \mathcal{F}\Big\{\hat{x}\,\mathrm{rect}\Big(\frac{t-T/2}{T/2}\Big)\Big\} = \hat{x}T\,\mathrm{si}\Big(\frac{\Omega T}{2}\Big)\,e^{-i\Omega\dfrac{T}{2}}. \quad (4.72)$$

4.3.6 Gleitsinus

Bei der experimentellen Systemanalyse wird als Erregersignal häufig eine Gleitsinusfunktion

$$x(t) = \hat{x}\,\sin\Big(\frac{a}{2}t^2+\Omega_0 t+\beta\Big) \quad (4.73)$$

verwendet. Die Gleitsinusfunktion besitzt eine konstante Amplitude und ihre Frequenz

$$\dot{\varphi}(t) = at+\Omega_0 \quad (4.74)$$

nimmt linear mit der Zeit zu $(a>0)$ oder ab $(a<0)$. Ihre FOURIER-Transformierte kann mittels komplexer Wahrscheinlichkeitsintegrale dargestellt werden. Im durchfahrenen Frequenzbereich gilt näherungsweise

$$X(\Omega) \approx \hat{x}\,\frac{1+i}{2}\sqrt{\frac{\pi}{a}}\,e^{-i(\Omega^2/2a)}. \quad (4.75)$$

Das Bild 4.16 zeigt beispielhaft ein solches Gleitsinussignal und dessen FOURIER-Transformierte.

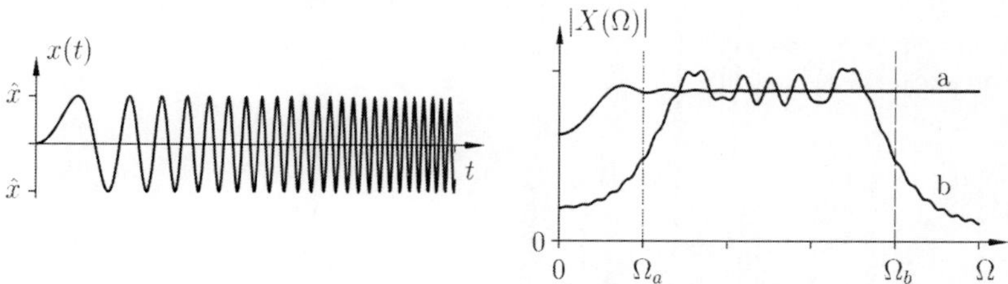

Bild 4.16: Gleitsinusfunktion und der Betrag ihrer FOURIER-Transformierten
a) für einen unendlich lang andauernden Hochlauf $0 \leq \dot{\varphi} \leq \infty$ und
b) für das beschränkte Frequenzinterval $\Omega_a \leq \dot{\varphi} \leq \Omega_b$

Die Gleitsinusfunktion hat als Erregerfunktion gegenüber anderen breitbandigen Signalen eine Reihe von Vorteilen:

- Sie zeichnet sich durch eine hohe Reproduzierbarkeit aus.
- Sie besitzt ein fast so gutes Verhältnis von Nutz- zu Störsignal wie die monofrequente Sinuserregung. Ihr Vorteil ist die erheblich schnellere Versuchsdurchführung.
- Bei begrenztem Signalpegel erreicht man mit dem Gleitsinus eine sehr hohe Amplitudendichte. Diese ist im durchfahrenen Frequenzbereich fast konstant und läßt sich aus der Anfahrbeschleunigung a und der Amplitude $\hat{x}$ abschätzen,

$$|X(\Omega)| \approx \hat{x}\sqrt{\frac{\pi}{2\,|a|}}. \tag{4.76}$$

- Durch die freie Wahl von Anfangs- und Endfrequenz $\Omega_a \leq \dot{\varphi} \leq \Omega_e$ läßt sich die Energie auf ein vorgebbares Frequenzband konzentrieren. Signalanteile, deren Frequenzen außerhalb dieses Bandes liegen, sind kaum enthalten und belasten weder System noch Messung.

Wenn die Erregung durch Gleitsinus heute mancherorts nicht den gebührenden Stellenwert erreicht, mag dies historisch begründet sein – z. B. durch die früher verwendete rein analoge Meßtechnik – objektive Nachteile liegen jedoch nicht vor.

4.3.7 Rauschen

Viele Signale sind zufälliger Natur, man nennt sie stochastisch. Sie können nur durch statistische Kenngrößen beschrieben werden. In der Strukturdynamik beschränkt man sich in der Regel auf stationäre ergodische Prozesse. Unter den stochastischen Funktionen nehmen die GAUSSverteilten Prozesse $x(t)$ eine zentrale Rolle ein. Ein GAUSSverteilter Prozeß wird auch normalverteilt genannt. Er ist durch die Verteilungsdichte

$$p(a) = \frac{1}{\sigma_x\sqrt{2\,\pi}} e^{-[a-\overline{x}]^2/2\,\sigma_x^2} \tag{4.77}$$

definiert. Zur Beschreibung der Amplitudeneigenschaften von GAUSS-Prozessen sind nur der Mittelwert $\overline{x}$ und die Standardabweichung σ_x des Prozesses $x(t)$ erforderlich.

Bild 4.17 zeigt beispielhaft ein normalverteiltes Rauschen. Der Mittelwert $\overline{x}$ und die Streuung σ_x sind im Bild markiert.

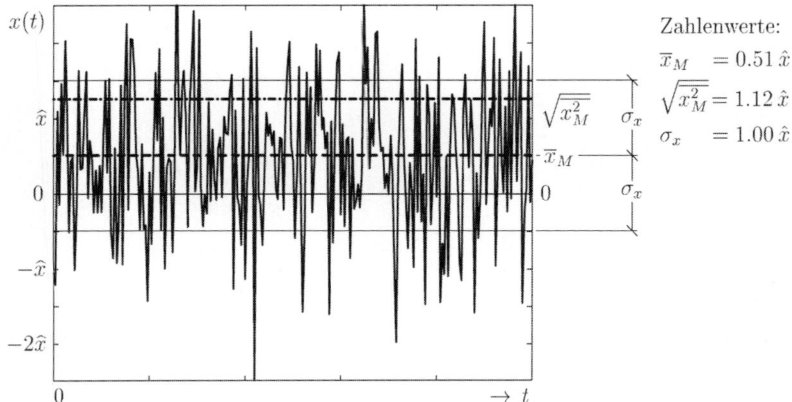

Bild 4.17: Zeitverlauf eines GAUSSverteilten weißen Rauschens

Ein GAUSSverteilter Prozeß besitzt zwei wichtige Eigenschaften:

a) Die Amplitudeneigenschaften von GAUSS-Prozessen werden allein durch den Mittelwert $\overline{x}$ und die Streuung σ_x beschrieben.

b) Bei Erregung eines linearen zeitinvarianten Systems mit einem GAUSS-Prozeß ist die Verteilung der Amplituden der Schwingungsantwort ebenfalls GAUSSverteilt. Die GAUSS-Verteilung bleibt beim Durchgang durch ein lineares System erhalten.

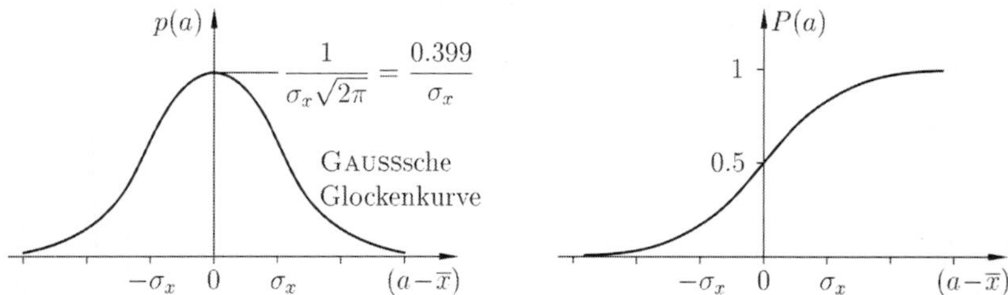

Bild 4.18: Verteilungsdichte und Verteilungsfunktion eines GAUSS-Prozesses

Für einen GAUSS-Prozeß $x(t)$, dessen Standardabweichung σ_x bekannt ist, kann unmittelbar die Wahrscheinlichkeit dafür angegeben werden, daß x von seinem Mittelwert $\overline{x}$ um einen bestimmten Wert abweicht. Insbesondere gilt

$$\mathcal{W}\{|x-\overline{x}| < \sigma_x\} \approx 0.6827$$
$$\mathcal{W}\{|x-\overline{x}| < 2\sigma_x\} \approx 0.9545$$
$$\mathcal{W}\{|x-\overline{x}| < 3\sigma_x\} \approx 0.9973$$
$$\mathcal{W}\{|x-\overline{x}| < 4\sigma_x\} \approx 0.99994.$$

Die große Bedeutung der GAUSS-Verteilung für die Statistik resultiert aus dem zentralen Grenzwertsatz: Wenn alle x_i unabhängig voneinander nach einem beliebigen Gesetz verteilt sind, ist $\overline{x}$ als Mittelwert aller x_i für eine große Stichprobenanzahl $N \to \infty$ GAUSSverteilt, auch wenn die einzelnen x_i nicht GAUSSverteilt sind. Der Mittelwert liegt mit einer gewissen statistischen Sicherheit innerhalb des Vertrauensbereiches (Konfidenzintervall). Für große N liegt beispielsweise der richtige Wert mit 68.3 %-iger Wahrscheinlichkeit im Intervall $\overline{x} - \sigma_x/\sqrt{N}$ und $\overline{x} + \sigma_x/\sqrt{N}$.

Von weißem Rauschen spricht man, wenn alle Frequenzen mit gleicher Intensität im Signal enthalten sind. Im Frequenzbereich ist der Betrag des Spektrums konstant über die Frequenz und die Phase zufällig verteilt. Rauschsignale, deren Leistungsdichten nicht konstant sind, nennt man farbig. Eine wichtige Rolle spielen hier die bandbegrenzten weißen Rauschsignale, deren Leistungsdichten nur in zugehörigem Frequenzband konstant, außerhalb davon null sind. Ist das Leistungsdichtespektrum eines Rauschsignals umgekehrt proportional zur Frequenz, so nennt man das Rauschen rosa.

4.3.8 Mittelung über mehrere gleichartige Teilversuche

Zur Reduzierung des Einflusses von zufälligen Störungen auf die Analyseergebnisse werden Versuche wiederholt durchgeführt und die Resultate auf irgendeine Art gemittelt. Resultate aus Mittelungen über ein Ensemble mit N Realisierungen sollen durch einen Querstrich gekennzeichnet werden. Der n-te Einzelversuch liefert die Realisierung

$$x_n = x + r_n \,, \tag{4.78}$$

worin x der richtige Wert und r_n die unterschiedlichen Störungen in den Meßsignalen der N Einzelversuche sind. Für die im allgemeinen unbekannten Einzelstörungen r_n wird angenommen, daß ihre linearen Mittelwerte verschwinden und daß sie statistisch unabhängig sind. Aus N Realisierungen x_n ergibt sich der arithmetische Mittelwert

$$\bar{x} = \frac{1}{N}\sum_{n=1}^{N} x_n = \frac{1}{N}\Big[Nx + \sum_{n=1}^{N} r_n\Big] = x + \frac{1}{N}\sum_{n=1}^{N} r_n \tag{4.79}$$

als Schätzung für den wahren Wert x. Die Erwartungswerte von x und $\bar{x}$ stimmen überein. Die Mittelungszahl N muß natürlich hinreichend groß sein.

Die Varianz einer gemittelten Größe $\bar{x}$ kann nach der Vorschrift

$$\sigma_{\bar{x}}^2 = \frac{1}{N-1}\sum_{n=1}^{N}(x_n - \bar{x})^2 \tag{4.80}$$

geschätzt werden. Die so definierte Standardabweichung $\sigma_{\bar{x}}$ ist erwartungstreu, sie wird daher auch unschief oder unbiased genannt.

Man beachte dabei, daß im Nenner anstelle von N der Ausdruck $N-1$ benutzt wird. Dies ist begründet in der Tatsache, daß die Summanden der Summe $\Sigma(x_n - \bar{x})^2$ wegen der Bindung (4.79), die zwischen dem Mittelwert $\bar{x}$ und den Einzelrealisierungen x_n besteht, nicht unabhängig voneinander sind; vielmehr läßt sich der Ausdruck auf eine Summe von nur $N-1$ unabhängigen Quadraten zurückführen.

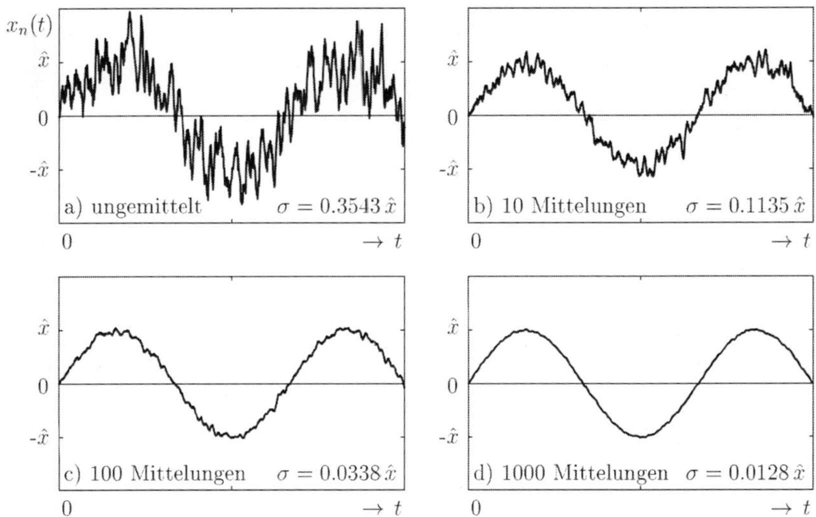

Bild 4.19: Verrauschtes Sinussignal nach Mittelung über verschiedene Anzahlen von Realisierungen: a) eine Realisierung, b) zehn Realisierungen, c) 100 Realisierungen, d) 1000 Realisierungen

Besitzen die Einzelstörungen verschwindende Mittelwerte und sind sie voneinander statistisch unabhängig, so gilt für die Varianz des gemittelten Signals

$$\sigma_{\overline{x}}^2 = \frac{1}{N}\,\sigma_r^2\,. \tag{4.81}$$

Die Gleichung (4.81) besagt, daß bei einer Mittelung aus N Wiederholungen des Experimentes die Standardabweichung $\sigma_{\overline{x}}$ des Mittelwertes $\overline{x}$ um den Faktor $1/\sqrt{N}$ reduziert wird,

$$\sigma_{\overline{x}} = \frac{1}{\sqrt{N}}\,\sigma_r = \frac{1}{\sqrt{N}}\,\sigma_x\,. \tag{4.82}$$

Durch Vergrößerung der Anzahl der Einzelexperimente N läßt sich also die Streuung des Schätzwertes herabdrücken. Bemerkenswert ist, daß diese einfache Beziehung unabhängig von der besonderen Art der Streuung von x ist.

4.4 Spektrale Leistungsdichten, Kohärenz und Korrelationsfunktionen

Die Frequenzeigenschaften von Funktionen lassen sich durch die FOURIER-Transformierte und verschiedene spektrale Funktionen charakterisieren. Von besonderer Bedeutung sind die Autoleistungsdichte, die Kreuzleistungsdichte und die daraus abgeleitete Kohärenzfunktion.

Die Zeitbereichseigenschaften von Funktionen werden durch den Zeitverlauf $x(t)$ selbst und die Korrelationsfunktionen beschrieben.

4.4.1 Autoleistungsdichte

Die Autoleistungsdichte $S_{xx}(\Omega)$ eines Signals $x(t)$ gibt an, wie die Leistung des Gesamtsignals über den Frequenzbereich verteilt ist. Sie ist also ein Maß dafür, welchen Leistungsanteil die Frequenz Ω am Gesamtsignal hat. Die Autoleistungsdichte, manchmal auch kurz spektrale Leistungsdichte genannt, ist definiert als

$$S_{xx}(\Omega) = \lim_{T\to\infty} \frac{1}{2T} |\mathcal{F}\{x_T(t)\}|^2 = \lim_{T\to\infty} \frac{1}{2T} \{X_T^*(\Omega)\, X_T(\Omega)\}, \tag{4.83}$$

wobei mit $x_T(t)$ die auf das Zeitintervall $-T \le t \le T$ begrenzte Funktion bezeichnet ist,

$$x_T(t) = x(t)\,\mathrm{rect}(\frac{t}{T}). \tag{4.84}$$

Die Autoleistungsdichte ist eine reelle Funktion, die stets positiv ist,

$$S_{xx}(\Omega) \ge 0. \tag{4.85}$$

Sie beinhaltet keine Phaseninformation, d.h. aus der Autoleistungsdichte $S_{xx}(\Omega)$ kann nicht mehr das ursprüngliche Signal $x(t)$ berechnet werden. Bei reellen Zeitfunktionen ist die Autoleistungsdichte eine gerade Funktion, sie ist also bezüglich $\Omega = 0$ symmetrisch,

$$S_{xx}(-\Omega) = S_{xx}(\Omega) \quad \text{für reelle } x(t). \tag{4.86}$$

Vom Analysator wird der Zeitverlauf $x(t)$ nur im Zeitfenster $0 \le t < T_{meß}$ erfaßt und anstelle der FOURIER-Transformierten $X_T(\Omega)$ wird die auf die Meßdauer $T_{meß}$ bezogene Funktion $\widetilde{X}_T(\Omega)$ gemäß Gleichung (4.15) berechnet. Analog hierzu wird auch die Autoleistungsdichte normiert,

$$\widetilde{S}_{x_T x_T}(\Omega) = \frac{S_{x_T x_T}(\Omega)}{T_{meß}}. \tag{4.87}$$

In der Praxis wird außerdem Ergodizität vorausgesetzt und die zeitliche Mittelung durch eine Ensemble-Mittelung über N Tests ersetzt,

$$\widetilde{S}_{x_T x_T}(\Omega) = \frac{1}{N} \sum_{n=1}^{N} \widetilde{X}_{Tn}^*(\Omega)\, \widetilde{X}_{Tn}(\Omega). \tag{4.88}$$

Meßtechnisch wird also die Autoleistungsdichte als Mittelwert der Betragsquadrate der bezogenen FOURIER-Transformierten aller Einzelversuche ermittelt. Die Mittelungszahl N liegt in der experimentellen Signalanalyse üblicherweise im Bereich von 8 bis 64, je nachdem, wie einfach die Einzelversuche zu realisieren sind. Da in der Praxis nicht die exakten Signale $x(t)$, sondern die gemäß Gleichung (4.78) gestörten Realisierungen $x_n(t) = x(t) + r_n(t)$ gemessen werden, erhält man auch für die Autoleistungsdichte ein verfälschtes Ergebnis,

$$S_{\tilde{x}\tilde{x}}(\Omega) = \mathcal{E}\big\{[X^* + R^*][X + R]\big\} = \mathcal{E}\{X^*X\} + \mathcal{E}\{X^*R\} + \mathcal{E}\{R^*X\} + \mathcal{E}\{R^*R\}.$$

Unter der Annahme der statistischen Unabhängigkeit und der Mittelwertfreiheit der Störsignale ergibt sich für die Autoleistungsdichte des gestörten Signals schließlich

$$S_{\tilde{x}\tilde{x}}(\Omega) \;=\; S_{xx}(\Omega) + S_{rr}(\Omega) \geq S_{xx}(\Omega)\,. \tag{4.89}$$

Die Schätzvorschrift (4.89) ist also nicht erwartungstreu, denn es entsteht ein Biasfehler. Die gemessene Autoleistungsdichte $S_{\tilde{x}\tilde{x}}(\Omega)$ ist stets größer als die wahre Autoleistungsdichte $S_{xx}(\Omega)$ des ungestörten Signals.

4.4.2 Kreuzleistungsdichte

Die Kreuzleistungsdichte zweier Funktionen $x(t)$ und $y(t)$ wird analog zur Autoleistungsdichte definiert,

$$S_{xy}(\Omega) \;=\; \lim_{T\to\infty} \frac{1}{2T}\Big\{\mathcal{F}^*\{x_T^{(t)}\}\,\mathcal{F}\{y_T^{(t)}\}\Big\} \;=\; \lim_{T\to\infty}\frac{1}{2T}\{X_T^*(\Omega)\,Y_T(\Omega)\}\,. \tag{4.90}$$

Sie ist ein frequenzabhängiges Maß für die Leistung, die die Funktion $x(t)$ an der Funktion $y(t)$ verrichtet. Im allgemeinen ist die Kreuzleistungsdichte auch bei reellen Signalen komplex und beinhaltet die relative Phase zwischen den beiden Signalen $x(t)$ und $y(t)$. Wie die Definitionsgleichung zeigt, ist der Tausch der Indizes identisch mit der Bildung der konjugiert Komplexen,

$$S_{yx}(\Omega) \;=\; S_{xy}^*(\Omega)\,. \tag{4.91}$$

Bei reellen Zeitfunktionen gilt darüber hinaus die Relation

$$S_{xy}(\Omega) \;=\; S_{yx}(-\Omega)\,. \tag{4.92}$$

Integriert man die Kreuzleistungsdichte über alle Frequenzen, erhält man bis auf den Faktor 2π den Mittelwert des Produktes aus den beiden Originalfunktionen,

$$\overline{x(t)\,y(t)} \;=\; \frac{1}{2\pi}\int_{-\infty}^{\infty} S_{xy}(\Omega)\,d\Omega \qquad \text{für reelle } x,y\,. \tag{4.93}$$

Bei praktischen Messungen wird die bezogene Kreuzleistungsdichte analog zur bezogenen Autoleistungsdichte aus der Ensemble-Mittelung über N Einzeltests bestimmt,

$$\widetilde{S}_{xy}(\Omega) \;=\; \frac{1}{N}\sum_{n=1}^{N}\widetilde{X}_n^*(\Omega)\,\widetilde{Y}_n(\Omega)\,. \tag{4.94}$$

Im Gegensatz zur Autoleistungsdichte $S_{\tilde{x}\tilde{x}}(\Omega)$ konvergiert die Kreuzleistungsdichte gestörter Signale $\tilde{x}_n = x(t)+r_{xn}(t)$ und $\tilde{y}_n = y(t)+r_{yn}(t)$ zum wahren Wert,

$$S_{\tilde{x}\tilde{y}}(\Omega) \;=\; S_{xy}(\Omega)\,, \tag{4.95}$$

sofern die Störungen untereinander und vom wahren Wert statistisch unabhängig sind.

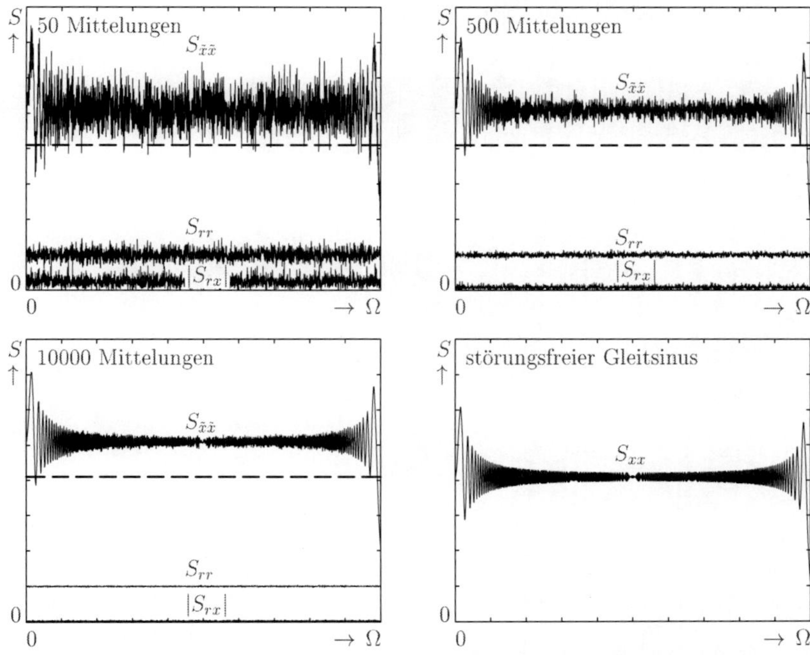

Bild 4.20: Leistungsdichte eines verrauschten Gleitsinussignals nach verschiedenen Anzahlen von Mittelungen

4.4.3 Kohärenz

Die Kohärenzfunktion

$$\gamma_{xy}^2(\Omega) = \frac{S_{xy}^*(\Omega)\, S_{yx}(\Omega)}{S_{xx}(\Omega)\, S_{yy}(\Omega)} = \frac{|S_{xy}(\Omega)|^2}{S_{xx}(\Omega)\, S_{yy}(\Omega)} \tag{4.96}$$

ist ein relatives Maß dafür, wie stark der innere Zusammenhang zwischen den Signalen $x(t)$ und $y(t)$ ist. Sie erfaßt nur die kohärenten Anteile der beiden Originalsignale. Ihre besondere Bedeutung liegt in der Abschätzung der Qualität der Messung von Übertragungsfunktionen linearer Systeme.

Die Kohärenzfunktion γ^2 liegt stets zwischen 0 und 1, denn das Betragsquadrat der Kreuzleistungsdichte kann maximal den Wert des Produktes der beiden Autoleistungsdichten annehmen.

$$0 \leq \gamma_{xy}^2 \leq 1 \,. \tag{4.97}$$

Sind die beiden Signale $x(t)$ und $y(t)$ statistisch unabhängig, dann ist die Kohärenzfunktion null, sind die beiden Signale voneinander linear abhängig, wird die Kohärenzfunktion eins.

4.4.4 Autokorrelationsfunktion

Die Autokorrelationsfunktion $\Phi_{xx}(\tau)$ ist definiert als Erwartungswert des Produktes aus der Funktion $x(t)$ mit der um τ zeitverschobenen Funktion $x(t+\tau)$. Der Erwartungswert ist immer ein Schar- oder Ensemble-Mittelwert. Bei stationären Funktionen hängt dieser Erwartungswert nur von der Verschiebungszeit τ, nicht aber von der absoluten Zeitzählung ab,

$$\Phi_{xx}(\tau) = \mathcal{E}\left\{x(t)\,x(t+\tau)\right\}. \tag{4.98}$$

Ist darüber hinaus das Signal ergodisch, kann die zugehörige Autokorrelationsfunktion auch über die zeitliche Mittelung

$$\Phi_{xx}(\tau) = \lim_{T\to\infty} \frac{1}{2T} \int_{-T}^{T} x_T(t)\,x_T(t+\tau)\,dt \tag{4.99}$$

definiert werden. Die Autokorrelationsfunktion gibt also den inneren Zusammenhang des Signals an, wenn man es um die Zeit τ verschiebt. Da das Ergebnis wegen der Stationarität unabhängig vom absoluten Zeitpunkt der Mittelung ist, beinhaltet die Autokorrelation – genauso wie die entsprechende Autoleistungsdichte – keine Phaseninformation.

Die Autokorrelationsfunktion reeller ergodischer Signale hat folgende Eigenschaften: Sie ist eine gerade Funktion bezüglich $\tau = 0$,

$$\Phi_{xx}(\tau) = \Phi_{xx}(-\tau), \tag{4.100}$$

die bei $\tau = 0$ ihr Maximum hat,

$$\Phi_{xx}(0) \geq |\Phi_{xx}(\tau)| \quad \text{für alle } \tau. \tag{4.101}$$

Dieses Maximum gibt den Mittelwert des Quadrates an,

$$\Phi_{xx}(0) = \mathcal{E}\Big\{x^2(t)\Big\} = \overline{x^2(t)}. \tag{4.102}$$

Für aperiodische, konvergierende Vorgänge strebt die Autokorrelation mit wachsendem Zeitversatz gegen das Quadrat des Mittelwertes,

$$\lim_{\tau\to\pm\infty} \Phi_{xx}(\tau) = \mathcal{E}^2\{x(t)\} = \overline{x}^2. \tag{4.103}$$

Die Autokorrelation von periodischen Vorgängen ist ebenfalls periodisch und hat die selbe Periodendauer. Diese Eigenschaft wird herangezogen, um in stark verrauschten Signalen periodische Anteile aufzuspüren. Rein stochastische Signale haben hingegen keinen inneren Zusammenhang, für Verschiebungszeiten $\tau \neq 0$ verschwindet ihre Autokorrelationsfunktion.

Bei der Berechnung von Korrelationsfunktionen zeitbegrenzter Funktionen ist es notwendig, bei der Verschiebung der Funktion diese am Rand entsprechend zu ergänzen. Üblicherweise wird die Funktion periodisch fortgesetzt. Dies liefert jedoch einen falschen Wert für die Korrelationsfunktion. Abhilfe verschafft das sogenannte Korrelationsfenster, das die zweite Hälfte des Zeitsignals null setzt.

4.4.5 Kreuzkorrelationsfunktion

Die Kreuzkorrelationsfunktion $\Phi_{xy}(\tau)$ zweier Signale $x(t)$ und $y(t)$ ist analog zur Autokorrelationsfunktion ebenfalls über den Erwartungswert definiert. Bei stationären ergodischen Prozessen liefert die Mittelung im Zeitbereich das gleiche Ergebnis wie die Ensemble-Mittelung bei der Bestimmung des Erwartungswertes,

$$\Phi_{xy}(\tau) = \mathcal{E}\{x(t)\, y(t+\tau)\} = \lim_{T\to\infty} \frac{1}{2T} \int_{-T}^{T} x_T(t)\, y_T(t+\tau)\, dt\,. \tag{4.104}$$

Bis auf den Faktor $1/2T$ kann die Kreuzkorrelationsfunktion auch als Faltung der beiden Signale $y(\tau)$ und $x(-\tau)$ aufgefaßt werden.

Der Tausch der Indizes ist gleichbedeutend mit der Spiegelung an der Achse $\tau = 0$,

$$\Phi_{yx}(\tau) = \Phi_{xy}(-\tau)\,. \tag{4.105}$$

An der Stelle $\tau = 0$ ist die Kreuzkorrelationsfunktion mit dem Produktmittelwert identisch,

$$\Phi_{xy}(0) = \overline{x\,y}\,. \tag{4.106}$$

Die Kreuzkorrelationsfunktion $\Phi_{xy}(\tau)$ ist ein Maß für den statistischen Zusammenhang der beiden Funktionen $x(t)$ und $y(t)$, wenn diese um die Zeit τ verschoben werden.

Bei Signalen mit periodischen Anteilen machen sich nur solche Frequenzen in der Kreuzkorrelationsfunktion bemerkbar, die beiden Signalen gemeinsam sind. Daher wird die Kreuzkorrelationsfunktion zur Laufzeit-, Geschwindigkeits- und Entfernungsmessung eingesetzt, bei denen das ausgesandte und das reflektierte Signal miteinander korreliert werden. Auch zum Aufspüren, welche Effekte welchen Ursachen zuzuordnen sind, ist die Kreuzkorrelation ein effizienter Indikator.

4.4.6 Wiener-Khintchinesche und Parsevalsche Gleichungen

Die Korrelationfunktionen und die entsprechenden spektralen Leistungsdichten bilden nach Wiener-Khintchine Fourier-Transformiertenpaare,

$$\mathcal{F}\{\Phi_{xx}(\tau)\} = S_{xx}(\Omega) \quad \Longleftrightarrow \quad \mathcal{F}^{-1}\{S_{xx}(\Omega)\} = \Phi_{xx}(\tau) \tag{4.107}$$

und

$$\mathcal{F}\{\Phi_{xy}(\tau)\} = S_{xy}(\Omega) \quad \Longleftrightarrow \quad \mathcal{F}^{-1}\{S_{xy}(\Omega)\} = \Phi_{xy}(\tau)\,. \tag{4.108}$$

Daraus folgt unmittelbar die Parsevalsche Gleichung

$$\int_{-\infty}^{\infty} x(t)\, y(t+\tau)\, dt = \frac{1}{2\pi} \int_{-\infty}^{\infty} X^*(\Omega)\, Y(\Omega)\, e^{i\Omega\tau}\, d\Omega\,, \tag{4.109}$$

die die Faltung zweier Signale im Zeitbereich als Multiplikation im Frequenzbereich darstellt.

Der Mittelwert der Quadrate eines reellen Signals $x(t)$ folgt wegen (4.102) und (4.107) aus der Autoleistungsdichte des Signals,

$$\overline{x^2} = \Phi_{xx}(0) = \frac{1}{2\pi} \int_{-\infty}^{\infty} S_{xx}(\Omega)\, d\Omega = \frac{1}{\pi} \int_{0}^{\infty} S_{xx}(\Omega)\, d\Omega\,. \tag{4.110}$$

4.5 Erregung und Erregersignale

Schwingungsfähige Strukturen schwingen nur dann, wenn sie auf irgendeine Weise durch Energiezufuhr zu Schwingungen angeregt werden.

Die Anregung kann bereits vor dem betrachteten Zeitausschnitt der Schwingung erfolgt sein, während des Zeitausschnittes findet keine weitere Erregung mehr statt. Dann handelt es sich im betrachteten Zeitausschnitt um freie Schwingungen. Die vorherige Anregung führt zu den Anfangsbedingungen des Schwingungsvorganges.

Die Anregung kann aber auch während des betrachteten Zeitausschnitts auf die Struktur einwirken und dem System laufend Energie zuführen. Steuert das System diese Energiezufuhr selbst, spricht man von Selbsterregung. Damit ein selbsterregtes System in Schwingungen gerät, ist eine Störung der Gleichgewichtslage notwendig. Da Störungen stets vorhanden sind, beginnen selbsterregte Systeme stets von alleine zu schwingen. Erfolgt die Erregung über die Parameter der Struktur (z. B. über eine zeitabhängige Steifigkeit), spricht man von Parametererregung. Auch ein parametererregtes System benötigt eine Anfangsstörung, damit sich parametererrregte Schwingungen ausbilden.

Die weitaus häufigsten Schwingungsvorgänge sind zwangserregt. Man spricht von erzwungenen Schwingungen. Die auf die Struktur einwirkende Erregung ist nicht vom Systemzustand abhängig, sondern nur von der Zeit. Die Frequenz der Schwingungen bzw. das Zeitverhalten der Struktur werden von der einwirkenden Erregung bestimmt. Die Zwangserregung kann gewollt oder ungewollt sein. Gewollt ist sie z. B. bei Nutzschwingungen (Schwingsiebe, Rüttler etc.) und bei der experimentellen Identifikation der mechanischen Eigenschaften von Strukturen. Ungewollt ist sie, wenn sie unerwünschte Schwingungen hervorruft. Meist ist die Zwangserregung nicht vermeidbar. Sie kann aber durch konstruktive Maßnahmen (z. B. Auswuchten, Massenausgleich) vermindert werden. Ist das Potential der Minderung ausgeschöpft, können die negativen Auswirkungen der Zwangserregung durch gezielte Strukturveränderungen (z. B. Schwingungsisolation, Tilgung) reduziert werden.

Die Erregung kann ständig andauern (z. B. harmonische oder periodische Erregung, Rauscherregung) oder zeitlich begrenzt wirken (z. B. Stoßerregung, Überfahrt einer Schwelle).

Bei der deterministischen Erregung unterscheiden wir periodische und transiente Erregungen. Ursachen von periodischen Erregungen sind z. B.

- Trägheitskräfte oszillierender Maschinenteile,
- Unwuchten oder Unrundheiten rotierender Maschinenteile,
- periodische Formabweichungen bewegter Teile,
- periodische Fahrbahnunebenheiten,
- Formabweichungen und Nachgiebigkeiten von Getrieben,
- periodische Schwankungen der Antriebskraft bzw. des Antriebsmomentes,
- periodische Schwankungen von instationären Strömungen,
- KARMAN-Wirbel bei stationärer Strömung und
- Wellen.

Ursachen transienter Erregungen sind z. B.

- Einschalt- und Anfahrvorgänge von Maschinen,
- das Anheben oder Absetzen von Lasten,
- Stöße in Maschinen oder zwischen Bauteilen,
- Druckwellen bei Explosionen,
- Last- oder Drehzahländerungen von Maschinen,
- Verkehrserschütterungen,
- Erdbeben,
- instationäre Strömungen bei böigem Wind oder
- Schaufelbrüche.

Schließlich muß man noch schmalbandige und breitbandige Erregersignale unterscheiden.

Ein schmalbandiges Erregersignal ist z. B. die harmonische Erregung. Ein schmalbandiges Erregersignal enthält nur eine oder wenige Frequenzkomponenten. Die Struktur wird dann auch nur durch diese wenigen Frequenzkomponenten erregt.

Breitbandige Erregersignale erregen das System mit allen im Bandbereich liegenden Frequenzen simultan. Zur Analyse muß dann allerdings die FOURIERtransformation herangezogen werden. Die wichtigsten idealen breitbandigen Erregersignale sind

– das *weiße Rauschen* mit konstanter Leistungsdichte,

$$S_{pp}(\Omega) = S_0 \qquad \text{für} \qquad -\infty < \Omega < \infty,$$

– der DIRAC-Stoß $\delta(t)$ mit ebenfalls konstanter Leistungsdichte,

$$S_{pp}(\Omega) = S_0 \qquad \text{für} \qquad -\infty < \Omega < \infty,$$

– der gleichmäßig beschleunigte Gleitsinus $p(t) = \hat{p}\sin(\frac{1}{2}at^2 + \Omega_0 t + \beta)$ konstanter Amplitude und linear veränderlicher Frequenz $\Omega = at + \Omega_0$ mit nahezu konstanter Leistungsdichte im durchfahrenen Frequenzbereich,

$$|P(\Omega)| \approx \hat{p}\sqrt{\frac{\pi}{2|a|}} \qquad \text{für} \qquad \Omega_{min} < \Omega < \Omega_{max},$$

– und die Sprungerregung $p(t) = \hat{p}\,\sigma(t)$, bei der allerdings das Amplitudenspektrum mit wachsender Signalfrequenz abfällt,

$$P(\Omega) = \hat{p}\left\{\pi\delta(\Omega) + \frac{1}{i\Omega}\right\}.$$

Bei stochastischen Erregungen (Zufallserregungen) ist die Erregerkraft nicht zu jedem Zeitpunkt bestimmt, sondern nur durch statistische Größen beschreibbar. Ursachen von stochastischer Erregungen sind z. B.

- regellose Laständerungen von Maschinen,
- Fahrbahnunebenheiten,
- Kavitationsschläge in hydraulischen Maschinen,
- Gasblasen in Flüssigkeiten und
- der Seegang.

Kapitel 5

Eigenschwingungen linearer Systeme mit einem Freiheitsgrad

Eigenschwingungen sind Bewegungen eines nach einer Anfangsstörung sich selbst überlassenen Schwingungssystems. Sie werden als autonom bezeichnet. Die Zeit tritt in der Bewegungsdifferentialgleichung nicht explizit auf, die Koeffizienten der Differentialgleichung sind konstant.

Während der Bewegung findet ein ständiger Energieaustausch zwischen potentieller und kinetischer Energie statt. Bleibt die während der Schwingung ausgetauschte Energie im Verlauf der Bewegung erhalten, dann sind die Schwingungen ungedämpft. Ein solches System nennt man autonom konservativ. Geht Energie z. B. durch Reibung verloren, so verlaufen die Bewegungen gedämpft. Man spricht von den Schwingungen eines autonomen dissipativen Systems. Wird während der Eigenschwingung Energie zugeführt, so handelt es sich um ein autonomes selbsterregtes System.

5.1 Bewegungsgleichung und Kenngrößen

Die Bewegungsdifferentialgleichung für lineare autonome Schwingungssysteme mit einem Freiheitsgrad hat die *Normalform*

$$\ddot{q} + 2\,D\,\omega_0\,\dot{q} + \omega_0^2\,q = 0\,. \tag{5.1}$$

Die Zustandsgröße $q(t)$ beschreibt die Bewegung des Schwingers. Die Parameter der homogenen Differentialgleichung sind die Kennkreisfrequenz ω_0 und der Dämpfungsgrad D, manchmal auch LEHRsches Dämpfungsmaß genannt. Sie beinhalten die Steifigkeits- und Trägheitseigenschaften des Systems sowie Informationen über die Energieab- oder auch Energiezufuhr.

Eine andere Schreibweise desselben Zusammenhangs ist

$$m\,\ddot{q} + b\,\dot{q} + k\,q = 0\,. \tag{5.2}$$

Darin sind

m eine Ersatzmasse,

b eine Ersatzdämpfung und

k eine Ersatzsteifigkeit

des Schwingers. Bei modaler Betrachtungsweise sind dies die entsprechenden modalen Größen.

Die Parameter des Ersatzsystems und die Parameter der Normalform hängen voneinander ab:

$$2\,D\omega_0 = \frac{b}{m}, \qquad \omega_0^2 = \frac{k}{m}. \tag{5.3}$$

Eine weitere Reduzierung der Anzahl der systemimmanenten Parameter erhält man durch die Einführung einer angepaßten Zeitskala mittels der Eigenzeit

$$\tau = \omega_0\, t. \tag{5.4}$$

Die Zustandsgrößen sind dann als Funktionen der Eigenzeit τ aufzufassen und es gilt

$$\dot{q} = \frac{dq}{d\tau}\,\frac{d\tau}{dt} = \omega_0\,\frac{dq}{d\tau} = \omega_0\, q'(\tau),$$

$$\ddot{q} = \frac{d\dot{q}}{d\tau}\,\frac{d\tau}{dt} = \omega_0^2\,\frac{d^2q}{d\tau^2} = \omega_0^2\, q''(\tau).$$

In der so normierten Bewegungsgleichung

$$q'' + 2\,D\,q' + q = 0 \tag{5.5}$$

tritt als einziger Parameter das Dämpfungsmaß D auf.

Die Normierung bringt besonders beim Aufstellen und Benutzen von Tabellen und Diagrammen Vereinfachungen. Auch bei komplizierteren nichtlinearen Bewegungsgleichungen kann diese Normierungsmethode sinngemäß angewendet werden. Auch dort wird dabei die Anzahl der Parameter verringert.

5.2 Lösungsansatz und Eigenwerte

Zur Ermittlung der freien Schwingungen setzen wir den Exponentialansatz

$$q(t) = \widehat{q}\, e^{\lambda t} \tag{5.6}$$

mit der unbekannten Amplitude $\widehat{q}$ und dem unbekannten Eigenwert λ in die homogene Differentialgleichung ein und erhalten das Eigenwertproblem

$$(\lambda^2 + 2D\omega_0\lambda + \omega_0^2)\,\widehat{q}\, e^{\lambda t} = 0.$$

Diese Beziehung muß für jeden beliebigen Zeitpunkt gelten. Daher sind nichttriviale Lösungen $q(t)\not\equiv 0$ nur für

$$\lambda^2 + 2D\omega_0\,\lambda + \omega_0^2 = 0 \tag{5.7}$$

möglich. Diese *charakteristische Gleichung* hat zwei Lösungen (Wurzeln), nämlich die beiden Eigenwerte

$$\lambda_1 = -D\omega_0 + \omega_0\sqrt{D^2-1} \qquad \text{und} \qquad \lambda_2 = -D\omega_0 - \omega_0\sqrt{D^2-1}. \tag{5.8}$$

Der Radikand kann negativ, null oder positiv sein, was signifikant für den Charakter der Bewegung ist:

- Im ungedämpften Fall ($D = 0$) bleibt die Gesamtheit der potentiellen und kinetischen Energie des Systems erhalten, das System ist *autonom konservativ*. Die Eigenwerte sind rein imaginär.
- Ist das System gedämpft ($D > 0$), wird ihm mechanische Energie entzogen, es ist *dissipativ*. Ist es schwach gedämpft ($0 < D < 1$), sind die Eigenwerte komplex und es stellt sich eine abklingende oszillierende Schwingung ein. Ist die Dämpfung groß ($D > 1$), so sind die Eigenwerte reell und die Bewegung ist relaxierend (kriechend), d. h. monoton abnehmend. Dazwischen liegt der Kriechgrenzfall $D = 1$, der häufig unglücklicherweise als aperiodischer Grenzfall bezeichnet wird.
- Wird während der Eigenbewegung durch einen speziellen, vom System selbst gesteuerten Mechanismus Energie zugeführt ($D < 0$), so handelt es sich um ein *selbsterregtes System*. Auch hier muß man prinzipiell wieder unterscheiden, ob die Eigenwerte komplex (oszillierende Bewegung) oder reell (kriechende Bewegung) sind.

Anhand der Darstellung der Eigenwerte in der GAUSSschen Zahlenebene erkennt man sehr schnell das Stabilitätsverhalten des Systems. Die imaginäre Achse $\Re\{\lambda\} = 0$ trennt den stabilen Bereich mit $\Re\{\lambda\} < 0$ vom instabilen mit $\Re\{\lambda\} > 0$. Der Realteil $\Re\{\lambda\}$ des Eigenwertes ist also entscheidend für die Stabilität der Gleichgewichtslage.

Die imaginäre Achse gehört zum stabilen Bereich, sofern die darauf liegenden Eigenwerte nur einfach auftreten. Ist der Imaginärteil des Eigenwertes null, ist die zugehörige Eigenbewegung monoton. Die Eigenbewegung ist hingegen oszillierend, wenn die Imaginärteile eines konjugiert komplexen Eigenwertpaares ungleich null sind.

Durch den Imaginärteil wird der Charakter der Bewegung geprägt. Bei Eigenwerten mit von null verschiedenen Imaginärteilen ist die freie Bewegung oszillierend. Ist der Imaginärteil gleich null, so ist die freie Bewegung eine Kriechbewegung, hat höchstens einen Extremwert und höchstens einen Nulldurchgang. Bild 5.1 verdeutlicht die Zusammenhänge.

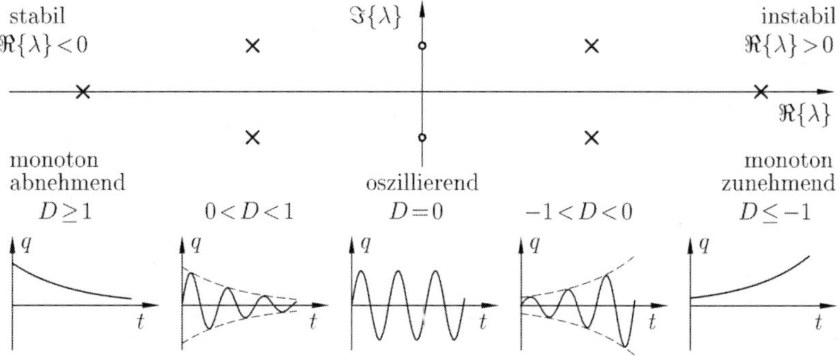

Bild 5.1: Eigenwerte in der komplexen Ebene und Eigenverhalten

Die beiden Partikularlösungen

$$q_1 = C_1\, e^{\lambda_1 t} \qquad \text{und} \qquad q_2 = C_2\, e^{\lambda_2 t}$$

bilden ein Fundamentalsystem mit den möglicherweise komplexen Integrationskonstanten C_1 und C_2. Wegen der Linearität der Bewegungsdifferentialgleichung können die beiden Partikularlösungen superponiert werden. Die Linearkombination liefert die Gesamtlösung

$$q(t) = C_1\, e^{\lambda_1 t} + C_2\, e^{\lambda_2 t}. \tag{5.9}$$

Die beiden Integrationskonstanten C_1 und C_2 hängen von den Anfangsbedingungen

$$q(t_0) = q_0 \qquad \text{und} \qquad \dot{q}(t_0) = \dot{q}_0 \tag{5.10}$$

ab, nämlich von der Anfangsauslenkung q_0 und von der Anfangsgeschwindigkeit $\dot{q}_0$.

5.3 Freie, ungedämpfte Schwingungen

Im ungedämpften Fall $D=0$ sind die beiden Eigenwerte rein imaginär und konjugiert komplex,

$$\lambda_1 = i\,\omega_0 \qquad \text{und} \qquad \lambda_2 = -i\,\omega_0\,. \tag{5.11}$$

In den zugehörigen Partikularlösungen, dem Fundamentalsystem,

$$q_1 = C_1\, e^{i\omega_0 t} \qquad \text{und} \qquad q_2 = C_2\, e^{-i\omega_0 t}$$

sind C_1 und C_2 die Integrationskonstanten.

Wegen der Linearität der Bewegungsdifferentialgleichungen können die beiden Partikularlösungen superponiert werden. Die Linearkombination liefert die Gesamtlösung

$$q(t) = C_1\, e^{i\omega_0 t} + C_2\, e^{-i\omega_0 t}. \tag{5.12}$$

Damit die Lösung reell wird, müssen die Integrationskonstanten C_1 und C_2 konjugiert komplex zueinander sein.

Eine reelle Lösung ist anschaulicher, wenn man sie mit Sinus- und Kosinusfunktionen statt mit komplexen Exponentialfunktionen darstellt. Der Übergang erfolgt mit der EULERschen Formel

$$e^{i\alpha} = \cos\alpha + i\,\sin\alpha\,. \tag{5.13}$$

Setzt man die EULERsche Formel in die Lösung ein und sortiert nach Sinus- und Kosinus-Gliedern,

$$q(t) = (\,C_1 + C_2)\,\cos\omega_0 t \,+\, i(\,C_1 - C_2)\,\sin\omega_0 t\,,$$

erhält man die reelle Form der Lösung

$$q(t) = A_c\,\cos\omega_0 t \,+\, A_s\,\sin\omega_0 t\,. \tag{5.14}$$

Die beiden Integrationskonstanten

$$A_c = C_1 + C_2 \qquad \text{und} \qquad A_s = i(C_1 - C_2)$$

sind in dieser Darstellung reell.

Die freien ungedämpften Schwingungen eines Systems mit einem Freiheitsgrad sind harmonisch mit der Eigenkreisfrequenz ω_0, der *Eigenfrequenz*

$$f_0 = \frac{\omega_0}{2\pi}, \qquad [f_0] = \mathrm{s}^{-1} = \mathrm{Hz}, \tag{5.15}$$

als Zahl der Schwingungen pro Sekunde, und der *Periodendauer*

$$T_0 = \frac{1}{f_0} = \frac{2\pi}{\omega_0}. \tag{5.16}$$

Schwingungen eines autonomen Systems mit der Eigenkreisfrequenz ω_0 heißen Eigenschwingungen.

Die Eigenkreisfrequenz ω_0 und damit die abgeleiteten Größen f_0 und T beschreiben die Schwingungseigenschaften ungedämpfter Systeme vollständig. Es sind systemeigene Größen. Die Integrationskonstanten sind jedoch keine systemeigenen Größen, denn sie hängen von den Anfangsbedingungen ab.

Den Darstellungen (5.12) und (5.14) äquivalent sind

$$q(t) = \hat{q}\, \cos(\omega_0 t + \alpha_c) \tag{5.17}$$

und

$$q(t) = \hat{q}\, \sin(\omega_0 t + \alpha_s) \tag{5.18}$$

mit der *Amplitude*

$$\hat{q} = \sqrt{A_c^2 + A_s^2} \tag{5.19}$$

und den *Nullphasenwinkeln*

$$\alpha_c = \arctan\left(-\frac{A_s}{A_c}\right) \qquad \text{bzw.} \qquad \alpha_s = \arctan\left(\frac{A_c}{A_s}\right). \tag{5.20}$$

Dies kann man leicht zeigen, indem man mit den Additionstheoremen

$$\begin{aligned} \cos(\omega_0 t + \alpha_c) &= \cos\omega_0 t\, \cos\alpha_c - \sin\omega_0 t\, \sin\alpha_c, \\ \sin(\omega_0 t + \alpha_c) &= \sin\omega_0 t\, \cos\alpha_c + \cos\omega_0 t\, \sin\alpha_c \end{aligned} \tag{5.21}$$

die trigonometrischen Funktionen in den Gln. (5.17) und (5.18) aufspaltet und die Koeffizienten von $\sin\omega_0 t$ und $\cos\omega_0 t$ dieser Aufspaltung mit den Koeffizienten in Gl. (5.14) vergleicht,

$$\begin{aligned} A_c &= \hat{q}\, \cos\alpha_c = \hat{q} \sin\alpha_s, \\ A_s &= -\hat{q}\, \sin\alpha_c = \hat{q} \cos\alpha_s. \end{aligned}$$

Das Quadrieren und Addieren liefert die Amplitude (5.19) und das Dividieren den jeweiligen Nullphasenwinkel (5.20).

Die vier Darstellungsformen (5.12), (5.14), (5.17) und (5.18) beschreiben bei gleichen Anfangsbedingungen ein und denselben Schwingungsvorgang $q(t)$, der in Bild 5.2 dargestellt ist.

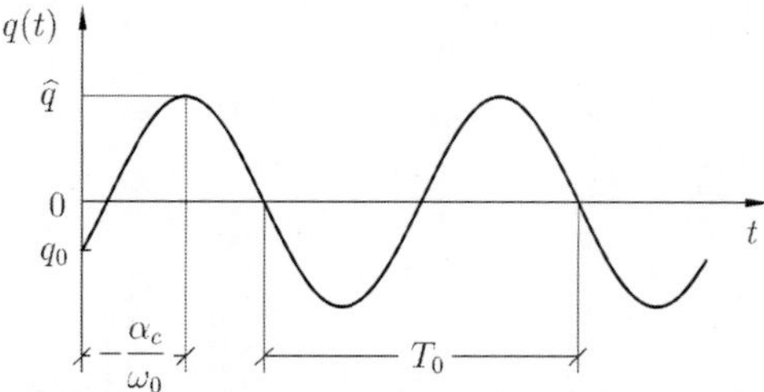

Bild 5.2: Freie ungedämpfte Schwingung

Der maximale Ausschlag der Eigenschwingung ist $\widehat{q}$. Die maximale Geschwindigkeit $\omega_0\widehat{q}$ tritt beim Durchgang der Schwingung durch die statische Ruhelage $q_S = 0$ auf. Der Zeitpunkt t_1 des Maximums der Schwingung $q(t)$ folgt aus dem Nullphasenwinkel. Zur Berechnung stellt man die Gln. (5.17) und (5.18) um,

$$q(t) = \widehat{q}\,\cos\omega_0\Big(t+\frac{\alpha_c}{\omega_0}\Big),$$

und fordert $q(t_1) = \widehat{q}$,

$$\cos\omega_0\Big(t_1+\frac{\alpha_c}{\omega_0}\Big) = 1\,; \qquad t_1 = -\frac{\alpha_c}{\omega_0}.$$

Der Nulldurchgang der Schwingung erfolgt eine Viertelperiode später bei

$$\cos\omega_0\Big(t_2+\frac{\alpha_c}{\omega_0}\Big) = 0\,; \qquad t_2 = \frac{-\alpha_c+\pi/2}{\omega_0}.$$

Die Integrationskonstanten, d. h. Größe und Phasenlage der freien Schwingung hängen von den Anfangsbedingungen ab. Die Anpassung der allgemeinen Lösung (5.14) an die Anfangsbedingungen,

$$q_0 = A_c\,\cos\omega_0 t_0 \,+\, A_s \sin\omega_0 t_0\,,$$

$$\dot{q}_0 = -\omega_0 A_c\,\sin\omega_0 t_0 \,+\, \omega_0 A_s\cos\omega_0 t_0\,,$$

liefert die Integrationskonstanten

$$A_c = q_0\,\cos\omega_0 t_0 - \frac{\dot{q}_0}{\omega_0}\,\sin\omega_0 t_0\,,$$

$$A_s = q_0\,\sin\omega_0 t_0 + \frac{\dot{q}_0}{\omega_0}\,\cos\omega_0 t_0\,.$$

Beginnt man die Zeitzählung bei $t_0 = 0$, dann hat die angepaßte spezielle Lösung die Form

$$q(t) = q_0\,\cos\omega_0 t \,+\, \frac{\dot{q}_0}{\omega_0}\sin\omega_0 t\,, \tag{5.22}$$

und für die Schwinggeschwindigkeit folgt

$$\dot{q}(t) = -q_0\,\omega_0\sin\omega_0 t \,+\, \dot{q}_0\,\cos\omega_0 t\,. \tag{5.23}$$

5.4 Freie, schwach gedämpfte Schwingungen

Liegt das Dämpfungsmaß zwischen 0 und 1 ($0 < D < 1$), spricht man von einem schwach gedämpften Schwinger. Die meisten mechanischen Strukturen sind schwach gedämpft. Anhaltswerte für Dämpfungen in Stahl sind $D = 0.5\%$ bis 5%, in Beton 1% bis 10% und im Baugrund bis 100%.

Die Eigenwerte schwach gedämpfter Systeme sind konjugiert komplex,

$$\lambda_1 = -D\,\omega_0 + i\,\omega_0\sqrt{1-D^2}\,, \qquad \lambda_2 = -D\,\omega_0 - i\,\omega_0\sqrt{1-D^2}\,. \tag{5.24}$$

Der Betrag der Eigenwerte liefert die Kennkreisfrequenz,

$$\omega_0 = |\lambda_1| = |\lambda_2|\,. \tag{5.25}$$

Mit der Abkürzung

$$\omega_d = \omega_0\,\sqrt{1-D^2} \tag{5.26}$$

für die *Quasi-Eigenkreisfrequenz* können die freien Schwingungen in der komplexen Form

$$q(t) = e^{-D\omega_0 t}\left(C_1\,e^{i\omega_d t} + C_2\,e^{-i\omega_d t}\right) \tag{5.27}$$

angegeben werden. Anschaulicher sind ihre reellen Darstellungen

$$q(t) = e^{-D\omega_0 t}\left(A_c\cos\omega_d t + A_s\sin\omega_d t\right) \tag{5.28}$$

oder

$$q(t) = \widehat{q}\,e^{-D\omega_0 t}\,\cos(\omega_d t + \alpha_c)\,. \tag{5.29}$$

Die Umrechnung der komplexen Darstellung in die reelle erfolgt mit der EULERschen Formel (5.13) für komplexe Zahlen, die Umrechnung in die letzte Form unter Anwendung der Additionstheoreme (5.21). Zwischen den Integrationskonstanten der unterschiedlichen Darstellungen bestehen die selben Beziehungen wie bei den ungedämpften Schwingungen. Der Zeitverlauf einer quasi-harmonischen Schwingung ist in Bild 5.3 dargestellt.

Bei sehr kleinen Dämpfungen, die bei maschinenbaulichen Strukturen vorherrschen, kann man den Einfluß der Dämpfung auf die Quasi-Eigenkreisfrequenz ω_d vernachlässigen und es gilt $\omega_d \approx \omega_0$.

Wie im ungedämpften Fall sind auch hier die Integrationskonstanten C_1 und C_2, $A_c = C_1 + C_2$ und $A_s = i(C_1 - C_2)$ bzw. $\widehat{q} = \sqrt{A_c^2 + A_s^2}$ und $\alpha_c = -\arctan(A_s/A_c)$ von den Anfangsbedingungen der Bewegung abhängig. Zur Berechnung der Integrationskonstanten muß man die Auslenkung (5.28) nach der Zeit differenzieren,

$$\dot{q}(t) = e^{-D\omega_0 t}\left[(\omega_d A_s - D\omega_0 A_c)\cos\omega_d t - (\omega_d A_c + D\omega_0 A_s)\sin\omega_d t\right], \tag{5.30}$$

und die Schwingungsauslenkung (5.28) sowie die Schwinggeschwindigkeit (5.30) an die Anfangswerte (5.10) anpassen. Beginnt man die Zeitzählung bei $t_0 = 0$, erhält man schließlich für die Integrationskonstanten

$$A_c = q_0\,, \qquad A_s = \frac{\dot{q}_0 + D\omega_0 q_0}{\omega_d}$$

und für die spezielle Lösung

$$q(t) = e^{-D\omega_0 t}\left[q_0 \cos\omega_d t + \frac{\dot{q}_0 + D\omega_0 q_0}{\omega_d}\sin\omega_d t\right]. \tag{5.31}$$

Die Schwingung ist *quasi-harmonisch* mit einer gegenüber dem dämpfungsfreien Fall etwas geringeren Quasi-Eigenkreisfrequenz

$$\omega_d = \omega_0\sqrt{1-D^2}.$$

Sie klingt im Laufe der Zeit mit der *Abklingkonstanten*

$$\delta = \omega_0 D \tag{5.32}$$

exponentiell ab. Die Einhüllende

$$B(t) = \widehat{q}\,e^{-D\omega_0 t}$$

nennt man *Abklingkurve*.

Die Dämpfung kann experimentell aus einem Ausschwingversuch ermittelt werden: Das Verhältnis von zwei beliebigen, aufeinander folgenden Schwingungsmaxima

$$\frac{q(t)}{q(t+T_d)} = \frac{\widehat{q}\,e^{-D\omega_0 t}\cos[\omega_d t + \alpha_c]}{\widehat{q}\,e^{-D\omega_0(t+T_d)}\cos[\omega_d(t+T_d)+\alpha_c]} = e^{D\omega_0 T_d} = e^{2\pi\frac{D}{\sqrt{1-D^2}}}$$

ist bei einem linearen Schwinger mit einem Freiheitsgrad wegen $\omega_d T_d = 2\pi$ nur vom Dämpfungsmaß D abhängig. Der Exponent ist das *logarithmische Dekrement*

$$\Lambda = 2\pi\frac{D}{\sqrt{1-D^2}} = \ln\frac{q(t)}{q(t+T_d)} = \frac{1}{n}\ln\frac{q(t)}{q(t+nT_d)}. \tag{5.33}$$

Der Amplitudenabfall erfolgt von Quasi-Periode zu Quasi-Periode nach einer geometrischen Reihe. Aus der Messung aufeinanderfolgender Amplitudenmaxima läßt sich somit das Dämpfungsmaß ermitteln,

$$D = \frac{\Lambda}{\sqrt{4\pi^2+\Lambda^2}} \approx \frac{\Lambda}{2\pi}. \tag{5.34}$$

Bei kleinen Dämpfungswerten kann man die Genauigkeit der Dämpfungsermittlung steigern, indem man für die Ermittlung des logarithmischen Dekrementes nicht die Amplituden von einer Quasi-Periode, sondern gemäß Gl. (5.33) von n Quasi-Perioden benutzt.

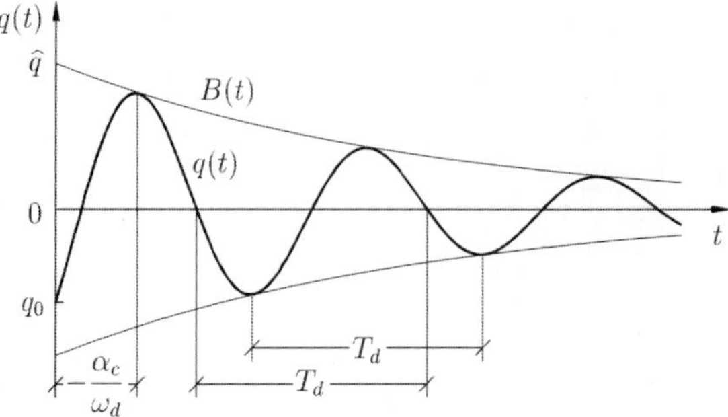

Bild 5.3: Schwach gedämpfte Eigenschwingung

5.5 Freie, stark gedämpfte Schwingung

Bei Dämpfungsmaßen $D > 1$ spricht man von starker Dämpfung. Die beiden Eigenwerte sind reell und negativ,

$$\lambda_1 = -D\,\omega_0 + \omega_0\,\sqrt{D^2-1}, \qquad \lambda_2 = -D\,\omega_0 - \omega_0\,\sqrt{D^2-1}.$$

Mit der in Gl. (5.32) definierten Größe

$$\delta = \omega_0 D$$

und der Abkürzung

$$\delta^k = \omega_0\sqrt{D^2-1} > 0 \tag{5.35}$$

haben sie die Kurzform

$$\lambda_1 = -\delta + \delta^k < 0 \qquad \text{und} \qquad \lambda_2 = -\delta - \delta^k < 0\,. \tag{5.36}$$

Bei starker Dämpfung ist die freie Bewegung ein *Kriechvorgang*,

$$q(t) = C_1\,e^{-\omega_0(D-\sqrt{D^2-1})t} + C_2\,e^{-\omega_0(D+\sqrt{D^2-1})t}$$

bzw.

$$q(t) = e^{-\delta t}\Big(C_1\,e^{\delta^k t} + C_2\,e^{-\delta^k t}\Big), \tag{5.37}$$

mit höchstens einem Nulldurchgang und höchstens einem Umkehrpunkt. Die beiden Anteile von Gl. (5.37) klingen unterschiedlich schnell ab: Der Eigenwert der zweiten Partikularlösung liegt am weitesten im Minusbereich, der zugehörige Lösungsanteil verschwindet daher am schnellsten. Mit fortschreitender Dauer bleibt nur noch der erste Anteil sichtbar. Je größer die Dämpfung ist, desto länger dauert der vom ersten Lösungsanteil geprägte Kriechvorgang. Eine Erhöhung der starken Dämpfung führt also nicht unbedingt zu einem schnelleren Abklingen von Störungen.

Eine andere Darstellungsform für Kriechbewegungen nutzt die Hyperbelfunktionen

$$\cosh x = \frac{1}{2}\Big(e^x + e^{-x}\Big) \qquad \text{und} \qquad \sinh x = \frac{1}{2}\Big(e^x - e^{-x}\Big). \tag{5.38}$$

Die Kriechbewegung (5.37) hat damit die Form

$$q(t) = e^{-\delta t}\Big[A_C\cosh(\delta^k t) + A_S\sinh(\delta^k t)\Big].$$

Die an die Anfangsbedingungen q_0 und $\dot{q}_0$ zum Zeitpunkt $t = 0$ angepaßte freie Kriechbewegung errechnet sich zu

$$q(t) = e^{-\delta t}\Big[q_0\cosh(\delta^k t) + \frac{\dot{q}_0 + \delta q_0}{\delta^k}\sinh(\delta^k t)\Big]. \tag{5.39}$$

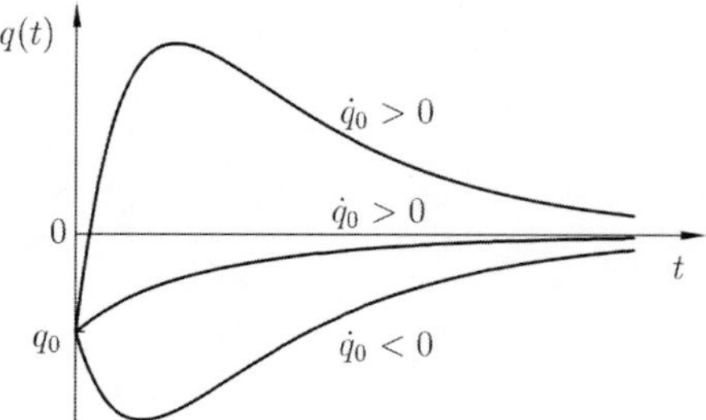

Bild 5.4: Kriechvorgänge

5.6 Kriechgrenzfall

Ist $D = 1$ – man spricht auch hier von starker Dämpfung – dann sind die beiden Eigenwerte gleich. Formal hat das System den doppelten Eigenwert

$$\lambda_1 = \lambda_2 = -\omega_0 \,.$$

Der Ansatz (5.6) liefert nur eine partikuläre Lösung. Eine zweite linear unabhängige Lösung läßt sich z. B. durch Variation der Konstanten berechnen. Der Ansatz

$$q(t) = C(t)\, e^{-\omega_0 t}$$

führt nach einfacher Rechnung auf

$$C(t) \;=\; C_2\, t \,.$$

Als vollständige Lösung findet man durch Superposition

$$q(t) \;=\; \Big(C_1 + C_2\, t\Big)\, e^{-\omega_0 t} \tag{5.40}$$

und nach Anpassung an die Anfangsbedingungen (5.10)

$$q(t) \;=\; \Big[q_0 + (\omega_0 q_0 + \dot{q}_0)t\Big]\, e^{-\omega_0 t}. \tag{5.41}$$

Auch bei dieser Bewegung handelt es sich um eine relaxierende Kriechbewegung, da $e^{\omega_0 t}$ schneller gegen unendlich strebt als t und somit $t e^{-\omega_0 t}$ mit wachsender Zeit gegen null geht. Der Zeitschrieb dieses Kriechvorgangs sieht ähnlich aus wie die Kriechbewegung bei starker Dämpfung $D > 1$. Im Englischen wird der Grenzfall $D = 1$ *critical damping* genannt.

5.7 Freie, angefachte Bewegung

Bei negativer Dämpfung ($D<0$) wird die freie Bewegung angefacht und die Gleichgewichtslage $q^{st}=0$ ist instabil. Da die Realteile beider Eigenwerte positiv sind, nehmen die Ausschläge mit der Zeit exponentiell zu. Ist $|D|<1$ (schwache Anfachung), oszilliert die Bewegung bei der Zunahme (oszillatorische Instabilität), ist $|D|\geq 1$ (starke Anfachung), nimmt die Bewegung nach maximal einem Nulldurchgang ständig monoton zu (monotone Instabilität). Sind bei negativer Dämpfung die Eigenwerte reell, dann sind beide positiv.

Bild 5.5 zeigt die Bewegungen bei schwacher und bei starker Anfachung. Bei schwacher Anfachung hat die Bewegung die Form von Gl. (5.28), aber mit negativem D, bei starker Anfachung die Form von Gl. (5.37).

Aus den Lösungen (5.28) und (5.37) folgt, daß die Amplituden bei negativer Dämpfung mit der Zeit unbegrenzt anwachsen. Dies entspricht natürlich nicht dem Verhalten realer selbsterregter Systeme. Sowohl für die Entstehung als auch für den Charakter selbsterregter Schwingungen sind Nichtlinearitäten wesentlich. Die negative Dämpfung folgt lediglich aus der Linearisierung der nichtlinearen Bewegungsgleichung. Die Lösungen (5.28) und (5.37) beschreiben das Verhalten selbsterregter Schwinger daher nur im Kleinen. Die linearisierte Bewegungsgleichung und damit ihre Lösung verliert ab einer bestimmten Größe der Schwingung ihre Gültigkeit.

Schwinger mit negativer Dämpfung, deren Gleichgewichtslage instabil ist und die angefachte Schwingungen ausführen, gehören streng genommen nicht in das Gebiet der freien Schwingungen. Bei ihnen ist ein Mechanismus vorhanden, der ständig Energie zuführt. Man nennt Schwingungen infolge negativer Dämpfung *selbsterregt*.

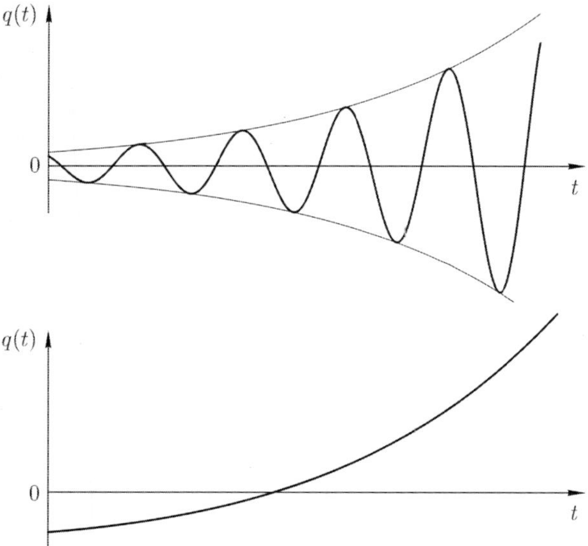

Bild 5.5: Instabile Bewegung: oben bei schwacher Anfachung ($-1<D<0$), unten bei starker Anfachung ($D<-1$).

5.8 Phasendiagramm

Neben der Darstellung einer freien Schwingung als Zeitfunktion in einem Zeitdiagramm ist die Veranschaulichung der Bewegung als Phasenkurve in einem Phasendiagramm gebräuchlich. Die Phasenkurve ist die Parameterdarstellung der Schwinggeschwindigkeit $\dot{q}(t)$ über den Ausschlag $q(t)$. Jedem Zeitpunkt t wird somit ein Bildpunkt q und $\dot{q}$ zugeordnet, der mit der Zeit die Phasenkurve durchläuft.

Der Nachteil der Darstellung eines Schwingungssystems durch seine Phasenkurve ist, daß der zeitliche Verlauf einer Schwingung dem Phasendiagramm nicht unmittelbar zu entnehmen ist. Dem steht allerdings der Vorteil gegenüber, daß aus der rein geometrischen Gestalt einer Phasenkurve wichtige Rückschlüsse auf die Eigenschaften des Schwingungssystems gewonnen werden können. Dies ist insbesondere bei nichtlinearen Systemen sehr hilfreich.

Die Gleichung der Phasenkurven ergibt sich aus der Bewegungsgleichung

$$\ddot{q} + f(\dot{q}, q) = 0 \tag{5.42}$$

mit der Substitution $v(t) = \dot{q}(t)$, wenn man die Geschwindigkeit $\dot{q}$ als Funktion des Schwingungsausschlages q annimmt,

$$\frac{dv}{dt} = \frac{dv}{dq}\frac{dq}{dt} = v\,\frac{dv}{dq} = -f(v, q)\,.$$

Daraus folgt für alle Punkte $v \neq 0$ die nichtlineare Differentialgleichung erster Ordnung

$$\frac{dv}{dq} = -\frac{f(v, q)}{v} \tag{5.43}$$

für die Phasenkurven. Eine Lösung dieser Differentialgleichung ist für nichtlineare Systeme meist schwierig oder gar unmöglich. Deshalb bedient man sich graphischer Methoden (Isoklinenverfahren). Die Bilder 5.6 und 5.8 zeigen die Phasenkurven von Systemen mit unterschiedlichen Dämpfungen.

Alle Phasenkurven durchlaufen die obere Hälfte des Phasendiagramms ($\dot{q} > 0$) von links nach rechts, also in positiver q-Richtung, und die untere ($\dot{q} < 0$) von rechts nach links, also in negativer q-Richtung. Sie schneiden die Abszisse ($\dot{q} = 0$) stets unter einem Winkel von 90°. Die Schnittpunkte mit der Abszisse sind die Extremwerte des Ausschlages q. Außerhalb der Abszisse gibt es keinen Punkt mit vertikaler Tangente.

Entartete Phasenkurven schneiden die Abszisse nicht senkrecht. Dann ist der Schnittpunkt aber stets ein singulärer Punkt (Wirbelpunkt, Knotenpunkt, Strudelpunkt oder Sattelpunkt).

In der Regel begnügt man sich nicht mit der Wiedergabe einer einzelnen, speziellen Phasenkurve, sondern zeichnet eine Schar von ihnen für verschiedene Anfangsbedingungen und gelangt so zum Phasenporträt des Systems.

Im folgenden werden die Phasenkurven der verschiedenen Bewegungsverläufe freier linearer Schwingungssysteme angegeben und diskutiert. Beim linearen Schwinger hat die Gl. (5.43) die spezielle Form

$$\frac{dv}{dq} = -\frac{2D\omega_0\,v + \omega_0^2\,q}{v}\,. \tag{5.44}$$

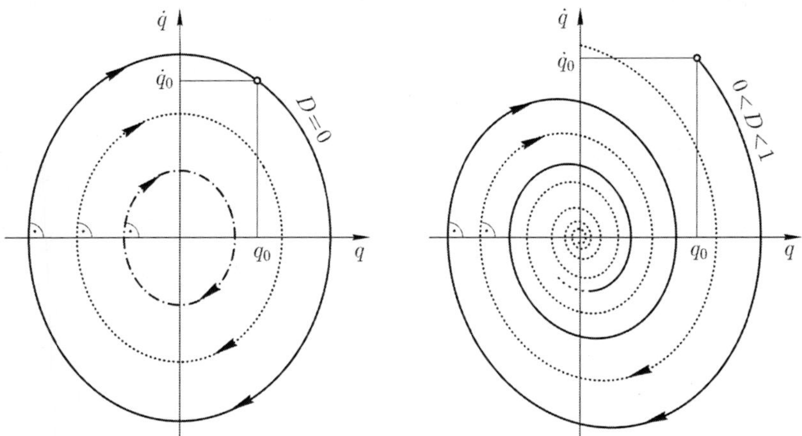

Bild 5.6: Phasenporträt eines ungedämpften linearen Schwingers (links) und eines schwach gedämpften linearen Schwingers (rechts)

Die Integration ist mit der Substitution

$$v(q) = q\,w(q), \qquad \frac{dv}{dq} = q\,\frac{dw}{dq} + w$$

grundsätzlich möglich. Die Trennung der Veränderlichen in der Differentialgleichung

$$-q\,\frac{dw}{dq} = \frac{w^2 + 2D\omega_0\,w + \omega_0^2}{w}$$

führt auf die Integraldarstellung

$$\int \frac{1}{q}\,dq = -\int \frac{w}{w^2 + 2D\omega_0\,w + \omega_0^2}\,dw\,. \tag{5.45}$$

Das Ausführen der Integration ist recht aufwendig, deshalb wird hier darauf verzichtet. Statt dessen sollen die Phasenporträts der von der Größe der Dämpfung geprägten unterschiedlichen Bewegungstypen skizziert und diskutiert werden.

Bei einem harmonischen Bewegungsverlauf des dämpfungsfreien linearen Schwingers läßt sich die Gleichung der Phasenkurven ohne den Umweg über Gl. (5.45) berechnen: Aus dem Schwingungsausschlag

$$q(t) = q_0\,\cos\omega_0 t \,+\, \frac{v_0}{\omega_0}\sin\omega_0 t$$

und der Schwinggeschwindigkeit

$$\frac{v(t)}{\omega_0} = -q_0\,\sin\omega_0 t \,+\, \frac{v_0}{\omega_0}\cos\omega_0 t$$

eliminiert man durch Quadrieren und Addieren die Zeit. Man erhält als Phasenkurve

$$q^2 + \Big(\frac{v}{\omega_0}\Big)^2 = q_0^2 + \Big(\frac{v_0}{\omega_0}\Big)^2 \tag{5.46}$$

eine Ellipse mit dem Mittelpunkt 0 und den Halbachsen $\omega_0 q_0$ und q_0. Das Phasenporträt ist in Bild 5.6 links dargestellt. Der Koordinatenursprung ist ein Wirbelpunkt, der die stabile Gleichgewichtslage des Schwingers beschreibt. Auf welcher Phasenkurve des Phasenporträts die Bewegung abläuft, hängt nur von den Anfangsbedingungen ab.

Je nach Größe des Dämpfungsmaßes D ergeben sich qualitativ unterschiedliche Phasenkurven:

- Bei schwacher Dämpfung ($0 < D < 1$) ist das Phasenporträt eine Schar von Spiralen, wie sie in Bild 5.6 rechts gezeigt sind. Je schwächer die Dämpfung ist, umso enger liegen die Windungen zusammen. Der singuläre Punkt im Koordinatenursprung ist ein Strudelpunkt.
- Bei starker Dämpfung ($D > 1$) hat das Phasenporträt die in Bild 5.7 skizzierte Form. Der Koordinatenursprung ist ein Knotenpunkt.
- Bei angefachten Bewegungen ($D < 0$) handelt es sich nicht mehr um eine echte Dämpfung, sondern um Selbsterregung. Für $-1 < D < 0$ sind die Phasenkurven nach außen laufende Spiralen, für $D < -1$ Hyperbeln. Solche Bewegungen treten z. B. bei instabilem überkritischen Betrieb eines biegeelastischen Rotors mit innerer Dämpfung auf.

Bild 5.8 zeigt die möglichen Verläufe von Phasenkurven eines linearen Schwingers bei ein und denselben Anfangsbedingungen, aber unterschiedlichen Dämpfungswerten.

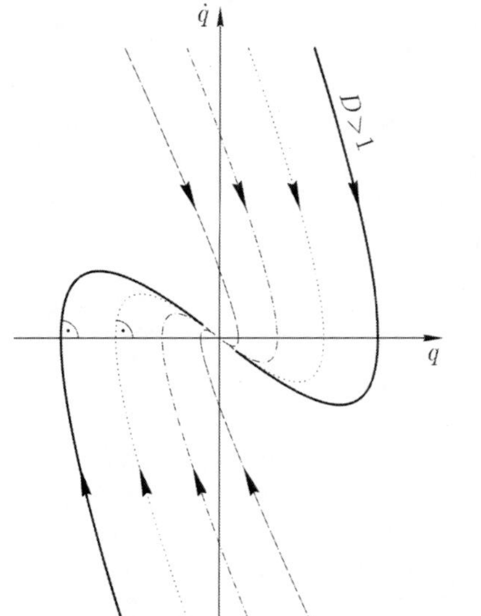

Bild 5.7: Phasenporträt bei starker Dämpfung

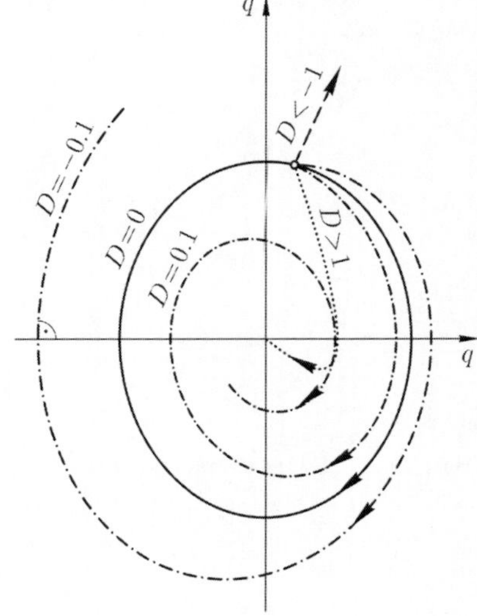

Bild 5.8: Phasenkurven für unterschiedliche Dämpfungswerte

5.9 Energiebetrachtungen

Einen guten Einblick in das dynamische Verhalten eines Systems liefert die Betrachtung der im System ausgetauschten Energieanteile. Die potentielle Energie hängt bei einfachen linearen Systemen quadratisch von der Auslenkung q ab, die kinetische quadratisch von der Geschwindigkeit $\dot{q}$.

Bei ungedämpften Schwingern folgt die Auslenkung dem Gesetz

$$q(t) = q_0 \cos\omega_0 t + \frac{\dot{q}_0}{\omega_0} \sin\omega_0 t = \sqrt{q_0^2 + \left(\frac{\dot{q}_0}{\omega_0}\right)^2} \cos\left[\omega_0 t + \alpha_c\right] = \widehat{q} \cos\left[\omega_0 t + \alpha_c\right]$$

und die Geschwindigkeit ist

$$\dot{q}(t) = -\omega_0 \sqrt{q_0^2 + \left(\frac{\dot{q}_0}{\omega_0}\right)^2} \sin\left[\omega_0 t + \alpha_c\right] = -\omega_0\, \widehat{q} \sin[\omega_0 t + \alpha_c]\,.$$

Der Austausch zwischen kinetischer Energie

$$T(t) = \frac{1}{2} m\, \dot{q}^2 = \frac{1}{2} m\, (\omega_0 \widehat{q})^2 \sin^2(\omega_0 t + \alpha_c) = \frac{1}{4} m\, (\omega_0 \widehat{q})^2 \left[1 - \cos 2(\omega_0 t + \alpha_c)\right]$$

und potentieller Energie

$$U(t) = \frac{1}{2} k\, q^2 = \frac{1}{2} k\, \widehat{q}^2 \cos^2(\omega_0 t + \alpha_c) = \frac{1}{4} k\, \widehat{q}^2 \left[1 + \cos 2(\omega_0 t + \alpha_c)\right]$$

erfolgt mit doppelter Schwingfrequenz.

Der Maximalwert der potentiellen Energie ist

$$U_{max} = \frac{1}{2} k\, \widehat{q}^2$$

und der Maximalwert der kinetischen Energie ist

$$T_{max} = \frac{1}{2} m\, (\omega_0 \widehat{q})^2 = \omega_0^2\, \frac{1}{2} m\, \widehat{q}^2.$$

Da das System ungedämpft ist, gilt der Energieerhaltungssatz:

$$\frac{1}{2} m\, \dot{q}^2 + \frac{1}{2} k\, q^2 = \frac{1}{2} m\, \dot{q}_0^2 + \frac{1}{2} k\, q_0^2 = \text{const.}$$

Die Energiebilanz läßt sich recht anschaulich darstellen: Dazu trägt man die potentielle Energie U über den Ausschlag q auf, im Energiediagramm 5.9 ergibt sich eine Parabel. Die zu Beginn des Vorganges vorhandene Energie

$$T_0 + U_0 = \frac{1}{2} m\, \dot{q}_0^2 + \frac{1}{2} k\, q_0^2$$

ist eine horizontale Gerade. Der Anteil zwischen der Parabel für die potentielle Energie U und der Geraden für die im System konservierte Gesamtenergie ist die aktuelle kinetische Energie T.

Zu einer allgemeineren Darstellung für nichtkonservative Systeme gelangt man über die Bewegungsgleichung. Der Weg soll anhand eines einfachen Schwingers mit linearer

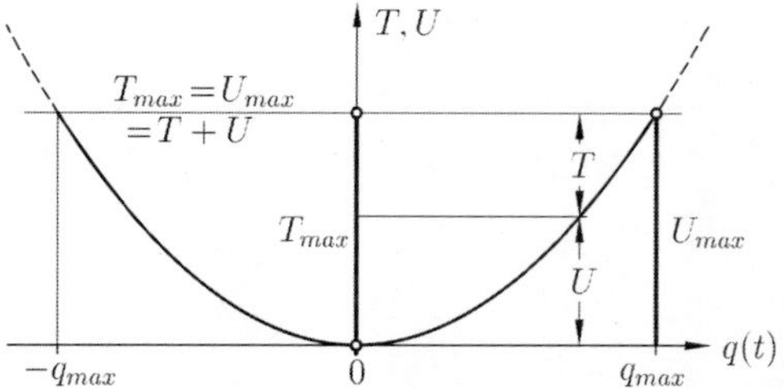

Bild 5.9: Energiediagramm eines ungedämpften Systems

Rückstellfunktion, aber nichtlinearer Dämpfung aufgezeigt werden. Die Bewegungsdifferentialgleichung

$$m\,\ddot{q} + f(\dot{q}, q) + k\,q = 0$$

wird mit der Geschwindigkeit $\dot{q}(t)$ multipliziert und über die Zeit integriert,

$$m \int \dot{q}\,\ddot{q}\,dt + \int f(q, \dot{q})\,\dot{q}\,dt + k \int q\,\dot{q}\,dt = 0\,.$$

Der erste Term

$$m \int \dot{q}\,\ddot{q}\,dt = m \int \dot{q}\,d\dot{q} = \frac{1}{2} m\,\dot{q}^2 = T$$

liefert die kinetische Energie, der letzte

$$k \int q\,\dot{q}\,dt = k \int q\,dq = \frac{1}{2} k\,q^2 = U$$

die potentielle Energie. Der mittlere Term

$$\int f(q, \dot{q})\,\dot{q}\,dt = -W^*$$

gibt die Verlust- oder Dissipationsenergie $-W^*$ an. Die Dissipationsenergie nimmt mit der Zeit zu. Bild 5.10 zeigt die Zusammenhänge bei schwacher viskoser Dämpfung. Die Gesamtenergie nimmt stetig ab. Vorzeichenwechsel in den Steigungen der Gesamtenergie finden bei Bewegungsumkehr statt, also wenn die kinetische Energie gerade verschwindet.

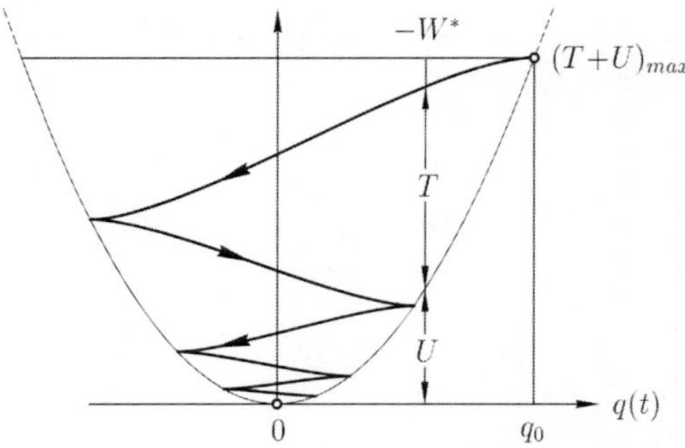

Bild 5.10: Energiediagramm bei gedämpften Schwingungen

5.10 Abschätzung der Eigenfrequenz

Zwischen der statischen Durchsenkung q^{st} eines elastischen Systems mit einem Freiheitsgrad und dessen Eigenfrequenz ω_0 besteht ein für Abschätzungen nützlicher Zusammenhang:

Im statischen Gleichgewicht halten sich die Gewichtskraft mg und die statische Vorspannkraft kq^{st} der elastischen Struktur die Waage,

$$mg = k\,q^{st}\,.$$

Aus dieser Beziehung folgt unmittelbar für die Eigenkreisfrequenz

$$\omega_0 = \sqrt{\frac{k}{m}} = \sqrt{\frac{g}{q^{st}}}\,, \tag{5.47}$$

und mit $g = 9.81\,\mathrm{m/s^2}$ die Zahlenwertgleichung

$$f = 15.8\sqrt{\frac{\mathrm{mm}}{q^{st}}}\,\mathrm{Hz}\,. \tag{5.48}$$

Die für Systeme mit einem Freiheitsgrad exakte Beziehung liefert auch eine Näherung für die tiefste Eigenfrequenz der Vertikalschwingungen einer beliebigen Mehrfreiheitsgradstruktur, wenn für q^{st} die größte Verschiebung q^{st}_{max} unter dem Eigengewicht eingesetzt wird. In den meisten Fällen liefert die Abschätzung eine zu niedrige Frequenz f_1.

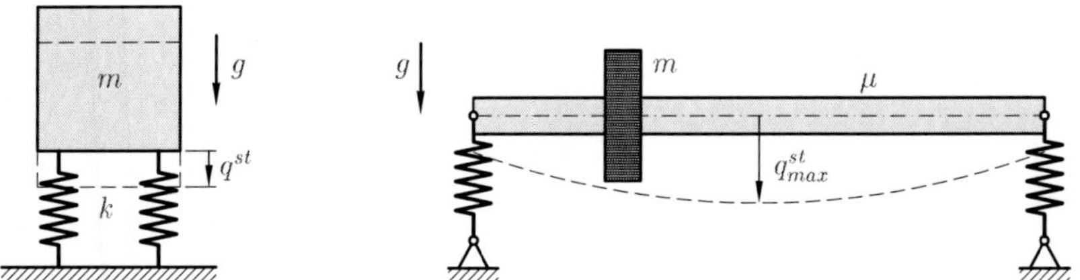

Bild 5.11: Statische Durchsenkung q^{st}: links für einen Schwinger mit einem Freiheitsgrad, rechts bei einem System mit mehreren Freiheitsgraden.

Die Näherungsformel ist hilfreich, wenn die statische Durchsenkung bekannt ist. Umgekehrt ist in der Praxis häufig ein Mindestwert für die tiefste Eigenfrequenz einzuhalten. Diese Forderung kann in eine Forderung für die statische Durchsenkung umgewandelt werden. Schließlich kann die Näherungsformel auch zur Abschätzung der Größenordnung der tiefsten Eigenfrequenz benutzt werden: So hat beispielsweise ein System mit einem statischen Durchhang von 25 cm eine Eigenfrequenz von $f_1 \approx 1\,\mathrm{Hz}$ und bei einem Durchhang von 0.1 mm Durchhang eine Eigenfrequenz von $f_1 \approx 50\,\mathrm{Hz}$.

Zur Abschätzung der Eigenfrequenzen von Pendeln muß der statische Durchhang durch die reduzierte Pendellänge $l_{red} = \Theta^A/ma$ ersetzt werden,

$$\omega_0 = \sqrt{\frac{g}{l_{red}}}\,. \tag{5.49}$$

Dies zeigt, daß die Eigenfrequenzen elastischer Systeme viel höher liegen, als die Eigenfrequenzen von pendelnden Systemen: Eine Pendellänge von $l = 1\,\mathrm{m}$ entspricht einer Eigenfrequenz von $f_1 = 0.5\,\mathrm{Hz}$. Je kürzer die Pendellänge ist, um so höher ist die Eigenfrequenz.

Die Eigenfrequenzen elastischer Schwinger und Pendelschwinger stehen im Verhältnis

$$\frac{f_{elastisch}}{f_{Pendel}} = \sqrt{\frac{l_{red}}{q^{st}}}\,. \tag{5.50}$$

Die Beziehung (5.49) für die Eigenfrequenz des Pendels gilt sinngemäß auch für Schiffsschwingungen, wobei für die Pendellänge die Eintauchtiefe einzusetzen ist, und für Schwingungen von Flüssigkeiten in Behältern, wobei hier für die Pendellänge die größte Ausdehnung der freien Oberfläche zu nehmen ist.

5.11 Beispiele zu freien Schwingungen

Beispiel 5.1: Punktmasse auf rotierender Scheibe

Auf einer mit konstanter Winkelgeschwindigkeit Ω umlaufenden horizontalen Scheibe kann sich ein punktförmiger Körper (Masse m) reibungsfrei in einer radialen Führung bewegen. Er ist durch zwei Federn (Steifigkeit jeweils k) gefesselt. Die Federkräfte sind gleich groß, wenn sich der Körper im Drehzentrum 0 befindet.

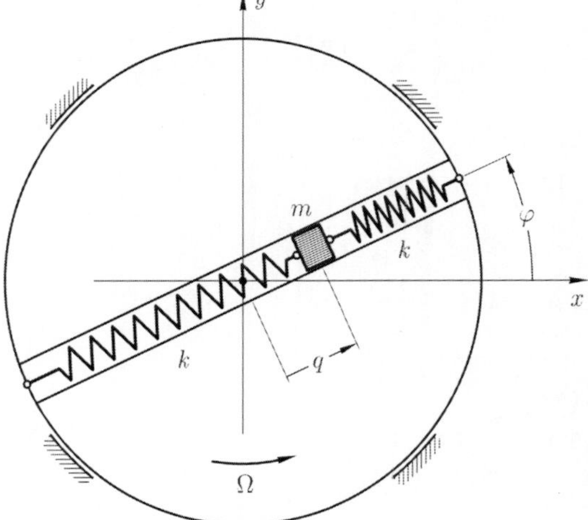

Bild B5.1.1: Punktmasse auf rotierender Scheibe

Die Bewegungsgleichung für die Radialverschiebung q folgt aus dem Kräftesatz in radialer Richtung. Mit der Radialbeschleunigung

$$a_r = \ddot{q} - \Omega^2 q$$

und den Federkräften

$$F_2 - F_1 = (F_0 - k\,q) - (F_0 + k\,q) = -2\,k\,q$$

folgt unmittelbar die Bewegungsgleichung

$$m\,\ddot{q} + (2\,k - m\,\Omega^2)\,q = 0\,.$$

Abhängig vom Vorzeichen des Ausdrucks

$$2\,k - m\Omega^2$$

sind drei Fälle zu unterscheiden:

a) Freie Schwingungen bei niedriger Drehzahl:

$$0 < \frac{2k}{m} - \Omega^2 =: \omega_0^2$$

Die Bewegung q ist im mitrotierenden Koordinatensystem eine ungedämpfte Schwingung nach der Dgl.

$$\ddot{q} + \omega_0^2 q = 0$$

mit der Kennkreisfrequenz

$$\omega_0 = \sqrt{\frac{2k}{m} - \Omega^2}\,.$$

Die Kennkreisfrequenz wird umso kleiner, je schneller die Scheibe rotiert. Dies gilt allerdings nur, solange ω_0 reell bleibt.

Die von einem ortsfesten Beobachter registrierte Bahnkurve (Bild B5.1.2 links)

$$x(t) = q_0 \cos\omega_0 t \cos(\Omega t + \varphi_0)$$

$$y(t) = q_0 \cos\omega_0 t \sin(\Omega t + \varphi_0)$$

bleibt innerhalb des Kreises mit dem Radius

$$q_{max} = q_0\,.$$

b) Instabile Bewegung bei hoher Drehzahl:

$$-\alpha^2 := \frac{2k}{m} - \Omega^2 < 0\,.$$

Bei hoher Drehzahl Ω ist der Faktor $(2k - m\Omega^2)$ negativ, so daß die Bewegungsgleichung

$$\ddot{q} - \alpha^2 q = 0$$

mit positivem α zu lösen ist. Der Exponentialansatz (5.6) führt auf die Eigenwertgleichung

$$\lambda^2 - \alpha^2 = 0$$

mit den reellen Eigenwerten

$$\lambda_{1/2} = \pm\alpha = \pm\sqrt{\Omega^2 - \frac{2k}{m}}\,.$$

Die Radialauslenkung

$$q = q_0 \cosh\alpha t = q_0 \frac{1}{2}\left(e^{\alpha t} + e^{-\alpha t}\right)$$

besteht also aus einem Anteil, der mit der Zeit verschwindet, und einem, der mit der Zeit exponentiell zunimmt. Eine mögliche Bahnkurve im Inertialsystem ist in Bild B5.1.2 rechts dargestellt.

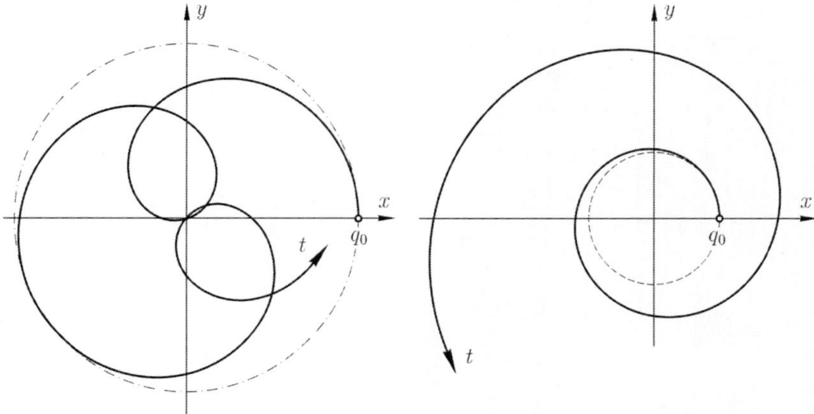

Bild B5.1.2: Bahnkurven: links bei niedriger Drehzahl, rechts bei hoher Drehzahl

c) Grenzfall:

$$\omega_0^2 := \frac{2\,k}{m} - \Omega^2 = 0$$

Die beiden vorher behandelten Fälle werden durch den Grenzfall $\omega_0^2 = 0$ voneinander getrennt. Die Bewegungsgleichung

$$\ddot{q} = 0$$

für den Grenzfall $\Omega = \sqrt{2\,k/m}$ hat die allgemeine Lösung

$$q = C_1 + C_2\,t\,.$$

Die Radialauslenkung $q(t)$ nimmt also auch im Grenzfall i. a. unbegrenzt zu.

Beispiel 5.2:

Auf einer mit der konstanten Winkelgeschwindigkeit Ω rotierenden horizontalen Welle ist ein Pendel befestigt. Zwischen Pendel und Welle herrscht Trockenreibung, wobei die Reibkennlinie mit zunehmender Relativgeschwindigkeit $(\Omega - \dot{\varphi})$ zwischen Welle und Pendel gemäß Bild B5.2.1 zunächst linear abfällt. Dies führt dazu, daß das Pendel in einem bestimmten Drehzahlbereich selbsterregte Schwingungen ausführt.

Wir wollen den Fall betrachten, daß die Welle stets schneller rotiert, als sich das Pendel dreht,

$$0 < (\Omega - \dot{\varphi})\,,$$

aber die Relativwinkelgeschwindigkeit nie die Grenzwinkelgeschwindigkeit γ überschreitet,

$$(\Omega - \dot{\varphi}) < \gamma\,.$$

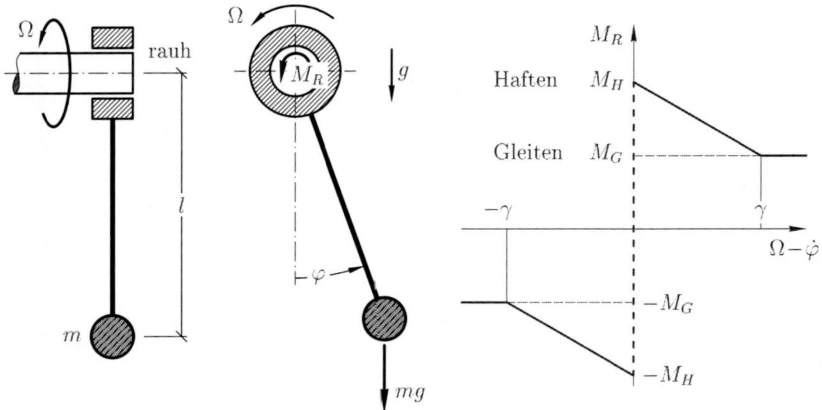

Bild B5.2.1: Pendel mit Anfachung durch fallende Reibkennlinie

Die Pendelbewegung wird dann durch den Momentensatz

$$\Theta\,\ddot{\varphi} - M_R(\dot{\varphi}) + mg\,l\sin\varphi = 0$$

beschrieben, wobei $M_R(\dot{\varphi})$ das Reibmoment und $\Theta = ml^2$ das Massenträgheitsmoment sind.

Die Reibkennlinie ist im abgegrenzten Bereich

$$0 < (\Omega - \dot{\varphi}) < \gamma$$

eine mit der Relativwinkelgeschwindigkeit fallende Gerade,

$$M_R = M_H - \frac{M_H - M_G}{\gamma}(\Omega - \dot{\varphi}) = M_H - \frac{\Delta M}{\gamma}(\Omega - \dot{\varphi})\,.$$

Bewegungen in diesem Bereich werden also durch die Pendelgleichung

$$\ddot{\varphi} - \frac{\Delta M}{ml^2\gamma}\,\dot{\varphi} + \frac{g}{l}\sin\varphi = \frac{1}{ml^2}\left[M_H - \Delta M\frac{\Omega}{\gamma}\right]$$

beschrieben.

Das Pendel führt (instabile) Bewegungen um die aus

$$\ddot{\varphi}_S = 0 \qquad \text{und} \qquad \dot{\varphi}_S = 0$$

berechenbare statische Gleichgewichtslage

$$\sin\varphi_S = \frac{1}{mg\,l}\left[M_H - \Delta M\frac{\Omega}{\gamma}\right]$$

aus. Für die Abweichung

$$q = \varphi - \varphi_S$$

von der Gleichgewichtslage φ_S folgt somit die nichtlineare Bewegungsgleichung

$$\ddot{q} - \frac{\Delta M}{ml^2\gamma}\,\dot{q} + \frac{g}{l}\sin(q+\varphi_S) = \frac{1}{ml^2}\left[M_H - \Delta M\frac{\Omega}{\gamma}\right].$$

Die Beschränkung auf kleine Abweichungen q erlaubt die Linearisierung der Rückstellfunktion um die Gleichgewichtslage,

$$\frac{g}{l}\sin(q+\varphi_S) \approx \frac{g}{l}\sin\varphi_S + \frac{g}{l}\cos\varphi_S\, q\,,$$

und es verbleibt schließlich die lineare Bewegungsgleichung

$$\ddot{q} - \frac{\Delta M}{ml^2\gamma}\,\dot{q} + \frac{g}{l}\cos\varphi_S\, q = 0$$

mit der instabilen Lösung

$$q = e^{D^*\omega_0\, t}\left[A_c\cos\omega_d t + A_s\sin\omega_d t\right].$$

Im Gültigkeitsbereich der Bewegungsgleichung nimmt die Amplitude q exponentiell zu, die Gleichgewichtslage ist also instabil. Die Pendelschwingungen wachsen an, bis die Lösung eine der Grenzen des Gültigkeitsbereichs

$$0 < (\Omega - \dot{\varphi}) < \gamma$$

überschreitet. Dann gilt der Ansatz für das Reibmoment nicht mehr, und deshalb auch nicht mehr die berechnete Lösung.

Beispiel 5.3: Reibschwinger

Ein Körper (Masse m) zwischen zwei Federn (Gesamtsteifigkeit $2\,k$) bewegt sich auf einer rauhen horizontalen Unterlage (Reibkoeffizient μ). Die Kennkreisfrequenz beträgt somit $\omega_0 = \sqrt{2\,k/m}$. Der Einfachheit halber soll der Haftbeiwert μ_0 genauso groß wie der Reibkoeffizient μ sein.

Der Körper wird ausgelenkt und dann losgelassen. Die Anfangsauslenkung q_0 ist so groß, daß der Körper zu rutschen beginnt.

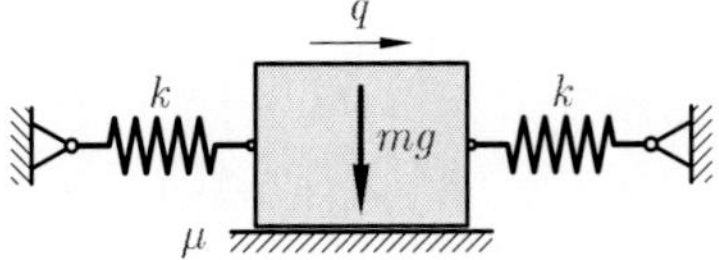

Bild B5.3.1: Feder-Masse-System mit Trockenreibung

Das Verhalten des Feder-Masse-Systems hängt vom aktuellen Geschwindigkeits- und Auslenkungszustand ab. Ist die Geschwindigkeit $\dot{q} \neq 0$, ist die auf den Körper wirkende Reibkraft $R = \mu\, mg$ stets der Bewegung $\dot{q}$ entgegen gerichtet. Ist die Geschwindigkeit $\dot{q} = 0$, so hängt das weitere Verhalten davon ab, ob die Rückstellkraft $2kq$ betragsmäßig größer oder kleiner als die maximal übertragbare Haftkraft $H_{max} = \mu_0\, mg$ ist. Ist $|2\,k\,q| < H_{max}$, bleibt der Körper in Ruhe und die Federrückstellkraft und die aktuelle Haftkraft sind im Gleichgewicht. Ist hingegen $|2\,k\,q| > H_{max}$, so setzt sich der Körper erneut in Bewegung, und zwar in Richtung der Rückstellkraft. Dabei steht nur die um die Reibung reduzierte Rückstellkraft für die weitere Beschleunigung zur Verfügung. Mit den Abkürzungen $\omega_0^2=2\,k/m$ und $q_R=\mu g/\omega_0^2$ gelten somit die stückweise linearen Bewegungsdifferentialgleichungen

$$\ddot{q}+\omega_0^2\,q_R\,\mathrm{sgn}\dot{q}+\omega_0^2\,q=0 \qquad \text{für} \qquad \dot{q}\neq 0$$

$$\ddot{q}=0 \qquad \text{für} \qquad \dot{q}=0 \qquad \text{und} \qquad |q|\leq q_R\,,$$

$$\ddot{q}-\omega_0^2\,q_R\,\mathrm{sgn}q+\omega_0^2\,q=0 \qquad \text{für} \qquad \dot{q}=0 \qquad \text{und} \qquad |q|>q_R\,.$$

Obwohl es sich um einen nichtlinearen Schwinger handelt, läßt sich sein Bewegungsverhalten stückweise mit der Theorie des linearen Schwingers ermitteln. Dazu werden die einzelnen Bereiche getrennt behandelt:

a) Positive Geschwindigkeit $\dot{q}>0$:

Bewegungsgleichung: $\ddot{q}+\omega_0^2\,q=-\omega_0^2\,q_R$

Statische Ruhelage: $q_s=-q_R$

Zeitverhalten: $q(t)=A_c\cos\omega_0 t+A_s\sin\omega_0 t-q_R$

b) Negative Geschwindigkeit $\dot{q}<0$:

Bewegungsgleichung: $\ddot{q}+\omega_0^2\,q=\omega_0^2\,q_R$

Statische Ruhelage: $q_s=q_R$

Zeitverhalten: $q(t)=A_c\cos\omega_0 t+A_s\sin\omega_0 t+q_R$

c) Geschwindigkeit $\dot{q}=0$ und kleine Auslenkung $|q|<q_R$:

Bewegungsgleichung: $\ddot{q}=0$

Zeitverhalten: $q(t)=A$

d) Geschwindigkeit $\dot{q}=0$ und große positive Auslenkung $q>q_R$:

Bewegungsgleichung: $\ddot{q}+\omega_0^2\,q=\omega_0^2\,q_R$

Statische Ruhelage: $q_s=q_R$

Zeitverhalten: $q(t)=A_c\cos\omega_0 t+A_s\sin\omega_0 t+q_R$

e) Geschwindigkeit $\dot{q}=0$ und betragsmäßig große negative Auslenkung $q<-q_R$:

Bewegungsgleichung: $\ddot{q}+\omega_0^2\,q=-\omega_0^2\,q_R$

Statische Ruhelage: $q_s=-q_R$

Zeitverhalten: $q(t)=A_c\cos\omega_0 t+A_s\sin\omega_0 t-q_R$

Bemerkenswert ist, daß die COULOMBsche Reibung keinen Einfluß auf die Kreisfrequenz ω_0 der Bewegungen hat.

Die Integrationskonstanten A_c und A_s sind in jedem Zeitintervall unterschiedlich und müssen aus den jeweiligen Anfangsbedingungen des betreffenden Zeitintervalls ermittelt werden. Der Anfangszustand (Auslenkung und Geschwindigkeit) eines Zeitintervalls stimmt mit dem Endzustand des vorangegangenen Zeitintervalls überein. Durch das Aneinandersetzen der Teilbewegungen kann der komplette Weg-Zeit-Verlauf konstruiert werden:

Nach den Anfangsbedingungen $q(0)=q_0$ und $\dot{q}(0)=0$ verläuft die Bewegung zunächst nach Fall d), jedoch nur für einen Augenblick, da die Geschwindigkeit sofort negativ wird. Die Betrachtung liefert nur einen Punkt, es tritt sofort Fall b) ein. Dies ist eine harmonische Bewegung um die Mittellage q_R und die Integrationskonstanten folgen aus den Anfangsbedingungen

$$q_0 = q(0) = A_c + q_R$$
$$0 = \dot{q}(0) = A_s \, \omega_0$$

zu

$$A_c = (q_0 - q_R) \qquad \text{und} \qquad A_s = 0\,.$$

Die Bewegung folgt solange dem Gesetz

$$q(t) = (q_0 - q_R)\cos\omega_0 t + q_R\,,$$

bis zum Zeitpunkt t_1 die Geschwindigkeit

$$\dot{q}(t) = -\omega_0\,(q_0 - q_R)\sin\omega_0 t$$

wieder null wird. Dies ist bei

$$\omega_0\, t_1 = \pi$$

der Fall. Da nun $q(t_1) = -q_0 + 2q_R < 0$ ist, gilt zunächst Fall e) und im folgenden der Fall a):

$$q(t) = -(q_0 - 2q_R)\,\cos\omega_0 t - q_R\,.$$

Auch dies ist eine harmonische Bewegung, jedoch mit der entgegengesetzten Mittellage $-q_R$.

Führt man die Rechnungen weiter, so findet man der Reihe nach

$$\begin{aligned}
\omega_0\, t_0 &= 0 & q(t_0) &= q_0\,,\\
\omega_0\, t_1 &= \pi & q(t_1) &= 2\,q_R - q_0\,,\\
\omega_0\, t_2 &= 2\pi & q(t_2) &= q_0 - 4\,q_R\,,\\
\omega_0\, t_3 &= 3\pi & q(t_3) &= 6\,q_R - q_0\,,\\
\omega_0\, t_4 &= 4\pi & q(t_4) &= q_0 - 8\,q_R\,,\\
\omega_0\, t_5 &= 5\pi & q(t_5) &= 10\,q_R - q_0\,.
\end{aligned}$$

Da die Auslenkung zum Zeitpunkt t_5 kleiner als q_R ist, gilt nun Fall c). Ab dem Zeitpunkt t_5 bleibt der Schwinger mit der Auslenkung

$$q(t) = 10\,q_R - q_0$$

stehen. Im Gegensatz zum linear gedämpften Schwinger kommt der Schwinger mit Trockenreibung also in einer endlichen Zeit zur Ruhe. Der Bewegungsverlauf ist im Bild 5.3.2 dargestellt.

Für die Amplitudenabnahme von Halbschwingung zu Halbschwingung findet man

$$\Delta = |q(t_n)| - |q(t_{n+1})| = 2\,q_R\,.$$

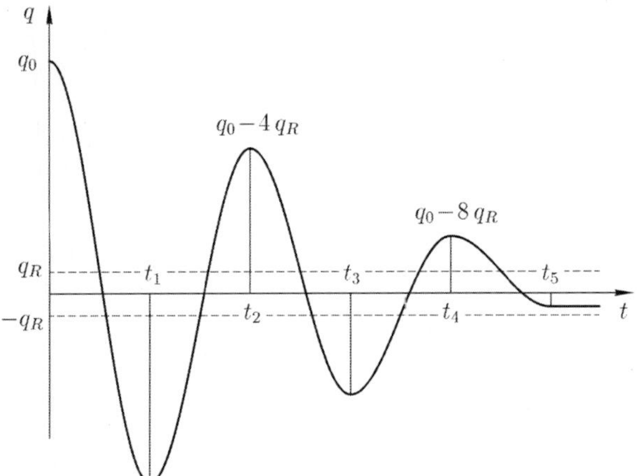

Bild B5.3.2: Weg-Zeit-Verlauf der Bewegung mit Trockenreibung

Es soll nun verfolgt werden, wie die Bewegung in der Phasenebene aussieht. Die Gleichung der Phasenkurven

$$\frac{dv}{dq} = -\omega_0^2 \, \frac{q + q_R \,\mathrm{sgn} v}{v}$$

läßt sich durch Trennung der Variablen bereichsweise integrieren,

$$\int v \, dv = -\omega_0^2 \int (q + q_R \,\mathrm{sgn} v) \, dq \, .$$

Je nach Vorzeichen von v erhält man

$$\left(\frac{v}{\omega_0}\right)^2 + \left(q + q_R\right)^2 = C_n^2 \qquad \text{für} \qquad v > 0 \, ,$$

$$\left(\frac{v}{\omega_0}\right)^2 + \left(q - q_R\right)^2 = C_n^2 \qquad \text{für} \qquad v < 0 \, .$$

Die Gleichungen definieren eine Schar von Halbellipsen, deren Zentren für $v > 0$ bei $q = -q_R$ und für $v < 0$ bei $q = q_R$ liegen. Trägt man statt v die bezogene Geschwindigkeit v/ω_0 über die Auslenkung q auf, so ergeben sich Halbkreise. Die Konstanten C_n folgen aus den Anfangs- und Übergangsbedingungen der Bereiche.

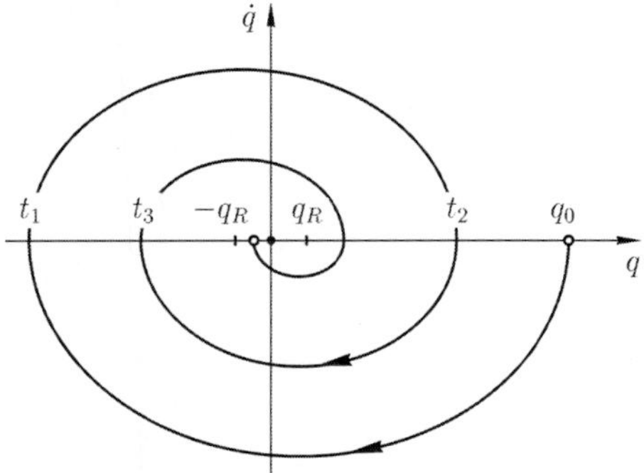

Bild B5.3.3: Phasenkurve der Bewegung mit Trockenreibung

Die Phasenkurve ist eine Spirale aus Halbellipsen, die in das Intervall

$$-q_R < q < q_R,$$

dem geometrischen Ort aller möglichen Gleichgewichtszustände, einmündet. Das System führt also Schwingungen mit abnehmenden Amplituden aus und kommt dann nach endlich vielen Schwingungen zum Stillstand. Entsprechen die Anfangsbedingungen einem Punkt des Intervalls $-q_R < q < q_R$, so verbleibt das System in dieser Lage. Ruhelagen sind im Phasenporträt also nicht durch einen einzelnen Punkt charakterisiert, sondern im ganzen Intervall $-q_R < q < q_R$ möglich.

Einen weiteren Einblick in die Bewegung gewinnt man aus Energiebetrachtungen. Das Bewegungsverhalten wird gemäß Abschnitt 5.9 durch die Energiebilanz

$$T + U + W^* = T_0 + U_0$$

beschrieben. Die Verlustenergie errechnet sich bereichsweise aus

$$-W^*(t) = q_R\,\omega_0^2\, m \int\limits_{q_0}^{q(t)} \operatorname{sgn}\dot{q}\, dq = q_R\,\omega_0^2\, m\, q(t) \operatorname{sgn}\dot{q}\,.$$

Bild B5.3.4 zeigt die Energiebilanz: Die potentielle Energie U ergibt aufgetragen über den Ausschlag q eine Parabel. Die horizontale Gerade charakterisiert die zu Anfang vorhandene Energie. Die Verlustenergie $-W^*$ nimmt in jedem Zeitinterval proportional zum Ausschlag q zu. Es ergeben sich also aneinander gesetzte Geradenstücke mit betragsmäßig gleichen Steigungen. Vorzeichenwechsel in den Steigungen treten jeweils bei Bewegungsumkehr, also bei $\dot{q} = 0$, auf.

Aus dem Diagramm können für jede Auslenkung $q(t)$ die momentanen Energieanteile abgelesen werden. Umgekehrt kann man aus der Konstruktion des Energiediagramms leicht die Extremwerte $q(t_n)$ des Ausschlages ablesen. Diese sind an den Stellen, wo die fallenden Dämpfungsgeraden die Parabel der potentiellen Energie schneiden, das heißt dort, wo die kinetische Energie und damit $\dot{q}$ gerade verschwinden.

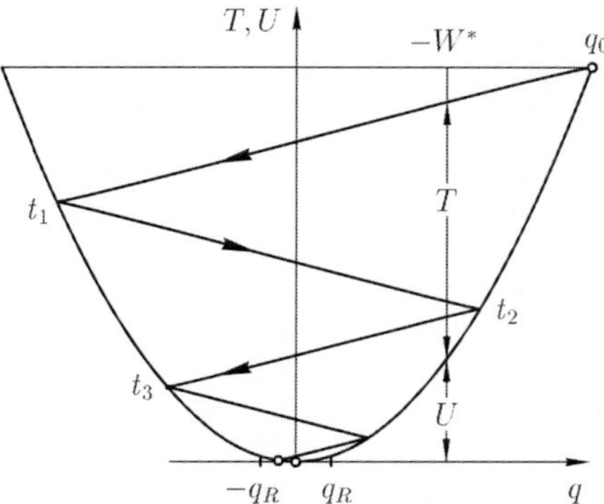

Bild B5.3.4: Energiebilanz eines Schwingers mit Trockenreibung

Kapitel 6

Erzwungene Schwingungen linearer Systeme mit einem Freiheitsgrad

6.1 Bewegungsgleichung, Erregermechanismen und Normierung

Erzwungene Schwingungen entstehen durch äußere Erregungen, sog. Fremd- oder Zwangserregungen. Die äußere Erregung ist unabhängig von der Bewegung $q(t)$ des Systems. Daher gibt es in der Bewegungsgleichung von erzwungenen Schwingungen stets ein zeitabhängiges, separates Erregerglied $f(t)$.

Das Bewegungsverhalten zwangserregter, zeitinvarianter linearer Systeme mit einem Freiheitsgrad wird durch die Bewegungsgleichung

$$m\,\ddot{q} + b\,\dot{q} + k\,q = f(t) \tag{6.1}$$

beschrieben. Die Zwangserregung $f(t)$ kann aus den unterschiedlichsten Mechanismen resultieren. Im einfachsten Fall wirkt eine äußere Kraft direkt auf die Struktur. Im Maschinenbau kommen aber ebenso häufig Erregungen durch Unwuchten und Trägheiten oder durch vorgegebene Zwangsbewegung eines Punktes der Struktur vor. Je nach Erregermechanismus spricht man von Krafterregung, Unwuchterregung, Fußpunkterregung, Dämpfererregung etc.

Die auf das Schwingungssystem einwirkende Erregerkraft $f(t)$, auch Störfunktion genannt, läßt sich für all diese Fälle allgemein als Linearkombination der Erregerfunktion $u(t)$, auch Eingangsgröße genannt, und deren zeitlichen Ableitungen darstellen,

$$f(t) = c_0\,u(t) + c_1\,\dot{u}(t) + c_2\,\ddot{u}(t)\,. \tag{6.2}$$

Die Koeffizienten c_0, c_1 und c_2 sind konstant und charakterisieren den Erregermechanismus. Die Bewegungsgleichung hat damit die allgemeine Form

$$m\,\ddot{q} + b\,\dot{q} + k\,q = c_0\,u(t) + c_1\,\dot{u}(t) + c_2\,\ddot{u}(t)\,. \tag{6.3}$$

Neben den angegebenen Zeitableitungen der Erregerfunktion $u(t)$ können auch höhere Ableitungen und Integrale auftreten. Dies ist insbesondere der Fall, wenn als Zustandsgröße statt der Auslenkung eine andere physikalische Größe, z. B. die Geschwindigkeit, die Beschleunigung oder eine im System auftretende innere Kraft benutzt wird. In solchen Fällen ist die rechte Seite der Bewegungsgleichung (6.3) und damit die Erregerfunktion entsprechend zu ergänzen. Zur Verdeutlichung sollen zwei Beispiele betrachtet werden:

Beispiel 6.1: Feder- und Dämpfererregung

Der absolute Schwingweg $x(t)$ der Masse m des Schwingers von Bild B6.1 wird durch die Bewegungsgleichung

$$m\,\ddot{x} + (b_1+b_2)\,\dot{x} + (k_1+k_2)\,x = k_2\,u + b_2\,\dot{u}$$

beschrieben. Wählt man den absoluten Schwingweg x als Zustandgröße q, so gilt $c_0=k_2$, $c_1=b_2$ und $c_2=0$.

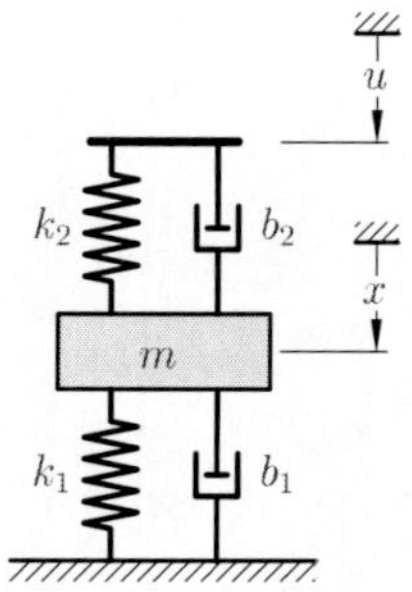

Bild B6.1: Prinzipskizze der Feder- und Dämpfererregung

Die Bewegungsgleichung für den Relativweg $z = (x-u)$ desselben Schwingers lautet

$$m\,\ddot{z} + (b_1+b_2)\,\dot{z} + (k_1+k_2)\,z = -k_1\,u - b_1\,\dot{u} - m\,\ddot{u}\,.$$

Mit dem Relativweg z als Zustandsgröße lauten die Erregerkoeffizienten $c_0 = -k_1$, $c_1=-b_1$ und $c_2=-m$. In der Bewegungsdifferentialgleichung treten Ableitungen der Ordnung 0, 1 und 2 der Erregerfunktion $u(t)$ auf.

Das Beispiel beinhaltet mehrere, in der Literatur meist getrennt behandelte Fälle, z. B. Schwinger mit Federwegerregung, mit Dämpfererregung und mit Fußpunkterregung sowie auch die seismische Erregung.

Beispiel 6.2: Unwuchterregung

Als zweites Beispiel soll der im Bild B6.2 skizzierte Schwinger mit Unwuchterregung betrachtet werden. Die Bewegungsgleichung für die Absolutbewegung $x(t)$,

$$(m+m_u)\,\ddot{x} + b\,\dot{x} + k\,x = m_u\,\ddot{u}(t)\,,$$

stimmt überein mit der allgemeinen Gleichung (6.3) bei der Zuordnung $q = x$ und $c_2 = m_u$. Führt man als Zustandsgröße jedoch die Fundamentkraft

$$F = b\,\dot{x} + k\,x$$

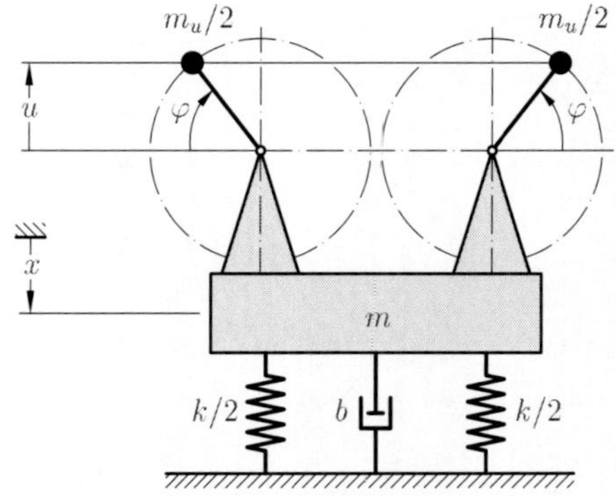

Bild B6.2: Unwuchterregtes Fundament

ein, so verbleibt nach Elimination der absoluten Schwinggrößen $x(t)$, $\dot{x}(t)$ und $\ddot{x}(t)$ die Differentialgleichung

$$(m+m_u)\,\ddot{F} + b\,\dot{F} + k\,F = m_u k\,\ddot{u}(t) + m_u b\,\dddot{u}\,.$$

In diese Fall tritt auch die dritte Ableitung der Erregerfunktion $u(t)$ in der Bewegungsgleichung auf und es besteht die Zuordnung $q=F$, $c_2=m_u\,k$ und $c_3=m_u\,b$.

Die linke Seite der Bewegungsgleichung ist stets unabhängig davon, welche Größe als Zustandsgröße benutzt wird. Trägheit, Dämpfung, Steifigkeit und Eigenfrequenzen eines Systems sind von der Form und dem Mechanismus der Zwangserregung unabhängig. Diese systemimmanenten Eigenschaften werden durch die homogene Differentialgleichung, also die linke Seite der Bewegungsgleichung (6.3) beschrieben.

6.2 Allgemeine Lösung, Anfangsbedingungen und dynamischer Lastfaktor

- **Allgemeine Lösung:**

Die *Lösung der linearen, inhomogenen Bewegungsgleichung* (6.3) setzt sich zusammen aus der allgemeinen Lösung $q_h(t)$ der zugehörigen homogenen Differentialgleichung und einer beliebigen partikulären Lösung $q_p(t)$ der inhomogenen Differentialgleichung,

$$q(t) = q_h(t) + q_p(t) . \tag{6.4}$$

Für ein und dieselbe Erregung existieren beliebig viele partikuläre Integrale $q_p(t)$. Diese können sich allerdings nur durch unterschiedlich große Anteile von freien Schwingungen unterscheiden.

Zur Lösung der Bewegungsgleichung gibt es verschiedenste Methoden. Je nach Art der Erregerfunktionen kann man Ansätze nach Art der rechten Seite oder bei harmonischer Erregung einen Gleichtaktansatz machen, bei periodischen Erregungen das Superpositionsprinzip anwenden, bei allgemeinen deterministischen Erregungen die Variation der Konstanten heranziehen, das Duhamel-Integral oder das Faltungsintegral benutzen oder schließlich die Analyse im Frequenzbereich durchführen. Die Ansätze analog zur rechten Seite der Bewegungsgleichung eignen sich besonders, wenn die Störfunktionen Polynome, harmonische Funktionen, Exponentialfunktionen oder Kombinationen daraus sind.

- **Anfangsbedingungen:**

Das partikuläre Integral $q_p(t)$ erfüllt die rechte Seite der Differentialgleichung. Die Lösung $q_h(t)$ der homogenen Differentialgleichung enthält die zur Befriedigung der Anfangsbedingungen notwendigen Integrationskonstanten. Da das partikuläre Integral $q_p(t)$ in der Regel die Anfangsbedingungen nicht von Haus aus erfüllt, treten stets freie Schwingungen auf. Die Gesamtlösung (6.4) muß den Anfangsbedingungen genügen. Erst durch die Anfangsbedingung werden die Integrationskonstanten in der Lösung der homogenen Differentialgleichung festgelegt,

$$q(0) = q_h(0) + q_p(0) = q_0 \qquad \text{und} \qquad \dot{q}(0) = \dot{q}_h(0) + \dot{q}_p(0) = \dot{q}_0 . \tag{6.5}$$

Beispiel 6.3: Schwach gedämpfte Schwingung nach Anfangsstörungen

Im folgenden betrachten wir den technisch häufigsten Fall eines schwach gedämpften Systems $0 \leq D < 1$: Die Gesamtlösung hat die Form

$$q(t) = e^{-D\omega_0 t} \Big[A_c \cos\omega_d t + A_s \sin\omega_d t\Big] + q_p(t) \, .$$

Die Geschwindigkeit erhält man durch Zeitableitung

$$\dot{q}(t) = e^{-D\omega_0 t} \Big[(\omega_d A_s - D\omega_0 A_c) \cos\omega_d t - (\omega_d A_c + D\omega_0 A_s) \sin\omega_d t\Big] + \dot{q}_p(t) \, .$$

Die beiden Größen $q(t)$ und $\dot{q}(t)$ müssen den Anfangsbedingungen

$$q(0) = q_0 \qquad \text{und} \qquad \dot{q}(0) = \dot{q}_0$$

genügen. Das Einsetzen der Anfangsbedingungen in die Lösungen für Ausschlag $q(t)$ und Geschwindigkeit $\dot{q}(t)$ liefern die Integrationskonstanten

$$A_c = q_0 - q_p(0) \qquad \text{und} \qquad A_s = \frac{\Big(\dot{q}_0 - \dot{q}_p(0)\Big) + D\omega_0 \Big(q_0 - q_p(0)\Big)}{\omega_d} \, .$$

Die an die Anfangsbedingungen angepaßte Lösung der inhomogenen Bewegungsgleichung hat damit die Form

$$q(t) = e^{-D\omega_0 t} \left[\Big(q_0 - q_p(0)\Big) \cos\omega_d t + \frac{\Big(\dot{q}_0 - \dot{q}_p(0)\Big) + D\omega_0 \Big(q_0 - q_p(0)\Big)}{\omega_d} \sin\omega_d t\right] + q_p(t) \, .$$

- **Dynamischer Lastfaktor:**

Häufig interessiert nicht der Zeitverlauf der Antwort, sondern nur deren Maximalwert. Zur Quantifizierung des Maximalwertes definiert man die sogenannte dynamische Überhöhung

$$\mathrm{DLF}(\omega_0, D) = \frac{|q|_{max}}{q^{st}} \, , \tag{6.6}$$

die auch dynamischer Lastfaktor genannt wird. Dabei bezieht man den Maximalwert $|q|_{max}$ der Zeitantwort $q(t)$ auf eine statische Antwort q^{st}. Diese statische Antwort ist diejenige, die erzielt wird, wenn die zeitabhängige Belastung langsam, quasi-statisch aufgebracht wird. Bei Krafterregung beträgt sie

$$q^{st} = \frac{\mathrm{Max}|f(t)|}{k} \, . \tag{6.7}$$

Der dynamische Lastfaktor hängt von der Erregung ab, ist aber auch eine Funktion der Kennkreisfrequenz ω_0 und der Dämpfung D des Systems. Er wird in der Regel als Funktion der Kennkreisfrequenz ω_0 dargestellt und daher auch Verschiebungsantwortspektrum genannt.

6.3 Harmonische Erregung

- **Bewegungsgleichung:**

Mit konstanter Drehzahl rotierende Maschinenteile rufen in der Regel periodische Erregungen hervor, die in vielen Fällen harmonisch sind. Weitere Bedeutung erhält die Behandlung harmonischer Erregungen dadurch, daß jede periodische Erregung eindeutig durch eine Summe harmonischer Erregungen dargestellt werden kann.

Wir betrachten hier zunächst die Krafterregung von Systemen, die durch die Differentialgleichung

$$m\,\ddot{q} + b\,\dot{q} + k\,q = f(t) \tag{6.8}$$

dargestellt werden kann. Die Ergebnisse bei den verschiedenen anderen Erregermechanismen stellen wir dann im Abschnitt 6.4 dar.

Übersichtlicher bleiben die Abhandlungen, wenn vor der Berechnung eines partikulären Integrals die Dgl. (6.8) in die Normalform

$$\ddot{q} + 2D\omega_0\,\dot{q} + \omega_0^2\,q = \omega_0^2\,u(t) \tag{6.9}$$

gebracht wird. Die Parameter der Normalform sind

$$2D\omega_0 = \frac{b}{m}, \qquad \omega_0^2 = \frac{k}{m}, \qquad \omega_0^2\,u(t) = \frac{1}{m}f(t). \tag{6.10}$$

Bei harmonischer Erregung wird die Erregerfunktion $u(t)$ durch die Amplitude $\widehat{u}$, die Kreisfrequenz Ω und den Nullphasenwinkel α der Erregung in der Form

$$u(t) = \widehat{u}\,\cos(\Omega t + \alpha) \tag{6.11}$$

beschrieben. Gesucht ist also ein partikuläres Integral der inhomogenen Dgl.

$$\ddot{q} \,+\, 2D\omega_0\,\dot{q} \,+\, \omega_0^2\,q \,=\, \omega_0^2\,\widehat{u}\,\cos(\Omega t + \alpha). \tag{6.12}$$

- **Komplexe Ergänzung:**

Wird ein linearer, zeitinvarianter Schwinger harmonisch erregt, führt er im *eingeschwungenen Zustand* harmonische Schwingungen mit der Frequenz Ω der Erregung aus. Diese *Dauerschwingung* läßt sich am einfachsten über die *Methode der komplexen Ergänzung* berechnen: Die gesuchte Lösung $q_p(t)$ der reellen Differentialgleichung (6.12) faßt man als Realteil der Lösung $\underline{q}_p(t)$ einer komplex ergänzten Differentialgleichung

$$\ddot{\underline{q}} \,+\, 2D\omega_0\,\dot{\underline{q}} \,+\, \omega_0^2\,\underline{q} \,=\, \omega_0^2\,\underline{\widehat{u}}\,e^{i\Omega t} \tag{6.13}$$

auf.

Die komplex ergänzte Differentialgleichung ergibt sich also, indem man zur rein reellen Dgl. (6.12) mit Kosinus-Erregung eine rein imaginäre Dgl. mit gleicher Struktur und gleichen Parametern, aber mit Sinus-Erregung addiert und die rechte Seite dieser Summe in Exponentialform darstellt,

$$\underline{u}(t) = \widehat{u}\Big[\cos(\Omega t + \alpha) + i\,\sin(\Omega t + \alpha)\Big] = \widehat{u}\,e^{i(\Omega t + \alpha)} = \widehat{u}\,e^{i\alpha}\,e^{i\Omega t} = \underline{\widehat{u}}\,e^{i\Omega t}.$$

Zunächst berechnen wir also die komplexe Schwingungsantwort von Gl. (6.13), um am Ende daraus den Realteil

$$q(t) = \Re\{\underline{q}(t)\}$$

als eigentlich gesuchte Lösung $q_p(t)$ infolge der Kosinus-Erregung

$$u(t) = \Re\{\underline{u}(t)\}$$

zu entnehmen.

• **Partikuläres Integral:**

Zur Berechnung eines partikulären Integrals setzen wir den Gleichtaktansatz

$$\underline{q}_p(t) = \underline{\widehat{q}}_p \, e^{i\Omega t} \tag{6.14}$$

in die komplexe Bewegungsgleichung ein

$$(-\Omega^2 + 2D\omega_0 i\Omega + \omega_0^2)\, \underline{\widehat{q}}_p \, e^{i\Omega t} = \omega_0^2 \, \underline{\widehat{u}} \, e^{i\Omega t}$$

und berechnen die komplexe Amplitude $\underline{\widehat{q}}_p$. Die komplexe Schwingungsantwort ergibt sich damit zu

$$\underline{q}_p(t) = \frac{\omega_0^2}{\omega_0^2 - \Omega^2 + i2D\omega_0\Omega} \, \underline{\widehat{u}} \, e^{i\Omega t} = \frac{1}{1-\eta^2 + i2D\eta} \, \underline{\widehat{u}} \, e^{i\Omega t}, \tag{6.15}$$

wobei das Frequenzverhältnis

$$\eta = \frac{\Omega}{\omega_0} \tag{6.16}$$

das Verhältnis zwischen Erregerkreisfrequenz Ω und Kennkreisfrequenz ω_0 angibt.

Der Quotient aus der komplexen Antwortamplitude $\underline{\widehat{q}}_p$ und der komplexen Erregeramplitude $\underline{\widehat{u}}$ ist die dimensionslose komplexe *Vergrößerungsfunktion des Schwingers* ,

$$\underline{V}(\eta,D) = \frac{1}{1-\eta^2 + i2D\eta} = V(\eta,D)\, e^{-i\psi(\eta,D)}. \tag{6.17}$$

Die komplexe Vergrößerungsfunktion $\underline{V}(\eta,D)$ beinhaltet eine Amplituden- und eine Phaseninformation. Der *Amplitudengang*

$$V(\eta,D) = |\underline{V}(\eta,D)| = \frac{1}{\sqrt{(1-\eta^2)^2 + (2D\eta)^2}} \tag{6.18}$$

gibt an, um welchen Faktor die Amplitude der Schwingungsantwort $\widehat{q}_p$ größer als die der Erregung $\widehat{u}$ ist, und der *Phasengang*

$$\psi(\eta,D) = \arctan\frac{2D\eta}{1-\eta^2} \tag{6.19}$$

beschreibt die Phasenverschiebung, mit der die erzwungene Schwingung der Erregung nacheilt.

Bei der Berechnung von Betrag und Phase der komplexen Vergrößerungsfunktion wendet man sinnvollerweise die für komplexe Brüche $z = z_1/z_2$ allgemein gültigen Beziehungen

$$|z| = \left|\frac{z_1}{z_2}\right| = \frac{|z_1|}{|z_2|} \qquad \text{und} \qquad \psi = -\arg z = -\arg\frac{z_1}{z_2} = -(\arg z_1 - \arg z_2) \qquad (6.20)$$

an.

Bei Kosinus-Erregung $u(t) = \widehat{u}\cos(\Omega t + \alpha)$ antwortet der Schwinger nach dem Abklingen der Eigenschwingungen $q_h(t)$ mit

$$q_p(t) \;=\; \widehat{u}\, V(\eta,D)\, \cos[\Omega t + \alpha - \psi(\eta,D)]\,. \qquad (6.21)$$

Bei Sinus-Erregung $u(t) = \widehat{u}\sin(\Omega t + \alpha)$ ist in der Lösung (6.21) lediglich die Kosinus-Funktion durch die Sinus-Funktion zu ersetzen.

Der Vergleich der Erregung (6.11) und der Schwingungsantwort (6.21) zeigt, wie der Schwinger auf eine harmonische Erregung reagiert, d. h. welches Schicksal das harmonische Erregersignal beim Durchlaufen des Schwingers erleidet.

Die Schwingungsantwort $q_p(t)$ hat bei harmonischer Erregung die gleiche Frequenz Ω wie die Erregerfunktion $u(t)$, hinkt dieser aber um den Phasenverschiebungswinkel $\psi(\eta,D)$ nach und hat eine um den Faktor $V(\eta,D)$ größere oder auch kleinere Amplitude.

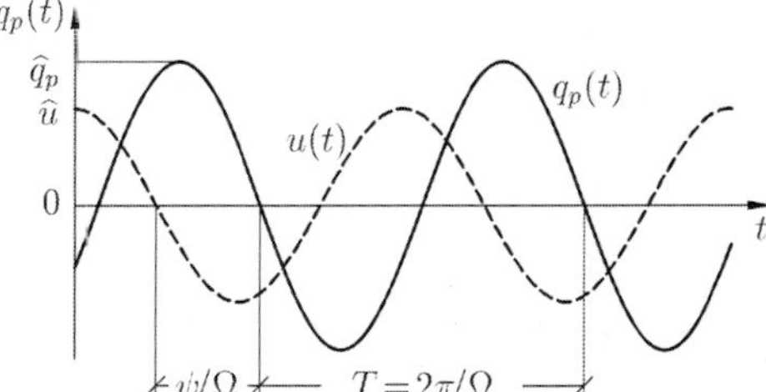

Bild 6.1: Erzwungene Schwingung

- **Vergrößerungsfunktion:**

Die Vergrößerungs- und Phasenfunktionen eines Schwingers werden in Abhängigkeit vom Frequenzverhältnis $\eta = \Omega/\omega_0$ für verschiedene Dämpfungswerte D in Bildern dargestellt. Diesen Bildern lassen sich die charakteristischen Eigenschaften der harmonisch erzwungenen Schwingungen entnehmen. So läßt sich bei vorgegebener Erregerfrequenz $\Omega = \eta\,\omega_0$ die Amplitude $\widehat{q} = \widehat{u}\, V(\eta,D)$ der zugehörigen Schwingung aus der Vergrößerungsfunktion ablesen. Auch die Resonanzfrequenz Ω_R – das ist diejenige Erregerfrequenz, bei der der Schwinger mit der größtmöglichen Amplitude schwingt – läßt sich an den Kurven ablesen. Die Phasenkurven geben Auskunft über den Zeitversatz $\Delta t = \psi/\Omega$ der erzwungenen Bewegung. Bei $\psi = 0$ spricht man von gleichphasiger, bei $\psi = \pi$ von gegenphasiger Bewegung.

Kommt die Erregerkreisfrequenz Ω in die Nähe der Kennkreisfrequenz ω_0, $(\eta \to 1)$, wird die Vergrößerungsfunktion $V(\eta,D)$ und damit die erzwungene Schwingung sehr groß, im ungedämpften Fall sogar unendlich; der Schwinger gerät in *Resonanz* .

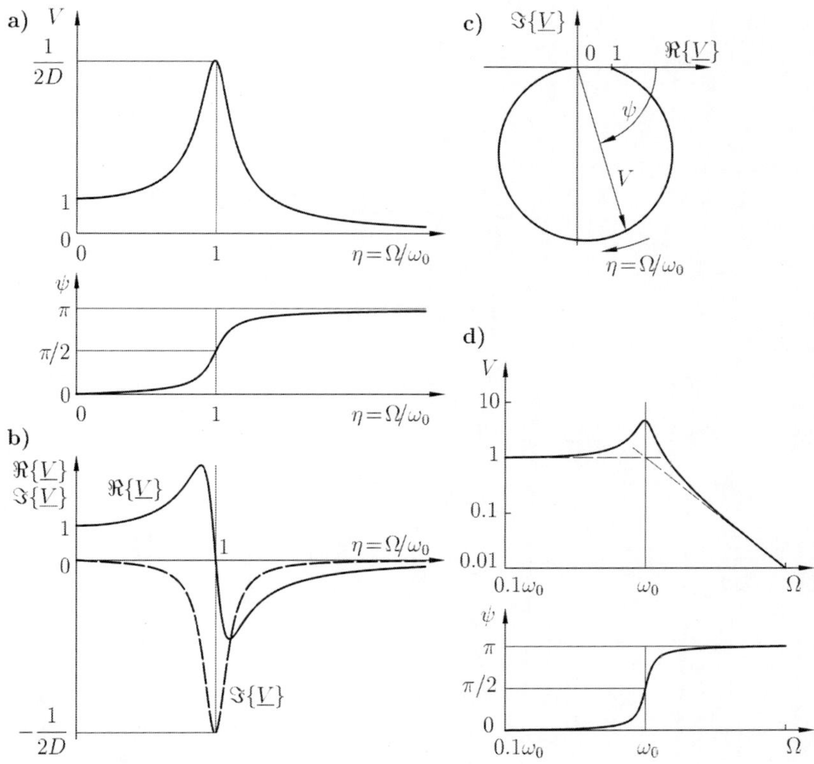

Bild 6.2: Komplexe Vergrößerungsfunktion
a) Betrag und Phase
b) Real- und Imaginärteil
c) Ortskurve
d) Bode-Diagramm

Das Übertragungsverhalten eines linearen schwingungsfähigen Systems kann auch unmittelbar mit einer Kurve dargestellt werden. Dazu wird die komplexe Vergrößerungsfunktion $\underline{V}(\eta,D)$ in der komplexen Ebene durch die Polarkoordinaten

- Radius $V(\eta,D) = |\underline{V}(\eta,D)|$ und
- Winkel $\psi(\eta,D) = -\arg\{\underline{V}(\eta,D)\}$

eingezeichnet. Zu jedem Wert von $\eta = \Omega/\omega_0$ gehört ein Wertepaar $|V|$ und $-\psi$, also ein Punkt der komplexen Ebene. Mit Veränderung der bezogenen Erregerfrequenz $\eta = \Omega/\omega_0$ wandert dieser Punkt und beschreibt eine Kurve, die als die Ortskurve oder das Nyquist-Diagramm des Schwingungssystems bezeichnet wird. Seltener findet man auch die Bezeichnung Amplituden-Phasen-Charakterisik.

Andere Darstellungen der komplexen Vergrößerungsfunktion sind der Realteil- und Imaginärteil-Frequenzgang sowie das Bode-Diagramm. In der Regelungstechnik wird darüber hinaus manchmal auch der reziproke Wert $1/\underline{V}(\eta,D)$ der komplexen Übertragungsfunktion aufgetragen. Die Darstellung heißt inverse Ortskurve.

Es muß hier ausdrücklich darauf hingewiesen werden, daß sich die Verläufe von Vergrößerungsfunktionen und Phasenfunktionen für unterschiedliche Erregermechanismen (z. B. Krafterregung, Fußpunkterregung, Dämpfererregung, Massenkrafterregung etc.) und für verschiedene Zustandsgrößen des Schwingungssystems (z. B. relativer oder absoluter Schwingweg, Schwinggeschwindigkeit, Schwingbeschleunigung, Fundamentkraft etc.) unterscheiden. Dies muß insbesondere bei der Auswertung von Schwingungsmessungen zur Ermittlung von Eigenfrequenzen und Dämpfungen sehr sorgfältig beachtet werden.

Schließlich sei noch bemerkt, daß die Lösung (6.21) bei Dämpfungsfreiheit $D = 0$ und Erregung mit der Eigenkreisfrequenz $\Omega = \omega_0$ nicht gilt, da der Nenner der Vergrößerungsfunktion (6.17) null wird. Die Behandlung dieses Resonanzfalles erfolgt unter Abschnitt 6.5.

Werden allgemeiner die komplexen Amplituden der Schwingungsantwort q_p und einer Eingangsfunktion, beispielsweise der Erregerfunktion f von Gl. (6.8), ins Verhältnis gesetzt, ergibt sich die komplexe Übertragungsfunktion des Systems,

$$H(\Omega) = \frac{\underline{\hat{q}}_p}{\underline{\hat{f}}} = \frac{1}{m\left(\omega_0^2 - \Omega^2 + i2D\omega_0\Omega\right)},$$

die hier bis auf den Skalierungsfaktor $m\,\omega_0^2$ mit der dimensionslosen Vergrößerungsfunktion $\underline{V}$ übereinstimmt,

$$H(\Omega) = \frac{1}{m\,\omega_0^2}\,\underline{V}(\eta,D).$$

Der Skalierungsfaktor ist davon abhängig, welche physikalische Größe man als Systemantwort und welche man als Systemeingang wählt. Wir werden daher zukünftig den Begriff Übertragungsfunktion auch für die normierte Vergrößerungsfunktion verwenden.

Trägt man die Dauerschwingung über die harmonische Erregerfunktion auf, erhält man bei einem linearen System eine Ellipse mit im allgemeinen schräg liegenden Hauptachsen. Ist die Phasenverschiebung $\psi = 0$ oder $\psi = \pi$, so entartet die Ellipse zu einer Geraden. Beträgt sie gerade $\psi = \pi/2$ (z. B. bei Krafterregung in der Resonanz), so fallen die Hauptachsen der Ellipse mit den Koordinatenachsen zusammen. Allgemein nennt man solche Darstellungen Lissajous-Figuren.

- **Anfangsbedingungen:**

Die allgemeine Lösung der inhomogenen Dgl. (6.12) ergibt sich aus der Superposition der allgemeinen Lösung der zugehörigen homogenen Dgl. (5.1) und dem partikulären Integral (6.21) infolge harmonischer Erregung. Bei schwacher Dämpfung hat sie die Form

$$q(t) = e^{-D\omega_0 t}\left[A_c \cos\omega_d t + A_s \sin\omega_d t\right] + \hat{u}\,V(\eta,D)\,\cos[\Omega t + \alpha - \psi(\eta,D)]. \quad (6.22)$$

Durch entsprechende Wahl der beiden Integrationskonstanten A_c und A_s wird die Lösung den Anfangsbedingungen angepaßt. Sind beispielsweise zum Zeitpunkt $t = 0$ die Auslenkung q_0 und die Geschwindigkeit $\dot{q}_0$ bekannt, folgen aus den beiden Bestimmungsgleichungen

$$A_c = q_0 - \hat{u}\,V(\eta,D)\,\cos[\alpha-\psi(\eta,D)]\,,$$

$$-D\,A_c + \sqrt{1-D^2}\,A_s = \frac{\dot{q}_0}{\omega_0} + \hat{u}\,V(\eta,D)\,\frac{\Omega}{\omega_0}\,\sin[\alpha-\psi(\eta,D)]$$

die Integrationskonstanten zu

$$A_c = q_0 - \hat{u}\,V(\eta,D)\,\cos[\alpha-\psi(\eta,D)]\,, \tag{6.23}$$

$$A_s = \frac{1}{\omega_d}\Big\{(\dot{q}_0+D\omega_0\,q_0) - \hat{u}\,V(\eta,D)\,\big[D\omega_0\,\cos[\alpha-\psi(\eta,D)] - \Omega\,\sin[\alpha-\psi(\eta,D)]\big]\Big\}.$$

Sind die Integrationskonstanten ermittelt, so hat man mit (6.22) die spezielle Lösung der inhomogenen Dgl. (6.12), die den vorgegebenen Anfangsbedingungen genügt.

In Abhängigkeit vom Verhältnis von Erregerfrequenz Ω und Eigenfrequenz ω_0 und von den Anfangsbedingungen sind außerordentlich viele Schwingungstypen möglich. Das Bild 6.3 zeigt zwei solche Einschwingvorgänge, einen für $\Omega < \omega_0$ und einen für $\Omega > \omega_0$.

Bei nichtverschwindender Dämpfung $D > 0$ klingen die Eigenschwingungsanteile in Gl. (6.22) ab und mit zunehmender Zeit ist nur die von der harmonischen Erregung

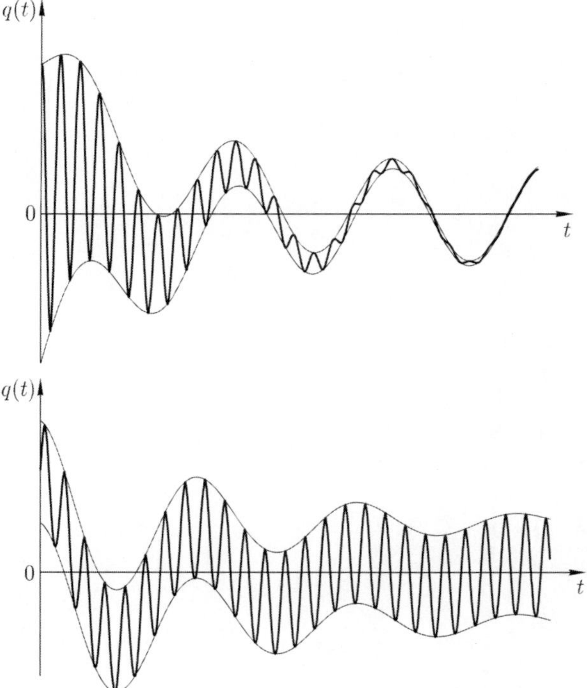

Bild 6.3: Einschwingvorgänge bei harmonischer Erregung; oben bei unterkritischem Betrieb $\Omega < \omega_0$, unten bei überkritischem Betrieb $\Omega > \omega_0$.

erzwungene harmonische Schwingung zu sehen. Der sich einstellende Zustand heißt eingeschwungener Zustand, die verbleibende Bewegung stationäre Schwingung oder Dauerschwingung. Der eingeschwungene Zustand ist durch das partikuläre Integral (6.21) gegeben.

Im stationären Zustand schwingt das System harmonisch mit der Frequenz Ω der Erregung. Amplitude und Phase sind gemäß den Gleichungen (6.18) und (6.19) abhängig vom Frequenzverhältnis η, also dem Verhältnis von Erregerfrequenz Ω zur Kennkreisfrequenz ω_0, und vom Dämpfungsgrad D.

6.4 Unterschiedliche Erregermechanismen

6.4.1 Übersicht

Die äußere Erregung kann auf unterschiedliche Weise auf ein Schwingungssystem einwirken. Die Zahl der möglichen Erregermechanismen ist so groß, daß wir uns hier damit begnügen müssen, einige charakteristische Beispiele zu untersuchen. Oftmals läßt sich ein spezieller Erregermechanismus auf eines oder eine Kombination dieser Beispiele zurückführen. Im einzelnen behandeln wir im folgenden die Fälle

- absoluter Schwingweg bei Feder-Wegerregung,
- absoluter Schwingweg bei Dämpfer-Wegerregung,
- absoluter Schwingweg bei Fußpunkt-Wegerregung,
- relativer Schwingweg bei Fußpunkt-Wegerregung und
- relative Schwinggeschwindigkeit bei Fußpunkt-Wegerregung.

6.4.2 Absoluter Schwingweg bei Feder-Wegerregung

Bei Feder-Wegerregung wird der Endpunkt der Feder des schwingungsfähigen Systems gemäß Bild 6.4 in vorgegebener Weise bewegt. Wir beschränken uns in diesem Abschnitt auf vorgegebene harmonische Bewegungen

$$w(t) = \widehat{w}\,\cos\Omega t \tag{6.24}$$

des Federendpunktes. Als Zustandsgröße betrachten wir die absolute Bewegung $q(t)$ des Körpers.

Die von der Feder auf den Schwingkörper übertragene elastische Kraft ist proportional zum Unterschied der beiden Verschiebungen $q(t)$ und $w(t)$,

$$f = k\,(q - w)\,.$$

Die Absolutbewegung $q(t)$ des Schwingkörpers folgt damit der Bewegungsdifferentialgleichung

$$\ddot{q} + 2D\omega_0\,\dot{q} + \omega_0^2\,q = \omega_0^2\,w(t) \tag{6.25}$$

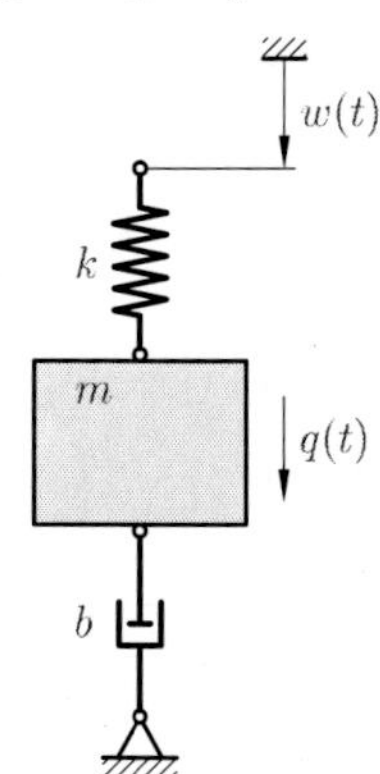

Bild 6.4: Schwinger mit Feder-Wegerregung.

mit den Parametern

$$\omega_0^2 = \frac{k}{m}, \qquad 2D\omega_0 = \frac{b}{m} \qquad \text{und} \qquad \omega_0^2\, u(t) = \omega_0^2\, w(t)\,. \tag{6.26}$$

Die wirksame Erregerfunktion $u(t)$ ist hier also identisch mit der vorgegebenen Bewegung $w(t)$ des Federendpunktes.

Die Bewegungsgleichung hat die selbe Form wie bei der Krafterregung von Abschnitt 6.3; wir können daher die dort berechneten Ergebnisse übernehmen:

Die komplexe Vergrößerungsfunktion

$$\underline{V}(\eta,D) \;=\; \frac{1}{1-\eta^2 + i2D\eta} \tag{6.27}$$

hat die Amplitudenfunktion

$$V(\eta,D) \;=\; \frac{1}{\sqrt{(1-\eta^2)^2 + (2D\eta)^2}} \tag{6.28}$$

und die Phasenfunktion

$$\psi(\eta,D) \;=\; \arctan\frac{2D\eta}{1-\eta^2}\,. \tag{6.29}$$

In Bild 6.5 sind diese charakteristischen Funktionen sowie die Ortskurven von Schwingern mit Feder-Wegerregung in Abhängigkeit von der bezogenen Erregerfrequenz η für verschiedene Dämpfungswerte D aufgetragen.

Die Amplitudenfunktion $V(\eta,D)$ beginnt bei $\eta=0$ beim Wert 1, hat bei $\eta=\sqrt{1-2D^2}$ das Maximum $V_{max}=1/(2D\sqrt{1-D^2})$ und strebt mit $\eta\to\infty$ gegen null. Bei $\eta=1$, also beim Zusammenfallen der Erregerfrequenz Ω mit der Kennkreisfrequenz ω_0, hat die Amplitudenfunktion V den Wert $1/(2D)$.

Im gesamten Frequenzbereich werden die erzwungenen Schwingungen mit zunehmender Dämpfung kleiner. Allerdings ist die Wirkung der Dämpfung in resonanzfernen Bereichen eher gering. Zusatzdämpfung ist daher eine probate Maßnahme zur

Eigenschaft:	η	$V(\eta,D)$	$\psi(\eta,D)$
Statik, $\Omega=0$	0	1	0
Resonanzmaximum	$\sqrt{1-2D^2}$	$\frac{1}{2D\sqrt{1-D^2}}$	$\arctan\frac{\sqrt{1-2D^2}}{D}$
Phasenfunktion unabhängig von der Dämpfung	1	$\frac{1}{2D}$	$\frac{\pi}{2}$
Bei sehr hoher Erregerfrequenz, $\Omega\to\infty$	∞	0	π

Tabelle 6.1: Eigenschaften der komplexen Vergrößerungsfunktion bei Feder-Wegerregung und Krafterregung

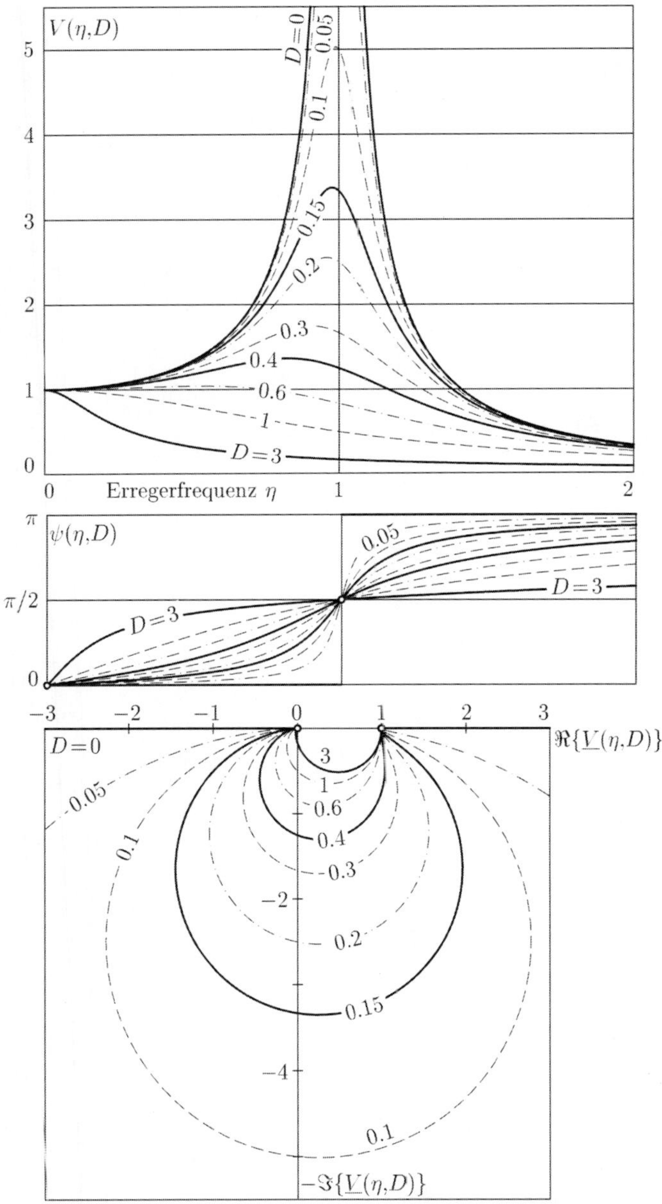

Bild 6.5: Amplituden-, Phasen- und Ortskurven bei Feder-Wegerregung

Bekämpfung von Resonanzschwingungen, aber weniger zur Minderung resonanzferner Schwingungen geeignet.

Im dämpfungsfreien Fall würde die stationäre Amplitude bei Betrieb in der Resonanz mit $\eta=1$ unendlich groß werden. Die sehr großen Amplituden bauen sich jedoch erst mit der Zeit auf, das genaue Zeitverhalten dieses Vorgangs wird im Abschnitt 6.5 untersucht.

Die Phasenkurve $\psi(\eta,D)$ beginnt bei $\eta=0$ bei null, hat bei $\eta=1$ unabhängig vom Dämpfungswert den Wert $\psi=\pi/2$ und nähert sich für große Erregerfrequenzen $\eta\to\infty$ asymptotisch dem Wert π. Diese Eigenschaften sind in der Tabelle 6.1 zusammengefaßt.

6.4.3 Absoluter Schwingweg bei Dämpfer-Wegerregung

Bei der Dämpfer-Wegerregung von Bild 6.6 sind gegenüber der Feder-Wegerregung die Feder und der Dämpfer vertauscht. Hier wird das Dämpferende in vorgegebener Weise mit $w(t)$ bewegt.

Die vom Dämpfer auf den Schwingkörper übertragene Kraft ist proportional zum Unterschied der beiden Geschwindigkeiten $\dot{q}(t)$ und $\dot{w}(t)$,

$$f = b\,(\dot{q}-\dot{w})\,. \tag{6.30}$$

Die Absolutbewegung $q(t)$ des Schwingkörpers folgt damit der Bewegungsdifferentialgleichung

$$\ddot{q} + 2D\omega_0\,\dot{q} + \omega_0^2\,q = 2D\omega_0\,\dot{w}(t)\,. \tag{6.31}$$

Die wirksame Erregerfunktion $u(t)$ ist hier also proportional zur Geschwindigkeit $\dot{w}(t)$ des Federendpunktes und damit zur ersten Ableitung des vorgegebenen Erregerweges $w(t)$.

Die komplexe Ergänzung führt auf die komplexe Differentialgleichung

$$\underline{\ddot{q}} + 2D\omega_0\,\underline{\dot{q}} + \omega_0^2\,\underline{q} = i\,2D\omega_0\,\Omega\,\hat{w}\,e^{i\Omega t}\,, \tag{6.32}$$

aus der mit dem Gleichtaktansatz (6.14) die komplexe Vergrößerungsfunktion

$$\underline{V}(\eta,D) = \frac{i2D\eta}{1-\eta^2+i2D\eta} \tag{6.33}$$

mit der Amplitudenfunktion

$$V(\eta,D) = \frac{2D\eta}{\sqrt{(1-\eta^2)^2+(2D\eta)^2}} \tag{6.34}$$

und der Phasenfunktion

$$\psi(\eta,D) = \arctan\frac{\eta^2-1}{2D\eta} \tag{6.35}$$

folgt.

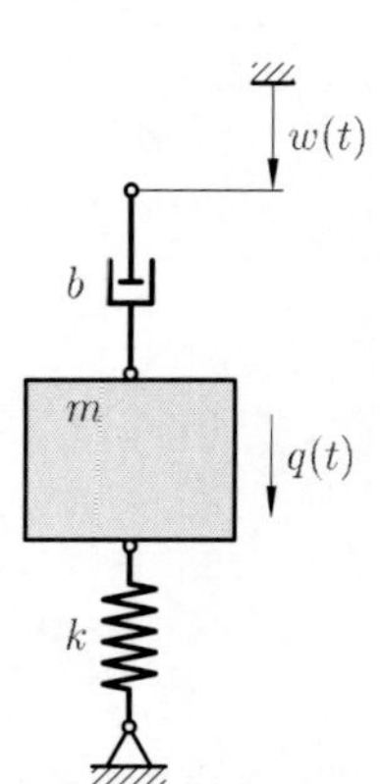

Bild 6.6: Schwinger mit Dämpfer-Wegerregung.

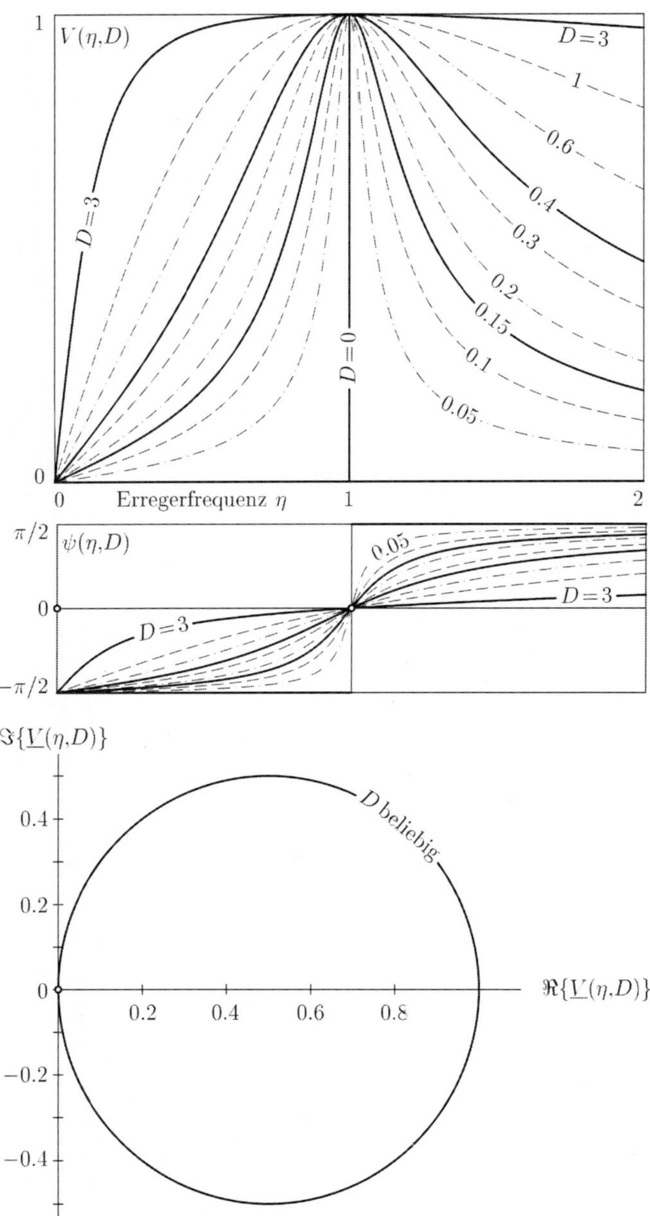

Bild 6.7: Amplituden-, Phasen- und Ortskurven bei Dämpfer-Wegerregung

Die Funktionen $V(\eta,D)$ und $\psi(\eta,D)$ beschreiben die Übertragung der Verschiebung $w(t)$ des Dämpferendpunktes zum absoluten Schwingweg $q(t)$ des Schwingkörpers.

Man beachte, daß das Argument des Arkustangens in Gl. (6.35) gerade reziprok zu dem bei Feder-Wegerregung in Gl. (6.29) ist. Die Phasenkurve ist also um $\pi/2$ verschoben.

Das Bild 6.7 verdeutlicht das Übertragungsverhalten von Systemen mit Dämpfer-Wegerregung. Die charakteristischen Eigenschaften der komplexen Vergrößerungsfunktion sind in der Tabelle 6.2 zusammengefaßt.

Eigenschaft:	η	$V(\eta,D)$	$\psi(\eta,D)$
Statik, $\Omega=0$	0	0	$-\frac{\pi}{2}$
Resonanzmaximum	1	1	0
Phasenfunktion unabhängig von der Dämpfung	1	1	0
Bei sehr hoher Erregerfrequenz, $\Omega\to\infty$	∞	0	$\frac{\pi}{2}$

Tabelle 6.2: Eigenschaften der Vergrößerungsfunktion bei Dämpfer-Wegerregung

6.4.4 Absoluter Schwingweg bei Fußpunkt-Wegerregung

Bei Fußpunkt-Wegerregung wird der schwingungsfähige Körper gemäß Bild 6.8 gleichzeitig über die Feder und den Dämpfer erregt, indem die Bewegung $w(t)$ des gemeinsamen Fußpunktes von Feder und Dämpfer vorgegeben wird.

Die Bewegungsgleichung

$$\ddot{q} + 2D\omega_0\,\dot{q} + \omega_0^2\,q = \omega_0^2\,w(t) + 2D\omega_0\,\dot{w}(t) \qquad (6.36)$$

für den Absolutweg $q(t)$ des Schwingkörpers enthält als Erregung die Verschiebung $w(t)$ und die Geschwindigkeit $\dot{w}(t)$ des Fußpunktes.

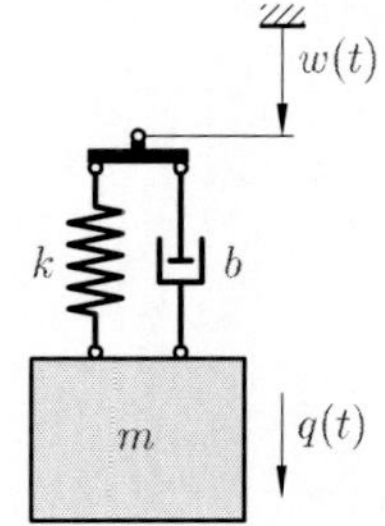

Bild 6.8: Schwinger mit Fußpunkt-Wegerregung.

Mit dem Gleichtaktansatz (6.14) folgt aus der komplex ergänzten Bewegungsgleichung

$$\underline{\ddot{q}} + 2D\omega_0\,\underline{\dot{q}} + \omega_0^2\,\underline{q} = (\omega_0^2 + i2D\omega_0\,\Omega)\,\widehat{w}\,e^{i\Omega t} \qquad (6.37)$$

die komplexe Vergrößerungsfunktion

$$\underline{V}(\eta,D) = \frac{1+i2D\eta}{1-\eta^2+i2D\eta}, \qquad (6.38)$$

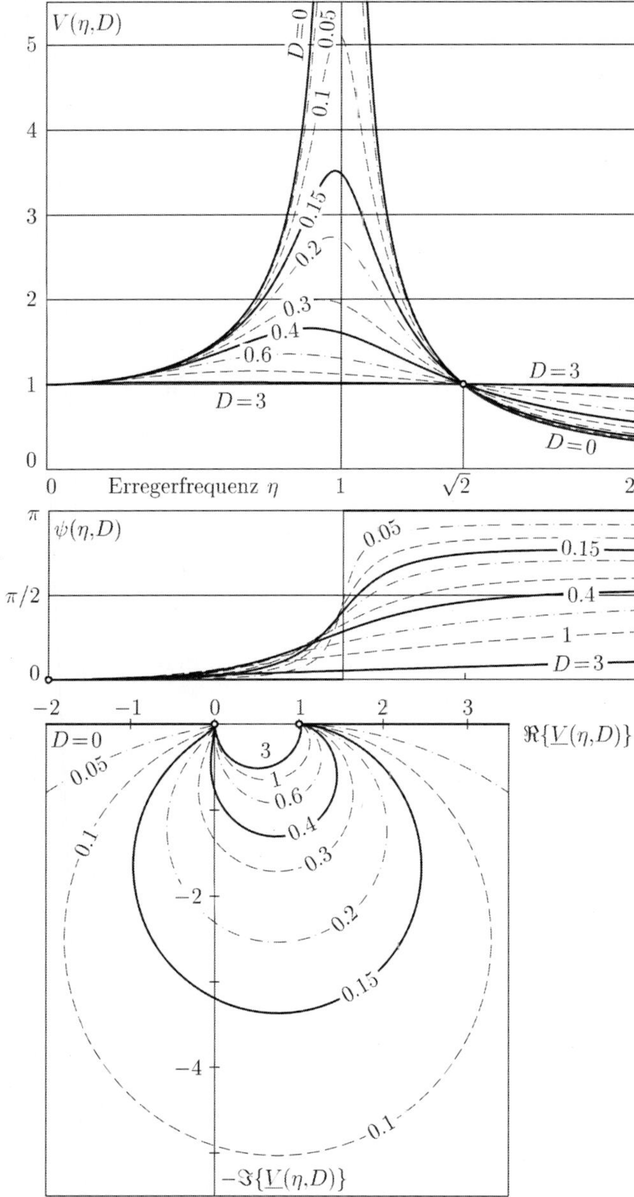

Bild 6.9: Amplituden-, Phasen- und Ortskurven bei Fußpunkt-Erregung

aus der sich die Amplitudenfunktion

$$V(\eta,D) = \sqrt{\frac{1+(2D\eta)^2}{(1-\eta^2)^2+(2D\eta)^2}} \tag{6.39}$$

und die Phasenfunktion

$$\psi(\eta,D) = \arctan\frac{2D\eta^3}{(1-\eta^2)+(2D\eta)^2} \tag{6.40}$$

ergeben.

Die charakteristischen Eigenschaften der Vergrößerungsfunktion bei Fußpunkt-Wegerregung sind den Frequenzgängen von Bild 6.9 sowie der Tabelle 6.3 zu entnehmen. Bei Erregerfrequenzen unterhalb von $\Omega = \sqrt{2}\,\omega_0$ werden die Schwingungsausschläge mit wachsender Dämpfung D kleiner. Oberhalb von $\sqrt{2}\,\omega_0$ nehmen sie hingegen mit der Dämpfung zu. Hier ist also die Dämpfung kontraproduktiv. Außerdem ist den Phasenkurven zu entnehmen, daß die Kennkreisfrequenz ω_0 in diesem Fall nicht durch eine dämpfungsunabhängige Phasenverschiebung von $\pi/2$ gekennzeichnet ist.

Eigenschaft:	η	$V(\eta,D)$	$\psi(\eta,D)$
Statik, $\Omega=0$	0	1	0
Resonanzmaximum	$\approx\sqrt{1-2D^2}$	$\approx\frac{1}{2D}\sqrt{1+5D^2}$	$\approx\arctan\frac{1}{3D}$
Vergrößerungsfunktion unabhängig von der Dämpfung	$\sqrt{2}$	1	$\arctan\frac{4\sqrt{2}D}{8D^2-1}$
Bei sehr hoher Erregerfrequenz, $\Omega\to\infty$	∞	0	$\frac{\pi}{2}$

Tabelle 6.3: Eigenschaften der Vergrößerungsfunktion bei Fußpunkt-Erregung

6.4.5 Relativer Schwingweg bei Fußpunkt-Wegerregung

Wird beim System von Bild 6.8 nicht die absolute Verschiebung $q(t)$ des Körpers, sondern gemäß Bild 6.10 die Relativverschiebung

$$q_r = q - w$$

zwischen dem Körper und dem bewegten Fußpunkt als Zustandsgröße benutzt, so lautet der Kräftesatz

$$m\,\ddot{q} = m\,(\ddot{q}_r+\ddot{w}) = -k\,q_r - b\,\dot{q}_r\,.$$

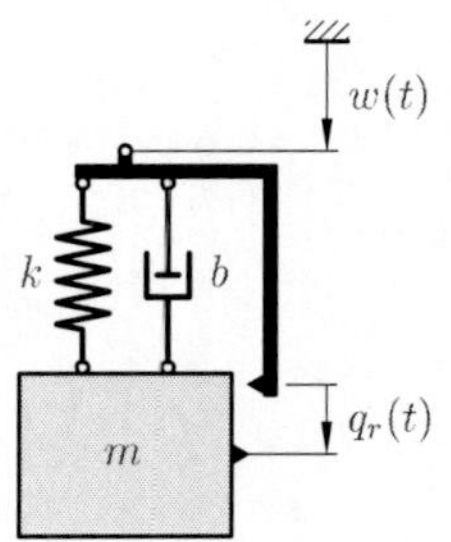

Bild 6.10: Relativer Schwingweg bei Fußpunkt-Wegerregung

Die absolute Beschleunigung $\ddot{q} = (\ddot{q}_r + \ddot{w})$ ist proportional zu den auf den Körper wirkenden Feder- und Dämpfungskräften.

Als Bewegungsgleichung ergibt sich somit

$$\ddot{q}_r + 2D\omega_0\,\dot{q}_r + \omega_0^2\,q_r = -\ddot{w}(t)\,. \tag{6.41}$$

Da die zweite Zeitableitung der Erregerfunktion $w(t)$ auf der rechten Seite der Bewegungsdifferentialgleichung auftritt, spricht man auch von Massenkrafterregung.

Bei harmonischer Erregung löst der Gleichtaktansatz (6.14) die komplex ergänzte Bewegungsgleichung

$$\ddot{\underline{q}}_r + 2D\omega_0\,\dot{\underline{q}}_r + \omega_0^2\,\underline{q}_r = \Omega^2\,\widehat{w}\,e^{i\Omega t}\,. \tag{6.42}$$

Man erhält die komplexe Vergrößerungsfunktion

$$\underline{V}(\eta,D) = \frac{\eta^2}{1-\eta^2+i2D\eta} \tag{6.43}$$

mit der Amplitudenfunktion

$$V(\eta,D) = \frac{\eta^2}{\sqrt{(1-\eta^2)^2+(2D\eta)^2}} \tag{6.44}$$

und der Phasenfunktion

$$\psi(\eta,D) = \arctan\frac{2D\eta}{1-\eta^2}\,. \tag{6.45}$$

Sie beschreibt das Übertragungsverhalten zwischen der Fußpunktverschiebung $w(t)$ und der Relativverschiebung $q_r(t)$ des Schwingkörpers.

Hier liegt das Resonanzmaximum etwas oberhalb der Kennkreisfrequenz ω_0. Die Phasenfunktion $\psi(\eta,D)$ ist identisch mit der bei Kraft- und Feder-Wegerregung.

Das beschriebene Prinzip benutzt man bei seismischen Sensoren in der Schwingungsmeßtechnik. Dort wird es Absolut-Meßprinzip genannt, da die elektrisch meßbare Relativbewegung $q_r(t)$ der schwingungsfähigen seismischen Masse m gegenüber dem

Eigenschaft:	η	$V(\eta,D)$	$\psi(\eta,D)$
Statik, $\Omega=0$	0	0	0
Phasenfunktion unabhängig von der Dämpfung	1	$\frac{1}{2D}$	$\frac{\pi}{2}$
Resonanzmaximum	$\frac{1}{\sqrt{1-2D^2}}$	$\frac{1}{2D\sqrt{1-D^2}}$	$\arctan\frac{-\sqrt{1-2D^2}}{D}$
Bei sehr hoher Erregerfrequenz, $\Omega\to\infty$	∞	1	π

Tabelle 6.4: Eigenschaften der Vergrößerungsfunktion der Relativverschiebung bei Fußpunkt-Erregung

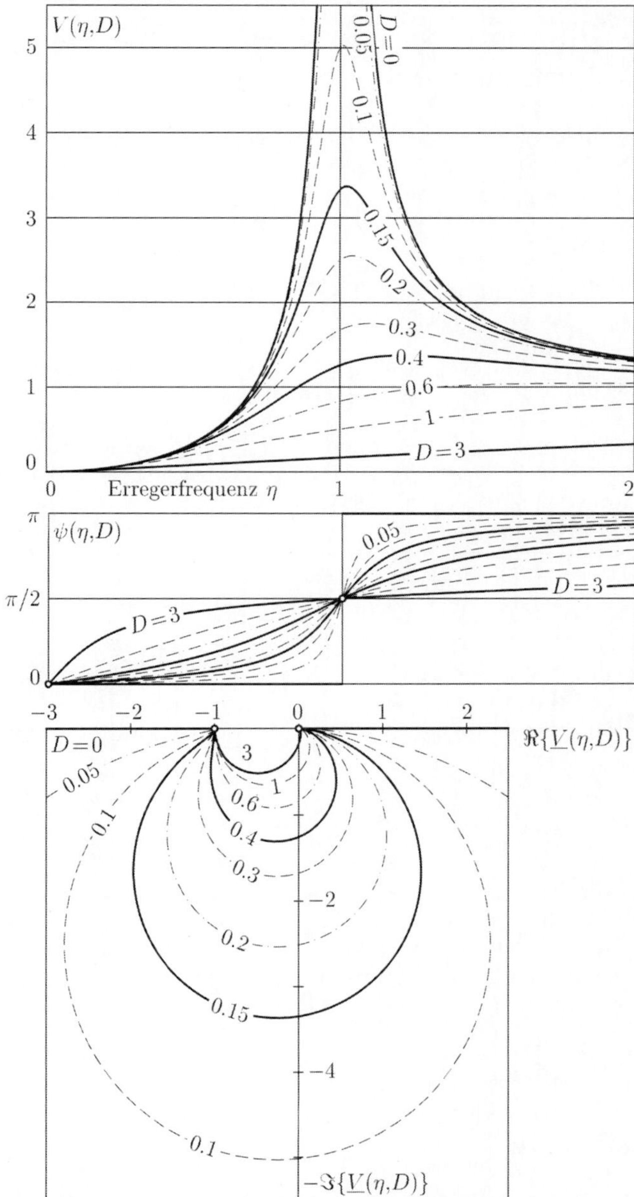

Bild 6.11: Amplituden-, Phasen- und Ortskurven der Relativverschiebung bei Fußpunkt-Wegerregung

Gerätegehäuse oberhalb einer gewissen Grenzfrequenz ($\approx 2\omega_0$) proportional der eigentlich zu messenden absoluten Bewegung $w(t)$ des Gerätegehäuses ist. Aus der Relativbewegung $q_r(t)$ wird also auf die absolute Bewegung $w(t)$ des Gehäuses geschlossen.

Zur verzerrungsfreien Messung nichtharmonischer Wegsignale muß beim Absolut-Meßprinzip die Eigenfrequenz ω_0 des Meßgerätes deutlich unter der minimalen Signalfrequenz Ω_{min} liegen ($\eta > 2$). Der Sensor wird überkritisch betrieben. Je tiefer seine Eigenfrequenz ω_0 ist, umso geringer bleiben die Signalverzerrungen.

6.4.6 Relative Schwinggeschwindigkeit bei Fußpunkt-Wegerregung

Schließlich wollen wir noch einen Fall behandeln, bei dem Ein- und Ausgangsgrößen unterschiedlicher physikalischer Natur sind. Als Beispiel betrachten wir einen elektrodynamischen Geschwindigkeitsaufnehmer, der nach dem Prinzip von Bild 6.12 arbeitet. Eine magnetische seismische Masse m bewegt sich in der im Sensorgehäuse befestigten Spule. Die vom Sensor abgegebene elektrische Spannung ist nach dem elektrodynamischen Gesetz proportional zur relativen Schwinggeschwindigkeit $\dot{q}_r = v_r$ der seismischen Masse gegenüber dem Gehäuse. Die Eingangsgröße dieses Gerätes ist also der Schwingweg $w(t)$ der Unterlage, die Ausgangsgröße die relative Schwinggeschwindigkeit $v_r(t)$ der seismischen Masse.

Die Bewegungsgleichung (6.41) beschreibt den relativen Schwingweg $q_r(t)$, als Ausgangsgröße benötigen wir jedoch die Relativgeschwindigkeit $v_r(t)$. Um die relative Schwinggeschwindigkeit zu ermitteln, hat man zwei Möglichkeiten:

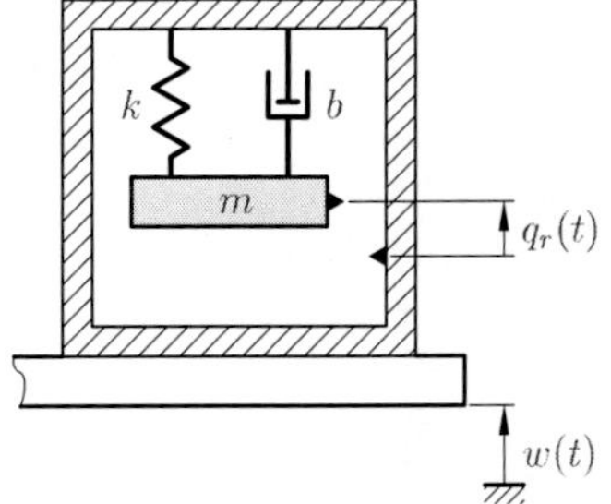

Bild 6.12: Seismischer Geschwindigkeitsaufnehmer

Zum einen kann man gemäß Abschnitt 6.4.5 zunächst den relativen Schwingweg $q_r(t)$ berechnen und diesen anschließend differenzieren.

Zum anderen kann man die Bewegungsdifferentialgleichung direkt für die gesuchte Relativgeschwindigkeit $v_r(t)$ formulieren. Dazu differenziert man die Bewegungsdifferentialgleichung (6.41) für die Relativverschiebung und substituiert $\dot{q}_r = v_r$. Die so ermittelte Bewegungsgleichung

$$\ddot{v}_r + 2D\omega_0\,\dot{v}_r + \omega_0^2\,v_r \;=\; -\dddot{w}(t) \tag{6.46}$$

für die meßbare Relativgeschwindigkeit $v_r(t)$ enthält auf der rechten Seite die dritte Zeitableitung des Erregerweges $w(t)$.

Die komplexe Übertragungsfunktion

$$H(\eta,D) = \omega_0\,\frac{i\eta^3}{1-\eta^2+i2D\eta} \tag{6.47}$$

zwischen der Bewegung $w(t)$ des Fußpunktes und der Relativgeschwindigkeit $v_r(t)$ ist hier nicht mehr einheitenfrei, weil sie zwei physikalische Größen mit unterschiedlichen Einheiten ins Verhältnis setzt.

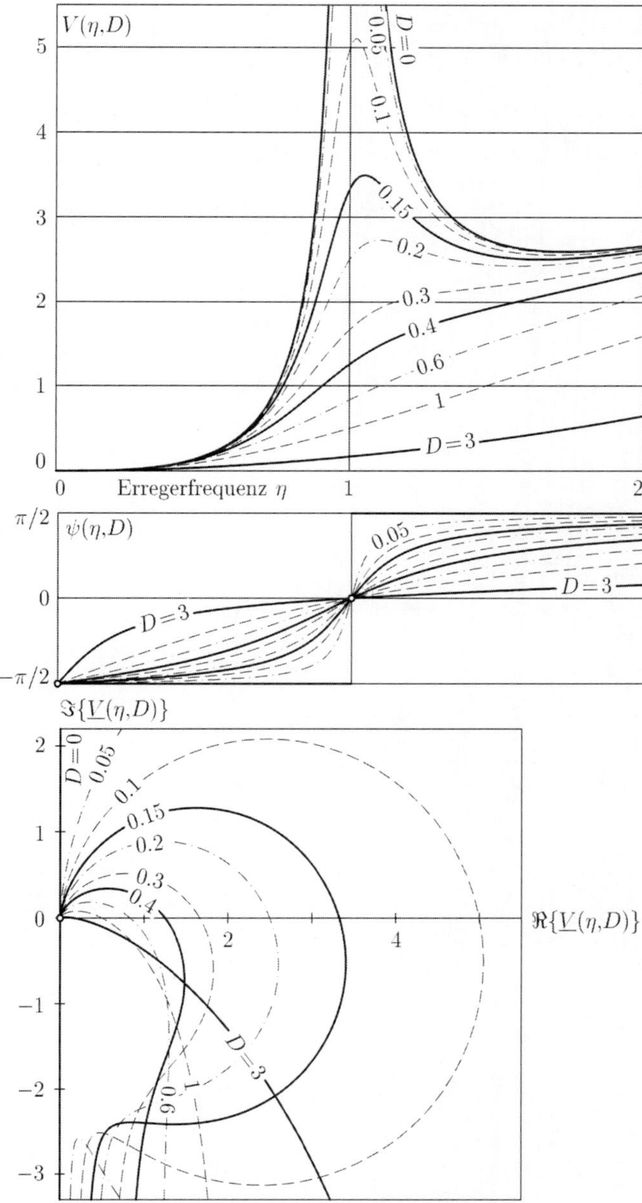

Bild 6.13: Amplituden-, Phasen- und Ortskurven der Relativgeschwindigkeit bei Fußpunkt-Wegerregung

Die auf ω_0 bezogene, normierte Amplitudenfunktion

$$V(\eta,D) = \frac{|H(\eta,D)|}{\omega_0} = \frac{\eta^3}{\sqrt{(1-\eta^2)^2 + (2D\eta)^2}} \tag{6.48}$$

der Relativgeschwindigkeit $v_r(t)$ gegenüber dem Erregerweg $w(t)$ zeigt bei $\eta = 1$ die bekannte Resonanz. Im überkritischen Bereich ($\eta > 1$) nimmt sie mit wachsender Erregerfrequenz Ω in etwa linear mit η zu, also in gleicher Weise, wie die Schwinggeschwindigkeit $\dot{w}$ der Basis bei konstanter Erregeramplitude $\hat{w}$.

Die Phasenfunktion

$$\psi(\eta,D) = \arctan\frac{\eta^2-1}{2D\eta}$$

ist identisch mit der bei Dämpfer-Wegerregung von Abschnitt 6.4.3.

Eigenschaft:	η	$V(\eta,D)$	$\psi(\eta,D)$
Statik, $\Omega=0$	0	0	$-\frac{\pi}{2}$
Resonanzmaximum	$\approx \sqrt{1+(2D)^2}$	$\approx \frac{1}{2D}\sqrt{1+(2D)^2}$	$\approx \arctan(2D)$
Phasenfunktion unabhängig von der Dämpfung	1	$\frac{1}{2D}$	0
Bei sehr hoher Erregerfrequenz, $\Omega\to\infty$	∞	∞	$\frac{\pi}{2}$

Tabelle 6.5: Eigenschaften der Vergrößerungsfunktion der Relativgeschwindigkeit bei Fußpunkt-Wegerregung

Betrachtet man als Eingangsgröße jedoch die Geschwindigkeit $\dot{w}(t)$, so folgt aus

$$\hat{v}_r = \hat{w}\, H(\eta,D) \tag{6.49}$$

die Beziehung

$$|\hat{v}_r| = \hat{w}\,\Omega\,\frac{|H(\eta,D)|}{\Omega} = \hat{\dot{w}}\,\frac{|H(\eta,D)|}{\Omega} = \hat{\dot{w}}\,\frac{\eta^2}{\sqrt{(1-\eta^2)^2 + (2D\eta)^2}}. \tag{6.50}$$

Die neue Vergrößerungsfunktion zwischen der Relativgeschwindigkeit $v_r(t)$ der seismischen Masse und der Erregergeschwindigkeit $\dot{w}(t)$ ist in Bild 6.14 dargestellt. Sie beschreibt das Übertragungsverhalten von elektrodynamischen Geschwindigkeitsaufnehmern. Die relative Schwinggeschwindigkeit wird direkt in eine Ausgangsspannung $u(t)$ umgesetzt.

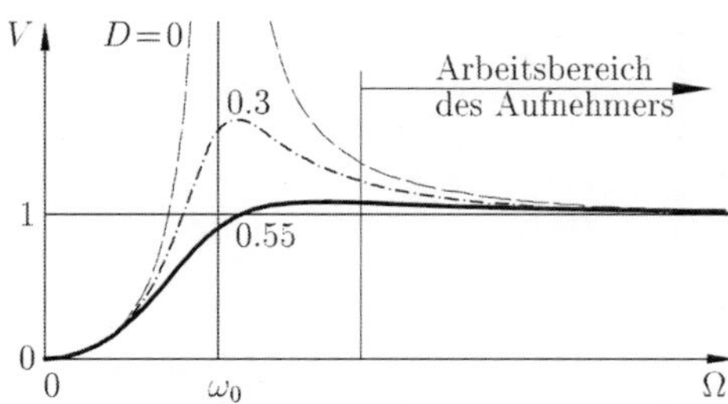

Bild 6.14: Vergrößerungsfunktion $v_r \sim u(t)$ zu $\dot{w}$

Die Ausgangsspannung $u(t)$ des Schwingungsaufnehmers zeigt bei Frequenzen Ω oberhalb von etwa $1.5\,\omega_0$ die absolute Geschwindigkeit $\dot{w}(t)$ der Unterlage verzerrungsfrei an. Durch die Phasenverschiebung von $\psi \approx \pi$ tritt lediglich eine Vorzeichenumkehr auf. Aufnehmer dieser Bauart werden Absolutaufnehmer genannt.

Beispiel 6.4:

Das schwingungsfähige System von Bild B6.4.1 besitzt zwei Federn und zwei Dämpfer, die paarweise als Kelvin-Voigt-Modelle zusammengeschaltet sind. Das Ende des einen Feder-Dämpfer-Elementes wird mit der Erregeramplitude $\widehat{w}$ und der Erregerfrequenz Ω harmonisch bewegt, $w(t) = \widehat{w} \sin \Omega t$.

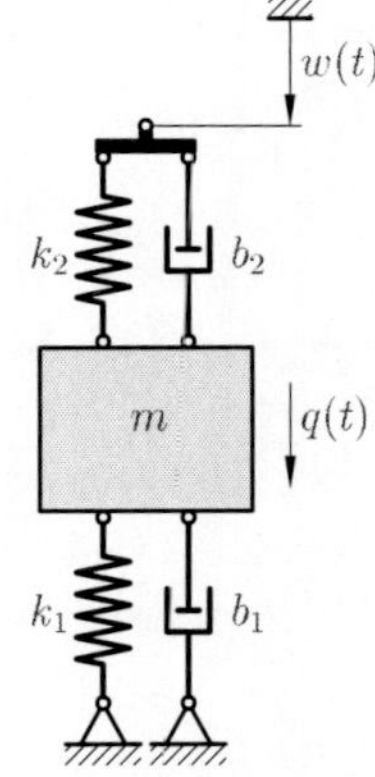

Bild B6.4.1: Gefesselter, fußpunkterregter Schwinger

Zur Ermittlung der Bewegungsgleichung für die Absolutbewegung $q(t)$ schneiden wir den Körper frei, wenden den Kräftesatz an,

$$m\,\ddot{q} = -f_1 - f_2\,,$$

und setzen die Stoffgesetze

$$f_1 = b_1\dot{q} + k_1 q \qquad \text{und}$$

$$f_2 = b_2(\dot{q} - \dot{w}) + k_2(q - w)$$

ein. Dies liefert mit den Abkürzungen

$$\nu = \frac{k_2}{k_1 + k_2} \qquad \text{und} \qquad \beta = \frac{b_2}{b_1 + b_2}$$

die Bewegungsgleichung

$$\ddot{q} + 2D\omega_0\,\dot{q} + \omega_0^2\,q = \nu\,\omega_0^2\,w(t) + \beta\,2D\omega_0\,\dot{w}(t)$$

in Normalform. Die Erregerfunktion $w(t)$ ist eine Sinus-Funktion. Daher ist die reelle Lösung

$$q(t) = \Im\{\underline{q}(t)\}$$

der Imaginärteil der Lösung $\underline{q}(t)$ der komplex ergänzten Bewegungsgleichung

$$\ddot{\underline{q}} + 2D\omega_0\,\dot{\underline{q}} + \omega_0^2\,\underline{q} = \left[\nu\,\omega_0^2 + i\beta\,2D\omega_0\,\Omega\right]\widehat{w}\,e^{i\Omega t}.$$

Der Gleichtaktansatz (6.14) führt über

$$\left[-\Omega^2 + i2D\omega_0\Omega + \omega_0^2\right]\underline{\widehat{q}} = \left[\nu\omega_0^2 + i\beta\,2D\omega_0\,\Omega\right]\widehat{w}$$

auf die komplexeVergrößerungsfunktion

$$\underline{V}(\eta,D) = \frac{\nu + \beta i 2D\eta}{1-\eta^2 + i2D\eta},$$

die den eingeschwungenen Zustand charakterisiert. Betragsbildung liefert die Amplitudenfunktion

$$V(\eta,D) = \sqrt{\frac{\nu^2 + \beta^2 (2D\eta)^2}{(1-\eta^2)^2 + (2D\eta)^2}},$$

und der negative Winkel in der komplexen Ebene liefert die Phasenfunktion

$$\psi(\eta,D) = \arctan \frac{[\nu - \beta(1-\eta^2)]\, 2D\eta}{\nu(1-\eta^2) + \beta(2D\eta)^2}.$$

Im eingeschwungenen Zustand, also nach dem Abklingen der Eigenschwingungen, verbleibt die Dauerschwingung

$$q(t) = \Im\{\underline{q}(t)\} = \widehat{w}\, V(\eta,D) \sin[\Omega t - \psi(\eta,D)].$$

Die komplexe Vergrößerungsfunktion dieses Beispiels schließt einige der vorher behandelten Erregermechanismen ein: So ergeben sich z. B.

- mit $\nu=1$ und $\beta=0$ die Feder-Wegerregung von 6.4.2,
- mit $\nu=0$ und $\beta=1$ die Dämpfer-Wegerregung von 6.4.3 und
- mit $\nu=1$ und $\beta=1$ die reine Fußpunkt-Wegerregung von 6.4.4.

Die Bilder B6.4.3 und B6.4.2 zeigen die Amplitudenfunktionen für den festen Dämpfungswert $D=0.1$ zum einen für verschiedene Dämpferverhältnisse β und zum anderen

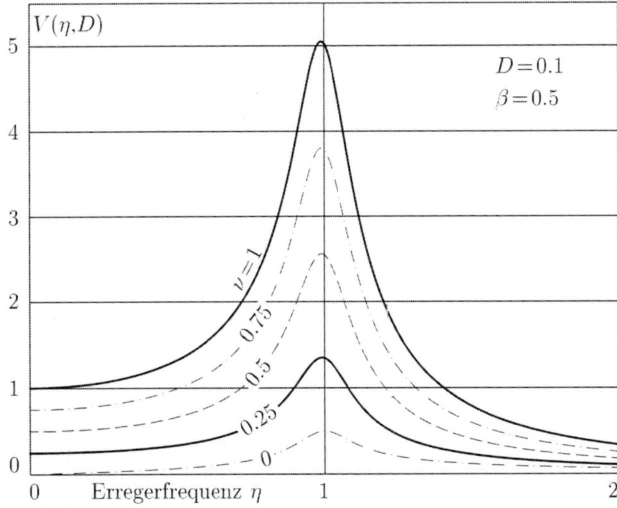

Bild B6.4.2: Amplitudenfunktion des Systems von Bild B6.4.1 für verschiedene Steifigkeitsverhältnisse ν

für verschiedene Steifigkeitsverhältnisse ν. Schon die wenigen dargestellten Fälle zeigen, daß es eine Vielzahl möglicher Verläufe von charakteristischen Amplituden- und Phasenfunktionen gibt.

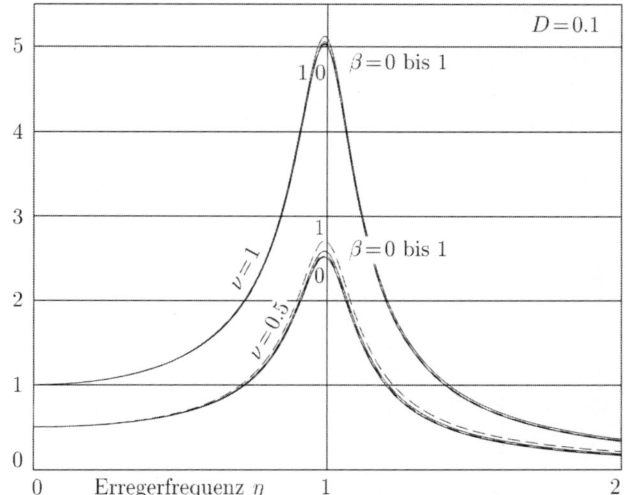

Bild B6.4.3: Amplitudenfunktion des Systems von Bild B6.4.1 für verschiedene Dämpferverhältnisse β

Beispiel 6.5: Fahrzeug auf welliger Fahrbahn

Ein Fahrzeug fährt mit der konstanten Geschwindigkeit v über eine sinusförmig gewellte Fahrbahn. Die Wellenlänge beträgt l und die Amplitude der Bodenwellen $\hat{w}$. Das Fahrzeug mit der Masse m ist gefedert, die Gesamtfederkonstante beträgt k. Parallel zu den Federn besitzt es lineare Schwingungsdämpfer (oft irreführend Stoßdämpfer genannt) mit der Gesamtdämpferkonstanten b. Zur Untersuchung der Vertikalschwingungen kann das Fahrzeug in erster Näherung als Schwinger mit einem

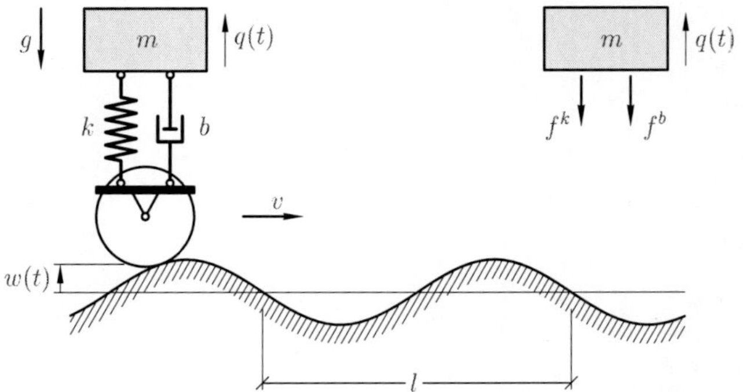

Bild B6.5.1: Fahrzeug auf welliger Fahrbahn und Freikörperbild

Freiheitsgrad aufgefaßt werden, wozu die Massen und Nachgiebigkeiten der Räder und Achsen vernachlässigt werden müssen.

Wir wollen im folgenden die Bewegungsgleichung für die absolute Aufbaubewegung $q(t)$ aufstellen, die Dauerschwingung berechnen, das Übertragungsverhalten analysieren, die Aufstandskraft berechnen und schließlich den Geschwindigkeitsbereich ermitteln, in dem die Räder vom Boden abheben.

Wir betrachten dazu die Bewegung $q(t)$ um die statische Ruhelage. Gewicht mg und statische Federvorspannkraft heben sich auf und werden daher zunächst nicht berücksichtigt.

a) Ersatzsystem und Bewegungsdifferentialgleichung:
Kräftesatz:

$$m\ddot{q} = -f^b - f^k$$

Stoffgesetze:

$$f^b = b(\dot{q} - \dot{w}), \qquad f^k = k(q - w)$$

Bewegungsgleichung für die absolute Aufbaubewegung:

$$\ddot{q} + 2D\omega_0\dot{q} + \omega_0^2 q = \omega_0^2 w(t) + 2D\omega_0 \dot{w}(t)$$

Erregerfunktion:

$$w(t) = \widehat{w}\sin\Omega t \qquad \text{mit} \qquad 2\pi = \Omega T = \Omega\frac{l}{v} \qquad \Longrightarrow \qquad \Omega = 2\pi\frac{v}{l}$$

b) Bewegung im eingeschwungenen Zustand:
Der Gleichtaktansatz (6.14) macht die komplex ergänzte Bewegungsgleichung

$$\underline{\ddot{q}} + 2D\omega_0\underline{\dot{q}} + \omega_0^2\underline{q} = \left[\omega_0^2 + i2D\omega_0\Omega\right]\widehat{w}\, e^{i\Omega t}$$

zeitfrei,

$$\left[-\Omega^2 + i2D\omega_0\Omega + \omega_0^2\right]\underline{\widehat{q}} = \left[\omega_0^2 + i2D\omega_0\Omega\right]\widehat{w}$$

und liefert die komplexe Vergrößerungsfunktion

$$\underline{V}(\eta,D) = \frac{1 + i2D\eta}{1-\eta^2 + i2D\eta},$$

die sich in die Amplitudenfunktion

$$V(\eta,D) = \sqrt{\frac{1 + (2D\eta)^2}{(1-\eta^2)^2 + (2D\eta)^2}}$$

und die Phasenfunktion

$$\psi(\eta,D) = \arctan\frac{2D\eta^3}{1-\eta^2 + (2D\eta)^2}$$

aufspalten läßt.

c) Eigenschaften der Vergrößerungsfunktion:

Bild 6.9 zeigt die Amplituden- und Phasenfunktionen für verschiedene Dämpfungswerte.

An den Frequenzen $\eta = 0$ und $\eta = \sqrt{2}$ nimmt die Amplitudenfunktion $V(\eta,D)$ – unabhängig vom speziell vorliegenden Dämpfungsmaß D – den Wert 1 an. Diese Frequenzwerte erhält man aus der Forderung, daß die Vorfaktoren der Dämpfungsterme im Zähler und Nenner der Amplitudenfunktion $V(\eta,D)$ im selben Verhältnis stehen wie die dämpfungsunabhängigen Glieder,

$$\frac{1}{1} = \frac{1}{(1-\eta^2)^2}\,.$$

Die Erregerfrequenz für das Amplitudenmaximum folgt aus der Forderung

$$\frac{d}{d\eta^2}\left[\frac{1+(2D)^2\,\eta^2}{(1-\eta^2)^2+(2D)^2\,\eta^2}\right] = 0\,.$$

Die Ausrechnung liefert für η^2 die quadratische Gleichung

$$2D^2\eta^4 + \eta^2 - 1 = 0$$

mit der positiven Wurzel

$$\eta = \frac{1}{2D}\sqrt{\sqrt{1+8D^2}-1} \approx 1\,.$$

Phasenverschiebungen $\psi(\eta,D)$ größer als $\pi/2$ treten nur auf, wenn der Nenner $(1-\eta^2)+(2D\eta)^2$ der Phasenfunktion negativ wird. Für Dämpfungen $D>0.5$ ist der Nenner immer positiv und die Phasenverschiebung bleibt dafür stets kleiner als $\pi/2$.

d) Aufstandskraft:

Die tatsächliche Aufstandskraft $F_B(t)$ resultiert nicht nur aus den dynamischen Anteilen der Feder- und Dämpferkräfte, auch die statische Vorlast infolge des Gewichtes mg muß mit berücksichtigt werden,

$$F_B(t) = mg - b(\dot{q}-\dot{w}) - k(q-w) = mg + m\ddot{q} =$$
$$= m\left\{g - \Omega^2\,\widehat{w}\,V(\eta,D)\sin\left[\Omega t-\psi(\eta,D)\right]\right\}.$$

Ein Abheben der Räder vom Boden wird vermieden, wenn die Aufstandskraft stets positiv bleibt. Dies führt über

$$g - \omega_0^2\,\widehat{w}\,\eta^2\,V(\eta,D)\sin\left[\Omega t-\psi(\eta,D)\right] > 0$$

auf die Bedingung

$$\eta^2\,V(\eta,D) = \eta^2\sqrt{\frac{1+(2D\eta)^2}{(1-\eta^2)^2+(2D\eta)^2}} < \frac{g}{\omega_0^2\,\widehat{w}}\,.$$

Der Frequenzgang der linken Seite dieser Ungleichung ist für verschiedene Dämpfungswerte in Bild B6.5.2 dargestellt. Immer dort, wo die Kurve unter dem Grenzwert $g/(\omega_0^2\,\widehat{w})$ liegt, bleiben die Reifen am Boden. Überschreitet der Frequenzgang den

Grenzwert, heben die Räder (zeitweise) von der Fahrbahn ab. Da ein Abheben der Räder die Straßenlage eines Fahrzeuges erheblich verringert, kommt bei der Fahrwerksauslegung der Frage der Dämpfung besondere Beachtung zu. Die Kurven in Bild B6.5.2 zeigen, daß Dämpfungswerte existieren, die bei nicht allzu großer Straßenunebenheit $\widehat{w}$ in einem großen Geschwindigkeitsbereich das Abheben der Räder verhindern. Zu schwache Dämpfung (wirkungslose, leichtgängige Schwingungsdämpfer) oder zu starke Dämpfung (eingerostete oder verstopfte Schwingungsdämpfer) erhöhen die Gefahr des Abhebens und verschlechtern die Straßenlage.

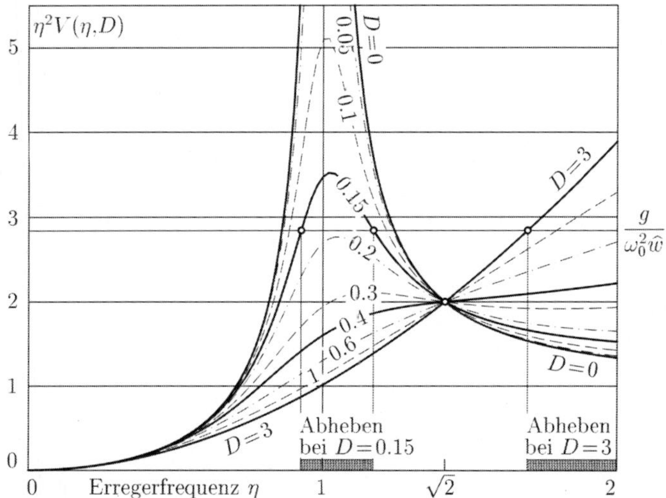

Bild B6.5.2: Bodenkraftamplitude in Abhängigkeit von der Erregerfrequenz

Beispiel 6.6: Pendel im Turmzimmer

In einem Turmzimmer befindet sich ein mathematisches Pendel mit der Pendelmasse m und der Pendellänge l. Das Pendel ist geschwindigkeitsproportional gedämpft. Das Dämpfungsmaß D ist aus einem Ausschwingversuch des Pendels bei ruhendem Turm bekannt. Infolge harmonischer Horizontalbewegung des Turmes führt das Pendel kleine erzwungene Schwingungen der Form

$$\varphi(t) = q(t) = \widehat{\varphi} \cos \Omega t$$

aus. Aus dieser meßbaren Pendelschwingung soll auf die harmonische Horizontalbewegung

$$u(t) = \widehat{u} \cos [\Omega t + \alpha]$$

des Turmzimmers geschlossen werden.

Der Kräftesatz für die freigeschnittene Pendelmasse in horizontaler und vertikaler Richtung liefert die beiden Gleichungen

$$m \left[\ddot{u} + l(\ddot{\varphi} \cos \varphi - \dot{\varphi}^2 \sin \varphi) \right] = -S \sin \varphi - b l \dot{\varphi} \cos \varphi ,$$

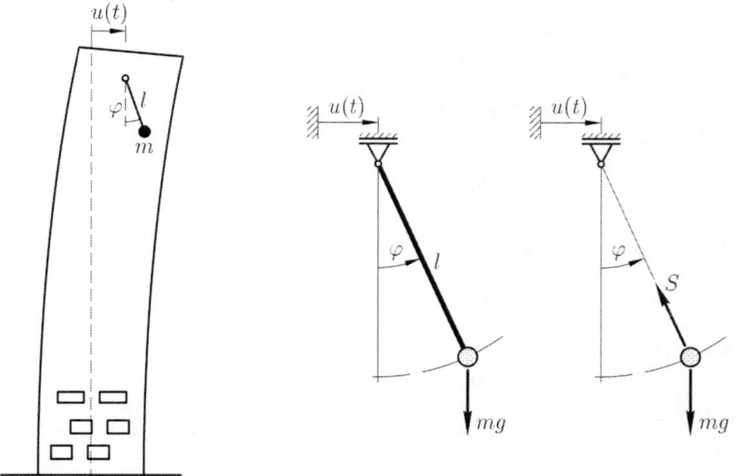

Bild B6.6: Bewegtes Pendel im Turmzimmer und Freikörperbild

$$m\left[l(\ddot{\varphi}\sin\varphi + \dot{\varphi}^2\cos\varphi)\right] \quad = \quad S\cos\varphi - b\,l\,\dot{\varphi}\sin\varphi - mg\,,$$

die noch die Kraft S im Pendelstab enthalten. Eliminiert man die Stabkraft, indem man die erste Gleichung mit $\cos\varphi$ und die zweite mit $\sin\varphi$ multipliziert und beide Gleichungen anschließend addiert, erhält man nach einfacher Zwischenrechnung die nichtlineare Bewegungsgleichung

$$m\,l\,\ddot{\varphi} + b\,l\,\dot{\varphi} + mg\,\sin\varphi = -m\cos\varphi\,\ddot{u}\,.$$

Für kleine Pendelausschläge darf linearisiert werden und es folgt die lineare Bewegungsgleichung

$$\ddot{\varphi} + 2D\omega_0\dot{\varphi} + \omega_0^2\varphi = -\frac{1}{l}\,\ddot{u}$$

mit der Eigenkreisfrequenz

$$\omega_0^2 = \frac{g}{l}\,.$$

Bei harmonischer Turmzimmerbewegung mit der Amplitude $\widehat{u}$ stellen sich somit Pendelschwingungen mit der Amplitude

$$\widehat{\varphi} = \widehat{u}\,V(\eta,D)$$

ein. Die Dauerschwingung ist

$$\varphi(t) = \widehat{u}\,V(\eta,D)\cos[\Omega t + \alpha - \psi(\eta,D)]\,.$$

Die Amplitudenfunktion

$$V(\eta,D) = \frac{1}{l}\,\frac{\eta^2}{\sqrt{(1-\eta^2)^2 + (2D\eta)^2}}$$

verstärkt die Turmbewegung $u(t)$. Sind die Pendelbewegungen $\varphi(t)$ bekannt, kann in Umkehrung auf die Horizontalbewegung $u(t)$ des Turmes geschlossen werden,

$$\widehat{u} = \widehat{\varphi}\,\frac{1}{V(\eta,D)} = \widehat{\varphi}\,l\,\frac{\sqrt{(1-\eta^2)^2 + (2D\eta)^2}}{\eta^2}\,.$$

6.5 Resonanzverhalten eines ungedämpften Systems

Bei der Berechnung der harmonisch erzwungenen Schwingungen eines ungedämpften Systems mußte der Sonderfall der Erregung mit der Eigenkreisfrequenz $\Omega = \omega_0$ ausgeschlossen werden. Hierfür versagt der Lösungsansatz (6.14), da durch einen Ausdruck (die dynamische Steifigkeit) dividiert werden müßte, der in diesem Sonderfall null ist. Die im Abschnitt 6.3 angegebene stationäre Lösung (6.21) ist ungültig, sie würde unendlich groß. Sie läßt die linke Seite der Bewegungsgleichung verschwinden, so daß sie keine Lösung der inhomogenen Bewegungsgleichung

$$\ddot{q} + \omega_0^2\, q = \omega_0^2\, \widehat{u}\, \cos\omega_0 t \tag{6.51}$$

sein kann. Dies liegt daran, daß der stationäre Ansatz (6.14) für $\Omega = \omega_0$ identisch mit einer Lösung (5.12) der homogenen Dgl. ist.

Zur Lösung der Bewegungsgleichung (6.51) bieten sich verschiedene Verfahren an. Zum Ersten läßt sich mit der Methode der Variation der Konstanten, die in Abschnitt 6.7 erläutert wird, bei bekannter Lösung der homogenen Differentialgleichung stets ein partikuläres Integral finden. Zum Zweiten kann man einen speziellen Ansatz machen und zum Dritten findet man die Lösung für den Betrieb in der Resonanz auch durch Grenzwertbetrachtung $\Omega \to \omega_0$ aus der Lösung für $\Omega \neq \omega_0$. Die beiden letztgenannten Möglichkeiten werden im Folgenden ausgeführt.

Im ungedämpften Resonanzfall führt der erweiterte Ansatz

$$q(t) = \widehat{u}\,\frac{\omega_0 t}{2}\,\sin\omega_0 t \tag{6.52}$$

mit der konstanten Auswanderungsgeschwindigkeit $\widehat{u}\,\omega_0/2$ weiter. Einsetzen in (6.51) und Ausrechnen bestätigt, daß (6.52) ein partikuläres Integral ist. Für das mit der Eigenfrequenz erregte ungedämpfte System existiert also keine stationäre Bewegung.

Die allgemeine Lösung der Bewegungsgleichung (6.51) folgt aus der Superposition der allgemeinen Lösung (5.14) der homogenen Gleichung und dem partikulären Integral (6.52),

$$q(t) = A_c \cos\omega_0 t + A_s \sin\omega_0 t + \widehat{u}\,\frac{\omega_0 t}{2}\,\sin\omega_0 t\,. \tag{6.53}$$

Paßt man die allgemeine Lösung den Anfangsbedingungen $q(0) = q_0$ und $\dot{q}(0) = \dot{q}_0$ an, erhält man die spezielle Lösung

$$q(t) = q_0 \cos\omega_0 t + \frac{\dot{q}_0}{\omega_0}\sin\omega_0 t + \widehat{u}\,\frac{\omega_0 t}{2}\,\sin\omega_0 t\,. \tag{6.54}$$

Die erzwungenen Schwingungen des mit der Eigenfrequenz erregten ungedämpften Systems nehmen also wie in Bild 6.15 dargestellt mit der Zeit ständig zu. Diese Amplitudenzunahme erfolgt natürlich nur solange, wie die lineare Bewegungsgleichung (6.51) ihre Gültigkeit behält. Bei großen Amplituden treten Nichtlinearitäten in den Vordergrund, die den Amplitudenanstieg limitieren, spätestens durch die Zerstörung des Systems oder dem Mangel an benötigter Erregerenergie.

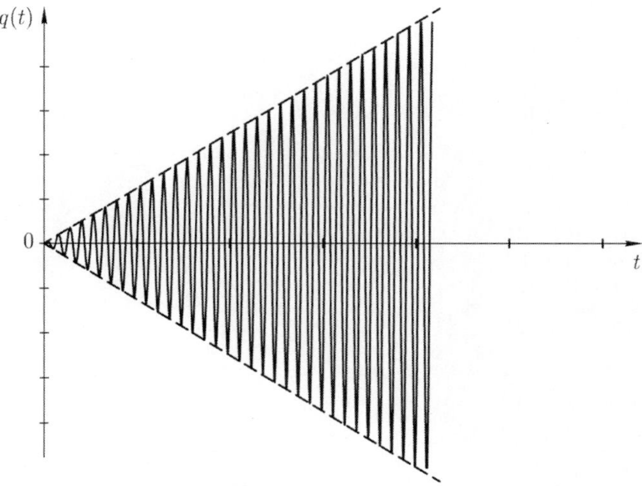

Bild 6.15: Schwingungen eines ungedämpften Systems bei Resonanzerregung $\Omega = \omega_0$.

Die Bewegung (6.54) beschreibt auch das Einschaltverhalten von schwach gedämpften Systemen bei resonanznaher Erregung.

Das partikuläre Integral (6.52) der Bewegungsgleichung (6.51) läßt sich auch aus der Lösung

$$q(t) = \widehat{u}\,\frac{1}{1-\eta^2}\,\cos\Omega t + A_s \sin\omega_0 t + A_c \cos\omega_0 t \tag{6.55}$$

für $\Omega \neq \omega_0$ durch Grenzübergang $\Omega \to \omega_0$ ermitteln. Speziell für verschwindende Anfangsbedingungen ($q(0)=0$ und $\dot{q}(0)=0$) hat (6.55) die Form

$$q(t) = \widehat{u}\,\frac{1}{1-\eta^2}\,(\cos\Omega t - \cos\omega_0 t)\,. \tag{6.56}$$

Die beiden harmonischen Terme in der Klammer

$$\cos\Omega t - \cos\omega_0 t = -2\,\sin\Omega_T t\,\sin\Delta\Omega t$$

lassen sich zusammenfassen und man erhält für die Lösung die Darstellung

$$q(t) = -2\,\widehat{u}\,\frac{1}{1-\eta^2}\,\sin\Omega_T t\,\sin\Delta\Omega t \tag{6.57}$$

mit der halben Modulationsfrequenz

$$\Delta\Omega = \frac{\Omega_m}{2} = \frac{\Omega - \omega_0}{2} = (\eta - 1)\,\frac{\omega_0}{2} \tag{6.58}$$

und der Trägerfrequenz

$$\Omega_T = \frac{\Omega + \omega_0}{2} = (\eta + 1)\,\frac{\omega_0}{2}\,. \tag{6.59}$$

Liegt die Erregerfrequenz Ω sehr nahe bei der Eigenfrequenz ω_0 ($\Omega \approx \omega_0, \eta \approx 1$), beschreibt Gl. (6.58) die im Bild 6.16 dargestellte Schwebung. Der Term $\sin \Delta\Omega t$ ändert sich nur sehr langsam, er moduliert den schnell oszillierenden Trägerterm $\sin \Omega_T t$ mit der Periode $T_A = 2\pi/\Delta\Omega$.

Wir betrachten nun den Grenzfall, daß der Schwinger direkt mit seiner Eigenfrequenz $\Omega = \omega_0$ erregt wird. In diesem Sonderfall führt die Lösung (6.57) auf einen unbestimmten Ausdruck, da Zähler und Nenner beim Grenzübergang $\eta \to 1$ gegen null streben. Mit der Regel von L'HOSPITAL folgt beim Grenzübergang

$$\begin{aligned}
\lim_{\eta\to 1} q(t) &= \lim_{\eta\to 1}\left\{-2\,\hat{u}\,\frac{1}{1-\eta^2}\,\sin(\eta-1)\frac{\omega_0}{2}t\,\sin(\eta+1)\frac{\omega_0}{2}t\right\} = \\
&= -2\,\hat{u}\,\sin\omega_0 t\,\lim_{\eta\to 1}\left\{\frac{1}{1-\eta^2}\,\sin(\eta-1)\frac{\omega_0}{2}t\right\} = \\
&= -2\,\hat{u}\,\sin\omega_0 t\,\lim_{\eta\to 1}\frac{\frac{\omega_0}{2}t\,\cos(\eta-1)\frac{\omega_0}{2}t}{-2\eta} = \\
&= \hat{u}\,\frac{\omega_0 t}{2}\,\sin\omega_0 t\,,
\end{aligned} \tag{6.60}$$

also die in Gl. (6.52) angegebene partikuläre Lösung.

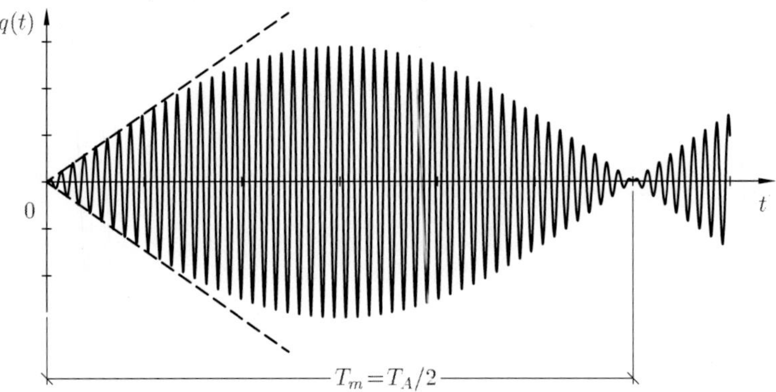

Bild 6.16: Durchmodulierte Schwebung bei $\Omega \approx \omega_0$ ($\eta = 1.02$).

Die Partikularlösung (6.52) wächst mit der Zeit linear an. Die erzwungenen Schwingungsausschläge nehmen bei Resonanzbetrieb also sehr rasch große Werte an. Daher genügen auch bei kleinen Erregersignalen Bruchteile von Sekunden, um die Ausschläge unzulässig groß werden zu lassen. Die ständige Zunahme der Amplitude beim Betrieb in der Resonanz verlangt natürlich einen entsprechend starken Antrieb, der um so stärker sein muß, je größer die Auslenkungen sind. Damit die Resonanz durchfahren werden kann, muß die Antriebsleistung immer größer sein als die für die Anwachsen der Amplituden benötigte Leistung. Sonst bleibt das System in seiner Resonanz hängen.

Der Ansatz zeigt außerdem, daß die erzwungene Bewegung in Übereinstimmung mit der Lösung bei Dämpfung bei $\Omega = \omega_0$ eine Phasenverschiebung von $\psi = \pi/2$ gegenüber der Erregung hat.

6.6 Periodische Erregung

Ist die Erregerfunktion $u(t)$ periodisch mit der Periodendauer T,

$$u(t) = u(t+T), \tag{6.61}$$

so kann sie gemäß Abschnitt 4.3.3 durch die Fourier-Reihe

$$u(t) = \frac{a_0}{2} + \sum_{n=1}^{\infty}(a_n \cos n\Omega t + b_n \sin n\Omega t), \tag{6.62}$$

eine i. a. unendliche Reihe harmonischer Funktionen mit den Koeffizienten a_n und b_n dargestellt werden. Die Grundfrequenz der Erregerfunktion ist

$$\Omega = \frac{2\pi}{T} \tag{6.63}$$

und die Bewegungsgleichung hat die Form

$$\ddot{q} + 2D\omega_0\,\dot{q} + \omega_0^2\,q = \omega_0^2\left[\frac{a_0}{2} + \sum_{n=1}^{\infty}(a_n \cos n\Omega t + b_n \sin n\Omega t)\right]. \tag{6.64}$$

Für jeden harmonischen Erregeranteil kann eine partikuläre Teillösung gemäß Abschnitt 6.3 berechnet werden. Für den n-ten Erregeranteil mit der Erregerfrequenz $n\Omega$ hat diese die Form

$$q_{pn}(t) = V(n\eta,D)\Big\{a_n \cos[n\Omega t - \psi(n\eta,D)] + b_n \sin[n\Omega t - \psi(n\eta,D)]\Big\}, \tag{6.65}$$

wobei

$$V(n\eta,D) = |\underline{V}(n\eta,D)| = \frac{1}{\sqrt{(1-(n\eta)^2)^2 + (2Dn\eta)^2}} \tag{6.66}$$

die Vergrößerungsfunktion und

$$\psi(n\eta,D) = \arctan\frac{2D(n\eta)}{1-(n\eta)^2} \tag{6.67}$$

die Phasenfunktion des Systems bei der bezogenen Erregerfrequenz $n\eta$ sind.

Wegen der Linearität der Bewegungsgleichung (6.64) gilt das Superpositionsprinzip. Die Überlagerung der Teillösungen aller harmonischen Erregeranteile liefert ein partikuläres Integral der inhomogenen Differentialgleichung bei periodischer Erregung,

$$q_p(t) = \frac{a_0}{2} + \sum_{n=1}^{\infty} V(n\eta,D)\Big\{a_n \cos[n\Omega t - \psi(n\eta,D)] + b_n \sin[n\Omega t - \psi(n\eta,D)]\Big\}. \tag{6.68}$$

Fügt man den Ausdruck für die freien Schwingungen hinzu, erhält man die vollständige Lösung der Dgl. (6.64). Die Anfangsbedingungen legen die Werte der beiden noch verfügbaren Integrationskonstanten der freien Schwingungsanteile fest.

Da auch im allgemeinen Fall bei beliebigem Erregermechanismus die Störfunktion

$$f(t) = c_0\, u(t) + c_1\, \dot{u}(t) + c_2\, \ddot{u}(t) \tag{6.69}$$

periodisch ist, kann der für die Krafterregung dargestellte Berechnungsweg auch bei allen anderen Erregermechanismen angewendet werden.

Beispiel 6.7: Dynamik eines Schreibers

Einige Schreibertypen der Schwingungsmeßtechnik arbeiten nach dem Kraftmeßprinzip. Der Schreibkopf wird als elastisch und gedämpft aufgehängte starre Punktmasse betrachtet, die unter der Einwirkung von elektrisch erzeugten Kräften $F(t)$ Bewegungen $q(t)$ ausführt und auf dem vorbeiziehenden Papier aufzeichnet.

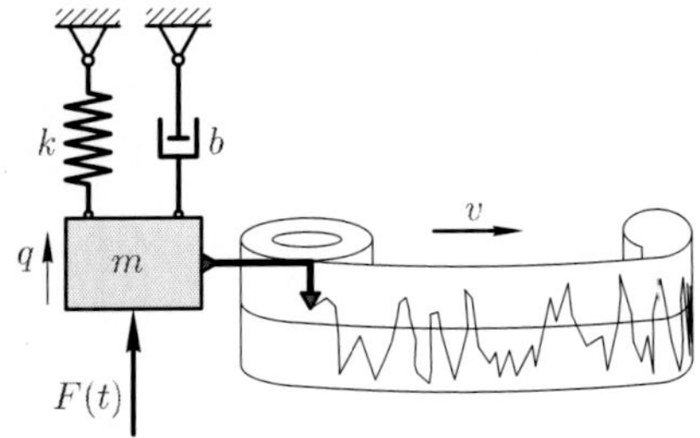

Bild B6.7.1: Prinzipskizze eines Schreibers

Bekanntlich kann ein solcher Schreiber nicht beliebig schnelle Signale unverzerrt aufzeichnen, er besitzt einen beschränkten Arbeitsfrequenzbereich. Die Effekte sollen anhand des aufgezeichneten Zeitschriebes eines rechteckförmigen periodischen Eingangssignals verdeutlicht werden.

Die Bewegungsgleichung

$$\ddot{q} + 2D\omega_0\, \dot{q} + \omega_0^2\, q = \omega_0^2\, \frac{F(t)}{k}$$

des Schreibkopfes enthält die Erregerfunktion

$$u(t) = \frac{F(t)}{k}.$$

Ist diese harmonisch, erzeugt sie gemäß Abschnitt 6.3 im eingeschwungenen Zustand eine harmonische Bewegung des Schreibkopfes, die durch die komplexe Übertragungsfunktion

$$\underline{V}(\eta,D) = \frac{1}{1-\eta^2 + i2D\eta}$$

charakterisiert ist.

Zunächst wird die rechteckförmige Erregerfunktion $u(t)$ als Fourier-Reihe dargestellt. Innerhalb einer Periode gilt

$$F(t) = \begin{cases} F_0 & \text{für} \quad -T/4 \le t < T/4 \\ -F_0 & \text{für} \quad T/4 \le t < 3T/4 . \end{cases}$$

Wegen der Symmetrie

$$F(t) = F(-t) \qquad \text{und} \qquad F(t) = -F(T/2-t)$$

verschwinden die Koeffizienten

$$a_0 = 0 , \qquad b_n = 0 \qquad \text{und} \qquad a_{2j} = 0 .$$

Es verbleiben die ungeraden Fourier-Koeffizienten a_{2j-1} der Erregerfunktion

$$a_{2j-1} = \frac{8}{T} \int_0^{T/4} \frac{F(t)}{k} \cos\Big[(2j-1)\Omega t\Big] dt = -(-1)^j \, \frac{4F_0/k}{\pi(2j-1)} .$$

Die Erregerfunktion $u(t)$ hat also die Reihendarstellung

$$u(t) = \frac{F_0}{k} \sum_{j=1}^{\infty} \frac{-4(-1)^j}{\pi(2j-1)} \cos\Big[(2j-1)\Omega t\Big].$$

Die j-te Komponente der periodischen Erregung verursacht die Teilschwingung

$$q_{p(2j-1)}(t) = \frac{F_0}{k} \frac{-4(-1)^j}{\pi(2j-1)} V((2j-1)\eta,D) \cos\Big[(2j-1)\Omega t - \psi((2j-1)\eta,D)\Big].$$

Die Überlagerung aller Teilschwingungen führt schließlich zum Partikularintegral

$$q_p(t) = \frac{F_0}{k} \sum_{j=1}^{\infty} \frac{-4(-1)^j}{\pi(2j-1)} V((2j-1)\eta,D) \cos\Big[(2j-1)\Omega t - \psi((2j-1)\eta,D)\Big] \quad (6.70)$$

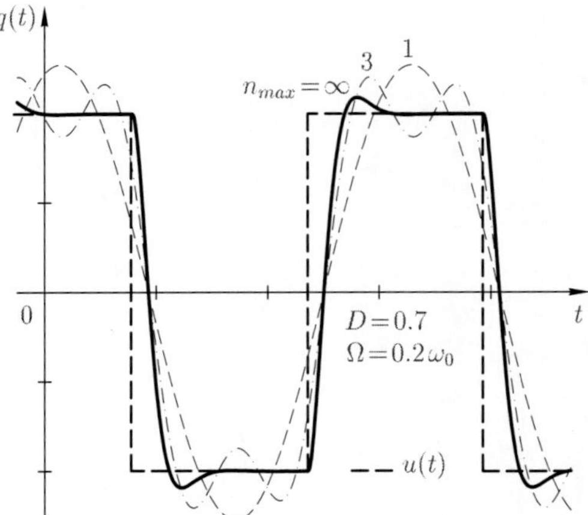

Bild B6.7.2: Erregung und Antwort bei periodischer Rechteckerregung

infolge der periodischen Rechteckerregung. Nach Abklingen etwaiger Eigenschwingungen verbleibt dieses als Dauerschwingung des Schreibkopfes.

Die Formel wird sinnvollerweise numerisch ausgewertet: Bild B6.7.2 zeigt neben der Erregerfunktion $u(t)$ die Dauerschwingung $q_p(t)$, die Grundharmonische ($n = j = 1$) sowie die Näherungsergebnisse für die Fälle, daß von der unendlichen Reihe nur die ersten zwei Glieder $n=1$ und $n=3$ berücksichtigt werden.

Im Bild 6.7.3 ist die Multiplikation der Fourier-Koeffizienten a_{2j-1} der Erregung mit der Vergrößerungsfunktion $V((2j-1)\eta,D)$ von Gl. (6.70) grafisch ausgeführt. Man sieht deutlich, daß im durchgerechneten Beispiel die Höherharmonischen mit $n > 7$ ($j>4$) für die Schwingungsantwort praktisch keine Rolle mehr spielen: Signalanteile mit hohen Frequenzen werden vom Schreiber nicht aufgezeichnet.

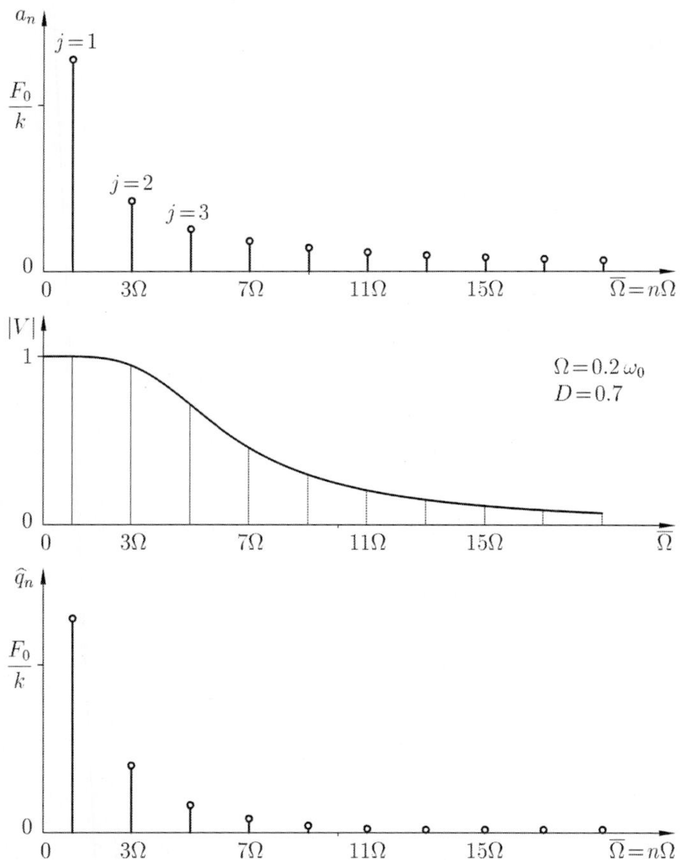

Bild B6.7.3: Diskretes Erregerspektrum (oben), Vergrößerungsfunktion (Mitte) und diskretes Antwortspektrum (unten).

6.7 Beliebige deterministische Erregerfunktion

Ist die allgemeine Lösung

$$q(t) = C_1 e^{\lambda_1 t} + C_2 e^{\lambda_2 t} \tag{6.71}$$

der homogenen Bewegungsgleichung (6.9) bekannt, läßt sich mit der Methode der Variation der Konstanten für jede beliebige vorgegebene deterministische Erregerfunktion $u(t)$ ein partikuläres Integral der inhomogenen Differentialgleichung

$$\ddot{q} + 2D\omega_0 \dot{q} + \omega_0^2 q = \omega_0^2 u(t) \tag{6.72}$$

finden. Die Methode der Variation der Konstanten ist nicht beschränkt auf Systeme mit konstanten Koeffizienten der Bewegungsgleichung. Sie ist auch bei parametererregten Systemen anwendbar, bei denen die Koeffizienten zeitveränderlich sind.

Als Ansatz für ein partikuläres Integral der inhomogenen Dgl. (6.72) dient die allgemeine Lösung (5.9) der zugehörigen homogenen Dgl., wobei die Integrationskonstanten durch unbekannte Zeitfunktionen ersetzt werden,

$$q(t) = K_1(t) e^{\lambda_1 t} + K_2(t) e^{\lambda_2 t}. \tag{6.73}$$

Der Ansatz enthält die beiden zu bestimmenden Funktionen $K_1(t)$ und $K_2(t)$, die Dgl. liefert jedoch nur eine Bestimmungsgleichung dafür. Daher darf eine Zusatzbedingung für die beiden Funktionen vorgegeben werden. Sinnvollerweise legt man diese Zusatzbedingung so fest, daß die zweite Ableitung der Zustandsgröße, d. h. die Schwingbeschleunigung, nur Ableitungen erster Ordnung der Funktionen $K_1(t)$ und $K_2(t)$ enthält. Die Schwinggeschwindigkeit

$$\dot{q}(t) = \left[\dot{K}_1(t) + \lambda_1 K_1(t)\right] e^{\lambda_1 t} + \left[\dot{K}_2(t) + \lambda_2 K_2(t)\right] e^{\lambda_2 t} \tag{6.74}$$

darf daher keine Ableitungen der Ansatzfunktionen $K_1(t)$ und $K_2(t)$ enthalten. Diese Forderung führt auf die Zusatzbedingung

$$\dot{K}_1(t) e^{\lambda_1 t} + \dot{K}_2(t) e^{\lambda_2 t} = 0, \tag{6.75}$$

und damit verbleibt für die Schwinggeschwindigkeit der verkürzte Ansatz

$$\dot{q}(t) = K_1(t) \lambda_1 e^{\lambda_1 t} + K_2(t) \lambda_2 e^{\lambda_2 t} \tag{6.76}$$

und für die Beschleunigung

$$\ddot{q}(t) = \left[\dot{K}_1(t) \lambda_1 + K_1(t) \lambda_1^2\right] e^{\lambda_1 t} + \left[\dot{K}_2(t) \lambda_2 + K_2(t) \lambda_2^2\right] e^{\lambda_2 t}. \tag{6.77}$$

Setzt man die Größen (6.73), (6.76) und (6.77) in die inhomogene Dgl. (6.72) ein, ergibt sich zusammen mit der Zusatzforderung (6.75) ein lineares inhomogenes Gleichungssystem für die Ableitungen der unbekannten Funktionen $K_1(t)$ und $K_2(t)$,

$$\begin{aligned} \dot{K}_1(t) \lambda_1 e^{\lambda_1 t} &+ \dot{K}_2(t) \lambda_2 e^{\lambda_2 t} &= \omega_0^2 u(t), \\ \dot{K}_1(t) e^{\lambda_1 t} &+ \dot{K}_2(t) e^{\lambda_2 t} &= 0. \end{aligned} \tag{6.78}$$

Die Auflösung, z. B. mit der CRAMERschen Regel, liefert

$$\begin{aligned}\dot{K}_1(t) &= \frac{\omega_0^2}{\lambda_1-\lambda_2}\,u(t)\,e^{-\lambda_1 t},\\ \dot{K}_2(t) &= \frac{\omega_0^2}{\lambda_2-\lambda_1}\,u(t)\,e^{-\lambda_2 t},\end{aligned} \tag{6.79}$$

woraus nach einfacher Zeitintegration die Ansatzfunktionen

$$\begin{aligned}K_1(t) &= \frac{\omega_0^2}{\lambda_1-\lambda_2}\int_0^t u(\tau)\,e^{-\lambda_1\tau}\,d\tau,\\ K_2(t) &= \frac{\omega_0^2}{\lambda_2-\lambda_1}\int_0^t u(\tau)\,e^{-\lambda_2\tau}\,d\tau\end{aligned} \tag{6.80}$$

folgen. Schwierigkeiten können höchstens bei der expliziten Berechnung der Integrale auftreten.

Ein partikuläres Integral der Bewegungsgleichung (6.72) hat somit die Integraldarstellung

$$q(t) = \frac{\omega_0^2}{\lambda_1-\lambda_2}\int_0^t u(\tau)\left[e^{\lambda_1(t-\tau)} - e^{\lambda_2(t-\tau)}\right]d\tau\,. \tag{6.81}$$

Der Faktor

$$h(t) = \frac{\omega_0^2}{\lambda_1-\lambda_2}\left[e^{\lambda_1 t} - e^{\lambda_2 t}\right] \tag{6.82}$$

ist die Stoßantwort des Systems.

Für die numerische Auswertung des Integrals als Funktion der Zeit ist die Darstellung (6.81) ungünstig. Mit jedem Zeitschritt verändert sich nämlich der Integrand im gesamten Integrationszeitraum $0 \le \tau \le t$, so daß die Integration für jeden Zeitschritt stets von null begonnen werden müßte. Wenn man das Integral in (6.81) aber in seine beiden Komponenten zerlegt, kann man die von t abhängigen Terme vor die Integrale ziehen,

$$q(t) = \frac{\omega_0^2}{\lambda_1-\lambda_2}\left\{e^{\lambda_1 t}\int_0^t u(\tau)\,e^{-\lambda_1\tau}\,d\tau - e^{\lambda_2 t}\int_0^t u(\tau)\,e^{-\lambda_2\tau}\,d\tau\right\}. \tag{6.83}$$

Die Integranden der beiden Integrale sind nun unabhängig von der Integrationsgrenze t, und damit müssen für jeden Zeitschritt lediglich die in diesem Zeitschritt entstehenden beiden kleinen Zusatzanteile zu den Werten der Integrale des vorherigen Zeitpunktes addiert werden.

Zur Berechnung der zugehörigen Schwinggeschwindigkeit muß das Integral, bei dem auch die obere Grenze zeitabhängig ist, differenziert werden. Dies wird mit der LEIBNIZ-Regel

$$\frac{d}{dt}\int_{u(t)}^{o(t)} f(t,\tau)\,d\tau = f(t,o(t))\,\dot{o}(t) - f(t,u(t))\,\dot{u}(t) + \int_{u(t)}^{o(t)} \frac{\partial f(t,\tau)}{\partial t}\,d\tau \tag{6.84}$$

ausgeführt. Man erhält hier speziell für die Schwinggeschwindigkeit

$$\dot{q}(t) = \frac{\omega_0^2}{\lambda_1 - \lambda_2} \int_0^t u(\tau) \left[\lambda_1 \, e^{\lambda_1(t-\tau)} - \lambda_2 \, e^{\lambda_2(t-\tau)}\right] d\tau \,. \tag{6.85}$$

Fügt man zum partikulären Integral (6.81) die allgemeine Lösung (5.9) der homogenen Dgl. (5.1) hinzu, hat man die an die Anfangsbedingungen anpaßbare allgemeine Lösung der inhomogenen Bewegungsgleichung.

Bei der Berechnung der Integrationskonstanten kommt der Fakt zugute, daß sowohl das partikuläre Integral (6.81) als auch die zugehörige Schwinggeschwindigkeit (6.85) zum Zeitpunkt $t=0$ den Wert null annehmen. Die Gleichungen zur Berechnung der Integrationskonstanten sind also identisch mit denen fehlender Zwangserregung von Kap. 5.

Speziell bei schwacher Dämpfung hat die Bewegungsgleichung (6.72) die angepaßte Lösung

$$\begin{aligned} q(t) = e^{-D\omega_0 t}\left[q_0 \cos\omega_d t + \frac{\dot{q}_0 + D\omega_0 q_0}{\omega_d} \sin\omega_d t\right] + \\ + \frac{\omega_0^2}{\omega_d} \int_0^t u(\tau)\, e^{-D\omega_0(t-\tau)} \sin\omega_d(t-\tau)\, d\tau \,. \end{aligned} \tag{6.86}$$

Der erste Teil der Lösung (6.86) berücksichtigt die Anfangsbedingungen und stellt eine abklingende quasi-harmonische Schwingung dar. Der zweite Teil beschreibt das Verhalten des zum Zeitpunkt $t=0$ unausgelenkten und ruhenden Schwingers unter einer zur Zeit $t=0$ einsetzenden Erregung $u(t)$.

Beispiel 6.8: Hammerschlag auf Amboß:

Auf einen elastisch und gedämpft aufgestellten Amboß der Masse m, der sich bis zur Zeit $t=0$ in Ruhe befindet, wirkt ein Stoß mit der Maximalkraft $\widehat{F}$ und der Stoßdauer T_s. Der Zeitverlauf der Stoßkraft soll während des Stoßes näherungsweise durch eine Parabel beschrieben werden. Gesucht ist der Weg-Zeit-Verlauf der zusätzlich in den Boden eingeleiteten dynamischen Kräfte.

Der Ansatz

$$f = \alpha \frac{t}{T_s}\left(1 - \frac{t}{T_s}\right) \qquad \text{für} \qquad 0 \le t \le T_s$$

erfüllt die Bedingung $f(0)=0$ und $f(T_s)=0$. Der noch offene Vorfaktor α ergibt sich aus

$$f(T_s/2) = \alpha \frac{1}{2}\left(1 - \frac{1}{2}\right) = \widehat{F}$$

zu $\alpha = 4\widehat{F}$. Für die Erregerkraft gilt somit

$$f(t) = \begin{cases} 4\widehat{F} \dfrac{t}{T_s}\left(1 - \dfrac{t}{T_s}\right) & \text{für} \quad 0 \le t \le T_s \\ 0 & \phantom{\text{für}} \quad \text{sonst.} \end{cases}$$

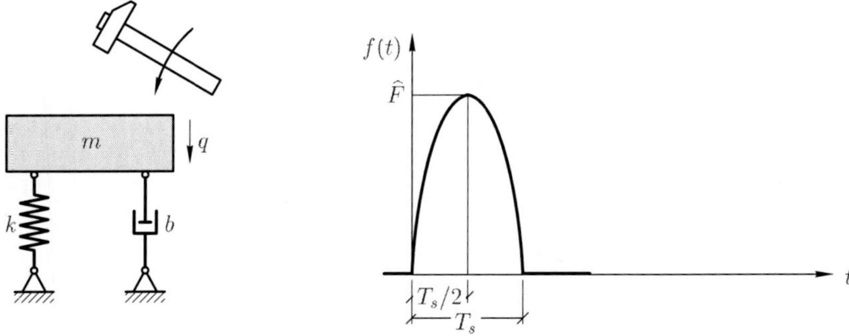

Bild B6.8.1: Hammerschlag auf Amboß; System und Stoßkraftverlauf

Die Bewegungsdifferentialgleichung der Vertikalbewegung des Ambosses hat die Normalform

$$\ddot{q} + 2D\omega_0\,\dot{q} + \omega_0^2\,q = \omega_0^2\,u(t)$$

mit den Systemparametern

$$\omega_0^2 = \frac{k}{m} \qquad \text{und} \qquad 2D\omega_0 = \frac{b}{m}.$$

Die wirksame Erregung folgt aus der Erregerkraft $f(t)$ zu

$$u(t) = \begin{cases} \dfrac{4\widehat{F}}{k}\dfrac{t}{T_s}\Big(1-\dfrac{t}{T_s}\Big) & \text{für} \quad 0 \le t \le T_s \\ 0 & \qquad\quad \text{sonst.} \end{cases}$$

Natürlich kann man in diesem Spezialfall ein partikuläres Integral auch mit einem Ansatz analog zur rechten Seite der Differentialgleichung ermitteln. Für den Zeitraum $0 \le t \le T_s$ ist der entsprechende Ansatz

$$q(t) = a_2 t^2 + a_1 t + a_0$$

ein Polynom vom Grade 2. Nach dem Stoß verschwindet die Erregung $u(t)$ und dann treten nur noch freie Schwingungen auf, die die Form von Gl. (5.9) haben.

Die Antwort $q(t)$ folgt gemäß Gl. (6.86) aus

$$q(t) = \frac{\omega_0^2}{\omega_d}\int_0^t u(\tau)\,e^{-D\omega_0(t-\tau)}\sin\omega_d(t-\tau)\,d\tau\,.$$

Der Kraftstoß

$$\breve{F} = \int_0^{T_s} F(t)\,dt = 4\widehat{F}\int_0^{T_s}\frac{t}{T_s}\Big(1-\frac{t}{T_s}\Big)\,dt = \frac{2}{3}\widehat{F}\,T_s$$

wird bei kurzem harten Stoß praktisch vom Amboß aufgenommen, ohne daß dieser seine Lage nennenswert ändert. Der Amboß erfährt während des Stoßes also lediglich eine Impulsänderung

$$m\,\dot{q}(T_s) = \breve{F} = \frac{2}{3}\widehat{F}\,T_s\,,$$

die die Anfangsgeschwindigkeit $\dot{q}(T_s)$ des nachfolgenden Ausschwingvorgangs bestimmt,

$$\dot{q}(T_s) = \frac{2}{3}\frac{\widehat{F}}{m}\,T_s\,.$$

Bei der Auswertung des Integrals (6.86) sind die beiden Zeitabschnitte $0 \leq t \leq T_s$ und $T_s < t$ zu unterscheiden: Für die Zeit während des Stoßes $(0 \leq t \leq T_s)$ folgt nach einigen umfangreichen, aber leichten Zwischenrechnungen mit den abkürzende Konstanten

$$A_1 = -\frac{2}{\omega_0^2 T_s^2}\,(1 - 4D^2 - \omega_0 T_s D)\,,$$

$$B_1 = \frac{1}{\sqrt{1-D^2}\,\omega_0^2 T_s^2}\left[\omega_0 T_s(2D^2-1) + 2D(4D^2-3)\right]$$

die Antwort

$$q(t) = \frac{4\widehat{F}}{k}\left\{\frac{t}{T_s}\Big(1 + \frac{4D}{\omega_0 T_s} - \frac{t}{T_s}\Big) - A_1 + e^{-D\omega_0 t}\left[A_1 \cos\omega_d t + B_1 \sin\omega_d t\right]\right\}.$$

Zur Berechnung der Schwingungen nach dem Stoß $(T_s < t)$ darf das Integral in (6.86) nur bis zum Zeitpunkt $\tau = T_s$ integriert werden, da die Erregerfunktion $u(\tau)$ für $\tau > T_s$ null ist.

Aus dem Integral

$$q(t) = \frac{\omega_0^2}{\omega_d}\int_0^{T_s} \frac{4\widehat{F}}{k}\frac{\tau}{T_s}\Big(1 - \frac{\tau}{T_s}\Big)\,e^{-D\omega_0(t-\tau)}\sin\omega_d(t-\tau)\,d\tau$$

folgen die Schwingungen nach Ende des Stoßes zu

$$q(t) = \frac{4\widehat{F}}{k}\left\{e^{-D\omega_0 t}\left[A_2 \cos\omega_d t + B_2 \sin\omega_d t\right]\right\}$$

mit den Konstanten

$$A_2 = A_1 + \frac{e^{D\omega_0 T_s}}{\omega_0^2 T_s^2}\left\{\frac{\sin\omega_d T_s}{\sqrt{1-D^2}}\left[\omega_0 T_s(1-2D^2) + 2D(4D^2-3)\right]\right.$$
$$\left. + \cos\omega_d T_s\left[2\,(1-4D^2+\omega_0 T_s D)\right]\right\},$$

$$B_2 = B_1 + \frac{e^{D\omega_0 T_s}}{\omega_0^2 T_s^2}\left\{\sin\omega_d T_s\left[2\,(1-4D^2 + \omega_0 T_s D)\right]\right.$$
$$\left. - \frac{\cos\omega_d T_s}{\sqrt{1-D^2}}\left[\omega_0 T_s(1-2D^2) + 2D(4D^2-3)\right]\right\}.$$

Nach Ende des Schlages führt der Amboß also ausschließlich freie Schwingungen aus.

Vor der Ausführung der Integrationen ist es sinnvoll, die harmonische Funktion $\sin\omega_d t$ mit der EULER-Formel in Exponentialform umzuwandeln. Die einzelnen Terme können dann leichter integriert werden. Zum Schluß werden die Exponentialfunktionen mit imaginären Exponenten wiederum mit der EULER-Formel in harmonische Funktionen zurücktransformiert.

Die dynamische Bodenkraft

$$F_B = k\,q + b\,\dot{q}$$

wird von der Feder und dem Dämpfer der Aufstellung übertragen. Ihr Zeitverlauf ist für verschieden harte Stöße mit gleichen Kraftstößen $\breve{F}$ im Bild B6.8.3 dargestellt.

Während des kurzen Stoßes steigen die Auslenkungen und die Bodenkraft an und erreichen etwa zum Ende des Stoßes Ihre Maxima. Man erkennt, daß es sich bei kurzen Stößen

$$T_s \ll T = \frac{2\pi}{\omega_0}$$

nicht lohnt, den vorher aufgezeigten immensen Rechenaufwand zu betreiben. Schon aus der Näherung eines idealen DIRAC-Stoßes mit verschwindender Stoßdauer folgen für den Vorgang nach dem Stoß Ergebnisse, die von der exakten Rechnung kaum zu unterscheiden sind. Dies ist im Bild 6.8.3 verdeutlicht.

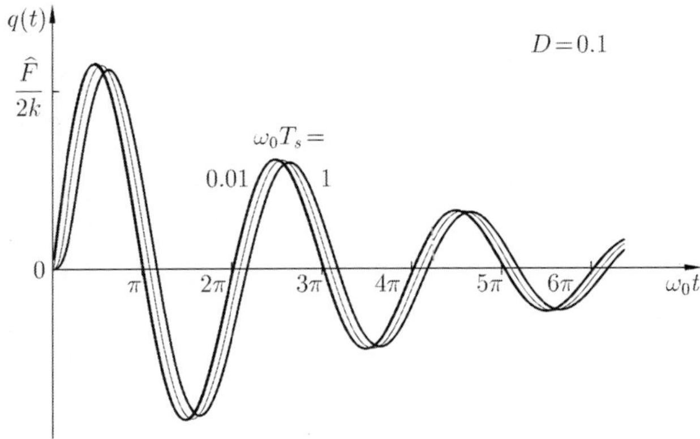

Bild B6.8.2: Schwingungsantworten infolge Hammerschlag

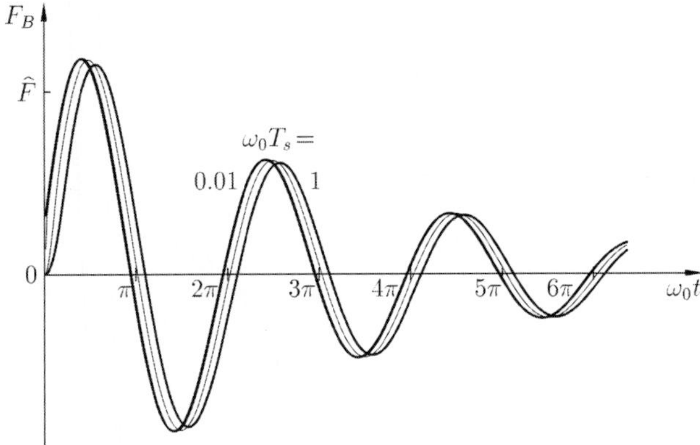

Bild B6.8.3: Zeitverläufe der Bodenkraft

Zur analytischen Auswertung empfiehlt es sich, eines der heute standardmäßig verfügbaren Formelmanipulationsprogramme (z. B. MAPLE) zu verwenden. Solche Programme sparen nicht nur viel Arbeitszeit, sie sind auch resistent gegenüber Rechenfehlern.

Will man nicht die grundsätzlichen Zusammenhänge aufdecken, wird man die Rechnung darüber hinaus nicht analytisch durchführen, sondern die Bewegungsgleichung bzw. das Faltungsintegral numerisch, z. B. mit MATLAB, integrieren.

6.8 Sprung- und Stoßerregung

6.8.1 Sprungantwort

Die Reaktion eines Systems in der Normalform (6.9) auf den Einheitssprung $u(t)=\sigma(t)$,

$$\sigma(t) = \begin{cases} 1 & t > 0 \\ 1/2 \quad \text{für} & t = 0 \\ 0 & t < 0 \end{cases}, \tag{6.87}$$

ist die Sprungantwort $g(t)$. Bei schwach gedämpften Schwingern hat diese die Normalform

$$g(t) = \begin{cases} 0 & \text{für} \quad t \leq 0 \\ 1 - e^{-D\omega_0 t}\left[\cos\omega_d t + \dfrac{D\omega_0}{\omega_d}\sin\omega_d t\right] & \phantom{\text{für}} \quad t \geq 0 . \end{cases} \tag{6.88}$$

Bei starker Dämpfung hat sie die Form

$$g(t) = \begin{cases} 0 & \text{für} \quad t \leq 0 \\ 1 - \dfrac{1}{2\delta^k}\left[(\delta^k+\delta)\, e^{\delta^k t} + (\delta^k-\delta)\, e^{-\delta^k t}\right] e^{-\delta t} & \phantom{\text{für}} \quad t \geq 0 . \end{cases} \tag{6.89}$$

und im Kriechgrenzfall die Form

$$g(t) = \begin{cases} 0 & \text{für} \quad t \leq 0 \\ 1 - (1 + \omega_0 t)\, e^{-\omega_0 t} & \phantom{\text{für}} \quad t \geq 0 . \end{cases} \tag{6.90}$$

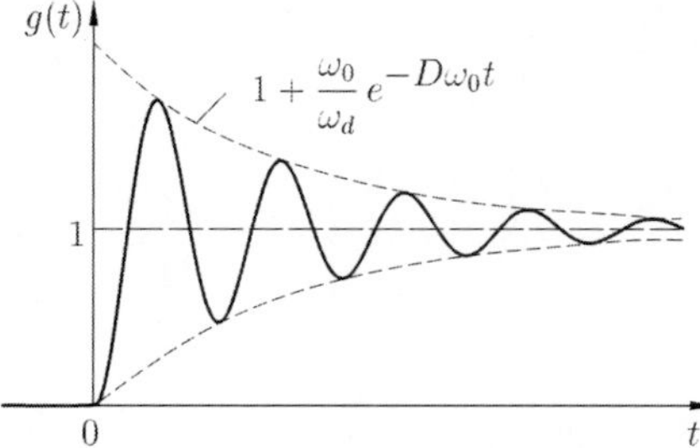

Die Sprungantwort ergibt sich u. a. als Lösung des Anfangswertproblems $q(0)=0$, $\dot{q}(0)=0$ und der partikulären Lösung $q_p(t)=1$.

Bild 6.17: Sprungantwort eines Schwingers mit einem Freiheitsgrad bei schwacher Dämpfung

6.8.2 Stoßantwort

Die Stoßantwort $h(t)$, die häufig auch Impulsantwort genannt wird, ist definiert als Antwort des Systems auf die Erregung durch einen DIRAC-Stoß

$$\delta(t) = \begin{cases} 0 & \\ & \text{für} \\ \infty & \end{cases} \begin{matrix} t \neq 0 \\ \\ t = 0 \end{matrix} \qquad \text{mit} \quad \int_{-\infty}^{\infty} \delta(t)\, dt = 1\,. \tag{6.91}$$

Für den schwach gedämpften Schwinger mit einem Freiheitsgrad hat sie die Normalform

$$h(t) = \begin{cases} 0 & \text{für} \quad t \leq 0 \\ \dfrac{\omega_0^2}{\omega_d}\, e^{-D\omega_0 t} \sin \omega_d t & \phantom{\text{für}} \quad t \geq 0\,. \end{cases} \tag{6.92}$$

Bei starker Dämpfung hat sie die Form

$$h(t) = \begin{cases} 0 & \text{für} \quad t \leq 0 \\ \dfrac{\omega_0^2}{2\delta^k} \left[e^{\delta^k t} - e^{-\delta^k t} \right] e^{-\delta t} & \phantom{\text{für}} \quad t \geq 0\,. \end{cases} \tag{6.93}$$

und im Kriechgrenzfall die Form

$$h(t) = \begin{cases} 0 & \text{für} \quad t \leq 0 \\ \omega_0^2\, t\, e^{-\omega_0 t} & \phantom{\text{für}} \quad t \geq 0\,. \end{cases} \tag{6.94}$$

Die Fouriertransformierte der Stoßantwort $h(t)$ ist die Übertragungsfunktion,

$$H(\Omega) \;=\; \mathcal{F}\{h(t)\}\,, \tag{6.95}$$

und speziell in der Normalform die komplexe Vergrößerungsfunktion $\underline{V}(\eta, D)$.

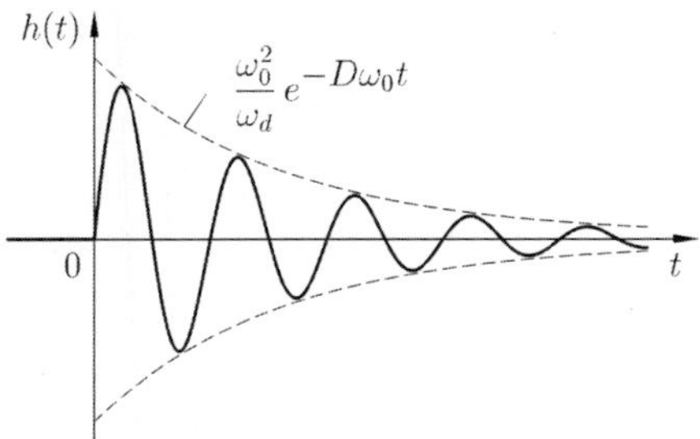

Die Stoßantwort ergibt sich u. a. aus dem Anfangswertproblem $q(0) = 0$ und $\dot{q}(0) = \omega_0^2$ mit der Partikularlösung $q_p(t) = 0$.

Bild 6.18: Stoßantwort eines Schwingers mit einem Freiheitsgrad bei schwacher Dämpfung

6.8.3 Zusammenhang

Zwischen der Sprung- und der Stoßantwort besteht der Zusammenhang

$$\dot{g}(t) \;=\; h(t)\,. \tag{6.96}$$

6.9 DUHAMEL-Integral und Faltung

Kennt man die Stoßantwort $h(t)$ eines linearen Systems, läßt sich die Schwingungsantwort $q(t)$ für jede beliebige Erregerfunktion $u(t)$ mit Hilfe des Faltungsintegrals

$$q(t) = \int_{-\infty}^{\infty} h(t-\tau)\, u(\tau)\, d\tau = \int_{-\infty}^{\infty} h(\tau)\, u(t-\tau)\, d\tau = h(t) * u(t) = u(t) * h(t) \qquad (6.97)$$

beschreiben. Diese Darstellung nennt man auch DUHAMEL-Integral.

Eine ähnliche Darstellung findet man für $u(-\infty) = 0$ auch mit der Sprungantwort $g(t)$,

$$q(t) = \int_{-\infty}^{\infty} g(t-\tau)\, \dot{u}(\tau)\, d\tau = g(t) * \dot{u}(t)\,. \qquad (6.98)$$

Die Erregerfunktion $u(t)$ muß hier allerdings differenzierbar sein, will man nicht die Distributionstheorie heranziehen.

Statt der unteren Grenze $\tau = -\infty$ kann als Integrationsbeginn auch $\tau = 0$ oder ein anderer Zeitpunkt angesetzt werden. Man erhält dann natürlich nur ein partikuläres Integral, das von freien Schwingungen überlagert wird.

Wie unter 6.7 erläutert, sind die Darstellungen (6.97) und (6.98) weniger für die numerische Integration geeignet. Durch Aufspaltung des Integrales gelingt es aber stets, die Stoßantwort $h(t-\tau)$ so zu zerlegen, daß die vom aktuellen Zeitpunkt t abhängigen Terme vor die Integrale gezogen werden können und die verbleibenden Integranden nicht mehr von der aktuellen Zeit t abhängen, sondern nur noch von der Integrationszeit τ.

Die Lösungsformel (6.97) läßt sich zum einen aus dem Ergebnis der Variation der Konstanten, zum anderen aus der Approximation der Erregerfunktion $u(t)$ durch eine Folge von unendlich vielen Einzelstößen und Faltung mit der jeweiligen Stoßantwort ableiten.

Die Lösungsformel (6.98) folgt zum einen durch partielle Integration von (6.97), zum anderen aus der Approximation der Erregerfunktion $u(t)$ durch eine Folge von unendlich vielen Sprungfunktionen und der Faltung mit der Sprungantwort.

6.10 Analyse im Frequenzbereich

Der Beobachtung direkt zugänglich sind die Zeitverläufe der Erregung und der Schwingungsantworten. Der Zusammenhang zwischen den Zeitverläufen wird durch die Differentialgleichung (6.9) oder in integraler Form durch die Faltungsintegrale (6.97) und (6.98) mit der Stoßantwort $h(t)$ bzw. der Sprungantwort $g(t)$ des Systems hergestellt. Erheblich mehr Einblick in die inneren Zusammenhänge der Vorgänge und der Struktureigenschaften liefern Betrachtungen im Frequenzbereich. Frequenzbereichsdarstellungen haben darüber hinaus den großen Vorteil, daß eine einfache Multiplikation im Frequenzbereich die komplizierte Faltung im Zeitbereich ersetzt.

Bei Frequenzbereichsanalysen betrachtet man nicht die Signale selbst, sondern ihre Fourier-Transformierten. Wegen der Linearität der Fourier-Transformation haben alle Gesetzmäßigkeiten des Zeitbereichs (Stoffgesetze, Bewegungsgleichungen, Stoßantwort etc.) ihre entsprechenden Pendants im Frequenzbereich.

Die Transformationen zwischen Zeit- und Frequenzbereich lassen sich sehr einfach mit der diskreten Fourier-Transformation (DFT) und der inversen Fourier-Transformation (IFT) durchführen. Routinen dazu sind praktisch auf allen digitalen Meßsystemen und in den gebräuchlichen Softwaresystemen (MATLAB etc.) als Standards enthalten.

Wir beschränken uns hier auf Signale $u(t)$ und $q(t)$, die Fourier-transformierbar sind, die also die Konvergenzbedingung (4.1) erfüllen. Alle technisch realisierbaren Vorgänge erfüllen diese Bedingung, denn sie sind immer endlich, stetig und nur über einen begrenzten Zeitraum vorhanden.

Etliche mathematische Signale, zu denen gehören auch die harmonischen und periodischen Funktionen, das stationäre weiße Rauschen und der Dirac-Stoß, sind allerdings nicht direkt unter der herkömmlichen Definition Fourier-transformierbar. Sie dauern unendlich lange an (wie z. B. Sprungerregung, periodische Erregung) oder verletzen auf andere Weise die Konvergenzbedingungen (wie z. B. die Funktionen $1/\omega_d t$ und $d/dt\{e^{-\delta t}\cos(e^{\delta t})\}$). Um solche Funktionen in die Analysen mit einschließen zu können, erweitert man den Funktionsbegriff auf Distributionen, läßt also sowohl im Zeit- als auch im Frequenzbereich Dirac-Funktionen zu. Dabei hat man zum einen die Möglichkeit, die zu analysierende Funktion mit einem Konvergenzfaktor $e^{-\delta|t|}$ zu multiplizieren, der die Konvergenz der Ersatzfunktion sicherstellt. Zum anderen kann man das Betrachtungsintervall begrenzen und die zu analysierende Funktion außerhalb des Betrachtungsintervalls null setzen.

Zur Darstellung der Zusammenhänge im Frequenzbereich transformieren wir die Bewegungsgleichung

$$\ddot{q} + 2D\omega_0\,\dot{q} + \omega_0^2\,q = \omega_0^2\,u(t) \tag{6.99}$$

mittels der Fourier-Transformation (4.3) in den Frequenzbereich. Wir erhalten zunächst

$$\mathcal{F}\{\ddot{q}\} + 2D\omega_0\,\mathcal{F}\{\dot{q}\} + \omega_0^2\,\mathcal{F}\{q\} = \omega_0^2\,\mathcal{F}\{u\}\,. \tag{6.100}$$

Die Fourier-Transformierten der Zeitableitungen $\dot{q}(t)$ und $\ddot{q}(t)$ führen wir mittels der Vorschriften (4.6) und (4.7) in die Fourier-Transformierte $\mathcal{F}\{q(t)\}$ der Zustandsgröße über. Wir erhalten zunächst

$$\left[-\Omega^2 + 2D\omega_0\, i\Omega + \omega_0^2\right]\mathcal{F}\{q(t)\} = \omega_0^2\,\mathcal{F}\{u(t)\} \tag{6.101}$$

und weiter für das Antwortspektrum

$$\mathcal{F}\{q(t)\} = \frac{\omega_0^2}{\omega_0^2 - \Omega^2 + i\,2D\omega_0\,\Omega}\,\mathcal{F}\{u(t)\}\,. \tag{6.102}$$

Die Fourier-Transformierte $\mathcal{F}\{q(t)\}$ der Schwingungsantwort $q(t)$ folgt also aus der Fourier-Transformierten $\mathcal{F}\{u(t)\}$ des Erregersignals $u(t)$ durch Multiplikation mit der Übertragungsfunktion $H(\Omega)=\underline{V}(\Omega,D)$, die hier die normierte Vergrößerungsfunktion $\underline{V}(\Omega,D)$ ist,

$$\mathcal{F}\{q(t)\} = H(\Omega)\,\mathcal{F}\{u(t)\} = \underline{V}(\Omega,D)\,\mathcal{F}\{u(t)\}\,. \tag{6.103}$$

Die Übertragungsfunktion ist die Fourier-Transformierte der Stoßantwort $h(t)$ und die Faltung von $u(t)$ und $h(t)$ wird im Frequenzbereich durch die Multiplikation der entsprechenden Spektren $\mathcal{F}\{u(t)\}$ und $H(\Omega)$ vollzogen.

Die Zusammenhänge sind in Bild 6.19 verdeutlicht. Es zeigt das Übertragungsverhalten eines linearen zeitinvarianten Systems.

Im Zeitbereich wird die Übertragung durch das Faltungsintegral $q(t){=}h(t)*u(t)$ beschrieben, im Frequenzbereich durch die Gleichung

$$\mathcal{F}\{q\} = H(\Omega)\,\mathcal{F}\{u\}\,.$$

$\mathcal{F}\{u(t)\}$ und $\mathcal{F}\{q(t)\}$ sind die Fouriertransformierten von $u(t)$ und $q(t)$ und die Übertragungsfunktion $H(\Omega)$ ist die Fouriertransformierte der Stoßantwort $h(t)$.

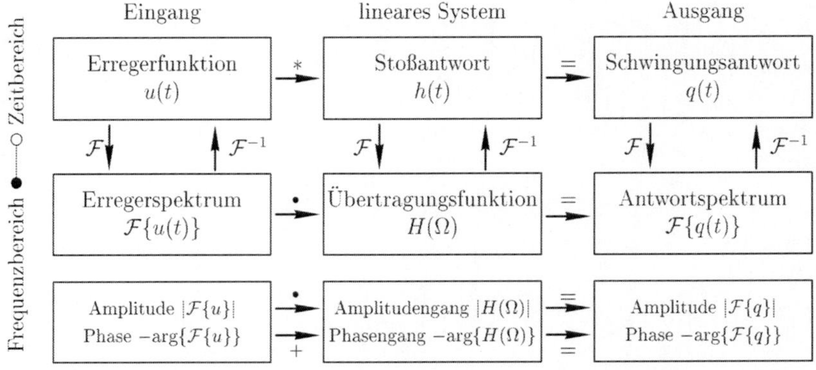

Bild 6.19: Zusammenhang zwischen Erregung und Antwort im Zeit- und im Frequenzbereich

Auch die Leistungsdichten der Erreger- und Antwortsignale sind durch die Übertragungsfunktion $H(\Omega)$ miteinander verknüpft. Allgemein gilt

$$S_{qu}(\Omega) = H^*(\Omega)\, S_{uu}(\Omega) \tag{6.104}$$

$$S_{qq}(\Omega) = H^*(\Omega)\, S_{uq}(\Omega) \tag{6.105}$$

$$S_{qq}(\Omega) = H^*(\Omega)\, S_{uu}(\Omega)\, H(\Omega) = |H(\Omega)|^2\, S_{uu}(\Omega)\,. \tag{6.106}$$

6.11 Resonanzdurchfahrt

6.11.1 Übersicht

Überkritisch betriebene Maschinen müssen beim Hochfahren und beim Auslaufen Resonanzzonen durchfahren. Dabei sind die Schwingungen instationär und die Wechselwirkungen zwischen dem Antrieb und den Schwingungen können signifikant werden.

Eine entscheidende Rolle bei der Resonanzdurchfahrt spielt die Stärke des Antriebes:

Bei einem starken Antrieb wird die Resonanz schnell durchfahren und es bilden sich keine nennenswerten Resonanzschwingungen aus. In diesem Fall steht das Gros der Antriebsleistung für den Hochlauf der Maschine zur Verfügung.

Bei schwachem Antrieb wird ein signifikanter Teil der Antriebsleistung für das Anwachsen der Resonanzamplituden verbraucht. Dieser Leistungsanteil fehlt dem Hochlauf. Die Erregerfrequenz wird daher nicht so schnell ansteigen wie es dem Antrieb entspräche und die Resonanz wird langsamer durchfahren. Im Extremfall kann sogar die gesamte Antriebsleistung für den Aufbau der Resonanzausschläge verzehrt werden, so daß die Erregerfrequenz nicht weiter anwächst, sondern die Maschine in der Resonanz hängen bleibt.

6.11.2 Gleichmäßig beschleunigter An- und Auslauf

• **Gleitsinus:**

Bei starkem Antrieb folgt die Erregerfrequenz $\dot{\varphi}(t)$ dem Antrieb. Im einfachsten Fall ändert sie sich linear mit der Zeit, die Anfahrbeschleunigung $\ddot{\varphi} = a$ ist konstant. In diesem Fall startet die Erregerfrequenz

$$\dot{\varphi} = \Omega_0 + at \tag{6.107}$$

bei der Anfangsfrequenz Ω_0 und nimmt mit der Zeit t linear zu oder ab. Der Erregerwinkel

$$\varphi = \frac{a}{2}t^2 + \Omega_0 t + \beta \tag{6.108}$$

startet mit dem Nullphasenwinkel β und ändert sich quadratisch mit der Zeit. Positive Anfahrbeschleunigungen a beschreiben den Hochlauf, negative den Auslauf. Dazwischen liegt der stationäre Betrieb ($a = 0$) bei konstanter Erregerfrequenz $\dot{\varphi} = \Omega$. Die

Funktionen, die die Maschine zu Schwingungen anregen, sind Gleitsinusfunktionen der Form

$$u(t) = \hat{u}\,\sin\Big(\frac{a}{2}t^2 + \Omega_0 t + \beta\Big), \tag{6.109}$$

die über die gesamte An- oder Auslaufzeit eine konstante Amplitude $\hat{u}$ besitzen. Bild 6.20 zeigt einen derartigen Gleitsinus.

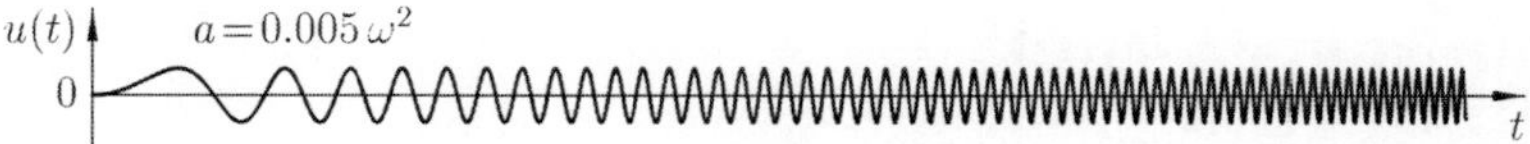

Bild 6.20: Gleitsinus bei konstanter Anfahrbeschleunigung

In der Technik werden viele Aussagen aus Betrachtungen im Frequenzbereich gewonnen. Der Übergang vom Zeitbereich in den Frequenzbereich erfolgt mittels der Fouriertransformation,

$$U(\overline{\Omega}) = \mathcal{F}\{u(t)\} = \int_{-\infty}^{\infty} u(t)\, e^{-i\overline{\Omega}t} dt. \tag{6.110}$$

Die Fouriertransformierte $U(\overline{\Omega})$ einer Gleitsinusfunktion kann – mit einigem mathematischen Aufwand – analytisch berechnet werden. Das Ergebnis ist in Bild 6.21 dargestellt: Aufgetragen ist der Betrag $|U(\overline{\Omega})|$.

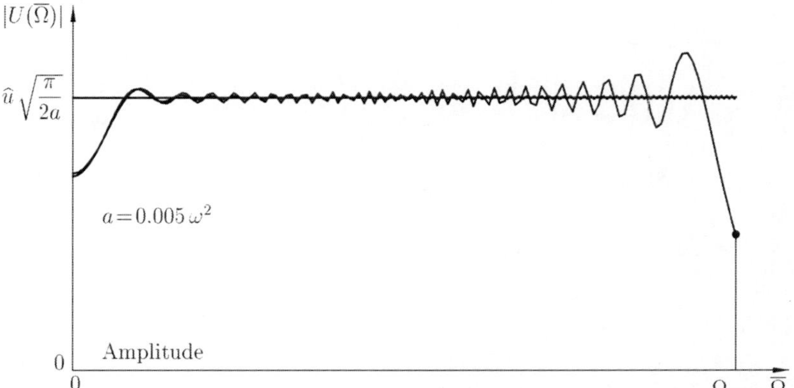

Bild 6.21: Fouriertransformierte einer Gleitsinusfunktion: Näherung; unendlich langer Gleitsinus; bei Ω_{max} abgebrochener Gleitsinus.

Das Bild 6.21 zeigt, daß ein gleichmäßig beschleunigter Gleitsinus im durchlaufenen Frequenzbereich annähernd konstante Intensität hat. Wegen dieser Eigenschaft wird er häufig als Testfunktion bei der experimentellen Systemidentifikation benutzt.

Die Fouriertransformierte

$$\mathcal{F}\{u(t)\} \approx \hat{u}\,\frac{1+i}{2}\,\sqrt{\frac{\pi}{a}}\,e^{-i\varphi(\overline{\Omega})} \tag{6.111}$$

hat annähernd einen konstanten Betrag. Diese Näherung wird durch die konstante Linie im Diagramm dargestellt. Bei einem unendlich lange andauernden Gleitsinus weicht die Kurve nur am linken Bildrand von der Näherung ab. Wird der Gleitsinus jedoch bei einer Endfrequenz Ω_{max} abgebrochen, treten im gesamten durchfahrenen Frequenzbereich Schwankungen der Fouriertransformierten auf, die zu den Frequenzbereichsgrenzen hin größer sind.

- **Instationäres Schwingungsverhalten:**

Die wesentlichen Unterschiede zwischen stationärem und instationärem Betrieb zeigen wir anhand der Feder-Wegerregung des Systems von Bild 6.4. Die Absolutbewegung $q(t)$ wird durch die Bewegungsdifferentialgleichung

$$\ddot{q} + 2D\omega_0\,\dot{q} + \omega_0^2\,q = \omega_0^2\,\hat{u}\,\sin\Big(\frac{a}{2}t^2 + \Omega_0 t + \beta\Big) \tag{6.112}$$

beschrieben. Für den gleichmäßig beschleunigten An- und Auslauf können geschlossene Lösungen angegeben werden. Auf die Einzelheiten der aufwendigen Berechnung kann hier allerdings nicht eingegangen werden.

Die instationäre Lösung läßt sich in eine Form pressen, die der Lösung bei stationärem Betrieb vergleichbar ist,

$$q = \hat{u}\,|\underline{Q}(t)|\,\sin\Big[\frac{a}{2}t^2 + \Omega_0 t + \beta - \psi(t)\Big]. \tag{6.113}$$

Im Unterschied zum stationären Betrieb ist die komplexe Amplitudenfunktion

$$\underline{Q}(t) = |\underline{Q}(t)|\,e^{-i\psi(t)} \tag{6.114}$$

zeitabhängig. Diese komplexe Amplitudenfunktion $\underline{Q}(t)$ beschreibt die instationären Schwingungen $q(t)$ bei linear veränderlicher Erregerfrequenz $\dot{\varphi}(t)$ in gleicher Weise, wie die komplexe Vergrößerungsfunktion $\underline{V}(\Omega,D)$ die stationären bei konstanter Erregerfrequenz $\dot{\varphi}(t)=\Omega$.

Der Betrag der komplexen Amplitudenfunktion $\underline{Q}(t)$ liefert die Hüllkurve der instationären Schwingungen von Bild 6.22. Deutlich zu erkennen sind die Resonanzabminderung und die Resonanzverschiebung gegenüber der gestrichelt eingezeichneten stationären Kurve. Des weiteren ist ersichtlich, daß nach der Resonanzdurchfahrt der Schwingungsverlauf von der Systemeigenfrequenz ω_0 geprägt wird.

Für Auslaufvorgänge mit einer Anfangsfrequenz $\Omega_0 > 0$ und negativer Anfahrbeschleunigung $a < 0$ ergeben sich im Prinzip gleichartige Ergebnisse.

Bild 6.23 zeigt die instationären Amplitudenkurven $|\underline{Q}(t)|$ als Funktionen der Erregerfrequenz $\dot{\varphi}(t)$. Bei Anfahrvorgängen wird das Bild von links nach rechts und bei Auslaufvorgängen von rechts nach links durchlaufen. Die instationären (transienten) Schwingungen haben die folgenden charakteristischen Eigenschaften:

1. Das Maximum der Schwingungen tritt nicht im Augenblick des Zusammenfallens der Erregerfrequenz $\dot{\varphi}$ mit der Resonanz ω_0 auf, sondern erst später. Beim Anlaufen verschiebt sich das Amplitudenmaximum also zu höheren und beim Auslaufen zu niedrigeren Erregerfrequenzen, und zwar um so stärker, je größer der Betrag der Anfahrbeschleunigung a ist.

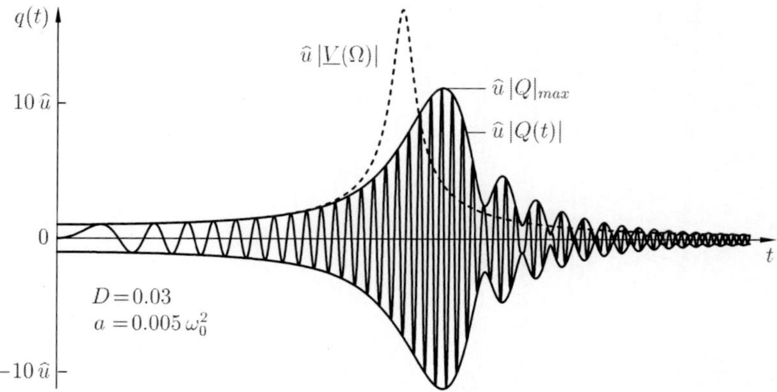

Bild 6.22: Schwingungen beim gleichmäßig beschleunigten Hochlauf: instationäre Schwingung; stationäre Resonanzkurve.

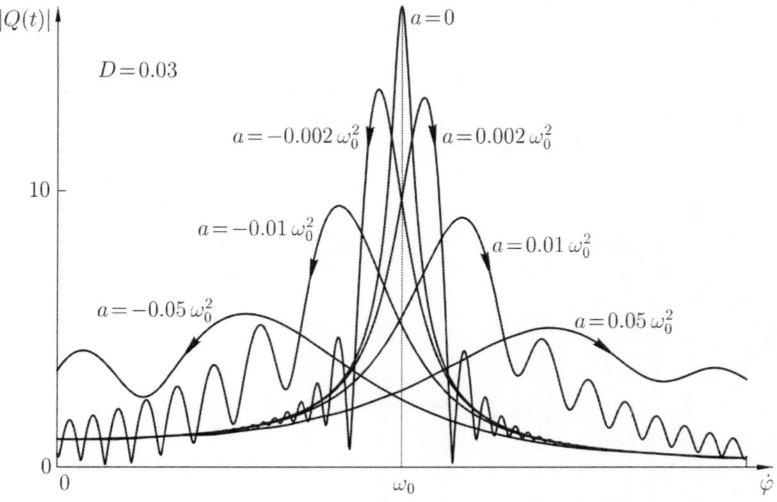

Bild 6.23: Amplitudenkurven der Schwingungen bei gleichmäßig beschleunigten An- und Auslaufvorgängen

2. Bei instationärem Betrieb ist die maximale Schwingungsauslenkung $\widehat{u}\,|Q|_{max}$ kleiner als das stationäre Resonanzmaximum $\widehat{u}/(2D)$. Sie ist um so kleiner, je schneller der Resonanzbereich durchfahren wird. Als grober funktioneller Zusammenhang kann die Beziehung

$$|Q|_{max} \approx \frac{1}{2D + \sqrt{|a|}/(2\omega_0)} \tag{6.115}$$

angesetzt werden, die auch die Abschätzung $1/2D$ der Resonanzamplitude des stationären Betriebes ($a=0$) beinhaltet.

3. Nach dem Durchfahren des Amplitudenmaximums treten abklingende niederfrequente Amplitudenschwankungen auf. Dieser Effekt ist darauf zurück zu führen, daß nach dem Durchfahren der Resonanz die Schwingungen wesentliche eigenfrequente Anteile enthalten. Die eigenfrequenten Anteile und die erzwungenen Anteile überlagern sich zu instationären Schwebungserscheinungen mit zunehmender Schwebungsfrequenz.

4. Beim An- und Auslaufen bleiben die Schwingungen auch im ungedämpften Fall endlich.

• Maximalamplituden bei der Resonanzdurchfahrt:

Meist interessiert nicht der gesamte Schwingungsverlauf, sondern es interessieren nur die Maximalamplitude und die Erregerfrequenz, bei der sie auftritt. Die Maximalamplitude ist in Abhängigkeit von der Dämpfung D und der normierten (bezogenen) Anfahrbeschleunigung $\alpha = a/\omega_0^2$ im Diagramm 6.24 dargestellt. Für große Dämpfung stimmt die Maximalamplitude des instationären Betriebes fast mit dem Resonanzmaximum des stationären Betriebes überein. Bei Dämpfungen über 20% lohnt es sich demnach nicht, instationär zu rechnen.

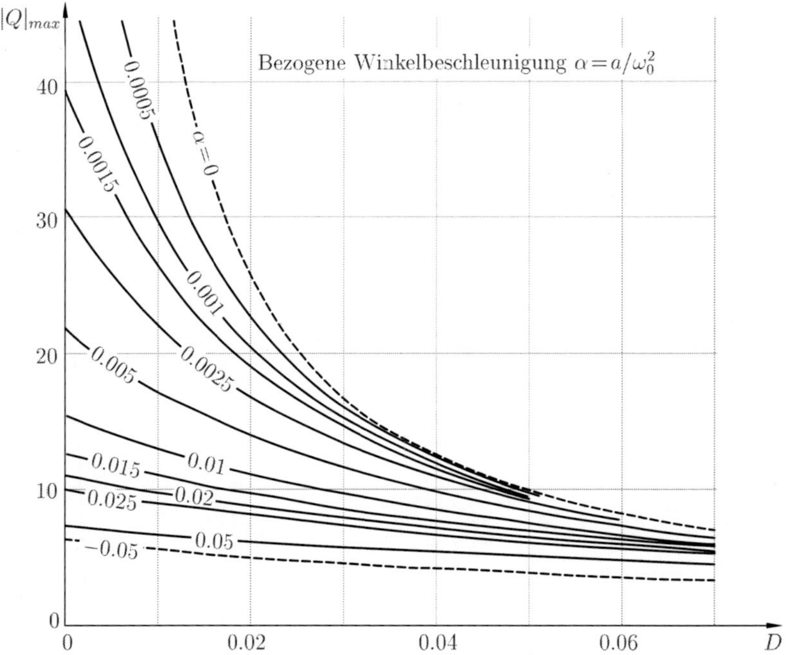

Bild 6.24: Maximalamplituden bei der Resonanzdurchfahrt.

• **Frequenzverhalten:**

Die Fouriertransformierte der instationären Schwingung (6.113) läßt sich mit einigem Aufwand analytisch berechnen. Das Ergebnis ist im Bild 6.25 dargestellt. Man erkennt die folgenden charakteristischen Eigenschaften:

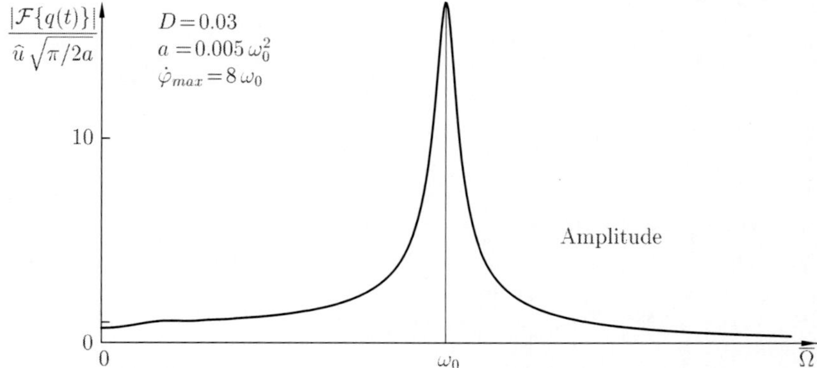

Bild 6.25: Bezogene Fouriertransformierte der instationären Schwingungen bei der Resonanzdurchfahrt

Die im Zeitverlauf (Bild 6.22) von instationären An- und Auslaufvorgängen deutlich erkennbaren Phänomene – Resonanzabminderung und Resonanzverschiebung – sind im Frequenzbereich verschwunden. Der Betrag der Fouriertransformierten der instationären Schwingung stimmt bis auf einen Maßstabfaktor mit der stationären Vergrößerungsfunktion $\underline{V}(\overline{\Omega},D)$ überein. Die Schnelligkeit der Resonanzdurchfahrt hat nur einen geringen Einfluß auf die Form der Spektren. Dies zeigt das numerisch simulierte Beispiel der Bilder 6.22 und 6.25 mit der sehr hohen Anfahrbeschleunigung $a = 0.005\,\omega_0^2$. In diesem Beispiel wird bereits nach etwa 15 Oszillationen die Resonanz erreicht. Die Schwingungen bleiben etwa 33% kleiner als das stationäre Resonanzmaximum und die Resonanzfrequenz ist um 12% nach oben verschoben. Im Frequenzbereich (Bild 6.25) sind diese Effekte verschwunden.

Die genannte Eigenschaft gestattet einige Folgerungen für die richtige Anwendung von Gleitsinuserregung bei der Systemidentifikation: Die Schnelligkeit des Resonanzdurchlaufes spielt für Betrachtungen im Frequenzbereich praktisch keine Rolle. Auch mit extrem schnellen Frequenzdurchläufen, sogenannten Chirp-Sines, können die Übertragungsfunktionen sehr gut identifiziert werden. Durch die schnelle Resonanzdurchfahrt wird nicht nur die Versuchszeit reduziert, sondern bei gleicher Erregeramplitude auch die Systembelastung vermindert. Wegen der kurzen Verweilzeit in der Resonanz können sich gefährliche Resonanzausschläge gar nicht ausbilden.

6.11.3 Systeme mit begrenztem Antrieb

• Koppeleffekte:

Bei schwachem Antrieb können Effekte auftreten, die bei Vernachlässigung der Rückwirkung der Schwingungen auf den Antrieb nicht erklärt werden können. Dies sind insbesondere die folgenden:

1. Bestimmte Betriebszustände können nur beim Heraufregeln der Erregerfrequenz erreicht werden, andere nur beim Herunterregeln und manche sind überhaupt nicht zu erreichen.

2. Beim Anfahren kann es zu einem Hängenbleiben der Erregerfrequenz in der Resonanz kommen, obwohl das System für den überkritischen Betrieb ausgelegt ist.

3. Sowohl beim Anfahren als auch beim stationären Betrieb treten Interaktionen zwischen dem Antrieb und den Schwingungen auf.

Diese Effekte sind nur durch den wechselseitigen Energietransfer zwischen den Schwingungen und dem Antrieb, wie er in Bild 6.26 erläutert ist, zu erklären: An- und Abtrieb bestimmen über ihre Charakteristiken in erster Linie die Erregerfrequenz. Die für die Schwingungen erforderliche Energie muß vom Antrieb aufgebracht werden und steht somit nicht für die Winkelbeschleunigung der Erregung zur Verfügung. Bei beschränktem Leistungsvermögen des Antriebs erreicht die Anfahrbeschleunigung nicht den Wert, der durch den Antrieb nominell vorgegeben ist. Die Schwingungen haben auf diese Weise eine Rückwirkung auf den Antrieb.

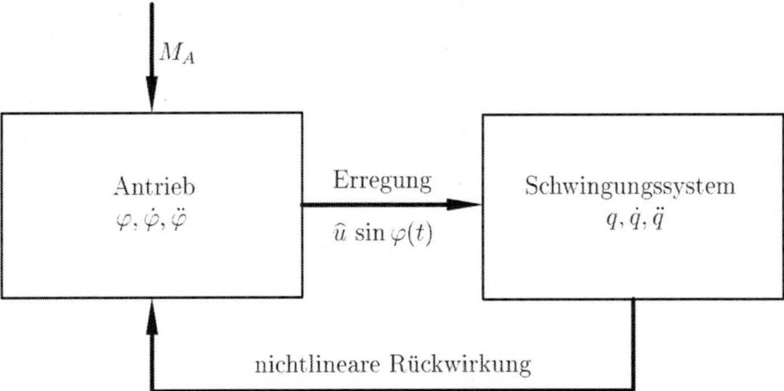

Bild 6.26: Blockschaltbild für die gegenseitige Kopplung von Schwingung und Antrieb

• Zeitverhalten:

Die Auswirkung der nichtlinearen Kopplung von Antrieb und Schwingungen sollen an einem Laval-Rotor, der durch ein konstantes Antriebsmoment M_A angetrieben wird, erläutert werden. Wesentliche Parameter sind die Dämpfung D und die auf den Trägheitsradius k der Scheibe bezogene Exzentrizität ε. Exakte Lösungen für das gekoppelte nichtlineare Gleichungssystem sind nicht angebbar. Es existieren aber Näherungslösungen und die Ergebnisse numerischer Simulationen. Die wesentlichen Effekte werden durch die Bilder 6.27 bis 6.29 erläutert. Aufgetragen sind die Rotorauslenkungen $v_S(t)$ und die Drehzahlverläufe $\dot{\varphi}(t)$ für einen Hochlaufvorgang bei starkem Antriebsmoment, für einen Hochlaufvorgang bei schwachem Antriebsmoment und für einen Auslauf:

Zunächst nimmt die Drehzahl $\dot{\varphi}$ wie erwartet linear zu. Die Rotorausbiegung $v_S(t)$ ist klein und daher auch ihre Rückwirkung auf die Drehbewegung.

Mit Annäherung an die biegekritische Drehzahl $\dot{\varphi}=\omega_0$ wachsen die Rotorausbiegungen an und die Rückwirkung auf den Antrieb wird signifikant. Diese bewirkt, daß mit zunehmender Resonanznähe die Drehzahl immer langsamer ansteigt, weil nun immer mehr Antriebsenergie zur Ausbiegung des Rotors verbraucht wird.

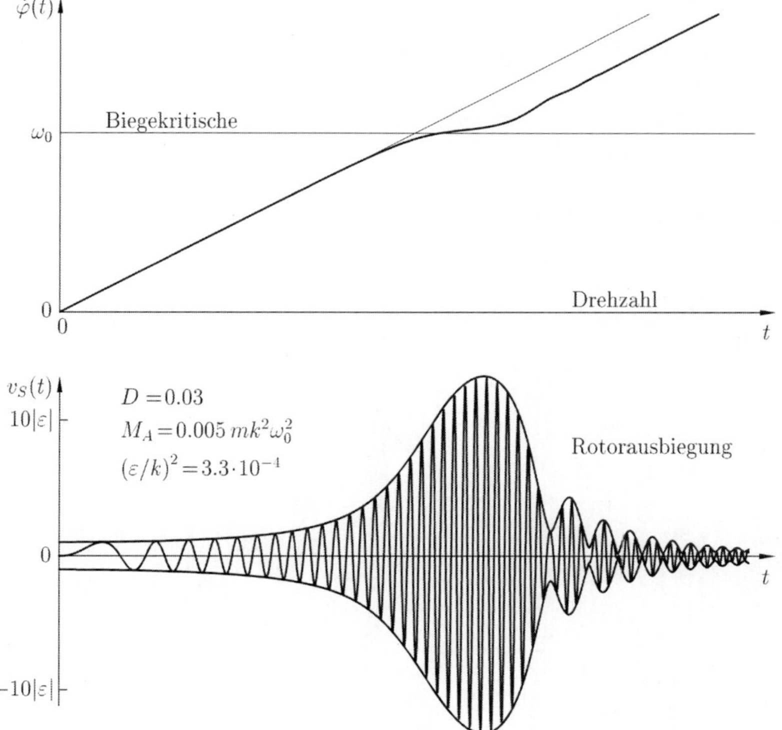

Bild 6.27: Rotorausbiegung und Drehzahl eines Durchläufers in Abhängigkeit von der Zeit

Bei hinreichend großem Antriebsmoment überwindet der Läufer den kritischen Drehzahlbereich – man spricht von einem Durchläufer. Nach einem kleinen Ausgleich folgt die Drehbeschleunigung wieder dem Antriebsmoment, die Drehzahl nimmt daher weiter linear zu.

Bei einem Hängenbleiber (Bild 6.28) ist der Antrieb zu schwach, um den Resonanzbereich zu durchfahren. In der Resonanz wird die Rotorausbiegung v_S sehr groß und die Drehzahl $\dot{\varphi}$ bleibt kurz unterhalb der biegekritischen Drehzahl hängen. Um einen Maschinenschaden zu vermeiden, muß ein solcher Anfahrvorgang abgebrochen werden. Den Effekt des Hängenbleibens beobachtet man gelegentlich auch im Haushalt, nämlich bei einem vergeblichen Versuch, eine ungünstig beladene Wäscheschleuder auf maximale Betriebsdrehzahl zu bringen. Es gibt allerdings auch Maschinen (z. B. Schwingsiebe und Schwingförderanlagen), bei denen der Effekt des Hängenbleibens ausgenutzt wird. Wenn sich das System in Resonanz befindet, pumpt der Antrieb sehr viel Energie in die Schwingung, ohne daß die Erregerfrequenz ansteigt und der Resonanzbereich verlassen wird. Bei solchen Maschinen stimmt man das System und den Antrieb so aufeinander ab, daß die Erregerfrequenz möglichst dicht in der Resonanzspitze hängenbleibt.

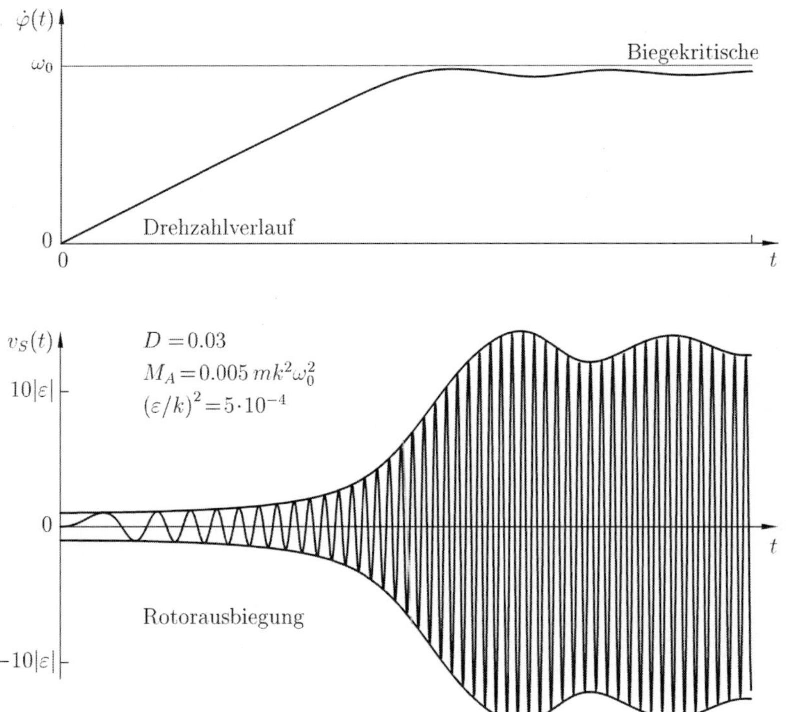

Bild 6.28: Rotorausbiegung und Drehzahl eines Hängenbleibers in Abhängigkeit von der Zeit

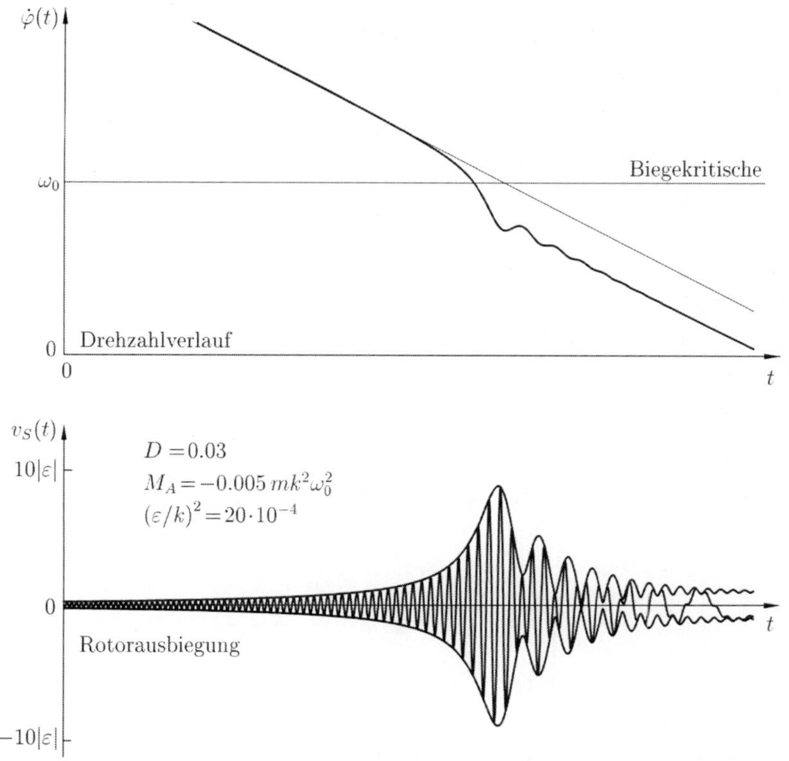

Bild 6.29: Rotorausbiegung und Drehzahl eines Auslaufvorganges in Abhängigkeit von der Zeit

Bei einem Auslaufvorgang (Bild 6.29) führt die nichtlineare Rückwirkung der Schwingungen auf die Drehbewegung dazu, daß der biegekritische Drehzahlbereich schneller durchfahren wird, als es dem Bremsmoment entspräche. Ein Hängenbleiben kann nicht auftreten.

• Drehwiderstand und Mindestantriebsmoment:

Wenn eine Maschine beim Anfahren in ihrer Resonanz hängen bleibt, stellt sich ein stationärer Zustand ein. Dieser läßt sich mit Verfahren für nichtlineare Schwingungen näherungsweise berechnen. Ein adäquates Verfahren ist das der langsam veränderlichen Phase und Amplitude. Ein Ergebnis solcher Berechnungen ist der drehzahlabhängige Drehwiderstand des Rotors. Dieser muß vom Antrieb kompensiert werden. Nur wenn das Antriebsmoment größer als der Drehwiderstand ist, wird die Maschine beschleunigt und durchfährt ihre Resonanz.

6.12 Schwingungsberuhigung

6.12.1 Übersicht

Häufig sind Schwingungen von Maschinen, Anlagen oder Bauwerken nicht gewollt und sollen vermieden, reduziert, isoliert oder unterdrückt werden. Zur Lösung solcher Aufgabenstellungen gibt es eine Unzahl verschiedenster Ansätze. Zu ihnen gehören unter anderem

- die Vermeidung oder Verringerung der Schwingungsursache, also der Erregung,
- die Verlagerung von Systemeigenfrequenzen aus dem Arbeitsfrequenzbereich, Verstimmen,
- der Einbau von dämpfenden Werkstoffen oder speziellen Energieabsorbern,
- die schnelle Resonanzdurchfahrt,
- die Schwingungsisolation,
- der Einbau von passiven Zusatzsystemen, Schwingungstilgern, und
- der Einbau von geregelten aktiven Zusatzeinrichtungen (Aktuatoren).

Häufig ist eine Kombination mehrerer der genannten Maßnahmen am erfolgreichsten.

Wir gehen im folgenden kurz auf die ersten vier Maßnahmen ein und behandeln dann ausführlicher die Schwingungsisolation. Schwingungstilger und aktive Systeme werden im Kapitel 8 erläutert.

6.12.2 Vermindern der Erregung

Wenn zu große Schwingungen auftreten, sollte man als erstes versuchen, die Erregung zu reduzieren. Bei linearen Systemen sind die Schwingungsantworten proportional zur Erregung. Daher geht mit der Reduktion der Erregung auch direkt die Minderung der Schwingungen einher.

Bei rotierenden Maschinenteilen erfolgt die Minderung der Erregung beispielsweise durch Auswuchten und durch Reduzierung von Unrundheiten.

Bei oszillierenden Maschinenteilen (z. B. bei Kolbenmotoren) führt man einen Massenausgleich durch.

In Getrieben reduziert man die Erregung durch Verringerung der Formabweichungen.

Schwankungen der Drehzahl reduziert man mittels Schwungmassen.

6.12.3 Verstimmen

Die größten Amplituden treten im Resonanzbereich auf. Besonders kritisch ist es, wenn eine Erregerfrequenz mit der Resonanz zusammenfällt. Durch Steifigkeits- und Massenänderungen kann die Eigenfrequenz u. U. hinreichend weit von den Erregerfrequenzen weggeschoben werden. Im resonanzfernen Betrieb sind die Schwingungen kleiner als im resonanznahen. Wird die Eigenfrequenz ω_0 durch Massenreduktion oder Versteifungen nach oben, in einen Bereich oberhalb der Erregerfrequenz Ω verschoben, spricht man von Hochabstimmung. Die Maschine läuft unterkritisch, $\Omega \ll \omega_0$. Wird die Eigenfrequenz ω_0 durch Massenerhöhung oder Schwächung der Struktur nach unten, in einen Bereich unterhalb der Erregerfrequenz Ω verschoben, spricht man von Tiefabstimmung. Die Maschine läuft überkritisch, $\Omega \gg \omega_0$.

6.12.4 Dämpfen

Dämpfung ist besonders wirksam im Resonanzbereich, außerhalb der Resonanzbereiche ist ihr Einfluß gering. Sie wird wichtig, wenn beim Hochfahren und Auslaufen die Maschine eine oder mehrere Resonanzstellen durchfahren muß, wenn die Erregerfrequenz nicht konstant ist oder wenn die Erregung einen breiten Frequenzbereich überdeckt.

6.12.5 Schwingungsisolation

Durch Schwingungsisolierung soll die Übertragung von pulsierenden Kräften von einem mechanischen System auf die Umgebung oder umgekehrt vermindert werden. Zu diesem Zweck wird das System elastisch und ggf. gedämpft aufgestellt (man denke z. B. an die Aufhängung des Motors im Pkw). Durch die Wahl der Stützfedern können die Eigenfrequenzen und (eingeschränkt) auch die Dämpfung des mechanischen Gesamtsystems gezielt verändert werden. Je nach Schutzziel unterscheidet man zwischen aktiver und passiver Schwingungsisolierung. Wird das System so beeinflußt, daß die in der Maschine wirksamen Kräfte nur vermindert in den Boden eingeleitet werden, so spricht man von aktiver Schwingungsisolierung. Werden durch die Isolationsmaßnahmen die Erschütterungen der Umgebung von einer Maschine ferngehalten, so spricht man von passiver Schwingungsisolierung.

- **Aktive Schwingungsisolierung**

Zur aktiven Schwingungsisolierung wird die Maschine so aufgestellt, daß die von ihr in den Aufstellort (Gebäude, Fahrzeug, Flugzeug) übertragenen dynamischen Kräfte möglichst gering sind und die Maschine selbst wenig schwingt. Eine Schwingungsisolierung zur aktiven Entstörung ist notwendig bei Aufstellungen von Turbinen, Kolbenmaschinen, Pressen, Stanzen, Schmiedehämmern sowie beim Aufhängen von Antrieben in Fahr- und Flugzeugen.

Die aus den Anforderungen folgenden Auslegungsbedingungen an die Schwingungsisolierung lassen sich am Schwinger mit einem Freiheitsgrad unter harmonischer Krafterregung $F(t) = \widehat{F} \sin \Omega t$ verdeutlichen. Bild 6.30 zeigt das Ersatzsystem.

Die Bewegungsgleichung für die Bewegung dieses Systems

$$m\,\ddot{q} + b\,\dot{q} + k\,q = \widehat{F} \sin \Omega t \qquad (6.116)$$

kann mit der Beziehung für die Fundamentkraft

$$F_F = b\,\dot{q} + k\,q \qquad (6.117)$$

in eine Gleichung für die Fundamentkraft

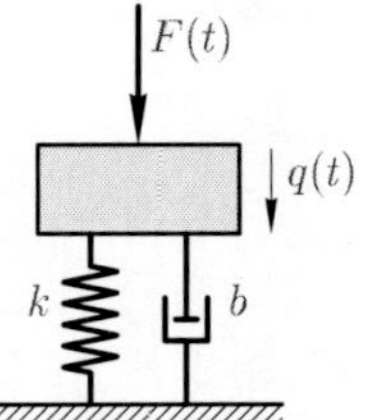

Bild 6.30: Ersatzmodell

$$m\,\ddot{F}_F + b\,\dot{F}_F + k\,F_F = k\,\widehat{F}\sin\Omega t + b\,\Omega\,\widehat{F}\cos\Omega t \tag{6.118}$$

überführt werden. Die Fundamentkraft im eingeschwungenen Zustand ergibt sich als partikuläres Integral dieser Gleichung zu

$$F_F = \widehat{F}\;V(\eta,D)\;\sin(\Omega t-\psi) = \widehat{F}_F\;\sin(\Omega t-\psi). \tag{6.119}$$

Die Amplitude $\widehat{F}_F$ der Fundamentkraft wird gemäß Abschnitt 6.4.4 durch die Vergrößerungsfunktion

$$V(\eta,D) = \sqrt{\frac{1+(2D\eta)^2}{(1-\eta^2)^2+(2D\eta)^2}} \tag{6.120}$$

charakterisiert, die Phasenverschiebung ψ hat keinen Einfluß darauf. $D = b/2\sqrt{k\,m}$ ist das LEHRsche Dämpfungsmaß und $\eta = \Omega/\omega_0$ das Frequenzverhältnis zwischen der Erregerfrequenz Ω und der Eigenfrequenz $\omega_0 = \sqrt{k/m}$ der Maschine auf ihrer elastischen Aufstellung.

Die maßgebliche Vergrößerungsfunktion V ist als Funktion des Frequenzverhältnisses η (der sogenannten Abstimmung) und des Dämpfungsmaßes D im Bild 6.31 dargestellt. Die Kurven zeigen, daß eine Isolierwirkung erst für Frequenzverhältnisse $\eta > \sqrt{2}$ eintritt, da erst dann die Vergrößerungsfunktion $V < 1$ wird. Für ein Kräfteverhältnis von beispielsweise $\widehat{F}_F/\widehat{F} \leq 15\%$ ist bei geringer Dämpfung von $D = 1\%$ ein Abstimmungsverhältnis von mindestens $\eta \geq 2.8$ anzustreben.

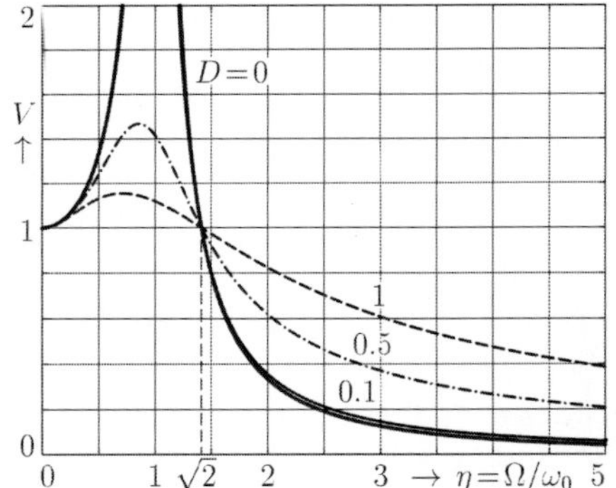

Bild 6.31: Vergrößerungsfunktion V als Funktion des Frequenzverhältnisses η für verschiedene Dämpfungsgrade D.

Entscheidend für die Wirkung einer Schwingungsisolierung sind die Verhältnisse zwischen den Erregerfrequenzen und den Eigenfrequenzen der Maschine. Die Isolierwirkung ist dabei um so besser, je tiefer die Eigenfrequenz der isolierten Maschine liegt, d. h. je größer das Verhältnis

$$\eta = \frac{\Omega_{min}}{\omega_0} \tag{6.121}$$

der niedrigsten Erregerkreisfrequenz $\Omega_{min} = \min\{\Omega_j\}$ zu der Eigenkreisfrequenz ω_0 ist, sofern nur die niedrigste Erregerfrequenz größer als die Eigenfrequenz ist, $\Omega_{min} > \omega_0$.

Die Auslegungsbedingungen für eine aktive Schwingungsisolation lauten also

$$\omega_0 \ll \Omega \qquad \text{und} \qquad D \qquad \text{möglichst klein.} \tag{6.122}$$

Die Eigenfrequenz ω_0 des Systems 'Maschine auf Schwingungsisolierung' muß möglichst klein gegenüber der Frequenz Ω der Erregung sein, d. h. Tiefabstimmung. Für $\Omega > \sqrt{2}\,\omega_0$ ist die in den Aufstellort übertragene Kraft kleiner als die statische Kraft der Erregung, die Verschiebungsamplitude $\widehat{q}$ der Maschine ist kleiner als die zugehörige statische Verschiebung $\widehat{F}/k$.

Die in den Aufstellort übertragenen Kräfte sind für $\Omega > \sqrt{2}\,\omega_0$ umso kleiner, je niedriger die Dämpfung D ist. Da wegen der Tiefabstimmung aber beim Hoch- und Abfahren der Maschine die Resonanz durchfahren werden muß, darf die Dämpfung nicht zu klein sein. Die Schwingungen $q(t)$ der Maschine werden (im Gegensatz zu den Lagerkräften) kleiner, wenn die Dämpfung größer wird. Daher ist ein Kompromiß erforderlich, anzustreben sind Dämpfungsgrade $D = 0.1$ bis 0.3.

Im allgemeinen wird es sich bei einer elastisch aufgestellten starren Maschine jedoch nicht um einen Schwinger mit einem Freiheitsgrad handeln, sondern um ein System mit mehrern Freiheitsgraden, denn die Maschine kann verschiedenartig auf ihrer Aufstellung schwingen. Ein realitätsnahes Modell ist ein Starrkörper mit sechs Freiheitsgraden. Entsprechend hat die elastisch aufgestellte Maschine sechs Eigenfrequenzen, die alle möglichst tief, weit unterhalb der niedrigsten signifikanten Erregerfrequenz liegen sollten.

Außerdem ist die Erregerfunktion i. a. nicht harmonisch, sondern enthält ein mehr oder minder breites Spektrum von Erregerfrequenzen. Bei der Wahl einer geeigneten Isolierung muß daher die niedrigste störende Frequenzkomponente im Erregerspektrum genügend hoch über der höchsten angeregten Eigenfrequenz des Systems liegen. In der Praxis müssen also zunächst die Erregerfrequenzen ermittelt werden. In Abhängigkeit von diesem Erregerspektrum werden die Stützfedern dann so ausgewählt, daß alle Abstimmungsverhältnisse hinreichend groß sind.

• Passive Schwingungsisolierung

Ziel einer passiven Entstörung ist der Schutz von Menschen, Maschinen und empfindlichen Geräten gegen Schwingungen (Erschütterungen), die am Aufstellort herrschen. Die aus der Fußpunktbewegung des Aufstellortes folgende Absolutverschiebung der Maschine soll also möglichst klein sein. Die Auslegungsbedingungen für eine passive Schwingungsisolierung lassen sich an den in Bild 6.32 dargestellten Schwinger mit einem Freiheitsgrad unter harmonischer Fußpunkterregung verdeutlichen.

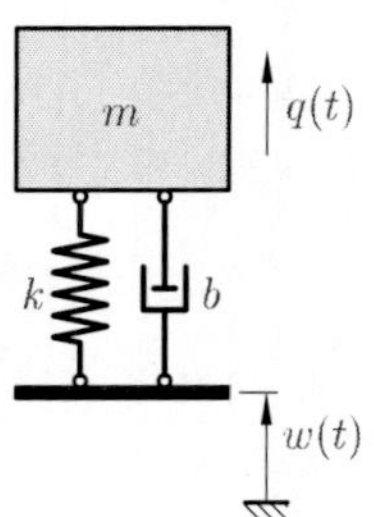

Bild 6.32: Isoliert aufgestellte Maschine

Die Bewegungsdifferentialgleichung

$$m\,\ddot{q} + b\,\dot{q} + k\,q = k\,w(t) + b\,\dot{w}(t) \tag{6.123}$$

für die Absolutbewegung $q(t)$ der Maschine hat dieselbe Form wie die Gleichung (6.118) für die Fundamentkraft $F_F(t)$ der aktiven Schwingungsisolation. Das Verhalten eines derartigen Systems wird im Abschnitt 6.4.4 ausführlich diskutiert. Die maßgebliche Vergrößerungsfunktion für die Absolutbewegung ist dieselbe wie bei der aktiven Schwingungsisolation (6.120).

Die Auslegungsbedingungen der Schwingungsisolierung zur passiven Entstörung sind also die gleichen wie die zur aktiven Entstörung.

Eine Schwingungsisolierung zur passiven Entstörung ist bei der Aufstellung oder Aufhängung von empfindlichen Geräten in Fahrzeugen, Flugzeugen und Schiffen, bei der Auslegung der Fahrersitze in Arbeitsmaschinen oder der Fahrzeugfederung, beim Aufstellen von Präzisionsmaschinen oder ganzer Labors zum Schutz gegen Erschütterungen aus der Umgebung notwendig. Dazu zählt auch die Abfederung ganzer Bauwerke gegen Erdbeben.

Die technische Realisierung einer Schwingungsisolierung ist abhängig von den Anforderungen. Sie reicht von einfachen Isoliermatten über Gummikörper, Stahlrahmen, Stahlfedern und viskosen Dämpfern bis hin zu Luftfedern und magnetischen Lagern.

6.13 Stochastische Erregung

Wird ein lineares zeitinvariantes System von einer Funktion erregt, die zufälliger Natur ist, führt es Zufallsschwingungen aus. Da das Erregersignal zufällig ist, kann sein expliziter Zeitverlauf nicht angegeben werden, es kann nur durch seine statistischen Kenngrößen charakterisiert werden. In diesem Abschnitt geben wir einige Hinweise, wie die statistischen Kenngrößen der Schwingungsantwort einer linearen, zeitinvarianten Struktur von den statistischen Kenngrößen der Erregung und den Strukturparametern abhängen. Wir beschränken uns auf krafterregte Systeme, die in der Normalform durch die Bewegungsgleichung (6.9)

$$\ddot{q} + 2D\omega_0\,\dot{q} + \omega_0^2\,q = \omega_0^2\,u(t) \tag{6.124}$$

beschrieben werden. Das System wird vollständig durch seine Übertragungsfunktion (6.17),

$$\underline{V}(\eta,D) = \frac{\omega_0^2}{\omega_0^2 - \Omega^2 + i2D\omega_0\Omega} = \frac{1}{1-\eta^2 + i2D\eta}, \tag{6.125}$$

die komplexe Vergrößerungsfunktion charakterisiert.

Ist die Erregerfunktion $u(t)$ eine statistische GAUSSsche Zufallsfunktion mit verschwindendem Mittelwert $\overline{u} = 0$, so folgt, daß auch die linke Seite der Dgl. (6.124) eine Gaußverteilung besitzt. Demzufolge sind q und ihre Ableitungen $\dot{q}$ und $\ddot{q}$ stationäre normalverteilte Zufallsfunktionen. Lineare Systeme haben die Eigenschaft, auf normalverteilte Erregungen mit normalverteilten Ausgangsgrößen zu antworten, während sich bei nicht normalverteilten Eingangsgrößen die Verteilungsform beim Durchgang durch das System ändert, die Verteilung wird verzerrt. Da die Berechnung der Verteilung der Ausgangsgröße bei nicht normalverteilten Erregungen außerordentlich schwierig ist, nimmt man in der Praxis immer eine GAUSSsche Normalverteilung der Erregung an.

Es leuchtet ein, daß die Summe auf der linken Seite von Gl. (6.124) den Mittelwert null und die gleiche Autokorrelationsfunktion wie $u(t)$ hat. Die Autokorrelationsfunktion der Zufallsschwingungen erhält man als Lösung einer inhomogenen linearen

Differentialgleichung, die große Ähnlichkeit mit der ursprünglichen Schwingungsdifferentialgleichung aufweist.

Beim Übergang in den Frequenzbereich mittels der Fourier-Transformation findet man

$$\mathcal{F}\{q(t)\} = H(\Omega)\, \mathcal{F}\{u(t)\}\,. \tag{6.126}$$

Bei normalverteilten Funktionen gilt für die Streuung der Ausgangsgröße

$$\sigma_q^2 = \frac{1}{2\pi} \int\limits_{-\infty}^{\infty} |H(\Omega)|^2\, S_{uu}(\Omega)\, d\Omega = \frac{1}{2\pi} \int\limits_{-\infty}^{\infty} S_{qq}(\Omega)\, d\Omega\,. \tag{6.127}$$

Sie berechnet sich aus der Spektraldichte der Erregung und dem Betragsquadrat der Übertragungsfunktion. Dies ist aber gerade die Autokorrelation der Schwingungsantwort an der Stelle $\tau = 0$,

$$\sigma_q^2 = \Phi_{qq}(0)\,. \tag{6.128}$$

Mit dem Mittelwert $\overline{q}$ und der Streuung σ_q ist die Verteilungsfunktion der Ausgangsgröße vollständig bestimmt, da eine Normalverteilung allein durch diese beiden Parameter beschrieben wird.

Die Zusammenhänge zwischen den statistischen Kenngrößen der Erregung und der Schwingungsantwort von linearen zeitinvarianten Systemen können im Zeit- und im Frequenzbereich angegeben werden. Wichtige statistische Kenngrößen sind der Mittelwert $\overline{q}$ und die Streuung σ_q der Schwingungsantwort. Weitere wichtige Größen sind die Kreuzleistungsdichte $S_{qu}(\Omega)$ und die Kreuzkorrelationsfunktion $\Phi_{qu}(\tau)$ zwischen dem Erregersignal und der Schwingungsantwort sowie die Autoleistungsdichte $S_{qq}(\Omega)$ und die Autokorrelationsfunktion $\Phi_{qq}(\tau)$ der Schwingungsantwort.

Ausgangspunkt der Betrachtungen sind die unterschiedlichen Zusammenhänge zwischen Erregung und Antwort im Frequenzbereich,

$$\mathcal{F}\{q(t)\} = H(\Omega)\, \mathcal{F}\{u(t)\} = \underline{V}(\Omega, D)\, \mathcal{F}\{u(t)\}\,, \tag{6.129}$$

und im Zeitbereich,

$$q(t) = \int\limits_{-\infty}^{t} h(t-\tau)\, u(\tau)\, d\tau = \int\limits_{-\infty}^{t} h(\tau)\, u(t-\tau)\, d\tau = h(t) * u(t) = u(t) * h(t)\,, \tag{6.130}$$

sowie die Bewegungsgleichung

$$\ddot{q} + 2D\omega_0\, \dot{q} + \omega_0^2\, q = \omega_0^2\, u(t)\,. \tag{6.131}$$

Diese Zusammenhänge gelten natürlich auch für stochastische Funktionen $u(t)$. Unmittelbar aus der Bewegungsgleichung (6.131) folgt wegen ihrer Linearität und der Anwendbarkeit des Superpositionsprinzips der konstante Mittelwert der Schwingungsantwort

$$\overline{q} = H(0)\, \overline{u}\,. \tag{6.132}$$

Der Mittelwert $\overline{q}$ der Schwingungsantwort wird aus dem Mittelwert $\overline{u}$ der Erregung durch Multiplikation mit der Übertragungsfunktion an der Stelle $\Omega = 0$ (der statischen

Nachgiebigkeit) berechnet. Der Mittelwert eines stochastischen Signals wird also wie der Gleichanteil eines deterministischen Signals übertragen.

Zur Herleitung der Zusammenhänge zwischen der Autokorrelationsfunktion der Erregung $\Phi_{uu}(\tau)$ und der Kreuzkorrelationsfunktion $\Phi_{uq}(\tau)$ von Erregung und Antwort multiplizieren wir die Gleichung (6.129) mit $\mathcal{F}^*\{u(t)\}$ und mitteln gemäß Gl. (4.81),

$$\lim_{T\to\infty} \frac{1}{2T} \left\{\mathcal{F}^*\{u\}\,\mathcal{F}\{q\}\right\} = \lim_{T\to\infty} \frac{1}{2T} \left\{H(\Omega)\,\mathcal{F}^*\{u\}\,\mathcal{F}\{u\}\right\}. \tag{6.133}$$

Da $H(\Omega)$ als multiplikativer zeitunabhängiger Faktor vor die Grenzwertbildung gezogen werden kann, ergibt sich zunächst

$$\lim_{T\to\infty} \frac{1}{2T} \left\{\mathcal{F}^*\{u\}\,\mathcal{F}\{q\}\right\} = H(\Omega) \lim_{T\to\infty} \frac{1}{2T} \left\{\mathcal{F}^*\{u\}\,\mathcal{F}\{u\}\right\} \tag{6.134}$$

und weiter mit der Definition (4.81) und (4.88) der Kreuz- und Autoleistungsdichten

$$S_{uq}(\Omega) = H(\Omega)\,S_{uu}(\Omega)\,. \tag{6.135}$$

Da $S_{uq}(\Omega)$ und $S_{uu}(\Omega)$ die Fourier-Transformierten der entsprechenden Korrelationsfunktionen sind, ist das gleichbedeutend mit der Differentialgleichung

$$\ddot{\Phi}_{uq} + 2D\omega_0\,\dot{\Phi}_{uq} + \omega_0^2\,\Phi_{uq} = \omega_0^2\,\Phi_{uu} \tag{6.136}$$

für die Kreuzkorrelationsfunktion. Die Kreuzkorrelationsfunktion zwischen Erregung und Schwingungsantwort ist also die Lösung der inhomogenen linearen Differentialgleichung des Systems, wenn als Erregung die Autokorrelationsfunktion des Erregersignals wirkt.

In analoger Weise erhalten wir den Zusammenhang zwischen der Autoleistungsdichte $S_{qq}(\Omega)$ der Schwingungsantwort und der Kreuzleistungsdichte $S_{qu}(\Omega)$ von Erregung und Antwort, wenn wir Gl. (6.129) vor der Mittelwertbildung mit der konjugiert komplexen Fourier-Transformierten $\mathcal{F}^*\{q(t)\}$ der Schwingungsantwort durchmulitplizieren,

$$S_{qq}(\Omega) = H(\Omega)\,S_{qu}(\Omega)\,. \tag{6.137}$$

Wegen

$$S_{qu}(\Omega) = S_{uq}^*(\Omega) = H^*S_{uu}(\Omega) \tag{6.138}$$

folgt aus der Kombination den Gleichungen (6.135) und (6.137) der Zusammenhang

$$S_{qq}(\Omega) = H^*(\Omega)\,H(\Omega)\,S_{uu}(\Omega) = |H(\Omega)|^2\,S_{uu}(\Omega) \tag{6.139}$$

zwischen den Autoleistungsdichten $S_{uu}(\Omega)$ der Erregung und $S_{qq}(\Omega)$ der Schwingungsantwort. Da Leistungsdichten und Korrelationsfunktionen nach (4.70) Fourier-Transformierten–Paare sind, ist auch die Transformation von (6.139) in eine Differentialgleichung für die Autokorrelation der Schwingungsantwort möglich. Auf Einzelheiten muß im Rahmen dieser Einführung jedoch verzichtet werden.

Die Beziehungen (6.135) und (6.137) werden in der Schwingungsmeßtechnik zur Schätzung von Übertragungsfunkionen aus gemessenen Erreger- und Antwortsignalen benutzt.

Kapitel 7

Freie Schwingungen von Systemen mit endlich vielen Freiheitsgraden

7.1 Eigenwertproblem und Lösungsverhalten

Eine der grundlegenden Aufgaben der Strukturdynamik ist die Ermittlung der Eigenwerte und Eigenvektoren von schwingungsfähigen mechanischen Strukturen. Diese systemimmanenten Größen werden auf theoretischem Wege anhand eines mathematischen Modells und experimentell in einer experimentellen Modalanalyse ermittelt. Im folgenden beschreiben wir die theoretische Strukturanalyse.

7.1.1 Systembeschreibung

Lineare zeitinvariante mechanische Systeme mit N Freiheitsgraden werden durch N gewöhnliche Differentialgleichungen zweiter Ordnung mit konstanten Koeffizienten beschrieben. Systeme mit endlich vielen Freiheitsgraden nennt man auch mehrläufige Schwinger. Die Bewegungsgleichungen werden sinnvollerweise in Matrizenschreibweise

$$\boldsymbol{M}\,\ddot{\boldsymbol{q}} + (\boldsymbol{B}+\boldsymbol{G})\,\dot{\boldsymbol{q}} + (\boldsymbol{K}+\boldsymbol{N})\,\boldsymbol{q} = \boldsymbol{0} \tag{7.1}$$

angegeben und analysiert. Ohne Beschränkung der Allgemeinheit kann die Massenmatrix $\boldsymbol{M}$ als symmetrisch und positiv definit vorausgesetzt werden, $\boldsymbol{M}=\boldsymbol{M}^T>0$. Die Matrizen $(\boldsymbol{B}+\boldsymbol{G})$ der geschwindigkeitsproportionalen Kräfte und $(\boldsymbol{K}+\boldsymbol{N})$ der lageproportionalen Kräfte sind aufgespalten in

– die symmetrische, dämpfende oder anfachende Dämpfungsmatrix $\boldsymbol{B}=\boldsymbol{B}^T$,
– die antimetrische energieneutrale gyroskopische Matrix $\boldsymbol{G}=-\boldsymbol{G}^T$,
– die meist positiv definite Steifigkeitsmatrix $\boldsymbol{K}=\boldsymbol{K}^T$ und
– die antimetrische zirkulatorische Matrix $\boldsymbol{N}=-\boldsymbol{N}^T$.

7.1.2 Eigenwertproblem

Freie Schwingungen werden durch die homogene Differentialgleichung (7.1) beschrieben. Man findet sie, indem man den Exponentialansatz

$$\boldsymbol{q}(t) = \widehat{\boldsymbol{q}}\,e^{\lambda t} \tag{7.2}$$

in die Bewegungsgleichung (7.1) einsetzt,

$$\left[\lambda^2\boldsymbol{M} + \lambda(\boldsymbol{B}+\boldsymbol{G}) + (\boldsymbol{K}+\boldsymbol{N})\right]\widehat{\boldsymbol{q}}\,e^{\lambda t} = \boldsymbol{0},$$

und triviale Lösungen $\boldsymbol{q} \equiv \boldsymbol{0}$ ausschließt. Nichttriviale Lösungen $\boldsymbol{q} \not\equiv \boldsymbol{0}$ des homogenen algebraischen Gleichungssystems

$$\left[\lambda^2 \boldsymbol{M} + \lambda\,(\boldsymbol{B}+\boldsymbol{G}) + (\boldsymbol{K}+\boldsymbol{N})\right] \widehat{\boldsymbol{q}} = \boldsymbol{0} \tag{7.3}$$

existieren nur, wenn die Koeffizientendeterminante

$$P(\lambda) = \det\left\{\lambda^2 \boldsymbol{M} + \lambda\,(\boldsymbol{B}+\boldsymbol{G}) + (\boldsymbol{K}+\boldsymbol{N})\right\} \tag{7.4}$$

verschwindet. Die Ausrechnung liefert die charakteristische Gleichung

$$P(\lambda) = a_{2N}\,\lambda^{2N} + \cdots + a_2\,\lambda^2 + a_1\,\lambda + a_0 = 0\,, \tag{7.5}$$

ein Polynom vom Grade $2N$ für λ mit reellen Koeffizienten a_n. Die Gleichung heißt auch Frequenzgleichung oder charakteristisches Polynom. Sie hat $2N$ Lösungen, die Eigenwerte λ_n. Komplexe Eigenwerte treten stets als konjugiert komplexe Paare auf. In Sonderfällen auftretende mehrfache Eigenwerte werden entsprechend ihrer Vielfachheit gezählt.

Zu jedem Eigenwert λ_n gehört ein nichttrivialer (Rechts-)Eigenvektor $\widehat{\boldsymbol{q}}_n$, der sich aus Gl. (7.3) berechnen läßt, wenn man dort λ_n einsetzt. Jeder Eigenvektor ist nur bis auf eine multiplikative Konstante bestimmt und kann daher nach Wunsch skaliert werden. Sind die Eigenvektoren zu komplexen Eigenwerten komplex, so sind sie entsprechend den Eigenwerten paarweise konjugiert komplex.

Zur mathematischen Behandlung von Systemen mit unsymmetrischen Matrizen $\boldsymbol{G} \neq \boldsymbol{0}$ oder $\boldsymbol{N} \neq \boldsymbol{0}$ sind die sogenannten Linkseigenvektoren $\widehat{\boldsymbol{l}}_n$ hilfreich. Die Linkseigenvektoren $\widehat{\boldsymbol{l}}_n$ folgen aus dem Linkseigenwertproblem

$$\widehat{\boldsymbol{l}}^T \left[\lambda^2 \boldsymbol{M} + \lambda\,(\boldsymbol{B}+\boldsymbol{G}) + (\boldsymbol{K}+\boldsymbol{N})\right] = \boldsymbol{0}^T \tag{7.6}$$

bzw. nach Transposition

$$\left[\lambda^2 \boldsymbol{M} + \lambda\,(\boldsymbol{B}+\boldsymbol{G}^T) + (\boldsymbol{K}+\boldsymbol{N}^T)\right] \widehat{\boldsymbol{l}} = \boldsymbol{0}\,, \tag{7.7}$$

das die selben Eigenwerte λ_n wie das Rechtseigenwertproblem (7.3) besitzt. Einzelheiten würden den Umfang dieser Einführung sprengen. In weiterführenden Vorlesungen wird im Rahmen der dort konkret vorliegenden Gegebenheiten darauf eingegangen.

Sind alle Systemmatrizen symmetrisch, sind also $\boldsymbol{G} = \boldsymbol{0}$ und $\boldsymbol{N} = \boldsymbol{0}$, so sind die Linkseigenvektoren $\widehat{\boldsymbol{l}}_n$ identisch mit den Rechtseigenvektoren $\widehat{\boldsymbol{q}}_n$.

Die Lösung des Eigenwertproblems (7.3) ist nur für wenige Freiheitsgrade von Hand möglich. Die meisten Systeme der Strukturdynamik haben aber sehr viele Freiheitsgrade. Für diese gibt es eine große Zahl von schnellen, für den Computer zugeschnittenen Lösungsalgorithmen. Kommerzielle Software bietet meist mehrere Algorithmen zur numerischen Berechnung der Eigenwerte und Eigenvektoren an. Im wesentlichen lassen sich drei Gruppen von Algorithmen aufführen:

a) Determinanten-Suchverfahren:

Mit den Determinanten-Suchverfahren werden die Nullstellen der charakteristischen Gleichung gesucht. Dies erfolgt beispielsweise mit dem HORNER-Schema oder mit einer NEWTON-Iteration.

b) Vektoriteration:

Verfahren mit Vektoriteration suchen iterativ die Eigenvektoren und die zugehörigen Eigenwerte des Eigenwertproblems (7.3).

c) Matrizentransformationen:

Die Verfahren der Matrizentransformation nutzen die Orthogonalitätseigenschaften der Eigenvektoren aus. Zu ihnen zählen das JACOBI-, das LANCZOS-, das GIVENS- und das HOUSEHOLDER-Verfahren.

Die Wahl des Verfahrens hängt im wesentlichen von der Zahl der Freiheitsgrade und der Zahl der gesuchten Eigenwerte und Eigenvektoren ab. Werden alle Eigenfrequenzen und Eigenvektoren gesucht, ist das HOUSEHOLDER-Verfahren ein effizientes Verfahren. Werden nur wenige Eigenfrequenzen und Eigenvektoren gesucht, greift man besser auf eine Vektoriteration zurück.

7.1.3 Freie Schwingungen

Sind alle Eigenwerte λ_n verschieden oder existieren zu den mehrfachen Eigenwerten entsprechend viele linear unabhängige Eigenvektoren, so lassen sich die freien Schwingungen als Lösung der homogenen Differentialgleichung (7.1) in der Form

$$\boldsymbol{q}(t) = \sum_{n=1}^{2N} \hat{\boldsymbol{q}}_n \, C_n \, e^{\lambda_n t} \tag{7.8}$$

darstellen. Die $2N$ Integrationskonstanten C_n folgen aus den Anfangsbedingungen $\boldsymbol{q}(0) = \boldsymbol{q}_0$ und $\dot{\boldsymbol{q}}(0) = \dot{\boldsymbol{q}}_0$ der Bewegung. Sind die Anfangsbedingungen reell, so ist auch $\boldsymbol{q}(t)$ reell.

7.1.4 Lösungsverhalten

Das Eigenverhalten eines linearen Schwingungssystems wird wesentlich durch die Eigenwerte λ_n, die Wurzeln der charakteristischen Gleichung (7.5) bestimmt. Die Eigenwerte beinhalten sowohl die Eigenfrequenzen als auch die modalen Dämpfungen der Struktur. Dabei sind die folgenden wichtigen Fälle zu unterscheiden:

a) Alle Eigenwerte sind rein imaginär:

Das System führt freie ungedämpfte Schwingungen um seine Gleichgewichtslage aus. Die Zeitverläufe sind Summen harmonischer Funktionen der Zeit. Die Gesamtlösung ist allerdings nur dann periodisch, wenn sämtliche Eigenfrequenzen in rationalen Verhältnissen zueinander stehen. Die Gesamtlösung ist für beliebige Zeit t beschränkt.

b) Alle Eigenwerte haben negative Realteile:

Das System ist durchdringend gedämpft. Alle Teillösungen streben für $t \to \infty$ gegen Null, so daß die freien Schwingungen für $t \to \infty$ verschwinden.

Alle Teillösungen mit verschwindenden Imaginärteilen und negativen Realteilen der Eigenwerte beschreiben Kriechbewegungen, die monoton gegen Null gehen. Alle Teillösungen zu den konjungierten Paaren der Eigenwerte mit nichtverschwindenden Imaginärteilen und negativen Realteilen beschreiben abklingende oszillierende Bewegungen; jede einzelne ist quasi-harmonisch.

c) Mindestens ein Eigenwert hat einen positiven Realteil:

Hat ein Eigenwert einen positiven Realteil, dann wächst mit $t \to \infty$ die zugehörige Teillösung und damit auch die Gesamtlösung über alle Grenzen. Die Gleichgewichtslage ist instabil. Dies ist selbst dann von Bedeutung, wenn die Anfangsbedingungen das Verschwinden des Vorfaktors der betreffenden Teillösung verlangen. Erstens können solche Anfangsbedingungen in der Realität nie exakt realisiert werden und zweitens treten im Betrieb stets Störungen auf, die einen kleinen Initialwert des instabilen Anteils verursachen, der dann exponentiell aufklingt.

In den folgenden Abschnitten werden verschiedene Spezialfälle von Systemen mit mehreren Freiheitsgraden behandelt sowie einige Methoden zur Analyse der Stabilität der Lösungen angegeben.

7.2 Freie ungedämpfte Schwingungen

Bei der Mehrzahl technischer Fragestellungen ist es ausreichend, die Eigenfrequenzen und Eigenvektoren des ungedämpften konservativen Systems zu berechnen. Das hat zwei Gründe:

a) Die Dämpfung ist häufig so klein, daß ihr Einfluß auf die Eigenfrequenzen und Eigenvektoren vernachlässigbar ist.

b) Die Dämpfung ist praktisch nie unmittelbar aus den konstruktiven Eigenschaften der Struktur ermittelbar. Häufig wird sie erst nach der Analyse des ungedämpften Systems in Form von modaler Dämpfung berücksichtigt.

7.2.1 Eigenfrequenzen

Der Charakter der freien Schwingungen $\boldsymbol{q}(t)$ eines linearen ungedämpften Systems mit N Freiheitsgraden,

$$\boldsymbol{M}\,\ddot{\boldsymbol{q}} + \boldsymbol{K}\,\boldsymbol{q} = \boldsymbol{0}\,, \tag{7.9}$$

wird von der diagonalen, positiv definiten Massenmatrix $\boldsymbol{M}$ und der symmetrischen, positiv definiten oder positiv semidefiniten Steifigkeitsmatrix $\boldsymbol{K}$ bestimmt. Der Exponentialansatz

$$\boldsymbol{q} = \widehat{\boldsymbol{q}}\,e^{\lambda t} \tag{7.10}$$

löst das Differentialgleichungssystem (7.9). Er führt auf das homogene lineare Gleichungssystem

$$\left[\lambda^2 \boldsymbol{M} + \boldsymbol{K}\right] \widehat{\boldsymbol{q}} = \boldsymbol{0} \tag{7.11}$$

für die Amplituden $\widehat{\boldsymbol{q}}$. Das ist ein Matrizeneigenwertproblem, das nur dann von Null verschiedene Lösungen für $\widehat{\boldsymbol{q}}$ hat, wenn die Determinante der Koeffizientenmatrix verschwindet,

$$\det\left[\lambda^2\boldsymbol{M}+\boldsymbol{K}\right] = \begin{vmatrix} k_{11}+\lambda^2 m_1 & k_{12} & \cdots & k_{1N} \\ k_{21} & k_{22}+\lambda^2 m_2 & \cdots & k_{2N} \\ \vdots & \vdots & & \vdots \\ k_{N1} & k_{N2} & \cdots & k_{NN}+\lambda^2 m_N \end{vmatrix} = 0\,. \tag{7.12}$$

Die Ausrechnung führt auf ein Polynom N-ten Grades in λ^2,

$$P(\lambda) = a_{2N}\,\lambda^{2N} + \cdots + a_2\,\lambda^2 + a_0 = 0\,. \tag{7.13}$$

Wenn $\boldsymbol{M}$ und $\boldsymbol{K}$ positiv definit sind, besitzt es $2N$ rein imaginäre Wurzeln

$$\lambda_n = i\,\omega_n \qquad \text{und} \qquad \lambda_{n+N} = -i\,\omega_n \qquad \text{für} \qquad n = 1, 2, \ldots, N\,,$$

die paarweise konjugiert komplex sind. Die N Parameter ω_n sind die Eigenkreisfrequenzen. Üblicherweise ordnet man die Eigenfrequenzen ω_n der Größe nach mit

$$\omega_n \le \omega_{n+1} \tag{7.14}$$

und bezeichnet ω_1 als die erste und gleichzeitig tiefste Eigenfrequenz.

Die Eigenwerte λ_n von Schwingungssystemen dürfen nicht verwechselt werden mit den Eigenwerten ρ_n einer Matrix $\boldsymbol{A}$. Bei ungedämpften Systemen folgt aus der Eigenwertgleichung des Schwingungssystems (7.11) mit der Substitution

$$\omega^2 = -\lambda^2 = \rho \tag{7.15}$$

nach Durchmultiplikation mit $\boldsymbol{M}^{-1}$ das mathematische Eigenwertproblem

$$\left[\boldsymbol{M}^{-1}\boldsymbol{K} - \rho\,\boldsymbol{E}\right]\widehat{\boldsymbol{q}} = \boldsymbol{0} \tag{7.16}$$

der Matrix $\boldsymbol{A} = \boldsymbol{M}^{-1}\boldsymbol{K}$. Die ω^2-Werte sind also die mathematischen Eigenwerte ρ der Matrix $\boldsymbol{M}^{-1}\boldsymbol{K}$.

Auch wenn die Matrix $\boldsymbol{A}$ im allgemeinen nicht symmetrisch ist, übertragen sich die Eigenschaften des Modells mit symmetrischen Matrizen $\boldsymbol{M}$ und $\boldsymbol{K}$ auf die Formulierung mit der Matrix $\boldsymbol{A}$. Insbesondere sind bei positiv definiten Matrizen die λ^2-Werte reell und negativ und die Eigenvektoren $\widehat{\boldsymbol{q}}_n$ sämtlich reell.

Wenn die Ausgangsmatrizen $\boldsymbol{M}$ und $\boldsymbol{K}$ symmetrisch sind, kann das mathematische Eigenwertproblem (7.16) auch mit einer symmetrischen Matrix $\widetilde{\boldsymbol{A}}$ angeschrieben werden, allerdings dann für die neuen Koordinaten

$$\boldsymbol{r} = \boldsymbol{M}^{1/2}\,\boldsymbol{q}\,. \tag{7.17}$$

Voraussetzung ist die positive Definitheit der Massenmatrix $\boldsymbol{M}$.

Hat die Massenmatrix Diagonalform, dann ist $\boldsymbol{M}^{1/2}$ ebenfalls eine Diagonalmatrix mit den Werten $\sqrt{m_n}$ auf der Diagonalen. Ist $\boldsymbol{M}$ keine Diagonalmatrix, muß $\boldsymbol{M}^{1/2}$ mit den Regeln für Matrizenfunktionen berechnet werden.

Mit $\widehat{\boldsymbol{q}} = \boldsymbol{M}^{-1/2}\,\widehat{\boldsymbol{r}}$ geht das Eigenwertproblem (7.11) über in

$$\left[\lambda^2\boldsymbol{M}\,\boldsymbol{M}^{-1/2} + \boldsymbol{K}\,\boldsymbol{M}^{-1/2}\right]\widehat{\boldsymbol{r}} = \boldsymbol{0}\,. \tag{7.18}$$

Nach Multiplikation mit $\boldsymbol{M}^{-1/2}$ und mit der Definition (7.15) für den mathematischen Eigenwert folgt daraus unmittelbar das mathematische Eigenwertproblem

$$\left[\boldsymbol{M}^{-1/2}\boldsymbol{K}\,\boldsymbol{M}^{-1/2} - \rho\,\boldsymbol{E}\right]\widehat{\boldsymbol{r}} = \boldsymbol{0} \tag{7.19}$$

mit der symmetrischen Matrix $\widetilde{\boldsymbol{A}} = \boldsymbol{M}^{-1/2}\boldsymbol{K}\,\boldsymbol{M}^{-1/2}$. Die Eigenwerte ρ sind die selben wie in den Gln. (7.16). Die Eigenvektoren der physikalischen Koordinaten $\boldsymbol{q}_n$ folgen aus den Eigenvektoren $\widehat{\boldsymbol{r}}_n$ des symmetrisierten mathematischen Problems durch Multiplikation mit $\boldsymbol{M}^{-1/2}$.

Da bei ungedämpften Systemen die Eigenwerte λ_n rein imaginär sind, sind auch Ansätze der Form

$$\boldsymbol{q} = \widehat{\boldsymbol{q}}\,e^{i\omega t}, \qquad \boldsymbol{q} = \widehat{\boldsymbol{q}}\,e^{-i\omega t}, \qquad \boldsymbol{q} = \widehat{\boldsymbol{q}}\,\cos\omega t \qquad \text{oder} \qquad \boldsymbol{q} = \widehat{\boldsymbol{q}}\,\sin\omega t \tag{7.20}$$

Lösungen der Differentialgleichung. Sie überführen die Bewegungsgleichung (7.9) in die algebraische Gleichung

$$\left[\boldsymbol{K} - \omega^2\boldsymbol{M}\right]\widehat{\boldsymbol{q}} = \boldsymbol{0}. \tag{7.21}$$

Die Bedingung

$$\det\left[\boldsymbol{K} - \omega^2\boldsymbol{M}\right] = 0 \tag{7.22}$$

für nichttriviale Lösungsvektoren $\widehat{\boldsymbol{q}} \neq \boldsymbol{0}$ liefert die Frequenzgleichung

$$P(i\omega) = \cdots + - \cdots + a_4\,\omega^4 - a_2\,\omega^2 + a_0 = 0 \tag{7.23}$$

mit alternierenden Vorzeichen von ω^2. Ihre Wurzeln sind die Eigenkreisfrequenzen ω_n.

7.2.2 Eigenvektoren

Zu jedem konjugiert komplexen Paar von Eigenwerten λ_n und $\lambda_{n+N} = \lambda_n^*$, also zu jeder Eigenfrequenz ω_n, gehört ein Eigenvektor $\widehat{\boldsymbol{q}}_n$. Das bedeutet, daß bei einer Eigenschwingung alle Koordinaten $q_k(t)$ mit der gleichen Frequenz ω_n schwingen und die Verhältnisse ihrer Amplituden – die Form der Schwingung – unabhängig von der Zeit sind. Diese Form $\widehat{\boldsymbol{q}}_n$ der Schwingung nennt man Eigenform. Zur Kennzeichnung der Komponenten $\widehat{q}_{n,k}$ eines Eigenvektors $\widehat{\boldsymbol{q}}_n$ vereinbaren wir, daß der erste Index n die Nummer der Eigenfrequenz ω_n angibt, zu der der Eigenvektor gehört, und der zweite Index k die Nummer des Eigenvektorelementes, also die Nummer der Strukturkoordinate.

Die reellen Eigenvektoren $\widehat{\boldsymbol{q}}_n$ $(n=1,2,\ldots,N)$ ergeben sich durch Einsetzen der Eigenwerte $\lambda_n = i\,\omega_n$ in die Eigenwertgleichung (7.11),

$$\left(\boldsymbol{K} - \omega_n^2\,\boldsymbol{M}\right)\widehat{\boldsymbol{q}}_n = \boldsymbol{0}. \tag{7.24}$$

Sie sind nur bis auf einen willkürlichen Faktor angebbar und im dämpfungsfreien Fall reell anschreibbar. Mit der Wahl dieses Faktors kann man die Eigenvektoren normieren. Folgende Arten der Normierung sind gebräuchlich:

a) Normierung so, daß eine bestimmte Koordinate $\widehat{q}_{n,i}$ des Eigenvektors eins wird.

b) Normierung so, daß die betragsgrößte Komponente $|\widehat{q}_{n,i}| = \max_k |\widehat{q}_{n,k}|$ des Eigenvektors eins wird.

c) Normierung so, daß die modale Masse

$$\widetilde{m}_n = \widehat{\boldsymbol{q}}_n^T \boldsymbol{M} \, \widehat{\boldsymbol{q}}_n \tag{7.25}$$

einen bestimmten Wert, zum Beispiel den Wert $\widetilde{m}_n = 1$, annimmt.

Hat ein System Verschiebungen und Winkel als Koordinaten, dann empfiehlt sich eine Normierung auf eine Verschiebungskoordinate.

Ist eine Komponente eines Eigenvektors null, so hat die Eigenform an der entsprechenden Koordinate einen Schwingungsknoten: Die Struktur bleibt an dieser Stelle in Ruhe, wenn sie sich ausschließlich mit der betreffenden Eigenschwingung bewegt.

Sind alle Eigenwerte λ_n einfach, hat das System also N verschiedene Eigenfrequenzen ω_n, dann sind die zugehörigen N Eigenvektoren $\widehat{\boldsymbol{q}}_n$ linear unabhängig. Sie bilden eine Basis, mit der jede beliebige Auslenkungsform dargestellt werden kann.

Die von den N Eigenvektoren $\widehat{\boldsymbol{q}}_n$ gebildete quadratische Matrix

$$\boldsymbol{Q} = [\widehat{\boldsymbol{q}}_1, \widehat{\boldsymbol{q}}_2 \, \dots \, \widehat{\boldsymbol{q}}_N] = \begin{bmatrix} \widehat{q}_{1,1} & \widehat{q}_{2,1} & \cdots & \widehat{q}_{N,1} \\ \widehat{q}_{1,2} & \widehat{q}_{2,2} & \cdots & \widehat{q}_{N,2} \\ \vdots & \vdots & & \vdots \\ \widehat{q}_{1,N} & \widehat{q}_{2,N} & \cdots & \widehat{q}_{N,N} \end{bmatrix} \tag{7.26}$$

nennt man Modalmatrix oder Eigenvektormatrix.

Eigenfrequenzen ω_n und Eigenvektoren $\widehat{\boldsymbol{q}}_n$ sind nur von den Strukturmatrizen $\boldsymbol{K}$ und $\boldsymbol{M}$ abhängig. Sie sind also systemeigene Größen, die den Charakter der freien ungedämpften Schwingungen vollständig beschreiben.

7.2.3 Freie Schwingungen

Die beiden zu λ_n und λ_n^* bzw. ω_n und $-\omega_n$ gehörigen Lösungsanteile haben den selben reellen Eigenvektor $\widehat{\boldsymbol{q}}_n$. Das ungedämpfte System besitzt somit N modale Eigenbewegungen $\boldsymbol{q}_n$, die wahlweise in einer der Formen

$$\begin{aligned} \boldsymbol{q}_n &= \widehat{\boldsymbol{q}}_n \left(A_{cn} \cos \omega_n t + A_{sn} \sin \omega_n t\right), \\ \boldsymbol{q}_n &= \widehat{\boldsymbol{q}}_n \left(C_{1n} \, e^{i\omega_n t} + C_{2n} \, e^{-i\omega_n t}\right), \\ \boldsymbol{q}_n &= \widehat{\boldsymbol{q}}_n \, B_n \sin(\omega_n t + \alpha_{sn}), \\ \boldsymbol{q}_n &= \widehat{\boldsymbol{q}}_n \, B_n \cos(\omega_n t + \alpha_{cn}) \end{aligned} \tag{7.27}$$

angegeben werden können. Jede modale Teillösung verhält sich wie ein Schwinger mit einem Freiheitsgrad.

Die freien Schwingungen – also die allgemeine Lösung des homogenen Differentialgleichungssystems (7.9) – ergeben sich als Überlagerung von N modalen Eigenbewegungen (Eigenschwingungen) zu

$$\begin{aligned} \boldsymbol{q}(t) &= \sum_{n=1}^{N} \widehat{\boldsymbol{q}}_n \left(C_{1n}\, e^{i\omega_n t} + C_{2n}\, e^{-i\omega_n t} \right) = \\ &= \sum_{n=1}^{N} \widehat{\boldsymbol{q}}_n \left(A_{cn} \cos \omega_n t + A_{sn} \sin \omega_n t \right). \end{aligned} \tag{7.28}$$

Die $2N$ Konstanten C_{1n} und C_{2n} bzw. A_{cn} und A_{sn} sind Integrationskonstanten, die von den Anfangsbedingungen abhängen.

7.2.4 Orthogonalität der Eigenvektoren

Die Eigenvektoren $\widehat{\boldsymbol{q}}_n$ haben Orthogonalitätseigenschaften, die die mathematische Behandlung von Schwingungssystemen mit vielen Freiheitsgraden erleichtern. Wir wollen Sie im folgenden herleiten und diskutieren:

Aus Gl. (7.24) folgt für zwei Eigenfrequenzen

$$\begin{aligned} \omega_n^2\, \boldsymbol{M}\, \widehat{\boldsymbol{q}}_n &= \boldsymbol{K}\, \widehat{\boldsymbol{q}}_n\,, \\ \omega_k^2\, \boldsymbol{M}\, \widehat{\boldsymbol{q}}_k &= \boldsymbol{K}\, \widehat{\boldsymbol{q}}_k\,. \end{aligned} \tag{7.29}$$

Wird die erste Gleichung von links mit $\widehat{\boldsymbol{q}}_k^T$ und die zweite mit $\widehat{\boldsymbol{q}}_n^T$ multipliziert, ergeben sich die skalaren Gleichungen

$$\begin{aligned} \omega_n^2\, \widehat{\boldsymbol{q}}_k^T\, \boldsymbol{M}\, \widehat{\boldsymbol{q}}_n &= \widehat{\boldsymbol{q}}_k^T\, \boldsymbol{K}\, \widehat{\boldsymbol{q}}_n\,, \\ \omega_k^2\, \widehat{\boldsymbol{q}}_n^T\, \boldsymbol{M}\, \widehat{\boldsymbol{q}}_k &= \widehat{\boldsymbol{q}}_n^T\, \boldsymbol{K}\, \widehat{\boldsymbol{q}}_k\,. \end{aligned} \tag{7.30}$$

Die Skalare $\widehat{\boldsymbol{q}}_n^T\, \boldsymbol{M}\, \widehat{\boldsymbol{q}}_k$ und $\widehat{\boldsymbol{q}}_n^T\, \boldsymbol{K}\, \widehat{\boldsymbol{q}}_k$ sind identisch ihrer Transponierten, so daß die zweite Zeile auch als

$$\omega_k^2\, \widehat{\boldsymbol{q}}_k^T\, \boldsymbol{M}^T\, \widehat{\boldsymbol{q}}_n = \widehat{\boldsymbol{q}}_k^T\, \boldsymbol{K}^T\, \widehat{\boldsymbol{q}}_n$$

geschrieben werden kann. Berücksichtigt man die Symmetrie von $\boldsymbol{M}$ und $\boldsymbol{K}$, folgen schließlich die beiden Gleichungen

$$\begin{aligned} \omega_n^2\, \widehat{\boldsymbol{q}}_k^T\, \boldsymbol{M}\, \widehat{\boldsymbol{q}}_n &= \widehat{\boldsymbol{q}}_k^T\, \boldsymbol{K}\, \widehat{\boldsymbol{q}}_n\,, \\ \omega_k^2\, \widehat{\boldsymbol{q}}_k^T\, \boldsymbol{M}\, \widehat{\boldsymbol{q}}_n &= \widehat{\boldsymbol{q}}_k^T\, \boldsymbol{K}\, \widehat{\boldsymbol{q}}_n\,. \end{aligned} \tag{7.31}$$

Die rechten Seiten sind gleich, die linken unterscheiden sich nur durch das Quadrat der Eigenkreisfrequenz, so daß man nach Subtraktion

$$\left(\omega_n^2 - \omega_k^2 \right) \widehat{\boldsymbol{q}}_k^T\, \boldsymbol{M}\, \widehat{\boldsymbol{q}}_n = 0 \tag{7.32}$$

erhält. Für $\omega_n \neq \omega_k$ muß somit das Matrizenprodukt $\widehat{\boldsymbol{q}}_k^T\, \boldsymbol{M}\, \widehat{\boldsymbol{q}}_n$ verschwinden. Für $n = k$ ist

$$\widehat{\boldsymbol{q}}_n^T\, \boldsymbol{M}\, \widehat{\boldsymbol{q}}_n = \widetilde{m}_n > 0 \tag{7.33}$$

eine positiv definite quadratische Form und heißt modale Masse. Die modale Masse $\widetilde{m}_n$ ist keine eindeutige und absolut festliegende Größe, denn sie hängt von der Skalierung der Eigenvektoren $\widehat{\boldsymbol{q}}_n$ ab.

In Analogie ist das positiv (semi-)definite Produkt

$$\widehat{\boldsymbol{q}}_n^T \boldsymbol{K} \widehat{\boldsymbol{q}}_n = \widetilde{k}_n \geq 0 \tag{7.34}$$

die modale Steifigkeit. Die modale Masse und die modale Steifigkeit werden gelegentlich auch generalisierte Masse und generalisierte Steifigkeit genannt.

Die Eigenvektoren zu zwei verschiedenen Eigenwerten sind bezüglich der Massen- und der Steifigkeitsmatrix orthogonal. Es gilt also

$$\widehat{\boldsymbol{q}}_k^T \boldsymbol{M} \widehat{\boldsymbol{q}}_n = \begin{cases} 0 & \text{für} \quad \omega_n \neq \omega_k \\ \widetilde{m}_n & \phantom{\text{für}} \quad n = k \end{cases} \tag{7.35a}$$

und wegen Gl. (7.30) auch

$$\widehat{\boldsymbol{q}}_k^T \boldsymbol{K} \widehat{\boldsymbol{q}}_n = \begin{cases} 0 & \text{für} \quad \omega_n \neq \omega_k \\ \widetilde{k}_n & \phantom{\text{für}} \quad n = k \end{cases} . \tag{7.35b}$$

Sind alle Eigenfrequenzen einfach, $\omega_k^2 \neq \omega_l^2$ für alle $k \neq l$, so sind alle Eigenvektoren von Haus aus orthogonal.

Die Eigenvektoren sind aber nur im Sonderfall im üblichen Sinne orthogonal: Nur wenn eine der beiden Matrizen $\boldsymbol{M}$ oder $\boldsymbol{K}$ proportional zur Einheitsmatrix ist, sind die Eigenvektoren direkt orthogonal zueinander.

Mit der Modalmatrix $\boldsymbol{Q}$ haben die Orthogonalitätsbeziehungen die Kurzform

$$\boldsymbol{Q}^T \boldsymbol{M} \boldsymbol{Q} = \widetilde{\boldsymbol{M}} \qquad \text{und} \qquad \boldsymbol{Q}^T \boldsymbol{K} \boldsymbol{Q} = \widetilde{\boldsymbol{K}} . \tag{7.36}$$

Die Transformation (7.36) ist eine spezielle Kongruenztransformation. Die dabei entstehenden Diagonalmatrizen

$$\widetilde{\boldsymbol{M}} = \begin{bmatrix} \widetilde{m}_1 & 0 & 0 & 0 \\ 0 & \widetilde{m}_2 & 0 & 0 \\ 0 & 0 & \dots & 0 \\ 0 & 0 & 0 & \widetilde{m}_N \end{bmatrix} \qquad \text{und} \qquad \widetilde{\boldsymbol{K}} = \begin{bmatrix} \widetilde{k}_1 & 0 & 0 & 0 \\ 0 & \widetilde{k}_2 & 0 & 0 \\ 0 & 0 & \dots & 0 \\ 0 & 0 & 0 & \widetilde{k}_N \end{bmatrix} \tag{7.37}$$

enthalten die N modalen Massen $\widetilde{m}_n$ und die N modalen Steifigkeiten $\widetilde{k}_n$.

Normiert man die Eigenvektoren so, daß die modalen Massen $\widetilde{m}_n$ alle den Wert 1 haben, dann enthält die modale Steifigkeitsmatrix $\widetilde{\boldsymbol{K}}$ die Quadrate der Eigenkreisfrequenzen.

Das Verhältnis

$$R\{\widehat{\boldsymbol{q}}_n\} = \frac{\widehat{\boldsymbol{q}}_n^T \boldsymbol{K} \widehat{\boldsymbol{q}}_n}{\widehat{\boldsymbol{q}}_n^T \boldsymbol{M} \widehat{\boldsymbol{q}}_n} = \frac{\widetilde{k}_n}{\widetilde{m}_n} \tag{7.38}$$

aus den beiden zusammengehörigen modalen Größen ist der mit dem n-ten Eigenvektor gebildete RAYLEIGH-Quotient, der gerade das Quadrat der zugehörigen Eigenkreisfrequenz

$$R\{\widehat{\boldsymbol{q}}_n\} = \frac{\widehat{\boldsymbol{q}}_n^T \boldsymbol{K}\, \widehat{\boldsymbol{q}}_n}{\widehat{\boldsymbol{q}}_n^T \boldsymbol{M}\, \widehat{\boldsymbol{q}}_n} = \frac{\widetilde{k}_n}{\widetilde{m}_n} = \omega_n^2 \tag{7.39}$$

liefert. Die Eigenfrequenzen ω_n ergeben sich also aus den modalen Steifigkeiten $\widetilde{k}_n$ und modalen Massen $\widetilde{m}_n$ wie bei einem Schwinger mit einem Freiheitsgrad.

7.2.5 Bedeutung der Orthogonalitätseigenschaften

Die einzelnen Koordinaten eines Schwingers mit N Freiheitsgraden sind in den Bewegungsgleichungen

$$\boldsymbol{M}\, \ddot{\boldsymbol{q}} + \boldsymbol{K}\, \boldsymbol{q} = \boldsymbol{0} \tag{7.40}$$

i. d. R. gekoppelt. Mit Hilfe der Eigenvektoren $\widehat{\boldsymbol{q}}_n$ lassen sie sich entkoppeln. Hierzu werden die Koordinaten $\boldsymbol{q}(t)$ mit der Modalmatrix $\boldsymbol{Q}$ auf ein neues Koordinatensystem $\boldsymbol{p}(t)$ transformiert,

$$\boldsymbol{q}(t) = \boldsymbol{Q}\, \boldsymbol{p}(t) = \sum_{n=1}^{N} \widehat{\boldsymbol{q}}_n\, p_n(t)\,. \tag{7.41}$$

Die Transformation bedeutet, daß die Lösung $\boldsymbol{q}(t)$ aus der Summe der Beiträge der einzelnen Eigenvektoren $\widehat{\boldsymbol{q}}_n$ aufgebaut wird. Das Einsetzen der Transformationsgleichung (7.41) in die Bewegungsgleichung (7.40) und Multiplikation von links mit $\boldsymbol{Q}^T$ liefert

$$\boldsymbol{Q}^T \boldsymbol{M}\, \boldsymbol{Q}\, \ddot{\boldsymbol{p}} + \boldsymbol{Q}^T \boldsymbol{K}\, \boldsymbol{Q}\, \boldsymbol{p} = \boldsymbol{0}\,, \tag{7.42}$$

und weiter mit den Orthogonalitätsbeziehungen (7.36)

$$\widetilde{\boldsymbol{M}}\, \ddot{\boldsymbol{p}} + \widetilde{\boldsymbol{K}}\, \boldsymbol{p} = \boldsymbol{0}\,. \tag{7.43}$$

Dies ist ein System von N entkoppelten Differentialgleichungen der Form

$$\widetilde{m}_n\, \ddot{p}_n + \widetilde{k}_n\, p_n = 0 \tag{7.44}$$

für die modalen Koordinaten $p_n(t)$, die auch Hauptkoordinaten genannt werden. Jede einzelne hat die Form der Bewegungsgleichung eines Schwingers mit einem Freiheitsgrad mit der zur Eigenform $\widehat{\boldsymbol{q}}_n$ gehörigen Eigenfrequenz ω_n. Die Lösung der homogenen Differentialgleichung für die modale Koordinate $p_n(t)$ ist somit

$$p_n(t) = C_{1n}\, e^{i\omega_n t} + C_{2n}\, e^{-i\omega_n t} = A_{cn}\, \cos\omega_n t + A_{sn}\, \sin\omega_n t\,. \tag{7.45}$$

Durch Rücktransformation mit dem Ansatz (7.41) folgt die Gesamtlösung

$$\begin{aligned} \boldsymbol{q}(t) = \boldsymbol{Q}\, \boldsymbol{p}(t) = \sum_{n=1}^{N} \widehat{\boldsymbol{q}}_n\, p_n(t) &= \sum_{n=1}^{N} \widehat{\boldsymbol{q}}_n \left(C_{1n}\, e^{i\omega_n t} + C_{2n}\, e^{-i\omega_n t}\right) = \\ &= \sum_{n=1}^{N} \widehat{\boldsymbol{q}}_n \left(A_{cn}\, \cos\omega_n t + A_{sn}\, \sin\omega_n t\right), \end{aligned} \tag{7.46}$$

wie sie bereits früher durch direktes Lösen der gekoppelten Bewegungsgleichungen gewonnen wurde.

7.2.6 Definitheit der Energien

Die kinetische Energie

$$T = \frac{1}{2}\,\dot{\boldsymbol{q}}^T\,\boldsymbol{M}\,\dot{\boldsymbol{q}} \tag{7.47}$$

ist eine quadratische Form der Massenmatrix $\boldsymbol{M}$. Sie ist für $\dot{\boldsymbol{q}} \neq \boldsymbol{0}$ immer positiv und nur für $\dot{\boldsymbol{q}} = \boldsymbol{0}$ null. Daraus folgt, daß die Massenmatrix $\boldsymbol{M}$ positiv definit und regulär ist, $\det\{\boldsymbol{M}\} > 0$. Eine Ausnahme bilden Systeme, bei denen Freiheitsgrade eingeführt werden, zu denen keine Trägheiten gehören. Bei solchen Systemen sind die kinetische Energie und die Massenmatrix positiv semidefinit, $\det\{\boldsymbol{M}\} \geq 0$.

Bei gefesselten elastischen Strukturen ist die potentielle Energie

$$U = \frac{1}{2}\,\boldsymbol{q}^T\,\boldsymbol{K}\,\boldsymbol{q} \tag{7.48}$$

für $\boldsymbol{q} \neq \boldsymbol{0}$ immer positiv. Damit sind die potentielle Energie und die Steifigkeitsmatrix $\boldsymbol{K}$ positiv definit. Sind die Steifigkeits- und die Massenmatrix positiv definit, sind auch alle Eigenfrequenzquadrate ω_n^2 positiv.

Bei ungefesselten (fliegenden) Systemen gehören zu den Starrkörperverschiebungen Vektoren $\boldsymbol{q} \neq \boldsymbol{0}$, bei denen keine Verformungen der Struktur auftreten. Die zu diesen Starrkörperverschiebungen gehörige potentielle Energie ist null. Daraus folgt, daß bei ungefesselten Systemen der Zuwachs an potentieller Energie semidefinit ist und die Steifigkeitsmatrix $\boldsymbol{K}$ singulär wird, $U(\boldsymbol{q}) \geq 0$ und $\det\{\boldsymbol{K}\} = 0$. In diesem Fall treten – unter Voraussetzung einer positiv definiten Massenmatrix – auch Eigenfrequenzquadrate $\omega_n^2 = 0$ auf. Die zugehörigen Eigenvektoren beschreiben die Starrkörperverschiebungen des ungefesselten Systems. Die Steifigkeitsmatrix ist singulär und es existiert keine Nachgiebigkeitsmatrix. Ein eventuell vorhandener antimetrischer Anteil $\boldsymbol{N} = -\boldsymbol{N}^T$ der auslenkungsproportionalen Matrix $\boldsymbol{K}+\boldsymbol{N}$ verändert diese Aussage nicht, denn die quadratische Form jeder antimetrischen Matrix $\boldsymbol{N} = -\boldsymbol{N}^T$ ist null.

7.2.7 Ausnutzen von Symmetrieeigenschaften

Bei einer Struktur mit Symmetrieeigenschaften besteht grundsätzlich die Möglichkeit, das gekoppelte System in zwei oder mehrere entkoppelte Teilsysteme mit Bewegungsgleichungen niedrigerer Ordnung aufzuspalten. Das Bild 7.1 zeigt am Beispiel eines symmetrischen Biegebalkens mit fünf Freiheitsgraden die Idee der Aufspaltung.

Der Vorteil einer solchen Aufspaltung sind die niedrigeren Ordnungen der Teilsysteme, was sich unmittelbar beim Lösungsaufwand bemerkbar macht. Dies gilt nicht nur für Handrechnungen, sondern kann auch erheblich Computerzeit einsparen: Da diese bei der Lösung eines Eigenwertproblems etwa quadratisch mit der Zahl der Freiheitsgrade steigt, halbiert sich ungefähr die Gesamtrechenzeit bei Aufspaltung eines symmetrischen Systems in zwei Teilsysteme mit symmetrischen und antimetrischen Randbedingungen bzw. Schwingungsformen.

Struktur ($N = 5$):

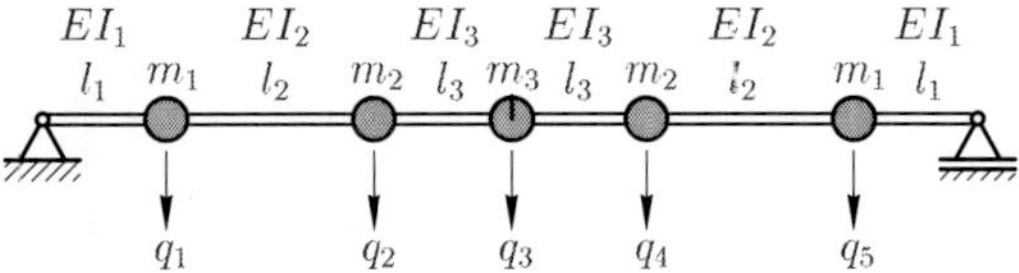

Symmetrische Bewegung ($N = 3$):

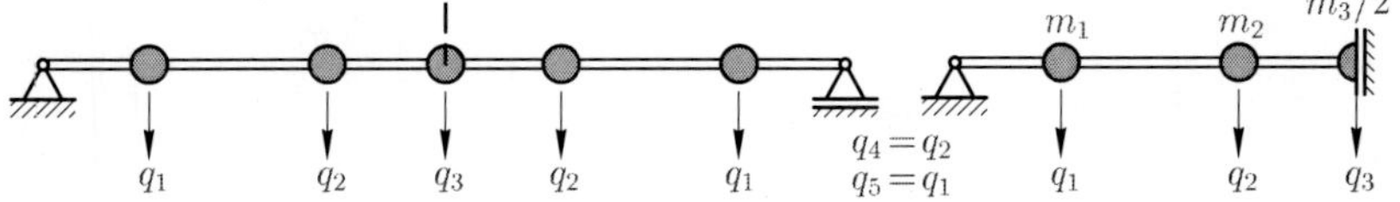

Antisymmetrische Bewegung ($N = 2$):

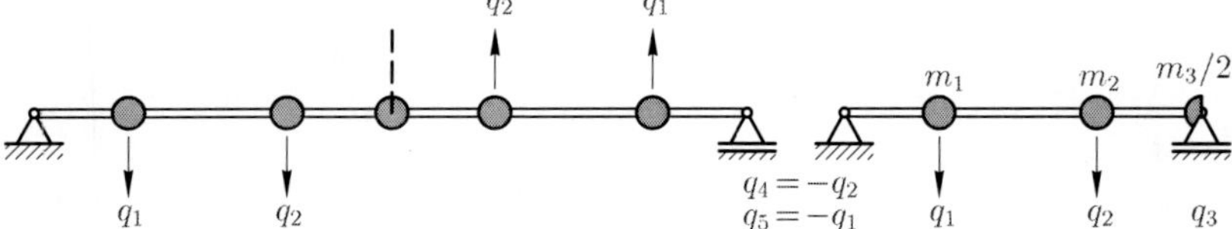

Bild 7.1: Symmetrischer Biegebalken und seine Aufspaltung in symmetrische und antimetrische Teilsysteme (Schwingungsformen)

Beispiel 7.1: Maschine auf Federfundament

Wir betrachten als Beispiel eine Maschine auf einem Federfundament gemäß Bild B7.1.1. Wir vernachlässigen der Einfachheit halber den Einfluß des Eigengewichtes auf die Eigenfrequenzen, der diese immer dann absenkt, wenn der Schwerpunkt S oberhalb der Federangriffspunkte liegt (über Kopf stehendes Pendel). Bei den Federn nehmen wir an, daß ihre in vielen Fällen nicht vernachlässigbare Quer- und Momentensteifigkeiten in den Federsteifigkeiten k_1 bis k_3 der Längsverformungen eingerechnet sind.

Daten:
$k_1 = k$
$k_2 = k_3 = 2k$
$b = \sqrt{2}\, s$
$\Theta^S = 2\, m\, s^2$

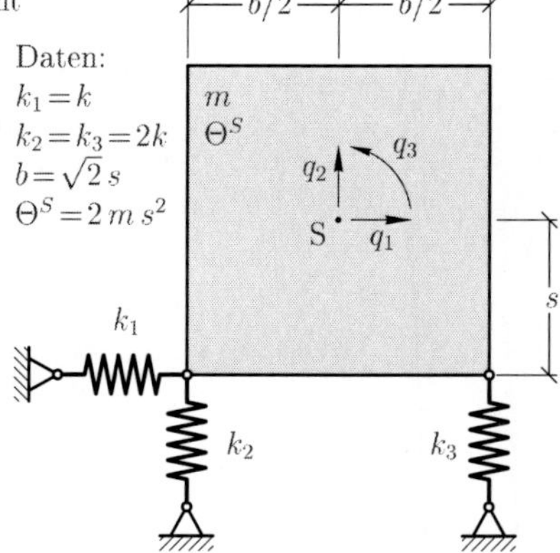

Bild B7.1.1: Maschine auf Fundament

Die kinetische Energie ist

$$T = \frac{1}{2} \dot{\boldsymbol{q}}^T \boldsymbol{M}\, \dot{\boldsymbol{q}} = \frac{1}{2} \left\{ m\, \dot{q}_1^2 + m\, \dot{q}_2^2 + \Theta^S\, \dot{q}_3^2 \right\}$$

und die potentielle Energie beträgt

$$U = \frac{1}{2} \boldsymbol{q}^T \boldsymbol{K}\, \boldsymbol{q} = \frac{1}{2} \left\{ k_1 \left(q_1 + q_3\, s \right)^2 + k_2 \left(q_2 - q_3 \frac{b}{2} \right)^2 + k_3 \left(q_2 + q_3 \frac{b}{2} \right)^2 \right\}.$$

- Aufstellen der Systemmatrizen:

Mit den Schwerpunktsverschiebungen q_1, q_2, q_3 als Koordinaten, gezählt von der statischen Ruhelage, folgt unmittelbar für die Massenmatrix

$$\boldsymbol{M} = \begin{bmatrix} m & 0 & 0 \\ 0 & m & 0 \\ 0 & 0 & \Theta^S \end{bmatrix}.$$

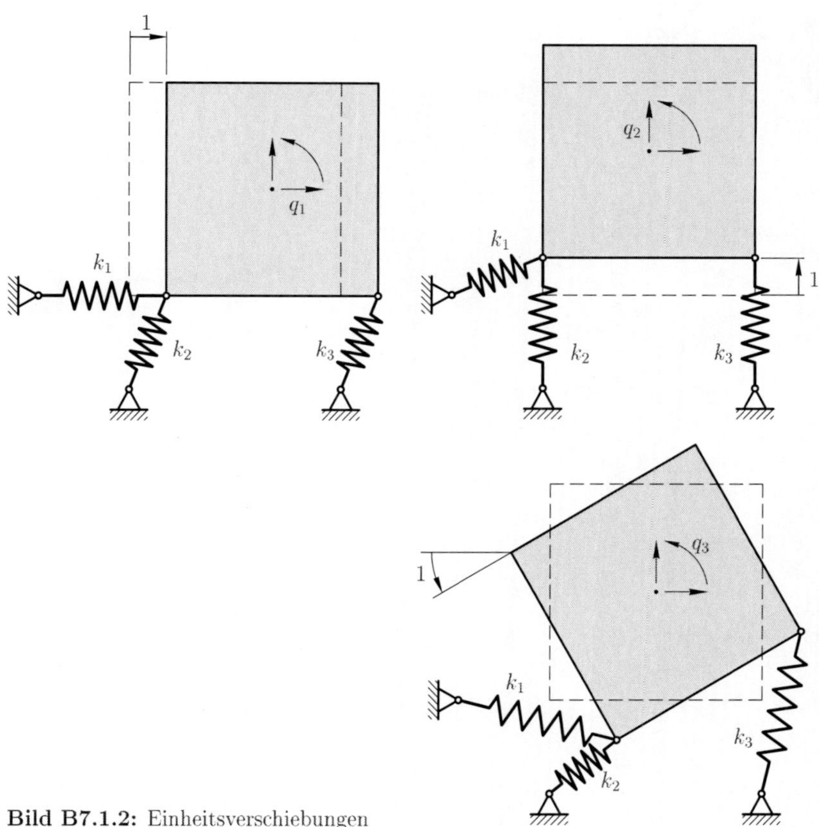

Bild B7.1.2: Einheitsverschiebungen

Die Steifigkeitsmatrix $\boldsymbol{K}$ folgt aus den drei in Bild B7.1.2 skizzierten Einheitsverschiebungszuständen, wobei die Auslenkungen als klein vorausgesetzt werden (lineare Theorie):

$$\boldsymbol{K} = \begin{bmatrix} k_1 & 0 & k_1 s \\ 0 & k_2 + k_3 & (k_3 - k_2)\dfrac{b}{2} \\ k_1 s & (k_3 - k_2)\dfrac{b}{2} & k_1 s^2 + (k_3 + k_2)\dfrac{b^2}{4} \end{bmatrix}.$$

• Bewegungsgleichung:

Mit den in Bild B7.1.1 angegebenen Daten folgt für die Bewegungsgleichung

$$\boldsymbol{M}\,\ddot{\boldsymbol{q}} + \boldsymbol{K}\,\boldsymbol{q} = \boldsymbol{0}$$

bzw. ausgeschrieben

$$\begin{bmatrix} m & 0 & 0 \\ 0 & m & 0 \\ 0 & 0 & 2ms^2 \end{bmatrix}\begin{bmatrix} \ddot{q}_1 \\ \ddot{q}_2 \\ \ddot{q}_3 \end{bmatrix} + \begin{bmatrix} k & 0 & ks \\ 0 & 4k & 0 \\ ks & 0 & 3ks^2 \end{bmatrix}\begin{bmatrix} q_1 \\ q_2 \\ q_3 \end{bmatrix} = \begin{bmatrix} 0 \\ 0 \\ 0 \end{bmatrix}.$$

• Eigenwertproblem:

Der Ansatz $\boldsymbol{q}(t) = \widehat{\boldsymbol{q}}\,e^{\lambda t}$ führt mit $\lambda^2 = -\omega^2$ auf das Eigenwertproblem

$$\begin{bmatrix} k-\omega^2 m & 0 & ks \\ 0 & 4k-\omega^2 m & 0 \\ ks & 0 & 3ks^2-\omega^2 2ms^2 \end{bmatrix}\begin{bmatrix} \widehat{q}_1 \\ \widehat{q}_2 \\ \widehat{q}_3 \end{bmatrix} = \begin{bmatrix} 0 \\ 0 \\ 0 \end{bmatrix}$$

oder nach Division durch k und Einführung der Abkürzung

$$\kappa = \frac{\omega^2\,m}{k}$$

für das bezogene Eigenfrequenzquadrat κ in dimensionsloser Form

$$\begin{bmatrix} 1-\kappa & 0 & s \\ 0 & 4-\kappa & 0 \\ s & 0 & s^2(3-2\kappa) \end{bmatrix}\begin{bmatrix} \widehat{q}_1 \\ \widehat{q}_2 \\ \widehat{q}_3 \end{bmatrix} = \begin{bmatrix} 0 \\ 0 \\ 0 \end{bmatrix}.$$

• Frequenzgleichung, Eigenfrequenzen:

Nichttriviale Lösungen für $\widehat{\boldsymbol{q}}$ existieren nur, wenn die Koeffizientendeterminante verschwindet. Die Ausrechnung liefert die Frequenzgleichung

$$P(\kappa) = (4-\kappa)\left[(1-\kappa)\,s^2\,(3-2\kappa) - s^2\right] = 0\,.$$

Deren Wurzeln sind die dimensionslosen Eigenfrequenzquadrate

$$\kappa_1 = \frac{1}{2}, \qquad \kappa_2 = 2 \qquad \text{und} \qquad \kappa_3 = 4\,.$$

Mit $\omega^2 = \kappa\,k/m$ folgen die Eigenfrequenzen

$$\omega_1 = \sqrt{\frac{1}{2}}\sqrt{\frac{k}{m}}, \qquad \omega_2 = \sqrt{2}\sqrt{\frac{k}{m}} \qquad \text{und} \qquad \omega_3 = 2\sqrt{\frac{k}{m}}.$$

• Eigenvektoren und Modalmatrix:

Das Einsetzen des ersten Eigenwertes $\kappa_1 = 1/2$ in das Eigenwertproblem liefert für den zugehörigen Eigenvektor das homogene Gleichungssystem

$$\begin{bmatrix} 1-\frac{1}{2} & 0 & s \\ 0 & 4-\frac{1}{2} & 0 \\ s & 0 & s^2\left(3-2\cdot\frac{1}{2}\right) \end{bmatrix}\begin{bmatrix} \widehat{q}_{1,1} \\ \widehat{q}_{1,2} \\ \widehat{q}_{1,3} \end{bmatrix} = \begin{bmatrix} 0 \\ 0 \\ 0 \end{bmatrix}.$$

Aus der ersten Zeile $0.5\,\hat{q}_{1,1} + s\,\hat{q}_{1,3} = 0$ folgt mit der willkürlichen Wahl von $\hat{q}_{1,1} = 1$ für die dritte Koordinate der Wert $\hat{q}_{1,3} = -1/(2s)$. Die zweite Zeile erzwingt $\hat{q}_{1,2} = 0$. Die dritte Zeile ist linear abhängig von der ersten und daher automatisch erfüllt. Die Auslenkungsform des ersten Eigenvektors

$$\hat{\boldsymbol{q}}_1 = \begin{bmatrix} 1 \\ 0 \\ -1/2s \end{bmatrix}$$

ist in Bild B7.1.3 illustriert.

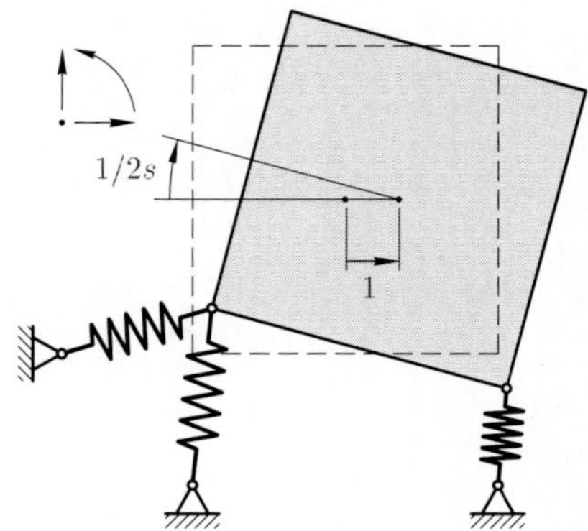

Bild B7.1.3: Erste Eigenform

Mit der zweiten Eigenfrequenz $\omega_2 = \sqrt{2}\,\sqrt{k/m}$ folgt ganz analog das homogene Gleichungssystem

$$\begin{bmatrix} 1-2 & 0 & s \\ 0 & 4-2 & 0 \\ s & 0 & s^2(3-2\cdot 2) \end{bmatrix} \begin{bmatrix} \hat{q}_{2,1} \\ \hat{q}_{2,2} \\ \hat{q}_{2,3} \end{bmatrix} = \begin{bmatrix} 0 \\ 0 \\ 0 \end{bmatrix}$$

mit den Lösungen $\hat{q}_{2,1} = 1$, $\hat{q}_{2,2} = 0$ und $\hat{q}_{2,3} = 1/s$. Die dazugehörige Eigenform

$$\hat{\boldsymbol{q}}_2 = \begin{bmatrix} 1 \\ 0 \\ 1/s \end{bmatrix}$$

ist in Bild B7.1.4 dargestellt.

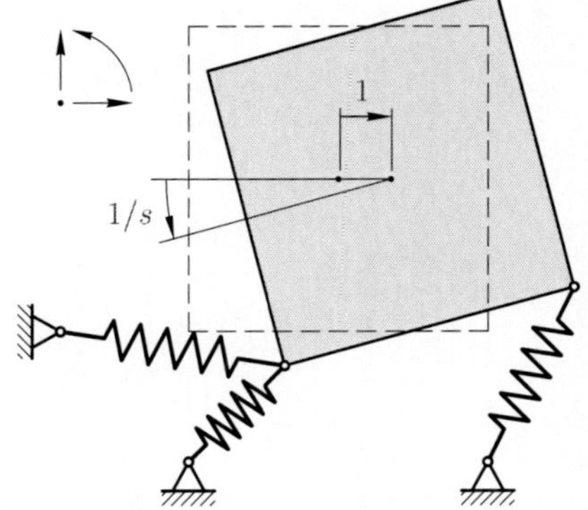

Bild B7.1.4: Zweite Eigenform

Für die dritte Eigenform zu $\kappa_3 = 4$ ergibt sich die Bestimmungsgleichung

$$\begin{bmatrix} 1-4 & 0 & s \\ 0 & 4-4 & 0 \\ s & 0 & s^2(3-8) \end{bmatrix} \begin{bmatrix} \hat{q}_{3,1} \\ \hat{q}_{3,2} \\ \hat{q}_{3,3} \end{bmatrix} = \begin{bmatrix} 0 \\ 0 \\ 0 \end{bmatrix}.$$

Da die erste und die dritte Zeile voneinander linear unabhängig sind, lassen sich die Gleichungen nur für $\widehat{q}_{3,1}=0$ und $\widehat{q}_{3,3}=0$ erfüllen. Aus der zweiten Zeile folgt, daß das Gleichungssystem für beliebige $\widehat{q}_{3,2}$ erfüllt ist. Sinnvollerweise wird $\widehat{q}_{3,2}=1$ gewählt. Der dritte Eigenvektor hat damit die Form

$$\widehat{\boldsymbol{q}}_3 = \begin{bmatrix} 0 \\ 1 \\ 0 \end{bmatrix},$$

er ist in Bild B7.1.5 dargestellt.

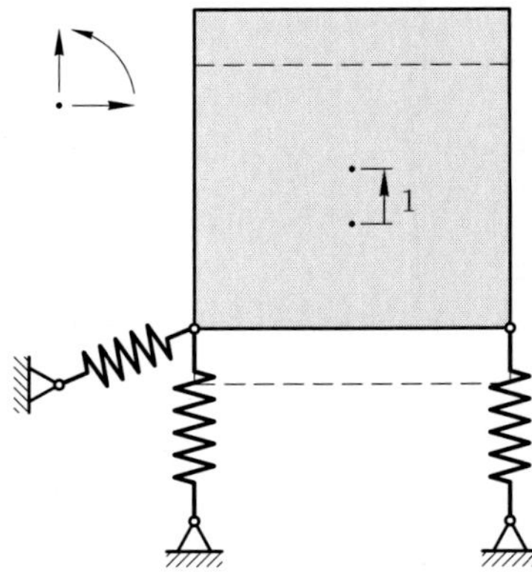

Bild B7.1.5: Dritte Eigenform

Die Zusammenfassung der Eigenvektoren ergibt die Modalmatrix

$$\boldsymbol{Q} = \left[\widehat{\boldsymbol{q}}_1 \;\; \widehat{\boldsymbol{q}}_2 \;\; \widehat{\boldsymbol{q}}_3\right] = \begin{bmatrix} 1 & 1 & 0 \\ 0 & 0 & 1 \\ -1/2s & 1/s & 0 \end{bmatrix}.$$

Bei bekannten Eigenvektoren lassen sich die modalen Massen und die modalen Steifigkeiten berechnen. Man erhält

$$\widetilde{\boldsymbol{M}} = \boldsymbol{Q}^T \boldsymbol{M}\, \boldsymbol{Q} = \begin{bmatrix} 3m/2 & 0 & 0 \\ 0 & 3m & 0 \\ 0 & 0 & m \end{bmatrix}$$

und

$$\widetilde{\boldsymbol{K}} = \boldsymbol{Q}^T \boldsymbol{K}\, \boldsymbol{Q} = \begin{bmatrix} 3k/4 & 0 & 0 \\ 0 & 6k & 0 \\ 0 & 0 & 4k \end{bmatrix}.$$

- Aufspaltung in entkoppelte Systeme:

Die Bewegungsgleichung zeigt, daß die vertikale Bewegung q_2 von den beiden anderen Koordinaten q_1 und q_3 entkoppelt ist. Dies ist die Folge der Symmetrie des Systems: $k_2=k_3$ und S mittig zwischen den Vertikalfedern.

Man kann dies bei der Lösung der Bewegungsgleichung ausnutzen, indem man das System in zwei Teilsysteme mit zwei unabhängigen Bewegungsgleichungen aufspaltet: Die Vertikalbewegung mit der Bewegungsgleichung

$$m\,\ddot{q}_2 + 4k\,q_2 = 0$$

ist unabhängig von den beiden anderen Freiheitsgraden mit der Bewegungsgleichung

$$\begin{bmatrix} m & 0 \\ 0 & 2ms^2 \end{bmatrix} \begin{bmatrix} \ddot{q}_1 \\ \ddot{q}_3 \end{bmatrix} + \begin{bmatrix} k & k\,s \\ k\,s & 3ks^2 \end{bmatrix} \begin{bmatrix} q_1 \\ q_3 \end{bmatrix} = \begin{bmatrix} 0 \\ 0 \end{bmatrix}.$$

Das System von drei Bewegungsgleichungen für q_1, q_2 und q_3 zerfällt in eine Bewegungsgleichung für q_2 und ein System von zwei Bewegungsgleichungen für q_1 und q_3.

Beide sind einfacher zu lösen als das System der drei ursprünglichen Bewegungsgleichungen.

Aus der Gleichung für q_2 läßt sich unmittelbar die Eigenfrequenz der Vertikalbewegung ablesen,

$$\omega_3 = 2\sqrt{\frac{k}{m}}.$$

Da die Koordinate q_2 von q_1 und q_3 entkoppelt ist, lautet der zugehörige Eigenvektor bei entsprechender Normierung

$$\hat{\boldsymbol{q}}_3 = \begin{bmatrix} 0 \\ 1 \\ 0 \end{bmatrix}.$$

Der Lösungsweg für das System von Bewegungsgleichungen für q_1 und q_3 ist der gleiche wie der des vorher behandelten Gesamtsystems: Mit dem Eigenschwingungsansatz erhält man das Eigenwertproblem

$$\begin{bmatrix} k - m\,\omega^2 & ks \\ ks & 3ks^2 - 2ms^2\,\omega^2 \end{bmatrix} \begin{bmatrix} q_1 \\ q_3 \end{bmatrix} = \begin{bmatrix} 0 \\ 0 \end{bmatrix}.$$

Daraus folgt mit $\kappa = \omega^2 m/k$ die Frequenzgleichung

$$P(\kappa) = (1-\kappa)\,s^2\,(3-2\kappa) - s^2 = 0\,.$$

Sie entspricht genau der Frequenzgleichung des Gesamtsystems nach Abspaltung von $\kappa_3 = 4$. Der weitere Lösungweg entspricht dann dem des Gesamtsystems, wobei zur Berechnung der Eigenvektoren nur das homogene Gleichungssystem 2. Ordnung zu lösen ist.

7.2.8 System mit mehrfachen Eigenwerten

Eigenwerte können auch doppelt oder mehrfach auftreten, was insbesondere bei Systemen mit Symmetrieeigenschaften vorkommt. In solchen Fällen hilft die folgende Aussage:

Falls die Matrizen $\boldsymbol{M}$ und $\boldsymbol{K}$ reell und symmetrisch sind, hat die Koeffizientenmatrix von (7.21) für ein m-faches Paar von Eigenwerten λ_m und λ_m^* (eine m-fache Eigenfrequenz ω_m) einen Rangabfall von m. Dies bedeutet, daß zu jedem mehrfachen Eigenwert der Vielfachheit m genau m linear unabhängige Eigenvektoren existieren. Der Grund dafür liegt in der Eigenschaft von diagonal ähnlichen Matrizen, zu denen die reellen symmetrischen Matrizen $\boldsymbol{M}$ und $\boldsymbol{K}$ gehören. Diagonal ähnliche Matrizen haben für den mehrfachen Eigenwert stets einen Rangabfall der Vielfachheit des Eigenwertes. Das bedeutet, daß ein System mit N Freiheitsgraden auch bei mehrfachen Eigenwerten (mit Ausnahme von $\omega = 0$) insgesamt N linear unabhängige Eigenvektoren besitzt. Diese sind immer orthogonal zu den restlichen $N - m$ Eigenvektoren.

Bei der Ausrechnung der zu einem m-fachen Eigenwert gehörigen m linear unabhängigen Eigenvektoren wird man zunächst Eigenvektoren erhalten, die nicht von Haus

aus orthogonal zueinander sind. Nur ist jede Linearkombination der zu einem m-fachen Eigenwert gehörigen Eigenvektoren selbst wieder ein Eigenvektor. Diese Eigenschaft kann man ausnutzen, um die zu einem m-fachen Eigenwert gehörigen Eigenvektoren zu orthogonalisieren. Man modifiziert diese so, daß sie die Orthogonalitätsbeziehungen (7.35a) und (7.35b) erfüllen.

Beispiel 7.2: Symmetrischer Feder-Masse-Schwinger mit drei Freiheitsgraden:

Wir betrachten als Beispiel das System mit drei Freiheitsgraden von Bild B7.2.1, das einen doppelten Eigenwert besitzt. Die Daten sind

$$m_1 = 4m\,, \qquad k_1 = 6k\,,$$
$$m_2 = 2m\,, \qquad k_2 = 2k\,,$$
$$k_3 = 2k\,.$$

Im Laufe der Abhandlungen berechnen wir die Eigenfrequenzen und die Eigenvektoren, orthogonalisieren die zum doppelten Eigenwert gehörigen Eigenvektoren und geben schließlich die generalisierten Massen und Steifigkeiten an.

Das Aufstellen der Bewegungsgleichung, die Ermittlung der Eigenfrequenzen und Eigenvektoren sowie die Berechnung der generalisierten Massen und Steifigkeiten erfolgen auf die Weise, wie es in dem vorhergehenden Abschnitten ausführlich beschrieben wurde. Neu hinzu kommt die Orthogonalisierung der Eigenvektoren zu einem doppelten Eigenwert.

Die Massenmatrix ist offensichtlich und die Steifigkeitsmatrix erhält man am schnellsten durch Einheitsverschiebungen. Für die Bewegungsgleichung folgt dann

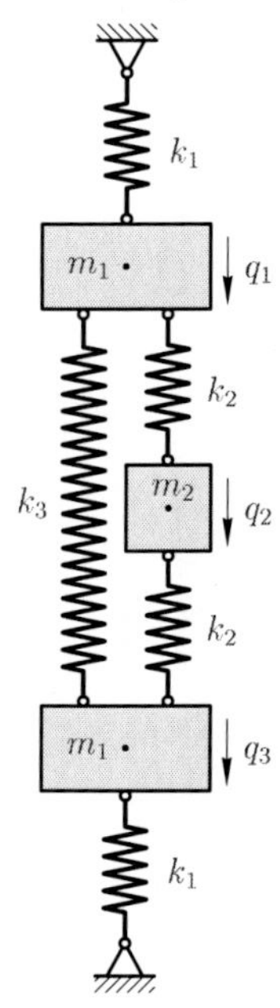

Bild B7.2.1: Symmetrischer Schwinger mit einem doppeltem Eigenwert

$$\begin{bmatrix} m_1 & 0 & 0 \\ 0 & m_2 & 0 \\ 0 & 0 & m_1 \end{bmatrix} \begin{bmatrix} \ddot{q}_1 \\ \ddot{q}_2 \\ \ddot{q}_3 \end{bmatrix} + \begin{bmatrix} k_1+k_2+k_3 & -k_2 & -k_3 \\ -k_2 & 2k_2 & -k_2 \\ -k_3 & -k_2 & k_1+k_2+k_3 \end{bmatrix} \begin{bmatrix} q_1 \\ q_2 \\ q_3 \end{bmatrix} = \begin{bmatrix} 0 \\ 0 \\ 0 \end{bmatrix}$$

$$\begin{bmatrix} 4m & 0 & 0 \\ 0 & 2m & 0 \\ 0 & 0 & 4m \end{bmatrix} \begin{bmatrix} \ddot{q}_1 \\ \ddot{q}_2 \\ \ddot{q}_3 \end{bmatrix} + \begin{bmatrix} 10k & -2k & -2k \\ -2k & 4k & -2k \\ -2k & -2k & 10k \end{bmatrix} \begin{bmatrix} q_1 \\ q_2 \\ q_3 \end{bmatrix} = \begin{bmatrix} 0 \\ 0 \\ 0 \end{bmatrix}.$$

Der Eigenschwingungsansatz $\boldsymbol{q}(t) = \widehat{\boldsymbol{q}}\, e^{i\omega t}$ liefert das Eigenwertproblem

$$\left[\boldsymbol{K} - \omega^2 \boldsymbol{M}\right] \widehat{\boldsymbol{q}} = \boldsymbol{0}\,,$$

ein lineares homogenes Gleichungssystem für die Auslenkungen, in dem zur Schreibvereinfachung die bezogenen Eigenwerte

$$\kappa = \frac{\omega^2\, m}{k}$$

eingeführt wurden. Die Ausrechnung der Koeffizientendeterminante führt auf das charakteristische Polynom

$$P(\kappa) = (10-4\kappa)\Big[(4-2\kappa)(10-4\kappa)-4\Big] + 2\Big[-2(10-4\kappa)-4\Big] - 2\Big[4+2(4-2\kappa)\Big] =$$
$$= \kappa^3 - 7\kappa^2 + 15\kappa - 9 = 0$$

mit den Wurzeln

$$\kappa_1 = 1 \qquad \text{und} \qquad \kappa_2 = \kappa_3 = 3\,.$$

Das System hat somit die einfache Eigenfrequenz

$$\omega_1 = \sqrt{\frac{k}{m}}$$

und die doppelte Eigenfrequenz

$$\omega_2 = \omega_3 = \sqrt{3}\sqrt{\frac{k}{m}}\,.$$

Der Eigenvektor zu ω_1 folgt mit $\kappa_1 = 1$ aus

$$\begin{bmatrix} 10-4 & -2 & -2 \\ -2 & 4-2 & -2 \\ -2 & -2 & 10-4 \end{bmatrix} \begin{bmatrix} \widehat{q}_{11} \\ \widehat{q}_{12} \\ \widehat{q}_{13} \end{bmatrix} = \begin{bmatrix} 6 & -2 & -2 \\ -2 & 2 & -2 \\ -2 & -2 & 6 \end{bmatrix} \begin{bmatrix} \widehat{q}_{11} \\ \widehat{q}_{12} \\ \widehat{q}_{13} \end{bmatrix} = \begin{bmatrix} 0 \\ 0 \\ 0 \end{bmatrix}$$

zu

$$\widehat{\boldsymbol{q}}_1 = \begin{bmatrix} 1 \\ 2 \\ 1 \end{bmatrix}.$$

Für die doppelte Eigenfrequenz $\omega_2 = \omega_3$ $(\kappa_2 = \kappa_3 = 3)$ lautet die Gleichung für die Eigenvektoren

$$\begin{bmatrix} 10-12 & -2 & -2 \\ -2 & 4-6 & -2 \\ -2 & -2 & 10-12 \end{bmatrix} \begin{bmatrix} \widehat{q}_{k1} \\ \widehat{q}_{k2} \\ \widehat{q}_{k3} \end{bmatrix} = \begin{bmatrix} -2 & -2 & -2 \\ -2 & -2 & -2 \\ -2 & -2 & -2 \end{bmatrix} \begin{bmatrix} \widehat{q}_{k1} \\ \widehat{q}_{k2} \\ \widehat{q}_{k3} \end{bmatrix} = \begin{bmatrix} 0 \\ 0 \\ 0 \end{bmatrix}.$$

Die drei Zeilen dieser Gleichung sind identisch, die Matrix hat für den doppelten Eigenwert also den Rangabfall 2. Jede Zeile besagt, daß die Einträge der beiden Eigenvektoren jeweils in der Summe verschwinden müssen. Wie man leicht nachprüfen kann, sind

$$\widehat{\boldsymbol{q}}_2 = \begin{bmatrix} 1 \\ 0 \\ -1 \end{bmatrix} \qquad \text{und} \qquad \tilde{\boldsymbol{q}}_3 = \begin{bmatrix} 0 \\ -2 \\ 2 \end{bmatrix}$$

zwei linear unabhängige Eigenvektoren. Sie sind orthogonal zum Eigenvektor $\widehat{\boldsymbol{q}}_1$, aber nicht zueinander. Man kann sie aber orthogonalisieren. Die Orthogonalisierung basiert auf der Aussage, daß jede Linearkombination von $\widehat{\boldsymbol{q}}_2$ und $\widehat{\boldsymbol{q}}_3$ wieder ein Eigenvektor zum doppelten Eigenwert $\kappa_2 = \kappa_3 = 3$ ist. Durch geeignete Linearkombinationen von $\widehat{\boldsymbol{q}}_2$ und $\widehat{\boldsymbol{q}}_3$ können also neue Eigenvektoren so gebildet werden, daß sie bezüglich $\boldsymbol{M}$ und $\boldsymbol{K}$ orthogonal zueinander sind. Wir lassen den zweiten Eigenvektor $\widehat{\boldsymbol{q}}_2$ unverändert und modifizieren den dritten. Für den modifizierten dritten Eigenvektor $\widehat{\boldsymbol{q}}_3$ setzen wir also

$$\widehat{\boldsymbol{q}}_3 = \widetilde{\boldsymbol{q}}_3 + \beta\, \widehat{\boldsymbol{q}}_2$$

an und fordern, daß er orthogonal zum zweiten Eigenvektor ist,

$$\widehat{\boldsymbol{q}}_3^T \boldsymbol{M}\, \widehat{\boldsymbol{q}}_2 = (\widetilde{\boldsymbol{q}}_3^T + \beta\, \widehat{\boldsymbol{q}}_2^T)\, \boldsymbol{M}\, \widehat{\boldsymbol{q}}_2 = \widetilde{\boldsymbol{q}}_3^T \boldsymbol{M}\, \widehat{\boldsymbol{q}}_2 + \beta\, \widehat{\boldsymbol{q}}_2^T \boldsymbol{M}\, \widehat{\boldsymbol{q}}_2 = 0\,.$$

Wir bereinigen somit den Vektor $\widetilde{\boldsymbol{q}}_3$ von allen Anteilen $\widehat{\boldsymbol{q}}_2$, die die Orthogonalität verletzen würden. Daraus folgt für den noch festzulegenden Faktor

$$\beta = -\frac{\widetilde{\boldsymbol{q}}_3^T \boldsymbol{M}\, \widehat{\boldsymbol{q}}_2}{\widehat{\boldsymbol{q}}_2^T \boldsymbol{M}\, \widehat{\boldsymbol{q}}_2} = -\frac{-8m}{8m} = 1\,.$$

Die numerischen Berechnungen der beiden Matrizenprodukte sind in der Tabelle B7.2 ausgeführt.

Schließlich folgt für den modifizierten dritten Eigenvektor

$$\widehat{\boldsymbol{q}}_3 = \begin{bmatrix} 0 \\ -2 \\ 2 \end{bmatrix} + 1 \cdot \begin{bmatrix} 1 \\ 0 \\ -1 \end{bmatrix} = \begin{bmatrix} 1 \\ -2 \\ 1 \end{bmatrix}.$$

				$\boldsymbol{M}$			$\widehat{\boldsymbol{q}}_1$	$\widehat{\boldsymbol{q}}_2$	$\widetilde{\boldsymbol{q}}_3$	$\widehat{\boldsymbol{q}}_3$
				$4m$	0	0	1	1	0	1
				0	$2m$	0	2	0	-2	-2
				0	0	$4m$	1	-1	2	1
$\widehat{\boldsymbol{q}}_1^T$	1	2	1	$4m$	$4m$	$4m$	$16m$	0	0	0
$\widehat{\boldsymbol{q}}_2^T$	1	0	-1	$4m$	0	$-4m$	0	$8m$	$-8m$	0
$\widetilde{\boldsymbol{q}}_3^T$	0	-2	2	0	$-4m$	$8m$	0	$-8m$	$24m$	$16m$
$\widehat{\boldsymbol{q}}_3^T$	1	-2	1	$4m$	$-4m$	$4m$	0	0	$16m$	$16m$

				$\boldsymbol{K}$			$\widehat{\boldsymbol{q}}_1$	$\widehat{\boldsymbol{q}}_2$	$\widehat{\boldsymbol{q}}_3$
				$10k$	$-2k$	$-2k$	1	1	1
				$-2k$	$4k$	$-2k$	2	0	-2
				$-2k$	$-2k$	$10k$	1	-1	1
$\widehat{\boldsymbol{q}}_1^T$	1	2	1	$4k$	$4k$	$4k$	$16k$	0	0
$\widehat{\boldsymbol{q}}_2^T$	1	0	-1	$12k$	0	$-12k$	0	$24k$	0
$\widehat{\boldsymbol{q}}_3^T$	1	-2	1	$12k$	$-12k$	$12k$	0	0	$48k$

Tabelle B7.2: Matrizenprodukte

Wie man der Tabelle 7.2 entnehmen kann, ist dieser orthogonal zu den beiden anderen Eigenvektoren $\widehat{\boldsymbol{q}}_1$ und $\widehat{\boldsymbol{q}}_2$.

Mit diesen Eigenvektoren ergeben sich die generalisierten Massen zu

$$\widetilde{\boldsymbol{M}} = \begin{bmatrix} 16m & 0 & 0 \\ 0 & 8m & 0 \\ 0 & 0 & 16m \end{bmatrix}$$

und die generalisierten Steifigkeiten zu

$$\widetilde{\boldsymbol{K}} = \begin{bmatrix} 16k & 0 & 0 \\ 0 & 24k & 0 \\ 0 & 0 & 48k \end{bmatrix}.$$

Die numerische Berechnung ist ebenfalls in der Tabelle 7.2 ausgeführt.

Die Verhältnisse aus modalen Steifigkeiten $\widetilde{k}_n$ und modalen Massen $\widetilde{m}_n$ ergeben die Eigenfrequenzquadrate ω_n^2,

$$\omega_1^2 = \frac{16k}{16m} = \frac{k}{m}, \qquad \omega_2^2 = \frac{24k}{8m} = 3\,\frac{k}{m}, \qquad \omega_3^2 = \frac{48k}{16m} = 3\,\frac{k}{m}.$$

Diese Bedingung kann zur Kontrolle der numerischen Rechnungen benutzt werden.

7.3 Abschätzung von Eigenfrequenzen

Die niedrigste Eigenkreisfrequenz ω_1 eines diskreten Systems kann man *in Schranken einschließen.* Man erhält eine obere Schranke aus dem RAYLEIGH-Quotienten und eine untere Schranke aus der Formel von DUNKERLEY:

7.3.1 Obere Schranke nach RAYLEIGH

Multipliziert man die Eigenwertgleichung

$$(-\omega_n^2 \boldsymbol{M} + \boldsymbol{K})\,\widehat{\boldsymbol{q}}_n = \boldsymbol{0} \tag{7.49}$$

mit dem transponierten Eigenvektor $\widehat{\boldsymbol{q}}_n^T$ vor, so läßt sich das Resultat

$$\widehat{\boldsymbol{q}}_n^T(-\omega_n^2 \boldsymbol{M} + \boldsymbol{K})\,\widehat{\boldsymbol{q}}_n = 0 \tag{7.50}$$

nach dem Quadrat der Eigenkreisfrequenz ω_n auflösen,

$$\omega_n^2 = \frac{\widehat{\boldsymbol{q}}_n^T \boldsymbol{K}\,\widehat{\boldsymbol{q}}_n}{\widehat{\boldsymbol{q}}_n^T \boldsymbol{M}\,\widehat{\boldsymbol{q}}_n} = \frac{2\,U_n}{2\,T_n^*}. \tag{7.51}$$

Dieser Ausdruck stellt gerade das Verhältnis der potentiellen Energie U_n der n-ten Eigenform zur bezogenen kinetischen Energie T_n^* der n-ten Eigenform dar. Die bezogene kinetische Energie T^* wird formal wie die kinetische Energie T berechnet, anstelle der Geschwindigkeiten werden jedoch die Auslenkungen benutzt.

Würde man den ersten Eigenvektor $\widehat{\boldsymbol{q}}_1$ kennen, so bekäme man aus diesem Energieausdruck exakt die erste Eigenkreisfrequenz ω_1. Rechnet man dagegen mit einem guten

Schätzwert $\tilde{\boldsymbol{q}}_1$ für den ersten Eigenvektor $\hat{\boldsymbol{q}}_1$, so erhält man einen Näherungswert für die erste Eigenkreisfrequenz ω_1. Es läßt sich zeigen, daß der RAYLEIGH-Quotient

$$\omega_1^2 \leq R\{\tilde{\boldsymbol{q}}_1\} = \frac{U[\tilde{\boldsymbol{q}}_1]}{T^*[\tilde{\boldsymbol{q}}_1]} = \frac{\tilde{\boldsymbol{q}}_1^T \boldsymbol{K}\, \tilde{\boldsymbol{q}}_1}{\tilde{\boldsymbol{q}}_1^T \boldsymbol{M}\, \tilde{\boldsymbol{q}}_1} \tag{7.52}$$

stets eine obere Schranke für das Quadrat der niedrigsten Eigenkreisfrequenz ω_1 darstellt. Für einen beliebigen Vektor $\tilde{\boldsymbol{q}}$ gilt außerdem

$$\omega_1^2 \leq R\{\tilde{\boldsymbol{q}}\} \leq \omega_N^2\,, \tag{7.53}$$

wobei ω_N die größte Eigenkreisfrequenz ist. Schließlich nimmt der RAYLEIGH-Quotient für jeden Eigenvektor $\hat{\boldsymbol{q}}_n$ einen Extremwert an.

7.3.2 Untere Schranke nach DUNKERLEY

Die Formel von DUNKERLEY läßt sich auf Systeme anwenden, bei denen die Gesamtmasse und damit die kinetische Energie in zwei oder mehr additive Anteile zerlegt werden kann.

Läßt man bei einem Mehrfreiheitsgradsystem alle Trägheiten bis auf die n-te fort, so hat dieses Teilsystem mit reduzierter Trägheit die Eigenkreisfrequenz

$$\omega_{D,n}^2 = \frac{1}{h_{nn}\, m_n}\,. \tag{7.54}$$

Darin ist h_{nn} die Einflußzahl für die Verschiebung an der Stelle n durch eine Kraft an der selben Stelle. Es gilt dann die Ungleichung

$$\frac{1}{\omega_1^2} \leq \frac{1}{\omega_D^2} = \frac{1}{\omega_{D,1}^2} + \frac{1}{\omega_{D,2}^2} + \ldots + \frac{1}{\omega_{D,N}^2} = \sum_{n=1}^{N} \frac{1}{\omega_{D,n}^2}\,. \tag{7.55}$$

Daraus folgt die untere Schranke

$$\omega_D^2 \leq \omega_1^2 \tag{7.56}$$

für die niedrigste Eigenkreisfrequenz ω_1.

7.3.3 Allgemeine Sätze über die Eigenformen

Vergrößert man die Masse an einer Koordinate, so verringern sich die Eigenkreisfrequenzen; liegt diese Masse gerade in einem Schwingungsknoten einer Eigenform, so bleibt die zugehörige Eigenfrequenz unverändert, nur die restlichen Eigenfrequenzen werden kleiner.

Vergrößert man die Steifigkeit des Systems, so erhöhen sich die Eigenkreisfrequenzen. Eine Versteifung in der Umgebung eines kraftfreien Punktes einer Eigenform hat keinen Einfluß auf die zugehörige Eigenfrequenz.

Bei kettenförmigen schwingungsfähigen Strukturen, z. B. elastischen Wellen und Kettenschwingern, gelten darüber hinaus noch die folgenden Aussagen:

Wenn die Schwingerkette sich nicht in voneinander elastisch unabhängige Teilketten zerlegen läßt (wir schließen also einspannungsförmige Zwischenlager aus), dann sind alle N Eigenkreisfrequenzen untereinander verschieden:

$$\omega_1 < \omega_2 < \ldots < \omega_n < \ldots < \omega_N \,. \tag{7.57}$$

Eine mit N Massen außerhalb der Lager besetzte Schwingerkette hat genau N Eigenfrequenzen. Bei der niedrigsten Eigenfrequenz hat die Kette keinen Schwingungsknoten außerhalb der starren Lager. Bei der zweiten Eigenfrequenz hat sie entweder einen Schwingungsknoten außerhalb der Lager oder bei Biegeschwingungen einen Berührungsknoten in einem etwaigen Zwischenlager, bei der dritten zwei Knoten usw.

7.4 Freie gedämpfte Schwingungen

Bei beliebiger Dämpfungsmatrix können mit dem in Abschnitt 7.1 aufgezeigten Weg
a) die Eigenwerte λ_n aus Gl. (7.5),
b) die Eigenvektoren $\widehat{\boldsymbol{q}}_n$ aus Gl. (7.3) und
c) die freie Bewegung $\boldsymbol{q}(t)$ gemäß Gl. (7.8)
berechnet werden. Wir betrachten einige wichtige Spezialfälle genauer:

7.4.1 Schwache beliebige Dämpfung

Im technisch häufigsten Fall durchgehend schwacher Dämpfung treten genau N Paare konjugiert komplexer Eigenwerte

$$\begin{aligned} \lambda_n &= -D_n\omega_n + i\,\omega_n\sqrt{1-D_n^2} = -\delta_n + i\,\omega_{dn} \qquad \text{und} \\ \lambda_{n+N} &= -D_n\omega_n - i\,\omega_n\sqrt{1-D_n^2} = -\delta_n - i\,\omega_{dn} \end{aligned} \tag{7.58}$$

mit negativen Realteilen auf. Zusammen mit den zugehörigen N Paaren konjugiert komplexer Eigenvektoren

$$\begin{aligned} \widehat{\boldsymbol{q}}_n &= \Re\{\widehat{\boldsymbol{q}}_n\} + i\,\Im\{\widehat{\boldsymbol{q}}_n\} \qquad \text{und} \\ \widehat{\boldsymbol{q}}_{n+N} &= \Re\{\widehat{\boldsymbol{q}}_n\} - i\,\Im\{\widehat{\boldsymbol{q}}_n\} = \widehat{\boldsymbol{q}}_n^* \end{aligned} \tag{7.59}$$

bilden sie N Paare von Einzellösungen. Jedes Paar kann zu einer reellen modalen Eigenschwingung

$$\boldsymbol{q}_n(t) = \widehat{\boldsymbol{q}}_n C_{1n}\, e^{(-\delta_n + i\omega_{dn})t} + \widehat{\boldsymbol{q}}_n^* C_{2n}\, e^{(-\delta_n - i\omega_{dn})t} \tag{7.60}$$

zusammengesetzt werden. Mit der EULERschen Formel (5.13) läßt sie sich reell anschreiben,

$$\begin{aligned} \boldsymbol{q}_n(t) = {} & \Re\{\widehat{\boldsymbol{q}}_n\}\, e^{-\delta_n t}\Big(A_{cn}\cos\omega_{dn}t + A_{sn}\sin\omega_{dn}t\Big) + \\ & + \Im\{\widehat{\boldsymbol{q}}_n\}\, e^{-\delta_n t}\Big(A_{sn}\cos\omega_{dn}t - A_{cn}\sin\omega_{dn}t\Big). \end{aligned} \tag{7.61}$$

Andere Schreibweisen sind

$$\boldsymbol{q}_n(t) = \Re\{\widehat{\boldsymbol{q}}_n\}\, e^{-\delta_n t} B_n \cos(\omega_{dn}t+\alpha_n) - \Im\{\widehat{\boldsymbol{q}}_n\}\, e^{-\delta_n t} B_n \sin(\omega_{dn}t+\alpha_n) \quad (7.62)$$

und

$$\boldsymbol{q}_n(t) = C_n\, e^{-\delta_n t} \begin{bmatrix} |\widehat{q}_{n1}| \cos(\omega_{dn}t+\alpha_n-\varepsilon_{n1}) \\ |\widehat{q}_{n2}| \cos(\omega_{dn}t+\alpha_n-\varepsilon_{n2}) \\ \vdots \\ |\widehat{q}_{nN}| \cos(\omega_{dn}t+\alpha_n-\varepsilon_{nN}) \end{bmatrix}, \quad (7.63)$$

wobei die einzelnen Größen gemäß

$$\begin{aligned} A_{cn} &= C_{1n} + C_{2n}, \\ A_{sn} &= i\,(C_{1n} - C_{2n}), \\ B_n &= \sqrt{A_{cn}^2 + A_{sn}^2}, \\ \tan\alpha_n &= -A_{sn}/A_{cn} \qquad \text{und} \\ \tan\varepsilon_{nk} &= \Im\{\widehat{q}_{nk}\}\,/\,\Re\{\widehat{q}_{nk}\} \end{aligned} \quad (7.64)$$

miteinander verknüpft sind.

Jede Eigenschwingung $\boldsymbol{q}_n(t)$ klingt also wie beim schwach gedämpften Schwinger mit einem Freiheitsgrad im Laufe der Zeit exponentiell ab. Die Abklingkonstante ist $\delta_n = D_n\omega_n$ und die Kreisfrequenz der Nulldurchgänge beträgt $\omega_{dn} = \omega_n\sqrt{1-D_n^2}$.

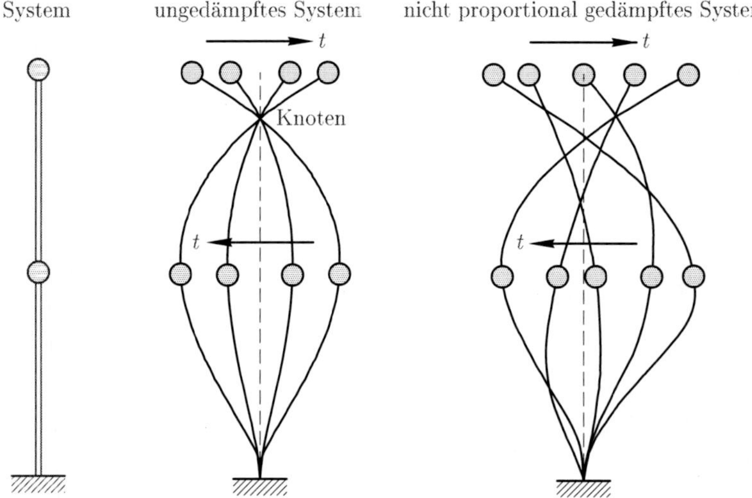

Bild 7.2: Eigenschwingungen: Mitte ungedämpftes System, rechts gedämpftes System mit nichtdiagonalisierbarer Dämpfungsmatrix

Wie beim ungedämpften System bewegen sich beim schwach gedämpften System alle Koordinaten $q_{nk}(t)$ mit dem gleichen Zeitverlauf. Im Gegensatz zum ungedämpften System ist jedoch der Phasenwinkel ε_{nk} für die einzelnen Koordinaten $q_{nk}(t)$ verschieden. Die Bewegungen der Strukturkoordinaten sind gegenseitig phasenverschoben. Damit sind die Amplitudenverhältnisse der Koordinaten bei einer Eigenschwingung nicht mehr konstant, die Form der Eigenschwingung ändert sich mit der Zeit. Die Änderung ist periodisch mit der Kreisfrequenz ω_{dn}. Die Koordinaten durchlaufen also nicht mehr zum gleichen Zeitpunkt die Nullage und erreichen auch nicht gleichzeitig ihre Maximalbeträge. Bild 7.2 verdeutlicht den Vorgang.

Die Gesamtlösung für die freien Schwingungen folgt aus den N reellen Eigenschwingungen (7.61) zu

$$\boldsymbol{q}(t) = \sum_{n=1}^{N} \boldsymbol{q}_n(t) . \tag{7.65}$$

7.4.2 CAUGHEY-Dämpfung

Die Eigenvektoren eines gedämpften Systems sind bei beliebiger Dämpfungsmatrix verschieden von den Eigenvektoren des zugehörigen ungedämpften Systems. Obendrein haben die Eigenvektoren bei beliebiger Dämpfung die für die Anschauung, aber auch für die Berechnung unangenehme Eigenschaft, daß sie komplex sein können.

Wesentlich einfacher zu behandeln sind die freien Schwingungen gedämpfter Systeme, wenn die Dämpfungsmatrix $\boldsymbol{B}$ so ist, daß die reellen Eigenvektoren $\widehat{\boldsymbol{q}}_n$ des ungedämpften Systems auch Eigenvektoren des gedämpften Systems sind, sich durch die Dämpfung die Eigenvektoren also nicht ändern. Ist dies exakt erfüllt, spricht man von CAUGHEY-Dämpfung.

Die mathematische Behandlung von Systemen mit CAUGHEY-Dämpfung ist einfach:

In diesem Abschnitt betrachten wir gedämpfte Systeme mit der Bewegungsgleichung

$$\boldsymbol{M}\,\ddot{\boldsymbol{q}} + \boldsymbol{B}\,\dot{\boldsymbol{q}} + \boldsymbol{K}\,\boldsymbol{q} = \boldsymbol{0} , \tag{7.66}$$

bei denen eine Kongruenztransformation

$$\widetilde{\boldsymbol{M}} = \boldsymbol{Q}^T \boldsymbol{M}\,\boldsymbol{Q} , \qquad \widetilde{\boldsymbol{K}} = \boldsymbol{Q}^T \boldsymbol{K}\,\boldsymbol{Q} \qquad \text{und} \qquad \widetilde{\boldsymbol{B}} = \boldsymbol{Q}^T \boldsymbol{B}\,\boldsymbol{Q} \tag{7.67}$$

zu einer Entkopplung der einzeln skalaren Differentialgleichungen führt. Die modale Transformation

$$\boldsymbol{q}(t) = \boldsymbol{Q}\,\boldsymbol{p}(t) \tag{7.68}$$

von den physikalischen Koordinaten $\boldsymbol{q}(t)$ auf die modalen Koordinaten $\boldsymbol{p}(t)$ mit den Eigenvektoren $\widehat{\boldsymbol{q}}_n$ des ungedämpften Systems ist eine Kongruenztransformation. Eine Kongruenztransformation läßt die Eigenschaften der Symmetrie oder der Schiefsymmetrie der transformierten Matrix unberührt. Da schiefsymmetrische Matrizen aber stets die einzelnen skalaren Gleichungen koppeln, ist eine Entkopplung nur bei Systemen mit symmetrischen Matrizen $\boldsymbol{M}$, $\boldsymbol{B}$ und $\boldsymbol{K}$ möglich.

Die Massen- und die Steifigkeitsmatrix werden durch die Eigenvektoren $\widehat{\boldsymbol{q}}_n$ des ungedämpften Systems diagonalisiert. Alle anderen Vektoren bewirken keine Entkopplung in diesen Matrizen. Somit kann eine Entkopplung des gedämpften Systems (7.66) nur erzielt werden, wenn die Dämpfungsmatrix $\boldsymbol{B}$ mit den Eigenvektoren $\widehat{\boldsymbol{q}}_n$ des ungedämpften Systems simultan diagonalisiert wird. Die Matrix $\widetilde{\boldsymbol{B}}$ ist genau dann diagonal und die einzelnen skalaren Gleichungen der modalen Freiheitsgrade sind genau dann entkoppelt, wenn die Matrix

$$\boldsymbol{K}\,\boldsymbol{M}^{-1}\,\boldsymbol{B} = \boldsymbol{B}\,\boldsymbol{M}^{-1}\,\boldsymbol{K} \tag{7.69}$$

symmetrisch ist. Es läßt sich zeigen, daß dies genau dann erfüllt ist, wenn die Dämpfungsmatrix $\boldsymbol{B}$ durch eine sogenannte CAUGHEY-Reihe

$$\boldsymbol{B} = \boldsymbol{M} \sum_{n=0}^{N-1} \alpha_n \left(\boldsymbol{M}^{-1}\,\boldsymbol{K}\right)^n \tag{7.70}$$

darstellbar ist. Dämpfungen, die sich in der Form (7.70) darstellen lassen, nennt man CAUGHEY-Dämpfungen.

Die Symmetriebedingung (7.69) wird beispielsweise von der RAYLEIGH-Dämpfung

$$\boldsymbol{B} = \alpha_0\,\boldsymbol{M} + \alpha_1\,\boldsymbol{K} \tag{7.71}$$

erfüllt. Ein Spezialfall ist der in der Strukturmechanik häufig verwendete Ansatz steifigkeitsproportionaler Werkstoffdämpfung

$$\boldsymbol{B} = \alpha_1\,\boldsymbol{K}\,. \tag{7.72}$$

Zur Berechnung der freien Schwingungen eines Schwingungssystems mit CAUGHEY-Dämpfung führen wir mittels der Kongruenztransformation (7.68) eine Koordinatentransformation von den physikalischen Koordinaten $\boldsymbol{q}(t)$ auf die modalen Koordinaten $\boldsymbol{p}(t)$ durch. Damit folgt aus der Bewegungsgleichung (7.66)

$$\boldsymbol{Q}^T\boldsymbol{M}\,\boldsymbol{Q}\,\ddot{\boldsymbol{p}} + \boldsymbol{Q}^T\boldsymbol{B}\,\boldsymbol{Q}\,\dot{\boldsymbol{p}} + \boldsymbol{Q}^T\boldsymbol{K}\,\boldsymbol{Q}\,\boldsymbol{p} = \boldsymbol{0} \tag{7.73}$$

oder kurz

$$\widetilde{\boldsymbol{M}}\,\ddot{\boldsymbol{p}} + \widetilde{\boldsymbol{B}}\,\dot{\boldsymbol{p}} + \widetilde{\boldsymbol{K}}\,\boldsymbol{p} = \boldsymbol{0}\,. \tag{7.74}$$

Unter der Diagonalisierungsbedingung (7.69) ist die Matrix

$$\widetilde{\boldsymbol{B}} = \boldsymbol{Q}^T\boldsymbol{B}\,\boldsymbol{Q} = \begin{bmatrix} \widetilde{b}_1 & 0 & 0 & 0 \\ 0 & \widetilde{b}_2 & 0 & 0 \\ 0 & 0 & \dots & 0 \\ 0 & 0 & 0 & \widetilde{b}_N \end{bmatrix} \tag{7.75}$$

eine Diagonalmatrix mit den N modalen Dämpfungskoeffizienten $\widetilde{b}_n = \widehat{\boldsymbol{q}}_n^T\,\boldsymbol{B}\,\widehat{\boldsymbol{q}}_n$. Ausgeschrieben hat die Gl. (7.73) die Form

$$\begin{aligned} &\begin{bmatrix} \widetilde{m}_1 & 0 & 0 \\ 0 & \ddots & 0 \\ 0 & 0 & \widetilde{m}_N \end{bmatrix} \begin{bmatrix} \ddot{p}_1 \\ \vdots \\ \ddot{p}_N \end{bmatrix} + \begin{bmatrix} \widetilde{b}_1 & 0 & 0 \\ 0 & \ddots & 0 \\ 0 & 0 & \widetilde{b}_N \end{bmatrix} \begin{bmatrix} \dot{p}_1 \\ \vdots \\ \dot{p}_N \end{bmatrix} + \\ &\qquad + \begin{bmatrix} \widetilde{k}_1 & 0 & 0 \\ 0 & \ddots & 0 \\ 0 & 0 & \widetilde{k}_N \end{bmatrix} \begin{bmatrix} p_1 \\ \vdots \\ p_N \end{bmatrix} = \begin{bmatrix} 0 \\ \vdots \\ 0 \end{bmatrix}. \end{aligned} \tag{7.76}$$

Unter der Diagonalisierungsbedingung (7.69) sind also die N Differentialgleichungen in (7.76) für die einzelnen modalen Koordinaten $p_n(t)$ entkoppelt. Jede einzelne hat die Form der Differentialgleichung eines Schwingers mit einem Freiheitsgrad,

$$\widetilde{m}_n \ddot{p}_n + \widetilde{b}_n \dot{p}_n + \widetilde{k}_n p_n = 0 . \tag{7.77}$$

Die in Kapitel 5 angegebenen Definitionen und Lösungseigenschaften können somit übertragen werden: So sind insbesondere

$$\omega_n = \sqrt{\frac{\widetilde{k}_n}{\widetilde{m}_n}} \tag{7.78}$$

die n-te Eigenkreisfrequenz,

$$\delta_n = \frac{\widetilde{b}_n}{2\,\widetilde{m}_n} = \omega_n D_n \tag{7.79}$$

die n-te modale Abklingkonstante,

$$D_n = \frac{\widetilde{b}_n}{2\sqrt{\widetilde{k}_n\,\widetilde{m}_n}} = \frac{\delta_n}{\omega_n} = \frac{\widetilde{b}_n}{2\,\widetilde{m}_n\,\omega_n} \tag{7.80}$$

der n-te modale Dämpfungsgrad und

$$\omega_{dn} = \omega_n \sqrt{1-D_n^2} = \sqrt{\omega_n^2-\delta_n^2} \tag{7.81}$$

die Quasi-Eigenkreisfrequenz der n-ten modalen Schwingung.

Die Lösung der Gleichung (7.77) liefert die Eigenwerte λ_n, wobei in Abhängigkeit vom Dämpfungsmaß D_n sieben Fälle unterschieden werden müssen:

$D_n = 0$	ungedämpfter modaler Freiheitsgrad,
$0 < D_n < 1$	schwach gedämpfter modaler Freiheitsgrad,
$D_n = 1$	modaler Kriechgrenzfall,
$D_n > 1$	stark gedämpfter modaler Freiheitsgrad,
$-1 < D_n < 0$	schwach angefachter modaler Freiheitsgrad,
$D_n = -1$	Grenzfall und
$D_n < -1$	stark angefachter modaler Freiheitsgrad.

Mit den N Paaren von Eigenwerten λ_n und λ_n^* sind die Einzellösungen für die modalen Koordinaten p_n, welche auch Hauptkoordinaten genannt werden, festgelegt. Die n-te Eigenschwingung mit der reellen Eigenform $\widehat{\boldsymbol{q}}_n$ hat gemäß der Transformationsgleichung (7.68) die Vektordarstellung

$$\boldsymbol{q}_n(t) = \widehat{\boldsymbol{q}}_n\, p_n(t) . \tag{7.82}$$

Die allgemeine Lösung der freien Bewegung folgt aus der Überlagerung der N Eigenschwingungen $\boldsymbol{q}_n(t)$ zu

$$\boldsymbol{q}(t) = \sum_{n=1}^{N} \widehat{\boldsymbol{q}}_n\, p_n(t) . \tag{7.83}$$

Die Eigenformen sind identisch mit denen des ungedämpften Systems. Die CAUGHEY-Dämpfung verändert also nicht die Eigenvektoren. Die allgemeine Lösung besitzt $2N$ Integrationskonstanten, die aus den Anfangsbedingungen $\boldsymbol{q}_0$ und $\dot{\boldsymbol{q}}_0$ zu berechnen sind.

7.4.3 Proportionaldämpfung, Bequemlichkeitshypothese

Ein häufig benutzter Spezialfall der CAUGHEY-Dämpfung ist die nach RAYLEIGH benannte Proportionaldämpfung, die auch unter den Begriff Bequemlichkeitshypothese bekannt ist. Bei dieser läßt sich die Dämpfungsmatrix

$$\boldsymbol{B} = \alpha_0 \boldsymbol{M} + \alpha_1 \boldsymbol{K} \tag{7.84}$$

in einen massen- und einen steifigkeitsproportionalen Anteil zerlegen. Der massenproportionale Anteil der Dämpfungsmatrix entspricht einer äußeren Dämpfung (Dämpfung abhängig von der Absolutbewegung), der steifigkeitsproportionale Anteil einer inneren Dämpfung (Dämpfung abhängig von der Relativbewegung).

Die Proportionaldämpfung erfüllt trivialerweise die Entkopplungsbedingung (7.69), so daß die Eigenvektoren des ungedämpften Systems die Dämpfungsmatrix diagonalisieren und somit die skalaren Bewegungsdifferentialgleichungen entkoppeln.

Der Weg zur Berechnung der freien Schwingung von Systemen mit Proportionaldämpfung ist identisch mit dem für Systeme mit der allgemeineren CAUGHEY-Dämpfung vom Abschnitt 7.4.2: Mit Hilfe der Eigenvektoren des ungedämpften Systems werden die physikalischen Koordinaten $\boldsymbol{q}(t)$ auf modale Koordinaten $\boldsymbol{p}(t)$ transformiert. Dies gelingt wegen der Orthogonalitätseigenschaften der Eigenvektoren $\hat{\boldsymbol{q}}_n$, die unter der Voraussetzung (7.69) nicht nur orthogonal bezüglich der Massen- und der Steifigkeitsmatrizen sind, sondern auch bezüglich der Dämpfungsmatrix.

Die N Paare von Eigenwerten bilden N Fundamentallösungen, die sogenannten Eigenschwingungen, die im Falle schwacher Dämpfung $0 \leq D < 1$ die Form

$$\boldsymbol{q}_n(t) = \hat{\boldsymbol{q}}_n \, p_n(t) = \hat{\boldsymbol{q}}_n \, e^{-\delta_n t} \left(A_{cn} \cos \omega_{dn} t + A_{sn} \sin \omega_{dn} t \right) \tag{7.85}$$

haben. Die Gesamtlösung ergibt sich aus der Überlagerung aller Teillösungen zu

$$\boldsymbol{q}(t) = \sum_{n=1}^{N} \boldsymbol{q}_n(t) \, . \tag{7.86}$$

Die den modalen Dämpfungskoeffizienten $\tilde{b}_n$ zugeordneten modalen Dämpfungsgrade

$$D_n = \frac{\tilde{b}_n}{2\sqrt{\tilde{k}_n \, \tilde{m}_n}} \tag{7.87}$$

erfüllen bei einer Dämpfungsmatrix gemäß Gl. (7.84) den Zusammenhang

$$D_n = \frac{1}{2} \Big(\frac{\alpha_0}{\omega_n} + \alpha_1 \, \omega_n \Big) \, , \tag{7.88}$$

der die Eigenkreisfrequenzen $\omega_n = \sqrt{\widetilde{k}_n/\widetilde{m}_n}$ des zugeordneten ungedämpften Systems enthält. Bei massenproportionaler Dämpfung ($\alpha_1 = 0$) nehmen also die modalen Dämpfungsmaße D_n mit zunehmenden Eigenfrequenzen ω_n ab, bei steifigkeitsproportionaler Dämpfung ($\alpha_0 = 0$) nehmen sie mit den Eigenfrequenzen zu. Ein massenproportionaler Dämpfungsansatz ist somit dann angesagt, wenn die höheren Eigenfrequenzen schwächer gedämpft, die zugehörigen Resonanzstellen also stärker ausgeprägt sind. Ein steifigkeitsproportionaler Dämpfungsansatz sollte hingegen gewählt werden, wenn die Dämpfung mit den Eigenfrequenzen ansteigt, also wenn bei höheren Eigenfrequenzen die Resonanzstellen weniger stark ausgeprägt erscheinen.

Die Koeffizienten α_0 und α_1 können beispielsweise aus zwei experimentell ermittelten, für das Gesamtverhalten repräsentativen Dämpfungsgraden D_n und D_m unter Beachtung von Gl. (7.88) aus

$$\left\{ \begin{array}{c} \alpha_0 \\ \alpha_1 \end{array} \right\} = 2\frac{\omega_m\,\omega_n}{\omega_n^2 - \omega_m^2} \begin{bmatrix} \omega_n & -\omega_m \\ -1/\omega_n & 1/\omega_m \end{bmatrix} \left\{ \begin{array}{c} D_m \\ D_n \end{array} \right\} \tag{7.89}$$

berechnet werden. Damit haben die Dämpfungsgrade der übrigen Eigenformen die Frequenzabhängigkeit von Gl. (7.88), die in Bild 7.3 dargestellt ist. Hat das System mehr als zwei Freiheitsgrade, dann ermittelt man die Koeffizienten α_0 und α_1 so, daß die Dämpfung in der Umgebung der Erregerfrequenzen möglichst gut mit den vorgegebenen Dämpfungsgraden übereinstimmt. Die Eigenfrequenzen außerhalb des Frequenzbereiches zwischen ω_m und ω_n haben dann meist eine zu hohe Dämpfung.

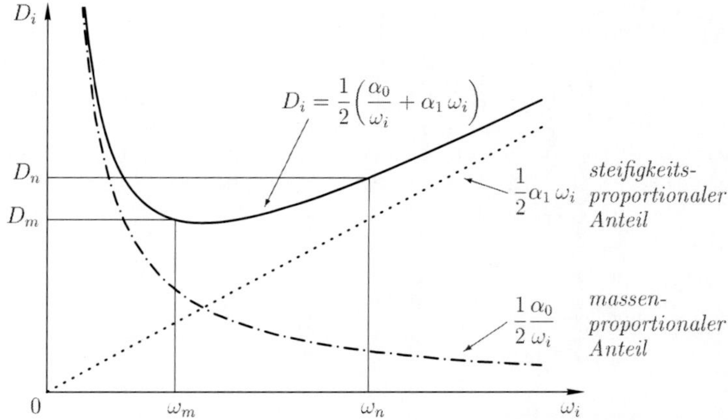

Bild 7.3: Verknüpfung von Dämpfungsgrad und zugeordneten Eigenkreisfrequenzen bei RAYLEIGH-Dämpfung

Eine vorteilhafte Berechnung der Dämpfungsmatrix $\boldsymbol{B}$ bei bekannten modalen Dämpfungen folgt aus Gleichung (7.84) zu

$$\boldsymbol{B} = (\boldsymbol{Q}^T)^{-1}\,\mathrm{diag}\{\widetilde{b}_i\}\,\boldsymbol{Q}^{-1} = \boldsymbol{M}\Big(\sum_{n=1}^{N} \frac{2D_n\omega_n}{\widetilde{m}_n}\,\widehat{\boldsymbol{q}}_n\,\widehat{\boldsymbol{q}}_n^T\Big)\boldsymbol{M}. \tag{7.90}$$

Während Tragwerke mit überwiegender Bauteildämpfung die Diagonalisierungsbedingung (7.69) rechtfertigen, darf bei Tragwerken mit diskreten Einzeldämpfern häufig die Kopplung nicht vernachlässigt werden. Erfüllt die Dämpfungsmatrix $\boldsymbol{B}$ die Diagonalisierungsbedingung (7.69) nicht, so führen Nebendiagonalglieder $\widetilde{b}_{ij} \neq 0$ für $i \neq j$ in der Matrix

$$\widetilde{\boldsymbol{B}} = \boldsymbol{Q}^T \boldsymbol{B} \boldsymbol{Q} \tag{7.91}$$

auf die Dämpfungskopplung. In diesem Fall sind die Eigenvektoren des gedämpften Systems komplex.

7.4.4 Näherung bei allgemeinen Dämpfungsmatrizen

Dämpfungsmatrizen, die nicht die Symmetriebedingung (7.66) erfüllen, führen auf komplexe Eigenvektoren. Will man dennoch mit reellen Eigenvektoren rechnen, bietet sich das folgende Näherungsverfahren an:

Bei der CAUGHEY-Dämpfung entwickelt man die Lösung mittels der Transformation (7.68) nach den Eigenvektoren $\widehat{\boldsymbol{q}}_n$ des ungedämpften Systems. Verwendet man diese Transformation auch bei beliebig besetzten Dämpfungsmatrizen, erhält man eine Gleichung in der Form

$$\widetilde{\boldsymbol{M}}\,\ddot{\boldsymbol{p}} + \widetilde{\boldsymbol{B}}_{gek}\,\dot{\boldsymbol{p}} + \widetilde{\boldsymbol{K}}\,\boldsymbol{p} = \boldsymbol{0}\,.$$

Die Matrizen $\widetilde{\boldsymbol{M}}$ und $\widetilde{\boldsymbol{K}}$ sind diagonal, sie enthalten die modalen Massen und die modalen Steifigkeiten. Die Matrix $\widetilde{\boldsymbol{B}}_{gek}$ koppelt die einzelnen Bewegungsgleichungen, sie ist keine Diagonalmatrix. Wäre sie eine Diagonalmatrix, so wären die Gleichungen für die skalaren Komponenten entkoppelt und damit leicht lösbar. Dies ist bei allgemeiner Dämpfung nicht der Fall. Da aber durch die Transformation $\widetilde{\boldsymbol{B}}_{gek} = \boldsymbol{Q}^T\boldsymbol{B}\boldsymbol{Q}$ in der transformierten Dämpfungsmatrix $\widetilde{\boldsymbol{B}}_{gek}$ ein gewisser Diagonalisierungseffekt eintritt, werden zur Näherung die Nichtdiagonalelemente $\widetilde{b}_{ik}$ für $i \neq k$ vernachlässigt. Damit geht die nichtdiagonale Dämpfungsmatrix $\widetilde{\boldsymbol{B}}_{gek}$ in eine diagonale Dämpfungsmatrix $\widetilde{\boldsymbol{B}}$ über, die Bewegungsgleichungen sind entkoppelt. Die wirkliche Dämpfung wird durch eine modale Dämpfung angenähert.

In verschiedenen Artikeln wurden Verbesserungen dieser Näherung vorgestellt. Rechnungen zeigen jedoch, daß in den meisten Fällen keine Verbesserung erforderlich ist. Dies liegt auch daran, daß die Dämpfung in der Realität bei Weitem nicht so gut zu beschreiben ist, wie es die Massen- oder die Steifigkeitseigenschaften sind.

7.4.5 Strukturdämpfung

Bei vielen Werkstoffen wird die Dämpfung durch den viskosen Ansatz einer geschwindigkeitsproportionalen Dämpferkraft nicht richtig beschrieben. Will man genaueres über die Dämpfung einer speziellen Konstruktion wissen und sich nicht auf Spekulationen verlassen, muß man zur experimentellen Strukturanalyse übergehen und auf dem Versuchsweg die Dämpfung identifizieren. Dies wird beispielsweise auf sehr systematische Weise beim Flugzeugbau im Standschwing-Versuch durchgeführt.

Zur Strukturberechnung greift man auf Werkstoffgesetze zurück, die sich bei Versuchen mit harmonisch erzwungenen Schwingungen als einigermaßen zutreffend erwiesen haben. Bei vielen Strukturen der Luft- und Raumfahrt, der Fahrzeugtechnik, aber auch im Bauwesen, hat man experimentell festgestellt, daß ein mit zunehmender Frequenz abnehmender Dämpfungskoeffizient b die Beobachtungen am besten approximiert. Man setzt daher die Dämpfungskoeffizienten proportional zur Steifigkeit und umgekehrt proportional zur Frequenz Ω der Schwingungen an. Ein solches Dämpfungsgesetz wird im Frequenzbereich durch den Ansatz

$$\mathcal{F}\{\boldsymbol{f}^d(t)\} = (1 + i\,\chi\,\text{sgn}\Omega)\boldsymbol{K}\mathcal{F}\{\boldsymbol{q}(t)\} \tag{7.92}$$

mit dem positiven Verlustfaktor χ erfaßt und gilt natürlich nur für monofrequente Schwingungsvorgänge mit einer einzigen Frequenz. Ein solches Dämpfungsgesetz wird Strukturdämpfung oder Hysteresedämpfung genannt. Ihm kommt in den Anwendungen (etwa in der Flatteranalyse oder als Modell der Werkstoffdämpfung von Wellensträngen) große Bedeutung zu.

Die Summe aus der Steifigkeitsmatrix und der Matrix der Strukturdämpfung wird als komplexe Steifigkeit $\underline{\boldsymbol{K}}$ bezeichnet, auf Werkstoffebene ist sie gleichbedeutend mit einem komplexen Elastizitätsmodul

$$\underline{E} = E[1 + i\chi\,\text{sgn}\Omega]\,. \tag{7.93}$$

Die komplexe Bewegungsgleichung von Systemen mit Strukturdämpfung hat im Frequenzbereich die Form

$$\{-\Omega^2\boldsymbol{M} + \boldsymbol{K}(1 + i\chi\,\text{sgn}\Omega)\}\,\mathcal{F}\{\boldsymbol{q}(t)\} = \boldsymbol{0}\,. \tag{7.94}$$

In Verallgemeinerung führt sie bei verschiedenen Dämpfungsfaktoren der Matrixelemente auf eine frequenzunabhängige Dämpfungsmatrix $\boldsymbol{B}_S$,

$$\{-\Omega^2\boldsymbol{M} + i\boldsymbol{B}_S\,\text{sgn}\Omega + \boldsymbol{K}\}\,\mathcal{F}\{\boldsymbol{q}(t)\} = \boldsymbol{0}\,. \tag{7.95}$$

Die Gl. (7.93) gilt streng genommen nur im Frequenzbereich, also für fouriertransformierte Zustandsgrößen oder für den eingeschwungenen Zustand harmonischer Bewegung.

Damit gilt bezüglich der Entkopplung der Gl. (7.95) durch Kongruenztransformation mit der Modalmatrix $\boldsymbol{Q}$ des ungedämpften Problems alles in Abschnitt 7.4.2 geschriebene sinngemäß.

Das transiente Systemverhalten im Zeitbereich folgt aus der Rücktransformation des fouriertransformierten Lagevektors $\mathcal{F}\{\boldsymbol{q}(t)\}$. In der so berechneten Lösung $\boldsymbol{q}(t)$ treten allerdings kleine nichtkausale Anteile auf.

Bei steifigkeitsproportionaler Strukturdämpfung fällt die Dämpfung mit ansteigender Schwingfrequenz. Da der Dämpfungsgrad üblicherweise sehr klein ist, kann man bei freien Schwingungen

$$D_n \approx \frac{1}{2}\chi \tag{7.96}$$

schreiben.

Bei Metallkonstruktionen liegt der Verlustfaktor χ in der Größenordnung von 1%.

Bei monofrequenten harmonischen Schwingungen sind bei steifigkeitsproportionaler Strukturdämpfung demnach alle Eigenformen gleich stark gedämpft. Näherungsweise gilt das auch bei abklingenden Eigenschwingungen, obwohl man streng genommen auf sie das aus Versuchen mit harmonischen Schwingungen ermittelte Werkstoffgesetz nicht übertragen darf. Gibt man aber als Anfangsauslenkung nur eine Eigenform vor und beschränkt sich auf den Fall, daß die abklingende Eigenschwingung nicht allzu stark gedämpft wird, so kann man die Schwingfrequenz Ω des Experiments durch die Eigenkreisfrequenz ω_n der Eigenschwingung ersetzen.

Beispiel 7.3: System mit doppeltem Eigenwert Null

Zwei Eisenbahnwaggons sind durch Feder und Dämpfer gekoppelt und können auf den Gleisen reibungsfrei rollen.

Die Bewegungsgleichung für das System mit zwei Freiheitsgraden folgt aus Einheitsverschiebungen, Einheitsgeschwindigkeiten und Einheitsbeschleunigungen zu

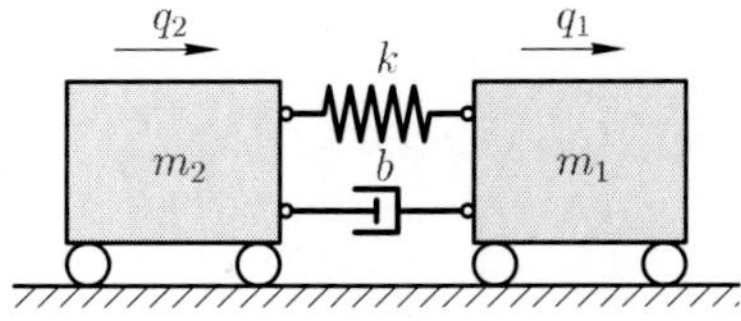

Bild B7.3.1: Minizug

$$\begin{bmatrix} m_1 & 0 \\ 0 & m_2 \end{bmatrix} \begin{bmatrix} \ddot{q}_1 \\ \ddot{q}_2 \end{bmatrix} + \begin{bmatrix} b & -b \\ -b & b \end{bmatrix} \begin{bmatrix} \dot{q}_1 \\ \dot{q}_2 \end{bmatrix} + \begin{bmatrix} k & -k \\ -k & k \end{bmatrix} \begin{bmatrix} q_1 \\ q_2 \end{bmatrix} = \begin{bmatrix} 0 \\ 0 \end{bmatrix}.$$

Die Steifigkeitsmatrix ist wegen

$$\det\{\boldsymbol{K}\} = k^2 - k^2 = 0$$

singulär und das System hat somit den doppelten Eigenwert $\lambda_{1/3}=0$.

Die Dämpfungsmatrix ist proportional zur Steifigkeitsmatrix, man wird also reelle Eigenvektoren erhalten.

Zur Berechnung der Eigenwerte und Eigenvektoren führt man den Exponentialansatz 7.2 in die Bewegungsgleichung ein und erhält das homogene Gleichungssystem

$$\begin{bmatrix} \lambda^2 m_1 + \lambda b + k & -\lambda b - k \\ -\lambda b - k & \lambda^2 m_2 + \lambda b + k \end{bmatrix} \begin{bmatrix} \widehat{q}_1 \\ \widehat{q}_2 \end{bmatrix} = \begin{bmatrix} 0 \\ 0 \end{bmatrix}$$

für die Amplituden $\widehat{q}_1$ und $\widehat{q}_2$. Nichttriviale Lösungen existieren nur, wenn die Koeffizientendeterminante verschwindet. Die Ausrechnung liefert das charakteristische Polynom

$$\begin{aligned} P(\lambda) &= (\lambda^2 m_1 + \lambda b + k)(\lambda^2 m_2 + \lambda b + k) - (\lambda b + k)^2 &= \\ &= \lambda^2 [m_1 m_2 \lambda^2 + (m_1 + m_2)\, b\lambda + (m_1 + m_2)\, k] &= 0. \end{aligned}$$

Nullsetzen führt auf die Eigenwerte

$$\lambda_{1/3} = 0 \qquad \text{und} \qquad \lambda_{2/4} = -D_2\, \omega_2 \pm \omega_2 \sqrt{D_2^2 - 1},$$

wobei abkürzend

$$\omega_2 = \sqrt{\frac{m_1 + m_2}{m_1 m_2}\, k} \qquad \text{und} \qquad 2 D_2\, \omega_2 = b\, \frac{m_1 + m_2}{m_1 m_2}$$

eingeführt sind.

Der zum Eigenwertpaar $\lambda_1 = \lambda_3 = 0$ gehörige Eigenvektor $\widehat{\boldsymbol{q}}_1$ folgt aus

$$k\,\widehat{q}_{11} - k\,\widehat{q}_{12} = 0$$

zu

$$\widehat{\boldsymbol{q}}_1 = \begin{bmatrix} 1 \\ 1 \end{bmatrix}.$$

Der doppelte Eigenwert $\lambda_1 = \lambda_3 = 0$ besitzt also nur einen Eigenvektor $\widehat{\boldsymbol{q}}_1$. Die zugehörige Eigenbewegung

$$\boldsymbol{q}_1(t) = \widehat{\boldsymbol{q}}_1(A_1 + B_1 t)$$

beschreibt die schwingungsfreie Bewegung des Zuges: Beide Wagen haben den gleichen Weg $A_1 + B_1 t$ zurückgelegt und fahren mit der selben Geschwindigkeit B_1.

Der zweite Eigenvektor $\widehat{\boldsymbol{q}}_2$ folgt aus einer der beiden Zeilen des homogenen Gleichungssystems, beispielsweise aus der ersten Zeile

$$(\lambda_2^2\, m_1 + \lambda_2 b + k)\,\widehat{q}_{21} - (\lambda_2 b + k)\,\widehat{q}_{22} = 0$$

über den Quotienten

$$\frac{\widehat{q}_{22}}{\widehat{q}_{21}} = \frac{\lambda_2^2\, m_1 + \lambda_2 b + k}{\lambda_2 b + k} = 1 + \frac{\lambda_2^2\, m_1}{\lambda_2 b + k},$$

woraus wegen

$$(m_1 + m_2)(\lambda_2 b + k) = -m_1 m_2\, \lambda_2^2$$

für das Verhältnis der Eigenformkomponenten

$$\frac{\widehat{q}_{22}}{\widehat{q}_{21}} = -\frac{m_1}{m_2}$$

folgt. Der Eigenvektor zum zweiten, gedämpften Eigenwertpaar ist also von der Dämpfung unabhängig und lediglich vom Massenverhältnis m_1/m_2 abhängig,

$$\widehat{\boldsymbol{q}}_2 = \begin{bmatrix} 1 \\ -m_1/m_2 \end{bmatrix}.$$

Die zweite Eigenbewegung beschreibt die Relativbewegung $q_2 - q_1$. Welche Form diese Relativbewegung hat, hängt von der Größe der Dämpfung D_2 ab:

Im ungedämpften Fall ($D_2 = 0$) ist die zweite Eigenbewegung

$$\boldsymbol{q}_2(t) = \widehat{\boldsymbol{q}}_2(A_{c2} \cos \omega_2 t + A_{s2} \sin \omega_2 t)$$

harmonisch.

Bei starker Dämpfung ($D_2 > 1$) sind die beiden Eigenwerte λ_2 und λ_4 negativ und eine etwaige Relativbewegung klingt relaxierend nach dem Gesetz

$$\boldsymbol{q}_2(t) = \widehat{\boldsymbol{q}}_2(C_2 e^{\lambda_2 t} + C_4 e^{\lambda_4 t})$$

ab.

Bei schwacher Dämpfung ($0<D_2<1$) ist die Relativbewegung oszillierend und klingt exponentiell ab,

$$\boldsymbol{q}_2(t) = \widehat{\boldsymbol{q}}_2\, e^{-D_2\omega_2 t}(A_{c2}\cos\omega_2^d t + A_{s2}\sin\omega_2^d t)\,.$$

Darin sind ω_2 die Eigenkreisfrequenz, $\omega_2^d = \omega_2\sqrt{1-D_2^2}$ die Quasi-Eigenkreisfrequenz und D_2 der modale Dämpfungsgrad der gedämpften Relativbewegung.

Für diesen Schwingerfall wollen wir beispielhaft zeigen, wie man unter Ausnutzung der Orthogonalitätsbeziehungen die Integrationskonstanten berechnet: Die Gesamtlösung hat für den Fall der schwachen Dämpfung die Form

$$\boldsymbol{q}(t) = \widehat{\boldsymbol{q}}_1(A_1 + B_1 t) + \widehat{\boldsymbol{q}}_2\, e^{-D_2\omega_2 t}(A_{c2}\cos\omega_2^d t + A_{s2}\sin\omega_2^d t)\,,$$

woraus für die Geschwindigkeit

$$\begin{aligned}\dot{\boldsymbol{q}}(t) = \widehat{\boldsymbol{q}}_1 B_1 + \widehat{\boldsymbol{q}}_2\, e^{-D_2\omega_2 t}\Big\{&(\omega_2^d A_{s2} - D_2\omega_2 A_{c2})\cos\omega_2^d t\\ &-(\omega_2^d A_{c2} + D_2\omega_2 A_{s2})\sin\omega_2^d t\Big\}\end{aligned}$$

folgt. Diese beiden Größen müssen den Anfangsbedingungen

$$\boldsymbol{q}(0) = \boldsymbol{q}_0 \qquad \text{und} \qquad \dot{\boldsymbol{q}}(0) = \boldsymbol{v}_0$$

genügen. Aus diesen Bedingungen folgen die beiden algebraischen Gleichungen

$$\begin{aligned}\widehat{\boldsymbol{q}}_1 A_1 &+ \widehat{\boldsymbol{q}}_2 A_{c2} &&= \boldsymbol{q}_0\,,\\ \widehat{\boldsymbol{q}}_1 B_1 &+ \widehat{\boldsymbol{q}}_2(\omega_2^d A_{s2} - D_2\omega_2 A_{c2}) &&= \boldsymbol{v}_0\end{aligned}$$

für die Integrationskonstanten. Zu ihrer Berechnung multiplizieren wir beide Gleichungen von links mit $\widehat{\boldsymbol{q}}_n^T\boldsymbol{M}$ und erhalten zunächst

$$\begin{aligned}\widehat{\boldsymbol{q}}_n^T\boldsymbol{M}\widehat{\boldsymbol{q}}_1 A_1 &+ \widehat{\boldsymbol{q}}_n^T\boldsymbol{M}\widehat{\boldsymbol{q}}_2 A_{c2} &&= \widehat{\boldsymbol{q}}_n^T\boldsymbol{M}\boldsymbol{q}_0\,,\\ \widehat{\boldsymbol{q}}_n^T\boldsymbol{M}\widehat{\boldsymbol{q}}_1 B_1 &+ \widehat{\boldsymbol{q}}_n^T\boldsymbol{M}\widehat{\boldsymbol{q}}_2(\omega_2^d A_{s2} - D_2\omega_2 A_{c2}) &&= \widehat{\boldsymbol{q}}_n^T\boldsymbol{M}\boldsymbol{v}_0\,.\end{aligned}$$

Für $n=1$ verschwindet der Ausdruck $\widehat{\boldsymbol{q}}_n^T\boldsymbol{M}\widehat{\boldsymbol{q}}_2$ und für die Integrationskonstanten A_1 und B_1 folgt

$$A_1 = \frac{\widehat{\boldsymbol{q}}_1^T\boldsymbol{M}\boldsymbol{q}_0}{\widehat{\boldsymbol{q}}_1^T\boldsymbol{M}\widehat{\boldsymbol{q}}_1} = \frac{m_1 q_{01}+m_2 q_{02}}{m_1+m_2}\,,$$

$$B_1 = \frac{\widehat{\boldsymbol{q}}_1^T\boldsymbol{M}\boldsymbol{v}_0}{\widehat{\boldsymbol{q}}_1^T\boldsymbol{M}\widehat{\boldsymbol{q}}_1} = \frac{m_1 v_{01}+m_2 v_{02}}{m_1+m_2}\,.$$

Für $n=2$ verschwindet die erste Spalte in den beiden Gleichungen und die beiden Integrationskonstanten der zweiten Eigenlösungen folgen zu

$$A_{c2} = \frac{\widehat{\boldsymbol{q}}_2^T\boldsymbol{M}\boldsymbol{q}_0}{\widehat{\boldsymbol{q}}_2^T\boldsymbol{M}\widehat{\boldsymbol{q}}_2} = \frac{m_2(q_{01}-q_{02})}{m_1+m_2}\,,$$

$$A_{s2} = \frac{1}{\omega_2^d}\left\{\frac{\widehat{\boldsymbol{q}}_2^T\boldsymbol{M}\boldsymbol{v}_0}{\widehat{\boldsymbol{q}}_2^T\boldsymbol{M}\widehat{\boldsymbol{q}}_2} + D_2\omega_2\frac{\widehat{\boldsymbol{q}}_2^T\boldsymbol{M}\boldsymbol{q}_0}{\widehat{\boldsymbol{q}}_2^T\boldsymbol{M}\widehat{\boldsymbol{q}}_2}\right\} = \frac{m_2\big[D_2\omega_2(q_{01}-q_{02}) + (v_{01}-v_{02})\big]}{\omega_2^d(m_1+m_2)}\,.$$

Die Matrizenprodukte sind in der Tabelle B7.3 berechnet.

Man erkennt, daß bei einer solchen modalen Beschreibung von Systemen mit mehreren Freiheitsgraden die Vorschrift zur Berechnung der Integrationskonstanten analog zu der von Systemen mit einem Freiheitsgrad von Gleichung (5.31) ist.

Die an die Anfangsbedingungen angepaßte Bewegung hat somit die Form

$$\boldsymbol{q}(t) = \begin{bmatrix} 1 \\ 1 \end{bmatrix} \left\{ \frac{m_1 q_{01} + m_2 q_{02}}{m_1 + m_2} + \frac{m_1 v_{01} + m_2 v_{02}}{m_1 + m_2} t \right\} +$$

$$+ \begin{bmatrix} 1 \\ -\dfrac{m_1}{m_2} \end{bmatrix} e^{-D_2 \omega_2 t} \left\{ \frac{m_2 (q_{01} - q_{02})}{m_1 + m_2} \cos \omega_2^d t + \frac{m_2 [D_2 \omega_2 (q_{01} - q_{02}) + (v_{01} - v_{02})]}{\omega_2^d (m_1 + m_2)} \sin \omega_2^d t \right\}.$$

Ihr zeitlicher Verlauf ist im Bild B7.3.2 dargestellt: Die Schwingung setzt sich zusammen aus der mit der Zeit linear veränderlichen Starrkörperbewegung des gemeinsamen Schwerpunktes und abklingende Oszillationen mit der Quasi-Eigenkreisfrequenz ω_2^d der beiden Körper um die gleichförmige Bewegung.

			$\boldsymbol{M}$		$\widehat{\boldsymbol{q}}_1$	$\widehat{\boldsymbol{q}}_2$	$\boldsymbol{q}_0$	$\boldsymbol{v}_0$
			m_1	0	1	1	q_{01}	v_{01}
			0	m_2	1	$-\dfrac{m_1}{m_2}$	q_{02}	v_{02}
$\widehat{\boldsymbol{q}}_1^T$	1	1	m_1	m_2	m_1+m_2	0	$m_1 q_{01}+m_2 q_{02}$	$m_1 v_{01}+m_2 v_{02}$
$\widehat{\boldsymbol{q}}_2^T$	1	$-\dfrac{m_1}{m_2}$	m_1	$-m_1$	0	$\dfrac{m_1}{m_2}(m_1+m_2)$	$m_1(q_{01}-q_{02})$	$m_1(v_{01}-v_{02})$

Tabelle B7.3: Matrizenprodukte

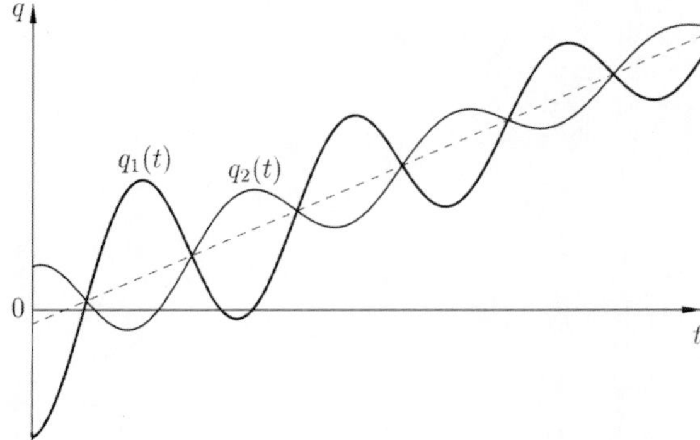

Bild B7.3.2: Schwingungsvorgang

7.4.6 Hinweise zur Behandlung der Dämpfung

Die wesentliche Eigenschaft der CAUGHEY-Dämpfung ist, daß die Eigenvektoren des gedämpften Systems gleich den reellen Eigenvektoren des ungedämpften Systems sind. Wegen der dadurch bedingten einfachen mathematischen Behandlung und der Anschaulichkeit der reellen Eigenvektoren wird in vielen Fällen auf eine solche Modellierung zurückgegriffen. Häufig wird der einfachste Ansatz der Proportionaldämpfung verwendet. Dieser liefert für eine große Zahl technischer Fragestellungen hinreichend genaue Ergebnisse. Im Folgenden werden dazu einige Hinweise gegeben:

Besteht die Struktur aus einem einheitlichen Werkstoff, sind keine physikalischen Dämpfer vorhanden und ist der Einfluß der äußerer Dämpfung gering, resultiert die Dämpfung im wesentlichen aus der inneren Dämpfung des Bauteils. In diesem Fall nimmt man i. d. R. an, daß die Dämpfung dem CAUGHEY-Ansatz (7.70) genügt. Allerdings stellt man die Dämpfungsmatrix $\boldsymbol{B}$ nicht explizit auf. Vielmehr ordnet man jeder Eigenschwingung direkt eine modale Dämpfung in Form eines modalen Dämpfungsgrades D_n zu. Die modalen Dämpfungsgrade D_n repräsentieren in diesem Fall die gesamte Dämpfung der Struktur. Sie sind abhängig vom Werkstoff, von der Konstruktion, von der Beanspruchung und vom Frequenzbereich und werden i. d. R. aus Messungen ermittelt.

Um Unterschiede in den modalen Dämpfungsgraden von Bauteilen einer Struktur aus verschiedenen Werkstoffen zu berücksichtigen, kann man eine energetische Näherung verwenden: Man setzt an, daß die Dämpfung der einzelnen Bauteile proportional zur Formänderungsenergie ist und wichtet damit die modale Dämpfung.

In manchen Fällen ist es nötig, für bekannte modale Dämpfungen D_n die Dämpfungsmatrix $\boldsymbol{B}$ zu berechnen, zum Beispiel, um damit eine Gesamtdämpfungsmatrix angeben oder um nichtlineare Probleme numerisch behandeln zu können. Hier nimmt man Proportionaldämpfung gemäß Gl. (7.84) an und berechnet die zugehörigen Koeffizienten α_0 und α_1 über Gl. (7.89) aus zwei repräsentativen Dämpfungsgraden.

Beinhaltet das System physikalische Dämpfer, dann ermittelt man die aus diesen Komponenten resultierende Dämpfungsmatrix wie in Abschnitt 2.3 beschrieben. Hinzu kommt die Strukturdämpfung, für die man näherungsweise die oben beschriebene Proportionaldämpfung ansetzt. Die Gesamtdämpfungsmatrix ergibt sich aus der Summe der Dämpfungsmatrizen der einzelnen Einflußfaktoren. Da die Matrix aus den physikalischen Dämpfern in der Regel nicht die Bedingung für Proportionaldämpfung erfüllt, ist die Matrix $\widetilde{\boldsymbol{B}}_{gek} = \boldsymbol{Q}^T\boldsymbol{B}\boldsymbol{Q}$ des Systems auch auf der Nebendiagonalen besetzt. In manchen Fällen kann man aber die Glieder auf der Nebendiagonalen vernachlässigen und wie in 7.4.4 beschrieben fortfahren. Ist dies nicht möglich, dann hat das System komplexe Eigenvektoren.

Eine analoge Vorgehensweise ist nötig, wenn der Einfluß der äußeren Dämpfung groß ist, zum Beispiel bei Schwingungen von Maschinen auf dem Baugrund oder Schwingungen von Strukturen in Flüssigkeiten.

7.5 Stabilität

7.5.1 Begriff der Stabilität

Häufig interessiert nicht der genaue Zeitverlauf der freien Schwingungen sondern lediglich ihr globales Verhalten für $t \to \infty$. Charakteristisch dafür sind die Stabiltätseigenschaften des Systems. Die wichtigste Definition der Stabilität stammt von LJAPUNOW. Diese bezieht sich auf die Definition der Stabilität bzw. Instabilität der Lösungen eines Differentialgleichungssystems gegenüber Störungen der Anfangsbedingungen.

Die ungestörten Lösungen – das sind bei freien Systemen ohne Zwangserregung die Gleichgewichtslagen – eines Differentialgleichungssystems heißen stabil, wenn sie für alle endlichen Anfangsabweichungen für alle Zeiten $t > 0$ endlich bleiben. Im anderen Falle heißen die Lösungen instabil. Die mathematische Formulierung erfolgt üblicherweise mit der ε-δ-Beschreibung.

Die Lösungen heißen asymptotisch stabil, wenn die von den Anfangsbedingungen verursachten Störungen mit der Zeit verschwinden.

Die Untersuchung der Stabilität einer Bewegung im LJAPUNOWschen Sinne läßt sich bei linearen Systemen mit konstanten Koeffizienten auf die Untersuchung der Eigenwerte λ_n zurückführen. In Abhängigkeit von den Realteilen der Eigenwerte λ_n gelten folgende Stabilitätsaussagen:

$\Re\{\lambda_k\} < 0$ für alle k $\iff$ asymptotische Stabilität,

$\Re\{\lambda_k\} \leq 0$ für alle k $\iff$ Stabilität, wenn alle λ_k verschieden sind, und

$\Re\{\lambda_k\} > 0$ für mindestens ein k $\iff$ Instabilität.

Kommen mehrfache Eigenwerte mit verschwindendem Realteil vor, so kann die Lösung stabil oder instabil sein. In der komplexen Eigenwertebene von Bild 5.1 ist dieser Sachverhalt veranschaulicht.

Es existieren verschiedene Kriterien, die es gestatten, Aussagen über die Realteile der Eigenwerte λ_n zu machen, ohne daß diese selbst berechnet werden müssen. Die beiden wichtigsten Kriterien, das Wurzelortskurvenkriterium und das HURWITZ-Kriterium, werden hier erläutert:

7.5.2 Wurzelortskurven-Kriterium

Die Eigenwerte λ_n sind die Nullstellen des charakteristischen Polynoms

$$P(\lambda) = a_{2N}\,\lambda^{2N} + \cdots + a_2\,\lambda^2 + a_1\,\lambda + a_0 = 0\,. \tag{7.97}$$

Diese Gleichung vermittelt eine konforme Abbildung der komplexen λ-Ebene in die komplexe $P(\lambda)$-Ebene. Insbesondere werden alle Eigenwerte λ_n in den Nullpunkt der P-Ebene abgebildet. Von besonderer Bedeutung ist die Stabilitätsgrenze zwischen stabilem Verhalten $\Re\{\lambda_k\} < 0$ und instabilem Verhalten $\Re\{\lambda_k\} > 0$. Auf der Stabilitätsgrenze gilt $\Re\{\lambda_k\} = 0$ und der Eigenwert ist rein imaginär,

$$\lambda_k = i\,\omega_k\,. \tag{7.98}$$

Das charakteristische Polynom hat für den Grenzfall imaginärer Eigenwerte die Form

$$P(i\omega) = (a_0 - \omega^2 a_2 + - \cdots) + i\omega\,(a_1 - \omega^2 a_3 + - \cdots)\,. \tag{7.99}$$

Seine Darstellung in der komplexen $P(i\omega)$-Ebene ist die Wurzelortskurve. Um Verwechslungen mit der Ortskurve des Übertragungsverhaltens eines Systems zu vermeiden, haben wir das Wort "Wurzel" vorgesetzt, auch wenn dieses in der Literatur meist unterdrückt wird.

Das Wurzelortskurven-Kriterium beinhaltet folgende Aussagen:

Die Bewegung eines linearen Systems ist genau dann asymptotisch stabil, d. h. die Realteile aller Eigenwerte sind negativ,

a) wenn die Wurzelortskurve $P(i\omega)$ den Nullpunkt umschlingt und

b) wenn der Winkel $\varphi = \arg\{P(i\omega)\}$ der Wurzelortskurve mit wachsendem ω in mathematisch positiver Richtung (entgegen dem Uhrzeigersinn) den Bereich $0 \leq \varphi \leq N\pi$ überstreicht.

7.5.3 HURWITZ-Kriterium

Im allgemeinen ist es recht aufwendig, die Wurzelortskurve $P(i\omega)$ zu zeichnen. Vor allem aber geht bei der graphischen Darstellung die formelmäßige Abhängigkeit der Stabilität von den Systemparametern verloren. Aus diesen Gründen wurden algebraische Stabilitätskriterien entwickelt. Das wichtigste hat HURWITZ bereits 1895 formuliert.

Ausgangspunkt der Stabilitätsuntersuchung nach HURWITZ sind die reell vorausgesetzten Koeffizienten a_n des charakteristischen Polynoms (7.97). Mit den Koeffizienten a_n bildet man zunächst die Folge der HURWITZ-Determinanten

$$\Delta_1 = a_1\,,$$

$$\Delta_2 = \begin{vmatrix} a_1 & a_0 \\ a_3 & a_2 \end{vmatrix}\,,$$

$$\Delta_3 = \begin{vmatrix} a_1 & a_0 & 0 \\ a_3 & a_2 & a_1 \\ a_5 & a_4 & a_3 \end{vmatrix}\,,$$

$$\vdots$$

$$\Delta_\nu = \begin{vmatrix} a_1 & a_0 & 0 & 0 & \dots & 0 \\ a_3 & a_2 & a_1 & a_0 & \dots & 0 \\ a_5 & a_4 & a_3 & a_2 & \dots & 0 \\ \vdots & \vdots & \vdots & \vdots & & \vdots \\ a_{2\nu-1} & a_{2\nu-2} & a_{2\nu-3} & a_{2\nu-4} & \dots & a_\nu \end{vmatrix}\,, \tag{7.100, 7.101}$$

wobei alle Koeffizienten a_n, deren Indizes kleiner als null oder größer als $2N$ sind, durch Nullen ersetzt werden.

Für asymptotische Stabilität der Lösung ist es notwendig und hinreichend,

a) daß alle Polynomkoeffizienten a_n das gleiche Vorzeichen haben und

b) daß alle HURWITZ-Determinanten Δ_k größer als null sind,

$$\Delta_1 > 0, \qquad \Delta_2 > 0 \qquad \ldots \qquad \Delta_\nu > 0. \tag{7.102}$$

Beispiel 7.4: Körper auf rotierender Scheibe

Eine Scheibe rotiert mit der konstanten Winkelgeschwindigkeit Ω in der Horizontalebene. Auf der Scheibe ist mit drei Federn ein Körper der Masse m befestigt. Die Steifigkeiten betragen $k_1 = 4k$, $k_2 = 8k$ und $k_3 = 12k$. Die Gleichgewichtslage des Körpers liegt auf der Drehachse der Scheibe. Der Körper ist zum einen durch die beiden mitrotierenden Dämpfer b_1 und zum anderen durch die beiden ortsfest verankerten Dämpfer b_x gedämpft.

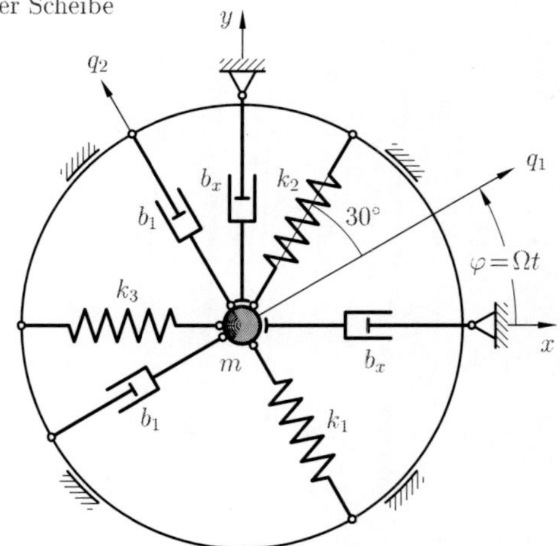

Bild B7.4.1: Gefesselter Körper auf rotierender Scheibe

Die Bewegungsgleichungen wurden bereits in Beispiel 3.11 ermittelt, sie haben die allgemeine Form

$$\begin{bmatrix} m & 0 \\ 0 & m \end{bmatrix} \begin{bmatrix} \ddot{q}_1 \\ \ddot{q}_2 \end{bmatrix} + \begin{bmatrix} b_1+b_x & -2m\Omega \\ 2m\Omega & b_1+b_x \end{bmatrix} \begin{bmatrix} \dot{q}_1 \\ \dot{q}_2 \end{bmatrix} + \begin{bmatrix} 15k-m\Omega^2 & -\sqrt{3}k-b_x\Omega \\ -\sqrt{3}k+b_x\Omega & 9k-m\Omega^2 \end{bmatrix} \begin{bmatrix} q_1 \\ q_2 \end{bmatrix} = \begin{bmatrix} 0 \\ 0 \end{bmatrix}.$$

Im folgenden berechnen wir
- die modalen Größen des ungedämpften, nichtrotierenden Systems,
- die modalen Größen des ungedämpften rotierenden Systems

und betrachten schließlich noch
- die Stabilität des gedämpften, rotierenden Systems.

Dabei wollen wir dem bereits beschriebenen Rechenweg stichpunktartig folgen:

a) Modale Größen des ungedämpften, nichtrotierenden Systems:

Eigenwertproblem:

$$\begin{bmatrix} 15k+\lambda^2 m & -\sqrt{3}k \\ -\sqrt{3}k & 9k+\lambda^2 m \end{bmatrix} \begin{bmatrix} \hat{q}_1 \\ \hat{q}_2 \end{bmatrix} = \begin{bmatrix} 0 \\ 0 \end{bmatrix}$$

Charakteristische Gleichung:

$$P(\lambda) = m^2\lambda^4 + 24mk\lambda^2 + 132k^2 = 0$$

Eigenwerte und Eigenfrequenzen:

$$\lambda_{1/3}^2 = -2\{6-\sqrt{3}\}\frac{k}{m}, \qquad \omega_1 = \sqrt{2(6-\sqrt{3})}\sqrt{\frac{k}{m}} \approx 2.92\sqrt{\frac{k}{m}},$$

$$\lambda_{2/4}^2 = -2\{6+\sqrt{3}\}\frac{k}{m}, \qquad \omega_2 = \sqrt{2(6+\sqrt{3})}\sqrt{\frac{k}{m}} \approx 3.93\sqrt{\frac{k}{m}}.$$

Die Eigenvektoren $\widehat{\boldsymbol{q}}_1$ und $\widehat{\boldsymbol{q}}_2$ folgen aus der Gleichung

$$(15k+\lambda_n^2 m)\,\widehat{q}_{n1} - \sqrt{3}k\,\widehat{q}_{n2} = 0$$

zu

$$\widehat{\boldsymbol{q}}_1 = \begin{bmatrix} 1 \\ \sqrt{3}+2 \end{bmatrix} \qquad \text{und} \qquad \widehat{\boldsymbol{q}}_2 = \begin{bmatrix} 1 \\ \sqrt{3}-2 \end{bmatrix}.$$

Hier sind wegen $\boldsymbol{M} = m\boldsymbol{E}$ die Eigenvektoren auch im geometrischen Sinne orthogonal, was im Bild B7.4.2 links verdeutlicht ist. Bild B7.4.2 zeigt rechts die Eigenbewegung bei willkürlich vorgegebenen Anfangsbedingungen.

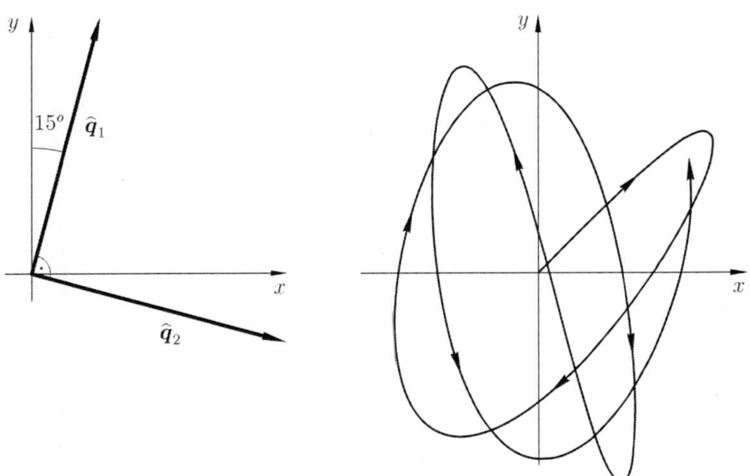

Bild B7.4.2: Eigenvektoren des ungedämpften, nichtrotierenden Systems (links) und Orbit der Punktbewegung (rechts)

b) Rotierendes, ungedämpftes System:

Das rotierende System enthält in der Bewegungsgleichung

$$\begin{bmatrix} m & 0 \\ 0 & m \end{bmatrix}\begin{bmatrix} \ddot{q}_1 \\ \ddot{q}_2 \end{bmatrix} + \begin{bmatrix} 0 & -2m\Omega \\ 2m\Omega & 0 \end{bmatrix}\begin{bmatrix} \dot{q}_1 \\ \dot{q}_2 \end{bmatrix} + \begin{bmatrix} 15k-m\Omega^2 & -\sqrt{3}k \\ -\sqrt{3}k & 9k-m\Omega^2 \end{bmatrix}\begin{bmatrix} q_1 \\ q_2 \end{bmatrix} = \begin{bmatrix} 0 \\ 0 \end{bmatrix}.$$

drehzahlabhängige gyroskopische und auslenkungsproportionale Terme.

Der Exponentialansatz führt auf das Eigenwertproblem

$$\begin{bmatrix} 15k-m\Omega^2+\lambda^2 m & -\sqrt{3}k-2m\Omega\lambda \\ -\sqrt{3}k+2m\Omega\lambda & 9k-m\Omega^2+\lambda^2 m \end{bmatrix}\begin{bmatrix} \widehat{q}_1 \\ \widehat{q}_2 \end{bmatrix}=\begin{bmatrix} 0 \\ 0 \end{bmatrix},$$

aus dem das charakteristische Polynom

$$P(\lambda) = m^2\lambda^4 + 2(12k+m\Omega^2)m\lambda^2 + [132k^2 - 24k\Omega^2 m+m^2\Omega^4] = 0$$

folgt. Die Auflösung liefert die Eigenwerte und die Eigenfrequenzen. Diese sind drehzahlabhängig,

$$\begin{aligned}
\lambda^2_{1/3} &= -\frac{1}{m}\Big\{(12k+m\Omega^2) - \sqrt{12k^2+48km\Omega^2}\Big\},\\
\omega_1 &= \sqrt{\frac{1}{m}\Big\{(12k+m\Omega^2) - \sqrt{12k^2+48km\Omega^2}\Big\}},\\
\lambda^2_{2/4} &= -\frac{1}{m}\Big\{(12k+m\Omega^2) + \sqrt{12k^2+48km\Omega^2}\Big\},\\
\omega_2 &= \sqrt{\frac{1}{m}\Big\{(12k+m\Omega^2) + \sqrt{12k^2+48km\Omega^2}\Big\}}.
\end{aligned}$$

Die vier zugehörigen Eigenvektoren sind ebenfalls drehzahlabhängig und komplex, sie berechnen sich aus

$$\widehat{\boldsymbol{q}}_n = \begin{bmatrix} 15k-m\Omega^2+\lambda_n^2 m \\ \sqrt{3}k+2m\Omega\lambda_n \end{bmatrix}.$$

Infolge der Drehbewegung kann der Wert

$$\lambda^2_{1/3} = -\frac{1}{m}\Big\{(12k+m\Omega^2) - \sqrt{12k^2+48km\Omega^2}\Big\}$$

in einem bestimmten Drehzahlbereich positiv werden. Ist $\lambda^2_{1/3}$ positiv, so sind die zugehörigen Eigenwerte $\lambda_1 = \sqrt{\lambda^2_{1/3}}$ und $\lambda_3 = -\sqrt{\lambda^2_{1/3}}$ reell. Der erste ist dann positiv und die zugehörige Eigenbewegung nimmt exponentiell zu. Die Gleichgewichtslage ist instabil. Diese Instabilität tritt im Drehzahlbereich

$$\omega_1^2 = 2(6-\sqrt{3})\frac{k}{m} < \Omega^2 < 2(6+\sqrt{3})\frac{k}{m} = \omega_2^2$$

auf, also gerade dann, wenn die Drehfrequenz Ω zwischen den beiden Eigenfrequenzen ω_1 und ω_2 des nichtrotierenden Systems liegt. Ist die Drehfrequenz Ω unterhalb von ω_1 oder oberhalb von ω_2, dann ist die Gleichgewichtslage stabil, dazwischen ist sie instabil. Genau dieses Verhalten zeigen auch unrunde rotierende Wellen.

c) Rotierendes, vollständig gedämpftes System:

Aus der Bewegungsgleichung

$$\begin{bmatrix} m & 0 \\ 0 & m \end{bmatrix}\begin{bmatrix} \ddot{q}_1 \\ \ddot{q}_2 \end{bmatrix} + \begin{bmatrix} b_1+b_x & -2m\Omega \\ 2m\Omega & b_1+b_x \end{bmatrix}\begin{bmatrix} \dot{q}_1 \\ \dot{q}_2 \end{bmatrix} + \begin{bmatrix} 15k-m\Omega^2 & -\sqrt{3}k-b_x\Omega \\ -\sqrt{3}k+b_x\Omega & 9k-m\Omega^2 \end{bmatrix}\begin{bmatrix} q_1 \\ q_2 \end{bmatrix} = \begin{bmatrix} 0 \\ 0 \end{bmatrix}$$

können auf der in Abschnitt 7.1.2 beschriebenen Weise die Eigenwerte und Eigenvektoren berechnet werden: Mit dem Exponentialansatz (7.2) ergibt sich zunächst das Eigenwertproblem

$$\begin{bmatrix} 15k-m\Omega^2+\lambda^2 m+(b_1+b_x)\lambda & -\sqrt{3}k-2m\Omega\lambda-b_x\Omega \\ -\sqrt{3}k+2m\Omega\lambda+b_x\Omega & 9k-m\Omega^2+\lambda^2 m+(b_1+b_x)\lambda \end{bmatrix}\begin{bmatrix}\widehat{q}_1\\ \widehat{q}_2\end{bmatrix}=\begin{bmatrix}0\\0\end{bmatrix},$$

woraus die charakteristische Gleichung

$$P(\lambda)=m^2\lambda^4+2(b_1+b_x)m\lambda^3+\left[2m(12k+m\Omega^2)+(b_1+b_x)^2\right]\lambda^2+$$
$$+2\left[(b_1+b_x)(12k-m\Omega^2)+2b_x m\Omega^2\right]\lambda+\left[132k^2-24km\Omega^2+m^2\Omega^4+b_x^2\Omega^2\right]$$

folgt. Diese Gleichung vierten Grades hat vier Wurzeln. Die analytische Ausrechnung der Wurzeln ist möglich aber extrem aufwendig. Wir wollen hier darauf verzichten. Jedoch soll die Stabilität der Gleichgewichtslage mit dem HURWITZ-Kriterium und für zwei ausgesuchte Parametersätze auch mit dem Wurzelortskurvenkriterium untersucht werden.

Hurwitz-Kriterium:

Mit dem HURWITZ-Kriterium ist die Untersuchung der Stabilität in völliger Allgemeinheit unter Einschluß von innerer Dämpfung b_1 und äußerer Dämpfung b_x möglich. Der Übersichtlichkeit wegen berücksichtigen wir jedoch nur die äußere Dämpfung b_x und lassen die innere Dämpfung b_1 weg. Für diesen Fall erhalten wir mit der Abkürzung

$$\frac{b_x}{m}=2\gamma\sqrt{\frac{k}{m}}$$

für die äußere Dämpfung die Koeffizienten der charakteristischen Gleichung

$$\begin{aligned}
a_0 &= m^2\left\{\Omega^4-4(6-\gamma^2)\frac{k}{m}\Omega^2+132\left(\frac{k}{m}\right)^2\right\},\\
a_1 &= 4m^2\gamma\sqrt{\frac{k}{m}}\left\{\Omega^2+12\frac{k}{m}\right\}>0,\\
a_2 &= 2m^2\left\{\Omega^2+2\frac{k}{m}(6+\gamma^2)\right\}>0,\\
a_3 &= 4m^2\gamma\sqrt{\frac{k}{m}}>0,\\
a_4 &= m^2>0
\end{aligned}$$

und die HURWITZ-Determinanten

$$\begin{aligned}
\Delta_1 &= a_1=4m^2\gamma\sqrt{\frac{k}{m}}\left\{\Omega^2+12\frac{k}{m}\right\}>0,\\
\Delta_2 &= \begin{vmatrix} a_1 & a_0\\ a_3 & a_2\end{vmatrix}=4m^4\gamma\sqrt{\frac{k}{m}}\left\{\Omega^4+72\frac{k}{m}\Omega^2+12\left(\frac{k}{m}\right)^2\left(13+4\gamma^2\right)\right\}>0,
\end{aligned}$$

$$\Delta_3 = \begin{vmatrix} a_1 & a_0 & 0 \\ a_3 & a_2 & a_1 \\ 0 & a_4 & a_3 \end{vmatrix} = 192m^6\gamma^2\Big(\frac{k}{m}\Big)^2\Big\{4\Omega^2 + \frac{k}{m}(1{+}4\gamma^2)\Big\} > 0\,.$$

$$\Delta_4 = \begin{vmatrix} a_1 & a_0 & 0 & 0 \\ a_3 & a_2 & a_1 & a_0 \\ 0 & a_4 & a_3 & a_2 \\ 0 & 0 & 0 & a_4 \end{vmatrix} = m^2\Delta_3 > 0\,.$$

Bei fehlender innerer Dämpfung ($b_1 = 0$) kann also nur der Koeffizient $a_0(\Omega)$ negativ werden. Alle anderen Koeffizienten und alle HURWITZ-Determinanten sind für alle Drehzahlen Ω stets positiv. Instabilität tritt also im Drehzahlbereich

$$\omega_1^2 \le \Omega_1^2 = 2\Big\{(6-\gamma^2) - \sqrt{(6-\gamma^2)^2-33}\Big\}\frac{k}{m} \le \Omega^2$$

$$\Omega^2 \le 2\Big\{(6-\gamma^2) + \sqrt{(6-\gamma^2)^2-33}\Big\}\frac{k}{m} = \Omega_2^2 \le \omega_2^2$$

auf. Dieser instabile Drehzahlbereich $\Omega_1 \le \Omega \le \Omega_2$ ist kleiner als im dämpfungsfreien Fall. Die äußere Dämpfung b_x reduziert ihn. Für

$$\Big(\frac{b_x}{m}\Big)^2 \ge 4(6-\sqrt{33})\frac{k}{m} \approx 1.02\frac{k}{m}$$

wird $\Omega_1^2 \ge \Omega_2^2$ und der instabile Drehzahlbereich verschwindet ganz. Bei hinreichend großer äußerer Dämpfung bleibt die Gleichgewichtslage also im gesamten Drehzahlbereich stabil.

Wurzelortskurvenkriterium:

Die Wurzelortskurve ist die Darstellung des charakteristischen Polynoms in der komplexen Ebene, wenn $\lambda = i\omega$ rein imaginär ist und ω den Frequenzbereich $0 \le \omega < \infty$ durchläuft. In Bild B7.4.3 sind die Wurzelortskuven für zwei verschiedene Drehzahlen dargestellt.

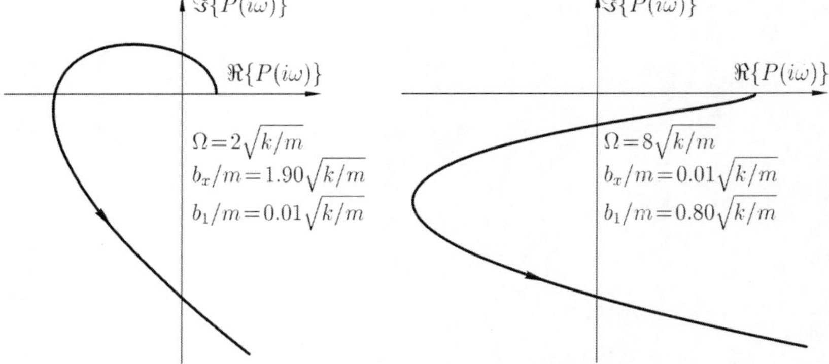

Bild B7.4.3: Wurzelortskurven; links für stabile Gleichgewichtslage, rechts für instabile Gleichgewichtslage ($\omega_1 = 2.92\sqrt{k/m}$, $\omega_2 = 3.93\sqrt{k/m}$)

Für den ersten Datensatz (links in Bild B7.4.3) umschlingt die Wurzelortskurve $P(i\omega)$ den Ursprung und wird bei wachsendem ω in die mathematisch positive Richtung durchlaufen. Damit ist für diesen Datensatz – in Übereinstimmung mit dem Ergebnis aus dem HURWITZ-Kriterium – die Gleichgewichtslage stabil.

Anders ist es beim zweiten Datensatz (rechts in Bild B7.4.3). Die Drehzahl liegt oberhalb der von der inneren Dämpfung geprägten Stabilitätsgrenzdrehzahl. Die Wurzelortskurve umschlingt nicht den Koordinatenursprung und der Winkel wächst nicht stetig mit wachsendem ω. Die Gleichgewichtslage ist instabil.

7.6 Systeme mit gyroskopischen Termen

In der Kreisel- und der Rotordynamik treten in den Bewegungsgleichungen oft gyroskopische Terme auf, insbesondere bei der Beschreibung in einem Relativsystem. Wir wollen die wesentlichen Eigenschaften von Systemen mit gyroskopischen Termen diskutieren. Dabei beschränken wir uns auf ungedämpfte Systeme mit symmetrischen und positiv definiten Steifigkeitsmatrizen.

Die gyroskopischen Kräfte $\boldsymbol{G}\dot{\boldsymbol{q}}$ tragen nicht zur Energiebilanz des Systems bei. Dies erkennt man, wenn man die Leistung der gyroskopischen Kräfte

$$P_g = \dot{\boldsymbol{q}}^T \boldsymbol{G}\,\dot{\boldsymbol{q}} \tag{7.103}$$

analysiert. Da die Leistung P_g eine skalare Funktion ist, ist sie gleich ihrer Transponierten P_g^T. Schöpft man diese Tatsache aus, erhält man

$$P_g = \dot{\boldsymbol{q}}^T \boldsymbol{G}\,\dot{\boldsymbol{q}} = (\dot{\boldsymbol{q}}^T \boldsymbol{G}\,\dot{\boldsymbol{q}})^T = \dot{\boldsymbol{q}}^T\,\boldsymbol{G}^T\,\dot{\boldsymbol{q}} = -\dot{\boldsymbol{q}}^T \boldsymbol{G}\,\dot{\boldsymbol{q}}, \tag{7.104}$$

also $P_g = -P_g$, was nur für $P_g = 0$ zu erfüllen ist. Die gyroskopischen Kräfte leisten somit keine Arbeit. Bei gyroskopischen Termen handelt es sich also nicht um Dämpfungsterme. Sie ergeben sich auch dann, wenn man die Bewegungsgleichung eines konservativen Systems in einem mitbewegten Bezugssystem anschreibt.

Die Bewegungsgleichung für die freien ungedämpften Schwingungen eines gyroskopischen Systems

$$\boldsymbol{M}\,\ddot{\boldsymbol{q}} + \boldsymbol{G}\,\dot{\boldsymbol{q}} + \boldsymbol{K}\,\boldsymbol{q} = \boldsymbol{0} \tag{7.105}$$

können mit dem Exponentialansatz (7.2) gelöst werden. Dieser liefert das Eigenwertproblem

$$\left[\lambda^2 \boldsymbol{M} + \lambda \boldsymbol{G} + \boldsymbol{K}\right] \hat{\boldsymbol{q}} = \boldsymbol{0} \tag{7.106}$$

mit der charakteristischen Gleichung

$$P(\lambda) = \det\left\{\lambda^2 \boldsymbol{M} + \lambda \boldsymbol{G} + \boldsymbol{K}\right\}. \tag{7.107}$$

Da die Determinante einer Matrix gleich der Determinante ihrer Transponierten ist, gilt auch

$$P(\lambda) = \det\left\{\lambda^2 \boldsymbol{M} + \lambda \boldsymbol{G}^T + \boldsymbol{K}\right\} = \det\left\{\lambda^2 \boldsymbol{M} - \lambda \boldsymbol{G} + \boldsymbol{K}\right\}. \tag{7.108}$$

Dies ist aber nur möglich, wenn im charakteristischen Polynom $P(\lambda)$ ausschließlich gerade Potenzen von λ auftreten,

$$P(\lambda) = a_{2N}\,\lambda^{2N} + \;\cdots\; + a_2\,\lambda^2 + a_0 = 0\,. \tag{7.109}$$

Mit λ ist also stets auch $-\lambda$ eine Wurzel der charakteristischen Gleichung.

Grundsätzlich kann man bei gyroskopischen Systemen sagen, daß bei einem komplexen Eigenwert nicht nur sein konjugiert komplexer Partner, sondern auch sein negativer Partner auftreten muß. Falls ein Eigenwert rein imaginär ist, sind natürlich $-\lambda$ und λ^* identisch.

Bei positiv definiter Steifigkeitsmatrix sind die Realteile aller Wurzeln null, $\Re\{\lambda\} = 0$. Es treten hier also ausschließlich rein imaginäre Eigenwerte $\lambda_n = \pm\, i\omega_n$ auf, d. h. reelle Eigenfrequenzen ω_n. Zu jedem Eigenwert λ_n gehört ein Eigenvektor $\widehat{\boldsymbol{q}}_n$. Dieser ist bei gyroskopischen Systemen in der Regel komplex. Die Orthogonalitätsbeziehungen der Eigenvektoren von gyroskopischen Systemen sind komplizierter als bei den nichtgyroskopischen Systemen. Auf Einzelheiten muß hier verzichtet werden.

7.7 Systeme mit zirkulatorischen Kräften

Bei Systemen mit zirkulatorischen Kräften besteht die auslenkungsproportionale Matrix aus der symmetrischen Steifigkeitsmatrix $\boldsymbol{K} = \boldsymbol{K}^T$ und der antimetrischen zirkulatorischen Matrix $\boldsymbol{N} = -\boldsymbol{N}^T$. Die zirkulatorischen Kräfte $\boldsymbol{N}\boldsymbol{q}$ in der Bewegungsgleichung

$$\boldsymbol{M}\,\ddot{\boldsymbol{q}} + (\boldsymbol{K} + \boldsymbol{N})\,\boldsymbol{q} = \boldsymbol{0} \tag{7.110}$$

haben kein Potential, sie sind nicht konservativ. Überschreitet die zirkulatorische Matrix $\boldsymbol{N}$ eines Systems mit positiv definiter Steifigkeitsmatrix $\boldsymbol{K}$ eine bestimmte Größe, klingen die freien Schwingungen exponentiell auf, das System beginnt zu flattern. Solche Flattererscheinungen sind z. B. für das Flattern eines Flugzeugflügels bei hoher Geschwindigkeit oder für die instabilen Schwingungen eines Rotors in hydrodynamischen Gleitlagern verantwortlich. Weitere Betrachtungen müssen der Spezialliteratur vorbehalten bleiben.

7.8 Beschreibung im Zustandsraum

Eine in der Regelungstechnik und der Systemtheorie, aber auch in der Strukturdynamik häufig verwendete Beschreibungsart von dynamischen Systemen ist die Zustandsraumbeschreibung. Das Zustandsmodell von linearen Systemen hat die allgemeine Form

$$\dot{\boldsymbol{x}}(t) = \boldsymbol{A}_x\,\boldsymbol{x}(t) + \boldsymbol{B}_u\,\boldsymbol{u}(t)\,, \tag{7.111}$$

$$\boldsymbol{y}(t) = \boldsymbol{C}_x\,\boldsymbol{x}(t) + \boldsymbol{D}_u\,\boldsymbol{u}(t)\,. \tag{7.112}$$

Die erste Gleichung heißt Zustandsgleichung, die zweite Ausgangsgleichung. Der Vektor $\boldsymbol{x}(t)$ beschreibt den aktuellen Zustand des Systems, der Vektor $\boldsymbol{u}(t)$ enthält die

Eingangsgrößen, also die Erregerfunktionen, der Vektor $\boldsymbol{y}(t)$ die Ausgangsgrößen, also die beobachteten Zeitverläufe. Häufig enthält der Ausgangsvektor $\boldsymbol{y}(t)$ eine Untermenge des Zustandsvektors $\boldsymbol{x}(t)$. Die vier Zustandsmatrizen sind

$\boldsymbol{A}_x$ die Systemmatrix,

$\boldsymbol{B}_u$ die Eingangsmatrix,

$\boldsymbol{C}_x$ die Ausgangsmatrix und

$\boldsymbol{D}_u$ die Durchgangsmatrix.

Bei zeitinvarianten Systemen sind die Zustandsmatrizen konstant.

Zur Darstellung mechanischer Strukturen im Zustandsraum transformiert man zunächst das Differentialgleichungssystem zweiter Ordnung

$$\boldsymbol{M}\,\ddot{\boldsymbol{q}} + \boldsymbol{B}\,\dot{\boldsymbol{q}} + \boldsymbol{K}\,\boldsymbol{q} = \boldsymbol{f}(t) \tag{7.113}$$

in eines erster Ordnung mit der Form

$$\boldsymbol{A}_1\,\dot{\boldsymbol{x}} + \boldsymbol{A}_0\,\boldsymbol{x} = \boldsymbol{r}(t), \tag{7.114}$$

indem man die Geschwindigkeiten $\dot{\boldsymbol{q}}(t)$ und die Auslenkungen $\boldsymbol{q}(t)$ aller Strukturpunkte zum neuen Zustandsvektor $\boldsymbol{x}^T = [\dot{\boldsymbol{q}}^T,\ \boldsymbol{q}^T]$ zusammenfaßt.

Die Differentialgleichung (7.113) liefert die untere Hälfte der Zustandsgleichung. Die obere Hälfte der Zustandsgleichung enthält die Identität $\boldsymbol{M}\,(\boldsymbol{q})^{\cdot} = \boldsymbol{M}\,\dot{\boldsymbol{q}}$, die die Ableitung der Ausschläge $\boldsymbol{q}$ mit den Geschwindigkeiten $\dot{\boldsymbol{q}}$ koppelt.

Die beiden Systemmatrizen $\boldsymbol{A}_1$ und $\boldsymbol{A}_0$ bleiben symmetrisch, wenn die Untermatrizen $\boldsymbol{M}$, $\boldsymbol{B}$ und $\boldsymbol{K}$ symmetrisch sind und in $\boldsymbol{A}_1$ und $\boldsymbol{A}_0$ folgendermaßen angeordnet werden:

$$\boldsymbol{A}_1 = \begin{bmatrix} 0 & \boldsymbol{M} \\ \boldsymbol{M} & \boldsymbol{B} \end{bmatrix} \qquad \boldsymbol{A}_0 = \begin{bmatrix} -\boldsymbol{M} & 0 \\ 0 & \boldsymbol{K} \end{bmatrix} \qquad \boldsymbol{r} = \begin{bmatrix} 0 \\ \boldsymbol{f} \end{bmatrix} \qquad \boldsymbol{x} = \begin{bmatrix} \dot{\boldsymbol{q}} \\ \boldsymbol{q} \end{bmatrix}. \tag{7.115}$$

Das Systemverhalten wird durch die $2N$-dimensionale lineare Matrizendiffenrentialgleichung (7.114) mit den symmetrischen Matrizen $\boldsymbol{A}_1$ und $\boldsymbol{A}_0$ beschrieben. Multipliziert man Gl. (7.114) schließlich noch mit $\boldsymbol{A}_1^{-1}$, so findet man die Zustandsgleichung (7.111) mit der Systemmatrix

$$\boldsymbol{A}_x = -\boldsymbol{A}_1^{-1}\,\boldsymbol{A}_0 \tag{7.116}$$

und der Eingangsfunktion

$$\boldsymbol{B}_u\,\boldsymbol{u}(t) = \boldsymbol{A}_1^{-1}\,\boldsymbol{r}(t). \tag{7.117}$$

Die Entkopplung im Zustandsraum ist immer möglich, indem man eine bimodale Transformation mit den Rechts- und Linkseigenvektoren vornimmt. Sie gelingt sogar, wenn die Massen- und Steifigkeitsmatrizen nicht symmetrisch sind.

Zur Lösung der Zustandsgleichung erster Ordnung können die gleichen Methoden wie bei der Lösung der Bewegungsdifferentialgleichung zweiter Ordnung verwendet werden. Weitverbreitet ist die Lösung mittels der sogenannten Transitionsmatrix $\boldsymbol{\Phi}(t)$, die die Eigenlösungen des Systems enthält. Die Transitionsmatrix wird auch Fundamentalmatrix oder Übergangsmatrix genannt. Weitere Einzelheiten müssen den Lehrveranstaltungen über Systemtheorie, Regelungstechnik oder der Höheren Dynamik vorbehalten bleiben.

Kapitel 8

Erzwungene Schwingungen diskreter Systeme

8.1 Bewegungsgleichungen und Übersicht

Die erzwungenen Schwingungen von linearen gedämpften Systemen mit N Freiheitsgraden werden durch die inhomogene Bewegungsgleichung

$$\boldsymbol{M}\,\ddot{\boldsymbol{q}} + (\boldsymbol{B}+\boldsymbol{G})\,\dot{\boldsymbol{q}} + (\boldsymbol{K}+\boldsymbol{N})\,\boldsymbol{q} = \boldsymbol{f}(t) \tag{8.1}$$

beschrieben. Die verallgemeinerten Erregerkräfte in $\boldsymbol{f}(t)$ können – wie bei den Systemen mit einem Freiheitsgrad – aus den unterschiedlichsten Erregermechanismen (Fußpunkterregung, Krafterregung, Unwuchterregung etc.) resultieren. Dies bedeutet, daß sie sich aus der Linearkombination einer vektoriellen Erregerfunktion $\boldsymbol{u}(t)$ und deren Zeitableitungen $\dot{\boldsymbol{u}}(t)$, $\ddot{\boldsymbol{u}}(t)$ etc. zusammensetzen. Außerdem können gleichzeitig verschiedene, voneinander unabhängige Erregungen auf die Struktur einwirken. Im allgemeinen Fall sind die N einzelnen Erregerkräfte $f_k(t)$ alle unterschiedlich und jede Komponente $f_k(t)$ des verallgemeinerten Erregervektors $\boldsymbol{f}(t)$ kann mehrere Erregerzeitverläufe beinhalten.

Wegen der Linearität der Bewegungsgleichung (8.1) gilt das Superpositionsprinzip. Man darf also für jede einzelne Erregergruppe eine Teillösung errechnen und dann all diese Teillösungen zu einer Gesamtbewegung addieren. Hierzu gehören natürlich auch die freien Schwingungen aus Kapitel 7, die es ermöglichen, die Gesamtlösung an die jeweils vorliegenden Anfangsbedingungen anzupassen.

Wir beschränken uns bei den folgenden Darstellungen der verschiedenen Lösungswege zur Berechnung der erzwungenen Bewegungen auf die Krafterregung. Systeme unter anderen Erregungen lassen sich auf die gleiche Weise behandeln, was wir an Beispielen und den praktischen Anwendungen demonstrieren.

Partikuläre Integrale der inhomogenen Bewegungsgleichung (8.1) können auf unterschiedlichsten Wegen ermittelt werden:

Eine direkte Lösung ist für harmonische und periodische Erregerfunktionen und für alle FOURIER-transformierbaren Erregerzeitverläufe möglich. Sie stellt keine weiteren Bedingungen an die Form der Bewegungsgleichungen; mit ihr können also auch Systeme mit beliebig besetzten Dämpfungsmatrizen sowie mit gyroskopischen und zirkulatorischen Kräften behandelt werden.

Weitaus anschaulichere Resultate liefert die modale Behandlung mit den reellen Eigenvektoren des ungedämpften konservativen Systems. Dazu muß die Dämpfungsmatrix allerdings die Diagonalisierungsbedingung (7.69) erfüllen; gyroskopische und zirkulatorische Anteile sind bei dieser Methode somit ausgeschlossen.

Auch eine allgemeinere modale Betrachtung für Systeme mit nichtdiagonalisierbaren Dämpfungsmatrizen sowie mit gyroskopischen und zirkulatorischen Kräften, die komplexe Eigenvektoren besitzen, ist möglich. Die Analyse solcher Systeme nimmt man sinnvollerweise im Zustandsraum vor. Dazu überführt man die N gekoppelten Differentialgleichungen zweiter Ordnung in $2N$ Differentialgleichungen erster Ordnung. Die Orthogonalitätseigenschaften sind bei einer solchen Beschreibung aber komplizierter als die für ungedämpfte Systeme (7.35a) und (7.35b) und benötigen neben den Rechtseigenvektoren auch die Linkseigenvektoren des $2N$-dimensionalen Systems.

Schließlich steht auch die direkte numerische Integration der Bewegungsgleichungen als Lösungsmöglichkeit zur Verfügung. Sie wird hauptsächlich dann angewandt, wenn die analytische Lösung zu aufwendig wird oder wenn Nichtlinearitäten zu berücksichtigen sind.

Wir beschränken uns hier auf die beiden erstgenannten Methoden zur Berechnung von partikulären Integralen. Zur Bildung der Gesamtschwingung sind stets zu den partikulären Integralen die in Kapitel 7 behandelten freien Schwingungen als Lösung der zugehörigen homogenen Bewegungsgleichung hinzuzuaddieren. Zur Schreibvereinfachung lassen wir im Folgenden den Index p als Kennzeichnung partikularer Lösungen weg, wenn eine Verwechslung mit den freien Schwingungen auszuschließen ist.

8.2 Direkte Lösung der Bewegungsgleichung

8.2.1 Harmonische Erregerkräfte

Sind die Erregerkräfte

$$f_k(t) = \widehat{f}_k \cos(\Omega t + \alpha_k) \tag{8.2}$$

harmonisch mit einer einheitlichen Erregerfrequenz Ω, so kann die eingeschwungene Bewegung $\boldsymbol{q}(t)$ über die komplexe Ergänzung der inhomogenen Bewegungsgleichung (8.1) berechnet werden. Dazu werden die Zustandsgrößen $q_n(t)$ und die Erregerkräfte $f_k(t)$ komplex ergänzt,

$$q_n(t) = \Re\{\underline{q}_n(t)\} \qquad \text{und} \qquad f_k(t) = \Re\{\underline{f}_k(t)\} = \Re\{\widehat{\underline{f}}_k e^{i\Omega t}\}. \tag{8.3}$$

Die Nullphasenwinkel α_k der einzelnen Erregerkräfte $f_k(t)$ werden gemäß

$$\underline{f}_k(t) = \widehat{f}_k\, e^{i(\Omega t + \alpha_k)} = \widehat{f}_k\, e^{i\alpha_k}\, e^{i\Omega t} = \widehat{\underline{f}}_k\, e^{i\Omega t} \tag{8.4}$$

in den komplexen Kraftamplituden $\widehat{\underline{f}}_k$ berücksichtigt. Analoges gilt für die Nullphasenwinkel der Schwingungsantworten.

Nach komplexer Ergänzung ist also die stationäre Lösung des gekoppelten Systems

$$\boldsymbol{M}\,\ddot{\underline{\boldsymbol{q}}} + (\boldsymbol{B}+\boldsymbol{G})\,\dot{\underline{\boldsymbol{q}}} + (\boldsymbol{K}+\boldsymbol{N})\,\underline{\boldsymbol{q}} = \widehat{\underline{\boldsymbol{f}}}\, e^{i\Omega t} \tag{8.5}$$

zu berechnen. Hierzu machen wir einen Gleichtaktansatz

$$\underline{\boldsymbol{q}} = \widehat{\underline{\boldsymbol{q}}}\, e^{i\Omega t}, \tag{8.6}$$

setzen also voraus, daß im eingeschwungenen Zustand alle Koordinaten $q_n(t)$ einheitlich mit der Frequenz Ω der Erregung, aber mit unterschiedlichen Amplituden $|\underline{\hat{q}}_n|$ und Phasenverschiebungen $-\arg\{\underline{\hat{q}}_n\}$ schwingen. Der Gleichtaktansatz (8.6) führt das Differentialgleichungssystem (8.1) über in das inhomogene lineare algebraische Gleichungssystem

$$\left[-\Omega^2 \boldsymbol{M} + i\Omega(\boldsymbol{B}+\boldsymbol{G}) + (\boldsymbol{K}+\boldsymbol{N})\right]\underline{\hat{\boldsymbol{q}}} = \underline{\hat{\boldsymbol{f}}} \tag{8.7}$$

für die komplexen Amplituden $\underline{\hat{q}}_k$ des Verschiebungsvektors $\underline{\hat{\boldsymbol{q}}}$. Dieses hat die eindeutige Lösung

$$\underline{\hat{\boldsymbol{q}}} = \left[-\Omega^2 \boldsymbol{M} + i\Omega(\boldsymbol{B}+\boldsymbol{G}) + (\boldsymbol{K}+\boldsymbol{N})\right]^{-1}\underline{\hat{\boldsymbol{f}}}, \tag{8.8}$$

sofern die dynamische Steifigkeitsmatrix

$$\underline{\boldsymbol{K}}(\Omega) = \left[-\Omega^2 \boldsymbol{M} + i\Omega(\boldsymbol{B}+\boldsymbol{G}) + (\boldsymbol{K}+\boldsymbol{N})\right] \tag{8.9}$$

regulär ist, also ihre Inverse

$$\boldsymbol{H}(\Omega) = \left[-\Omega^2 \boldsymbol{M} + i\Omega(\boldsymbol{B}+\boldsymbol{G}) + (\boldsymbol{K}+\boldsymbol{N})\right]^{-1} \tag{8.10}$$

existiert. Die Matrix $\boldsymbol{H}(\Omega)$ ist die Matrix der Übertragungsfunktionen, sie wird gelegentlich auch dynamische Nachgiebigkeitsmatrix oder Frequenzgangmatrix genannt.

Die Gleichungen (8.7) und (8.8) sind die Kraft-Verformungs-Beziehungen der schwingungsfähigen Struktur für dynamische Lasten bei harmonischer Erregung. Die Kraft-Verformungs-Beziehungen der Elastostatik sind als Grenzfall mit $\Omega = 0$ darin enthalten.

Die Elemente der Matrix der Übertragungsfunktionen $\boldsymbol{H}(\Omega)$ sind die komplexen Übertragungsfunktionen $H_{nk}(\Omega)$ des Systems. Sie werden auch Frequenzgänge, frequency response functions oder kurz FRFs genannt. Das Glied $H_{nk}(\Omega)$ entspricht der Verschiebungseinflußzahl h_{nk} der Statik: $H_{nk}(\Omega)$ ist die komplexe Verschiebungsamplitude der Koordinaten q_n infolge einer harmonischen Erregung mit der Amplitude $\hat{f}_k = 1$ an der Stelle und in Richtung der Koordinate q_k. Wie die Vergrößerungsfunktionen der Systeme mit einem Freiheitsgrad beinhaltet sie sowohl den Amplitudengang $|H_{nk}(\Omega)|$ als auch den Phasengang $\psi_{nk}(\Omega) = -\arg\{H_{nk}(\Omega)\}$.

Wenn bei ungedämpften Systemen die Erregerfrequenz Ω mit der Eigenfrequenz einer ungedämpften Eigenschwingung zusammenfällt, wenn also $i\Omega = \lambda_n = i\omega_n$ ist, gilt die Lösung (8.10) nicht. In diesem Fall gehen einige oder alle Elemente von $\boldsymbol{H}(\Omega)$ gegen unendlich; es tritt Resonanz auf.

Mit der CRAMERschen Regel lassen sich die komplexen Amplituden $\underline{\hat{q}}_n$ aus Gl. (8.7) auch ohne die Matrix der Übertragungsfunktionen berechnen. Man erhält

$$\underline{\hat{\boldsymbol{q}}}(\Omega) = \frac{1}{\det\{\underline{\boldsymbol{K}}(\Omega)\}}\begin{bmatrix} \det\{\underline{\boldsymbol{K}}_1(\Omega)\} \\ \det\{\underline{\boldsymbol{K}}_2(\Omega)\} \\ \vdots \\ \det\{\underline{\boldsymbol{K}}_N(\Omega)\} \end{bmatrix} = \frac{1}{P(i\Omega)}\begin{bmatrix} Z_1(i\Omega)\} \\ Z_2(i\Omega)\} \\ \vdots \\ Z_N(i\Omega)\} \end{bmatrix}. \tag{8.11}$$

Der komplexe Nenner $P(i\Omega)$ ist die Determinante der dynamischen Steifigkeitsmatrix (8.9). Der n-te komplexe Zähler $Z_n(i\Omega)$ ist die Determinante der modifizierten dynamischen Steifigkeitsmatrix, in der die n-te Spalte durch die rechte Seite des Gleichungssystems (8.7), also durch den Erregerkraftvektor $\underline{\hat{\boldsymbol{f}}}$ ersetzt wurde.

Mit der Matrix der Übertragungsfunktionen $\boldsymbol{H}(\Omega)$ läßt sich die Zeitlösung bei harmonischer Erregung in der komplex erweiterten Form

$$\underline{\boldsymbol{q}}(t) = \boldsymbol{H}(\Omega)\,\underline{\hat{\boldsymbol{f}}}\,e^{i\Omega t} \tag{8.12}$$

und im Reellen

$$\boldsymbol{q}(t) = \Re\{\boldsymbol{H}(\Omega)\,\underline{\hat{\boldsymbol{f}}}\,e^{i\Omega t}\} \tag{8.13}$$

angeben. Komponentenweise ausgeschrieben lauten diese Dauerlösungen im Komplexen

$$\underline{q}_n(t) = \sum_{k=1}^{N} H_{nk}(\Omega)\,\underline{\hat{f}}_k\,e^{i\Omega t} \tag{8.14}$$

und im Reellen

$$q_n(t) = \sum_{k=1}^{N} |H_{nk}(\Omega)|\,\hat{f}_k\,\cos[\Omega t + \alpha_k - \psi_{nk}(\Omega)]\,. \tag{8.15}$$

8.2.2 Beliebige FOURIER-transformierbare Erregung

Erfüllen die Erregerkräfte $\boldsymbol{f}(t)$ und die daraus resultierenden Schwingungsantworten $\boldsymbol{q}(\mathrm{t})$ die Voraussetzung (4.1) für die Fouriertransformation, dann kann die Bewegungsgleichung (8.1) mittels der Vorschrift (4.3) in den Frequenzbereich transformiert werden. Wegen

$$\mathcal{F}\{\dot{\boldsymbol{q}}(t)\} = i\Omega\,\mathcal{F}\{\boldsymbol{q}(t)\} \qquad \text{und} \qquad \mathcal{F}\{\ddot{\boldsymbol{q}}(t)\} = -\Omega^2\,\mathcal{F}\{\boldsymbol{q}(t)\} \tag{8.16}$$

erhält man aus der Bewegungsgleichung (8.1) zunächst

$$\Big[-\Omega^2\boldsymbol{M} + i\Omega(\boldsymbol{B}+\boldsymbol{G}) + (\boldsymbol{K}+\boldsymbol{N})\Big]\,\mathcal{F}\{\boldsymbol{q}(t)\} = \mathcal{F}\{\boldsymbol{f}(t)\}\,. \tag{8.17}$$

Die Koeffizientenmatrix auf der linken Seite von (8.17) ist die dynamische Steifigkeitsmatrix $\underline{\boldsymbol{K}}(\Omega)$ von Gl. (8.9). Ihre Inverse ist also die Matrix der Übertragungsfunktionen $\boldsymbol{H}(\Omega)$ von Gl. (8.10). Somit folgt für die Strukturantwort $\boldsymbol{q}(t)$ im Frequenzbereich

$$\mathcal{F}\{\boldsymbol{q}(t)\} = \Big[-\Omega^2\boldsymbol{M} + i\Omega(\boldsymbol{B}+\boldsymbol{G}) + (\boldsymbol{K}+\boldsymbol{N})\Big]^{-1}\,\mathcal{F}\{\boldsymbol{f}(t)\}\,. \tag{8.18}$$

Die Fourier-Transformierte des Vektors der Schwingungsantworten $\boldsymbol{q}(t)$ folgt also aus der Fourier-Transformierten des Erregerkraftvektors $\boldsymbol{f}(t)$ durch Multiplikation mit der Matrix $\boldsymbol{H}(\Omega)$ der Übertragungsfunktionen,

$$\mathcal{F}\{\boldsymbol{q}(t)\} = \boldsymbol{H}(\Omega)\,\mathcal{F}\{\boldsymbol{f}(t)\}\,. \tag{8.19}$$

Komponentenweise gilt

$$\mathcal{F}\{q_n(t)\} = \sum_{k=1}^{N} H_{nk}(\Omega)\,\mathcal{F}\{f_k(t)\}\,. \tag{8.20}$$

Die Strukturantwort an der Stelle n hängt linear von den Erregerkräften an allen Freiheitsgraden k ab.

8.2.3 Resonanz, Tilgung, Scheinresonanz

Wesentlich einfacher wird die stationäre Lösung infolge harmonischer Erregung bei dämpfungsfreien Systemen, wenn außerdem alle Erregerkräfte $f_k(t) = \widehat{f}_k \cos(\Omega t + \alpha_k)$ in Phase ($\alpha_k = 0$) oder in Gegenphase ($\alpha_k = \pi$) sind. Für diesen Spezialfall sind auch nach komplexer Ergänzung die komplexen Amplituden der Erregerkräfte, die komplexen Amplituden der stationären Schwingungsantworten und die Übertragungsfunktionen reell. Die Verschiebungsantworten $q_n(t)$ sind entweder in Phase oder in Gegenphase zur Erregung. Somit führt auch ein einfacher Sinus- oder Kosinusansatz entsprechend der rechten Seite der Bewegungsgleichung ohne den Weg über die komplexe Ergänzung zur Lösung.

Unabhängig davon, welchen Weg man beschreitet, folgt aus der inhomogenen Bewegungsgleichung

$$\boldsymbol{M}\,\ddot{\boldsymbol{q}} + \boldsymbol{K}\,\boldsymbol{q} = \widehat{\boldsymbol{f}}\,\cos\Omega t \tag{8.21}$$

das inhomogene linearen Gleichungssystem N-ter Ordnung

$$\left[-\Omega^2\boldsymbol{M} + \boldsymbol{K}\right]\underline{\widehat{\boldsymbol{q}}} = \underline{\widehat{\boldsymbol{f}}} \tag{8.22}$$

für die hier reellen Amplituden $\underline{\widehat{\boldsymbol{q}}}$. Seine Lösung ist

$$\underline{\widehat{\boldsymbol{q}}} = \left[-\Omega^2\boldsymbol{M} + \boldsymbol{K}\right]^{-1}\underline{\widehat{\boldsymbol{f}}}\,. \tag{8.23}$$

Im dämpfungsfreien Fall ist also die dynamische Steifigkeitsmatrix $\underline{\boldsymbol{K}}(\Omega) = \boldsymbol{K} - \Omega^2\boldsymbol{M}$ und damit ihre Inverse, die Matrix der Übertragungsfunktionen $\boldsymbol{H}(\Omega) = [\boldsymbol{K} - \Omega^2\boldsymbol{M}]^{-1}$, reell. Da auch der Erregerkraftvektor $\underline{\widehat{\boldsymbol{f}}}$ reell ist, ist der Vektor der Schwingungsantwortamplituden $\underline{\widehat{\boldsymbol{q}}}$ ebenfalls reell. Dennoch wollen wir die komplexe Schreibweise beibehalten, denn die Amplituden von Erregung und Systemantwort sowie die Übertragungsfunktionen können negative Werte annehmen, so daß ihre Phasenwinkel 0 oder π betragen.

Die Auflösung von (8.22) nach den Amplituden der Schwingungsantworten kann – wie im vorigen Abschnitt – mit der CRAMERschen Regel durchgeführt werden. Man erhält

$$\underline{\widehat{\boldsymbol{q}}}(\Omega) = \frac{1}{\det\{\underline{\boldsymbol{K}}(\Omega)\}}\begin{bmatrix}\det\{\underline{\boldsymbol{K}}_1(\Omega)\}\\ \det\{\underline{\boldsymbol{K}}_2(\Omega)\}\\ \vdots\\ \det\{\underline{\boldsymbol{K}}_N(\Omega)\}\end{bmatrix} = \frac{1}{P(i\Omega)}\begin{bmatrix}Z_1(i\Omega)\}\\ Z_2(i\Omega)\}\\ \vdots\\ Z_N(i\Omega)\}\end{bmatrix}. \tag{8.24}$$

Wir wollen im Folgenden das Ergebnis analysieren:

- **Analyse des Nenners: Resonanz**

Der Nenner von (8.24) ist dem System eigen, er hängt nicht vom Ort k der Erregung und vom Ort n der Antwort ab. Er ist die Determinante der dynamischen Steifigkeitsmatrix,

$$P(i\Omega) = \det\{\underline{\boldsymbol{K}}(\Omega)\} = \det\{-\Omega^2\boldsymbol{M} + \boldsymbol{K}\}, \tag{8.25}$$

und hat die selbe Struktur wie das charakteristische Polynom

$$P(\lambda) = P(i\omega) = \det\{\lambda^2 \boldsymbol{M} + \boldsymbol{K}\} = \det\{-\omega^2 \boldsymbol{M} + \boldsymbol{K}\} \tag{8.26}$$

zur Berechnung der Eigenfrequenzen ω_k. Der Nenner $P(i\Omega)$ besitzt also für $\Omega = \omega_k$ Nullstellen und läßt sich nach dem Fundamentalsatz der Algebra folglich in der Form

$$P(i\Omega) = a_{2N}\,(\Omega^2-\omega_1^2)(\Omega^2-\omega_2^2)\cdots(\Omega^2-\omega_N^2) \tag{8.27}$$

darstellen. Dies zeigt, daß bei fehlender Dämpfung die Amplituden $\underline{\hat{q}}_n$ bei den Frequenzen $\Omega = \omega_k$ gegen unendlich gehen. Es tritt Resonanz auf. Ein ungedämpftes System mit N Freiheitsgraden hat im Normalfall N Resonanzfrequenzen, die gleich den Eigenfrequenzen ω_k sind,

$$P(i\Omega) = 0 \qquad \text{für} \qquad \Omega = \Omega_{Rk} = \omega_k\,. \tag{8.28}$$

Bei gedämpften Systemen wird die Determinante $P(i\Omega)$ komplex und besitzt in der Regel keine reellen Nullstellen. Die Amplituden $\underline{\hat{q}}_n$ bleiben dann im gesamten Erregerfrequenzbereich $-\infty < \Omega < \infty$ endlich, allerdings werden sie bei schwach gedämpften Systemen in der Umgebung der Eigenfrequenzen ω_k sehr groß. Daher spricht man auch bei gedämpften Systemen von Resonanz, wenn die Erregerfrequenz Ω mit einer Eigenfrequenz ω_k des ungedämpften Systems zusammenfällt.

• Analyse des Zählers: Tilgung

Die Zähler in Gl. (8.24) hängen vom Ort der Antwort q_n und vom Vektor $\underline{\hat{\boldsymbol{f}}}$ der Erregeramplituden ab. Sie können Nullstellen haben; das System kann also trotz äußerer Erregung für eine bestimmte Erregerfrequenz $\Omega = \Omega_{Tn}$ an einer bestimmten Stelle q_n in Ruhe bleiben,

$$Z_n(i\Omega) = 0 \qquad \text{für} \qquad \Omega = \Omega_{Tn}\,. \tag{8.29}$$

Man spricht von Tilgung. Die Tilgungsfrequenzen Ω_{Tn} der einzelnen Antwortkoordinaten q_n sind unterschiedlich. Sie hängen vom Vektor der Erregerkräfte ab. Im Gegensatz zu den Resonanzfrequenzen Ω_{Rk} sind sie also keine dem System eigenen Frequenzen.

Der Tilgungseffekt kann zur Verminderung unerwünschter Schwingungen genutzt werden.

Ist das System gedämpft, so verschwinden die Amplituden an den Tilgungsfrequenzen in der Regel nicht vollständig. Dämpfung schadet stets der Tilgungswirkung.

• Analyse des Zählers: Scheinresonanz

Für bestimmte Erregervektoren kann eine Tilgungsfrequenz Ω_{Tn} mit einer Eigenfrequenz ω_k zusammenfallen. Zähler und Nenner von

$$\underline{\hat{q}}_n(\Omega) = \frac{\det\{\underline{\boldsymbol{K}}_n(\Omega)\}}{\det\{\underline{\boldsymbol{K}}(\Omega)\}} = \frac{Z_n(i\Omega)}{P(i\Omega)} \tag{8.30}$$

werden dann bei der selben Frequenz $\Omega_{Sn} = \Omega_{Tn} = \omega_k$ null,

$$P(i\Omega) = 0 \quad \text{und} \quad Z_n(i\Omega) = 0 \quad \text{für} \quad \Omega = \Omega_{Sn}\,. \tag{8.31}$$

Diesen Effekt nennt man Scheinresonanz. Bei Scheinresonanz bleibt die Amplitude der Koordinate q_n bei $\Omega = \Omega_{Sn} = \omega_k$ endlich, obwohl die Erregerfrequenz Ω mit der Eigenfrequenz ω_k zusammenfällt. Scheinresonanz an der Koordinate q_n kann auftreten, wenn der Erregervektor $\boldsymbol{f}$ so ist, daß die zu der Eigenfrequenz ω_k gehörige Eigenform $\widehat{\boldsymbol{q}}_k$ nicht angeregt wird oder wenn diese Eigenform an der Koordinate q_n einen Knoten besitzt.

Scheinresonanz hat keine große praktische Bedeutung, da schon bei geringster Änderung der Konfiguration der Erregerkräfte der Effekt zerstört wird und große resonanzartige Amplituden auftreten. Beim modalen Auswuchten einer Eigenform wird jedoch versucht, die Gesamtunwucht eines Rotors durch Zusatzunwuchten so zu verändern, daß bei der zugehörigen kritischen Drehzahl keine Resonanz auftritt, im Idealfall also Scheinresonanz vorliegt.

Beispiel 8.1: Resonanz, Tilgung und Scheinresonanz

Zur Verdeutlichung der beschriebenen Effekte betrachten wir ein symmetrisches System mit zwei Freiheitsgraden unter harmonischer Erregung. Es besteht aus zwei gleichen Körpern (Masse m) und drei gleichen Federn (Steifigkeit k). Anhand dieses Beispiels sollen die Begriffe Resonanz, Tilgung und Scheinresonanz verdeutlicht werden.

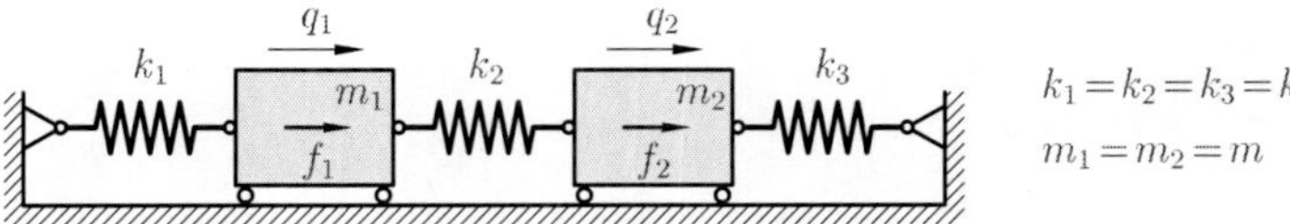

Bild B8.1.1: Symmetrisches System mit zwei Freiheitsgraden

- *Eigenfrequenzen und Eigenformen:*

Wegen der Symmetrie können die Eigenfrequenzen und Eigenvektoren des Systems sofort angegeben werden:

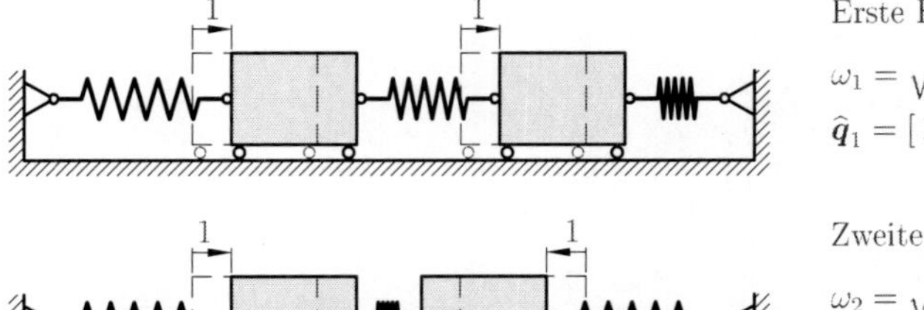

Erste Eigenform:

$\omega_1 = \sqrt{k/m}$

$\widehat{\boldsymbol{q}}_1 = [1 \;\; 1]^T$

Zweite Eigenform:

$\omega_2 = \sqrt{3k/m}$

$\widehat{\boldsymbol{q}}_2 = [1 \;\; -1]^T$

Bild B8.1.2: Eigenformen des symmetrischen Systems

- *Erzwungene Schwingungen bei beliebigem Erregervektor:*

Wegen der Dämpfungsfreiheit kann die Bewegungsgleichung

$$\begin{bmatrix} m & 0 \\ 0 & m \end{bmatrix} \begin{bmatrix} \ddot{q}_1 \\ \ddot{q}_2 \end{bmatrix} + \begin{bmatrix} 2k & -k \\ -k & 2k \end{bmatrix} \begin{bmatrix} q_1 \\ q_2 \end{bmatrix} = \begin{bmatrix} \widehat{f}_1 \\ \widehat{f}_2 \end{bmatrix} \cos \Omega t$$

unmittelbar mit dem Ansatz

$$\boldsymbol{q}(t) = \underline{\hat{\boldsymbol{q}}} \cos \Omega t$$

gelöst werden. Er führt sie über in das inhomogene Gleichungssystem

$$\begin{bmatrix} 2k - m\Omega^2 & -k \\ -k & 2k - m\Omega^2 \end{bmatrix} \begin{bmatrix} \underline{\hat{q}}_1 \\ \underline{\hat{q}}_2 \end{bmatrix} = \begin{bmatrix} \hat{f}_1 \\ \hat{f}_2 \end{bmatrix}$$

für die Amplituden $\underline{\hat{q}}_1$ und $\underline{\hat{q}}_2$. Die Koeffizientenmatrix ist die dynamische Steifigkeitsmatrix $\underline{\boldsymbol{K}}(\Omega)$. Ihre Inverse ist die dynamische Nachgiebigkeitsmatrix $\boldsymbol{H}(\Omega)$, die auch Matrix der Übertragungsfunktionen heißt. Sie hat die Form

$$\boldsymbol{H}(\Omega) = \frac{1}{P(i\Omega)} \begin{bmatrix} 2k - m\Omega^2 & k \\ k & 2k - m\Omega^2 \end{bmatrix},$$

wobei der Nenner

$$P(i\Omega) = \det\{\boldsymbol{K} - \Omega^2 \boldsymbol{M}\} = \begin{vmatrix} 2k - m\Omega^2 & -k \\ -k & 2k - m\Omega^2 \end{vmatrix} = \left(2k - m\Omega^2\right)^2 - k^2$$

die Determinante der dynamischen Steifigkeitsmatrix $\underline{\boldsymbol{K}}(\Omega)$ ist. Mit der ersten Eigenfrequenz $\omega_1 = \sqrt{k/m}$ als Bezugsgröße hat der Nenner die Form

$$P(i\Omega) = m^2 \left[\Omega^4 - 4\omega_1^2 \Omega^2 + 3\omega_1^4\right].$$

Für die einzelnen Übertragungsfunktionen findet man somit

$$H_{11} = H_{22} = \frac{2k - m\Omega^2}{(2k - m\Omega^2)^2 - k^2} = \frac{2\omega_1^2 - \Omega^2}{m\left[\Omega^4 - 4\omega_1^2\Omega^2 + 3\omega_1^4\right]},$$

$$H_{12} = H_{21} = \frac{k}{(2k - m\Omega^2)^2 - k^2} = \frac{\omega_1^2}{m\left[\Omega^4 - 4\omega_1^2\Omega^2 + 3\omega_1^4\right]}.$$

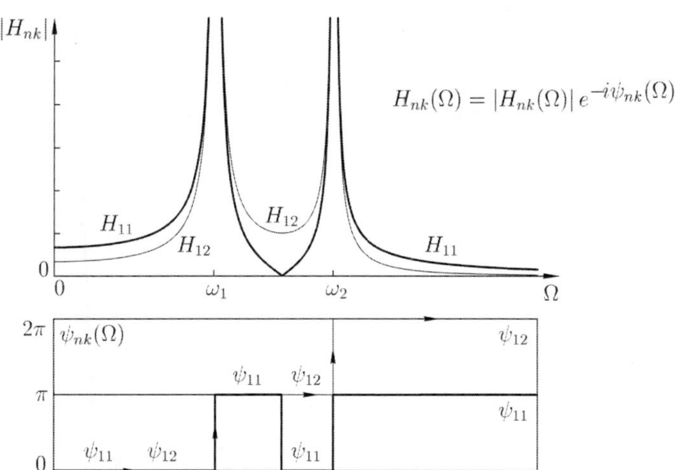

Bild B8.1.3: Beträge und Phasen der Übertragungsfunktionen $H_{11}(\Omega)$ und $H_{12}(\Omega)$

Die Gleichheit $H_{11}(\Omega) = H_{22}(\Omega)$ folgt aus der Symmetrie der Struktur, während die Gleichheit $H_{12}(\Omega) = H_{21}(\Omega)$ generell, auch für unsymmetrische Strukturen gilt. Die Beträge $|H_{nk}(\Omega)|$ und Phasen $\psi_{nk} = -\arg\{H_{nk}(\Omega)\}$ der Übertragungsfunktionen sind in Bild B8.1.3 dargestellt.

Die Auflösung nach den Amplituden $\underline{\widehat{q}}_1$ und $\underline{\widehat{q}}_2$ mittels der CRAMER-Regel führt über die Zählerdeterminante

$$Z_1(i\Omega) = (2k - m\Omega^2)\,\widehat{f}_1 + k\,\widehat{f}_2 = m\left\{(2\omega_1^2 - \Omega^2)\,\widehat{f}_1 + \omega_1^2\,\widehat{f}_2\right\},$$

$$Z_2(i\Omega) = k\,\widehat{f}_1 + (2k - m\Omega^2)\,\widehat{f}_2 = m\left\{\omega_1^2\,\widehat{f}_1 + (2\omega_1^2 - \Omega^2)\,\widehat{f}_2\right\}$$

auf die allgemeine Darstellung

$$\underline{\widehat{q}}_1 = \frac{Z_1(i\Omega)}{P(i\Omega)} = \frac{(2\omega_1^2 - \Omega^2)\,\widehat{f}_1 + \omega_1^2\,\widehat{f}_2}{m\left[\Omega^4 - 4\omega_1^2\Omega^2 + 3\omega_1^4\right]},$$

$$\underline{\widehat{q}}_2 = \frac{Z_2(i\Omega)}{P(i\Omega)} = \frac{\omega_1^2\,\widehat{f}_1 + (2\omega_1^2 - \Omega^2)\,\widehat{f}_2}{m\left[\Omega^4 - 4\omega_1^2\Omega^2 + 3\omega_1^4\right]}.$$

- *Resonanzfrequenzen:*

Die Resonanzfrequenzen sind die Nullstellen des Nennerpolynoms

$$P(i\Omega) = \left(2k - m\Omega^2\right)^2 - k^2 = m^2\left[\Omega^4 - 4\omega_1^2\Omega^2 + 3\omega_1^4\right] = 0.$$

Das Nullsetzen führt auf die quadratische Gleichung

$$\Omega_R^4 - 4\frac{k}{m}\,\Omega_R^2 + 3\left(\frac{k}{m}\right)^2 = \Omega_R^4 - 4\omega_1^2\Omega_R^2 + 3\omega_1^4 = 0$$

für Ω_R^2 mit den Wurzeln

$$\Omega_{R1}^2 = \frac{k}{m} = \omega_1^2 \qquad \text{und} \qquad \Omega_{R2}^2 = 3\,\frac{k}{m} = \omega_2^2,$$

und somit auf die Resonanzfrequenzen $\Omega_{R1} = \omega_1$ und $\Omega_{R2} = \omega_2$. Mit den Nullstellen ω_1 und ω_2 läßt sich unmittelbar die Linearfaktorzerlegung des Nennerpolynoms angeben,

$$P(i\Omega) = m^2\left(\Omega^2 - \frac{k}{m}\right)\left(\Omega^2 - 3\frac{k}{m}\right) = m^2\left(\Omega^2 - \omega_1^2\right)\left(\Omega^2 - \omega_2^2\right).$$

- *Tilgungsfrequenzen:*

An der Koordinate q_1 tritt Tilgung auf, wenn der Zähler

$$Z_1(i\Omega) = (2k - m\Omega^2)\,\widehat{f}_1 + k\,\widehat{f}_2 = m\left\{(2\omega_1^2 - \Omega^2)\,\widehat{f}_1 + \omega_1^2\,\widehat{f}_2\right\} = 0$$

verschwindet. Dies ist bei der Tilgungsfrequenz

$$\Omega_{T1}^2 = \left(2 + \frac{\widehat{f}_2}{\widehat{f}_1}\right)\omega_1^2$$

der Fall.

An der Koordinate q_2 tritt Tilgung auf, wenn

$$Z_2(i\Omega) = k\,\widehat{f}_1 + (2k - m\Omega^2)\,\widehat{f}_2 = m\left\{\omega_1^2\,\widehat{f}_1 + (2\omega_1^2 - \Omega^2)\,\widehat{f}_2\right\} = 0$$

wird. Die Tilgungsfrequenz der Koordinate q_2 beträgt also

$$\Omega_{T2}^2 = \left(2 + \frac{\widehat{f}_1}{\widehat{f}_2}\right)\omega_1^2 .$$

- *Amplituden der erzwungenen Schwingungen:*

Die Amplituden der erzwungenen Bewegungen lassen sich mit der Matrix der Übertragungsfunktionen $\boldsymbol{H}(\Omega)$ in der Form

$$\underline{\widehat{\boldsymbol{q}}} = \boldsymbol{H}(\Omega)\,\underline{\widehat{\boldsymbol{f}}}$$

darstellen. Da die Erregeramplituden $\underline{\widehat{f}}_1$ und $\underline{\widehat{f}}_2$ und wegen der Dämpfungsfreiheit auch die Übertragungsfunktionen $H_{nk}(\Omega)$ reell sind, sind auch die Schwingungsamplituden $\underline{\widehat{q}}_1$ und $\underline{\widehat{q}}_2$ reell. Die Amplituden $\underline{\widehat{q}}_1$ und $\underline{\widehat{q}}_2$ können somit nur noch positiv oder negativ sein, ihre Phasenverschiebungen betragen also 0 oder π.

- *Zeitlösung:*

Die im allgemeinen Fall komplexen Amplituden sind in diesem Spezialfall der Dämpfungsfreiheit reell. Damit ist es möglich, die reelle Lösung in der Form

$$\boldsymbol{q}(t) = \begin{bmatrix} \widehat{q}_1 \\ \widehat{q}_2 \end{bmatrix} \cos\Omega t = \begin{bmatrix} H_{11}(\Omega) & H_{12}(\Omega) \\ H_{21}(\Omega) & H_{22}(\Omega) \end{bmatrix} \begin{bmatrix} \widehat{f}_1 \\ \widehat{f}_2 \end{bmatrix} \cos\Omega t$$

darzustellen. Zur Quantifizierung der Ergebnisse betrachten wir einige spezielle Erregerkraftkombinationen:

- *Erregung nur an der Koordinate q_1:*

Bei der Erregerkonfiguration $\widehat{f}_1 = F$ und $\widehat{f}_2 = 0$ stellen sich die Amplituden

$$\underline{\widehat{q}}_1 = \frac{Z_1(i\Omega)}{P(i\Omega)} \qquad \text{und} \qquad \underline{\widehat{q}}_2 = \frac{Z_2(i\Omega)}{P(i\Omega)}$$

mit den Zählern

$$Z_1(i\Omega) = m\,(2\omega_1^2 - \Omega^2)\,F \qquad \text{und} \qquad Z_2(i\Omega) = k\,F = m\omega_1^2 F$$

ein. Die erregte Masse m_1 bleibt offensichtlich in Ruhe, wenn die Erregerfrequenz $\Omega = \Omega_{T1} = \sqrt{2}\,\omega_1$ beträgt. Dies ist gerade die Eigenfrequenz des an der erregten Masse m_1 angeschlossenen Teilschwingers. Letzterer besteht aus der Masse m_2 und

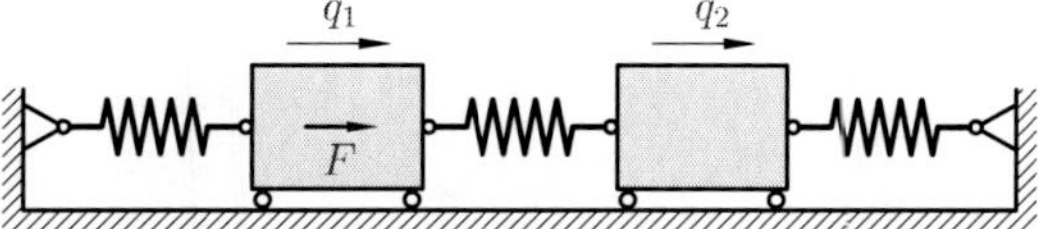

Bild B8.1.4: Symmetrisches System mit Erregerkraft F an der Koordinate q_1

den beiden Federn k_2 und k_3 (Bild B8.1.5). Bei festgehaltener Masse m_1 hat der Teilschwinger die Eigenfrequenz

$$\omega_T = \sqrt{2\frac{k}{m}} = \sqrt{2}\,\omega_1 .$$

Wie man sieht, tilgt der Teilschwinger die Erregung an der Masse m_1, wenn die Erregerfrequenz Ω mit der Eigenfrequenz ω_T des an die erregte Masse angeschlossenen Teilschwingers übereinstimmt. Das Teilsystem mit der Eigenfrequenz ω_T tilgt also bei der Erregerfrequenz $\Omega = \sqrt{2k/m}$ die Erregung $F \cos \Omega t$ an der Masse m_1.

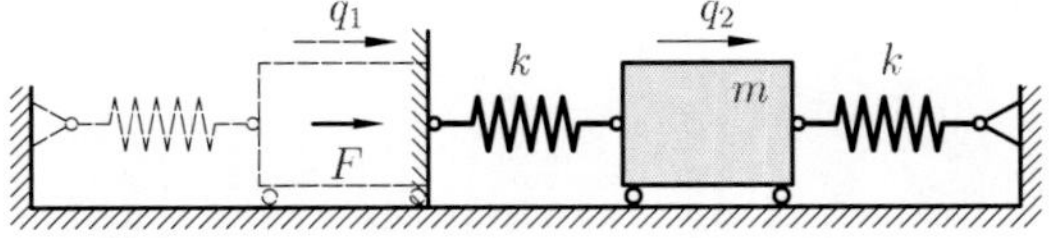

Bild B8.1.5: Teilschwinger der Tilgung an q_1

Bei der Tilgerfrequenz $\Omega_{T1} = \omega_T = \sqrt{2k/m}$ schwingt die Masse m_2 mit der Amplitude

$$\underline{\widehat{q}}_2 = \frac{F}{k} .$$

Die Amplitude der Koordinate q_2 ist im gesamten Frequenzbereich von Null verschieden. Bei ausschließlicher Erregung an der Masse m_1 besitzt die Masse m_2 somit keine Tilgerfrequenz.

Für den speziellen Erregerfall – Erregung nur an der Koordinate q_1 mit $\widehat{f}_1 = F$ – stellen sich die komplexen Amplituden

$$\underline{\widehat{q}}_1 = H_{11}(\Omega)\, F = |H_{11}(\Omega)|\, e^{-i\psi_{11}(\Omega)}\, F = \frac{2\omega_1^2 - \Omega^2}{m\left[\Omega^4 - 4\omega_1^2\Omega^2 + 3\omega_1^4\right]}\, F ,$$

$$\underline{\widehat{q}}_2 = H_{21}(\Omega)\, F = |H_{21}(\Omega)|\, e^{-i\psi_{21}(\Omega)}\, F = \frac{\omega_1^2}{m\left[\Omega^4 - 4\omega_1^2\Omega^2 + 3\omega_1^4\right]}\, F$$

ein. Bei dieser Einpunkterregung sind die Amplituden- und Phasengänge der Verschiebungen bis auf einen Vorfaktor gleich denen der Übertragungsfunktionen von Bild B8.1.3. Die Amplituden- und Phasengänge zeigen, daß die Amplituden $\underline{\widehat{q}}_1$ und $\underline{\widehat{q}}_2$ an den beiden Resonanzstellen $\Omega_{R1} = \omega_1$ und $\Omega_{R2} = \omega_2$ gegen unendlich gehen. Zwischen den beiden Resonanzstellen hat die Koordinate q_1 eine Tilgerstelle bei Ω_{T1}. Überraschend ist, daß die Amplitude $\underline{\widehat{q}}_2$ der Tilgermasse m_2 an der Tilgerfrequenz Ω_{T1} der Masse m_1 klein ist, also keineswegs sehr große Ausschläge ausführt.

- *Unterschiedliche Erregung an beiden Massen mit $\widehat{f}_1 = F$ und $\widehat{f}_2 = 2F$:*

Die Schwingungsantworten der Verschiebungen ergeben sich jetzt aus der gewichteten Summe zweier Übertragungsfunktionen. Die Amplituden und Phasen der Schwingungsantworten sind in Bild B8.1.7 dargestellt. Sie haben die allgemeine Form

$$\underline{\widehat{q}}_1 = \frac{4\omega_1^2 - \Omega^2}{m\left[\Omega^4 - 4\omega_1^2\Omega^2 + 3\omega_1^4\right]}\, F ,$$

$$\underline{\widehat{q}}_2 = \frac{5\omega_1^2 - 2\Omega^2}{m\left[\Omega^4 - 4\omega_1^2\Omega^2 + 3\omega_1^4\right]}\, F .$$

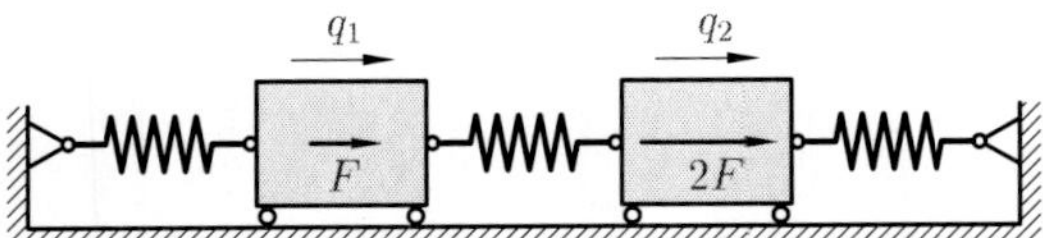

Bild B8.1.6: Symmetrisches System mit Erregung $\hat{f}_1 = F$ und $\hat{f}_2 = 2F$

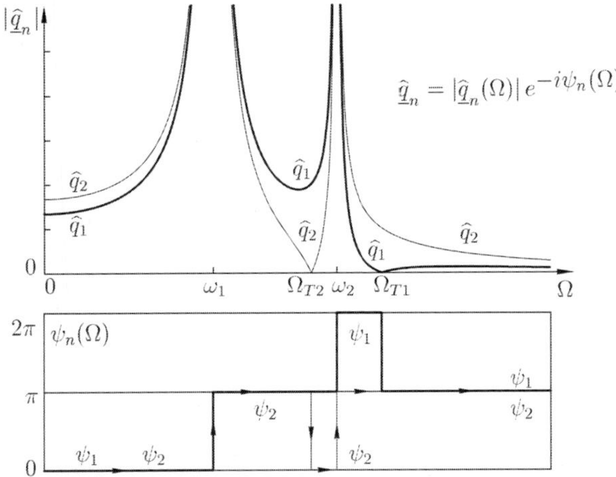

Bild B8.1.7: Amplituden- und Phasengänge bei Erregung mit $\hat{f}_1 = F$ und $\hat{f}_1 = 2F$

Bei einer harmonischen Erregung mit $\hat{f}_1 = F$ und $\hat{f}_2 = 2F$ haben beide Koordinaten q_1 und q_2 jeweils eine Tilgungsfrequenz, die aus den allgemeinen Gleichungen zu

$$\Omega_{T1} = 2\,\omega_1 \qquad \text{und} \qquad \Omega_{T2} = \sqrt{\frac{5}{2}}\,\omega_1$$

folgen.

- *Erregung in der ersten Eigenform* $\hat{f}_1 = \hat{f}_2 = F$*:*

Ist der Erregerkraftvektor proportional zur ersten Eigenform, $\hat{f}_1 = \hat{f}_2 = F$, ergibt sich für die beiden Amplituden

$$\hat{\underline{q}}_1 = \hat{\underline{q}}_2 = \frac{(3\omega_1^2 - \Omega^2)\,F}{m\,(\Omega^2 - \omega_1^2)(\Omega^2 - 3\omega_1^2)} = \frac{F/m}{\omega_1^2 - \Omega^2}\,.$$

Für die Tilgungsfrequenzen der beiden Koordinaten q_1 und q_2 folgt der gleiche Wert

$$\Omega_{T1} = \Omega_{T2} = \sqrt{3}\,\omega_1 = \omega_2\,,$$

der mit der Resonanzfrequenz $\Omega_{R2} = \omega_2$ übereinstimmt. Es liegt also Scheinresonanz der zweiten Eigenform vor.

Wie die Amplituden- und Phasengänge von Bild B8.1.9 zeigen, ist die Resonanzstelle bei $\Omega_{R2} = \omega_2 = \sqrt{3k/m}$ verschwunden. Es verbleibt nur noch eine echte Resonanzstelle bei $\Omega_{R1} = \omega_1 = \sqrt{k/m}$. Bei der Scheinresonanzstelle $\Omega_S = \Omega_{R2} = \omega_2$ bleiben

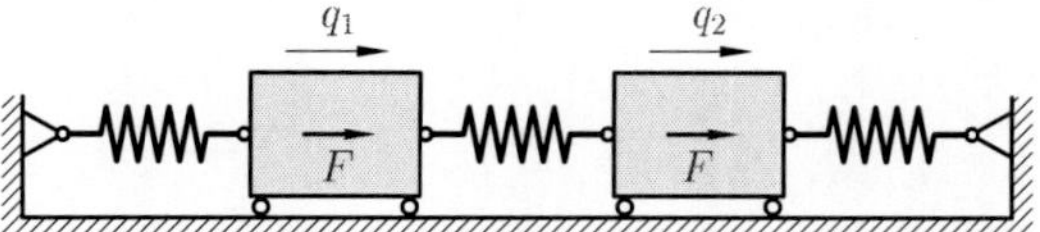

Bild B8.1.8: Symmetrisches System mit Erregung in der ersten Eigenform

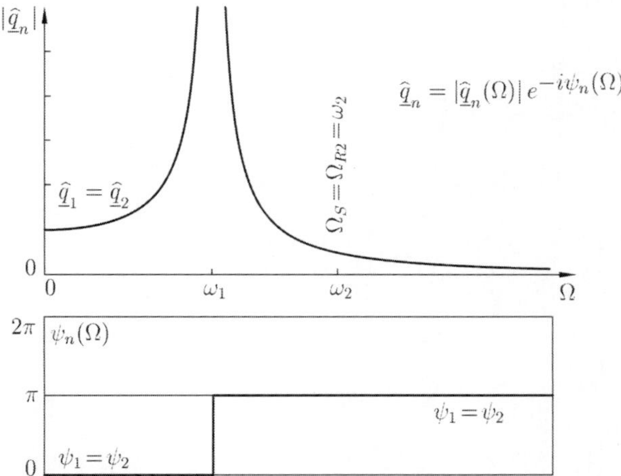

Bild B8.1.9: Amplituden- und Phasengänge bei Erregung in der ersten Eigenform

die Amplituden $\hat{\underline{q}}_1$ und $\hat{\underline{q}}_2$ endlich, obwohl die Erregerfrequenz Ω mit der zweiten Eigenfrequenz ω_2 zusammenfällt. Die zu dieser Eigenfrequenz gehörige antimetrische Eigenform $\hat{\boldsymbol{q}}_2 = [1 \;\; -1]^T$ wird von der symmetrischen Belastung $\hat{\boldsymbol{f}} = [F \;\; F]^T$ nicht angeregt,

$$\hat{\boldsymbol{q}}_2^T\, \hat{\boldsymbol{f}} = \hat{f}_1 - \hat{f}_2 = F - F = 0\,.$$

Aus den Phasengängen $\psi_n(\Omega)$ der verschiedenen Erregerfälle ist ersichtlich, daß beim ungedämpften System an jeder Resonanzstelle – analog zum System mit einem Freiheitsgrad – ein Phasensprung um π auftritt. Dies folgt unmittelbar aus Gl. (8.24): Der Nenner $P(i\Omega)$ wechselt an jeder Resonanzstelle sein Vorzeichen. Zusätzlich tritt an jeder Tilgungsstelle ein Phasensprung um π auf, weil der Zähler sein Vorzeichen wechselt. Auch bei Scheinresonanz kann ein Phasensprung um π auftreten, bei diesem Beispiel ist dies allerdings nicht der Fall.

8.3 Modale Berechnung bei Caughey-Dämpfung

8.3.1 Berechnung des vollständigen Systems

Wir betrachten Systeme mit N Freiheitsgraden, die symmetrische Massen- und Steifigkeitsmatrizen haben und deren Dämpfungsmatrizen die Diagonalisierungsbedingung (7.69) erfüllen. Die N Erregerkräfte seien beliebig im Zeitverlauf, im allgemeinen können sie alle verschieden sein. Die Bewegungsgleichung

$$\boldsymbol{M}\,\ddot{\boldsymbol{q}} + \boldsymbol{B}\,\dot{\boldsymbol{q}} + \boldsymbol{K}\,\boldsymbol{q} = \boldsymbol{f}(t) \tag{8.32}$$

ist ein System von N gekoppelten inhomogenen Differentialgleichungen.

Wenn die Dämpfungsmatrix $\boldsymbol{B}$ die Diagonalisierungsbedingung (7.69) erfüllt (wenn sie als Caughey-Reihe gemäß Gl. (7.70) darstellbar ist), dann lassen sich die einzelnen Bewegungsgleichungen mit den Eigenvektoren des ungedämpften Systems entkoppeln. Dazu stellen wir die physikalischen Schwingungsantworten $\boldsymbol{q}(t)$ als Superposition der Eigenvektoren $\widehat{\boldsymbol{q}}_n$ dar,

$$\boldsymbol{q}(t) = \sum_{n=1}^{N} \widehat{\boldsymbol{q}}_n\, p_n(t) \tag{8.33}$$

Dies ist möglich, da die Eigenvektoren $\widehat{\boldsymbol{q}}_n$ ein vollständiges Basissystem bilden und somit jeder beliebige Vektor – also auch die erzwungene Bewegung $\boldsymbol{q}(t)$ – als Linearkombination der Eigenvektoren dargestellt werden kann. Die partikuläre Lösung $\boldsymbol{q}(t)$ der inhomogenen Differentialgleichung (8.32) wird also aus der Summe der Beiträge der einzelnen Eigenvektoren $\widehat{\boldsymbol{q}}_n$ aufgebaut.

Setzt man die modale Darstellung (8.33) in die Bewegungsgleichung (8.32) ein und multipliziert von links mit einem beliebigen Eigenvektor $\widehat{\boldsymbol{q}}_k$, ergibt sich

$$\sum_{n=1}^{N} \left\{ \widehat{\boldsymbol{q}}_k^T \boldsymbol{M} \widehat{\boldsymbol{q}}_n\, \ddot{p}_n(t) + \widehat{\boldsymbol{q}}_k^T \boldsymbol{B} \widehat{\boldsymbol{q}}_n\, \dot{p}_n(t) + \widehat{\boldsymbol{q}}_k^T \boldsymbol{K} \widehat{\boldsymbol{q}}_n\, p_n(t) \right\} = \widehat{\boldsymbol{q}}_k^T \boldsymbol{f}(t)\,. \tag{8.34}$$

Aufgrund der Orthogonalitätsrelationen (7.35a) und (7.35b) verschwinden in der Summe alle Glieder bis auf das k-te. Die Ausdrücke

$$\begin{aligned} \widehat{\boldsymbol{q}}_k^T\, \boldsymbol{M}\, \widehat{\boldsymbol{q}}_k &= \widetilde{m}_k\,, \\ \widehat{\boldsymbol{q}}_k^T\, \boldsymbol{B}\, \widehat{\boldsymbol{q}}_k &= \widetilde{b}_k\,, \\ \widehat{\boldsymbol{q}}_k^T\, \boldsymbol{K}\, \widehat{\boldsymbol{q}}_k &= \widetilde{k}_k \end{aligned} \tag{8.35}$$

sind die modale Masse, die modale Dämpfung und die modale Steifigkeit der k-ten Eigenform $\widehat{\boldsymbol{q}}_k$. Auf der rechten Seite von Gl. (8.34) steht die modale Erregerkraft

$$\widetilde{f}_k(t) = \widehat{\boldsymbol{q}}_k^T\, \boldsymbol{f}(t) \tag{8.36}$$

zur k-ten Eigenform. Diese modale Erregerkraft $\widetilde{f}_k(t)$ ergibt sich aus der Gewichtung der physikalischen Erregerkraft $\boldsymbol{f}(t)$ mit der k-ten Eigenform $\widehat{\boldsymbol{q}}_k$. Ist eine modale Erregerkraft klein gegenüber den anderen modalen Erregerkräften, dann wird die zugehörige Resonanz im Spektrum nicht ausgeprägt sein. Ist die modale Erregerkraft $\widetilde{f}_k(t)$ null, tritt Scheinresonanz auf. Dies ist insbesondere der Fall, wenn bei Einpunkterregung die Erregerkraft in einem Knoten einer Eigenform angreift.

Die verbleibende Gleichung

$$\widetilde{m}_k\,\ddot{p}_k(t) + \widetilde{b}_k\,\dot{p}_k(t) + \widetilde{k}_k\,p_k(t) = \widetilde{f}_k(t) \tag{8.37}$$

für die modale Koordinate $p_k(t)$ ist die Bewegungsgleichung eines Systems mit einem Freiheitsgrad. Sie kann für beliebige modale Erregerfunktionen $\widetilde{f}_k(t)$ entweder analytisch oder numerisch gelöst werden. Die Lösungswege für Einfreiheitsgradsysteme sind in Kapitel 6 ausführlich erläutert.

Anstelle der Summenschreibweise (8.33) kann auch eine Matrizenschreibweise gewählt werden. Mit der Modalmatrix $\boldsymbol{Q}$ gemäß Gl. (7.26) hat der Entwicklungsansatz (8.33) die Form

$$\boldsymbol{q}(t) = \boldsymbol{Q}\,\boldsymbol{p}(t)\,. \tag{8.38}$$

Einsetzen von Gl. (8.38) in Bewegungsgleichung (8.32),

$$\boldsymbol{MQ}\,\ddot{\boldsymbol{p}}(t) + \boldsymbol{BQ}\,\dot{\boldsymbol{p}}(t) + \boldsymbol{KQ}\,\boldsymbol{p}(t) = \boldsymbol{f}(t)\,, \tag{8.39}$$

und Multiplikation mit der transponierten Modalmatrix $\boldsymbol{Q}^T$,

$$\boldsymbol{Q}^T\boldsymbol{MQ}\,\ddot{\boldsymbol{p}}(t) + \boldsymbol{Q}^T\boldsymbol{BQ}\,\dot{\boldsymbol{p}}(t) + \boldsymbol{Q}^T\boldsymbol{KQ}\,\boldsymbol{p}(t) = \boldsymbol{Q}^T\boldsymbol{f}(t)\,, \tag{8.40}$$

liefert

$$\widetilde{\boldsymbol{M}}\,\ddot{\boldsymbol{p}}(t) + \widetilde{\boldsymbol{B}}\,\dot{\boldsymbol{p}}(t) + \widetilde{\boldsymbol{K}}\,\boldsymbol{p}(t) = \widetilde{\boldsymbol{f}}(t)\,, \tag{8.41}$$

worin wegen den Orthogonalitätsrelationen (7.36) die Matrizen $\widetilde{\boldsymbol{M}}$, $\widetilde{\boldsymbol{B}}$ und $\widetilde{\boldsymbol{K}}$ Diagonalform haben und die modalen Massen, modalen Dämpfungen und modalen Steifigkeiten enthalten. Man erhält also N entkoppelte Differentialgleichungen für die einzelnen modalen Koordinaten $p_n(t)$.

Die Orthogonalität der Eigenvektoren ist Voraussetzung für die Transformation der Bewegungsgleichungen auf modale Koordinaten. Beim Auftreten mehrfacher Eigenwerte müssen daher die zugehörigen orthogonalisierten Eigenvektoren verwendet werden.

Zu dem Partikulärintegral infolge der äußeren Erregung $\boldsymbol{f}(t)$ sind natürlich die freien Schwingungen aus Kapitel 7 als Lösung der homogenen Differentialgleichung zu addieren. Die Gesamtlösung aus Partikularintegral infolge äußerer Erregung und den freien Schwingungen muß den Anfangsbedingungen genügen, nicht alleine die Lösung der homogenen Differentialgleichung. Die Anfangsbedingungen $p_n(0)$ und $\dot{p}_n(0)$ der modalen Koordinaten folgen aus den physikalischen Anfangsbedingungen $\boldsymbol{q}(0)$ und $\dot{\boldsymbol{q}}(0)$ mit der Transformationsgleichung (8.33),

$$\begin{aligned} \boldsymbol{q}(0) &= \sum_{n=1}^{N} \widehat{\boldsymbol{q}}_n\,p_n(0)\,, \\ \dot{\boldsymbol{q}}(0) &= \sum_{n=1}^{N} \widehat{\boldsymbol{q}}_n\,\dot{p}_n(0)\,. \end{aligned} \tag{8.42}$$

Zur Berechnung von $p_n(0)$ und $\dot{p}_n(0)$ nutzt man die Orthogonalitätsbeziehungen (7.35a) und (7.35b) aus. Dabei hat man zwei Möglichkeiten:

Multipliziert man (8.42) mit der Steifigkeitsmatrix $\boldsymbol{K}$ durch, erhält man

$$
\begin{aligned}
p_k(0) &= \frac{\widehat{\boldsymbol{q}}_k^T \boldsymbol{K} \boldsymbol{q}(0)}{\widehat{\boldsymbol{q}}_k^T \boldsymbol{K} \widehat{\boldsymbol{q}}_k}, \\
\dot{p}_k(0) &= \frac{\widehat{\boldsymbol{q}}_k^T \boldsymbol{K} \dot{\boldsymbol{q}}(0)}{\widehat{\boldsymbol{q}}_k^T \boldsymbol{K} \widehat{\boldsymbol{q}}_k}.
\end{aligned} \tag{8.43}
$$

Multipliziert man (8.42) hingegen mit der Massenmatrix $\boldsymbol{M}$ durch, ergibt sich

$$
\begin{aligned}
p_k(0) &= \frac{\widehat{\boldsymbol{q}}_k^T \boldsymbol{M} \boldsymbol{q}(0)}{\widehat{\boldsymbol{q}}_k^T \boldsymbol{M} \widehat{\boldsymbol{q}}_k}, \\
\dot{p}_k(0) &= \frac{\widehat{\boldsymbol{q}}_k^T \boldsymbol{M} \dot{\boldsymbol{q}}(0)}{\widehat{\boldsymbol{q}}_k^T \boldsymbol{M} \widehat{\boldsymbol{q}}_k}.
\end{aligned} \tag{8.44}
$$

Beide Gleichungssätze sind äquivalent. Die erste Form ist günstig, wenn die Anfangsverschiebung $\boldsymbol{q}(0)$ aus einem Anfangsbelastungszustand $\boldsymbol{f}(0) = \boldsymbol{K}\boldsymbol{q}(0)$ folgt, die zweite, wenn die Anfangsgeschwindigkeiten $\dot{\boldsymbol{q}}(0)$ aus einem Kraftstoß resultiert. Letztere muß verwendet werden, wenn die Steifigkeitsmatrix $\boldsymbol{K}$ singulär ist. Somit stehen jeweils zwei Gleichungen zur Berechnung der modalen Anfangsverschiebung $p_k(0)$ und der modalen Anfangsgeschwindigkeit $\dot{p}_k(0)$ zur Verfügung.

Sind die Lösungen $p_n(t)$ für die modalen Koordinaten ermittelt, ergibt sich die Gesamtlösung $\boldsymbol{q}(t)$ gemäß dem Ansatz (8.33) aus der Summe der Beiträge der einzelnen Eigenvektoren,

$$
\boldsymbol{q}(t) = \sum_{n=1}^{N} \widehat{\boldsymbol{q}}_n \, p_n(t). \tag{8.45}
$$

Aus den physikalischen Verschiebungen $\boldsymbol{q}(t)$ in der modalen Darstellung (8.45) folgen durch Differentiation die physikalischen Geschwindigkeiten

$$
\dot{\boldsymbol{q}}(t) = \sum_{n=1}^{N} \widehat{\boldsymbol{q}}_n \, \dot{p}_n(t) \tag{8.46}
$$

und die physikalischen Beschleunigungen

$$
\ddot{\boldsymbol{q}}(t) = \sum_{n=1}^{N} \widehat{\boldsymbol{q}}_n \, \ddot{p}_n(t). \tag{8.47}
$$

Die modale Berechnung ist das wohl wichtigste Verfahren zur Berechnung von erzwungenen Schwingungen linearer Systeme mit endlich vielen Freiheitsgraden und in nahezu allen leistungsfähigen Computerprogrammen für dynamische Analysen implementiert. Der große Vorteil des Verfahrens besteht darin, daß die Lösung aus den leicht zu berechnenden Lösungen des Systems mit einem Freiheitsgrad aufgebaut wird. Dadurch bleibt die Vorgehensweise anschaulich, Teilschritte der Lösung sind kontrollierbar und der Einfluß von Näherungen kann abgeschätzt werden. Das Verfahren ist für beliebige Erregerzeitverläufe anwendbar, für die die Lösungen des Einfreiheitsgradsystems berechenbar sind.

8.3.2 Näherungen in modaler Darstellung

Die exakte modale Lösung besteht nach Gl. (8.33) aus der Überlagerung der Beiträge aller N Eigenvektoren. Häufig sind jedoch die Beiträge eines Teils der Eigenvektoren vernachlässigbar. Dies gilt insbesondere für Strukturen mit sehr vielen Freiheitsgraden. Es ist dann ausreichend, bei der modalen Berechnungen nur diejenigen modalen Freiheitsgrade $p_n(t)$ zu berücksichtigen, die nennenswerte Beiträge zur Systemantwort $\boldsymbol{q}(t)$ liefern,

$$\boldsymbol{q}(t) = \sum_{n=1}^{N} \widehat{\boldsymbol{q}}_n \, p_n(t) \approx \sum_{n=1}^{N_{red}} \widehat{\boldsymbol{q}}_n \, p_n(t) . \tag{8.48}$$

Die Frage, welche modalen Freiheitsgrade zu berücksichtigen sind und welche weggelassen werden können, kann anhand dreier Kriterien abgeschätzt werden:

Ein erstes Kriterium vergleicht die modalen Erregerkräfte $\tilde{f}_n(t)$. Ist eine modale Erregerkraft im Vergleich zu den anderen klein, so kann der Beitrag der betreffenden modalen Koordinate zur Gesamtantwort vernachlässigt werden.

Ein zweites Kriterium folgt aus der Frequenzbereichsanalyse: Nur diejenigen Eigenformen leisten nennenswerte Beiträge zur Gesamtantwort $\boldsymbol{q}(t)$, deren Eigenfrequenzen ω_n durch den Frequenzgehalt der Erregung $\boldsymbol{f}(t)$ nennenswert angeregt werden. Bei technischen Fragestellungen ist der interessierende Frequenzbereich – wegen der Trägheit der Massen – häufig nach oben begrenzt. In der Regel sind die niedrigen Eigenfrequenzen wichtiger als die hohen. Als Näherung wird man somit nur diejenigen modalen Koordinaten berücksichtigen, deren Eigenfrequenzen unterhalb bzw. nicht sehr weit über der maximal interessierenden Frequenz liegen.

Ein drittes Kriterium folgt aus der modalen Analyse der Beschleunigungen: Vernachlässigt man die Dämpfungskräfte, folgt für den Verschiebungsvektor in modaler Darstellung

$$\boldsymbol{q}(t) \approx \boldsymbol{K}^{-1} \boldsymbol{f}(t) - \sum_{n=1}^{N} \boldsymbol{K}^{-1} \boldsymbol{M} \, \widehat{\boldsymbol{q}}_n \, \ddot{p}_n(t) , \tag{8.49}$$

und weiter mit der aus dem Eigenwertproblem (7.29) resultierenden Identität

$$\boldsymbol{K}^{-1} \boldsymbol{M} \, \widehat{\boldsymbol{q}}_n = \frac{1}{\omega_n^2} \, \widehat{\boldsymbol{q}}_n \tag{8.50}$$

schließlich die Auslenkung

$$\boldsymbol{q}(t) \approx \boldsymbol{K}^{-1} \boldsymbol{f}(t) - \sum_{n=1}^{N} \frac{1}{\omega_n^2} \, \widehat{\boldsymbol{q}}_n \, \ddot{p}_n(t) = \boldsymbol{q}_{stat}(t) + \boldsymbol{q}_{dyn}(t) \tag{8.51}$$

in Abhängigkeit von den modalen Beschleunigungskoordinaten $\ddot{p}_n(t)$. Die Strukturantwort $\boldsymbol{q}(t)$ setzt sich somit aus einer quasi-statischen Antwort $\boldsymbol{q}_{stat}(t)$ und einer dynamischen Antwort $\boldsymbol{q}_{dyn}(t)$ aus den Eigenformbeiträgen zusammen. Der erste Term, die quasi-statische Antwort, ist die Verschiebung, die sich zu jedem Zeitpunkt t einstellen würde, wenn die Kraft $\boldsymbol{f}(t)$ statisch auf die Struktur einwirken würde. Trägheits- und Dämpfungsterme sind dabei nicht aktiviert. Der zweite Term repräsentiert die Trägheit des Systems. Die Eigenformbeiträge werden mit dem Faktor $1/\omega_n^2$ gewichtet: Die Beiträge der Eigenformen von hohen Eigenfrequenzen sind daher geringer als die der niedrigen.

8.3.3 Antwortspektrenverfahren

Häufig ist der genaue Zeitverlauf der Erregerkräfte nicht bekannt, weil z. B. die Erregungen aus Fahrbahnunebenheiten, Verkehrserschütterungen, Erdbeben, Wind, Seegang oder ähnlichem resultieren. Die Erregung wird in solchen Fällen statistisch durch ein Spektrum beschrieben. Durch Multiplikation mit der Übertragungsfunktion läßt sich daraus das Antwortspektrum ermitteln.

Die modalen Antwortspektren liefern unmittelbar die Maximalwerte p_n^{max} der Zeitverläufe $p_n(t)$ der modalen Koordinaten und damit die Maximalwerte $\widehat{\boldsymbol{q}}_n\, p_n^{max}$ der Beiträge der einzelnen Eigenvektoren. Mit den dynamischen Lastfaktoren DLF(ω,D) von Gl. (6.6) folgt unmittelbar für das Maximum der modalen Koordinate

$$p_n^{max} = \frac{\tilde{f}_n^{max}}{\tilde{k}_n}\,\mathrm{DLF}(\omega_n, D_n), \tag{8.52}$$

wobei $\tilde{f}_n^{max}$ der Maximalwert der modalen Erregerkraft $\tilde{f}_n(t)$ ist. Mit dieser Beschreibung kann allerdings nicht der Zeitverlauf der Schwingung ermittelt werden. Jedoch lassen sich Grenz- und Erwartungswerte der Lösungen angeben:

Eine obere Grenze ergibt sich aus der Addition der Maximalwerte der Beiträge aller Eigenvektoren. Für die obere Grenze der Verschiebungskoordinaten $q_k(t)$ folgt somit

$$q_k^{max} < \sum_{n=1}^{N} \widehat{q}_{n,k}\, p_n^{max}. \tag{8.53}$$

Da diese Abschätzung davon ausgeht, daß alle modalen Anteile gleichzeitig ihr Maximum erreichen, ist sie sehr konservativ.

Eine weniger konservative Abschätzung der Ausschläge $q_k(t)$ folgt aus der Überlagerung der Quadrate der modalen Beiträge,

$$q_k^{RMS} = \sqrt{\sum_{n=1}^{N} \left(\widehat{q}_{n,k}\, p_n^{max}\right)^2}. \tag{8.54}$$

Dies entspricht dem Erwartungswert bei statistischer Unabhängigkeit der Phasenlagen der einzelnen modalen Beiträge.

8.3.4 Modale Lösung für Systeme mit Proportionaldämpfung

Für den Spezialfall der Proportionaldämpfung unter harmonischer Erregung stellen wir die Zusammenhänge detaillierter dar: Wir betrachten also ein System mit N Freiheitsgraden, das der komplex ergänzten Bewegungsgleichung

$$\boldsymbol{M}\,\underline{\ddot{\boldsymbol{q}}} + \boldsymbol{B}\,\underline{\dot{\boldsymbol{q}}} + \boldsymbol{K}\,\underline{\boldsymbol{q}} = \underline{\widehat{\boldsymbol{f}}}\,e^{i\Omega t} \tag{8.55}$$

genügt. Alle Komponenten $f_k(t)$ des Erregervektors $\boldsymbol{f}(t)$ sollen harmonische Zeitfunktionen mit der gleichen Frequenz Ω sein, dürfen aber beliebige Nullphasenwinkel α_k haben. Die reellen Erregerkraftamplituden $\widehat{f}_k$ und die Nullphasenwinkel α_k der harmonischen Erregerkräfte werden in den komplexen Erregerkraftamplituden gemäß $\underline{\widehat{f}}_k = \widehat{f}_k e^{i\alpha_k}$ zusammengefaßt.

Mit der modalen Transformation

$$\underline{\boldsymbol{q}}(t) = \sum_{n=1}^{N} \widehat{\boldsymbol{q}}_n \, \underline{p}_n(t) \tag{8.56}$$

folgen aus Gl. (8.55) die N entkoppelten Bewegungsgleichungen

$$\widetilde{m}_n \, \ddot{\underline{p}}_n(t) + \widetilde{b}_n \, \dot{\underline{p}}_n(t) + \widetilde{k}_n \, \underline{p}_n(t) = \widehat{\widetilde{\underline{f}}}_n e^{i\Omega t} \tag{8.57}$$

für die modalen Koordinaten $\underline{p}_n(t)$. Jede modale Bewegungsgleichung enthält die modale Masse $\widetilde{m}_n$, die modale Steifigkeit $\widetilde{k}_n$ und die modale Dämpfung $\widetilde{b}_n = \widehat{\boldsymbol{q}}_n^T \boldsymbol{B} \, \widehat{\boldsymbol{q}}_n$. Die modale Erregerkraft

$$\widetilde{\underline{f}}_n(t) = \widehat{\boldsymbol{q}}_n^T \, \widehat{\underline{\boldsymbol{f}}} \, e^{i\Omega t} = \widehat{\widetilde{\underline{f}}}_n \, e^{i\Omega t} \tag{8.58}$$

enthält alle physikalischen Erregerkräfte $f_k(t)$. Da diese aber gleichfrequent harmonisch vorausgesetzt wurden, ist die modale Erregerkraft $\widetilde{\underline{f}}_n(t)$ ebenfalls harmonisch.

Die Bewegungsgleichung (8.57) für den modalen Freiheitsgrad n ist eine von den anderen modalen Freiheitsgraden entkoppelte Bewegungsgleichung eines Schwingers mit einem Freiheitsgrad. Ihre Lösung ergibt sich aus der Superposition der modalen freien Schwingung als Lösung der homogenen Differentialgleichung und der Partikularlösung infolge der modalen äußeren Erregung $\widetilde{f}_n(t)$. Sowohl für die reellen als auch für die komplex ergänzten modalen Bewegungsgrößen gilt also,

$$p_n(t) = p_n^h(t) + p_n^p(t) \,. \tag{8.59}$$

Im Falle schwacher Dämpfung haben die freien Schwingungen die Form

$$p_n^h(t) = e^{-\delta_n t} \left\{ A_{cn} \cos \omega_{dn} t + A_{sn} \sin \omega_{dn} t \right\}. \tag{8.60}$$

Sie klingen mit der Zeit exponentiell ab. Nach dem Einschwingen verbleibt als stationäre Lösung nur das Partikulärintegral infolge der harmonischen Erregung (8.58).

Die Berechnung der modalen stationären Lösungen erfolgt am einfachsten mit der Methode der komplexen Ergänzung. Für die komplexe modale Erregung

$$\widetilde{\underline{f}}_n(t) = \widehat{\widetilde{\underline{f}}}_n e^{i\Omega t} \tag{8.61}$$

erhält man auf der im Kapitel 6 beschriebenen Weise die komplexe modale Schwingungsantwort

$$\underline{p}_n(t) = \widetilde{H}_n(\Omega) \, \widehat{\widetilde{\underline{f}}}_n \, e^{i\Omega t}, \tag{8.62}$$

wobei zur Schreibvereinfachung die Kennzeichnung p für partikulär wieder weggelassen wurde. In (8.62) sind $\widetilde{H}_n(\Omega)$ die modalen Übertragungsfunktionen, also die Elementarfrequenzgänge der N modalen Systeme mit jeweils einem Freiheitsgrad,

$$\widetilde{H}_n(\Omega) = \frac{1}{\widetilde{k}_n} \, \frac{\omega_n^2}{\omega_n^2 - \Omega^2 + i2D_n\omega_n\Omega} \,. \tag{8.63}$$

Die modalen Übertragungsfunktionen $\widetilde{H}_n(\Omega)$ werden in der diagonalen Matrix der modalen Übertragungsfunktionen

$$\widetilde{\boldsymbol{H}}(\Omega) = \operatorname{diag}\{\widetilde{H}_n(\Omega)\} = \begin{bmatrix} \widetilde{H}_1 & 0 & 0 & 0 \\ 0 & \widetilde{H}_2 & 0 & 0 \\ 0 & 0 & \dots & 0 \\ 0 & 0 & 0 & \widetilde{H}_N \end{bmatrix} \tag{8.64}$$

zusammengefaßt.

Die Matrix $\boldsymbol{H}(\Omega)$ der Übertragungsfunktionen der physikalischen Größen läßt sich aus der diagonalen Matrix $\widetilde{\boldsymbol{H}}(\Omega)$ der modalen Übertragungsfunktionen aufbauen. Die Transformationsvorschrift lautet

$$\boldsymbol{H}(\Omega) = \boldsymbol{Q}\,\widetilde{\boldsymbol{H}}(\Omega)\,\boldsymbol{Q}^T \tag{8.65}$$

bzw. in Komponenten

$$H_{nk}(\Omega) = \sum_{r=1}^{N} \hat{q}_{r,n}\,\widetilde{H}_r(\Omega)\,\hat{q}_{r,k}\,. \tag{8.66}$$

Die Übertragungsfunktionen H_{nk} für die physikalischen Koordinaten lassen sich also durch Überlagerung der mit den Eigenvektoren gewichteten modalen Übertragungsfunktionen $\widetilde{H}_r$ darstellen. Somit lassen sich auch die Zeitlösungen der physikalischen Koordinaten q_k mit den modalen Übertragungsfunktionen $\widetilde{H}_r$ darstellen. In der komplex erweiterten Form ergibt sich schließlich als Lösung

$$\underline{\boldsymbol{q}}(t) = \boldsymbol{Q}\,\widetilde{\boldsymbol{H}}(\Omega)\,\boldsymbol{Q}^T\,\hat{\underline{\boldsymbol{f}}}\,e^{i\Omega t}. \tag{8.67}$$

Im stationären Zustand schwingen alle Koordinaten $q_k(t)$ harmonisch mit der gleichen Frequenz Ω, haben aber unterschiedliche Phasenverschiebungen ψ_k,

$$q_k(t) = \hat{q}_k\cos(\Omega t - \psi_k)\,. \tag{8.68}$$

8.4 Vergleich der Verfahren

Aus dem Vergleich der Gleichungen (8.10) zur Ermittlung der Übertragungsfunktionen bei direkter Lösung mit beliebiger Dämpfungsmatrix und (8.65) bei modaler Lösung mit Caughey-Dämpfung folgt die Bewertung der Verfahren:

Bei Caughey-Dämpfung ist der Weg über die modale Berechnung vorteilhafter, da die Kenntnis der Eigenfrequenzen und Eigenvektoren ein tieferes Verständnis des Schwingungsverhaltens verschafft. Bei bekannter Modalmatrix ist Gl. (8.65) wesentlich einfacher als das Bilden der Kehrmatrix nach Gl. (8.10), besonders wenn der ganze Frequenzgang, also die Abhängigkeit von Ω, gesucht ist. Hier müßte bei der direkten Lösung die Kehrmatrix für jedes Ω neu berechnet werden.

Bei nicht diagonalisierbarer Dämpfungsmatrix ist die direkte Lösung naheliegend und üblich. Hier kann allerdings auch die modale Berechnung mit komplexen Eigenvektoren Vorteile bieten.

Beispiel 8.2: Symmetrischer Schwinger von Beispiel 8.1 mit modaler Dämpfung

Der Einfluß der Dämpfung soll an dem symmetrischen Schwinger von Beispiel 8.1 unter harmonischer Erregung analysiert werden. Wir geben modale Dämpfungsgrade D_n vor und berechnen nach Gl. (7.90) die zugehörige Dämpfungsmatrix

$$\boldsymbol{B} = \boldsymbol{M}\Big(\sum_{n=1}^{N} \frac{2D_n\omega_n}{\widetilde{m}_n}\,\widehat{\boldsymbol{q}}_n\,\widehat{\boldsymbol{q}}_n^T\Big)\boldsymbol{M} = D_1\omega_1 m\begin{bmatrix} 1 & 1 \\ 1 & 1 \end{bmatrix} + D_2\omega_2 m\begin{bmatrix} 1 & -1 \\ -1 & 1 \end{bmatrix}.$$

Sind beide modale Dämpfungsmaße D_n gleich, $D_1 = D_2 = D$, so folgt für die Dämpfungsmatrix

$$\boldsymbol{B} = D\omega_1 m\begin{bmatrix} 1+\sqrt{3} & 1-\sqrt{3} \\ 1-\sqrt{3} & 1+\sqrt{3} \end{bmatrix}.$$

Wie man sich leicht klarmachen kann, erfüllt diese Matrix die Diagonalisierungsbedingung (7.69) und kann mit den Koeffizienten $\alpha_0 = -\sqrt{3}(1-\sqrt{3})D\omega_1$ und $\alpha_1 = (\sqrt{3}-1)D/\omega_1$ als Proportionaldämpfung nach Gl. (7.89) angegeben werden.

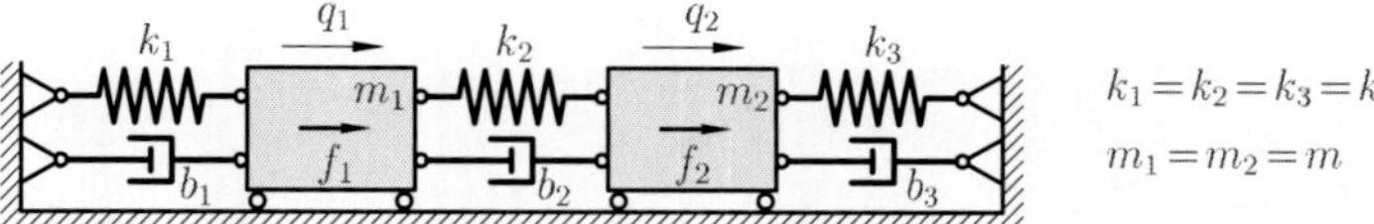

Bild B8.2.1: System mit zwei Freiheitsgraden und modaler Dämpfung

Im modalen Raum erfolgt die Erregung durch die modalen Erregerkräfte

$$\underline{\widetilde{f}}_1(t) = \widehat{\boldsymbol{q}}_1^T\,\widehat{\boldsymbol{f}}\,e^{i\Omega t} = (\widehat{f}_1+\widehat{f}_2)\,e^{i\Omega t} = \widehat{\widetilde{f}}_1\,e^{i\Omega t},$$

$$\underline{\widetilde{f}}_2(t) = \widehat{\boldsymbol{q}}_2^T\,\widehat{\boldsymbol{f}}\,e^{i\Omega t} = (\widehat{f}_1-\widehat{f}_2)\,e^{i\Omega t} = \widehat{\widetilde{f}}_2\,e^{i\Omega t},$$

die über die modalen Übertragungsfunktionen (die generalisierten dynamischen Nachgiebigkeiten)

$$\widetilde{H}_1(\Omega) = \frac{1}{\widetilde{k}_1}\,\frac{\omega_1^2}{\omega_1^2-\Omega^2+i2D_1\omega_1\Omega} = \frac{1}{2k}\,\frac{\omega_1^2}{\omega_1^2-\Omega^2+i2D\omega_1\Omega},$$

$$\widetilde{H}_2(\Omega) = \frac{1}{\widetilde{k}_2}\,\frac{\omega_2^2}{\omega_2^2-\Omega^2+i2D_2\omega_2\Omega} = \frac{1}{6k}\,\frac{3\omega_1^2}{3\omega_1^2-\Omega^2+i2D\sqrt{3}\omega_1\Omega}$$

die komplexen modalen Schwingungsantworten

$$\underline{p}_1(t) = \widetilde{H}_1(\Omega)\,\widehat{\widetilde{f}}_1\,e^{i\Omega t},$$

$$\underline{p}_2(t) = \widetilde{H}_2(\Omega)\,\widehat{\widetilde{f}}_2\,e^{i\Omega t}$$

liefern.

Aus der Matrix der modalen Übertragungsfunktionen

$$\widetilde{\boldsymbol{H}} = \begin{bmatrix} \widetilde{H}_1(\Omega) & 0 \\ 0 & \widetilde{H}_2(\Omega) \end{bmatrix}$$

folgt die Matrix der physikalischen Übertragungsfunktionen nach der Transformationsvorschrift (8.65) zu

$$\boldsymbol{H}(\Omega) = \begin{bmatrix} \widetilde{H}_1+\widetilde{H}_2 & \widetilde{H}_1-\widetilde{H}_2 \\ \widetilde{H}_1-\widetilde{H}_2 & \widetilde{H}_1+\widetilde{H}_2 \end{bmatrix}.$$

Die Berechnung ist in der Tabelle B8.2 ausgeführt.

			$\widetilde{\boldsymbol{H}}$		$\widehat{\boldsymbol{q}}_1$	$\widehat{\boldsymbol{q}}_2$
			$\widetilde{H}_1$	0	1	1
			0	$\widetilde{H}_2$	1	-1
$\widehat{\boldsymbol{q}}_1^T$	1	1	$\widetilde{H}_1$	$\widetilde{H}_2$	$\widetilde{H}_1+\widetilde{H}_2$	$\widetilde{H}_1-\widetilde{H}_2$
$\widehat{\boldsymbol{q}}_2^T$	1	-1	$\widetilde{H}_1$	$-\widetilde{H}_2$	$\widetilde{H}_1-\widetilde{H}_2$	$\widetilde{H}_1+\widetilde{H}_2$

Tabelle B8.2: Matrizenprodukte

Wir wollen uns auf den Fall beschränken, daß nur an der Masse m_1 eine Erregerkraft $f_1(t) = F\cos\Omega t$ angreift. Diese Einpunkterregung regt beide Eigenvektoren an. Für diesen Fall ergeben sich die Zeitlösungen

$$\begin{aligned} q_1(t) &= |H_{11}(\Omega)|\, F\, \cos(\Omega t - \psi_{11}(\Omega)), \\ q_2(t) &= |H_{21}(\Omega)|\, F\, \cos(\Omega t - \psi_{21}(\Omega)). \end{aligned}$$

Die Abbildungen B8.2.1 bis B8.2.3 zeigen die Amplituden- und Phasengänge, die Real- und Imaginärteilfrequenzgänge sowie die Ortskurven.

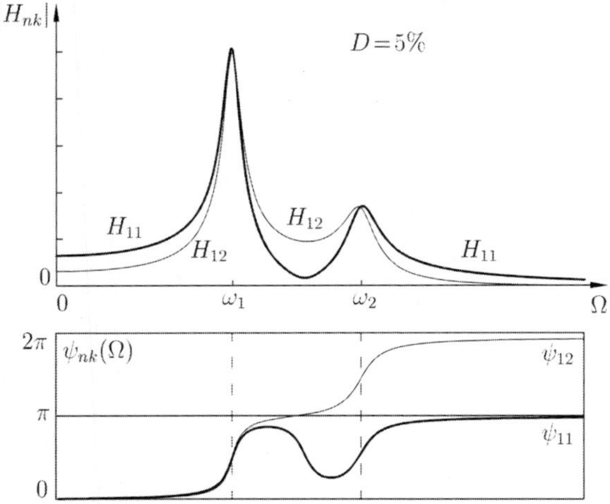

Bild B8.2.1: Beträge und Phasen der Übertragungsfunktionen $H_{11}(\Omega)$ und $H_{12}(\Omega)$ bei modaler Dämpfung

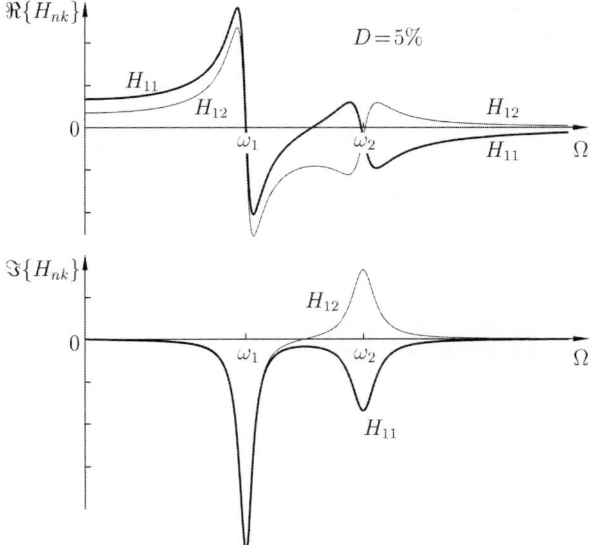

Bild B8.2.2: Real- und Imaginärteil-Frequenzgänge der Übertragungsfunktionen $H_{11}(\Omega)$ und $H_{12}(\Omega)$ bei modaler Dämpfung

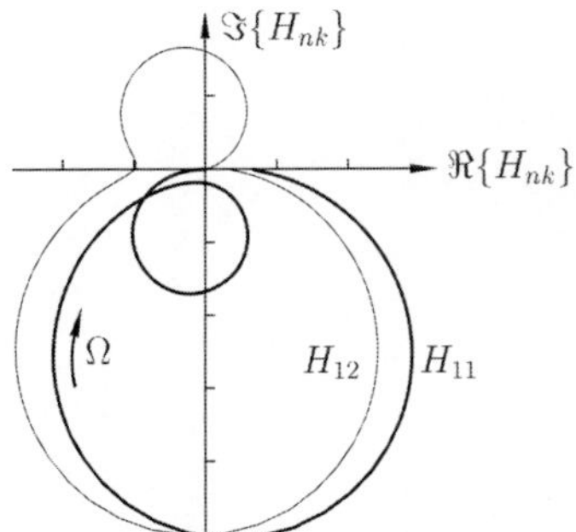

Bild B8.2.3: Ortskurven der Übertragungsfunktionen $H_{11}(\Omega)$ und $H_{12}(\Omega)$ bei modaler Dämpfung

Abschließend betrachten wir noch die Beiträge der einzelnen modalen Übertragungsfunktionen $\widetilde{H}_1(\Omega)$ und $\widetilde{H}_2(\Omega)$ zu den physikalischen Übertragungsfunktionen $H_{11}(\Omega)$ und $H_{12}(\Omega)$. Wir berücksichtigen in der Matrix der physikalischen Übertragungsfunktionen also die einzelnen modalen Übertragungsfunktionen getrennt. Die Ergebnisse sind Resonanzkurven von Schwingern mit einem Freiheitsgrad mit jeweils nur einer Resonanzstelle. Bei der jeweils anderen Resonanzstelle tragen diese nur wenig zu dem Gesamtverhalten der physikalischen Übertragungsfunktionen bei. Bild B8.2.4 zeigt die einzelnen modalen Beiträge sowie die daraus resultierenden physikalischen Übertragungsfunktionen.

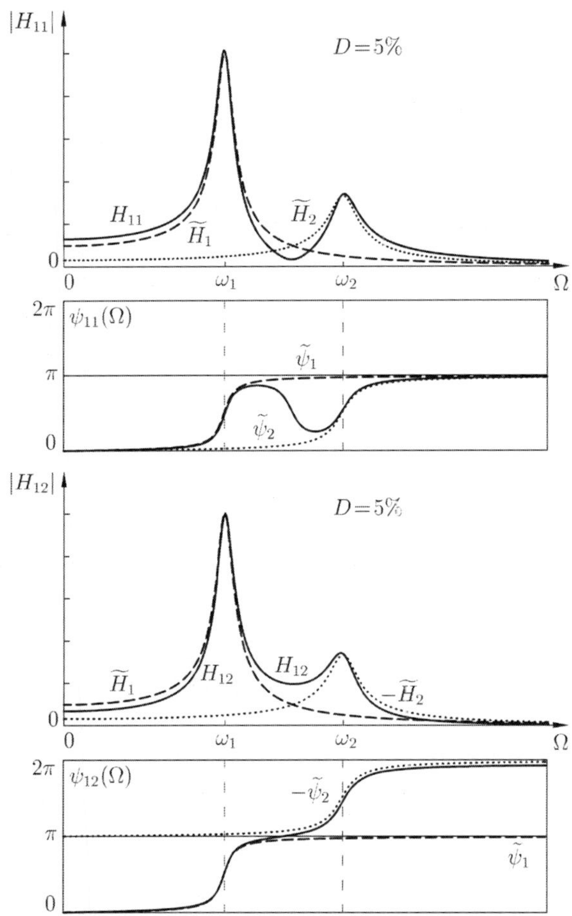

Bild B8.2.4: Modale Beiträge zu den Übertragungsfunktionen $H_{11}(\Omega)$ und $H_{12}(\Omega)$

Beispiel 8.3: System mit nichtdiagonalisierbarer Dämpfungsmatrix

Wir betrachten nun das symmetrische System von Beispiel 8.1 mit einem zusätzlichen Einzeldämpfer b zwischen der Masse m_1 und der Umgebung.

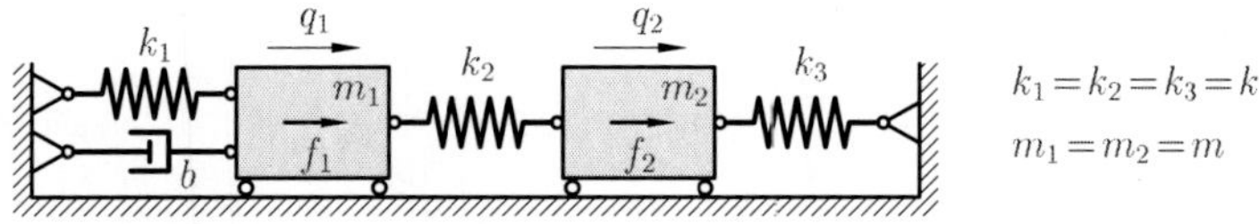

Bild B8.3.1: System mit zwei Freiheitsgraden und Einzeldämpfer

Die Dämpfungsmatrix

$$\boldsymbol{B} = \begin{bmatrix} b & 0 \\ 0 & 0 \end{bmatrix}$$

erfüllt nicht die Diagonalisierungsbedingungen (7.69), da das Produkt

$$\boldsymbol{K}\boldsymbol{M}^{-1}\boldsymbol{B} = \frac{k}{m}b \begin{bmatrix} 2 & 0 \\ -1 & 0 \end{bmatrix}$$

nicht symmetrisch ist. Nach der im Abschnitt 8.2.1 dargelegten Vorgehensweise läßt sich die Dauerlösung bei harmonischer Erregung im Komplexen berechnen. Die numerische Auswertung führt zu den im Bild B8.3.2 dargestellten Übertragungsfunktionen. Diese unterscheiden sich kaum von denen bei Caughey-Dämpfung von Beispiel 8.2.

		$\boldsymbol{M}^{-1}$		$\boldsymbol{B}$	
		$\frac{1}{m}$	0	b	0
		0	$\frac{1}{m}$	0	0
$\boldsymbol{K}$: $2k$	$-k$	$\frac{2k}{m}$	$-\frac{k}{m}$	$2\frac{k}{m}b$	0
$-k$	$2k$	$-\frac{k}{m}$	$\frac{2k}{m}$	$-\frac{k}{m}b$	0

Tabelle B8.3: Matrizenprodukte

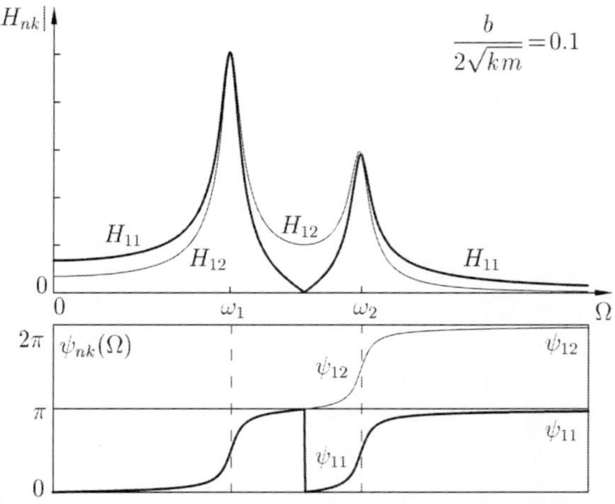

Bild B8.3.2: Beträge und Phasen der Übertragungsfunktionen $H_{11}(\Omega)$ und $H_{12}(\Omega)$ beim System mit Einzeldämpfer von Bild B8.3.1; exakte Rechnung

Zum Abschluß wollen wir an diesem Beispiel noch die Lösung mit dem Näherungsverfahren von 7.4.4 berechnen: Wir entwickeln also die Lösung des nichtdiagonalisierbaren Systems nach den Eigenformen des ungedämpften Systems. Multiplikation der Bewegungsgleichung mit der transponierten Modalmatrix $\boldsymbol{Q}^T$ führt auf die Bewegungsgleichung

$$\widetilde{\boldsymbol{M}}\,\ddot{\boldsymbol{p}} + \widetilde{\boldsymbol{B}}\,\dot{\boldsymbol{p}} + \widetilde{\boldsymbol{K}}\,\boldsymbol{p} = \boldsymbol{Q}^T \hat{\boldsymbol{f}}\, e^{i\Omega t}.$$

Die modale Massenmatrix $\widetilde{\boldsymbol{M}}$ und die modale Steifigkeitsmatrix $\widetilde{\boldsymbol{K}}$ haben Diagonalform,

$$\widetilde{\boldsymbol{M}} = m \begin{bmatrix} 2 & 0 \\ 0 & 2 \end{bmatrix}, \qquad \widetilde{\boldsymbol{K}} = k \begin{bmatrix} 2 & 0 \\ 0 & 6 \end{bmatrix}.$$

Die Matrix $\widetilde{\boldsymbol{B}}$ ist jedoch keine Diagonalmatrix, sie koppelt die einzelnen Zeilen der Bewegungsgleichungen. Vernachlässigt man die Nebendiagonalglieder,

$$\widetilde{\boldsymbol{B}} = b \begin{bmatrix} 1 & 1 \\ 1 & 1 \end{bmatrix} \approx b \begin{bmatrix} 1 & 0 \\ 0 & 1 \end{bmatrix},$$

so gelangt man zu einer Näherungslösung, die im physikalischen Raum die massenproportionale Dämpfungsmatrix $\boldsymbol{B}_{nah} = b/(2m)\boldsymbol{M}$ besitzt. Wie Bild B8.3.3 beispielhaft für $H_{11}(\Omega)$ zeigt, unterscheiden sich die Näherungsergebnisse (dünne Linien) kaum von der exakten Lösung (dicke Linien) von Bild B8.3.2. Bei der hier nicht gezeigten Übertragungsfunktion $H_{12}(\Omega)$ sind die Unterschiede mit dem Auge nicht zu erkennen.

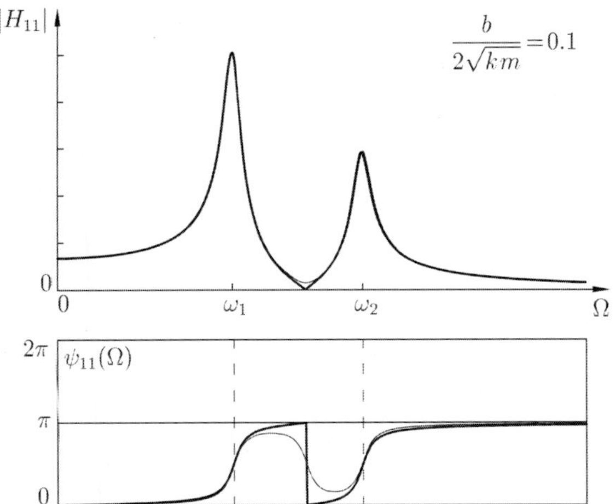

Bild B8.3.3: Betrag und Phase der Übertragungsfunktion $H_{11}(\Omega)$ des Systems mit Einzeldämpfer von Bild B8.3.1; Vergleich der exakten Rechnung (dicke Linien) mit der Näherung aus der Zwangsdiagonalisierung der Dämpfungsmatrix (dünne Linien)

8.5 Tilger und Dämpfer

Häufig sind Schwingungen nicht gewollt und sollen vermieden, reduziert oder unterdrückt werden. Die wichtigsten Maßnahmen zur Lösung solcher Aufgabenstellungen sind in Abschnitt 6.12 aufgezählt. Zu ihnen gehört auch der Einbau von schwingungsfähigen Zusatzsystemen wie Schwingungstilger und Schwingungsdämpfer. Dies sind über Feder- und Dämpferelemente mit der Struktur gekoppelte Zusatzmassen. Erfolgt die Kopplung durch Federn und Dämpfer bzw. nur durch Dämpfer, so spricht man von gedämpften Tilgern. Bei reiner Federkopplung spricht man von Schwingungstilgern.

8.5.1 Schwingungstilger

Im Beispiel 8.1 hatten wir gesehen, daß bei harmonischer Erregung an einem Freiheitsgrad (Einpunkterregung) dieser bewegungsfrei bleibt, wenn die Erregerfrequenz Ω gerade mit einer Eigenfrequenz ω_T des reduzierten Teilsystems übereinstimmt, das sich aus dem ursprünglichen System ergibt, wenn man die erregte Koordinate festhält. Bei einem System mit N Freiheitsgraden hat die an der erregten Masse angekoppelte Reststruktur $N-1$ Eigenfrequenzen ω_{Ti} und die erregte Masse damit $N-1$ Tilgungsfrequenzen.

Auch bei beliebiger Verteilung der Erregung über die Struktur bleibt die Ankoppelstelle eines Tilgers in Ruhe, wenn die Erregerfrequenz Ω gerade mit der Eigenfrequenz ω_T des Tilgers zusammenfällt.

Schwingungen mit fester Frequenz können also an einer Stelle der Struktur vollständig unterbunden werden, indem man dort einen ungedämpften Zusatzschwinger (einen Tilger) anbringt, dessen Eigenfrequenz ω_T genau mit der zu beruhigenden Schwingfrequenz Ω der Struktur übereinstimmt. Im Idealfall ruht die Koppelstelle zwischen der Struktur und dem Tilger.

Ist der Zusatzschwinger ungedämpft (Tilger), dann sind alle Eigenfrequenzen ω_{Ti} des Zusatzschwingers Tilgungsfrequenzen für die Koordinate der Struktur, an die der Zusatzschwinger angekoppelt ist. Dies gilt auch, wenn die zu beruhigende Struktur selbst gedämpft ist. Für die Auslegung des ungedämpften Tilgers müssen also die Eigenfrequenzen ω_{Ti} des Tilgers bei festgehaltener Ankoppelstelle mit den zu tilgenden Erregerfrequenzen Ω_k der Struktur übereinstimmen.

In der Praxis benutzt man als Tilger überwiegend Schwingungssysteme mit einem Freiheitsgrad. Ein solcher ungedämpfter Tilger wird dann so abgestimmt, daß seine Eigenfrequenz ω_T gleich der zu tilgenden Betriebsfrequenz Ω ist.

Wir erläutern die Zusammenhänge am einfachsten Modell: Das Ausgangssystem ist eine harmonisch fremderregte Struktur mit einem Freiheitsgrad q. Die Fremderregung erfolgt durch die harmonische Kraft $F(t) = \widehat{F} \sin \Omega t$. Dämpfung ist keine vorhanden, so daß das dynamische Verhalten des Ausgangssystems ohne Tilger durch das Verhältnis seiner Masse m und seiner Steifigkeit k, also der Eigenfrequenz $\omega_0 = \sqrt{k/m}$, bestimmt ist. Dieses Ausgangssystem wird durch die Bewegungsgleichung

$$m\,\ddot{q} + k\,q = \widehat{F} \sin \Omega t \tag{8.69}$$

beschrieben, die im eingeschwungenen Zustand die Lösung

$$q(t) = \hat{q}\,\sin\Omega t = \frac{\hat{F}}{k}\,\frac{\omega_0^2}{\omega_0^2 - \Omega^2}\,\sin\Omega t \tag{8.70}$$

hat.

Der Tilger ist ein ungedämpfter Zusatzschwinger mit einem Freiheitsgrad q_T. Seine charakteristischen Parameter sind seine Masse m_T und seine Steifigkeit k_T. Bei fixiertem Fußpunkt ($q=0$) hat er die Eigenfrequenz $\omega_T = \sqrt{k_T/m_T}$.

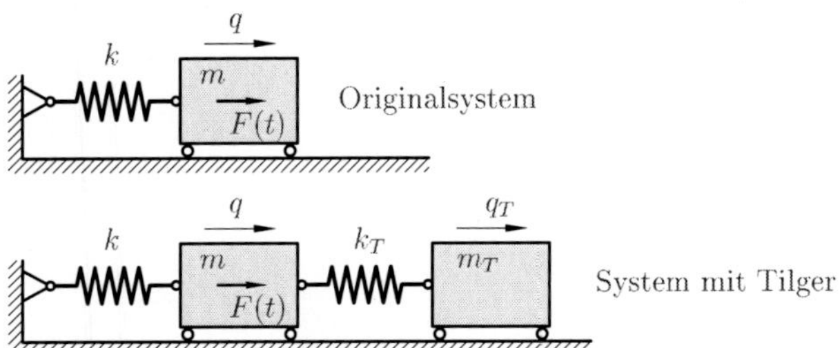

Bild 8.1: Originalsystem (oben) und System mit Tilger (unten)

Bringt man den Tilger an das Ausgangssystem an, ergibt sich ein gekoppeltes Schwingungssystem mit den beiden Freiheitsgraden q und q_T. Dieses hat die Bewegungsgleichungen

$$\begin{bmatrix} m & 0 \\ 0 & m_T \end{bmatrix}\begin{bmatrix} \ddot{q} \\ \ddot{q}_T \end{bmatrix} + \begin{bmatrix} k+k_T & -k_T \\ -k_T & k_T \end{bmatrix}\begin{bmatrix} q \\ q_T \end{bmatrix} = \begin{bmatrix} \hat{F} \\ 0 \end{bmatrix}\sin\Omega t\,. \tag{8.71}$$

Die Dauerschwingung wird durch die Partikularlösung

$$\begin{bmatrix} q \\ q_T \end{bmatrix} = \frac{\hat{F}}{k}\,\frac{1}{P(i\Omega)}\begin{bmatrix} \omega_0^2\,(\omega_T^2 - \Omega^2) \\ \omega_0^2\,\omega_T^2 \end{bmatrix}\sin\Omega t \tag{8.72}$$

beschrieben. Der Nenner

$$P(i\Omega) = \Omega^4 - \Big(\omega_0^2 + \omega_T^2 + \omega_T^2\,\frac{m_T}{m}\Big)\,\Omega^2 + \omega_0^2\,\omega_T^2 \tag{8.73}$$

ist bis auf den konstanten Vorfaktor $m\,m_T$ die von der Frequenz Ω der Fremderregung $F(t) = \hat{F}\sin\Omega t$ abhängige Determinante des linearen Gleichungssystem für die komplexen Amplituden $\underline{\hat{q}}$ und $\underline{\hat{q}}_T$. Der Resonanzfall tritt ein, wenn die Erregerfrequenz Ω mit einer der beiden Eigenfrequenzen

$$\omega_{1,2}^2 = \frac{1}{2}\left\{\Big(\omega_0^2 + \omega_T^2 + \frac{m_T}{m}\omega_T^2\Big) \mp \sqrt{\Big(\omega_0^2 + \omega_T^2 + \frac{m_T}{m}\omega_T^2\Big)^2 - 4\omega_T^2\,\omega_0^2}\right\} \tag{8.74}$$

des gekoppelten Systems übereinstimmt.

Bei der Erregerfrequenz $\Omega = \omega_T$, also bei Übereinstimmung der Erregerfrequenz mit der Eigenfrequenz des starr aufgestellten Tilgers, verschwinden die Schwingungen $q(t)$ des Ausgangssystems, sie werden getilgt.

Im Bild 8.2 sind die Amplituden $\widehat{q}$ und $\widehat{q}_T$ der erzwungenen Schwingungen des Systems über die Erregerfrequenz Ω aufgetragen. Die Resonanz des ursprünglichen Systems bei $\Omega=\omega_0$ spaltet sich auf in zwei neue Resonanzen bei $\Omega=\omega_1$ und $\Omega=\omega_2$, wobei die niedrigere Resonanzfrequenz ω_1 tiefer liegt als die kleinste Eigenfrequenz der beiden Teilsysteme (Ausgangssystem ω_0 und Tilger ω_T), die höhere Resonanzfrequenz ω_2 oberhalb der größeren Eigenfrequenz der beiden Teilsysteme. Man erkennt, daß die Eigenfrequenzen ω_1 und ω_2 durch die Kopplung besonders stark auseinander getrieben werden, wenn die Eigenfrequenzen der beiden Teilsysteme gleich sind.

Zwischen den Resonanzen besitzt die Auslenkung $\widehat{q}$ der Ausgangsstruktur bei $\Omega = \omega_T = \sqrt{k_T/m_T}$ eine Nullstelle. Nur dort wird die Bewegung des Ausgangssystems getilgt.

Das Auftreten von zwei Resonanzstellen als Folge des Anbringens eines Tilgers ist ein entscheidender Nachteil: Wenn sich die Erregerfrequenz Ω von der Tilgerstelle entfernt, fällt die Wirkung des Tilgers schnell ab. Bereits relativ geringe Erregerfrequenzänderungen können den Tilgungseffekt völlig zerstören, da die Resonanzkurve neben der Tilgungsstelle meist steil ansteigt. Dies ist besonders stark ausgeprägt, wenn die Erregerfrequenz Ω weitab von der Resonanz ω_0 des Ausgangssystems liegt. Die Steilheit des Anstieges ist um so größer, je kleiner die Tilgermasse m_T ist. In der Praxis sind daher häufig Tilgermassen erforderlich, die größer als 20% der zu beruhigenden Masse m sind.

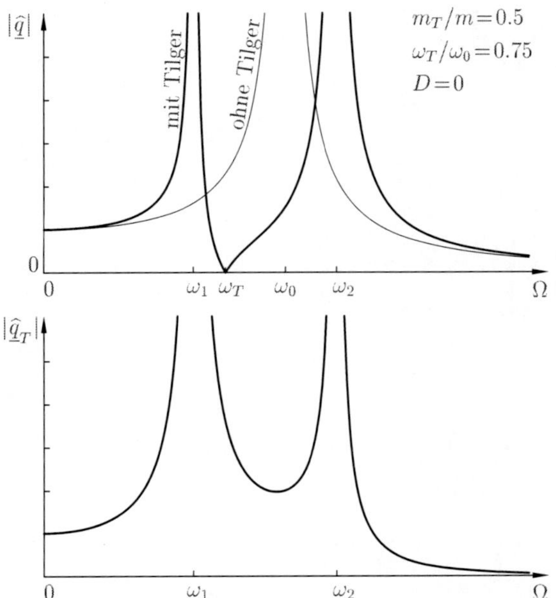

Bild 8.2: Amplituden $\widehat{q}$ und $\widehat{q}_T$ infolge einer harmonischen Erregung

Bemerkenswert ist, daß der abgestimmte Tilger bei der Frequenz $\Omega=\omega_T$ selbst keine Resonanzausschläge macht. Vielmehr liegt in der Nähe dieser Frequenz sogar das Minimum der Amplituden $\widehat{q}_T$ des Tilgers.

Der Tilgereffekt ist nicht auf dieses einfache Beispiel beschränkt. Er tritt immer auf, wenn sich an einem Punkt einer schwingenden Struktur eine schwingungsfähige Teilstruktur anschließt, von der eine Eigenfrequenz ω_{Ti} mit der Erregerfrequenz Ω übereinstimmt. Wenn z. B. im System von Bild 8.1 statt der Masse m des Ausgangssystems die Tilgermasse m_T harmonisch erregt würde, so käme sie bei

$$\Omega^2 = \frac{k + k_T}{m} \tag{8.75}$$

zur Ruhe, da dies die Eigenfrequenz des an die erregte Masse m_T angekoppelten Restsystems ist, wenn m_T, also der Angriffspunkt der Erregerkraft, fixiert wird.

Die Schwingungsberuhigung durch Tilger hat leider auch einen entscheidenden Nachteil: Wenn die Erregerfrequenz Ω nicht konstant ist und der Tilger nicht reguliert werden kann, ist er praktisch wertlos. Schon geringe Erregerfrequenzschwankungen zerstören den Tilgungseffekt, weil die Amplitudenkurven neben der Tilgerstelle meist relativ steil in die Höhe gehen. Da kann Dämpfung ausgleichend wirken. Bei Zusatzdämpfung erhält man zwar keine vollkommene Tilgung mehr ($\underline{\hat{q}}$ wird bei gedämpftem Tilger nirgends null), durch geschickte Auswahl der Dämpfung kann man jedoch ein breiteres Frequenzband entschärfen.

Beispiel 8.4: Tilger an einer gedämpften Struktur

Wir untersuchen die Wirkung eines ungedämpften Tilgers an einer gedämpften Struktur mit einem Freiheitsgrad. Die Dämpfung der Struktur beträgt 4%.

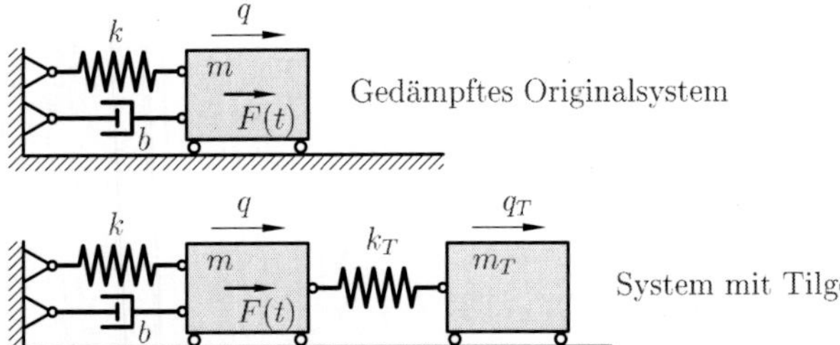

Bild B8.4.1: Gedämpftes Originalsystem (oben) und System mit Tilger (unten)

Originalsystem ohne Tilger:

Die Bewegungsgleichung des Originalsystems hat die Form

$$m\,\ddot{q} + b\,\dot{q} + k\,q = F \sin \Omega t\,.$$

Das Originalsystem ohne Tilger hat eine Resonanzstelle bei $\Omega = \omega_0$.

System mit Tilger:

Koppelt man den ungedämpften Tilger an das gedämpfte Originalsystem, entsteht ein System mit zwei Freiheitsgraden, das durch die Bewegungsgleichungen

$$\begin{bmatrix} m & 0 \\ 0 & m_T \end{bmatrix} \begin{bmatrix} \ddot{q} \\ \ddot{q}_T \end{bmatrix} + \begin{bmatrix} b & 0 \\ 0 & 0 \end{bmatrix} \begin{bmatrix} \dot{q} \\ \dot{q}_T \end{bmatrix} + \begin{bmatrix} k+k_T & -k_T \\ -k_T & k_T \end{bmatrix} \begin{bmatrix} q \\ q_T \end{bmatrix} = \begin{bmatrix} F \\ 0 \end{bmatrix} \sin \Omega t$$

beschrieben wird. Die erzwungene Bewegung berechnet sich nach der in den vorherigen Abschnitten dargestellten Theorie zu

$$\begin{bmatrix} q \\ q_T \end{bmatrix} = \frac{\widehat{F}}{k} \frac{1}{P(i\Omega)} \begin{bmatrix} \omega_0^2(\omega_T^2 - \Omega^2) \\ \omega_0^2 \omega_T^2 \end{bmatrix} \sin \Omega t ,$$

worin nur der Resonanznenner

$$P(i\Omega) = \Omega^4 - i2D\omega_0\Omega^3 - \left(\omega_0^2 + \omega_T^2 + \omega_T^2 \frac{m_T}{m}\right)\Omega^2 + i2D\omega_0\omega_T^2\Omega + \omega_0^2\omega_T^2$$

das Dämpfungsmaß

$$D = \frac{b}{2\sqrt{km}}$$

des Originalsystems beinhaltet. Der Amplitudengang der Koordinate q des Hauptsystems ist im Bild B8.4.2 dargestellt.

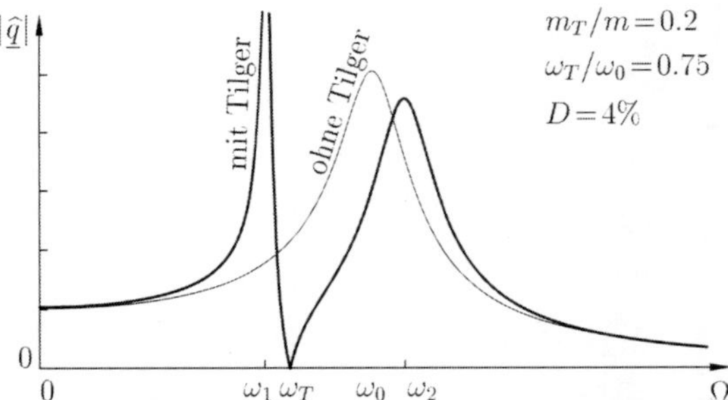

Bild B8.4.2: Amplituden $|\widehat{q}|$ einer gedämpften Struktur mit ungedämpftem Tilger

Trotz Dämpfung der Ausgangsstruktur wird die Amplitude des Hauptsystems bei $\Omega = \omega_T$ null, $\widehat{q}(\omega_T) = 0$. Die Amplitude der Tilgermasse $\widehat{q}_T$ wird bei dieser Tilgungsfrequenz gerade so groß, daß die Kraft $k_T q_T$ in der Tilgerfeder der Erregerkraft $F \sin \Omega t$ das Gleichgewicht hält, $\widehat{q}_T(\omega_T) = -F/k_T$.

Beispiel 8.5: Einfluß der Tilgerabstimmung

Da in der Praxis die Erregerfrequenz selten konstant ist, untersuchen wir beispielhaft das Verhalten des Systems, wenn die Erregerfrequenz Ω nicht genau bei der Frequenz ω_T liegt, auf die der Tilger abgestimmt ist. Dazu betrachten wir die Struktur von Beispiel 8.4 (Bild B8.4.1) mit einem Dämpfungsgrad von 4%.

Wir untersuchen zwei unterschiedliche Tilgerabstimmungen, nämlich zum Einen $\omega_T = 0.6\,\omega_0$ und zum Anderen $\omega_T = \omega_0$. Ohne Tilger hat das Originalsystem bei $\Omega = 0.6\,\omega_0$ die Amplitude $|\widehat{q}(0.6\,\omega_0)| = 1.56\,F/k$ und in der Resonanz bei $\Omega = \omega_0$ die Amplitude $|\widehat{q}(\omega_0)| = 12.5\,F/k$. Für beide Fälle wählen wir als Tilgermasse m_T 20% der Masse m des zu tilgenden Hauptsystems und stimmen die Tilgerfeder k_T auf die jeweilige Tilgungsfrequenz ω_T ab: Aus der Bedingung $\omega_T = \sqrt{k_T/m_T}$ folgt für die Steifigkeit des Tilges

$$k_T = \omega_T^2\, m_T = \frac{\omega_T^2}{\omega_0^2} \frac{m_T}{m} k\,.$$

Für eine Tilgerabstimmung auf $\omega_T = 0.6\,\omega_0$ benötigt man somit eine Tilgersteifigkeit von $k_T = 0.072\,k$ und für eine Abstimmung auf $\omega_T = \omega_0$ eine von $k_T = 0.2\,k$.

Die Bilder B8.5.1 und B8.5.2 zeigen die Amplituden $|\underline{\hat{q}}|$ der erregten Masse m in Abhängigkeit von der Erregerfrequenz Ω. Erwartungsgemäß ist die Amplitude des Ausgangssystems bei $\Omega = \omega_T$ null.

In der am dichtesten daneben liegenden Resonanz sind die Amplituden sogar größer als die Resonanzamplituden des Systems ohne Tilger (22 statt 12.5 bei $\omega_T/\omega_0 = 0.6$ und 15.6 statt 12.5 bei $\omega_T/\omega_0 = 1$).

Der Vergleich der Kurven zeigt, daß ein Tilger gerade dann besonders wirkungsvoll die Amplituden reduziert, wenn das System ursprünglich in Resonanz erregt wurde.

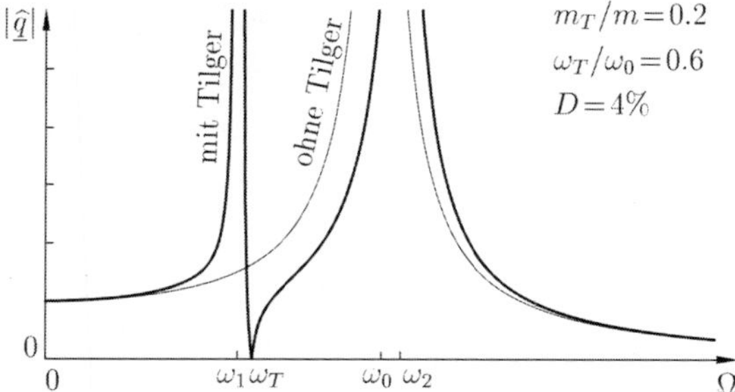

Bild B8.5.1: Amplitudengang $|\underline{\hat{q}}|$ bei einer Tilgerabstimmungen auf $\omega_T = 0.6\,\omega_0$

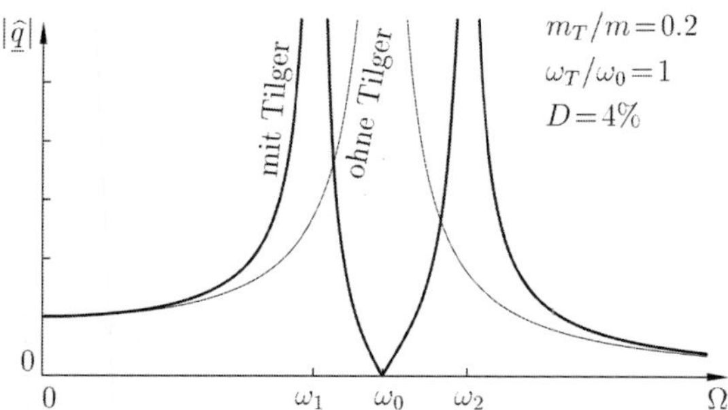

Bild B8.5.2: Amplitudengang $|\underline{\hat{q}}|$ bei einer Tilgerabstimmungen auf $\omega_T = \omega_0$

8.5.2 Tilger mit Dämpfung

Die Wirkungsweise des Tilgers beruht darauf, daß bei einer bestimmten Erregerfrequenz nur die Zusatzmasse m_T erzwungene Schwingungen ausführt, während das Originalsystem in Ruhe bleibt. Allerdings tritt dieser Tilgereffekt nur bei einer bestimmten Erregerfrequenz ein und das System reagiert sensibel auf Erregerfrequenzänderungen. Einen gewissen Ausgleich bringt Dämpfung im Tilger. Zur Analyse der Zusammenhänge betrachten wir ein harmonisch erregtes System, an das ein gedämpfter Zusatzschwinger angebracht wird. Wir nennen den Zusatzschwinger gedämpfter Tilger, auch wenn der eigentliche Tilgereffekt, nämlich die absolute Schwingungsfreiheit der Koppelstelle beim Zusammenfallen der Erregerfrequenz Ω mit der Eigenfrequenz ω_T des Tilgers, nicht mehr eintritt. Zur Verdeutlichung betrachten wir das System von Bild 8.3. Die Dämpfung des Tilgers wird durch sein Dämpfungsmaß

$$D_T = \frac{b_T}{2\sqrt{k_T m_T}} \tag{8.76}$$

charakterisiert.

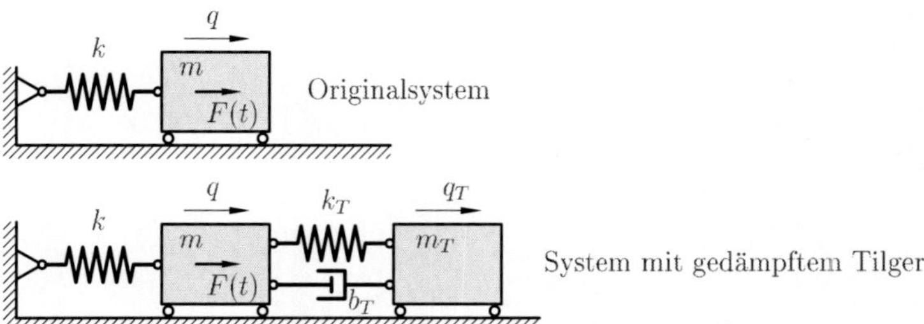

Bild 8.3: Originalsystem (oben) und System mit gedämpftem Tilger (unten)

Aus den Bewegungsgleichungen

$$\begin{bmatrix} m & 0 \\ 0 & m_T \end{bmatrix}\begin{bmatrix} \ddot{q} \\ \ddot{q}_T \end{bmatrix} + \begin{bmatrix} b_T & -b_T \\ -b_T & b_T \end{bmatrix}\begin{bmatrix} \dot{q} \\ \dot{q}_T \end{bmatrix} + \begin{bmatrix} k+k_T & -k_T \\ -k_T & k_T \end{bmatrix}\begin{bmatrix} q \\ q_T \end{bmatrix} = \begin{bmatrix} F \\ 0 \end{bmatrix}\sin\Omega t \tag{8.77}$$

des gekoppelten Systems ergeben sich die komplexen Amplituden der harmonisch erzwungenen Schwingungen zu

$$\begin{bmatrix} \underline{\hat{q}} \\ \underline{\hat{q}}_T \end{bmatrix} = \frac{F}{k}\,\frac{1}{P(i\Omega)}\begin{bmatrix} \omega_0^2\,(\omega_T^2 - \Omega^2 + i2D_T\omega_T\Omega) \\ \omega_0^2\,(\omega_T^2 + i2D_T\omega_T\Omega) \end{bmatrix} \tag{8.78}$$

mit dem Resonanznenner

$$\begin{aligned} P(i\Omega) = \Omega^4 - i2D_T\omega_T\Big(1+\frac{m_T}{m}\Big)\Omega^3 - \Big(\omega_0^2+\omega_T^2+\omega_T^2\frac{m_T}{m}\Big)\Omega^2 \\ -i\,2D_T\omega_T^3\frac{m_T}{m}\Omega + \omega_0^2\omega_T^2\,. \end{aligned} \tag{8.79}$$

Man erkennt, daß der Zähler von $\underline{\hat{q}}$ infolge der Dämpfung keine reelle Nullstelle mehr besitzt. Es gibt also keine Abstimmung ω_T/ω_0 des gedämpften Tilgers, mit der man die Amplitude $\underline{\hat{q}}$ des Ausgangssystems zum Verschwinden bringen kann. Durch die Dämpfung des Tilgers geht somit der Effekt verloren, daß die Amplitude bei einer Erregerfrequenz null wird. Dies wird aus den Resonanzkurven von Bild 8.4 deutlich: Je größer die Dämpfung des Tilgers wird, um so größer wird die verbleibende Restamplitude des Ausgangssystems an der Tilgerstelle $\Omega = \omega_T$. Der Zusatzschwinger schwingt infolge seiner Dämpfung nicht mehr genau in Gegenphase zur Erregung.

Die Kurven für verschiedene Dämpfungswerte werden von zwei Grenzkurven eingeschlossen: Ist die Dämpfung des Tilgers null, so ergibt sich das eingangs diskutierte Verhalten von Bild 8.2 mit zwei Resonanzstellen bei ω_1 und ω_2. Ist die Tilgerdämpfung unendlich groß, dann ist die Tilgermasse fest mit dem Originalsystem verbunden und das gekoppelte System hat nur eine Resonanzfrequenz bei

$$\omega_{1\infty}^2 = \frac{k}{m+m_T}. \tag{8.80}$$

Bei $\Omega = \omega_{1\infty}$ werden die Amplituden des Originalsystems trotz Dämpfer $D_T \to \infty$ unendlich groß. Die Amplitudengänge der beiden Grenzfälle sind im Bild 8.4 aufgetragen.

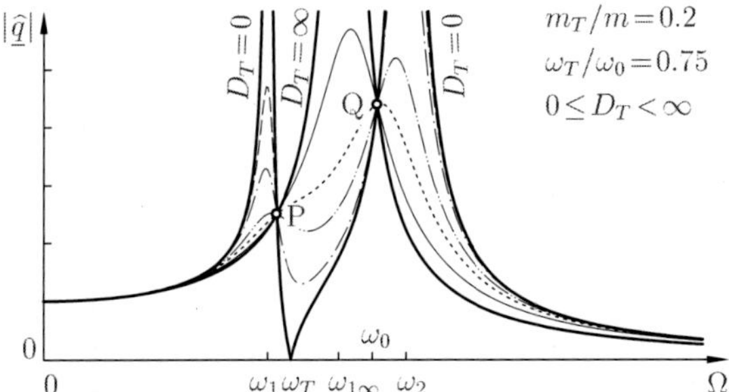

Bild 8.4: Amplituden $|\underline{\hat{q}}|$ der Ausgangsstruktur mit gedämpftem Tilger für unterschiedliche Tilgerdämpfungen D_T

Für den allgemeinen Fall eines gedämpften Tilgers an einem ungedämpften Originalsystem soll nun der Tilger optimal ausgelegt werden: Ziel dieser Auslegung sind möglichst kleine Amplituden $|\underline{\hat{q}}|$ in einem breiten Frequenzbereich, um den schwerwiegenden Nachteil des ungedämpften Tilgers bei Schwankungen der Erregerfrequenz oder beim Durchlaufen der Resonanzstellen zu vermeiden.

Wie Bild 8.4 zeigt, schneiden sich alle Kurven – unabhängig vom Dämpfungsmaß D_T des gedämpften Tilgers – in den Punkten P und Q. Zur optimalen Auslenkung eines gedämpften Tilgers wird man daher zuerst die Ordinaten von P und Q möglichst klein machen. Bei diesem Versuch stellt man allerdings fest, daß die beiden Punkte P und Q nicht beliebig verschoben werden können. Wandert der eine nach unten so wandert der andere nach oben. Eine günstige Tilgerabstimmung für einen breiteren Frequenzbereich wird wohl dann vorhanden sein, wenn die beiden Punkte P und Q auf gleicher Höhe liegen. Dies ist gerade der Fall, wenn die Abstimmung den Wert

$$\frac{\omega_T}{\omega_0} = \frac{1}{1+\mu} \tag{8.81}$$

mit dem Massenverhältnis

$$\mu = \frac{m_T}{m} \tag{8.82}$$

hat. Bei dieser optimalen Tilgerabstimmung ergeben sich die Koordinaten der Schnittpunkte zu

$$\begin{aligned} \Omega_P^2 &= \frac{1}{1+\mu}\left[1 - \sqrt{\frac{\mu}{2+\mu}}\,\right]\omega_0^2 \qquad \text{mit} \qquad |\hat{q}_P(\Omega_P)| = \sqrt{\frac{2+\mu}{\mu}}\;\frac{F}{k}\,, \\ \Omega_Q^2 &= \frac{1}{1+\mu}\left[1 + \sqrt{\frac{\mu}{2+\mu}}\,\right]\omega_0^2 \qquad \text{mit} \qquad |\hat{q}_Q(\Omega_Q)| = \sqrt{\frac{2+\mu}{\mu}}\;\frac{F}{k}\,. \end{aligned} \tag{8.83}$$

Dem Ergebnis entnimmt man, daß die Amplituden in den Punkten P und Q mit zunehmender Tilgermasse $m_T = \mu\, m$ kleiner werden. Deshalb sollte man eine möglichst große Tilgermasse m_T anstreben.

Im weiteren geht es dann darum, für die optimierte Tilgerabstimmung von (8.81) das günstigste Dämpfungsmaß D_T des Tilgers zu finden. Günstig ist es sicherlich, wenn die Resonanzkurve $|\underline{\hat{q}}|$ möglichst flach durch die Punkte P und Q geht. Daher wird man

$$\left.\frac{d\,|\underline{\hat{q}}|}{d\Omega}\right|_P = 0 \qquad \text{und} \qquad \left.\frac{d\,|\underline{\hat{q}}|}{d\Omega}\right|_Q = 0 \tag{8.84}$$

fordern. Es zeigt sich, daß beide Bedingungen nicht gleichzeitig erfüllt werden können. Die beiden Forderungen liefern nach einiger Rechnung nämlich die unterschiedlichen Dämpfungswerte

$$D_P^2 = \frac{\mu^3\left(3 - \sqrt{\dfrac{\mu}{2+\mu}}\right)}{8\,(1+\mu)^3} \qquad \text{und} \qquad D_Q^2 = \frac{\mu^3\left(3 + \sqrt{\dfrac{\mu}{2+\mu}}\right)}{8\,(1+\mu)^3}\,. \tag{8.85}$$

Der günstigste Fall ist für einen Zwischenwert zu erwarten. Der Einfachheit halber wählt man als optimale Dämpfung den Mittelwert der Quadrate,

$$D_{opt} = \sqrt{\frac{1}{2}\left(D_P^2 + D_Q^2\right)} = \sqrt{\frac{3\,\mu^3}{8\,(1+\mu)^3}}\,. \tag{8.86}$$

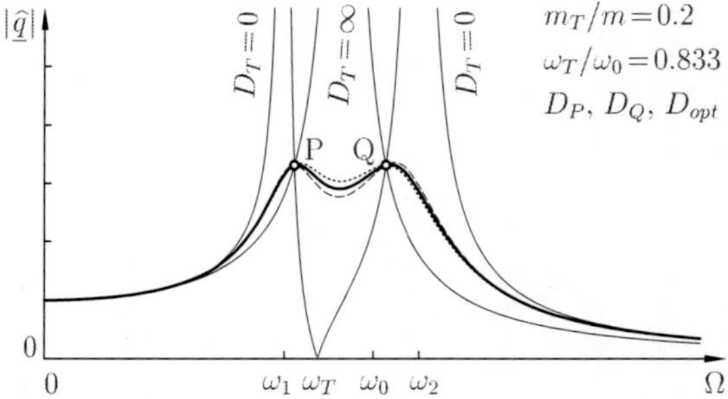

Bild 8.5: Amplitudengang der Schwingungen des Originalsystems bei optimal ausgelegtem gedämpften Tilger

8.5.3 Dämpfer ohne Federkopplung

Auch mit einem nur aus Dämpfer und Masse bestehenden Zusatzsystem lassen sich die Amplituden reduzieren. Solch ein Zusatzsystem ohne Federkopplung nach Bild 8.6 wird viskoser Lanchester-Dämpfer genannt. Allerdings ist der Effekt der Amplitudenreduktion wesentlich geringer als mit einem optimal ausgelegten gedämpften Tilger, jedoch entsteht keine zusätzliche Resonanz.

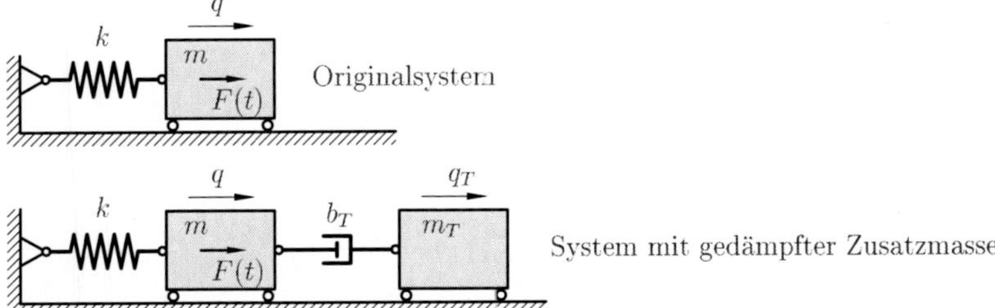

Bild 8.6: Originalstruktur (oben) und System mit gedämpft angekoppelte Zusatzmasse (unten)

Die Amplitudengänge der Hauptmasse und der Tilgermasse findet man am einfachsten aus der allgemeinen Lösung (8.78) und (8.79) des gedämpften Tilgers nach der Einführung des neuen Dämpfungsmaßes

$$D^T = \frac{b_T}{\sqrt{k\,m}} \tag{8.87}$$

mittels der Grenzübergänge $2D_T\omega_T \to 2D^T\omega_0 m/m_T$ und $\omega_T^2 \to 0$. Es ergibt sich

$$\begin{bmatrix} \hat{q} \\ \hat{q}_T \end{bmatrix} = \frac{F}{k}\,\frac{1}{P(i\Omega)} \begin{bmatrix} \omega_0^2\,(-\Omega^2 + i2D^T\omega_0\,\Omega) \\ \omega_0^2\,i2D^T\omega_0\,\Omega \end{bmatrix} \tag{8.88}$$

mit dem Resonanznenner

$$P(i\Omega) = \Omega^4 - i2D^T\omega_0\Big(1+\frac{m_T}{m}\Big)\,\Omega^3 - \omega_0^2\,\Omega^2 + i2D^T\omega_0^3\,\Omega\,.$$

Bild 8.7 zeigt die Amplitudengänge des Hauptsystems bei unterschiedlichen Dämpfungen des viskosen Lanchester-Dämpfers. Alle Kurven liegen zwischen den beiden Grenzfällen $D^T = 0$ (System ohne Lanchester-Dämpfer) und $D^T = \infty$ (starr an das Originalsystem gekoppelte Zusatzmasse). Unterschiedliche Dämpfungen führen zu unterschiedlichen Resonanzüberhöhungen. Mit Ausnahme der beiden Grenzfälle $D^T = 0$ und $D^T = \infty$ bleiben die Amplituden im gesamten Frequenzbereich endlich. Unabhängig vom Wert der Dämpfung D^T schneiden sich alle Kurven im Punkt Q. Die zugehörige Erregerfrequenz errechnet sich aus dem Vergleich der Glieder mit Dämpfung und ohne Dämpfung in Zähler und Nenner der Vergrößerungsfunktion,

$$\frac{\left[\omega_0^2\,\Omega^2\right]^2}{\left[\Omega^2\,(\Omega^2-\omega_0^2)\right]^2} = \frac{\left[\omega_0^2\right]^2}{\left[\omega_0^2 - \Omega^2(1+\mu)\right]^2}\,. \tag{8.89}$$

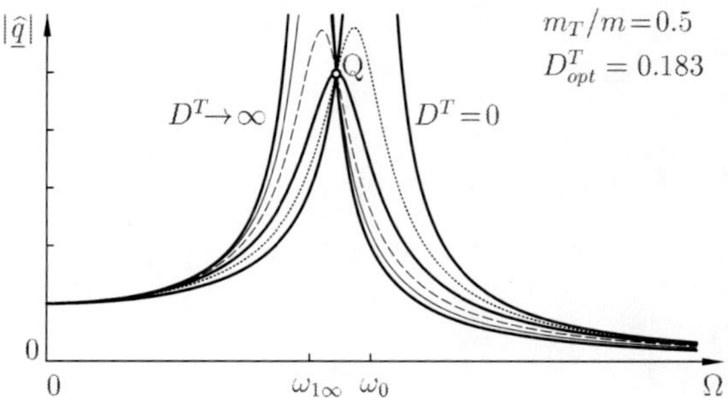

Bild 8.7: Amplituden $|\hat{\underline{q}}|$ der Ausgangsstruktur mit viskosem Lanchester-Dämpfer

Der Punkt Q liegt somit bei der Erregerfrequenz

$$\Omega_Q^2 = \frac{2}{2+\mu}\omega_0^2 \tag{8.90}$$

und die Amplitude der Hauptmasse hat dort den Wert

$$|\hat{\underline{q}}(\Omega_Q)| = \frac{2+\mu}{\mu}\frac{F}{k}. \tag{8.91}$$

Dies bedeutet, daß bei Erregung mit der Frequenz $\Omega = \Omega_Q$ die Schwingungsamplitude der Hauptmasse m um so kleiner bleibt, je größer die Zusatzmasse m_T ist. Bei der Auslegung eines viskosen Dämpfers wird man zunächst durch eine möglichst große Zusatzmasse m_T die Amplitude im Punkt Q klein machen und dann fordern, daß die Resonanzkurve nirgends größer als im Punkt Q wird. Dies ist offensichtlich dann der Fall, wenn der Amplitudengang im Punkt Q sein Maximum hat. Die Ausrechnung führt nach einiger Rechnung auf die optimale Dämpfung

$$D^T_{opt} = \frac{\mu}{\sqrt{2(1+\mu)(2+\mu)}}, \tag{8.92}$$

für die der Amplitudengang ins Bild 8.7 mit eingezeichnet ist.

8.5.4 Technische Ausführungen von Tilgern und Dämpfern

Es gibt eine Vielzahl von Tilgerkonstruktionen:

Zwei Beispiele für Drehschwingungsdämpfer sind in den Bildern 8.8 und 8.9 dargestellt. Beim ersten Drehschwingungsdämpfer handelt es sich um einen Viskositätsdämpfer, der wie im vorherigen Abschnitt 8.5.3 beschrieben arbeitet, beim zweiten um einen nichtlinearen Lanchester-Trockenreibungsdämpfer, bei dem bei großer Winkelbeschleunigung der Welle Reibschwingungen zwischen der seismischen Dämpfermasse und der Rotorwelle entstehen.

Eine weitere Anwendung von Tilgern findet man bei Hochspannungsleitungen: Der im Bild 8.10 abgebildete Stockbridge-Dämpfer (Tilger) tilgt die Eigenschwingungen der Leitung, die durch den Wind angeregt werden (Karman-Wirbel).

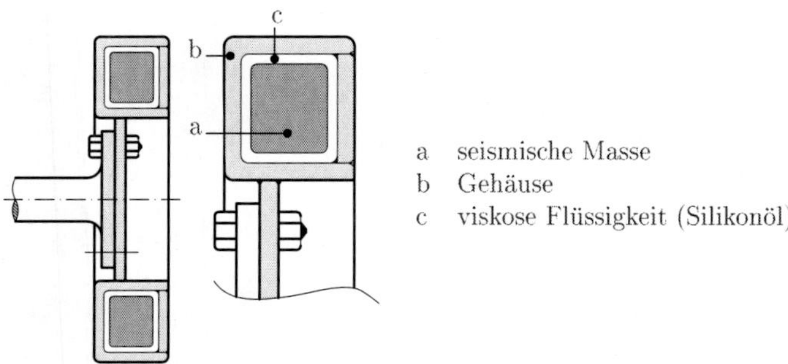

Bild 8.8: Viskositäts-Drehschwingungsdämpfer

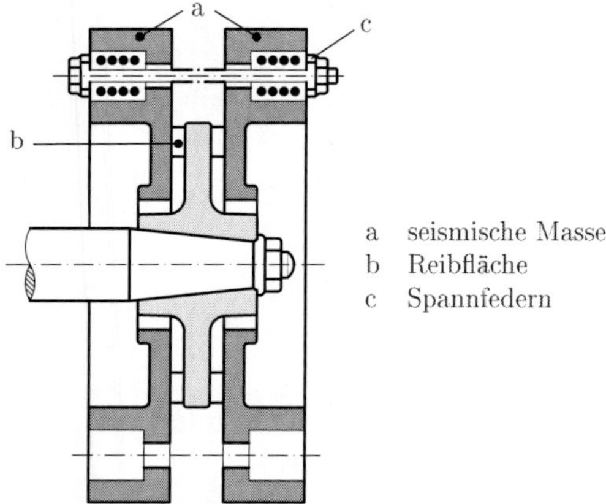

Bild 8.9: LANCHESTER-Trockenreibungs-Drehschwingungsdämpfer

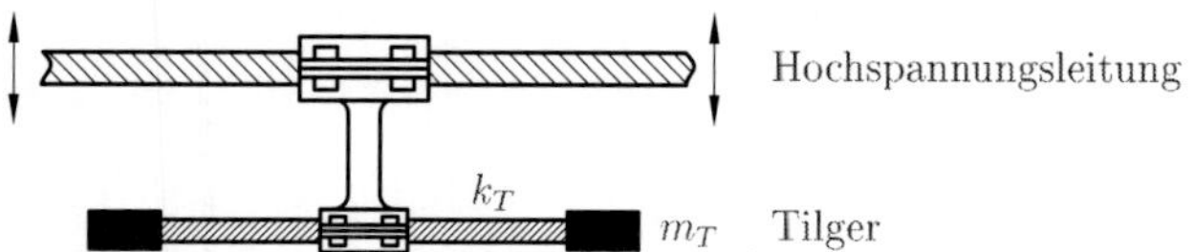

Bild 8.10: Stockbridge-Dämpfer an einer Hochspannungsleitung

Auch zur Minderung von Hub- und Nickschwingungen selbstfahrender Arbeitsmaschinen wird der Tilgereffekt ausgenutzt. Wie Bild 8.11 beispielhaft zeigt, kann die Arbeitsausrüstung der Maschine als Tilgermasse verwendet werden, indem sie über ein zusätzliches Feder-Dämpfer-System an das Fahrzeug gekoppelt wird.

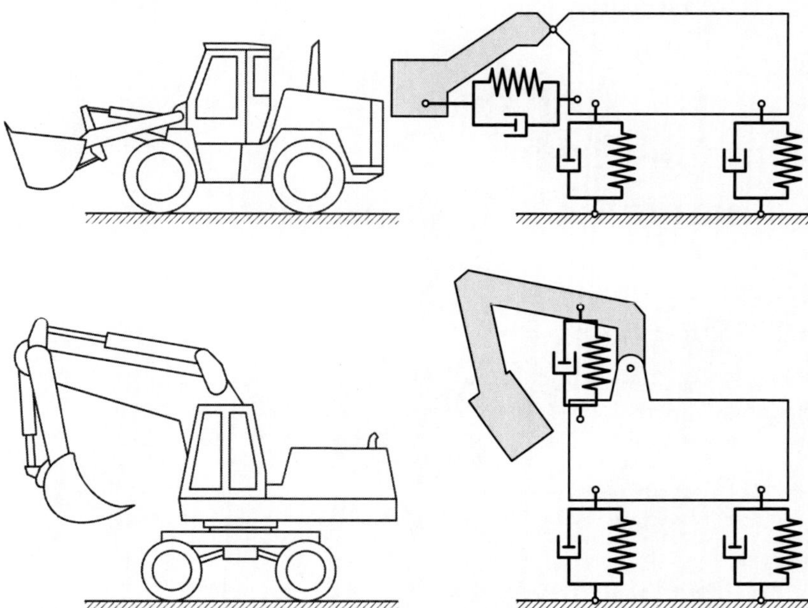

Bild 8.11: Schwingungstilgung an einer Arbeitsmaschine durch die Arbeitsausrüstung

Kapitel 9

Einfache freie Kontinuumsschwingungen

9.1 Einleitung

Kontinuierliche schwingungsfähige Systeme sind Gebilde, deren elastische und träge Eigenschaften kontinuierlich verteilt sind. Beispiele sind gespannte Seile, Fundamentstützen, Rahmentragwerke, rotierende Wellen, aber auch Gas- und Flüssigkeitssäulen. Grundsätzlich sind alle Gebilde kontinuierlicher Art; eine diskrete Modellierung ist nur dann gerechtfertigt, wenn in den einzelnen Elementen im wesentlichen jeweils nur eine Eigenschaft (Trägheit, Nachgiebigkeit) dominant ist.

Kontinuierliche Systeme haben unendlich viele Zustandskoordinaten. Der Zustand eines kontinuierlichen Systems wird deswegen von einer orts- und zeitabhängigen Zustandskoordinate $w(x,t)$ in einer partiellen Differentialgleichung beschrieben. Man spricht von einem Anfangs-Randwert-Problem, da zusätzlich zu der partiellen Differentialgleichung und den Anfangsbedingungen noch Randbedingungen für die Zustandsvariable vorgegeben sind. Die partielle Bewegungsgleichung beschreibt die Dynamik im Inneren der kontinuierlichen Struktur für alle denkbaren Lagerungen. Die Randbedingungen beschränken diese Vielfalt auf die mit der Lagerung verträglichen speziellen Verformungsmöglichkeiten der kontinuierlichen Struktur.

Da andererseits ein schwingendes Kontinuum als Grenzfall ($N \to \infty$) eines Schwingungssystems mit sehr vielen Freiheitsgraden angesehen werden kann, ist zu erwarten, daß bei Kontinuumsschwingungen die gleichen Phänomene anzutreffen sind, wie bei Systemen mit endlich vielen Freiheitsgraden. Berechnungswege und Ergebnisse lassen sich sinngemäß übertragen: Bei endlichen Abmessungen des kontinuierlichen Systems wird man auf ein Eigenwertproblem geführt, das nunmehr eine unendliche Anzahl von Eigenfrequenzen und Eigenschwingungsformen aufweist. Allerdings sind diese entscheidend von den Randbedingungen abhängig. Durch Überlagerung der Eigenschwingungen ergeben sich beliebige freie Schwingungen, wobei der Anteil der einzelnen Eigenschwingungsformen durch die Anfangsbedingungen bestimmt wird. Schließlich kann man aus der Nähe der Erregerfrequenz zu einer der Eigenfrequenzen auf die Resonanzgefährdung des Systems schließen. Diese Aussagen treffen zumindest auf lineare, dämpfungsfreie Systeme zu. Bei solchen Systemen hält sich auch der mathematische Aufwand in Grenzen, so daß die folgenden Ausführungen auf derartige Systeme beschränkt bleiben sollen.

Den weiteren Ausführungen legen wir somit folgende Voraussetzungen zugrunde:
- geometrische Linearität, d. h. kleine Auslenkungen sowie die Zuordnung der Schnittgrößen zu den unausgelenkten Koordinaten,
- physikalische Linearität, d. h. kleine Verzerrungen sowie die Gültigkeit eines linearen Werkstoffgesetzes, und
- vernachlässigbar kleine Dämpfung.

Wir beschränken unsere Betrachtungen ferner auf eindimensionale kontinuierliche Systeme, die sich nur in eine Richtung x des Raumes erstrecken. Die Abmessungen in den anderen beiden Raumrichtungen seien vernachlässigbar klein. Somit wird zur Beschreibung nur eine einzige unabhängige Ortskoordinate x benötigt.

Bei der Untersuchung des Systemverhaltens werden wir von der partiellen Bewegungsgleichung ausgehen, bei deren Herleitung wir nach den Methoden der Mechanik wie folgt vorgehen:
- Freischneiden eines differentiell kleinen Strukturelementes,
- dynamische Grundgesetze: Kräftesatz und Momentensatz,
- Stoffgesetz: Beziehungen zwischen Spannungen und Verzerrungen,
- Verträglichkeitsbedingungen: geometrische Beziehungen, z. B. Randbedingungen.

9.2 Eindimensionale Wellengleichung

9.2.1 Grundlagen

Die Schwingungen $w(x,t)$ etlicher einfacher Strukturen werden durch ein und die selbe Bewegungsgleichung, die eindimensionale Wellengleichung

$$\frac{\partial^2 w}{\partial t^2} = c^2 \frac{\partial^2 w}{\partial x^2} \tag{9.1}$$

beschrieben. Die Wellengleichung ist eine lineare homogene partielle hyperbolische Differentialgleichung 2. Ordnung. Der Parameter c ist die Geschwindigkeit, mit der sich Störungen der Zustandsgrößen längs der Struktur fortpflanzen, also die Wellenfortpflanzungsgeschwindigkeit, die auch Phasengeschwindigkeit heißt. Dämpfung (im Innern wie auch an den Rändern) wird vernachlässigt.

Der aktuelle Zustand einer kontinuierlichen Struktur an einer Stelle x, die durch die Wellengleichung beschrieben wird, wird vollständig durch
- eine Verformungsgröße (Verschiebung, Drehwinkel o. ä.) und
- eine Kraftgröße (Schnittgröße, Spannung)

beschrieben. Umrechnungen zwischen den Kraftgrößen und den Verformungsgrößen erfolgen mit den elastomechanischen Konstitutivgesetzen.

9.2.2 Querschwingungen von Saiten

Von einer Saite spricht man, wenn die Biegesteifigkeit eines querschwingenden eindimensionalen Gebildes (Seil, Faden) vernachlässigbar ist. Die Saite hat die Massenbelegung μ (Masse je Länge) und ist mit der Spannkraft S vorgespannt. Wegen der Biegeschlaffheit ist die Spannkraft S an jeder Stelle x tangential zur Saite.

Beschränkt man sich auf kleine Querverschiebungen $w(x,t)$ sowie kleine Neigungswinkel $\varphi(x,t)$ und sieht von Änderungen der Spannkraft S infolge möglicher Längsdehnungen der Saite ab, so bleibt die Beschreibung linear und es gilt der geometrische Zusammenhang

$$\varphi = \frac{\partial w}{\partial x}\,. \tag{9.2}$$

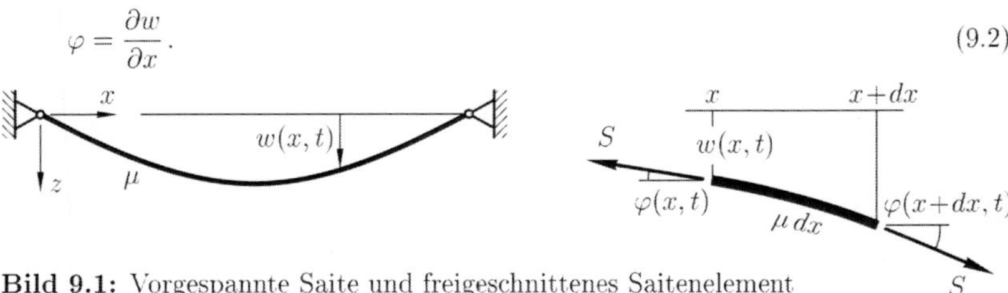

Bild 9.1: Vorgespannte Saite und freigeschnittenes Saitenelement

Zur Herleitung der Bewegungsgleichungen betrachten wir das infinitesimale Saitenelement von Bild 9.1 mit der Länge dx und der Masse $dm = \mu\,dx$ im ausgelenkten Zustand. Die Differenz der Querkomponenten

$$Q(x,t) = S\,\varphi(x,t) = S\,w'(x,t)$$

der Spannkraft ist für die Querbeschleunigung $\partial^2 w/\partial t^2$ des Massenelementes verantwortlich: Aus dem Kräftesatz folgt

$$\mu\,dx\,\frac{\partial^2 w}{\partial t^2} = S\,\varphi(x+dx,t) - S\,\varphi(x,t)\,.$$

Nach Division durch dx und Grenzübergang $dx \to 0$ ergibt sich wegen

$$\lim_{dx\to 0} \frac{S\,\varphi(x+dx,t) - S\,\varphi(x,t)}{dx} = S\,\frac{\partial\varphi}{\partial x} = S\,\frac{\partial^2 w}{\partial x^2}$$

die Bewegungsgleichung

$$\frac{\partial^2 w}{\partial t^2} = \frac{S}{\mu}\,\frac{\partial^2 w}{\partial x^2}\,. \tag{9.3}$$

Das Quadrat der Wellenfortplanzungsgeschwindigkeit

$$c^2 = \frac{S}{\mu} \tag{9.4}$$

ist proportional zur Spannkraft S und umgekehrt proportional zur Massenbelegung μ. Dieser Zusammenhang ist von grundsätzlicher Natur: Im Zähler steht stets der für die Rückstellung verantwortliche Steifigkeitsparameter und im Nenner der Trägheitsparameter der jeweiligen Struktur.

Zur vollständigen Beschreibung sind noch die Randbedingungen notwendig. Bei der beidseitig festgehaltenen Saite der Länge l sind dies die trivialen homogenen Randbedingungen

$$w(0,t) = 0 \qquad \text{und} \qquad w(l,t) = 0\,. \tag{9.5}$$

9.2.3 Längsschwingungen von Stäben

Von einem längsschwingenden Stab spricht man, wenn sich die Stabquerschnitte A ausschließlich in Stablängsrichtung x bewegen. Der Stab hat die Längssteifigkeit $EA(x)$, die Massenbelegung $\mu = \varrho A(x)$ und die Länge l. Beispielhaft sei sein linkes Ende bei $x=0$ festgehalten, sein rechtes bei $x=l$ frei beweglich, Bild 9.2.

Bild 9.2: Einseitig festgehaltener Stab und freigeschnittenes Stabelement

Zum Aufstellen der partiellen Bewegungsdifferentialgleichung schneiden wir ein differentiell kleines Element an der Stelle x des Stabes zu einem willkürlichen Zeitpunkt t in einer willkürlich ausgelenkten Lage frei. Das Element hat die Masse $dm = \varrho A dx$ und ist um $u(x,t)$ in x-Richtung verschoben. Am Element greifen an den Stellen x und $x+dx$ die Normalkräfte $N(x,t)$ und $N(x+dx,t) = N(x,t) + dN(x,t)$ an.

Der Kräftesatz in x-Richtung liefert die dynamische Gleichung

$$\varrho A\, dx \, \frac{\partial^2 u}{\partial t^2} = \frac{\partial N}{\partial x}\, dx$$

und die Elastomechanik liefert das elastische Stoffgesetz

$$N = EA \, \frac{\partial u(x,t)}{\partial x} \, . \tag{9.6}$$

Die Kombination der beiden Gesetzmäßigkeiten führt auf die partielle Bewegungsdifferentialgleichung

$$\varrho A \, \ddot{u}(x,t) = [EA \, u'(x,t)]' \, , \tag{9.7}$$

die für konstanten Stabquerschnitt A eine Wellengleichung

$$\ddot{u} - c^2 \, u'' = 0$$

mit der Ausbreitungsgeschwindigkeit

$$c = \sqrt{\frac{E}{\varrho}} \tag{9.8}$$

der Longitudinalwellen ist. Bei Aluminium und Stahl beträgt die Wellenausbreitungsgeschwindigkeit etwa $c = 5.1 \cdot 10^3$ m/s.

Im vorliegenden Beispiel hat der Stab die Randbedingungen

$$u(0,t) = 0 \qquad \text{und} \qquad N(l,t) = EA \, u'(l,t) = 0 \, . \tag{9.9}$$

9.2.4 Torsionsschwingungen von Wellen

Die Torsionsschwingungen $\varphi(x,t)$ einer kontinuierlich mit Masse belegten prismatischen Welle werden ebenfalls durch die Wellengleichung (9.1) beschrieben. Zur Herleitung der Bewegungsgleichung schneiden wir an der Stelle x eine differentiell dünne Scheibe der Länge dx aus dem Torsionsstab und bringen an den beiden Enden die im Torsionsstab wirkenden Torsionsmomente an. Der Querschnitt an der Stelle x erfährt die Drehung $\varphi(x,t)$. Die lokale Torsionssteifigkeit ist GI_t, wobei I_t das Torsionsflächenträgheitsmoment ist. Das Stabelement besitzt das polare Massenträgheitsmoment

$$d\Theta_p = \varrho\, I_p\, dx = \varrho\, k^2 A\, dx\,.$$

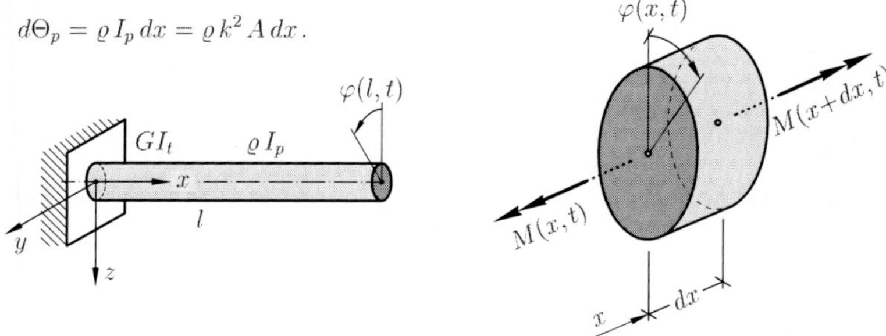

Bild 9.3: Torsionsstab und freigeschnittenes Stabelement

Aus dem Momentensatz

$$\varrho\, I_p\, dx\, \frac{\partial^2 \varphi}{\partial t^2} = M(x+dx,t) - M(x,t)$$

und dem elastischen Stoffgesetz für Torsion,

$$\frac{\partial \varphi}{\partial x} = \frac{M}{GI_t}\,, \tag{9.10}$$

folgt nach Division durch dx und Grenzübergang $dx \to 0$ wegen

$$\lim_{dx\to 0} \frac{M(x+dx,t) - M(x,t)}{dx} = \frac{\partial M(x,t)}{\partial x} = GI_t\, \frac{\partial^2 \varphi}{\partial x^2}$$

die Bewegungsgleichung

$$\frac{\partial^2 \varphi}{\partial t^2} = \frac{GI_t}{\varrho\, I_p}\, \frac{\partial^2 \varphi}{\partial x^2}\,. \tag{9.11}$$

Der Koeffizient

$$c^2 = \frac{GI_t}{\varrho\, I_p} = \frac{GI_t}{\varrho\, A\, k^2} = \frac{GI_t}{\mu\, k^2} \tag{9.12}$$

ist das Quadrat der Fortpflanzungsgeschwindigkeit von Torsionswellen. Für Wellen mit Kreisquerschnitt stimmt das Torsionsflächenträgheitsmoment I_t mit dem polaren Flächenträgheitsmoment $I_p = A\, k^2$ des Querschnittes A überein und die Fortpflanzungsgeschwindigkeit von Torsionsschwingungen vereinfacht sich zu

$$c = \sqrt{\frac{G}{\varrho}}\,. \tag{9.13}$$

9.2.5 Scherwellen in Gebäuden und Schubträger

Die Wellengleichung ist auch geeignet, die Horizontalschwingungen von vielstöckigen Gebäuden zu beschreiben, die beispielsweise unter der Einwirkung horizontaler Fundamentverschiebungen (z. B. bei Erdbeben) oder horizontaler Windbelastungen stehen. Wir werden uns hier auf die freien Schwingungen beschränken.

- **Modell mit Stockwerkrahmen:**

Jedes Stockwerk besteht aus der starren Stockwerkdecke mit der Masse m und n eingespannten längsstarren, aber biegeelastischen Stützen der Biegesteifigkeit EI_1 und der Höhe h.

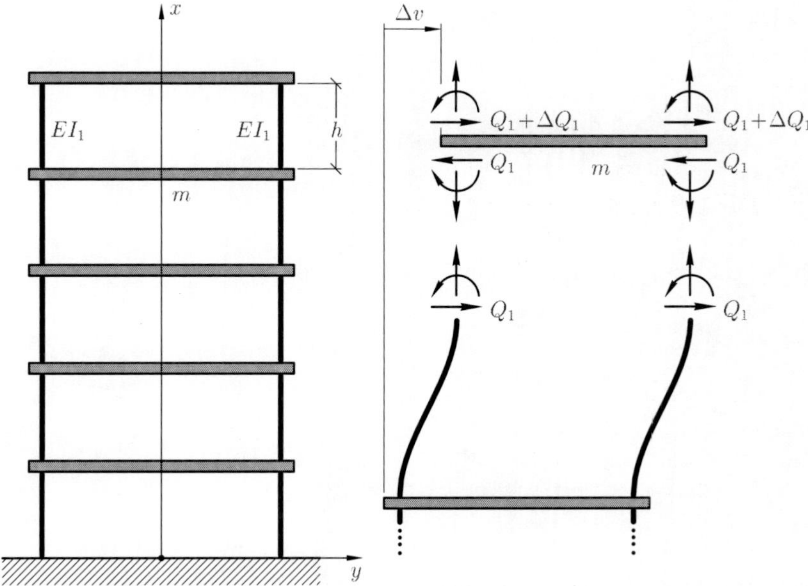

Bild 9.4: Stockwerkrahmen und freigeschnittene Stockwerksdecke mit verformten Stützen

Für ein beliebiges Stockwerk gelten folgende Beziehungen:

Kräftesatz:

$$m\,\ddot{v} = n\,(Q_1+\Delta Q_1) - n\,Q_1\,. \tag{9.14}$$

Das Elastizitätsgesetz läßt sich aus der in Bild 9.5 skizzierten Überlegung der Elastomechanik ableiten:

$$\frac{\Delta v}{2} = Q_1\,\frac{(h/2)^3}{3\,EI_1}\,. \tag{9.15}$$

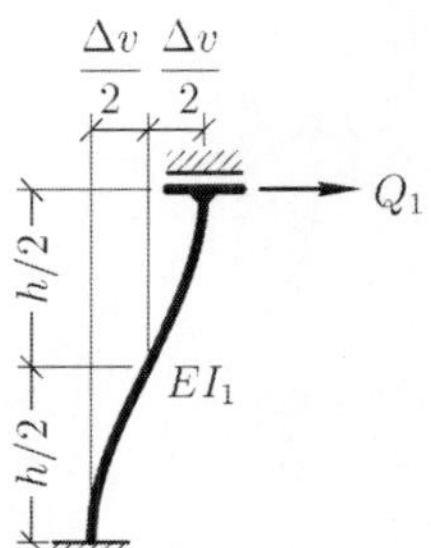

Bild 9.5: Kraft-Verformungs-Beziehung einer Stockwerksstütze

- **Kontinuierliches Ersatzmodell:**

Aus dem diskreten System mit endlich vielen Freiheitsgraden wird durch Grenzübergang der kontinuierliche Schub-Balken als Ersatzmodell gewonnen. Dazu werden die Veränderungen der Querverschiebung Δv und der Querkraft ΔQ_1 einer Stütze gleichmäßig auf die Stockwerkshöhe h verschmiert,

$$\Delta v = \frac{\partial v}{\partial x}\, h, \qquad \Delta Q_1 = \frac{\partial Q_1}{\partial x}\, h.$$

Der Kräftesatz (9.14) und das Elastizitätsgesetz (9.15) liefern damit die beiden Gleichungen

$$m\,\frac{\partial^2 v}{\partial t^2} = n\,\Delta Q_1 = n\frac{\partial Q_1}{\partial x}\, h,$$

$$\Delta v = \frac{\partial v}{\partial x}\, h = Q_1\,\frac{h^3}{12\,EI_1}.$$

Eliminiert man schließlich noch die Querkraft, erhält man mit der Steifigkeit $EI = nEI_1$ aller n Stützen eines Stockwerkes die Bewegungsgleichung

$$\frac{\partial^2 v}{\partial t^2} = \frac{12\,EI}{m\,h}\,\frac{\partial^2 v}{\partial x^2} \tag{9.16}$$

der Scherwellen mit der Fortpflanzungsgeschwindigkeit

$$c = \sqrt{\frac{12\,EI}{m\,h}}. \tag{9.17}$$

- **Schubelastischer Balken:**

Eine alternative Herleitung der Bewegungsgleichung für Scherwellen geht vom schubelastischen Balken aus, der keine Biegeverformungen erfährt:

Der schubelastische Balken besitzt je Längeneinheit die Masse $\mu = \varrho A$ und die Schubsteifigkeit GA_s. Zur Herleitung der Bewegungsgleichungen müssen (wie bei allen Systemen) die drei Bereiche Kinetik, Stoffgesetz und Geometrie betrachtet werden:

Der Kräftesatz für ein Balkenelement gemäß Bild 9.6,

$$\mu\, dx\,\frac{\partial^2 v}{\partial t^2} = \frac{\partial Q}{\partial x}\, dx,$$

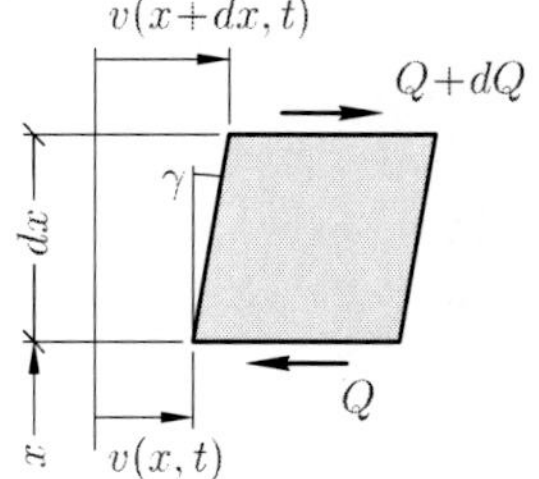

Bild 9.6: Schubträger

das Stoffgesetz

$$\gamma = \frac{\tau}{G} = \frac{Q}{GA_s}$$

und die Geometrie

$$\gamma = \frac{\partial v}{\partial x}$$

liefern unmittelbar die Wellengleichung

$$\frac{\partial^2 v}{\partial t^2} = \frac{GA_s}{\mu}\,\frac{\partial^2 v}{\partial x^2}. \tag{9.18}$$

Der Vergleich der Wellenausbreitungsgeschwindigkeiten in den Gln. (9.16) und (9.18) zeigt den Zusammenhang zwischen den Parametern Massenbelegung und Schubsteifigkeit des Stockwerksrahmens und des Schubträgers:

$$\mu = \frac{m}{h} \qquad \text{und} \qquad GA_s = \frac{Q}{\gamma} = \frac{Q\,h}{\Delta v} = \frac{12\,EI}{h^2}\,.$$

9.2.6 Druckschwingungen in Gassäulen

Wir betrachten ideales Gas in einem zylindrischen Rohr mit dem Querschnitt A, Bild 9.7. Im Ruhezustand herrscht der Ruhedruck p_0 und das Gas besitzt die Ruhedichte ϱ_0. Die Zustandsänderung soll nach dem Gesetz (3.45),

$$\frac{p}{\varrho^\kappa} = \text{const.},$$

adiabatisch mit dem Isentropenexponenten κ erfolgen.

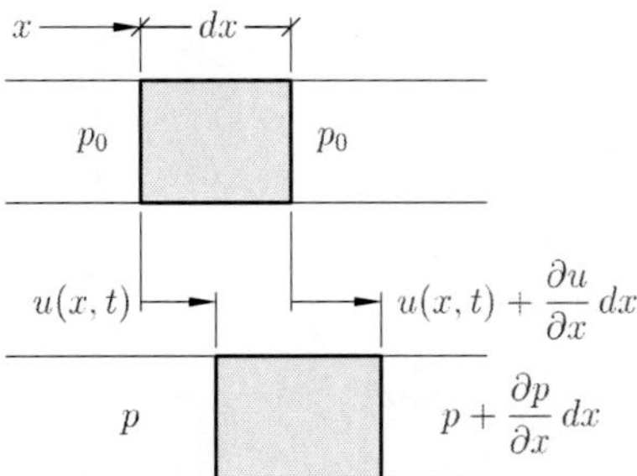

Bild 9.7: Gasvolumen im unausgelenkten und im ausgelenkten Zustand

Ein Gasteilchen an der Stelle x erfährt infolge des Druckes $p(x,t)$ die Verschiebung $u(x,t)$. Das dynamische Grundgesetz

$$\varrho\,A\,dx\,\frac{\partial^2 u}{\partial t^2} = -A\,\frac{\partial p}{\partial x}\,dx$$

für eine differentielle Gassäule mit der Masse $dm = \varrho A\,dx$, die Kontinuitätsgleichung (Verträglichkeit)

$$\varrho_0\,A\,dx = \varrho\,A\,dx\,\Big(1 + \frac{\partial u}{\partial x}\Big)$$

und das Stoffgesetz (Isentropengesetz)

$$p = p_0\,\Big(\frac{\varrho}{\varrho_0}\Big)^\kappa$$

stellen den vollständigen Ansatz dar.

Aus dem Stoffgesetz läßt sich mit der Kontinuitätsgleichung die Dichte ϱ eliminieren,

$$p = p_0\,\Big(1 + \frac{\partial u}{\partial x}\Big)^{-\kappa}.$$

Die Linearisierung mittels der Taylorentwicklung führt auf den linearen Kraft-Verschiebungs-Zusammenhang

$$p - p_0 = -\kappa p_0 \frac{\partial u}{\partial x} \tag{9.19}$$

und weiter zu

$$\frac{\partial p}{\partial x} = -\kappa\, p_0 \frac{\partial^2 u}{\partial x^2}\,.$$

Einsetzen in das dynamische Grundgesetz liefert schließlich die Bewegungsgleichung

$$\frac{\partial^2 u}{\partial t^2} = \kappa \frac{p_0}{\varrho_0} \frac{\partial^2 u}{\partial x^2}\,. \tag{9.20}$$

Das Quadrat der Schallgeschwindigkeit

$$c^2 = \kappa \frac{p_0}{\varrho_0} = \kappa\, R\, T_0$$

ist proportional zur absoluten Temperatur T_0. In Luft von 20° C beträgt die Schallgeschwindigkeit etwa $c = 344\,\mathrm{m/s}$.

9.3 Die Wellengleichung und ihre Lösungen

9.3.1 Übersicht, allgemeine Zusammenhänge

Die im Abschnitt 9.2 betrachteten Beispiele für eindimensionale elastische Kontinua führten auf die Wellengleichung

$$\frac{\partial^2 w}{\partial t^2} = c^2 \frac{\partial^2 w}{\partial x^2}\,. \tag{9.21}$$

Diese ist eine lineare partielle Differentialgleichung 2. Ordnung vom hyperbolischen Typ. Die Differentialgleichung ist homogen und besitzt nur einen Parameter, die Wellenfortpflanzungsgeschwindigkeit c der betrachteten Zustandsgröße.

Bei dreidimensionalen Kontinua lautet die entsprechende Wellengleichung in kartesischen Koordinaten

$$\frac{\partial^2 w}{\partial t^2} = c^2 \left\{ \frac{\partial^2 w}{\partial x^2} + \frac{\partial^2 w}{\partial y^2} + \frac{\partial^2 w}{\partial z^2} \right\}. \tag{9.22}$$

Hier entspricht die rechte Seite dem Laplace-Operator, angewandt auf die verallgemeinerte Koordinate $w(x, y, z, t)$.

Die dreidimensionale Wellengleichung (9.22) unterscheidet sich grundlegend von der Potentialgleichung

$$0 = \frac{\partial^2 w}{\partial x^2} + \frac{\partial^2 w}{\partial y^2} + \frac{\partial^2 w}{\partial z^2}\,. \tag{9.23}$$

Während die Wellengleichung Ausbreitungsvorgänge von Störungen der Zustandsgrößen in Form von Wellen beschreibt, gibt die Potentialgleichung Gleichgewichtszustände an. Anders ausgedrückt: Ein elastisches Kontinuum, das in seinem Gleichgewicht gestört wird, läßt die Ausbreitung dieser Störungen zu. Sind diese Störungen mit der Zeit verklungen, so beschreibt die Potentialgleichung (9.23) den neuen Gleichgewichtszustand.

Zur Anpassung der allgemeinen Lösung der Wellengleichung (9.21) an eine spezielle Problemstellung müssen stets noch Anfangswerte vorgegeben werden, bei räumlich begrenzten Kontinua darüber hinaus auch Randbedingungen.

Die Anfangswerte beschreiben die örtliche Verteilung der Zustandsgrößen zu einem festen Zeitpunkt $t_0=0$,

$w(x,t_0) = w_0(x)$ ist die Anfangsauslenkung und

$\dot{w}(x,t_0) = \dot{w}_0(x)$ ist die Anfangsgeschwindigkeit.

Die Randbedingungen legen den Zustandsgrößen $w(x_R,t)$ an bestimmten Orten x_R Bindungen auf, die für alle Zeiten erfüllt sein müssen. Sie beschreiben also besondere Eigenschaften des Systems.

Die Wellengleichung (9.21) kann grundsätzlich auf zwei unterschiedlichen Wegen gelöst werden: Die Lösungsmethode von D'ALEMBERT benutzt nach rechts und links laufende Wellen mit der Wellenfortpflanzungsgeschwindigkeit c. Die Lösungsmethode nach BERNOULLI benutzt die Überlagerung von unendlich vielen Eigenschwingungen. Beide Lösungswege sind unterschiedliche Darstellungen der selben Vorgänge. Die manchmal anzutreffende Behauptung, die beiden Lösungsmethoden würden unterschiedliche Vorgänge beschreiben, ist falsch. Dies ist bereits an dem Fakt zu erkennen, daß jede Lösung nach BERNOULLI die Fourier-Reihendarstellung der D'ALEMBERTschen Lösung des gleichen Problems ist.

9.3.2 Die D'ALEMBERTsche Lösung

• Allgemeine Lösung:

Die allgemeine Lösung der Wellengleichung (9.21) ist die Gesamtheit der Funktionen $w(x,t)$ von der Form

$$w(x,t) = w_1(x-ct) + w_2(x+ct)\,. \tag{9.24}$$

Hierin sind $w_1(x)$ und $w_2(x)$ beliebige Funktionen der angegebenen Argumente $x-ct$ und $x+ct$.

• Wellen:

Die Funktionen $w_1(x-ct)$ und $w_2(x+ct)$ stellen Verschiebungswellen dar, die sich mit der Geschwindigkeit c in positiver bzw. negativer x-Richtung fortpflanzen, ohne dabei ihre Form zu verändern. Diese Formstabilität der Wellen der eindimensionalen Wellengleichung wird als Dispersionsfreiheit bezeichnet.

Das Lösungsverhalten ist wie folgt einzusehen: Die Funktion $w_1(x-ct)$ ist konstant, wenn ihr Argument $x-ct$ (die Phase) konstant ist. Dies ist der Fall, wenn mit dem Ort x gleichzeitig auch die Zeit t zunimmt. Es ist

$$w_1((x+\Delta x) - c(t+\Delta t)) = w_1(x-ct)$$

gerade dann, wenn $\Delta x = c\,\Delta t$ ist. Also legen die Wellen in der Zeit Δt gerade den Weg $\Delta x = c\,\Delta t$ zurück. Die Fortpflanzungsgeschwindigkeit, auch Phasengeschwindigkeit genannt, ist c.

Die allgemeine Lösung nach d'Alembert eignet sich besonders gut zur Untersuchung von Ausbreitungsvorgängen in unendlich langen Leitungen. Die Form der Lösung wird dabei allein durch die Anfangswerte bestimmt.

• **Reflektion:**

Bei endlichen Kontinua sind an den Rändern noch Randbedingungen zu beachten. Eine auf einen Rand auftreffende Welle wird reflektiert. Die Reflektion kann als die Überlagerung zweier gegenläufiger Wellen gedeutet werden, die zusammen stets die Randbedingungen erfüllen. An einem idealen Rand gilt eine der folgende Randbedingungen:

An einem festen Rand bei x_R verschwindet die Verschiebungsgröße,

$$w(x_R, t) = 0\,.$$

An einem freien Rand bei x_R verschwindet die Kraftgröße,

$$w'(x_R, t) = 0\,.$$

Die beiden Zustandsgrößen w und w' können also nicht unabhängig vorgegeben werden.

Ohne auf Einzelheiten der Herleitung einzugehen, werden folgende Reflektionsgesetze angegeben:

– Reflektion an einem festen Rand:

Eine auf einen festen Rand treffende Verschiebungswelle wird mit umgekehrten Vorzeichen reflektiert; dabei ändert die Wellenfront ihre räumliche Orientierung. Die zugehörige Spannungswelle wird mit gleichem Vorzeichen, aber umgedrehter Wellenfront reflektiert. Während der Reflektion der Verschiebungswelle verdoppelt sich die Kraftgröße.

– Reflektion an einem freien Rand:

Eine auf einen freien Rand treffende Verschiebungswelle wird mit gleichem Vorzeichen, aber umgedrehter Wellenfront reflektiert, die zugehörige Spannungswelle dagegen mit umgekehrtem Vorzeichen. Während der Reflektion sind die Verschiebungen am freien Ende doppelt so groß wie die der auftreffenden und die der ablaufenden Verschiebungswelle.

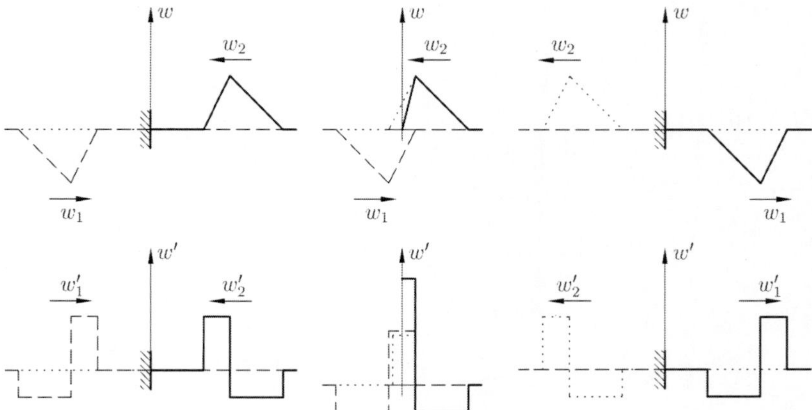

Bild 9.8: Reflektion an einem festen Rand

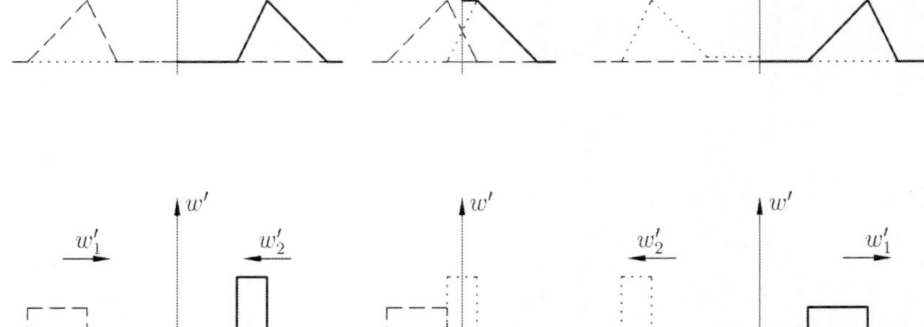

Bild 9.9: Reflektion an einem freien Rand

9.3.3 Die BERNOULLIsche Lösung

• BERNOULLI**scher Separationsansatz:**

Von Daniel BERNOULLI stammt der Separationsansatz

$$w(x,t) = W(x)\,T(t)\,, \tag{9.25}$$

der die Zustandsgröße $w(x,t)$ multiplikativ in eine reine Ortsfunktion $W(x)$ und eine reine Zeitfunktion $T(t)$ aufspaltet. Der Produktansatz erfüllt die partielle Differentialgleichung

$$W(x)\,\ddot{T}(t) = c^2\,W''(x)\,T(t)$$

für alle x und t nur unter gewissen Bedingungen. Diese Bedingungen erkennt man, wenn man die Gleichung durch die Ansatzfunktion $w(x,t)=W(x)\,T(t)$ dividiert,

$$\frac{\ddot{T}(t)}{T(t)} = c^2\,\frac{W''(x)}{W(x)} = -\omega^2\,. \tag{9.26}$$

Die linke Seite der Gleichung ist eine reine Funktion der Zeit t, die rechte eine reine Funktion des Ortes x. Die Gleichung ist für alle x und alle t also nur dann erfüllbar, wenn beide Seiten konstant sind. In Vorausschau auf das Ergebnis nennen wir die noch unbekannte gemeinsame Konstante $-\omega^2$.

Mit dem BERNOULLIschen Trennungsansatz (9.25) zerfällt die partielle Differentialgleichung (9.21) in zwei gewöhnliche Differentialgleichungen. Die Differentialgleichung für die Zeitfunktion

$$\ddot{T}(t) + \omega^2\,T(t) = 0 \tag{9.27}$$

hat die allgemeine Lösung

$$T(t) = A_c\cos\omega t + A_s\sin\omega t\,.$$

Die Differentialgleichung für die Ortsfunktion

$$W''(x) + \left(\frac{\omega}{c}\right)^2 W(x) = 0 \tag{9.28}$$

ist hier vom gleichen Typ wie die Differentialgleichung für die Zeitfunktion. Als Lösung

$$W(x) = C_c\cos\beta x + C_s\sin\beta x\,, \tag{9.29}$$

erhalten wir hierfür also auch Sinus- und Kosinus-Funktionen mit der Wellenzahl

$$\beta = \frac{\omega}{c}\,. \tag{9.30}$$

- **Lösungsstrategie**

Der BERNOULLIsche Lösungsansatz eignet sich besonders gut zur Untersuchung des Eigenschwingungsverhaltens von zweiseitig begrenzten Systemen. Dabei kommt den Randbedingungen eine zentrale Bedeutung zu: Die Forderung, daß die Ortsfunktion $W(x)$ die systemimmanenten Randbedingungen erfüllen muß, führt auf die charakteristische Gleichung zur Ermittlung der Kreiswellenzahl β und damit der Eigenfrequenz $\omega = c\beta$. Gleichzeitig erhält man die zugehörigen Eigenschwingungsformen. Der Amplitudenfaktor bleibt dabei noch unbestimmt. Erst über die Anfangsbedingungen werden Amplitude und Phasenlage der einzelnen harmonischen Schwingungen festgelegt.

Voraussetzung für den Erfolg dieser Lösungsstrategie ist es, daß die Randbedingungen – wie schon die Wellengleichung selbst – linear und homogen sind. Es liegt dann ein vollhomogenes Eigenwertproblem vor. Inhomogene Randbedingungen lassen sich zwar durch geeignete Koordinatentransformationen homogenisieren, doch wird dann die Bewegungsgleichung inhomogen. Auf diese Weise kann man z. B. zeitveränderliche Randbedingungen als Fremderregung in die Bewegungsgleichung einarbeiten.

- **Randbedingungen:**

Zunächst sollen die klassischen Standardfälle für eindimensionale Kontinua der Länge l mit idealen Rändern behandelt werden:

An einem festen Rand verschwindet die Verschiebungsgröße, an einem freien Rand die Kraftgröße. Die Kraftgröße ist über das Stoffgesetz mit der Ortsableitung der Verschiebungsgröße verknüpft. Somit lauten die Randbedingungen

– für einen festen Rand bei $x = x_R$ $\quad W(x_R) = 0$ und

– für einen freien Rand bei $x = x_R$ $\quad W'(x_R) = 0$.

An den beiden Rändern ist jeweils eine dieser Randbedingungen zu erfüllen. Durch Einsetzen in die allgemeine Lösung

$$W(x) = C_c \cos \beta x + C_s \sin \beta x \quad \text{und}$$

$$W'(x) = -\beta C_c \sin \beta x + \beta C_s \cos \beta x$$

erhält man ein homogenes Gleichungssystem für die Konstanten C_c und C_s, das nur für bestimmte Werte der Wellenzahl β nichttriviale Lösungen besitzt. Man erhält so einerseits die dimensionslosen Eigenwerte βl, andererseits die zugehörigen Eigenformen $W(x)$. Die Eigenkreisfrequenzen ω sind mit den Eigenwerten gemäß Gl. (9.30) über die Wellengeschwindigkeit c verknüpft.

Zur Illustration der Vorgehensweise betrachten wir den geraden, homogenen elastischen Stab von Bild 9.2, der aufgrund seiner Trägheits- und Steifigkeitseigenschaften Längsschwingungen ausführt. Der Stab hat die Längssteifigkeit EA, die Massenbelegung $\mu = \varrho A$ und die Länge l. Sein linkes Ende bei $x = 0$ sei festgehalten, sein rechtes bei $x = l$ frei beweglich. Er hat somit die Randbedingungen

$$u(0,t) = 0 \quad \text{und} \quad N(l,t) = EA\, u'(l,t) = 0\,. \tag{9.31}$$

Aus den Randbedingungen folgt mit dem Produktansatz (9.25)

$$U(0)\,T(t) = 0 \quad \text{und} \quad EA\, U'(l)\,T(t) = 0\,.$$

Da die Randbedingungen ebenfalls für alle Zeiten t erfüllt sein müssen und triviale Lösung $T(t) \equiv 0$ uns nicht interessiert, folgen für die Ortsfunktion $U(x)$ die zeitfreien Randbedingungen

$$U(0) = 0 \quad \text{und} \quad U'(l) = 0\,.$$

Wendet man die Randbedingungen auf die allgemeine Lösung

$$U(x) = C_c \cos \beta x + C_s \sin \beta x \quad \text{und}$$

$$U'(x) = -\beta C_c \sin \beta x + \beta C_s \cos \beta x$$

der Differentialgleichung der Ortsfunktion an, folgt ein lineares homogenes Gleichungssystem

$$U(0) = 0 = C_c\,,$$

$$U'(l) = 0 = -\beta C_c \sin \beta l + \beta C_s \cos \beta l$$

für die Integrationskonstanten. Nichttriviale Lösungen ergeben sich nur, wenn die Koeffizientendeterminante

$$\Delta = \begin{vmatrix} 1 & 0 \\ -\beta \sin \beta l & \beta \cos \beta l \end{vmatrix} = \beta \cos \beta l$$

verschwindet. Da $\beta=0$ ausscheidet, muß

$$\cos \beta l = 0$$

sein. Dies ist die charakteristische Eigenwertgleichung. Sie hat unendlich viele Lösungen

$$\beta_n l = \frac{2n-1}{2} \pi .$$

Der kontinuierliche Stab hat folglich unendlich viele Eigenfrequenzen

$$\omega_n = \frac{c}{l} \beta_n l = \sqrt{\frac{E}{\varrho}} \frac{2n-1}{2} \frac{\pi}{l} . \tag{9.32}$$

Zu jeder dieser Eigenfrequenzen ω_n gehört eine Eigenform

$$U_n(x) = C_n \sin \beta_n x = C_n \sin \frac{2n-1}{2} \pi \frac{x}{l} .$$

Die darin enthaltene Intergrationskonstante C_n kann beliebig, beispielsweise zu 1 gewählt werden. Die Eigenschwingungsformen $U_n(x)$ sind hier Sinusfunktionen, die wegen $u(0,t)$ an der Stelle $x=0$ den Wert 0 haben und deren Ableitung an der Stelle $x=l$ wegen der Forderung $N(l,t)=0$ verschwindet. Bei kontinuierlichen Systemen mit unendlich vielen Freiheitsgraden treten an die Stelle der Eigenvektoren (die die Lage des Systems nur an einigen diskreten Stellen beschreiben) Ortsfunktionen, die die Auslenkung an jeder beliebigen Stelle x (an den unendlich vielen Freiheitsgraden) angeben. An den ersten drei Eigenformen von Bild 9.10 erkennt man, daß sich längs der Stabachse Schwingungsknoten und Schwingungsbäuche abwechseln.

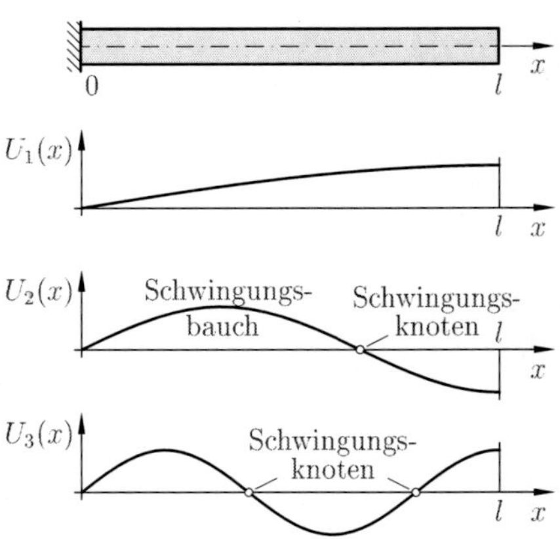

Bild 9.10: Die ersten drei Eigenformen des längsschwingenden Stabes von Bild 9.2

Die freien Schwingungen ergeben sich aus der Überlagerung aller Hauptschwingungen,

$$u(x,t) = \sum_{n=1}^{\infty} U_n(x)[A_{cn}\cos\omega_n t + A_{sn}\sin\omega_n t]$$

Die zwei mal unendlich vielen Integrationskonstanten A_{cn} und A_{sn} werden durch die Anfangsbedingungen festgelegt. Zu ihrer Berechnung nutzt man die Orthogonalität der Sinusfunktionen (allgemeiner die der Eigenfunktionen) aus.

• Zusammenhänge zwischen den Parametern

Der charakteristische Parameter der Wellengleichung (9.1) ist die Geschwindigkeit der Welle c. Sie verbindet die zeitlichen und örtlichen Parameter des Wellenvorgangs $\beta = \omega/c$, oder $\lambda = 2\pi\, c/\omega$. Dabei sind die zeitlichen Parameter die Kreisfrequenz ω sowie die Periodendauer λ/c und die örtlichen Parameter die Wellenzahl β sowie die Wellenlänge λ.

• Unterschiedliche Randbedingungen:

Die Ergebnisse für die vier möglichen Kombinationen idealer Ränder sind der Tabelle 9.1 zu entnehmen. Die Tabelle läßt erkennen, daß das beidseitig begrenzte Kontinuum eine unendliche Folge von Eigenwerten mit zugehörigen Eigenformen und Eigenkreisfrequenzen besitzt. Die Frequenzspektren unterscheiden sich nur für zwei Gruppen idealer Randbedingungen: gleiche Randbedingungen an beiden Enden bzw. unterschiedliche Randbedingungen an beiden Enden. Die Übersicht 9.2 soll dies quantifizieren.

	gleichartige Randbedingungen (fest – fest oder frei – frei)		verschiedene Randbedingungen (fest – frei oder frei – fest)	
n	ω_n/ω_1	λ_n/l	ω_n/ω_1	λ_n/l
1	1	2/1	1	4/1
2	2	2/2	3	4/3
3	3	2/3	5	4/5

Tabelle 9.2: Eigenfrequenzen ω_n und Wellenlängen λ_n bei unterschiedlichen Randbedingungen

• Orthogonalität der Eigenformen:

Die einzelnen Eigenformen $W_n(x)$ sind für homogene selbstadjungierte Randbedingungen bezüglich der Massen- und Steifigkeitsverteilung zueinander orthogonal, d. h. es gelten die Beziehungen

$$\int_0^l \mu(x)\, W_n(x)\, W_m(x)\, dx = \begin{cases} 0 & \text{für} \quad n \neq m \\ \widetilde{m}_n & \text{für} \quad n = m\,. \end{cases} \tag{9.33}$$

Der Beweis soll speziell für den längsschwingenden Stab, aber allgemein auch mit ortsveränderlichen Parametern $\mu(x)$ und $EA(x)$ durchgeführt werden.

	fest – fest	frei – frei	fest – frei	frei – fest
Randbedingungen:	$W(0) = C_c = 0$ $W(l) = C_s \sin\beta l = 0$	$W'(0) = \beta C_s = 0$ $W'(l) = -\beta C_c \sin\beta l = 0$	$W(0) = C_c = 0$ $W'(l) = \beta C_s \cos\beta l = 0$	$W'(0) = \beta C_s = 0$ $W(l) = C_c \cos\beta l = 0$
charakteristische Gleichung:	$\sin\beta l = 0$	$(\beta l)^2 \sin\beta l = 0$	$\beta l \cos\beta l = 0$	$-\beta l \cos\beta l = 0$
Eigenwerte (Wurzeln der charakt. Gl.):	$\beta_n l = n\pi \quad \text{mit} \quad n = 1, 2, 3, \ldots$		$\beta_n l = \frac{2n-1}{2}\pi \quad \text{mit} \quad n = 1, 2, 3, \ldots$	
Eigenkreisfrequenzen: $\omega = c\beta$	$\omega_n = c\beta_n = n\pi \frac{c}{l}$		$\omega_n = c\beta_n = \frac{2n-1}{2}\pi \frac{c}{l}$	
Wellenlängen: $\lambda = 2\pi/\beta$	$\lambda_n = \frac{2\pi}{\beta_n} = \frac{2}{n} l$		$\lambda_n = \frac{2\pi}{\beta_n} = \frac{4}{2n-1} l$	
Eigenformen:	$W_n(x) = \sin\left(n\pi \frac{x}{l}\right)$	$W_n(x) = \cos\left(n\pi \frac{x}{l}\right)$	$W_n(x) = \sin\left(\frac{2n-1}{2}\pi \frac{x}{l}\right)$	$W_n(x) = \cos\left(\frac{2n-1}{2}\pi \frac{x}{l}\right)$
graphische Darstellung der ersten drei Eigenformen:	$n = 1$, 3, 2, 0, l	$n = 1$, 2, 3, 0, l	2, $n = 1$, 3, 0, l	$n = 1$, 3, 2, 0, l

Tabelle 9.1: Randbedingungen, Eigenwertgleichungen, Eigenwerte und Eigenformen kontinuierlicher Systeme, die durch die Wellengleichung beschrieben werden.

Aus der partiellen Dgl. (9.7) folgt mit dem Trennungsansatz (9.25) die gewöhnliche Differentialgleichung

$$\omega_n^2\, \mu(x)\, W_n(x) = -\big[EA(x)\, W_n'(x)\big]',$$

für die Ortsfunktionen $W(x)$, die den Fall ortsveränderlicher Systemparameter mit einschließen. Für zwei verschiedene Eigenfrequenzen $\omega_n \neq \omega_m$ gelten somit die Gleichungen

$$\omega_n^2\, \mu(x)\, W_n(x) = -\big[EA(x)\, W_n'(x)\big]',$$

$$\omega_m^2\, \mu(x)\, W_m(x) = -\big[EA(x)\, W_m'(x)\big]'.$$

Wird die erste Gleichung mit $W_m(x)$, die zweite mit $W_n(x)$ multipliziert, so erhält man nach Differenzbildung und Integration über die Systemlänge

$$(\omega_n^2 - \omega_m^2) \int_0^l \mu(x)\, W_n(x)\, W_m(x)\, dx =$$

$$= -\int_0^l \Big\{\big[EA(x)\, W_n'(x)\big]' W_m(x) - \big[EA(x)\, W_m'(x)\big]' W_n(x)\Big\}\, dx\,.$$

Partielle Integration der rechten Seite führt auf die Beziehung

$$(\omega_n^2 - \omega_m^2) \int_0^l \mu(x)\, W_n(x)\, W_m(x)\, dx =$$

$$= -\Big\{EA(x)\, W_n'(x)\, W_m(x) - EA(x)\, W_m'(x)\, W_n(x)\Big\}_0^l +$$

$$+ \int_0^l EA(x)\big[W_n'(x)\, W_m'(x) - W_m'(x)\, W_n'(x)\big]\, dx\,,$$

bei der das Integral auf der rechten Seite null ist. Für selbstadjungierte homogene Randbedingungen verschwindet darüber hinaus der geschweifte Klammerausdruck mit den Randtermen, und es verbleibt die Orthogonalitätsbezeichnung (9.33). Es gilt auch die Umkehrung des letzten Satzes: Wenn der geschweifte Klammerausdruck verschwindet, dann ist das Eigenwertproblem samt Randbedingungen selbstadjungiert. Für $\omega_n \neq \omega_m$ wird also das Integral in Gl. (9.33) null, für $m = n$ liefert es die modale Masse $\widetilde{m}_n$ der n-ten Eigenschwingung.

• Überlagerungsprinzip

Jede Eigenlösung ist Lösung der Wellengleichung. Da die Eigenlösungen linear unabhängig sind, erhält man die vollständige Lösung durch Überlagerung der Eigenlösungen mit noch freien Konstanten, die anhand der Anfangsbedingungen bestimmt werden,

$$w(x,t) = \sum_{n=1}^{\infty} W_n(x)\, \big[A_{cn} \cos\omega_n t + A_{sn} \sin\omega_n t\big]. \tag{9.34}$$

Damit ist die allgemeine Form der Eigenschwingungen bekannt. Es verbleibt noch die Berechnung der Konstanten A_{cn} und A_{sn} aus den Anfangsbedingungen.

- **Anfangsbedingungen**

Ist die Eigenwertaufgabe selbstadjungiert, so bereitet die Einarbeitung der Anfangsbedingungen in die allgemeine Lösung der freien Schwingungen wegen der Orthogonalität der Eigenformen keine Schwierigkeiten.

Seien

$$w(x,0) = w_0(x) \qquad \text{und}$$

$$\dot{w}(x,0) = \dot{w}_0(x)$$

die Anfangsauslenkung und die Anfangsgeschwindigkeit zur Zeit $t=0$, so folgt zunächst

$$w(x,0) = \sum_{n=1}^{\infty} W_n(x)\, A_{cn} \quad = w_0(x) \qquad \text{und}$$

$$\dot{w}(x,0) = \sum_{n=1}^{\infty} W_n(x)\, \omega_n\, A_{sn} = \dot{w}_0(x)\,.$$

Durch Multiplikation mit einer Eigenform $W_m(x)$ und der Massenbelegung $\mu(x)$ und anschließender Integration über der Systemlänge l findet man nach kurzer Rechnung

$$A_{cm} = \frac{\displaystyle\int_0^l \mu(x)\, W_m(x)\, w_0(x)\, dx}{\displaystyle\int_0^l \mu(x)\, W_m^2(x)\, dx} \qquad \text{und} \qquad A_{sm} = \frac{\displaystyle\int_0^l \mu(x) W_m(x)\, \dot{w}_0(x)\, dx}{\displaystyle\omega_m \int_0^l \mu(x)\, W_m^2(x)\, dx}.$$

- **Lösungsverhalten:**

Die Ergebnisse lassen zwei verschiedene Deutungen zu:

a) Stehende Wellen

Man erkennt eine örtlich verteilte harmonische Welle, deren Amplitude sich nach einem harmonischen Zeitgesetz ändert. Die örtlichen Nulldurchgänge (Knoten) und Extremwerte (Bäuche) ändern ihre Lage nicht, man spricht deshalb von einer stehenden Welle. Ihre Wellenlänge ist λ, sie berechnet sich aus der Periodizitätsbedingung $\beta\lambda = 2\pi$ der Kreisfunktionen. Das Zeitverhalten ist durch die Periodendauer $2\pi/\omega$ gegeben.

b) Fortschreitende Wellen

Die BERNOULLIsche Lösung kann auch als Überlagerung fortschreitender Wellen verstanden werden. Unter Anwendung trigonometrischer Beziehungen erhält man nämlich z. B. für den ersten Lösungsanteil

$$2\cos\beta x \cos\omega t = \cos(\beta x + \omega t) + \cos(\beta x - \omega t) = \cos\beta(x + ct) + \cos\beta(x - ct)$$

und entsprechende Beziehungen für die anderen Anteile der harmonischen Welle. Man erkennt eine in positiver x-Richtung mit der Wellengeschwindigkeit c wandernde Welle, der sich eine in entgegengesetzter Richtung fortschreitende Welle gleicher Amplitude überlagert. Jede stehende Welle kann als Überlagerung zweier gegenläufig fortschreitender Wellen gleicher Amplituden gedeutet werden.

• **Zusammenfassung:**

Die BERNOULLIsche Lösung, also die Entwicklung der allgemeinen Lösung nach Eigenschwingungsformen, ist wegen der Einarbeitung der Randbedingungen besonders geeignet zur Beschreibung der Schwingungsvorgänge in beidseitig begrenzten kontinuierlichen Systemen. Es läßt sich zeigen, daß sie wie die D'ALEMBERTsche Lösung die vollständige Lösung des Schwingungsproblems darstellt. Zwar stellt jede einzelne Eigenform eine stehende Welle dar, doch lassen sich durch die Überlagerung der Eigenformen auch fortschreitende Wellen einschließlich der Reflektionen an den Rändern beschreiben.

9.4 Biegeschwingungen von Balken

9.4.1 Voraussetzungen

Neben den Schwingungen einfachster eindimensionaler kontinuierlicher Systeme, welche durch die Wellengleichung beschrieben werden können, sind im Maschinenbau Biegeschwingungen von balkenartigen Strukturen von besonderer Bedeutung. Wir beschränken uns hier auf kleine ebene Biegeschwingungen (Transversalschwingungen) des sogenannten EULER-BERNOULLI-Balkens. Bei dieser Modellierung wird der Balken als schubstarr angesetzt und die Drehträgheit der Balkenabschnitte um die Balkenquerachse wird vernachlässigt. Wir setzen weiterhin lineares Werkstoffverhalten voraus und legen die bekannte BERNOULLIsche Hypothese der Elastomechanik zugrunde. Bewegungen oder Trägheitskräfte in Balkenlängsrichtung (Longitudinalschwingungen) werden vernachlässigt oder zumindest als für die Transversalschwingungen unbedeutend angesehen.

Bezieht man Schubverformung und Drehträgheit mit ein, was bei gedrungenen Balken erforderlich ist, erhält man als Modell den sogenannten TIMOSHENKO-Balken, der in dieser Einführung aber nicht weiter betrachtet werden kann.

Wir legen also folgende Voraussetzungen zugrunde:

- geometrische Linearität, d. h. kleine Verschiebungen und Neigungen,
- physikalische Linearität, d. h. lineares Werkstoffgesetz,
- Beschränkung auf schlanke Balken, d. h. Gültigkeit der BERNOULLIschen Hypothese, Vernachlässigung von Schubverformung und Drehträgheit und
- Dämpfungsfreiheit.

9.4.2 Bewegungsgleichung des EULER-BERNOULLI-Balkens

Wir betrachten einen EULER-BERNOULLI-Balken, wie er beispielhaft in Bild 9.11 dargestellt ist. Die aktuelle Form wird durch die orts- und zeitabhängige Querverschiebung $w(x,t)$ der Balkenmittellinie beschrieben. Die Parameter sind

- die Massenbelegung (Masse je Längeneinheit) $\mu = \varrho A$,
- die Biegesteifigkeit EI und
- die Normalkraft im Balken N.

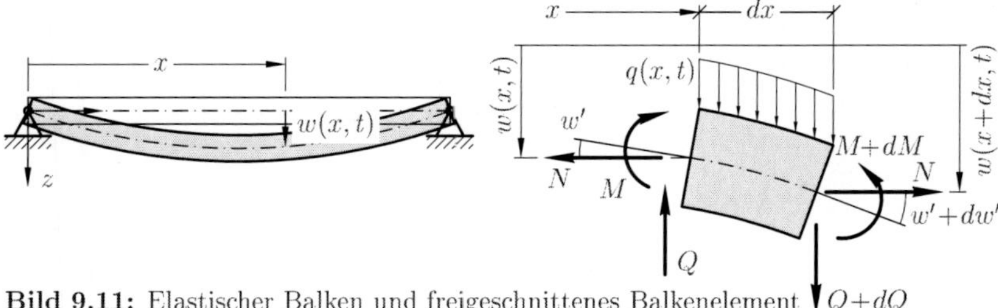

Bild 9.11: Elastischer Balken und freigeschnittenes Balkenelement

Als Randbedingungen lassen wir alle aus der Elastostatik bekannten Lagerungen zu. Verteilte äußere Erregungen berücksichtigen wir in Form einer orts- und zeitabhängigen Streckenlast $q(x,t)$.

Zum Aufstellen der Bewegungsgleichung

- schneiden wir ein Balkenelement in beliebiger Lage frei, zeichnen die Schnittlasten gemäß Bild 9.11 rechts ein,
- setzen die dynamischen Grundgesetze an,
- beschreiben das elastische Verhalten mit einem konstitutiven Stoffgesetz und
- berücksichtigen die kinematischen Zusammenhänge zwischen der Verschiebung der Balkenachse und der Balkenkrümmung:

Der Kräftesatz für das Balkenelement

$$\mu\, dx\, \frac{\partial^2 w}{\partial t^2} = \Big(Q + \frac{\partial Q}{\partial x} dx\Big) - Q + q\, dx$$

und der Momentensatz

$$0 = \Big(M + \frac{\partial M}{\partial x} dx\Big) - M - Q\, dx + N\, \frac{\partial w}{\partial x}\, dx\,,$$

der wegen der Vernachlässigung der Drehträgheit des Balkenelementes zum Momentengleichgewicht entartet, liefern die beiden Gleichungen

$$\mu\, \frac{\partial^2 w}{\partial t^2} = \frac{\partial Q}{\partial x} + q \tag{9.35}$$

und

$$Q = \frac{\partial M}{\partial x} + N\, \frac{\partial w}{\partial x}\,. \tag{9.36}$$

Die Kinematik umfaßt zum einen die BERNOULLIsche Hypothese (Ebenbleiben der Querschnitte) und zum anderen die geometrische Approximation der Balkenkrümmung durch die zweite Ortsableitung der Balkenmittellinie.

Die elastischen Eigenschaften werden vom Stoffgesetz

$$EI\, \frac{\partial^2 w}{\partial x^2} = -M \tag{9.37}$$

beschrieben, in das die Kinematik bereits eingearbeitet ist.

Nach Elimination der Schnittlasten (Biegemoment und Querkraft) erhält man die Bewegungsgleichung

$$\frac{\partial^2}{\partial x^2}\left[EI\,\frac{\partial^2 w}{\partial x^2}\right] - \frac{\partial}{\partial x}\left[N\,\frac{\partial w}{\partial x}\right] + \mu\,\frac{\partial^2 w}{\partial t^2} = q(x,t) \tag{9.38}$$

für die Transversalschwingungen des EULER-BERNOULLI-Balkens. Es handelt sich um eine lineare, inhomogene, partielle Differentialgleichung 4. Ordnung mit unter Umständen ortsveränderlichen Koeffizienten, die die Querbewegung der Balkenabschnitte zwischen den Lagerstellen beschreibt.

Die Randbedingungen liefern an jedem Rand zusätzliche Angaben zu zwei der vier Zustandsgrößen

Durchbiegung der Balkenachse	$w(x,t)$,
Neigung der Balkenachse	$w'(x,t)$,
Biegemoment	$M(x,t) = -EI\,w''(x,t)$ und
Querkraft im Balken	$Q(x,t) = -[EI\,w''(x,t)]' + N\,w'(x,t)$.

9.4.3 Sonderfälle

Die Bewegungsgleichung vereinfacht sich für örtlich und zeitlich konstante Systemparameter. Wir betrachten einige Sonderfälle:

1. Sonderfall: schwingende Saite, Wellengleichung

Mit

$$N = S = \text{const.} \qquad \text{und} \qquad EI = 0$$

folgt die Bewegungsgleichung der Saite,

$$\ddot{w} = \frac{S}{\mu}\,w''. \tag{9.39}$$

2. Sonderfall: Knickproblem

Mit

$$N = -P = \text{const.}, \qquad EI = \text{const.}, \qquad \frac{\partial}{\partial t} = 0, \qquad \text{und} \qquad q = 0$$

folgt die Differentialgleichung des Knickens,

$$EI\,w'''' + P\,w'' = 0. \tag{9.40}$$

Diese Problem wurde in der Elastomechanik (TM II) ausführlich analysiert.

3. Sonderfall: freie Biegeschwingungen des homogenen Balkens

Mit

$$N = \text{const.}, \qquad EI = \text{const.}, \qquad \mu = \text{const.}, \qquad \text{und} \qquad q = 0$$

folgt die Bewegungsdifferentialgleichung der Biegeschwingungen des homogenen Balkens unter Normalkraft,

$$EI\,w'''' - N\,w'' + \mu\,\ddot{w} = 0. \tag{9.41}$$

9.4.4 Freie Biegeschwingungen des homogenen Balkens

- **Balken ohne Normalkraft:**

Wir betrachten den normalkraftfreien schlanken Balken mit konstantem Querschnitt, der durch die partielle Dgl.

$$EI\, w'''' + \mu\, \ddot{w} = 0\,. \tag{9.42}$$

beschrieben wird. Eine einfache geschlossene Lösung wie die D'ALEMBERTsche Lösung der Wellengleichung läßt sich auch im Spezialfall nicht angeben. Jedoch behält der BERNOULLIsche Separationsansatz

$$w(x,t) = W(x)\, T(t) \tag{9.43}$$

für den Balken endlicher Länge seine Gültigkeit. Er führt wegen der Dämpfungsfreiheit auf harmonische Eigenschwingungen. Die charakterisierenden Eigenfrequenzen und Eigenformen hängen von den Randbedingungen ab.

Setzt man also den BERNOULLIschen Trennungsansatz (9.43) in die Bewegungsgleichung (9.42) ein und dividiert durch $\mu\, w(x,t)$,

$$\frac{\ddot{T}(t)}{T(t)} = -\frac{EI}{\mu}\,\frac{W''''(x)}{W(x)} = -\omega^2, \tag{9.44}$$

lassen sich – analog zur Wellengleichung – die zeitabhängigen Ausdrücke von den ortsabhängigen separieren. Die linke Seite der Gleichung ist eine reine Funktion der Zeit t, die rechte eine reine Funktion des Ortes x. Die Gleichung ist für alle x und alle t also nur dann erfüllbar, wenn beide Seiten konstant sind. In Vorausschau auf die Lösung nennen wir die noch unbekannte gemeinsame Konstante $-\omega^2$.

Mit dem BERNOULLIschen Trennungsansatz (9.43) zerfällt die partielle Differentialgleichung (9.42) in zwei gewöhnliche Differentialgleichungen. Die Differentialgleichung für die Zeitfunktion

$$\ddot{T}(t) + \omega^2\, T(t) = 0$$

hat als allgemeine Lösung die harmonische Schwingung

$$T(t) = A_c \cos\omega t + A_s \sin\omega t\,.$$

Bei der Differentialgleichung für die Ortsfunktion

$$W''''(x) - k^4\, W(x) = 0 \tag{9.45}$$

handelt es sich um eine Differentialgleichung 4. Ordnung mit dem Frequenzparameter

$$k = \sqrt[4]{\frac{\mu\,\omega^2}{EI}}\,. \tag{9.46}$$

Der Exponentialansatz

$$W(x) = \widehat{W}\, e^{\lambda x} \tag{9.47}$$

führt auf die charakteristische Gleichung

$$\lambda^4 - k^4 = 0 \,. \tag{9.48}$$

Diese charakteristische Gleichung hat die vier betragsgleichen Nullstellen

$$\lambda_1 = k \,, \qquad \lambda_2 = -k \,, \qquad \lambda_3 = i\,k \qquad \text{und} \qquad \lambda_4 = -i\,k \,, \tag{9.49}$$

so daß die Lösung von (9.45) in der komplexen Form

$$W(x) = B_1\,e^{kx} + B_2\,e^{-kx} + B_3\,e^{ikx} + B_4\,e^{-ikx} \tag{9.50}$$

oder mit den Identitäten

$$\begin{aligned} e^{i\varphi} &= \cos\varphi \;+ i\sin\varphi \qquad \text{und} \\ e^{\varphi} &= \cosh\varphi + \sinh\varphi \end{aligned} \tag{9.51}$$

auch in der reellen Form

$$W(x) = C_1\cosh kx + C_2\sinh kx + C_3\cos kx + C_4\sin kx \tag{9.52}$$

angegeben werden kann.

Die Integrationskonstanten C_1 bis C_4 und insbesondere der Frequenzparameter k ergeben sich aus den Randbedingungen. Neben den einfachsten, homogenen Randbedingungen für

- den eingespannten Rand mit $w(x_R, t) = 0$ und $w'(x_R, t) = 0$,
- den gelenkig gestützten Rand mit $w(x_R, t) = 0$ und $M(x_R, t) = 0$,
- den parallelgeführten Rand mit $w'(x_R, t) = 0$ und $Q(x_R, t) = 0$
- und den freien Rand mit $M(x_R, t) = 0$ und $Q(x_R, t) = 0$

sind auch Kombinationen verschiedener Zustandsgrößen an einem Rand (z. B. bei querelastischem Lager ein Zusammenhang zwischen der Randabsenkung $w(x_R, t)$ und der Randquerkraft $Q(x_R, t)$) sowie von Zustandsgrößen an verschiedenen Rändern oder Zwischenstellen (z. B. infolge eines Hebelmechanismus zwischen zwei Rändern) möglich. Darüber hinaus können Randbedingungen auch die Frequenz ω enthalten (z. B. bei einer Zusatzmasse am freien Balkenende).

Anzumerken ist, daß bei Vorhandensein einer axialen Vorspannkraft an einem querkraftfreien Rand (parallelgeführter oder freier Rand) nicht $w'''(x_R, t)$ verschwinden muß. Wegen des Momentengleichgewichts (9.36) muß an einem querkraftfreien Rand vielmehr der Ausdruck

$$Q(x_R, t) = M'(x_R, t) + N w'(x_R, t) = \Big\{ -EI\,W'''(x_R) + N\,W'(x_R) \Big\}\,T(t) \tag{9.53}$$

für alle t verschwinden.

Die Parallelführung hat technisch nur geringe Bedeutung. Aus den 3 anderen Randbedingungen folgen insgesamt 6 Kombinationen, die für einen Balken der Länge l in der Tabelle 9.3 zusammengestellt sind. Die Tabelle enthält neben der Frequenzgleichung für den dimensionslosen Parameter kl, die sich aus den Randbedingungen ergibt, auch die den Ingenieur besonderes interessierenden Eigenfrequenzen. Für $n = 1, 2$

und 3 sind die Zahlenwerte aufgeführt, für $n \geq 4$ ist der asymptotische Näherungswert angegeben.

Randbedingungen $x=0$	$x=l$	Frequenzgleichung $\omega_n = (k_n l)^2 \sqrt{\frac{EI}{\mu l^4}}$, $\omega_0 = \pi^2 \sqrt{\frac{EI}{\mu l^4}}$	bezogene Eigenfrequenzen $\frac{\omega_n}{\omega_0} = \left(\frac{k_n l}{\pi}\right)^2$ $n=1$	$n=2$	$n=3$	$n \geq 4$
gestützt	gestützt	$\sin kl = 0$	1.0	4.0	9.0	n^2
eingespannt	frei	$1+\cos kl \cosh kl = 0$	0.357	2.233	6.251	$\left(n-\frac{1}{2}\right)^2$
eingespannt frei	eingespannt frei	$1-\cos kl \cosh kl = 0$	2.267	6.249	12.250	$\left(n+\frac{1}{2}\right)^2$
eingespannt gestützt	gestützt frei	$\tan kl - \tanh kl = 0$	1.562	5.062	10.563	$\left(n+\frac{1}{4}\right)^2$

Tabelle 9.3: Frequenzgleichungen und Eigenfrequenzen für homogenen Balken

Die Vorgehensweise zur Ermittlung der Eigenfrequenzen und Eigenformen soll beispielhaft am Balken von Bild 9.12 gezeigt werden:

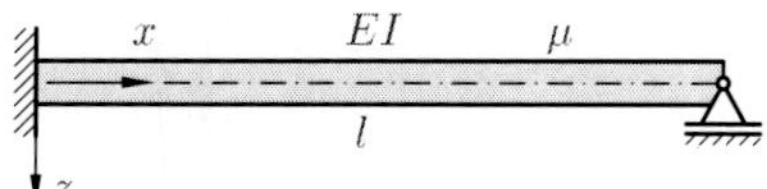

Bild 9.12: Links eingespannter und rechts gelenkig gelagerter homogener Balken

Die allgemeine Lösung (9.52) und ihre Ableitungen

$$\begin{aligned}
W(x) &= C_1 \cosh kx + C_2 \sinh kx + C_3 \cos kx + C_4 \sin kx \\
W'(x) &= C_1 k \sinh kx + C_2 k \cosh kx - C_3 k \sin kx + C_4 k \cos kx \\
W''(x) &= C_1 k^2 \cosh kx + C_2 k^2 \sinh kx - C_3 k^2 \cos kx - C_4 k^2 \sin kx
\end{aligned}$$

müssen an die Randbedingungen

$$\begin{aligned}
w(0,t) &= 0 \quad \Longrightarrow \quad W(0) = 0, \\
w'(0,t) &= 0 \quad \Longrightarrow \quad W'(0) = 0, \\
w(l,t) &= 0 \quad \Longrightarrow \quad W(l) = 0, \\
M(l,t) &= 0 \quad \Longrightarrow \quad W''(l) = 0
\end{aligned}$$

angepaßt werden. Man erhält ein homogenes lineares Gleichungssystem,

$$
\begin{aligned}
C_1 \qquad\qquad & + C_3 && = 0,\\
C_2\,k \qquad\qquad & + C_4\,k && = 0,\\
C_1\cosh kl + C_2\sinh kl & + C_3\cos kl + C_4\sin kl && = 0,\\
C_1\,k^2\cosh kl + C_2\,k^2\sinh kl & - C_3\,k^2\cos kl - C_4\,k^2\sin kl && = 0,
\end{aligned}
\tag{9.54}
$$

das nur dann nichttriviale Lösungen für die Integrationskonstanten hat, wenn seine Koeffizientendeterminante

$$\det = 2k^3(\cosh kl\,\sin kl - \sinh kl\,\cos kl) \tag{9.55}$$

verschwindet. Schließt man die triviale Lösung $k{=}0$ aus und dividiert durch den Faktor $(\cosh kl\,\cos kl)$, dessen Nullstellen keine Lösungen der Gl. (9.55) sind, so verbleibt die Frequenzgleichung

$$\tanh kl - \tan kl = 0\,. \tag{9.56}$$

Eine numerische Lösung liefert für die ersten drei Nullstellen die Werte

$$k_1 l = 1.2498\,\pi\,, \qquad k_2 l = 2.2499\,\pi\,, \qquad k_3 l = 3.2499\,\pi\,. \tag{9.57}$$

Das asymptotische Verhalten der Nullstellen für die höheren Eigenfrequenzen läßt sich in der Skizze 9.13 ablesen,

$$k_n l \approx \Big(n + \frac{1}{4}\Big)\,\pi\,. \tag{9.58}$$

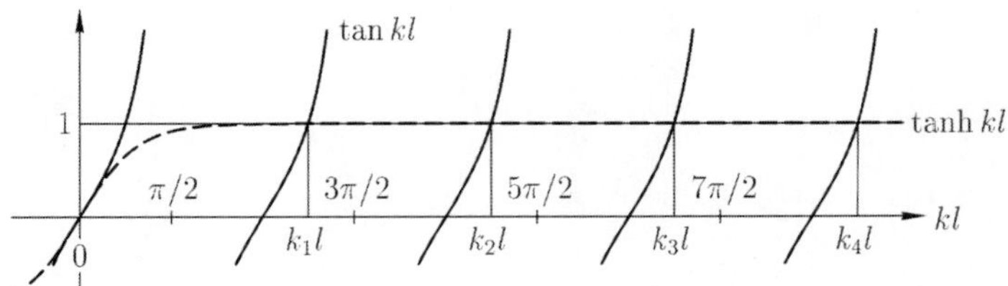

Bild 9.13: Graphische Lösung der Frequenzgleichung (9.56)

Die zugehörigen Eigenkreisfrequenzen sind

$$
\begin{aligned}
\omega_1 &= \big(1.2498\,\pi\big)^2\sqrt{\frac{EI}{\mu\,l^4}}, & \omega_2 &= \big(2.2499\,\pi\big)^2\sqrt{\frac{EI}{\mu\,l^4}},\\
\omega_3 &= \big(3.2499\,\pi\big)^2\sqrt{\frac{EI}{\mu\,l^4}}, & \omega_n &\approx \Big[\Big(n + \frac{1}{4}\Big)\pi\Big]^2\sqrt{\frac{EI}{\mu\,l^4}}.
\end{aligned}
\tag{9.59}
$$

Zur Berechnung der zugehörigen Eigenformen geht man auf das Gleichungssystem (9.54) zurück. Aus den ersten beiden Gleichungen folgt zunächst $C_3 = -C_1$ und $C_4 = -C_2$ und dann weiter aus der dritten Zeile die Bedingung

$$C_1(\cosh kl - \cos kl) + C_2(\sinh kl - \sin kl) = 0\,.$$

Das Verhältnis der verbliebene beiden Integrationskonstanten beträgt also

$$\frac{C_2}{C_1} = -\frac{\cosh kl - \cos kl}{\sinh kl - \sin kl} = -\frac{\cos kl}{\sin kl}\,\frac{\cosh kl/\cos kl - 1}{\sinh kl/\sin kl - 1}$$

und weiter wegen der Frequenzgleichung (9.56), die auch in der Form $\cosh kl/\cos kl = \sinh kl/\sin kl$ angeschrieben werden kann,

$$\frac{C_2}{C_1} = -\cot kl\,.$$

Für die Eigenformen findet man somit

$$W_n(x) = (\cosh k_n x - \cos k_n x) - \cot k_n l\,(\sinh k_n x - \sin k_n x). \tag{9.60}$$

- **Balken mit Normalkraft:**

Am Beispiel des beidseitig gelenkig gelagerten Balkens von Bild 9.11 soll der Einfluß einer konstanten axialen Vorspannkraft N diskutiert werden.

Aus der Bewegungsgleichung (9.41) folgt mit dem Trennungsansatz (9.43) die gewöhnliche Differentialgleichung

$$EI\,W'''' - N\,W'' - \mu\,\omega^2 W = 0 \tag{9.61}$$

für die Ortsfunktion. Mit dem Exponentialansatz (9.47) erhält man die charakteristische Gleichung

$$\lambda^4 - 2\,\kappa^2\lambda^2 - k^4 = 0\,. \tag{9.62}$$

Neben dem noch unbekannten Frequenzparameter k von Gl. (9.46) enthält diese Gleichung den Normalkraftparameter

$$\kappa = \sqrt{\frac{N}{2EI}}\,. \tag{9.63}$$

Die charakteristische Gleichung hat zwei reelle und zwei imaginäre Nullstellen,

$$\lambda_1 = k_1\,, \qquad \lambda_2 = -k_1\,, \qquad \lambda_3 = i\,k_3\,, \qquad \lambda_4 = -i\,k_3 \tag{9.64}$$

mit

$$k_1 = \sqrt{\sqrt{k^4+\kappa^4}+\kappa^2} \qquad \text{und} \qquad k_3 = \sqrt{\sqrt{k^4+\kappa^4}-\kappa^2}\,. \tag{9.65}$$

Die allgemeine Lösung für die Ortsfunktion hat somit die reelle Form

$$W(x) = C_1\cosh k_1 x + C_2\sinh k_1 x + C_3\cos k_3 x + C_4\sin k_3 x\,. \tag{9.66}$$

Aus den Randbedingungen:

$$\begin{aligned} W(0) &= 0\\ W''(0) &= 0\\ W(l) &= 0\\ W''(l) &= 0 \end{aligned} \tag{9.67}$$

folgt das homogene Gleichungssystem

$$\begin{aligned}
&C_1 & &+C_3 & &= 0\,,\\
&C_1\,k_1^2 & &-C_3\,k_3^2 & &= 0\,,\\
&C_1\cosh k_1 l \quad +C_2\sinh k_1 l & &+C_3\cos k_3 l \quad +C_4\sin k_3 l & &= 0\,,\\
&C_1\,k_1^2\cosh k_1 l \quad +C_2\,k_1^2\sinh k_1 l & &-C_3\,k_3^2\cos k_3 l \quad -C_4\,k_3^2\sin k_3 l & &= 0\,,
\end{aligned}$$

für die Integrationskonstanten. Nichttriviale Lösungen sind nur für

$$\det = -(k_1^4 - k_3^4)\sinh k_1 l\,\sin k_3 l = 0 \tag{9.68}$$

möglich. Wegen $k_3 \geq k_1 > 0$ ist diese Frequenzbedingung nur für

$$\sin k_3 l = 0$$

zu erfüllen. Sie liefert die Eigenwerte

$$(k_3 l)_n = n\,\pi\,. \tag{9.69}$$

Der Zusammenhang mit den Eigenkreisfrequenzen ist durch die Gln. (9.65) und (9.46) gegeben. Nach kurzer Rechnung findet man das Ergebnis

$$\omega_n^2 = (n\pi)^4\left[\frac{EI}{\mu l^4} + \frac{1}{(n\pi)^2}\frac{N}{\mu l^2}\right]. \tag{9.70}$$

• Diskussion des Ergebnisses:

a) Eine Zugvorspannung $N > 0$ erhöht die Eigenfrequenzen des Balkens, eine Druckvorspannung $N < 0$ vermindert sie.

b) Ist $N < 0$ eine Druckkraft, so wird die niedrigste Eigenfrequenz bei

$$N = -\frac{\pi^2 EI}{l^2}$$

sogar null. Dies ist der EULERsche Knickfall!

c) Der Einfluß der Normalkraft ist bei den niedrigen Eigenfrequenzen größer und nimmt mit wachsender Ordnungszahl n immer mehr ab.

d) Ist die Biegesteifigkeit EI verschwindend klein, so erhält man die Eigenfrequenzen der querschwingenden Saite:

$$\omega_n = \frac{n\pi}{l}\sqrt{\frac{N}{\mu}}\,.$$

e) Allerdings ist mit wachsender Ordnung n (also bei höheren Eigenfrequenzen) der Einfluß einer wenn auch kleinen Biegesteifigkeit immer stärker spürbar. Die Modellierung eines Seiles als querschwingenden Saite wird immer fraglicher.

f) Der beidseitig gelenkig gelagerte Balken unter Normalkraft hat die gleiche Eigenform

$$W_n(x) = \sin\left(n\pi\frac{x}{l}\right)$$

wie der normalkraftfreie Balken.

9.4.5 Orthogonalität der Eigenformen

Die einzelnen Eigenformen $W_n(x)$ des querschwingenden Balkens sind auch bei ortsveränderlichem Balkenquerschnitt zueinander orthogonal, d. h. es gelten die Beziehungen

$$\int_0^l \mu(x)\, W_n(x)\, W_m(x)\, dx = \begin{cases} 0 & \text{für} \quad m \neq n \\ \widetilde{m}_n & \text{für} \quad m = n\,. \end{cases} \tag{9.71}$$

Für $m = n$ ergibt das Integral die modale Masse, die wegen $\mu > 0$ stets positiv ist. Die Beziehungen (9.71) gelten für alle selbstadjungierten Randbedingungen. Hierzu gehört neben den bereits genannten homogenen Randbedingungen (freier Rand, Einspannung, gelenkige und querverschiebliche Lagerung) noch das quer- und drehelastische Lager.

Der Beweis geht von der gewöhnlichen Dgl. (9.61) für die Ortsfunktionen aus. Der Kürze wegen führen wir ihn für den normalkraftfreien Balken:

Für zwei verschiedene Eigenkreisfrequenzen $\omega_n \neq \omega_m$ gilt

$$\begin{aligned} \big[EI\,W_n''\big]'' - \mu\,\omega_n^2\,W_n &= 0\,, \\ \big[EI\,W_m''\big]'' - \mu\,\omega_m^2\,W_m &= 0\,. \end{aligned} \tag{9.72}$$

Wird die erste Gleichung mit $W_m(x)$ und die zweite mit $W_n(x)$ multipliziert, so erhält man nach Subtraktion beider Gleichungen und Integration über die Balkenlänge

$$(\omega_n^2 - \omega_m^2) \int_0^l \mu(x)\, W_n\, W_m\, dx = \int_0^l \Big\{ \big[EI\,W_n''\big]''\, W_m - \big[EI\,W_m''\big]''\, W_n \Big\}\, dx\,. \tag{9.73}$$

Zweimalige partielle Integration des Biegesteifigkeitsterms verschiebt die Ortsableitungen und das Integral auf der rechten Seite verschwindet,

$$\begin{aligned} &(\omega_n^2 - \omega_m^2) \int_0^l \mu(x)\, W_n\, W_m\, dx = \\ &\qquad = \Big\{ \big[EI\,W_n''\big]'\, W_m - \big[EI\,W_m''\big]'\, W_n - EI\big[W_n''\,W_m' - W_m''\,W_n'\big] \Big\}_0^l\,. \end{aligned} \tag{9.74}$$

Es verbleiben nur Randterme. Für beliebige selbstadjungierte Randbedingungen sind diese Randterme null, und es verbleibt die Orthogonalitätsbeziehung (9.71).

9.4.6 Überlagerungsprinzip

Jede Eigenlösung $w_n(x,t) = W_n(x)\, T_n(t)$ ist Lösung der linearen partiellen Dgl. des querschwingenden Balkens. Da diese Eigenlösungen linear unabhängig sind, erhält man die vollständige Lösung durch Superposition der Eigenlösungen:

$$w(x,t) = \sum_{n=1}^{\infty} W_n(x) \big[A_{cn} \cos \omega_n t + A_{sn} \sin \omega_n t\big]\,. \tag{9.75}$$

Die freien Integrationskonstanten A_{cn} und A_{sn} sind durch die Anfangsbedingungen festgelegt. Sie können auf die gleiche Weise berechnet werden, wie die Integrationskonstanten bei den Systemen mit endlich vielen Freiheitsgraden.

9.4.7 Schlußbemerkungen

Die explizite Berechnung der Eigenformen hat gezeigt, daß die Abstände der Schwingungsknoten mit wachsender Ordnung immer geringer werden. Erreicht dieser Abstand die Größenordnung der Querschnittsabmessungen des Balkens, so kann der Balken nicht mehr als schlank angesehen werden und die BERNOULLIsche Hypothese vom Ebenbleiben der Querschnitte ist nicht mehr gerechtfertigt. Schubverformung und Drehträgheit beeinflussen das Ergebnis in wachsendem Maße. Quantitativ richtige Aussagen sind nur bei Verfeinerung des Ersatzmodells möglich (TIMOSHENKO-Balken).

Noch eine Erkenntnis ist interessant: Mit wachsender Ordnung n nimmt der Einfluß der Randbedingungen auf die Eigenfrequenzen ab. Weiter von den Rändern entfernte Abschnitte weisen eine nahezu harmonische Ortsabhängigkeit auf, d. h. zwischen zwei Knoten liegt mit guter Näherung eine halbe Sinuswelle.

9.5 Schwingungen von Platten und Membranen

9.5.1 Membran

Von einem Membran spricht man, wenn bei einer in zwei Richtungen ausgebildeten dünnen Platte die Biegesteifigkeit vernachlässigbar ist. Eine Membran ist in ihrer Belastungsaufnahmefähigkeit also wie eine zweidimensionale Saite. Ihre praktische Verwirklichung findet sie zum Beispiel in der Seifenhaut, auch in Lautsprechern und Mikrofonen. Ihre Schwingungen werden durch die zweidimensionale Wellengleichung

$$\mu \frac{\partial^2 w}{\partial t^2} = S\left[\frac{\partial^2 w}{\partial x^2} + \frac{\partial^2 w}{\partial y^2}\right] \tag{9.76}$$

beschrieben. Die Parameter sind S und μ, die Spannkraft je Längeneinheit und die Massenbelegung je Flächeneinheit.

9.5.2 Platte

Unter einer Platte verstehen wir einen deformierbaren flächenhaft ausgebildeten Körper, der eine seine Dicke h an jeder Stelle halbierende Mittelebene besitzt und dessen Dicke im Verhältnis zu den Abmessungen der Mittelebene klein ist. Die Deformation der Platte wird durch die Querverschiebung der Mittelebene beschrieben. Die Durchbiegung $w(x, y, t)$ der Platte hängt vom Ort ab. Analog zum Biegebalken sind zur Beschreibung der elastischen Platte kinematische Annahmen notwendig. Die der BERNOULLIschen Hypothese entsprechende Theorie ist die KIRCHHOFFsche Plattentheorie. Zur Bewegungsgleichung der KIRCHHOFF-Platte kommt man, indem man in der Plattengleichung der Elastostatik die statische Last $q(x, y)$ durch die negative Massenbeschleunigung je Flächeneinheit, also durch die D'ALEMBERTsche Trägheitskraft $-\mu\,\partial^2 w/\partial t^2$ ersetzt. Man erhält eine Differentialgleichung zweiter Ordnung in der Zeit und vierter Ordnung im zweidimensionalen Ort,

$$\mu \frac{\partial^2 w}{\partial t^2} = \frac{Eh^3}{12(1-\nu^2)}\left[\frac{\partial^4 w}{\partial x^4} + 2\frac{\partial^4 w}{\partial x^2\,\partial y^2} + \frac{\partial^4 w}{\partial y^4}\right]. \tag{9.77}$$

Zur Bewegungsdifferentialgleichung gehören noch dynamische und kinematische Randbedingungen sowie die Anfangsbedingungen.

Weiterführende Untersuchungen werden in der Lehrveranstaltung Kontinuumsschwingungen durchgeführt.

9.6 Schrankenverfahren

Für die niedrigste Eigenkreisfrequenz des kontinuierlich mit Masse und Steifigkeit belegten Systems kann man in Analogie zum System mit mehreren Freiheitsgraden ebenfalls *Schranken* angeben. Der RAYLEIGH-Quotient liefert eine obere Schranke und die Formel von DUNKERLEY eine untere. Wir zeigen die Zusammenhänge für die Biegeschwingungen von Balken und geben am Ende noch die Formeln für die zuvor behandelten kontinuierlichen Systeme zweiter Ordnung an.

9.6.1 Obere Schranke nach RAYLEIGH

Für ein konservatives schwingungsfähiges System kann man den RAYLEIGH-Quotienten aus der Gleichheit der maximalen potentiellen und der maximalen kinetischen Energie herleiten. Wir behandeln die Biegeschwingungen kontinuierlicher Systeme und gehen wie bei diskreten Systemen vor.

Multipliziert man die von jeder Eigenform $W_n(x)$ und jeder Eigenfrequenz ω_n erfüllte Ortsgleichung der Biegeschwingungen

$$\left[EI\,W_n''\right]'' - \omega_n^2\,\mu\,W_n = 0 \tag{9.78}$$

mit der Eigenfunktion W_n und integriert über die gesamte Länge l der Welle, so erhält man

$$\int_0^l W_n\left[EI\,W_n''\right]''dx - \omega_n^2\int_0^l \mu\,W_n^2\,dx = 0 \tag{9.79}$$

und nach zweimaliger partieller Integration der linken Seite

$$\omega_n^2\int_0^l \mu\,W_n^2\,dx = \int_0^l EI\left(W_n''\right)^2dx + \left\{W_n\left[EIW_n''\right]' - W_n'\left[EIW_n''\right]\right\}_0^l. \tag{9.80}$$

Für homogene, selbstadjungierte Randbedingungen, die unter Abschnitt 9.4.4 aufgelistet sind, verschwindet der Ausdruck in den geschweiften Klammern, und es verbleibt

$$\omega_n^2 = R\{W_n(x)\} = \frac{\int_0^l EI\left(W_n''\right)^2dx}{\int_0^l \mu\,W_n^2dx} = \frac{2\,U_n}{2\,T_n^*}. \tag{9.81}$$

Würde man die erste Eigenform $W_1(x)$ einsetzen, so bekäme man aus dem Energieausdruck (9.81) exakt die erste Eigenkreisfrequenz ω_1 des Balkens. Rechnet man dagegen mit einer Ansatzfunktion $\widetilde{W}_1(x)$ als Schätzwert für die erste Eigenform, so erhält man einen Näherungswert für ω_1. Es läßt sich zeigen, daß der RAYLEIGH-Quotient

$$\omega_1^2 \leq R\left\{\widetilde{W}_1(x)\right\} \tag{9.82}$$

stets eine obere Schranke für das Quadrat der niedrigsten Eigenkreisfrequenz ω_1 darstellt, wenn die Ansatzfunktion $\widetilde{W}_1(x)$ die geometrischen Randbedingungen erfüllt (die Ansatzfunktion ist dann eine zulässige Funktion). Die Genauigkeit der Näherung wird erheblich gesteigert, wenn die Ansatzfunktion $\widetilde{W}_1(x)$ auch die dynamischen Randbedingungen erfüllt (die Ansatzfunktion ist dann eine Vergleichsfunktion).

Zusätzliche Einzelmassen können in der kinetischen Energie additiv (durch Erweiterung des Nenners) berücksichtigt werden. Entsprechend ist bei elastischen Lagern die potentielle Energie (durch Erweitern des Zählers) zu ergänzen.

9.6.2 Untere Schranke nach DUNKERLEY

Denkt man sich die kontinuierliche Struktur bis auf eine Teilmasse $\mu(x)\Delta x$ an der Stelle $x = x_n$ von Masse befreit, so folgt für die Eigenkreisfrequenz dieses Teilsystems mit reduzierter Masse

$$\frac{1}{\omega_{D,n}^2} = h_{nn}(x_n)\,\mu(x_n)\Delta x\,. \tag{9.83}$$

Hierin ist $h_{nn}(x_n)$ die MAXWELLsche Einflußzahl für die Verformung der elastischen Struktur an der Stelle x_n unter einer Last an der selben Stelle. Die Summation über die gesamte Struktur und der Grenzübergang $\Delta x \to dx$ liefert

$$\frac{1}{\omega_1^2} \leq \frac{1}{\omega_D^2} = \lim_{\Delta x \to 0} \sum_{n=1}^{\infty} \frac{1}{\omega_{D,n}^2} = \int_0^l h(x)\,\mu(x)dx\,. \tag{9.84}$$

Somit gilt für die niedrigste Eigenkreisfrequenz eines kontinuierlichen Systems die Formel

$$\frac{1}{\omega_1^2} \leq \frac{1}{\omega_D^2} = \int_0^l h(x)\,\mu(x)dx\,, \tag{9.85}$$

oder kurz

$$\omega_1^2 \geq \omega_D^2\,. \tag{9.86}$$

9.6.3 Systeme zweiter Ordnung im Ort

Bei den Systemen von Abschnitt 9.2, die durch partielle Differentialgleichungen 2. Ordnung im Ort zu beschreiben sind, gibt es analoge Zusammenhänge.

Beispiel 9.1: Einseitig eingespannter längsschwingender Stab

Die simple Ansatzfunktion

$$\tilde{u}(x) = a\,x$$

erfüllt die kinematische Randbedingung $\tilde{u}(0)=0$ und für die Ableitung der Ansatzfunktion erhält man eine Konstante,

$$\tilde{u}'(x) = a\,.$$

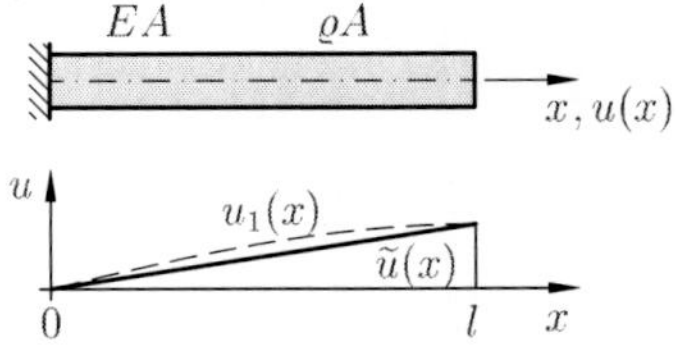

Bild B9.1: Längsschwingender Stab

Die potentielle und die bezogene kinetische Energie berechnen sich damit zu

$$U_{\max} = \frac{1}{2}\int_0^l EA a^2\,dx = \frac{1}{2}EA\,l\,a^2 \qquad \text{und} \qquad T^*_{\max} = \frac{1}{2}\int_0^l \varrho A\,(ax)^2\,dx = \frac{1}{6}\varrho A l^3 a^2.$$

Für den RAYLEIGH-Quotienten folgt somit

$$\omega_1^2 \le R = \frac{U_{\max}}{T^*_{\max}} = \frac{\frac{1}{2}EA\,l\,a^2}{\frac{1}{6}\varrho A\,l^3\,a^2} = 3\,\frac{E}{\varrho\,l^2}\,.$$

Das exakte Ergebnis ist nach Gl. (9.32)

$$\omega_1^2 = \left(\frac{\pi}{2}\right)^2 \frac{E}{\varrho\,l^2} = 2.47\,\frac{E}{\varrho\,l^2}\,.$$

Trotz der geringen Ähnlichkeit der Ansatzfunktion $\tilde{u}(x)$ mit der ersten Eigenform $u_1(x)$ von Bild 9.10 beträgt der relative Fehler in ω_1 weniger als 10%.

Kapitel 10

Erzwungene Schwingungen kontinuierlicher Systeme

10.1 Einführung

Äußere zeitveränderliche Einwirkungen auf eine kontinuierliche Struktur führen zu erzwungenen Schwingungen. Die äußeren zeitveränderlichen Einwirkungen sind Erregungen, die entweder zwischen den Rändern in die kontinuierliche Struktur in Form von verteilten Lasten oder an den Rändern in Form von zeitabhängigen Randlasten oder zeitabhängigen Randverformungen auf das System wirken. Wir analysieren beide Möglichkeiten zunächst für die Längsschwingungen eines homogenen Stabes, die durch die Wellengleichung (9.1) beschrieben werden, und stellen anschließend die entsprechende Vorgehensweise für Biegeschwingungen von Balken dar.

10.2 Erzwungene Längsschwingungen eines Stabes bei verteilter Erregerlast

Wenn auf einen kontinuierlichen Stab in Längsrichtung eine verteilte, zeitveränderliche Streckenlast $n(x,t)$ einwirkt, so ist die Bewegungsgleichung (9.1) auf der rechten Seite um den entsprechenden Kraftterm zu ergänzen. Für den Spezialfall eines homogenen Stabes werden die erzwungenen Schwingungen $u(x,t)$ somit durch die partielle Differentialgleichung

$$\frac{\partial^2 u}{\partial t^2} - \frac{E}{\varrho}\frac{\partial^2 u}{\partial x^2} = \frac{n(x,t)}{\varrho A} \tag{10.1}$$

beschrieben. Die Randbedingungen sind dabei dieselben, wie bei den zugehörigen freien Schwingungen.

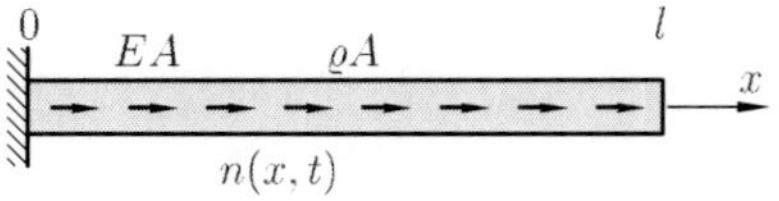

Bild 10.1: Homogener Stab mit kontinuierlicher Erregerstreckenlast $n(x,t)$

Wir berechnen ein partikuläres Integral, das die rechte Seite von (10.1) erfüllt. Zusammen mit den Eigenschwingungen aus Kapitel 9 bildet dieses die allgemeine Lösung des inhomogenen Systems. Der Einfachheit halber lassen wir im Folgenden den Index p zur Kennzeichnung des Partikulärintegrals weg.

Analog zu den diskreten Systemen entwickeln wir die erzwungenen Schwingungen $u(x,t)$ nach den Eigenformen $U_n(x)$,

$$u(x,t) = \sum_{n=1}^{\infty} U_n(x)\, p_n(t)\,. \tag{10.2}$$

Dies ist möglich, wenn die erzwungene Bewegung $u(x,t)$ dieselben Randbedingungen hat, wie das homogene System, wenn also die äußere Erregung nicht die Randbedingungen verändert.

Die Eigenformen $U_n(x)$ erfüllen die Randbedingungen und gehorchen der Beziehung

$$EA\, U_n''(x) = -\omega_n^2\, \varrho A\, U_n(x)\,. \tag{10.3}$$

Darüber hinaus gelten die Orthogonalitätsbeziehungen

$$\int_0^l \varrho A\, U_n(x)\, U_m(x)\, dx = \begin{cases} 0 & \text{für} \quad n \neq m \\ \widetilde{m}_n & \phantom{\text{für}} \quad n = m\,. \end{cases} \tag{10.4}$$

Zu ermitteln sind also die modalen Koordinaten $p_n(t)$ der erzwungenen Schwingungen.

Setzt man den Ansatz (10.2) in die Bewegungsgleichung (10.1) ein,

$$\sum_{n=1}^{\infty} \left\{ U_n(x)\, \ddot{p}_n(t) - \frac{E}{\varrho}\, U_n''(x)\, p_n(t) \right\} = \frac{n(x,t)}{\varrho A}\,, \tag{10.5}$$

und berücksichtigt den Zusammenhang (10.3), so erhält man zunächst die Gleichung

$$\sum_{n=1}^{\infty} \left\{ \ddot{p}_n(t) + \omega_n^2\, p_n(t) \right\} U_n(x) = \frac{n(x,t)}{\varrho A} \tag{10.6}$$

für die unendlich vielen modalen Koordinaten $p_n(t)$, die für alle x und t erfüllt sein muß.

Die Gleichung für eine modale Koordinate ergibt sich über die Orthogonalitätsbeziehungen (10.4). Dazu multiplizieren wir (10.6) mit $\varrho A\, U_m(x)$ und integrieren über die Länge l der kontinuierlichen Struktur,

$$\sum_{n=1}^{\infty} \left\{ \ddot{p}_n(t) + \omega_n^2\, p_n(t) \right\} \int_0^l \varrho A\, U_m(x)\, U_n(x)\, dx = \int_0^l U_m(x)\, n(x,t)\, dx\,. \tag{10.7}$$

Wegen der Orthogonalität (10.4) der Eigenformen $U_n(x)$ bleibt von der unendlichen Summe in (10.7) nur das m-te Glied übrig.

Die rechte Seite von (10.7) ist der zur m-ten Eigenform gehörige modale Anteil

$$\widetilde{n}_m(t) = \int_0^l U_m(x)\, n(x,t)\, dx \tag{10.8}$$

der kontinuierlichen Erregerlast $n(x,t)$. Dividiert man schließlich noch durch die modale Masse $\widetilde{m}_m$, folgt die Bewegungsgleichung

$$\ddot{p}_m(t) + \omega_m^2\, p_m(t) = \frac{\widetilde{n}_m(t)}{\widetilde{m}_m} \tag{10.9}$$

eines Schwingers mit einem Freiheitsgrad für die modale Koordinate $p_m(t)$.

Damit ist die Berechnung der erzwungenen Schwingungen des kontinuierlichen Systems auf die Lösung von unendlich vielen modalen Systemen mit einem Freiheitsgrad zurückgeführt. Zur Lösung von Gl. (10.9) läßt sich eine, dem jeweiligen Erregerzeitverlauf $n(t)$ angepaßte Lösungsmethode aus Kapitel 6 heranziehen.

Die modalen Lösungen $p_n(t)$ setzen sich zusammen aus einem partikulären Integral, das die rechte Seite von Gl. (10.9) erfüllt, und der allgemeinen Lösung der zugehörigen homogenen Gleichung, die die Integrationskonstanten enthält.

Beispiel 10.1: Homogener Stab mit örtlich konstanter, zeitlich harmonischer Längsstreckenlast $n(t) = \hat{n} \cos \Omega t$.

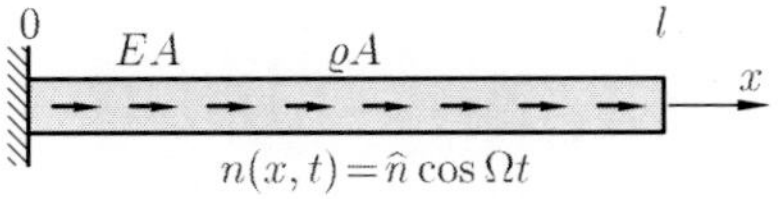

0 EA ϱA l x

$n(x,t) = \hat{n} \cos \Omega t$

Bild B10.1: Homogener Stab mit harmonischer Längstreckenlast

Wellenausbreitungsgeschwindigkeit, Eigenkreisfrequenzen und Eigenformen:

$$c = \sqrt{\frac{E}{\varrho}}, \qquad \omega_n = \frac{2n-1}{2}\,\pi\,\frac{c}{l}, \qquad U_n(x) = \sin\Big(\frac{2n-1}{2}\,\pi\,\frac{x}{l}\Big) = \sin\frac{\omega_n x}{c}$$

Modale Massen:

$$\widetilde{m}_n = \int_0^l \varrho A\, U_n^2(x)\, dx = \frac{1}{2}\,\varrho A\, l$$

Modale Erregerlasten:

$$\widetilde{n}_n(t) = \int_0^l U_n(x)\, n(x,t)\, dx = \hat{n}\, l\, \frac{2}{(2n-1)\,\pi}\, \cos\Omega t$$

Bewegungsgleichungen der modalen Koordinaten:

$$\ddot{p}_n(t) + \omega_n^2\, p_n(t) = \frac{\widetilde{n}_n(t)}{\widetilde{m}_n} = \frac{4}{(2n-1)\,\pi}\,\frac{\hat{n}}{\varrho A}\,\cos\Omega t = \omega_n^2\,\hat{a}_n\,\cos\Omega t$$

Wirksame modale Erregeramplituden:

$$\hat{a}_n = \frac{16}{(2n-1)^3\,\pi^3}\,\frac{\hat{n}\, l^2}{EA}$$

Erzwungene modale Bewegungskomponenten:

$$p_n(t) = \hat{a}_n\,\frac{\omega_n^2}{\omega_n^2 - \Omega^2}\,\cos\Omega t\,; \qquad u_n(x,t) = \hat{a}_n\,\frac{\omega_n^2}{\omega_n^2 - \Omega^2}\,U_n(x)\,\cos\Omega t$$

Erzwungene Longitudinalschwingungen:

$$u(x,t) = \sum_{n=1}^{\infty} \hat{a}_n\,\frac{\omega_n^2}{\omega_n^2 - \Omega^2}\,\sin\frac{\omega_n x}{c}\,\cos\Omega t$$

Beispiel 10.2: Homogener Stab mit sprungartiger Einzelkrafterregung bei $x=l/2$

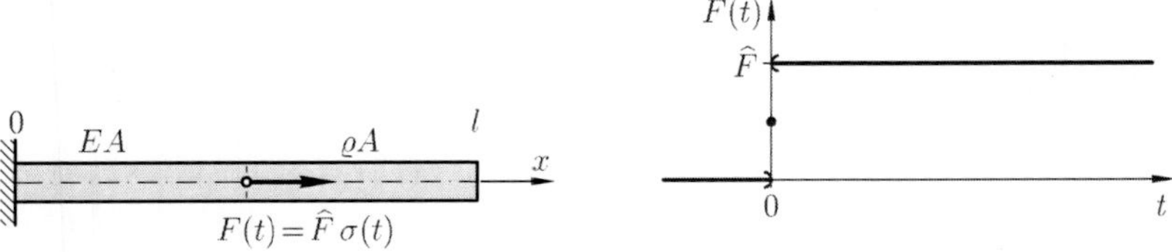

Bild B10.2: Stab mit Einzelkrafterregung

Wellenausbreitungsgeschwindigkeit, Eigenkreisfrequenzen und Eigenformen:

$$c=\sqrt{\frac{E}{\varrho}}, \qquad \omega_n=\frac{2n-1}{2}\,\pi\,\frac{c}{l}, \qquad U_n(x)=\sin\Big(\frac{2n-1}{2}\,\pi\,\frac{x}{l}\Big)=\sin\frac{\omega_n x}{c},$$

Modale Massen:

$$\widetilde{m}_n=\int\limits_0^l \varrho A\,U_n^2(x)\,dx=\frac{1}{2}\,\varrho A\,l$$

Die Einzelkraft wird auf die Länge 2ε um die Stelle $x=l/2$ verschmiert:

$$n(x,t)=\frac{\widehat{F}}{2\,\varepsilon}\,\sigma(t) \qquad \text{für} \qquad \frac{l}{2}-\varepsilon\le x\le\frac{l}{2}+\varepsilon$$

Modale Erregerlasten:

$$\begin{aligned}\widetilde{n}_n(t)=\int\limits_0^l U_n(x)\,n(x,t)\,dx &= \widehat{F}\,\sigma(t)\,\frac{1}{2\,\varepsilon}\int\limits_{l/2-\varepsilon}^{l/2+\varepsilon} U_n(x)\,dx= \\ &= \widehat{F}\,\sigma(t)\,U_n\Big(\frac{l}{2}\Big)=\widehat{F}\,\sigma(t)\,\sin\Big(\frac{2n-1}{2}\,\pi\,\frac{1}{2}\Big)\end{aligned}$$

Bewegungsgleichungen der modalen Koordinaten:

$$\ddot{p}_n+\omega_n^2\,p_n=\frac{\widetilde{n}_n(t)}{\widetilde{m}_n}=\frac{2\widehat{F}}{\varrho A\,l}\,\sin\Big(\frac{2n-1}{2}\,\pi\,\frac{1}{2}\Big)\,\sigma(t)=\omega_n^2\,\widehat{a}_n\,\sigma(t)$$

Wirksame modale Erregeramplituden:

$$\widehat{a}_n=\frac{8}{(2n-1)^2\,\pi^2}\,\frac{\widehat{F}\,l}{EA}\,\sin\Big(\frac{2n-1}{2}\,\pi\,\frac{1}{2}\Big)$$

Erzwungene modale Bewegungskomponenten (Sprungantwort):

$$p_n(t)=\widehat{a}_n\,\Big(1-\cos\omega_n t\Big)\,\sigma(t); \qquad u_n(x,t)=\widehat{a}_n\,U_n(x)\Big(1-\cos\omega_n t\Big)\,\sigma(t)$$

Erzwungene Longitudinalschwingungen:

$$u(x,t)=\sum_{n=1}^{\infty}\widehat{a}_n\,\sin\frac{\omega_n x}{c}\,\Big(1-\cos\omega_n t\Big)\,\sigma(t)$$

10.3 Erzwungene Längsschwingungen bei Erregung über die Randbedingung

Erfolgt die äußere Erregung eines kontinuierlichen Systems über dessen Ränder, bleibt die partielle Bewegungsgleichung für das Feld unverändert homogen. Inhomogenitäten entstehen in den Randbedingungen. Der links eingespannte homogene Stab nach Bild 10.2 mit vorgegebener, zeitlich veränderlicher Randverschiebung am rechten Rand wird somit durch die homogene partielle Differentialgleichung

$$\frac{\partial^2 u}{\partial t^2} - \frac{E}{\varrho}\frac{\partial^2 u}{\partial x^2} = 0 \tag{10.10}$$

und die inhomogenen Randbedingungen

$$\begin{aligned} u(0,t) &= 0 \qquad \text{und} \\ u(l,t) &= u_l(t) \end{aligned} \tag{10.11}$$

beschrieben. Die zweite Randbedingung ist also nicht nur inhomogen, sondern auch zeitabhängig.

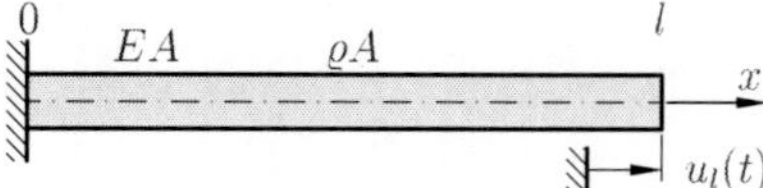

Bild 10.2: Homogener Stab mit vorgegebener zeitabhängiger Randverschiebung

In der Regel gelingt es mit einer Transformation, die sich aus einer quasi-statischen Verschiebung $u_s(x,t)$ infolge der Randerregung $u_l(t)$ und der kinetischen Differenzbewegung $v(x,t)$ um diese quasi-statische Verschiebung zusammensetzt,

$$u(x,t) = v(x,t) + u_s(x,t), \tag{10.12}$$

die Inhomogenität aus den Randbedingungen in die partielle Differentialgleichung zu verschieben. Im konkreten Fall würde eine vorgegebene quasi-statische Verschiebung u_l des rechten Stabendes zu dem quasi-statischen Verschiebungsfeld

$$u_s(x,t) = \frac{x}{l}\,u_l(t) \tag{10.13}$$

führen. Die quasi-statische Verformung $u_s(x,t)$ muß die inhomogenen Randbedingungen erfüllen.

Die Transformation (10.12) hat hier also die konkrete Form

$$u(x,t) = v(x,t) + \frac{x}{l}\,u_l(t), \tag{10.14}$$

woraus

$$\begin{aligned} \ddot{u}(x,t) &= \ddot{v}(x,t) + \frac{x}{l}\,\ddot{u}_l(t) \qquad \text{und} \\ u''(x,t) &= v''(x,t) \end{aligned} \tag{10.15}$$

folgt. Einsetzen in die homogene Bewegungsgleichung (10.10) und in die inhomogenen Randbedingungen (10.11) führt auf die inhomogene Bewegungsgleichung

$$\frac{\partial^2 v}{\partial t^2} - \frac{E}{\varrho}\frac{\partial^2 v}{\partial x^2} = -\frac{x}{l}\,\ddot{u}_l(t) \tag{10.16}$$

mit den homogenen Randbedingungen

$$\begin{aligned} v(0,t) &= u(0,t) - u_s(0,t) &= u(0,t) &= 0 \qquad \text{und} \\ v(l,t) &= u(l,t) - u_s(l,t) &= u(l,t) - u_l(t) &= 0\,. \end{aligned} \tag{10.17}$$

Damit hat man formal die Randerregung auf die im vorherigen Abschnitt behandelte Felderregung überführt und kann auf den Lösungsweg von Abschnitt 10.2 zurückgreifen:

Die Relativverschiebung $v(x,t)$ läßt sich also nach den Eigenformen $U_n(x)$ des beidseitig festgehaltenen Stabes entwickeln und als Summe von unendlich vielen Eigenformanteilen darstellen. Zur Festigung betrachten wir das folgende Beispiel:

Beispiel 10.3: Homogener Stab mit harmonischer Einzelkrafterregung $P(t)=\hat{P}\cos\Omega t$ an einem Ende bei $x=l$

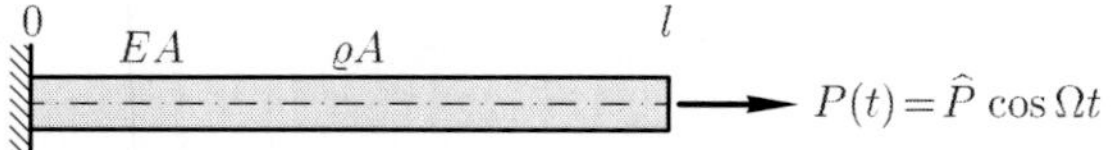

Bild B10.3: Stab mit Einzelkrafterregung an einem Ende

Homogene Bewegungsgleichungen:

$$\frac{\partial^2 u}{\partial t^2} - \frac{E}{\varrho}\frac{\partial^2 u}{\partial x^2} = 0$$

Inhomogene Randbedingungen:

$$\begin{aligned} u(0,t) &= 0 \\ N(l,t) &= EA\,u'(l,t) = \hat{P}\cos\Omega t \end{aligned}$$

Quasi-statisches Verhalten durch Randlast P:

$$\begin{aligned} N_s(x) &= P \\ u_s'(x) &= \frac{P}{EA} \\ u_s(x) &= \frac{P}{EA}\,x \end{aligned}$$

Transformation:

$$\begin{aligned} u(x,t) &= v(x,t) + u_s(x,t) = v(x,t) + \frac{x}{EA}\hat{P}\cos\Omega t \\ u''(x,t) &= v''(x,t) \\ \ddot{u}(x,t) &= \ddot{v}(x,t) + \frac{x}{EA}\left(\hat{P}\cos\Omega t\right)^{\cdot\cdot} \end{aligned}$$

Transformierte inhomogene Bewegungsgleichung:

$$\ddot{v} - \frac{E}{\varrho}\, v'' = -\frac{x}{EA}\big(\widehat{P} \cos \Omega t\big)^{\cdot\cdot}$$

Transformierte homogene Randbedingungen:

$$\begin{aligned} v(0,t) &= u(0,t) - u_s(0,t) &&= 0 \\ v'(l,t) &= u'(l,t) - u_s'(l,t) &&= \frac{1}{EA}\,\widehat{P}\cos\Omega t - \frac{P(t)}{EA} = 0 \end{aligned}$$

Wellenausbreitungsgeschwindigkeit, Eigenkreisfrequenzen und Eigenformen:

$$c = \sqrt{\frac{E}{\varrho}}, \qquad \omega_n = \frac{2n-1}{2}\,\pi\,\frac{c}{l}, \qquad V_n(x) = \sin\Big(\frac{2n-1}{2}\,\pi\,\frac{x}{l}\Big) = \sin\frac{\omega_n x}{c}$$

Modale Massen:

$$\widetilde{m}_n = \int_0^l \varrho A\, V_n^2(x)\, dx = \frac{1}{2}\,\varrho A\, l$$

Modale Entwicklung:

$$v(x,t) = \sum_{n=1}^{\infty} V_n(x)\, p_n(t)$$

Modale Erregerfunktionen:

$$\widetilde{f}_n(t) = -\int_0^l \varrho A\, V_n(x)\,\frac{x}{EA}\,\big(\widehat{P}\cos\Omega t\big)^{\cdot\cdot} dx = \frac{-(-1)^n\, 4}{(2n-1)^2\,\pi^2}\,\frac{\Omega^2\, l^2}{c^2}\,\widehat{P}\cos\Omega t$$

Bewegungsgleichungen der modalen Koordinaten:

$$\ddot{p}_n(t) + \omega_n^2\, p_n(t) = \frac{\widetilde{f}_n(t)}{\widetilde{m}_n} = \omega_n^2\,\widehat{a}_n\,\cos\Omega t$$

Wirksame modale Erregeramplitude:

$$\widehat{a}_n = \frac{-(-1)^n\, 4}{(2n-1)^2\,\pi^2}\,\frac{l}{c^2}\,\widehat{P}\Big(\frac{\Omega}{\omega_n}\Big)^2\,\frac{2}{\varrho A} = \frac{-(-1)^n\, 2^2}{(2n-1)^2\,\pi^2}\,\frac{2l}{EA}\Big(\frac{\Omega}{\omega_n}\Big)^2\widehat{P} = \widehat{c}_n\,\Big(\frac{\Omega}{\omega_n}\Big)^2$$

Erzwungene modale Bewegungskomponenten:

$$p_n(t) = \widehat{c}_n\,\frac{\Omega^2}{\omega_n^2 - \Omega^2}\,\cos\Omega t, \qquad v_n(x,t) = \widehat{c}_n\,\frac{\Omega^2}{\omega_n^2 - \Omega^2}\,V_n(x)\,\cos\Omega t$$

Erzwungene Longitudinalschwingungen:

$$u(x,t) = \sum_{n=1}^{\infty}\widehat{c}_n\,\frac{\Omega^2}{\omega_n^2 - \Omega^2}\,\sin\frac{\omega_n x}{c}\,\cos\Omega\, t + \frac{x}{EA}\,\widehat{P}\,\cos\Omega t$$

10.4 Erzwungene Biegeschwingungen bei verteilter Erregung

Wirkt von außen auf einen Balken eine zeitabhängige Streckenlast $q(x,t)$, so beinhaltet die Bewegungsgleichung (9.38) für die Biegeschwingungen des Bernoulli-Balkens auf der rechten Seite diese Streckenlast,

$$\frac{\partial^2}{\partial x^2}\left[EI\,\frac{\partial^2 w}{\partial x^2}\right] - \frac{\partial}{\partial x}\left[N\,\frac{\partial w}{\partial x}\right] + \varrho A\,\frac{\partial^2 w}{\partial t^2} = q(x,t)\,. \tag{10.18}$$

Neben der Bewegungsgleichung gelten die Beziehungen

$$\begin{aligned} M(x,t) &= -EI\,w''(x,t) \qquad \text{und} \\ Q(x,t) &= M'(x,t) + N\,w'(x,t) \end{aligned} \tag{10.19}$$

zwischen den Schnittlasten M und Q und den Verformungsgrößen. Zusammen mit den Randbedingungen ist damit das Problem vollständig beschrieben.

Zur Berechnung der erzwungenen Schwingungen entwickeln wir die partikuläre Lösung der Bewegungsgleichung (10.18) wieder nach den Eigenformen,

$$w(x,t) = \sum_{n=1}^{\infty} X_n(x)\,p_n(t)\,. \tag{10.20}$$

Die modalen Koordinaten $p_n(t)$ geben die Anteile der einzelnen Eigenformen an der erzwungenen Bewegung an.

Die Eigenformen erfüllen nach Gl. (9.61) die homogene Differentialgleichung

$$\left\{\left[EI\,X_n''\right]'' - \left[N\,X_n'\right]'\right\} - \varrho A\,\omega_n^2\,X_n = 0\,, \tag{10.21}$$

Führt man den Entwicklungsansatz (10.20) in die inhomogene Bewegungsgleichung (10.18) ein,

$$\sum_{n=1}^{\infty}\left\{\left\{\left[EI\,X_n''\right]'' - \left[N\,X_n'\right]'\right\}p_n(t) + \varrho A\,X_n\,\ddot{p}_n(t)\right\} = q(x,t)\,, \tag{10.22}$$

und eliminiert mittels (10.21) die Ortsableitungen, so erhält man zunächst als Zwischenergebnis

$$\sum_{n=1}^{\infty}\left\{\ddot{p}_n(t) + \omega_n^2\,p_n(t)\right\}\varrho A\,X_n(x) = q(x,t)\,. \tag{10.23}$$

Mit den Orthogonalitätsbeziehungen (9.71) können die einzelnen modalen Koordinaten $p_n(t)$ aus der unendlichen Summe herausgelöst werden. Dazu multiplizieren wir die Gl. (10.23) mit der m-ten Eigenform $X_m(x)$ und integrieren über die Balkenlänge l,

$$\sum_{n=1}^{\infty}\left\{\ddot{p}_n(t) + \omega_n^2\,p_n(t)\right\}\int_0^l \varrho A\,X_n(x)\,X_m(x)\,dx = \int_0^l X_m(x)\,q(x,t)\,dx\,. \tag{10.24}$$

Wegen der Orthogonalität verbleibt von den unendlich vielen Gliedern in der Summe nur das m-te Glied,

$$\Big\{\ddot{p}_m(t) + \omega_m^2\, p_m(t)\Big\} \int_0^l \varrho A\, X_m^2(x)\, dx = \int_0^l X_m(x)\, q(x,t)\, dx\,. \tag{10.25}$$

Die beschreibende Gleichung enthält auf der linken Seite noch die zur m-ten Eigenform gehörige modale Masse

$$\widetilde{m}_m = \int_0^l \varrho A\, X_m^2(x)\, dx \tag{10.26}$$

und auf der rechten Seite den m-ten Entwicklungskoeffizienten

$$\widetilde{f}_m(t) = \int_0^l X_m(x)\, q(x,t)\, dx \tag{10.27}$$

der Erregung. Jeder modale Freiheitsgrad $p_m(t)$ genügt also einer Gleichung eines Einfreiheitsgrad-Systems

$$\ddot{p}_m(t) + \omega_m^2\, p_m(t) = \frac{1}{\widetilde{m}_m}\widetilde{f}_m(t)\,. \tag{10.28}$$

Das Verhalten des m-ten modalen Freiheitsgrades wird zum einen vom Frequenzgehalt und zum anderen von der örtlichen Verteilung der Erregung $q(x,t)$ in Bezug auf die Eigenfunktionen $X_m(x)$ geprägt. Nur der m-te Anteil der örtlich verteilten Erregerfunktion ist imstande, die m-te Eigenform anzuregen. Ist die Erregung $q(x,t)$ orthogonal zu einer Eigenform,

$$\int_0^l X_k(x)\, q(x,t)\, dx = 0\,, \tag{10.29}$$

dann wird diese Eigenform $X_k(x)$ nicht angeregt und es tritt Scheinresonanz auf.

Beispiel 10.4: Balken mit harmonisch veränderlicher Streckenlast $q(x,t) = \widehat{q}\cos\Omega t$

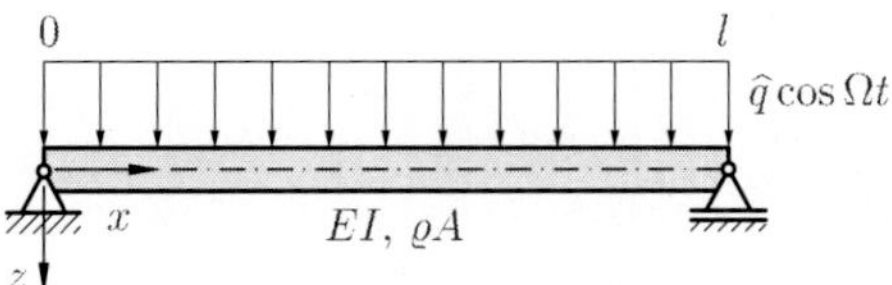

Bild B10.4: Balken mit harmonischer Streckenlast

Inhomogene Bewegungsgleichung:

$$EI\, w'''' + \varrho A\, \ddot{w} = \widehat{q}\,\cos\Omega t$$

Eigenkreisfrequenzen und Eigenformen:

$$\omega_n = (n\pi)^2\sqrt{\frac{EI}{\mu l^4}}, \qquad X_n(x) = \sin\Big(n\pi\frac{x}{l}\Big)$$

Modale Massen:

$$\widetilde{m}_n = \int_0^l \varrho A\, X_n^2(x)\, dx = \frac{1}{2}\, \varrho A\, l$$

Modale Entwicklung:

$$w(x,t) = \sum_{n=1}^{\infty} X_n(x)\, p_n(t)$$

Modale Erregerfunktionen:

$$\widetilde{f}_n(t) = \int_0^l X_n(x)\, \widehat{q} \cos \Omega t\, dx = \left[1-(-1)^n\right] \frac{l}{n\,\pi}\, \widehat{q}\, \cos \Omega t$$

Bewegungsgleichungen der modalen Koordinaten:

$$\ddot{p}_n(t) + \omega_n^2\, p_n(t) = \frac{\widetilde{f}_n(t)}{\widetilde{m}_n} = \omega_n^2\, \widehat{a}_n\, \cos \Omega t$$

Wirksame modale Erregeramplituden:

$$\widehat{a}_n = \left[1-(-1)^n\right] \frac{l}{n\pi}\, \widehat{q}\, \frac{1}{\omega_n^2}\, \frac{2}{\varrho A\, l} = \left[1-(-1)^n\right] \frac{1}{(n\pi)^5}\, \frac{l^4}{EI}\, \widehat{q}$$

Erzwungene modale Bewegungskomponenten:

$$p_n(t) = \widehat{a}_n\, \frac{\omega_n^2}{\omega_n^2 - \Omega^2}\, \cos \Omega t; \qquad w_n(x,t) = \widehat{a}_n\, \frac{\omega_n^2}{\omega_n^2 - \Omega^2}\, X_n(x)\, \cos \Omega t$$

Erzwungene Biegeschwingungen:

$$w(x,t) = \sum_{n=1}^{\infty} \widehat{a}_n\, \frac{\omega_n^2}{\omega_n^2 - \Omega^2}\, X_n(x)\, \cos \Omega t$$

10.5 Erzwungene Biegeschwingungen bei Erregung an den Rändern

Erzwungene Biegeschwingungen des Balkens können auch durch äußere Eingriffe in die Randbedingungen entstehen. Einfache Beispiele sind von außen vorgegebene, zeitabhängige Randquerkräfte, Randbiegemomente, Randverschiebungen und Randneigungen. Die Bewegungsgleichung bleibt in diesen Fällen homogen,

$$\frac{\partial^2}{\partial x^2}\left[EI\, \frac{\partial^2 w}{\partial x^2}\right] - \frac{\partial}{\partial x}\left[N\, \frac{\partial w}{\partial x}\right] + \varrho A\, \frac{\partial^2 w}{\partial t^2} = 0, \tag{10.30}$$

jedoch werden eine oder mehrere Randbedingungen inhomogen und zeitabhängig.

Auch hier läßt sich durch quasi-statische Betrachtungen eine Transformation ableiten, die die Inhomogenität der Randbedingungen in die Bewegungsgleichung verschiebt.

Sind die Randbedingungen auf diese Weise zeitfrei und homogen gemacht, dann läßt sich die Partikularlösung der transformierten Zustandsgröße nach den Eigenformen des homogenen Randproblems entwickeln und man kann die in Abschnitt 10.4 aufgezeigte Vorgehensweise der modalen Entkopplung benutzen. Einzelheiten werden im Beispiel 10.5 deutlich.

Beispiel 10.5: Einseitig eingespannter Balken mit Erregung durch Kippbewegung $\varphi = \hat{\varphi} \cos \Omega t$ der Einspannstelle

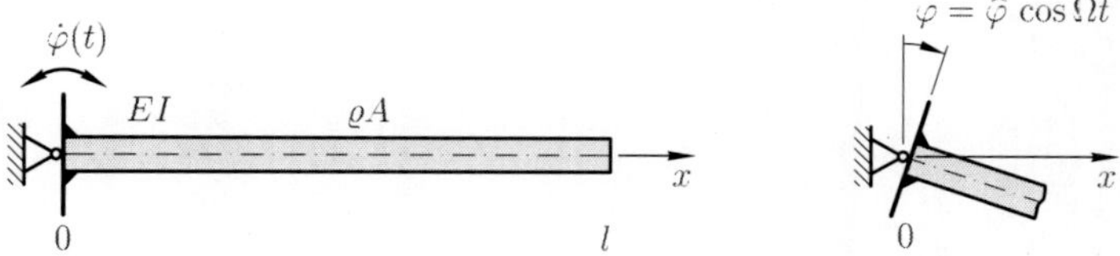

Bild B10.5: Balken mit Erregung durch Kippbewegung der Einspannstelle

Homogene Bewegungsgleichung:

$$EI\, w'''' + \varrho A\, \ddot{w} = 0$$

Inhomogene Randbedingungen:

$$\begin{aligned} w(0,t) &= 0 \\ w'(0,t) &= \hat{\varphi} \cos \Omega t \\ M(l,t) &= -EI\, w''(l,t) &= 0 \\ Q(l,t) &= -EI\, w'''(l,t) &= 0 \end{aligned}$$

Quasi-statisches Verhalten durch Randbewegungen:

$$\begin{aligned} w_s'(x) &= \varphi \\ w_s(x) &= \varphi\, x \\ w_s''(x) &= 0 \\ w_s'''(x) &= 0 \end{aligned}$$

Transformation:

$$\begin{aligned} w(x,t) &= v(x,t) + w_s(x,t) &= v(x,t) + x\, \hat{\varphi} \cos \Omega t \\ w''''(x,t) &= v''''(x,t) \\ \ddot{w}(x,t) &= \ddot{v}(x,t) - \Omega^2\, x\, \hat{\varphi} \cos \Omega t \end{aligned}$$

Transformierte inhomogene Bewegungsgleichung:

$$EI\, v'''' + \varrho A\, \ddot{v} = \varrho A\, x\, \Omega^2\, \hat{\varphi} \cos \Omega t$$

Transformierte homogene Randbedingungen:

$$\begin{aligned}
v(0,t) &= w(0,t) - w_s(0,t) &&= 0\\
v'(0,t) &= w'(0,t) - w_s'(0,t) &&= \varphi - \widehat{\varphi}\cos\Omega t = 0\\
v''(l,t) &= w''(l,t) - w_s''(l,t) &&= 0\\
v'''(l,t) &= w'''(l,t) - w_s'''(l,t) &&= 0
\end{aligned}$$

Eigenwertgleichung, Eigenwerte, Eigenfrequenzen und Eigenformen des links eingespannten und rechts freien Balkens:

$$\cosh k_n l \cos k_n l = -1\,; \qquad k_1 l = \pi\sqrt{0.357}, \quad k_2 l = \pi\sqrt{2.233}, \quad k_n l \approx \pi\Big(n - \frac{1}{2}\Big)$$

$$\omega_n = (k_n l)^2 \sqrt{\frac{EI}{\varrho A l^4}},$$

$$X_n = \Big[\cosh k_n x - \cos k_n x\Big] - \frac{\cosh k_n l + \cos k_n l}{\sinh k_n l + \sin k_n l}\Big[\sinh k_n x - \sin k_n x\Big]$$

Modale Entwicklung der erzwungenen Schwingung:

$$v(x,t) = \sum_{n=1}^{\infty} X_n(x)\, p_n(t)$$

Modale Massen (nach mühsamen, aber nicht schwierigen Umformungen):

$$\widetilde{m}_n = \int_0^l \varrho A X_n^2(x)\, dx = \varrho A l$$

Modale Erregerfunktionen (nach mühsamen, aber nicht schwierigen Umformungen):

$$\widetilde{f}_n(t) = \int_0^l X_n(x)\, q(x,t)\, dx = \int_0^l X_n(x)\, \varrho A x \Omega^2 \widehat{\varphi}\cos\Omega t\, dx = 2\,\frac{\varrho A l^2\,\Omega^2}{(k_n l)^2}\,\widehat{\varphi}\cos\Omega t$$

Bewegungsgleichungen der modalen Koordinaten:

$$\ddot{p}_n + \omega_n^2\, p_n = \omega_n^2\, \frac{\widetilde{f}_n(t)}{\widetilde{m}_n\,\omega_n^2} = \omega_n^2 \frac{2l}{(k_n l)^2}\Big(\frac{\Omega}{\omega_n}\Big)^2 \widehat{\varphi}\cos\Omega t = \omega_n^2\,\widehat{a}_n\cos\Omega t$$

Wirksame modale Erregeramplituden:

$$\widehat{a}_n = \frac{\widehat{f}_n}{\widetilde{m}_n\,\omega_n^2} = \frac{2l}{(k_n l)^2}\Big(\frac{\Omega}{\omega_n}\Big)^2 \widehat{\varphi}$$

Erzwungene modale Bewegungskomponenten:

$$p_n(t) = \frac{\omega_n^2}{\omega_n^2 - \Omega^2}\,\widehat{a}_n\cos\Omega t; \qquad v_n(x,t) = \frac{\omega_n^2}{\omega_n^2 - \Omega^2}\,\widehat{a}_n\, X_n(x)\,\cos\Omega t$$

Erzwungene Biegeschwingungen:

$$w(x,t) = w_s(x,t) + v(x,t) = \Big[x\,\widehat{\varphi} + \sum_{n=1}^{\infty}\frac{\omega_n^2}{\omega_n^2 - \Omega^2}\,\widehat{a}_n\, X_n(x)\Big]\cos\Omega t$$

Kapitel 11

Beschreibung kontinuierlicher Systeme mit diskreten Modellen

11.1 Übersicht

Die partiellen Bewegungsdifferentialgleichungen kontinuierlicher Systeme lassen sich nur für einfache, extrem stark idealisierte Strukturen geschlossen lösen. Bis auf wenige Ausnahmefälle erfordert die analytische Lösbarkeit eine gleichmäßige Steifigkeits- und Massenverteilung. Reale Strukturen sind jedoch selten so, daß eine derartige Idealisierung angebracht ist. Man ist in der Regel auf computerorientierte Näherungsverfahren angewiesen.

Bei einer ersten Klasse von Näherungsverfahren wird die kontinuierliche Struktur örtlich lokal diskretisiert. Eine der wichtigsten Methoden dieser Klasse ist die Finite-Elemente-Methode, die heute aus der Praxis der Berechnung realer Strukturen nicht mehr wegzudenken ist. In der Strömungsmechanik wird zur Ortsdiskretisierung darüber hinaus noch die Differenzenmethode verwendet und in der Rotordynamik das Verfahren der Übertragungsmatrizen.

Den Verfahren der Ortsdiskretisierung mittels lokaler Ansätze stehen die Diskretisierungsverfahren mittels globaler Ansätze gegenüber. Hier sind insbesondere die Verfahren von RITZ und GALERKIN von Bedeutung.

Allen Verfahren gemeinsam ist, daß sie die komplexe kontinuierliche Struktur auf ein mehr oder weniger umfangreiches diskretes System reduzieren, das durch eine endliche Anzahl gewöhnlicher Differentialgleichung beschrieben wird. Eine exakte Abbildung ist nur in den oben erwähnten Sonderfällen möglich. Bei den Näherungsverfahren wird in der Regel nicht die Bewegungsgleichung an jeder Stelle x exakt erfüllt, sondern nur im Mittel. Ausgangspunkt sind häufig nicht die partiellen Bewegungsgleichungen, sondern die ihnen entsprechenden Energieformulierungen.

Etliche Näherungsverfahren basieren auf der Variation von Energien und Arbeiten. Zur Herleitung kann man also von einem der mechanischen Energieprinzipien ausgehen. Wie viele andere Autoren legen auch wir das Prinzip der virtuellen Verrückungen zugrunde.

11.2 Prinzip der virtuellen Verrückungen

Beim Prinzip der virtuellen Verrückungen (PdvV) wird der Struktur ein virtueller Verschiebungszustand $\delta q(x)$ aufgeprägt und gefordert, daß die Summe aller virtuellen Arbeiten δW zu jedem Zeitpunkt verschwindet,

$$\delta W = 0. \qquad (11.1)$$

Ein System bewegt sich so, daß bei jedem geometrisch möglichen virtuellen Verrückungszustand die Summe aller virtuellen Arbeiten zu jedem Zeitpunkt verschwindet.

Wendet man das Prinzip der virtuellen Verrückungen auf ein statisches Problem an, ergeben sich die Gleichgewichtsbedingungen. Wendet man es auf ein kinetisches Problem an, ergeben sich die Bewegungsdifferentialgleichungen.

Ein virtueller Verschiebungszustand $\delta q(x)$ ist infinitesimal klein und zeitfrei, braucht in Wirklichkeit nicht aufzutreten, muß aber geometrisch möglich sein. Der virtuelle Verschiebungszustand muß somit die geometrischen Rand- und Übergangsbedingungen der Struktur erfüllen. Er muß hinreichend stetig sein, und zwar derart, daß die zugehörigen virtuellen Verzerrungen beschränkt bleiben. Die letzte Forderung besagt beispielsweise, daß bei Zug- und Torsionsproblemen von Balken die erste Ableitung $\delta q'(x)$ und bei Biegung die zweite Ableitung $\delta q''(x)$ endlich bleiben müssen.

Die gesamte virtuelle Arbeit setzt sich im allgemeinen aus

– der virtuellen Arbeit der D'ALEMBERTschen Trägheitskräfte δW^m,

– der virtuellen Arbeit der konservativen Kräfte (potentielle Energie) $\delta W^k = -\delta U$,

– der virtuellen Arbeit der nichtkonservativen Kräfte (Dissipation) δW^d und

– der virtuellen Arbeit der äußeren Kräfte δW^a

zusammen.

• Transversalschwingungen von Balken:

Bei ebenen Transversalbewegungen $w(x,t)$ von Balken (Querschwingungen) berechnet sich die virtuelle Arbeit der D'ALEMBERTschen Trägheitskräfte aus

$$\begin{aligned}\delta W^m = &-\int_{(l)} \mu(x)\,\ddot{w}(x,t)\,\delta w(x)\,dx \\ &-\sum_i m_i\,\ddot{w}(x_i,t)\,\delta w(x_i) - \sum_i \Theta_i\,\ddot{w}'(x_i,t)\,\delta w'(x_i)\,,\end{aligned} \tag{11.2}$$

worin m_i zusätzliche Einzelmassen und Θ_i zusätzliche Drehträgheiten sind.

Die virtuelle Arbeit der konservativen Kräfte im Balken ergibt sich aus der (inneren) Formänderungsenergie zu

$$\begin{aligned}\delta W^k = &-\int_{(l)} EI\,w''(x,t)\,\delta w''(x)\,dx - \int_{(l)} N\,w'(x,t)\,\delta w'(x)\,dx \\ &-\sum_i k_i\,w(x_i,t)\,\delta w(x_i) - \sum_i k_{\varphi i}\,w'(x_i,t)\,\delta w'(x_i)\,,\end{aligned} \tag{11.3}$$

wobei k_i die Steifigkeiten von zusätzlichen Zug-Druck-Federn und $k_{\varphi i}$ die Steifigkeiten von zusätzlichen Drehfedern sind. Durch die Darstellung der virtuellen Arbeit der konservativen Kräfte mittels Variation der potentiellen Energie, $\delta W^k = -\delta U$, wird das Freischneiden im Inneren der Struktur und an den Stellen der Einzelfedern vermieden.

Die virtuellen Arbeiten der nichtkonservativen sowie der äußeren Kräfte werden aus den Skalarprodukten

$$\delta W_i^d = \vec{F}_i^d \cdot \delta\vec{q}_i \qquad \text{bzw.} \qquad \delta W_i^d = \vec{M}_i^d \cdot \delta\vec{q}_i{}' \tag{11.4}$$

berechnet, wobei $\delta\vec{q}_i$ die Verschiebungen der jeweiligen Kraftangriffspunkte und $\delta\vec{q}_i{}'$ die Verdrehungen der Momentenangriffsbereiche sind.

- **Längs-, Torsions-, Scher- und Saitenschwingungen von Stäben:**

Bei Längsschwingungen von Stäben lauten die Energieausdrücke der kontinuierlichen Balkenbereiche

$$\delta W^m = -\int\limits_{(l)} \mu(x)\,\ddot{u}(x,t)\,\delta u(x)\,dx\,, \tag{11.5}$$

$$\delta W^k = -\int\limits_{(l)} EA(x)\,u'(x,t)\,\delta u'(x)\,dx\,, \tag{11.6}$$

bei Torsionsschwingungen

$$\delta W^m = -\int\limits_{(l)} \rho\, I_p(x)\,\ddot{\varphi}(x,t)\,\delta\varphi(x)\,dx\,, \tag{11.7}$$

$$\delta W^k = -\int\limits_{(l)} GI_t(x)\,\varphi'(x,t)\,\delta\varphi'(x)\,dx\,, \tag{11.8}$$

bei Scherschwingungen

$$\delta W^m = -\int\limits_{(l)} \mu(x)\,\ddot{w}(x,t)\,\delta w(x)\,dx\,, \tag{11.9}$$

$$\delta W^k = -\int\limits_{(l)} GA_s(x)\,w'(x,t)\,\delta w'(x)\,dx \tag{11.10}$$

und bei Querschwingungen unter Normalkraft (Saite)

$$\delta W^k = -\int\limits_{(l)} N\,w'(x,t)\,\delta w'(x)\,dx\,. \tag{11.11}$$

Weitere Einflüsse wie zusätzliche Einzelmassen, zusätzliche Drehträgheiten, Torsionsfedern etc. können in den Energieausdrücken auf die übliche Weise berücksichtigt werden.

11.3 Ritz-Verfahren

Beim RITZ-Verfahren wird die Lösung $w(x,t)$ durch eine abgebrochene Funktionenreihe

$$w(x,t) \approx \sum_{n=1}^{N} W_n(x)\,p_n(t) = \boldsymbol{p}^T(t)\,\boldsymbol{W}(x) = \boldsymbol{W}^T(x)\,\boldsymbol{p}(t) \tag{11.12}$$

approximiert. Die Ansatzfunktionen $W_n(x)$ sind dabei vorgegebene Ortsfunktionen, die zum einen die im ersten Abschnitt konkretisierten Stetigkeitseigenschaften besitzen und zum anderen die geometrischen Randbedingungen erfüllen müssen. Eine solche Funktion heißt zulässige Funktion.

Die zeitabhängige Größen $p_n(t)$ im Vektor $\boldsymbol{p}(t)$ sind die zu den Ansatzfunktionen $W_n(x)$ gehörigen (generalisierten) Koordinaten des diskretisierten Ersatzsystems. Diese werden so bestimmt, daß sie das Extremalprinzip (11.1) der virtuellen Arbeiten erfüllen.

Ein entsprechender Ansatz wird auch für die virtuellen Verschiebungen $\delta w(x)$ eingeführt,

$$\delta w(x) = \sum_{n=1}^{N} W_n(x)\,\delta p_n = \delta \boldsymbol{p}^T\,\boldsymbol{W}(x) = \boldsymbol{W}^T(x)\,\delta \boldsymbol{p}. \tag{11.13}$$

Mit dem Ansatz (11.12) wird das kontinuierliche System diskretisiert und näherungsweise auf ein System mit N Freiheitsgraden abgebildet. Als Ansatzfunktionen $W_n(x)$ kommen sowohl lokale als auch globale Funktionen in Frage. Das traditionelle RITZ-Verfahren verwendet für die Ortsverteilung problemorientierte globale Ansatzfunktionen, die sich über die gesamte Struktur erstrecken. Die für industrielle Fragestellungen verwendete Finite-Elemente-Methode benutzt hingegen lokale Ansatzfunktionen, die jeweils nur innerhalb eines finiten Elementes von Null verschieden sind.

Setzt man die Ansätze (11.12) und (11.13) in die einzelnen Ausdrücke (11.2) bis (11.11) für die virtuellen Arbeiten ein und zieht die vom Ort x unabhängigen Faktoren vor die Ortsintegrale, verbleiben Integrale, die die bekannten Systemparameter sowie die gewählten, also ebenfalls bekannten Ansatzfunktionen $W_n(x)$ enthalten. Da die virtuellen Veränderungen δp_n der generalisierten Koordinaten $p_n(t)$ voneinander unabhängig und beliebig vorgebbar sind, muß der Vorfaktor von $\delta\boldsymbol{p}$ verschwinden. Diese Forderung liefert die Bewegungsgleichung

$$\widetilde{\boldsymbol{M}}\,\ddot{\boldsymbol{p}} + \widetilde{\boldsymbol{K}}\,\boldsymbol{p} = \widetilde{\boldsymbol{f}}(t) \tag{11.14}$$

für die generalisierten Koordinaten $\boldsymbol{p}$. Das diskrete Ersatzsystem hat gerade so viele Freiheitsgrade N wie Ansatzfunktionen verwendet worden sind. Seine Parameter sind die von den gewählten Ansatzfunktionen $W_n(x)$ abhängigen generalisierten Massen, Steifigkeiten und Erregerkräfte. Im einzelnen ergeben sich bei Biegeschwingungen von Balken mit dem RITZ-Verfahren die Elemente der generalisierten Massenmatrix $\widetilde{\boldsymbol{M}}$ zu

$$\widetilde{m}_{nl} = \int\limits_{(l)} \mu(x)\,W_n(x)\,W_l(x)\,dx + \\ + \sum_i m_i\,W_n(x_i)\,W_l(x_i) + \sum_i \Theta_i\,W_n'(x_i)\,W_l'(x_i), \tag{11.15}$$

die der generalisierten Steifigkeitsmatrix $\widetilde{\boldsymbol{K}}$ zu

$$\widetilde{k}_{nl} = \int\limits_{(l)} EI(x)\,W_n''(x)\,W_l''(x)\,dx + \int\limits_{(l)} N\,W_n'(x)\,W_l'(x)\,dx + \\ + \sum_i k_i\,W_n(x_i)\,W_l(x_i) + \sum_i k_{\varphi i}\,W_n'(x_i)\,W_l'(x_i) \tag{11.16}$$

und die des generalisierten Erregervektors $\tilde{\boldsymbol{f}}(t)$ bei Erregung durch eine Streckenlast $q(x,t)$, durch Einzelkräfte $F_i(t)$ in Querrichtung und durch Einzelbiegemomente $M_i(t)$ zu

$$\tilde{f}_n(t) = \int\limits_{(l)} q_n(x,t)\, W_n(x)\, dx + \sum_i F_i(t)\, W_n(x_i) + \sum_i M_i(t)\, W_n'(x_i)\,. \qquad (11.17)$$

Die Auswertung der Integrale und somit die Berechnung der Parameter des diskreten Ersatzsystems wird im Beispiel 11.1 illustriert. Unterschiedliche Ansatzfunktionen führen zu unterschiedlichen Parametern in den Gleichungen des diskreten Ersatzsystems. Da normalerweise nur die niedrigen Eigenfrequenzen interessieren und die Entwicklung einer großen Anzahl von Ansatzfunktionen aufwendig ist, beschränkt man sich in der Regel auf eine geringe Anzahl von Ansatzfunktionen.

Für den theoretischen Fall eines unendlichen Reihenansatzes ($N \to \infty$) mit einem vollständigen Funktionensystem zulässiger Ansatzfunktionen $W_n(x)$ konvergiert das Ritz-Verfahren gegen die exakte Lösung. Bei einem endlichen Reihenansatz ist die zu erwartende Näherungslösung um so besser, je genauer die Ansatzfunktionen $W_n(x)$ mit den Eigenfunktionen des kontinuierlichen Systems übereinstimmen.

Mit dem Prinzip der virtuellen Verrückungen und dem Ritzschen Ansatz wird das kontinuierliche System diskretisiert. Die Lösungen $p_n(t)$ des diskreten Systems führen mit dem Ansatz (11.12) schließlich zurück zu einer Näherungslösung für die physikalische Koordinate $w(x,t)$.

Beim Ritz-Verfahren müssen die Ansatzfunktionen $W_n(x)$ zulässige Funktionen sein. Zulässige Funktionen sind solche, die die geometrischen Randbedingungen (die wesentlichen Randbedingungen) erfüllen. Das Berechnungsergebnis wird um so besser sein, je mehr Eigenschaften der tatsächlichen Schwingungsform durch die Ansatzfunktionen erfaßt werden. So ist es vorteilhaft, Ansatzfunktionen zu nehmen, die auch einen Teil oder alle dynamischen Randbedingungen erfüllen und möglicherweise bereits die Lage der Schwingungsknoten approximieren. Des weiteren ist es von Vorteil, wenn man ein orthogonales Funktionensystem verwendet, denn dann haben die Systemmatrizen Diagonalgestalt. Erfüllen die Verschiebungsansätze $W_n(x)$ die Orthogonalitätsbeziehungen für das Eigenwertproblem des Ausgangskontinuums, so ergeben sich von vorne herein entkoppelte Differentialgleichungen. Die Koordinaten $p_n(t)$ sind dann Hauptkoordinaten (Modalkoordinaten), die Ansatzfunktionen $W_n(x)$ sind Eigenschwingungsformen.

Mit einem eingliedrigen Ritz-Ansatz, also mit einer einzigen Ansatzfunktion $W_1(x)$, erhält man den selben Näherungswert für ω_1 wie aus dem Rayleigh-Quotienten. Das Ritz-Verfahren liefert aber nur dann untere Schranken für die höheren Eigenfrequenzen, wenn die höheren Formfunktionen im Ritz-Ansatz orthogonal zu den Eigenformen niedrigerer Ordnung sind.

Das Prinzip der virtuellen Verrückungen in Verbindung mit dem Ritz-Ansatz erweist sich als eine sehr wirkungsvolle Methode, um einfache Ersatzmodelle mit wenigen Freiheitsgraden zu finden. Die verteilten Massen und Steifigkeiten werden dabei als mit dem Verschiebungsansätzen gewichtete integrale Mittelwerte berücksichtigt. Das diskrete System mit wenigen Freiheitsgraden N ist zumindest in einem begrenzten Frequenzbereich ein sehr gutes Näherungsmodell für das komplizierte kontinuierliche System.

Bei der Methode der finiten Elemente werden im Gegensatz zu traditionellen RITZ-Verfahren lokal begrenzte Ansatzfunktionen verwendet. Zerlegt man eine Struktur in einzelne Elemente mit gleichen standardisierten Ansatzfunktionen, so kann man die Systemmatrizen der Gesamtstruktur automatisiert aus den Matrizen der einzelnen Elemente aufbauen. Diese Arbeit läßt sich leicht formalisieren und einem Rechner übertragen. Somit ist bei der Finite-Elemente-Methode eine große Anzahl von einzelnen kleinen Elementen, was gleichbedeutend mit einer großen Anzahl von Ansatzfunktionen ist, unproblematisch.

Beispiel 11.1: Querschwingungen eines homogenen Balkens mit Vorspannung

Wir betrachten beispielhaft den beidseitig gelenkig gelagerten homogenen Balken von Bild B11.1.1 unter konstanter Zugvorspannung N.

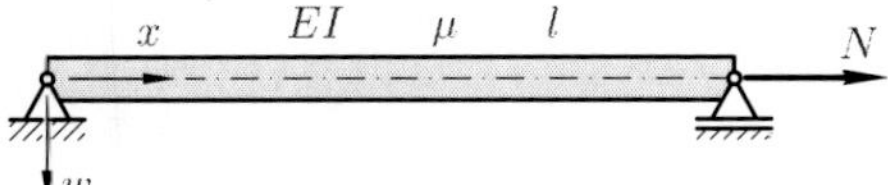

Bild B11.1.1: Beidseitig gelenkig gelagerter homogener Balken unter Normalkraft

Wir verwenden den zweigliedrigen RITZ-Ansatz

$$w(x,t) = W_1(x)\,p_1(t) + W_2(x)\,p_2(t)$$

mit den beiden Ansatzfunktionen

$$W_1(x) = 4\,\frac{x\,(l-x)}{l^2} \qquad \text{und} \qquad W_2(x) = 12\sqrt{3}\,\frac{x\,(l-x)\,(l/2-x)}{l^3}.$$

Diese Ansatzfunktionen sind den beiden ersten Eigenformen des Systems sehr ähnlich, erfüllen die beiden geometrischen Randbedingungen

$$W_n(0) = 0 \qquad \text{und} \qquad W_n(l) = 0$$

und sind mindestens zweimal differenzierbar. Damit handelt es sich um zulässige Funktionen. Sie erfüllen allerdings nicht die dynamischen Randbedingungen

$$W_n''(0) = 0 \qquad \text{und} \qquad W_n''(l) = 0$$

und sind daher keine Vergleichsfunktionen.

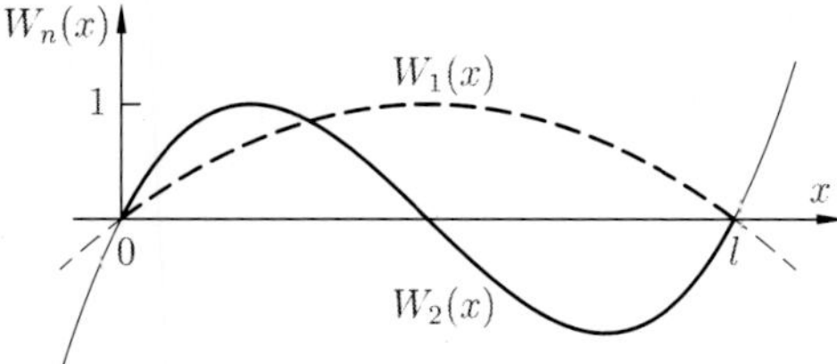

Bild B11.1.2: Zulässige Funktionen als Ansatzfunktionen

Die Näherungsergebnisse aus dem RITZ-Verfahren vergleichen wir mit den exakten Ergebnissen von Gleichung (9.70) aus Abschnitt 9.4.4.

Mit den Ansatzfunktionen berechnen wir die Elemente der Massenmatrix

$$m_{11} = \int_0^l \mu\, W_1^2(x)\, dx = \frac{16\mu}{l^4} \int_0^l x^2 (l-x)^2\, dx = \frac{8}{15}\, \mu l\,,$$

$$m_{12} = m_{21} = \int_0^l \mu\, W_1(x)\, W_2(x)\, dx = 0\,,$$

$$m_{22} = \int_0^l \mu\, W_2^2(x)\, dx = \frac{3 \cdot 12^2 \mu}{l^6} \int_0^l x^2\, (l-x)^2 \Big(\frac{l}{2} - x\Big)^2 dx = \frac{18}{35}\, \mu l\,,$$

sowie die Elemente der Steifigkeitsmatrix

$$k_{11} = \int_0^l EI\, W_1''^2(x)\, dx + \int_0^l N\, W_1'^2(x)\, dx =$$

$$= \frac{64 EI}{l^4} \int_0^l dx + \frac{16 N}{l^4} \int_0^l (l-2x)^2\, dx = 64 \frac{EI}{l^3} + \frac{16}{3} \frac{N}{l}\,,$$

$$k_{12} = k_{21} = \int_0^l EI\, W_1''(x)\, W_2''(x)\, dx + \int_0^l N\, W_1'(x)\, W_2'(x)\, dx = 0\,,$$

$$k_{22} = \int_0^l EI\, W_2''^2(x)\, dx + \int_0^l N\, W_2'^2(x)\, dx =$$

$$= \frac{36^2 \cdot 3\, EI}{l^6} \int_0^l (l-2x)^2\, dx + \frac{36 \cdot 3\, N}{l^6} \int_0^l (l^2 - 6lx + 6x^2)^2\, dx = 1296 \frac{EI}{l^3} + \frac{108}{5} \frac{N}{l}\,.$$

Da die beiden Ansatzfunktionen $W_1(x)$ und $W_2(x)$ orthogonal zueinander sind, sind die beiden Koordinaten $p_1(t)$ und $p_2(t)$ der diskretisierten Approximation

$$\begin{bmatrix} \frac{8}{15}\mu l & 0 \\ 0 & \frac{18}{35}\mu l \end{bmatrix} \begin{bmatrix} \ddot{p}_1 \\ \ddot{p}_2 \end{bmatrix} + \begin{bmatrix} 64 \frac{EI}{l^3} + \frac{16}{3} \frac{N}{l} & 0 \\ 0 & 1296 \frac{EI}{l^3} + \frac{108}{5} \frac{N}{l} \end{bmatrix} \begin{bmatrix} p_1 \\ p_2 \end{bmatrix} = \begin{bmatrix} 0 \\ 0 \end{bmatrix}$$

entkoppelt. Die Näherungen für die Eigenfrequenzen lassen sich somit unmittelbar angeben,

$$\omega_{1,Ritz} = \sqrt{\frac{64 \frac{EI}{l^3} + \frac{16}{3} \frac{N}{l}}{\frac{8}{15} \mu l}} = \sqrt{120 \frac{EI}{\mu l^4} + 10 \frac{N}{\mu l^2}}\,,$$

$$\omega_{2,Ritz} = \sqrt{\frac{1296 \frac{EI}{l^3} + \frac{108}{5} \frac{N}{l}}{\frac{18}{35} \mu l}} = \sqrt{2520 \frac{EI}{\mu l^4} + 42 \frac{N}{\mu l^2}}\,.$$

Der Vergleich mit den exakten Werten von Gl. (9.70),

$$\omega_1 = \pi^2 \sqrt{\frac{EI}{\mu l^4} + \frac{1}{\pi^2} \frac{N}{\mu l^2}} = \sqrt{97.4 \frac{EI}{\mu l^4} + 9.87 \frac{N}{\mu l^2}},$$

$$\omega_2 = 4\pi^2 \sqrt{\frac{EI}{\mu l^4} + \frac{1}{4\pi^2} \frac{N}{\mu l^2}} = \sqrt{1558 \frac{EI}{\mu l^4} + 39.5 \frac{N}{\mu l^2}},$$

zeigt eine Überschätzung der ersten Eigenfrequenz beim Biegeeinfluß um etwa 11% und beim Normalkrafteinfluß um etwa 0.7%. Die zweite Eigenfrequenz wird weniger gut getroffen. Sie wird im Biegeeinfluß um etwa 27% und im Normalkrafteinfluß um etwa 3% überschätzt.

11.4 Galerkin-Verfahren

Eine zweite Möglichkeit zur Diskretisierung kontinuierlicher Systeme bietet das Galerkin-Verfahren. Wie beim Ritz-Verfahren wird auch beim Galerkin-Verfahren die exakte Lösung durch einen Näherunganusatz in der Form von (11.12) approximiert. Im Gegensatz zum Ritz-Verfahren wird allerdings der Ansatz nicht in die Energieausdrücke eingesetzt, sondern in die partielle Bewegungsdifferentialgleichung.

Ein Näherungsansatz erfüllt die Bewegungsgleichungen natürlich nicht exakt, es verbleibt ein Gleichungsfehler $\varepsilon(x,t)$. Zur Minimierung dieses Gleichungsfehlers wird gefordert, daß seine Projektionen auf die einzelnen Ansatzfunktionen $W_n(x)$ allesamt verschwinden. Die Ausführung dieser Forderung liefert ein System von gewöhnlichen Differentialgleichungen für die Koordinaten $p_n(t)$. Im Klartext heißt das, daß man den Ansatz (11.12) in die partielle Differentialgleichung des kontinuierlichen Systems einsetzt, diese mit einer Ansatzfunktion $W_n(x)$ multipliziert und schließlich zur Mittelung des gewichteten Gleichungsfehlers $\varepsilon(x,t)\,W_n(x)$ über das System integriert. Beim Biegebalken führt dies auf die Parameter

$$\begin{aligned}
\widetilde{m}_{nl} &= \int\limits_{(l)} \mu(x)\, W_l(x)\, W_n(x)\, dx + \\
&\quad + \sum_i m_i\, W_l(x_i)\, W_n(x_i) + \sum_i \Theta_i\, W_l'(x_i)\, W_n'(x_i)\,, \\
\widetilde{k}_{nl} &= \int\limits_{(l)} \left[EI(x)\, W_l''(x)\right]''\, W_n(x)\, dx + \int\limits_{(l)} \left[N\, W_l'(x)\right]'\, W_n(x)\, dx + \qquad (11.18) \\
&\quad + \sum_i k_i\, W_l(x_i)\, W_n(x_i) + \sum_i k_{\varphi,i}\, W_l'(x_i)\, W_n'(x_i) \qquad \text{und} \\
\widetilde{f}_n(t) &= \int\limits_{(l)} q(x,t)\, W_n(x)\, dx + \sum_i F_i(t)\, W_n(x_i) + \sum_i M_i(t)\, W_n'(x_i)\,.
\end{aligned}$$

In analoger Weise werden die Elemente der Systemmatrizen bei Längsschwingungen, Torsionsschwingungen und Scherschwingungen berechnet.

Im Gegensatz zum RITZ-Verfahren ist die Steifigkeitsmatrix $\widetilde{\boldsymbol{K}}$ der diskreten GALERKIN-Approximation nicht notwendigerweise symmetrisch.

Beim GALERKIN-Verfahren müssen die Ansatzfunktionen $W_n(x)$ viel stärkere Differenzierbarkeitsbedingungen erfüllen als bei RITZ-Verfahren: Die höchste Ortsableitung in der partiellen Bewegungsdifferentialgleichung, deren Ordnung ja doppelt so hoch ist wie die Ordnung der Ortsableitungen in den Energieausdrücken, muß von den Ansatzfunktonen darstellbar sein. Beim GALERKIN-Verfahren müssen die Ansatzfunktionen für Längsschwingungen von Balken also zweimal und für Biegeschwingungen von Balken viermal differzierbar sein.

Ansatzfunktionen, die sowohl die geometrischen als auch die dynamischen Randbedingungen erfüllen, heißen Vergleichsfunktionen. Beim GALERKIN-Verfahren muß man auf solche Vergleichsfunktionen zurückgreifen.

Bei selbstadjugierten Randwertproblemen und der Verwendung von Vergleichsfunktionen lassen sich die Konvergenz und die Schrankeneigenschaften bezüglich der Eigenfrequenzen für das GALERKIN-Verfahren beweisen.

Je besser die Ansatzfunktionen mit den wirklichen Eigenfunktionen übereinstimmen, um so genauere Resultate erhält man. Bei selbstadjugierten Randwertproblemen liefern das GALERKIN-Verfahren und das RITZ-Verfahren mit Vergleichsfunktionen als Ansatzfunktion identische Ergebnisse.

Beispiel 11.2: Querschwingungen eines homogenen Balkens

Wir untersuchen nun den beidseitig gelenkig gelagerten Balken von Bild 11.2.1 auch noch mit dem GALERKIN-Verfahren. Zur Verkürzung der Arbeit lassen wir hier die Normalkraft weg.

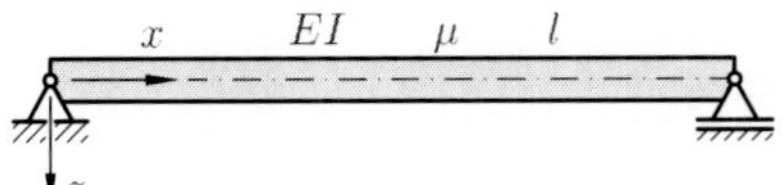

Bild B11.2.1: Beidseitig gelenkig gelagerter Balken

Die Ansatzfunktionen des vorherigen Beispiels 11.1 sind keine Vergleichsfunktionen. Sie sind daher nicht für das GALERKIN-Verfahren geeignet, denn sie würden keine Schranken für die Eigenfrequenzen liefern. In diesem Beispiel würden sie (wegen $W_1''''(x)=0$ und $W_2''''(x)=0$) sogar die völlig falschen Werte Null für die beiden ersten Eigenfrequenzen liefern.

Als Ansätze für Vergleichsfunktionen setzen wir die beiden Polynome

$$W_1 = x(l-x)(ax^2+bx+c) \qquad \text{und}$$

$$W_2 = x(l-x)\left(\frac{l}{2}-x\right)(dx^2+ex+f)$$

mit den noch unbekannten Parametern a bis f an. Diese beiden Polynome erfüllen wegen der Vorfaktoren die geometrischen Randbedingungen. Die zweite Funktion hat wie die vermutete (hier bekannte) zweite Eigenform bei $x=l/2$ einen Nulldurchgang.

Die Parameter a bis f ermitteln wir so, daß die Formfunktionen $W_n(x)$ neben den kinematischen Randbedingungen auch die dynamischen Randbedingungen

$$W_n''(0) = 0 \qquad \text{und} \qquad W_n''(l) = 0$$

erfüllen und etwa die Maximalgröße $\mathrm{Max}\{W_n(x)\} \approx 1$ haben.

Diese Forderungen liefern der Reihe nach die Gleichungen

$$W_1''(x) = -12ax^2 + 6(al-b)x + 2(bl-c),$$

$$W_1''(0) = 2bl - 2c = 0,$$

$$W_1''(l) = -6al^2 - 4bl - 2c = 0,$$

$$\mathrm{Max}\{W_1(x)\} = W_1(l/2) = l^2\frac{1}{2}\cdot\frac{1}{2}\Big(al^2\frac{1}{4} + bl\frac{1}{2} + c\Big) = 1,$$

$$W_2''(x) = 20dx^3 - (18dl-12e)x^2 + (3dl^2 - 9el + 6f)x + (el^2 - 3fl),$$

$$W_2''(0) = el^2 - 3fl = 0,$$

$$W_2''(l) = 5dl^3 + 4el^2 + 3fl = 0,$$

$$\mathrm{Max}\{W_2(x)\} \approx W_2(l/4) = l^3\frac{1}{4}\cdot\frac{3}{4}\cdot\frac{1}{4}\Big(dl^2\frac{1}{16} + el\frac{1}{4} + f\Big) = 1.$$

Somit erhält man für die Parameter der Ansatzfunktionen

$$a = -\frac{16}{5}\frac{1}{l^4}, \qquad b = \frac{16}{5}\frac{1}{l^3}, \qquad c = \frac{16}{5}\frac{1}{l^2},$$

$$d = -\frac{1024}{25}\frac{1}{l^5}, \qquad e = \frac{1024}{25}\frac{1}{l^4} \qquad \text{und} \qquad f = \frac{1024}{75}\frac{1}{l^3},$$

und für die beiden Formfunktionen, die alle Randbedingungen erfüllen,

$$W_1(x) = \frac{16}{5}\frac{1}{l^4}x(l-x)\big(l^2 + lx - x^2\big),$$

$$W_2(x) = \frac{1024}{75}\frac{1}{l^5}x(l-x)\Big(\frac{l}{2}-x\Big)(l^2+3lx-3x^2) = 13.65\,\frac{1}{l^5}x(l-x)\Big(\frac{l}{2}-x\Big)(l^2+3lx-3x^2).$$

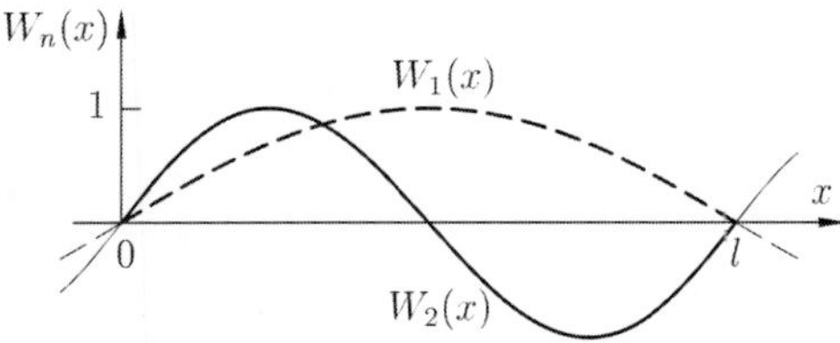

Bild B11.2.2: Vergleichsfunktionen als Ansatzfunktionen

Mit diesen Formfunktionen ergeben sich für die Elemente der Massenmatrix die Ausdrücke

$$\widetilde{m}_{11} = \int_0^l \mu\, W_1^2(x)\, dx = \frac{3968}{7875}\mu l = 0.504\mu l\,,$$

$$\widetilde{m}_{12} = \widetilde{m}_{21} = \int_0^l \mu\, W_1(x)\, W_2(x)\, dx = 0\,,$$

$$\widetilde{m}_{22} = \int_0^l \mu\, W_2^2(x)\, dx = \frac{131072}{259875}\mu l = 0.504\mu l\,.$$

Die Massenmatrix $\widetilde{\boldsymbol{M}}$ ist nicht nur symmetrisch, sie hat auch Diagonalgestalt.

Für die Elemente der Steifigkeitsmatrix errechnen sich die Ausdrücke

$$k_{11} = \int_0^l EI\, W_1''''(x)\, W_1(x)\, dx = \frac{6144}{125}\frac{EI}{l^3} = 49.2\,\frac{EI}{l^3}\,,$$

$$k_{12} = \int_0^l EI\, W_1''''(x)\, W_2(x)\, dx = 0\,,$$

$$k_{21} = \int_0^l EI\, W_2''''(x)\, W_1(x)\, dx = 0\,,$$

$$k_{22} = \int_0^l EI\, W_2''''(x)\, W_2(x)\, dx = \frac{2097152}{2625}\frac{EI}{l^4} = 789.9\,\frac{EI}{l^3}\,.$$

Die hier vorliegende Symmetrie der Steifigkeitsmatrix ist beim Galerkin-Verfahren nicht grundsätzlich gegeben. Da es sich bei diesem speziellen Beispiel allerdings um ein selbstadjungiertes System mit homogenen Randbedingungen handelt, ist die Steifigkeitsmatrix $\widetilde{\boldsymbol{K}}$ symmetrisch.

Im übrigen hätte das Ritz-Verfahren mit denselben Ansätzen wegen der Selbstadjungiertheit des Beispielsystems die gleichen Ergebnissen wie das Galerkin-Verfahren geliefert.

Mit den Parametern des diskreten Ersatzsystems ergeben sich als Näherungen für die beiden ersten Eigenfrequenzen die Werte

$$\omega_{1,Galerkin} = 9.88\sqrt{\frac{EI}{\mu l^4}}\,,$$

$$\omega_{2,Galerkin} = 39.8\sqrt{\frac{EI}{\mu l^4}}\,.$$

Die Fehler betragen bei diesem Beispiel 0.07% in der ersten und 0.8% in der zweiten Eigenfrequenz. Die Tatsache, daß die Ansatzfunktionen auch die dynamischen Randbedingungen erfüllen, führt zu einer erheblichen Verbesserung der Ergebnisse. Wie das Ritz-Verfahren approximiert auch das Galerkin-Verfahren die unteren Eigenfrequenzen in der Regel besser als die höheren.

Kapitel 12

Starrer Rotor, Auswuchten

12.1 Begriffe, Grundlagen

Ein Rotor kann als starr betrachtet werden, wenn seine Betriebsdrehzahl kleiner als die Hälfte der ersten biegekritischen Drehzahl ist.

Beim Umlaufen eines nicht ausgewuchteten Rotors entstehen Fliehkräfte, die sich auf die Lager übertragen. Sie machen sich als pulsierende Rüttelkräfte im Takt der Drehzahl bemerkbar. Da die Fliehkräfte proportional dem Quadrat der Drehzahl anwachsen, muß um so genauer ausgewuchtet werden, je schneller die Maschinen laufen. Ein vollkommen ausgewuchteter Rotor überträgt keine Fliehkräfte auf seine Lager. Grundsätzlich gilt:

> Ein starrer Rotor ist ausgewuchtet, wenn eine seiner zentralen Hauptträgheitsachsen mit seiner Drehachse zusammenfällt.

Um dies zu zeigen, betrachten wir einen starren Rotor, der in den Punkten L und R statisch bestimmt gelagert ist. Die x-Achse des feststehenden xyz-Koodinatensystems ist die Drehachse. Die Rotordrehung um die negative x-Achse wird durch den Drehwinkel $\varphi(t)$ beschrieben.

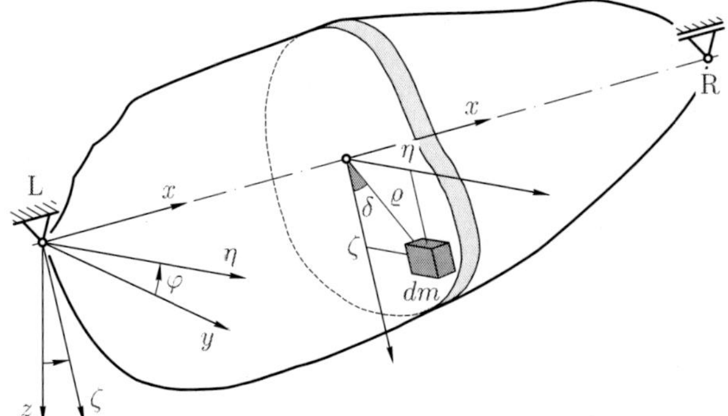

Bild 12.1: Starrer Rotor im mitrotierenden Koordinatensystem

Die Winkelgeschwindigkeit (Drehzahl) des Rotors ist $\dot{\varphi}$ und die Drehbeschleunigung $\ddot{\varphi}$. Neben dem raumfesten xyz-Koordinatensystem führen wir ein mitrotierendes $x\eta\zeta$-Koordinatensystem ein, das fest mit dem Rotor verbunden ist.

Zur Ermittlung der kinetischen Kraftwirkung eines statisch bestimmt gelagerten unwuchtigen Rotors auf seine beiden Lager L und R betrachten wir ein beliebiges Massenelement dm. Seine Koordinaten x, η und ζ im mitrotierenden Koordinatensystem sind konstant. Wegen

$$\vec{a} = \dot{\vec{\omega}} \times \vec{\rho} + \vec{\omega} \times (\vec{\omega} \times \vec{\rho})$$

erfährt es die Beschleunigung

$$\begin{aligned} a_\eta &= -\dot{\varphi}^2 \eta + \ddot{\varphi} \zeta, \\ a_\zeta &= -\dot{\varphi}^2 \zeta - \ddot{\varphi} \eta. \end{aligned} \tag{12.1}$$

Die Kräfte F_L und F_R vom Rotor auf die Lager werden üblicherweise positiv gezählt. Wegen actio gleich reactio wirken dann auf den freigeschnittenen Rotor die Kräfte $-F_L$ und $-F_R$, die wir jeweils in ihre Komponenten in η- und ζ-Richtung aufteilen.

Die Reaktionskräfte ergeben sich aus dem Kräfte- und dem Momentensatz (12.2) und (12.4):

Die Summe der Lagerkräfte auf den Rotor

$$\begin{aligned} -F_{L\eta} - F_{R\eta} &= \int\limits_{(m)} a_\eta \, dm = -\dot{\varphi}^2 \int\limits_{(m)} \eta \, dm + \ddot{\varphi} \int\limits_{(m)} \zeta \, dm \\ -F_{L\zeta} - F_{R\zeta} &= \int\limits_{(m)} a_\zeta \, dm = -\dot{\varphi}^2 \int\limits_{(m)} \zeta \, dm - \ddot{\varphi} \int\limits_{(m)} \eta \, dm \end{aligned} \tag{12.2}$$

verschwindet für beliebige Drehbewegungen $\dot{\varphi}(t)$, wenn die statischen Massenmomente

$$\int\limits_{(m)} \eta \, dm \qquad \text{und} \qquad \int\limits_{(m)} \zeta \, dm \tag{12.3}$$

verschwinden. Dies ist nur der Fall, wenn der Schwerpunkt des Rotors auf der Drehachse x liegt. Dann ist der Rotor statisch ausgewuchtet.

Jede der beiden Lagerkräfte verschwindet für sich, wenn beispielsweise die rechte Lagerkraft

$$\begin{aligned} -F_{R\eta} &= \int\limits_{(m)} \frac{x}{l} a_\eta \, dm = -\dot{\varphi}^2 \frac{1}{l} \int\limits_{(m)} x \eta \, dm + \ddot{\varphi} \frac{1}{l} \int\limits_{(m)} x \zeta \, dm \\ -F_{R\zeta} &= \int\limits_{(m)} \frac{x}{l} a_\zeta \, dm = -\dot{\varphi}^2 \frac{1}{l} \int\limits_{(m)} x \zeta \, dm - \ddot{\varphi} \frac{1}{l} \int\limits_{(m)} x \eta \, dm \end{aligned} \tag{12.4}$$

verschwindet. Dies ist offensichtlich der Fall, wenn die Massendeviationsmomente

$$\Theta_{x\eta} = -\int\limits_{(m)} x \eta \, dm \qquad \text{und} \qquad \Theta_{x\zeta} = -\int\limits_{(m)} x \zeta \, dm \tag{12.5}$$

verschwinden. Das heißt aber, die Drehachse muß eine Hauptträgheitsachse des starren Rotors sein. Ist dies der Fall, so ist der Rotor auch kinetisch ausgewuchtet.

Zusammengefaßt gilt also die folgende Aussage:

Auswuchten eines starren Rotors heißt, die Massenverteilung so zu verbessern, daß die Abweichung einer seiner zentralen Hauptträgheitsachsen von der Drehachse eine vorgegebene Toleranz nicht übersteigt.

Bei konstanter Drehzahl laufen die Lagerkräfte F_L und F_R eines unwuchtigen Rotors synchron mit dem Rotor um. Sie stehen stets senkrecht auf der Drehachse, haben im mitrotierenden Koordinatensystem also nur zwei Komponenten, die konstant sind. Das gleiche gilt für etliche andere Vektoren, wie beispielsweise die Unwucht und die Exzentrizität. Die mathematische Behandlung von Problemen mit solchen Vektoren wird einfach, wenn statt der Vektorschreibweise eine komplexe Schreibweise benutzt wird, indem man im mitrotierenden Koordinatensystem die beiden Komponenten des Vektors in η- und ζ-Richtung gemäß

$$\rho = \zeta + i\eta \tag{12.6}$$

zusammenfaßt. Diese Schreibweise wird im folgenden konsequent benutzt.

Wird an einem ausgewuchteten Rotor mit der Masse m am Radius

$$\rho = |\rho|\, e^{i\delta} = |\rho|\,(\cos\delta + i\sin\delta) \tag{12.7}$$

eine Unwuchtmasse m_u angebracht, so ist das Produkt

$$U = m_u\, \rho \tag{12.8}$$

seine Unwucht, die in Richtung des Radiuszeigers ρ zeigt. Sie ist im rotorfesten System ein zeitunabhängiger Vektor, der senkrecht auf der Drehachse steht.

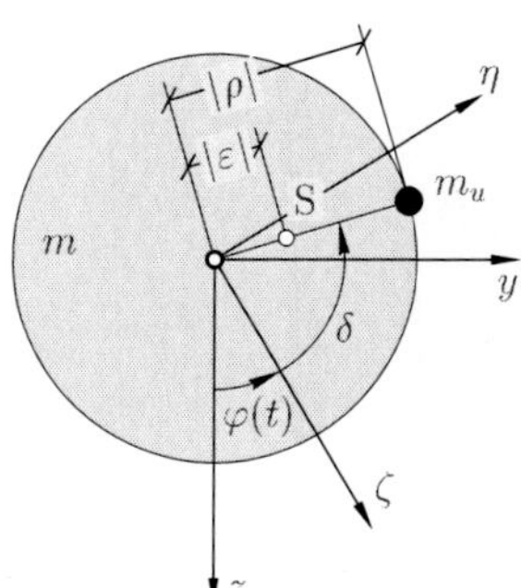

Bild 12.2: Rotor mit Unwuchtmasse in festen und in mitrotierenden Koordinaten

Bei gleichförmiger Drehung $\dot{\varphi} = \Omega =$ konstant zieht die Unwucht mit der Kraft

$$F_u = U\,\Omega^2 = m_u\,\rho\,\Omega^2, \tag{12.9}$$

die ebenfalls radial nach außen zeigt, am ausgewuchteten Rotor und damit an den Lagern. Die Unwuchtmasse m_u bewirkt eine Verlagerung des Schwerpunktes. Diese vektorielle Verlagerung

$$\varepsilon = \frac{m_u\,\rho}{m + m_u} = \frac{U}{m + m_u} \approx \frac{U}{m} \tag{12.10}$$

wird Exzentrizität genannt. Ihr Betrag $|\varepsilon|$ wird in μm angegeben.

Unwuchtkraft, Unwuchtradius, Unwucht und Exzentrizität zeigen also alle in die gleiche Richtung und laufen mit dem Rotor um. Die Unwucht ist im mitrotierenden $x\eta\zeta$-Koordinatensystem ein ebener Vektor, der als komplexe Zahl geschrieben wird,

$$U = U_\zeta + i\,U_\eta\,. \tag{12.11}$$

In polarer Darstellung hat sie die Form

$$U = |U|\, e^{i\delta} = |U|\,(\cos\delta + i\,\sin\delta)\,. \tag{12.12}$$

Die Unwucht kann entweder durch ihre Komponenten U_ζ und U_η oder durch ihren Betrag $|U|$ und ihren Lagewinkel δ angegeben werden. Beim Ausgleich in Komponenten spricht man von “geortetem Ausgleich”, im anderen Falle von “polarem Ausgleich”.

Es gilt der fundamentale Satz:

Sämtliche Unwuchten eines starren Rotors lassen sich stets zu zwei resultierenden Einzelunwuchten U_1 und U_2 in zwei beliebigen, aber verschiedenen Ebenen E_1 und E_2 zusammenfassen (resultierendes Unwuchtkreuz).

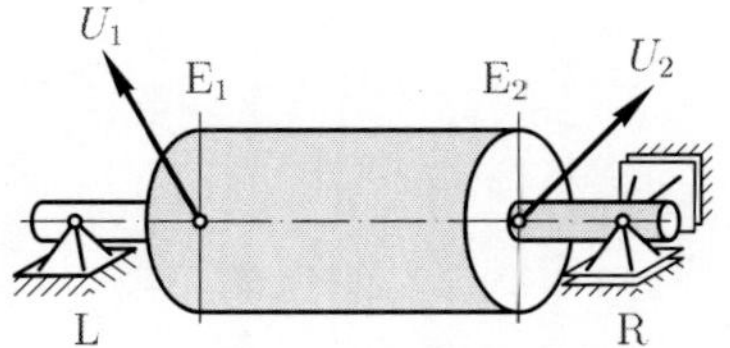

Bild 12.3: Resultierendes Unwuchtkreuz

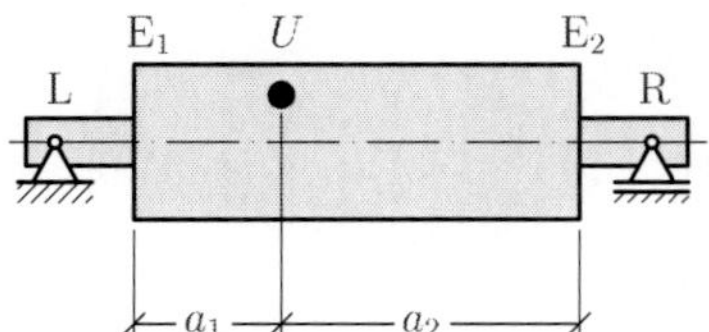

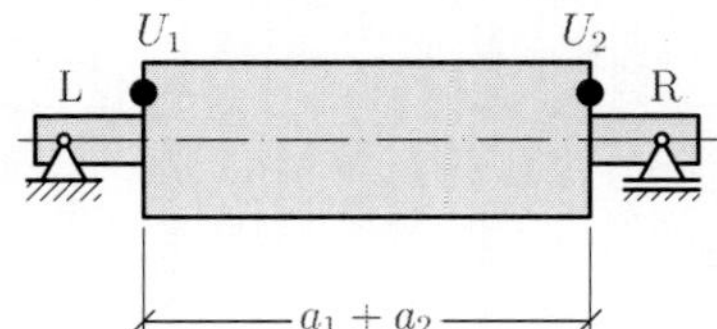

Bild 12.4: Aufteilung einer Einzelunwucht

Um dieses zu zeigen, betrachten wir den in Bild 12.4 dargestellten Rotor. Die Unwucht U wird so in zwei Unwuchten U_1 und U_2 in den Ebenen E_1 und E_2 aufgespaltet, daß die von der Einzelunwucht U verursachten Lagerkräfte mit denen des resultierenden Unwuchtkreuzes U_1 und U_2 übereinstimmen. Aus der Kräfte- und Momentenäquivalenz ergibt sich die Aufteilung

$$U_1 = \frac{a_2}{a_1 + a_2} U \qquad \text{und} \qquad U_2 = \frac{a_1}{a_1 + a_2} U \,. \tag{12.13}$$

Indem man eine solche Aufteilung für jede Einzelunwucht eines Rotors vornimmt, erhält man in den beiden Ebenen E_1 und E_2 eine Vielzahl von Ersatzunwuchten, die jeweils vektoriell addiert werden. Diese Vorstellung läßt sich sinngemäß auf Rotoren mit kontinuierlich über die Länge verteilter Unwucht übertragen.

Allgemein gilt:

Um einen starren Rotor auszuwuchten, ist ein Massenausgleich in zwei Ebenen hinreichend und im allgemeinen auch erforderlich.

In der Praxis kann man die beiden resultierenden Einzelunwuchten nur aus den Lagerreaktionen ermitteln. Somit stellt sich die Aufgabe, das Unwuchtkreuz von den Ebenen E_1 und E_2 (z. B. den Ausgleichsebenen) auf ein anderes Ebenenpaar E_L und E_R (z. B. die Lagerebenen) umzurechnen. Für den im Bild 12.5 dargestellten Rotor ergeben sich aus der Kräfte- und Momentenäquivalenz lineare Beziehungen zwischen den resultierenden Unwuchten in den Ausgleichsebenen und den fiktiven Unwuchten in den Lagerebenen,

$$\begin{bmatrix} U_L \\ U_R \end{bmatrix} = \begin{bmatrix} \dfrac{b+c}{l} & \dfrac{c}{l} \\ \dfrac{a}{l} & \dfrac{a+b}{l} \end{bmatrix} \begin{bmatrix} U_1 \\ U_2 \end{bmatrix}, \tag{12.14}$$

bzw. invertiert

$$\begin{bmatrix} U_1 \\ U_2 \end{bmatrix} = \begin{bmatrix} \dfrac{a+b}{b} & -\dfrac{c}{b} \\ -\dfrac{a}{b} & \dfrac{b+c}{b} \end{bmatrix} \begin{bmatrix} U_L \\ U_R \end{bmatrix}. \tag{12.15}$$

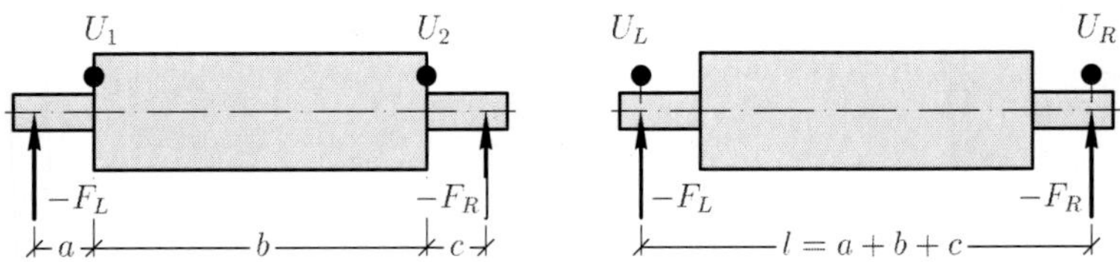

Bild 12.5: Übertragung eines Unwuchtkreuzes in andere Ebenen

Die beiden resultierenden Unwuchten U_1 und U_2 eines starren Rotors kann man auch durch eine einzige Unwucht U_S in einer beliebigen Ebene und ein sogenanntes Unwuchtmoment D_U^S ersetzen. Man spricht dann von einer Unwuchtdyname. U_S wird als statische Unwucht bezeichnet, weil sie auf statischen Wege, z. B. durch Ausbalancieren des reibungsfrei gelagerten Rotors, ermittelt werden kann. Für sie gilt

$$U_S = U_1 + U_2 \,. \tag{12.16}$$

Das Unwuchtmoment D_U mit der Einheit Länge mal Unwucht kann nur dynamisch, d. h. aus der Momentenwirkung der Unwuchtkräfte des drehenden Rotors ermittelt werden. Für den Rotor von Bild 12.6 gilt in Vektorschreibweise

$$\vec{D}_U^S = \vec{l}_1 \times \vec{U}_1 + \vec{l}_2 \times \vec{U}_2 = \vec{e}_x \times \left(l_2 \vec{U}_2 - l_1 \vec{U}_1 \right) . \tag{12.17}$$

Dieser Vektor, der in einer Ebene senkrecht zur Rotorachse liegt, lautet als komplexe Zahl geschrieben

$$D_U^S = i \, (l_1 U_1 - l_2 U_2) \,. \tag{12.18}$$

Die Bilder 12.7 zeigen zwei Sonderfälle. Im allgemeinen sind U_S und D_U^S beide von Null verschieden und die Hauptträgheitsachse schneidet die Drehachse gar nicht.

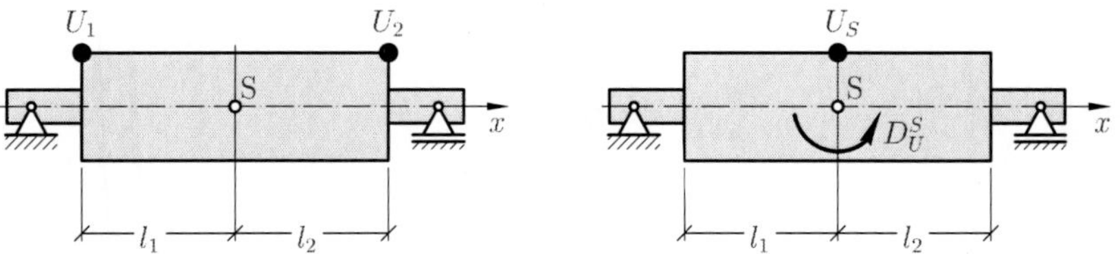

Bild 12.6: Übergang vom Unwuchtkreuz (links) zur Unwuchtdyname (rechts)

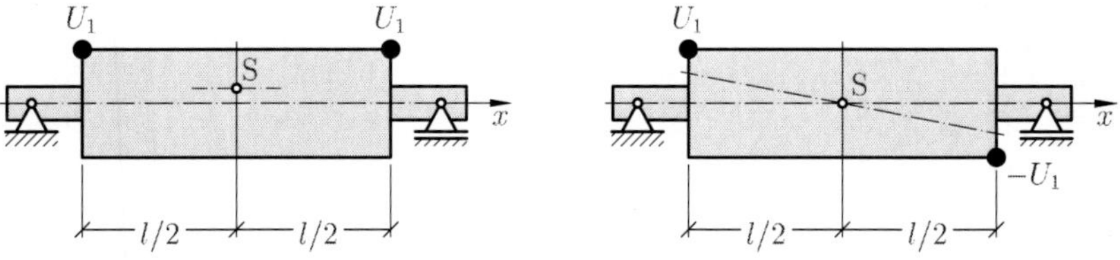

Bild 12.7: Statische Unwucht (links), kinetische Unwucht (rechts)

Es gibt zwei Wege zur praktischen Durchführung der Auswuchtung:

A) Auswuchten auf Auswuchtmaschinen und

B) Auswuchten in betriebsmäßigen Lagern.

Im ersteren Falle wird der auszuwuchtende Rotor ohne seine Lager auf einer Auswuchtmaschine ausgewuchtet. Im zweiten Fall wird hingegen in den maschineneigenen Lagern bei den im Betrieb vorliegenden Verhältnissen gewuchtet. In beiden Fällen geht es im Prinzip darum, die zu den beiden Ausgleichsebenen des statisch bestimmt gelagerten starren Rotors gehörenden resultierenden Unwuchten U_1 und U_2 nach Größe und Richtung zu ermitteln und danach auszugleichen.

12.2 Erforderliche Auswuchtgüte

Zur Beantwortung der im Maschinenbau so wichtigen Frage, welche Unwuchten gerade noch zulässig sind, hat die VDI-Fachgruppe Schwingungstechnik die Richtlinie VDI 2060, Beurteilungsmaßstäbe für den Auswuchtzustand rotierender starrer Körper, herausgegeben. Später wurde daraus die internationale Norm DIN ISO 1940-1. Praktische Erfahrungen und Ähnlichkeitsbetrachtungen haben gezeigt, daß sich für gleichartige Wuchtkörper bei gleichen Werten für

$$|\varepsilon|\,\Omega = v_S \tag{12.19}$$

vergleichbare Läufer- und Lagerbeanspruchungen ergeben. Das Produkt $\varepsilon\,\Omega$ aus Exzentrizität und Winkelgeschwindigkeit, es entspricht gerade der Geschwindigkeit v_S des Rotorschwerpunktes, ist also ein Maß für die Beurteilung der zulässigen Restunwucht.

Auswucht-Gütestufe	$\lvert\varepsilon\rvert\Omega$ in mm/s	Beispiele für Läuferarten
G 0.4 Feinstwuchtung	$0.16 \div 0.4$	Feinstschleifmaschinen-Anker, -Wellen und -Scheiben, Kreisel
G 1 Feinwuchtung	$0.4 \div 1$	Strahltriebwerke, Schleifmaschinenantriebe, Antriebe von Audio- und Videogeräten, Kleinmotorenanker mit besonderen Anforderungen
G 2.5	$1 \div 2.5$	Gas- und Dampfturbinen, Gebläse- und Turbinenläufer, Turbogeneratoren, Werkzeugmaschinenantriebe, mittlere und größere Elektromotorenanker mit besonderen Anforderungen, Kleinmotorenanker, Pumpen mit Turbinenantrieb
G 6.3	$2.5 \div 6.3$	Gelenkwellen mit besonderen Anforderungen, Teile der Verfahrenstechnik, Zentrifugentrommeln, Schwungräder, Kreiselpumpen, Ventilatoren, Maschinenbauteile und Werkzeugmaschinenteile, Elektromotorenanker ohne besondere Anforderungen
G 16	$6.3 \div 16$	Gelenkwellen, Teile von Zerkleinerungsmaschinen, landwirtschaftliche Maschinen
G 40	$16 \div 40$	Autoräder, Felgen, Radsätze

Tabelle 12.1: Zulässige Schwerpunktsgeschwindigkeiten nach DIN ISO 1940-1

Das bedeutet: Je größer die Wuchtkörpermasse ist, desto größer kann auch die Restunwucht sein, und je höher die Betriebsdrehzahl liegt, desto kleiner muß die Restunwucht sein. In der DIN ISO 1940-1 werden die verschiedenen Wuchtkörper in Gruppen mit abgestuften Anforderungen eingeteilt. In der Tabelle 12.1 sind für die einzelnen Auswucht-Gütestufen G die zulässigen Toleranzen angegeben. Aus der Auswucht-Gütestufe läßt sich die zulässige Restunwucht ermitteln. Die angegebenen Richtwerte sind im Verhältnis der Massenbelegung auf die beiden Ausgleichsebenen aufzuteilen. In Sonderfällen ist die Aufteilung durch spezielle Untersuchungen zu klären.

12.3 Auswuchten auf Auswuchtmaschinen

Man unterscheidet zwei Arten von Auswuchtmaschinen:

a) weiche Maschinen und

b) harte Maschinen.

Die weiche Maschine ist mit horizontalen Schwinglagern ausgestattet. Mit Hilfe sehr empfindlicher Schwingungsaufnehmer werden die horizontalen Schwingbewegungen $s_L(t)$ und $s_R(t)$ der Lager gemessen.

Die harte Maschine hat nahezu starre Lager. Bei ihr werden die Lagerkräfte $F_L(t)$ und $F_R(t)$ in einer Richtung (z. B. horizontal) gemessen.

Bei einer weichen Maschine (Bild 12.8) führen die horizontalen Schwinglager infolge der Fliehkräfte

$$\begin{aligned} F_1 &= U_1\,\Omega^2\,e^{i\Omega t} = |U_1|\,\Omega^2\,e^{i(\Omega t+\delta_1)}, \\ F_2 &= U_2\,\Omega^2\,e^{i\Omega t} = |U_2|\,\Omega^2\,e^{i(\Omega t+\delta_2)} \end{aligned} \tag{12.20}$$

der beiden resultierenden Unwuchten harmonische Schwingungen

$$\begin{aligned} s_L(t) &= |\widehat{s}_L|\,\sin(\Omega t+\gamma_L), \\ s_R(t) &= |\widehat{s}_R|\,\sin(\Omega t+\gamma_R) \end{aligned} \tag{12.21}$$

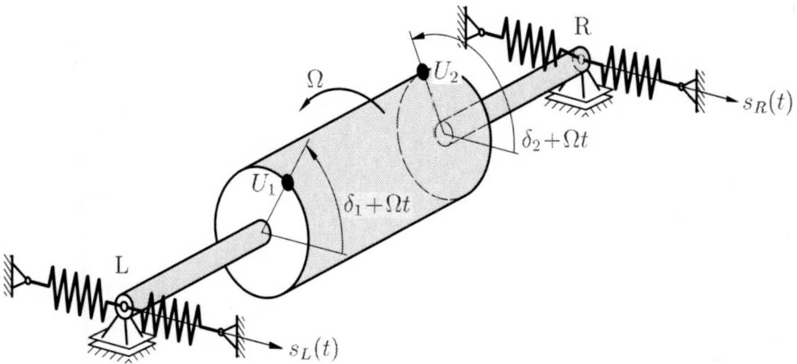

Bild 12.8: Auswuchtmaschine mit horizontalen Schwinglagern (weiche Maschine)

aus, wobei allerdings nur die Horizontalkomponenten der Fliehkräfte

$$\begin{aligned} F_{1y} &= |U_1|\,\Omega^2 \sin(\Omega t+\delta_1), \\ F_{2y} &= |U_2|\,\Omega^2 \sin(\Omega t+\delta_2) \end{aligned} \tag{12.22}$$

zum Tragen kommen. Da sich die Einflüsse beider Unwuchten überlagern, kann man für die Schwingbewegungen der Lager unter Verwendung der Einflußzahlen α

$$\begin{aligned} |\widehat{s}_L|\sin(\Omega t+\gamma_L) &= |\alpha_{L1}||U_1|\sin(\Omega t+\delta_1+\psi_{L1})+|\alpha_{L2}||U_2|\sin(\Omega t+\delta_2+\psi_{L2}), \\ |\widehat{s}_R|\sin(\Omega t+\gamma_R) &= |\alpha_{R1}||U_1|\sin(\Omega t+\delta_1+\psi_{R1})+|\alpha_{R2}||U_2|\sin(\Omega t+\delta_2+\psi_{R2}) \end{aligned} \tag{12.23}$$

schreiben, wobei die Phasenverschiebung infolge der Dämpfung durch die Winkel ψ zum Ausdruck gebracht wird. Diese Gleichungen, komplex ergänzt und durch $e^{i\Omega t}$ dividiert, ergeben

$$\begin{aligned} |\widehat{s}_L|\,e^{i\gamma_L} &= |\alpha_{L1}|\,e^{i\psi_{L1}}\,|U_1|e^{i\delta_1} + |\alpha_{L2}|\,e^{i\psi_{L2}}\,|U_2|\,e^{i\delta_2}, \\ |\widehat{s}_R|\,e^{i\gamma_R} &= |\alpha_{R1}|\,e^{i\psi_{R1}}\,|U_1|\,e^{i\delta_1} + |\alpha_{R2}|\,e^{i\psi_{R2}}\,|U_2|\,e^{i\delta_2}. \end{aligned} \tag{12.24}$$

Das sind lineare Beziehungen zwischen den komplexen Amplituden der Lagerschwingungen

$$\widehat{s}_L = |\widehat{s}_L|\,e^{i\gamma_L}, \qquad \widehat{s}_R = |\widehat{s}_R|\,e^{i\gamma_R} \tag{12.25}$$

und den komplexen Unwuchten

$$U_1 = |U_1|e^{i\delta_1}, \qquad U_2 = |U_2|e^{i\delta_2} \tag{12.26}$$

in der Form

$$\begin{bmatrix} \widehat{s}_L \\ \widehat{s}_R \end{bmatrix} = \begin{bmatrix} \alpha_{L1} & \alpha_{L2} \\ \alpha_{R1} & \alpha_{R2} \end{bmatrix} \begin{bmatrix} U_1 \\ U_2 \end{bmatrix}, \tag{12.27}$$

wobei die reellen Einflußzahlen $|\alpha|$ mit den Phasenverschiebungen ψ zu den komplexen Einflußzahlen α zusammengefaßt sind,

$$\begin{aligned} \alpha_{L1} &= |\alpha_{L1}|\,e^{i\psi_{L1}}, & \alpha_{L2} &= |\alpha_{L2}|\,e^{i\psi_{L2}}, \\ \alpha_{R1} &= |\alpha_{R1}|\,e^{i\psi_{R1}}, & \alpha_{R2} &= |\alpha_{R2}|\,e^{i\psi_{R2}}. \end{aligned} \tag{12.28}$$

Diese hängen in komplizierter Weise von den Massen- und Trägheitsverhältnissen des Rotors sowie von den Daten der Auswuchtmaschine (Federn, Lagermassen und -dämpfungen) und auch von der Drehzahl Ω ab.

Bei Auswuchtmaschinen ist im allgemeinen der Einfluß der Lagerdämpfung vernachlässigbar gering, d. h. die Winkel ψ können praktisch gleich Null gesetzt werden. In diesem Fall sind in Gleichung (12.27) die Einflußzahlen reelle Größen.

Zur Ermittlung der unbekannten Unwuchten U_1 und U_2 aus den gemessenen Lagerschwingungen $\widehat{s}_L$ und $\widehat{s}_R$ wird das Gleichungssystem (12.27) invertiert,

$$\begin{aligned} U_1 &= \frac{1}{\Delta}\left(\alpha_{R2}\,\widehat{s}_L - \alpha_{L2}\,\widehat{s}_R\right) &&= \frac{\alpha_{R2}}{\Delta}\left(\widehat{s}_L - \frac{\alpha_{L2}}{\alpha_{R2}}\,\widehat{s}_R\right) \\ U_2 &= \frac{1}{\Delta}\left(-\alpha_{R1}\,\widehat{s}_L + \alpha_{L1}\,\widehat{s}_R\right) &&= \frac{\alpha_{L1}}{\Delta}\left(-\frac{\alpha_{R1}}{\alpha_{L1}}\,\widehat{s}_L + \widehat{s}_R\right) \end{aligned} \tag{12.29}$$

mit der Nennerdeterminante

$$\Delta = \alpha_{L1}\alpha_{R2} - \alpha_{L2}\alpha_{R1}\,. \tag{12.30}$$

In der Praxis löst man diese Gleichungen durch eine spezielle Analogschaltung, die direkt in das Meßsystem der Auswuchtmaschine eingebaut ist (BAKER-Schaltung, Bild 12.9). Die erste Gleichung ist erfüllt (abgesehen von einem konstanten Faktor), wenn am Potentiometer P_1 der Wert α_{L2}/α_{R2} und am Potentiometer P_2 der Wert α_{R2}/Δ eingestellt wird. Entsprechend ist für die zweite Gleichung zu verfahren.

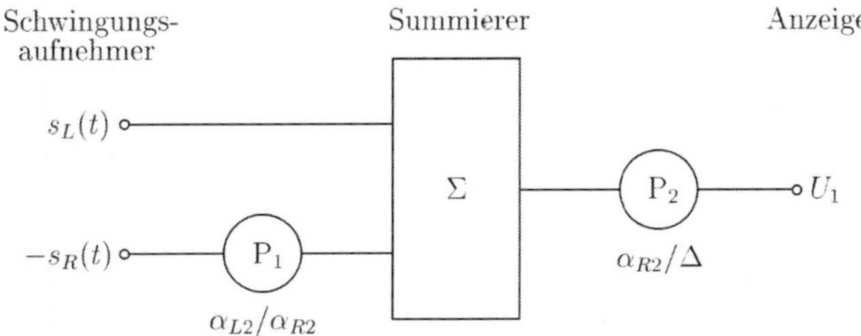

Bild 12.9: BAKER-Schaltung

Bei der weichen Maschine wäre zur Ermittlung der Einflußzahlen eine relativ aufwendige Schwingungsrechnung erforderlich. Deshalb wird in der Praxis die Einstellung der Potentiometer in der Bakerschaltung auf experimentellem Weg vorgenommen.

Dabei geht man wie folgt vor: Ein vollständig ausgewuchteter Rotor würde keine Lagerschwingungen und somit auch keine Anzeige hervorrufen. Da ein solcher i. a. nicht vorhanden ist, werden die vorhandenen Unwuchten durch Anlegen von Gegenspannungen an den Enden der Aufnahmespulen elektrisch kompensiert. Die Anzeige entspricht der eines vollständig ausgewuchteten Rotors. Jetzt bringen wir in der Ebene E_2 eine beliebige Unwucht an. Dadurch darf jedoch keine Anzeige für U_1 entstehen, was durch Einstellung von Potentiometer P_1 erreicht wird. Bringen wir nun weiterhin in der Ebene E_1 eine bekannte Unwucht an, so muß diese richtig angezeigt werden. Durch Einstellen von Potentiometer P_2 wird einem bestimmten Unwuchtbetrag ein bestimmter Anzeigewert zugeordnet. In gleicher Weise verfährt man zur Bestimmung von U_2, indem die Bakerschaltung auf die Ebene E_2 umgeschaltet wird. Nach dem Einstellen der vier Potentiometer werden die Kompensationsspannungen wieder entfernt. Die Auswuchtmaschine ist damit für den betreffenden Rotor bzw. Rotortyp eingestellt und der Auswuchtvorgang kann beginnen.

Die Unwuchten U_1 und U_2 werden als harmonische Schwingungen am Oszillographenschirm zur Anzeige gebracht. Ihre Beträge lassen sich aus den Maximalwerten der elektrischen Spannungen errechnen. Ein Phasengeber sorgt dafür, daß am Oszillographenschirm ein Lichtpunkt erscheint, wenn die Nullrichtung des Rotors (ζ-Achse) gerade die Horizontalebene durchläuft. Die Richtung der Unwuchten δ_1 und δ_2 berechnen sich nach Bild 12.10 aus der Beziehung $\delta/2\pi = b/2a$.

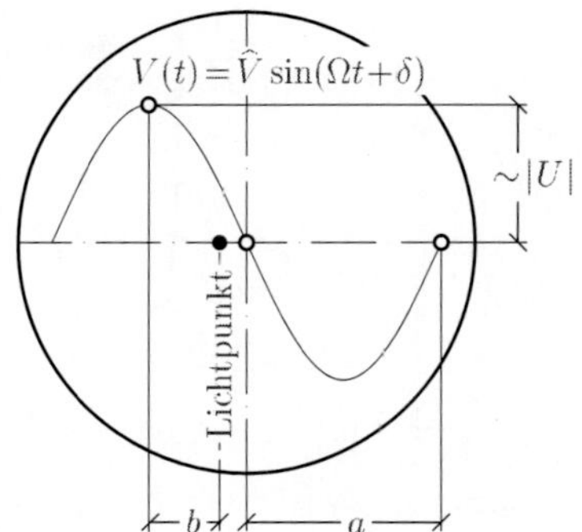

Bild 12.10: Ermittlung der Phasenlage

Eine andere Methode zur Ermittlung der Phasenlage besteht darin, daß man ein Stroboskop immer dann aufblitzen läßt, wenn die Spannung ihr Maximum erreicht. In diesem Zeitpunkt befindet sich die Unwucht gerade in der horizontalen Ebene, und die Richtung kann auf einer am Rotor angebrachten Winkelskala abgelesen werden.

Maschinen der Bauart SCHENCK-FEDERN arbeiten nach dem Wattmeter-Verfahren. Dieses ist von nicht zu überbietender Einfachheit und erfüllt drei fundamentale Aufgaben der Auswuchttechnik:

1. Anzeige der Unwuchtgröße,
2. unmittelbare Anzeige der Unwuchtwinkel bzw. der Unwuchtkomponenten,
3. scharfe Trennung von Unwucht und Störschwingungen.

Bei diesem Verfahren werden die den Schwingbewegungen der Lager proportionalen elektrischen Wechselspannungen der Schwingungsaufnehmer an die Drehspule eines Wattmeters gelegt. Auf die Feldspule des Wattmeters gibt man nacheinander zwei um 90° phasenverschobene harmonische Ströme

$$I_s = \hat{I}\sin\Omega t \qquad \text{und} \qquad I_c = \hat{I}\cos\Omega t, \tag{12.31}$$

die ein synchron mit dem Wuchtkörper umlaufender Wechselstromgenerator liefert. Der Ausschlag des Wattmeters ist der zeitliche Mittelwert der Augenblickwerts-Produkte

$$W_s = \frac{\hat{I}}{T}\int_0^T V(t)\sin\Omega t\,dt \qquad \text{und} \qquad W_c = \frac{\hat{I}}{T}\int_0^T V(t)\cos\Omega t\,dt. \tag{12.32}$$

Nun gilt aber

$$V(t) = \hat{V}\sin(\Omega t+\delta) = V_\zeta\sin\Omega t + V_\eta\cos\Omega t, \tag{12.33}$$

und wegen

$$\begin{gathered}\int_0^T \cos^2\Omega t\,dt = \int_0^T \sin^2\Omega t\,dt = \frac{\pi}{\Omega} = \frac{T}{2} \qquad \text{und}\\ \int_0^T \sin\Omega t\,\cos\Omega t\,dt = 0\end{gathered} \tag{12.34}$$

folgt aus den Gleichungen (12.32)

$$W_s = \frac{1}{2}\,\widehat{I}\,V_\zeta \sim U_\zeta \qquad \text{und} \qquad W_c = \frac{1}{2}\,\widehat{I}\,V_\eta \sim U_\eta\,. \tag{12.35}$$

W_s bringt also lediglich die Unwuchtkomponente U_ζ und W_c die Unwuchtkomponente U_η zur Anzeige. Die resultierenden Unwuchten können in einem Lichtmarken-Meßgerät mit rechtwinkligem und polarem Koordinatennetz direkt angezeigt werden.

Auf Grund der Orthogonalitätsbeziehungen

$$\left.\begin{aligned} &\int_0^T \sin m\Omega t\,\sin n\Omega t\,dt = 0 \\ &\int_0^T \cos m\Omega t\,\cos n\Omega t\,dt = 0 \end{aligned}\right\} \quad \text{für} \quad m \neq n$$

$$\text{und} \qquad \int_0^T \sin m\Omega t\,\cos n\Omega t\,dt = 0 \tag{12.36}$$

haben die höheren harmonischen Anteile von $V(t)$ keinen Einfluß und verfälschen die Anzeige nicht.

Bei kraftmessenden, harten Maschinen sind die gleichen Meß- und Auswertverfahren gebräuchlich. Im Gegensatz zur weichen Maschine lassen sich hier die Einflußzahlen aus den Abständen der Ausgleichs- und Lagerebenen errechnen. Für den im Bild 12.5 dargestellten Rotor besteht analog zu Gleichung (12.14) zwischen den komplexen Amplituden der Lagerkräfte F_L und F_R und den resultierenden Unwuchten U_1 und U_2 der lineare Zusammenhang:

$$\begin{bmatrix} \widehat{F}_L \\ \widehat{F}_R \end{bmatrix} = \Omega^2 \begin{bmatrix} \dfrac{b+c}{l} & \dfrac{c}{l} \\ \dfrac{a}{l} & \dfrac{a+b}{l} \end{bmatrix} \begin{bmatrix} U_1 \\ U_2 \end{bmatrix}. \tag{12.37}$$

Bei harten Auswuchtmaschinen kann also die Einstellung der Potentiometer in der Bakerschaltung unmittelbar, d.h. ohne einen besonderen Probelauf vorgenommen werden.

12.4 Auswuchten im Betrieb

Auch beim Auswuchten im Betrieb werden die resultierenden Unwuchten U_1 und U_2 nach Größe und Richtung aus den Lagerschwingungen ermittelt. Dazu werden die gleichen Meßverfahren wie bei den Auswuchtmaschinen verwendet.

Das Auswuchten im Betrieb ist jedoch aus folgenden Gründen schwieriger: Da eine allseitige Bewegung der Lager möglich ist, hat der starre Rotor sechs Freiheitsgrade und es gibt auch sechs Resonanzstellen. Die Lager sind im allgemeinen anisotrop. Nichtlinearitäten machen sich stärker bemerkbar. Durch die nicht vernachlässigbaren Dämpfungseinflüsse treten Phasenverschiebungen zwischen der Unwucht und den Lagerbewegungen auf.

Zur Ermittlung der Unwuchten U_1 und U_2 werden die Lagerschwingungen in einer bestimmten Richtung gemessen, meist wählt man die horizontale Richtung. Für einen statisch bestimmt gelagerten Rotor gelten nach Gl. (12.27) lineare Beziehungen zwischen den komplexen Amplituden $\widehat{s}_L$ und $\widehat{s}_R$ der Lagerschwingungen und den resultierenden Unwuchten U_1 und U_2. Die Einflußzahlen sind wegen der beim Auswuchten im Betrieb nicht mehr zu vernachlässigenden Dämpfung komplex. Beim betriebsmäßigen Auswuchten werden die komplexen Einflußzahlen und die Urunwuchten durch drei Meßläufe ermittelt:

1. Ein Meßlauf ohne zusätzliche Testunwuchten (Urunwuchtlauf) liefert die Meßwerte $\widehat{s}_L$ und $\widehat{s}_R$.
2. Ein Meßlauf mit der Testunwucht U_{T1} in der Ausgleichsebene E_1 liefert die Meßwerte $\widehat{s}_{L1}$ und $\widehat{s}_{R1}$.
3. Ein Meßlauf mit der Testunwucht U_{T2} in der Ausgleichsebene E_2 liefert die Meßwerte $\widehat{s}_{L2}$ und $\widehat{s}_{R2}$.

Der Zusammenhang zwischen den Unwuchten und den in den einzelnen Läufen gemessenen Lagerbewegungen wird durch die folgenden Gleichungspaare zum Ausdruck gebracht:

$$\begin{aligned} \widehat{s}_L &= \alpha_{L1}\,U_1 + \alpha_{L2}\,U_2\,,\\ \widehat{s}_R &= \alpha_{R1}\,U_1 + \alpha_{R2}\,U_2\,, \end{aligned} \tag{12.38}$$

$$\begin{aligned} \widehat{s}_{L1} &= \alpha_{L1}\,(U_1 + U_{T1}) + \alpha_{L2}\,U_2\,,\\ \widehat{s}_{R1} &= \alpha_{R1}\,(U_1 + U_{T1}) + \alpha_{R2}\,U_2\,, \end{aligned} \tag{12.39}$$

$$\begin{aligned} \widehat{s}_{L2} &= \alpha_{L1}\,U_1 + \alpha_{L2}\,(U_2 + U_{T2})\,,\\ \widehat{s}_{R2} &= \alpha_{R1}\,U_1 + \alpha_{R2}\,(U_2 + U_{T2})\,. \end{aligned} \tag{12.40}$$

Aus diesen sechs Gleichungen können die vier Einflußzahlen und die unbekannten Unwuchten U_1 und U_2 berechnet werden. Häufig werden die Testunwuchten gerade in der Nullrichtung des Rotors, d. h. in ζ-Richtung des körperfesten Koordinatensystems angebracht, da sie dann reelle Größen sind.

Nach Differenzbildung zwischen den Gln. (12.39) und (12.38) bzw. (12.40) und (12.38) ergeben sich zunächst die komplexen dynamischen Einflußzahlen

$$\alpha_{L1} = \frac{\widehat{s}_{L1} - \widehat{s}_L}{U_{T1}}, \qquad \alpha_{L2} = \frac{\widehat{s}_{L2} - \widehat{s}_L}{U_{T2}},$$
$$\alpha_{R1} = \frac{\widehat{s}_{R1} - \widehat{s}_R}{U_{T1}}, \qquad \alpha_{R2} = \frac{\widehat{s}_{R2} - \widehat{s}_R}{U_{T2}}. \tag{12.41}$$

Bei bekannten Einflußzahlen folgen aus der Gln. (12.38) dann die Unwuchten

$$\begin{bmatrix} U_1 \\ U_2 \end{bmatrix} = \frac{1}{\Delta} \begin{bmatrix} \alpha_{R2} & -\alpha_{L2} \\ -\alpha_{R1} & \alpha_{L1} \end{bmatrix} \begin{bmatrix} \widehat{s}_L \\ \widehat{s}_R \end{bmatrix}, \tag{12.42}$$

wobei mit $\Delta = \alpha_{L1}\,\alpha_{R2} - \alpha_{L2}\,\alpha_{R1}$ die Nennerdeterminante abgekürzt ist. Ausgeschrieben ergeben sich die resultierenden Unwuchten zu

$$U_1 = U_{T1}\,\frac{\widehat{s}_{R2}\,\widehat{s}_L - \widehat{s}_{L2}\,\widehat{s}_R}{\widehat{s}_{L1}\,\widehat{s}_{R2} - \widehat{s}_{L2}\,\widehat{s}_{R1} + (\widehat{s}_{R1} - \widehat{s}_{R2})\,\widehat{s}_L - (\widehat{s}_{L1} - \widehat{s}_{L2})\,\widehat{s}_R},$$
$$U_2 = U_{T2}\,\frac{\widehat{s}_{L1}\,\widehat{s}_R - \widehat{s}_{R1}\,\widehat{s}_L}{\widehat{s}_{L1}\,\widehat{s}_{R2} - \widehat{s}_{L2}\,\widehat{s}_{R1} + (\widehat{s}_{R1} - \widehat{s}_{R2})\,\widehat{s}_L - (\widehat{s}_{L1} - \widehat{s}_{L2})\,\widehat{s}_R}. \tag{12.43}$$

Die numerische Auswertung läßt sich heute mühelos auf einem programmierbaren Taschenrechner durchführen.

Ist nach dem Auswuchten (z. B. infolge von Nichtlinearitäten) die gewünschte Laufruhe noch nicht erreicht, so muß ein zweiter und gegebenenfalls sogar ein dritter Auswuchtschritt durchgeführt werden.

Von Wuchtern werden auch heute noch Verfahren der „schrittweisen Verbesserung" angewendet. Grundsätzlich wird dabei das Problem der Zwei-Ebenen-Wuchtung mit den Methoden der Ein-Ebenen-Wuchtung gelöst. Bei der Durchführung geht man so vor, daß man – beginnend am Lager mit den größeren Amplituden – dieses Lager durch Ausgleich in einer Ebene weitgehend beruhigt. Dann wendet man sich der Beruhigung der anderen Lagerebene zu. Die dazu in der anderen Auswuchtebene angebrachte Ausgleichsunwucht wird im allgemeinen wieder einen Einfluß auf die Laufruhe des zuerst beruhigten Lagers haben und man wird eine Nachkorrektur vornehmen müssen, die ihrerseits wiederum die zweite Lagerstelle beeinflußt. Bei starker gegenseitiger Beeinflussung können sehr viele Meßläufe notwendig sein. Im ungünstigsten Fall kann es sogar vorkommen, daß dieses schrittweise Verfahren nicht erfolgreich ist, die Iteration also nicht konvergiert. Einer systematischen Zwei-Ebenen-Wuchtung ist auf jeden Fall der Vorzug zu geben.

Kapitel 13

Flexible Rotoren

13.1 Starr gelagerter, dämpfungsfreier Laval-Rotor

13.1.1 Der Laval-Rotor als einfachstes Modell

Der Laval-Rotor, auch einfach besetzte Welle genannt, ist das einfachste Modell eines nachgiebigen Rotors, mit dem allerdings schon viele dynamische Phänomene erklärt, Parametereinflüsse abgeschätzt und in gewissen Grenzen sogar reale Rotorsysteme ausgelegt werden können. Der Laval-Rotor besteht aus einer runden, massenlosen biegeelastischen Welle (Biegesteifigkeit k) in starren Lagern, auf die exzentrisch (Schwerpunktsexzentrizität ε) eine starre Scheibe (Masse m) aufgekeilt ist (Bild 13.1). Die Wellenmasse wird also gegenüber der Scheibenmasse und die Lagernachgiebigkeit gegenüber der Wellennachgiebigkeit vernachlässigt. Das Schrägstellen der Scheibe und die damit verbundene Kreiselwirkung werden nicht berücksichtigt. Angetrieben wird der Laval-Rotor durch das äußere Moment M_A, das im stationären Drehzustand gerade so ist, daß die Drehzahl Ω konstant bleibt.

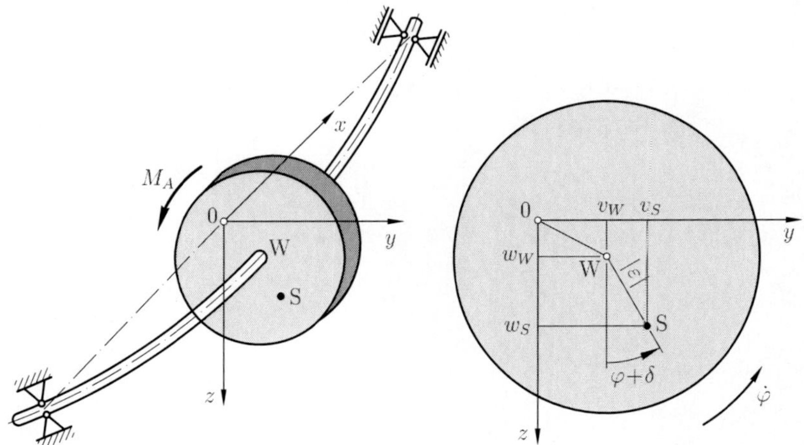

Bild 13.1: Einfach besetzte Welle (Laval-Rotor) im raumfesten Koordinatensystem

Dieser Laval-Rotor ist natürlich eine extreme Vereinfachung gegenüber wirklichen Konstruktionen, trotzdem – und darin liegt der Wert dieser Vereinfachung – lassen sich aus den Berechnungen dieses Modells allgemeine qualitative und sogar quantitative Aussagen über das dynamische Verhalten eines wirklichen Rotors gewinnen:

Das Schwingungsverhalten von kontinuierlich mit Masse belegten und von mehrfach besetzten Wellen läßt sich unter gewissen Voraussetzungen durch Differentialgleichungen beschreiben, welche die Form der Bewegungsgleichungen des Laval-Rotors haben (modale Betrachtung). Das dynamische Verhalten realer Rotoren wird dabei aus den leichter auffindbaren Lösungen der Bewegungsgleichungen des Laval-Rotors konstruiert.

Zur Beschreibung des Bewegungsverhaltens der Scheibe führt man ein raumfestes xyz-Koordinatensystem ein, dessen x-Achse auf der Verbindungslinie der Lagermitten liegt, während die beiden übrigen Achsen in der Mittelebene der unausgelenkten Scheibe liegen.

Der Wellendurchstoßpunkt W ist der Punkt, an dem die Achse der biegeelastischen Welle die Scheibenmittelebene durchstößt. Beim unausgelenkten geraden Rotor liegt W gerade im Koordinatenursprung 0. Die aktuelle Lage des Wellendurchstoßpunktes wird durch die Koordinaten w_W und v_W, die des Scheibenschwerpunktes S durch w_S und v_S beschrieben. Der Scheibenschwerpunkt S hat vom Wellendurchstoßpunkt W den festen Abstand $|\varepsilon|$. Die Richtung dieser Exzentrizität gegenüber der hier willkürlichen 0-Marke auf der Welle wird durch den Nullphasenwinkel δ beschrieben. Der Betrag der Exzentrizität und der Nullphasenwinkel werden zur komplexen Exzentrizität

$$\varepsilon = |\varepsilon|\, e^{i\delta} \tag{13.1}$$

zusammengefaßt. Der Rotor rotiert mit der Winkelgeschwindigkeit $\dot{\varphi}$ im Gegenuhrzeigersinn. Der Vektor der Winkelgeschwindigkeit zeigt also entgegengesetzt zur x-Achse.

13.1.2 Bewegungsgleichungen in festen Koordinaten

13.1.2.1 Beliebiger Drehzahlverlauf

Die Bewegung der Scheibe wird durch den Kräftesatz, den Momentensatz und kinematische Beziehungen beschrieben.

In den Kräftesatz für die freigeschnittene starre Scheibe in festen Koordinaten,

$$\begin{aligned} m\,\ddot{w}_S &= -F_{kz} + G\,, \\ m\,\ddot{v}_S &= -F_{ky}\,, \end{aligned} \tag{13.2}$$

gehen die elastischen Rückstellkräfte

$$\begin{aligned} F_{kz} &= k\,w_W\,, \\ F_{ky} &= k\,v_W \end{aligned} \tag{13.3}$$

der Welle in horizontaler und vertikaler Richtung sowie die Gewichtskraft

$$G = mg \tag{13.4}$$

in vertikaler Richtung ein.

Der Momentensatz – angesetzt um den Scheibenschwerpunkt – liefert die nichtlineare Momentengleichung

$$\Theta_p\,\ddot{\varphi} = M_A + |\varepsilon|\cos(\varphi+\delta)\,F_{ky} - |\varepsilon|\sin(\varphi+\delta)\,F_{kz}\,. \tag{13.5}$$

Darin sind Θ_p das polare Massenträgheitsmoment der Scheibe um die auf ihr senkrecht stehende Achse durch S und M_A das äußere, aus An- und Abtrieb resultierende Moment. Letzteres ist im allgemeinen eine Funktion der Winkelgeschwindigkeit $\dot{\varphi}$, kann aber auch von der Zeit t und vom Drehwinkel φ abhängen. Die letzten beiden Terme in der Momentengleichung (4.5) beschreiben die Momentenwirkung der im Wellendurchstoßpunkt W angreifenden elastischen Rückstellkräfte um den Schwerpunkt S.

Zwischen den Koordinaten des Scheibenschwerpunktes und denen des Wellendurchstoßpunktes bestehen die kinematischen Beziehungen

$$\begin{aligned} w_S &= w_W + |\varepsilon|\cos(\varphi+\delta)\,,\\ v_S &= v_W + |\varepsilon|\sin(\varphi+\delta)\,. \end{aligned} \tag{13.6}$$

Eliminiert man damit die Koordinaten des Scheibenschwerpunktes, so erhält man die Bewegungsgleichungen für den Wellendurchstoßpunkt,

$$\begin{aligned} m\,\ddot{w}_W + k\,w_W &= -m\,|\varepsilon|\,[\cos(\varphi+\delta)]^{\cdot\cdot} + mg\,,\\ m\,\ddot{v}_W + k\,v_W &= -m\,|\varepsilon|\,[\sin(\varphi+\delta)]^{\cdot\cdot}\,,\\ \Theta_p\,\ddot{\varphi} &= k\,|\varepsilon|\,\Big[v_W\cos(\varphi+\delta) - w_W\sin(\varphi+\delta)\Big] + M_A\,. \end{aligned} \tag{13.7}$$

Eliminiert man hingegen die Koordinaten des Wellendurchstoßpunktes, folgen die Bewegungsgleichungen für den Scheibenschwerpunkt,

$$\begin{aligned} m\,\ddot{w}_S + k\,w_S &= k\,|\varepsilon|\cos(\varphi+\delta) + mg\,,\\ m\,\ddot{v}_S + k\,v_S &= k\,|\varepsilon|\sin(\varphi+\delta)\,,\\ \Theta_p\,\ddot{\varphi} &= k\,|\varepsilon|\,\Big[v_S\cos(\varphi+\delta) - w_S\sin(\varphi+\delta)\Big] + M_A\,. \end{aligned} \tag{13.8}$$

13.1.3 Der stationäre Drehzustand

Der stationäre Drehzustand ist durch eine konstante Winkelgeschwindigkeit $\dot{\varphi} = \Omega$ charakterisiert. Der Drehwinkel φ nimmt also linear mit der Zeit zu und die Winkelbeschleunigung $\ddot{\varphi}$ verschwindet. In der Drehgleichung verbleibt nur der nichtlineare Kopplungsterm, der wegen der kleinen Exzentrizität ε bei Resonanzferne klein ist und der vom Antriebsmoment M_A kompensiert werden muß. Bei kleiner Wellenauslenkung und kleiner Exzentrizität ist der stationäre Drehzustand (konstante Drehzahl) praktisch identisch mit dem antriebsfreien Betrieb $M_A\!=\!0$ (stationärer Betrieb).

Bei konstanter Drehzahl wird die Bewegung des Scheibenschwerpunktes S also durch die beiden Bewegungsgleichungen

$$\begin{aligned} m\,\ddot{w}_S + k\,w_S &= k\,|\varepsilon|\cos(\Omega t+\delta) + mg\,,\\ m\,\ddot{v}_S + k\,v_S &= k\,|\varepsilon|\sin(\Omega t+\delta) \end{aligned} \tag{13.9}$$

und die des Wellendurchstoßpunktes W durch

$$\begin{aligned} m\,\ddot{w}_W \; + k\,w_W \; &= m\,|\varepsilon|\,\Omega^2\cos(\Omega t{+}\delta) + mg\,, \\ m\,\ddot{v}_W \; + k\,v_W \; &= m\,|\varepsilon|\,\Omega^2\sin(\Omega t{+}\delta) \end{aligned} \tag{13.10}$$

beschrieben. Beide Bewegungen sind nicht unabhängig voneinander, zwischen ihnen bestehen die kinematischen Beziehungen (13.6). Hat man also die Lösung für die einen Koordinaten, kann man die der anderen ohne erneutes Lösen von Differentialgleichungen über die kinematischen Beziehungen berechnen.

Eine wichtige Kenngröße ist die Eigenkreisfrequenz

$$\omega_0 = \sqrt{\frac{k}{m}} \tag{13.11}$$

des ungedämpften Laval-Rotors. Mit dieser Definition kann die Drehzahl (Erregerfrequenz) Ω des Rotors auch durch das Frequenzverhältnis

$$\eta = \frac{\Omega}{\omega_0} \tag{13.12}$$

ausgedrückt werden.

Bei konstanter Drehzahl $\dot{\varphi}{=}\Omega$ verbleiben für Scheibenschwerpunkt und Wellendurchstoßpunkt jeweils nur zwei lineare, voneinander unabhängige Bewegungsgleichungen

$$\begin{aligned} \ddot{w}_S \; + \omega_0^2\,w_S \; &= \omega_0^2\,|\varepsilon|\cos(\Omega t{+}\delta) + g\,, \\ \ddot{v}_S \; + \omega_0^2\,v_S \; &= \omega_0^2\,|\varepsilon|\sin(\Omega t{+}\delta) \end{aligned} \tag{13.13}$$

bzw.

$$\begin{aligned} \ddot{w}_W \; + \omega_0^2\,w_W \; &= \Omega^2\,|\varepsilon|\cos(\Omega t{+}\delta) + g\,, \\ \ddot{v}_W \; + \omega_0^2\,v_W \; &= \Omega^2\,|\varepsilon|\sin(\Omega t{+}\delta) \end{aligned} \tag{13.14}$$

für die Translationsbewegungen.

Wegen der Linearität läßt sich die gesamte Lösung jeder Gleichung aus der allgemeinen Lösung der zugehörigen homogenen Differentialgleichung (freie Schwingungen) sowie partikulären Lösungen für die beiden Komponenten der rechten Seite der Bewegungsdifferentialgleichung (unwuchterzwungene Schwingungen und Gewichtsdurchhang) superponieren.

13.1.4 Komplexe Koordinaten

Bei isotropen und rotationssymmetrischen Systemen bietet sich die Verwendung von komplexen Koordinaten

$$r = w + i\,v \tag{13.15}$$

an. Jeweils zwei reelle Komponenten einer physikalischen Größe werden dabei durch eine komplexe Größe beschrieben. Die Berechnungen werden einfacher und die Resultate lassen sich anschaulicher deuten.

Aus dem Kräftesatz

$$m\,\ddot{r}_S = -F_k + G\,, \tag{13.16}$$

dem elastischen Gesetz

$$F_k = k\,r_W \tag{13.17}$$

und der kinematischen Gleichung

$$r_S = r_W + \varepsilon\,e^{i\varphi} \tag{13.18}$$

folgt die Bewegungsgleichung in komplexen Koordinaten für den Schwerpunkt,

$$m\,\ddot{r}_S + k\,r_S = k\,\varepsilon\,e^{i\varphi} + mg\,. \tag{13.19}$$

Für den Wellendurchstoßpunkt gilt entsprechend

$$m\,\ddot{r}_W + k\,r_W = -m\,\varepsilon\,[e^{i\varphi}]^{\cdot\cdot} + mg\,, \tag{13.20}$$

woraus bei konstanter Drehzahl

$$m\,\ddot{r}_W + k\,r_W = \Omega^2\,m\,\varepsilon\,e^{i\Omega t} + mg \tag{13.21}$$

folgt.

13.1.5 Bewegungsgleichungen im mitrotierenden Koordinatensystem

Manche Zusammenhänge, beispielsweise bei unrunder Welle und bei innerer Werkstoffdämpfung, lassen sich leichter in einem rotorfesten, mitrotierenden $\xi\eta\zeta$-Koordinatensystem beschreiben. Dieses mitrotierende Koordinatensystem ist fest mit der Welle verbunden und läuft somit mit der Drehzahl $\dot{\varphi}$ um.

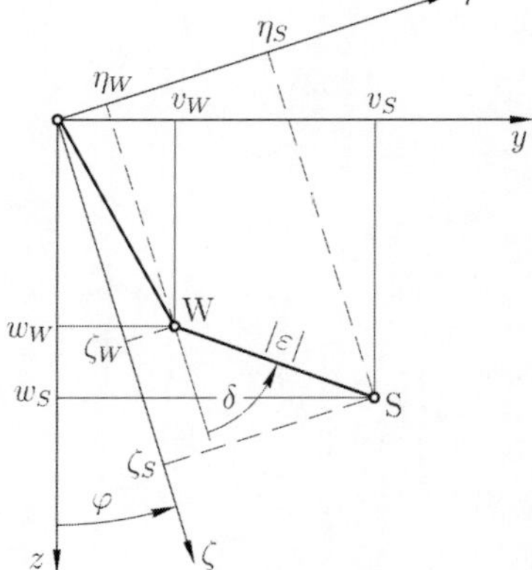

Bild 13.2: Feste und mitrotierende Koordinaten

Zwischen den Darstellungen ein und derselben komplexen Größe $\rho = \zeta + i\,\eta$ in den beiden Koordinatensystemen bestehen die Beziehungen

$$\begin{aligned} r &= \rho\,e^{i\varphi}\,, \\ F &= F^*\,e^{i\varphi}\,, \end{aligned} \tag{13.22}$$

wobei die Größen im mitrotierenden Koordinatensystem durch griechische Buchstaben oder Sterne gekennzeichnet werden.

Die Rücktransformation erfolgt somit mittels

$$\rho = r\,e^{-i\varphi} \qquad \text{bzw.} \qquad F^* = F\,e^{-i\varphi}\,. \tag{13.23}$$

Im Kräftesatz

$$m\,\ddot{r}_S\,e^{-i\varphi} = -F^* + G^* \tag{13.24}$$

müssen die absolute Beschleunigung

$$\ddot{r}_S = \left[\ddot{\rho}_S + 2\,i\,\dot{\varphi}\,\dot{\rho}_S + (i\,\ddot{\varphi} - \dot{\varphi}^2)\,\rho_S\right] e^{i\varphi}, \tag{13.25}$$

die elastische Rückstellkraft

$$F^* = k\,r_W\,e^{-i\varphi} = k\,\rho_W \tag{13.26}$$

und das Gewicht

$$G^* = mg\,e^{-i\varphi} \tag{13.27}$$

durch mitrotierende Koordinaten dargestellt und im mitrotierenden Koordinatensystem angegeben werden.

Die einzelnen Komponenten der Beschleunigung sind die Relativbeschleunigung $\ddot{\rho}_S$, die Coriolisbeschleunigung $2\,i\,\dot{\varphi}\,\dot{\rho}_S$ und die Führungsbeschleunigung $(i\,\ddot{\varphi} - \dot{\varphi}^2)\,\rho_S$.

In mitrotierenden Koordinaten wird die Bewegung des Schwerpunktes S schließlich durch die Bewegungsgleichungen

$$m\,\ddot{\rho}_S + 2\,i\,m\,\dot{\varphi}\,\dot{\rho}_S + (k + i\,m\,\ddot{\varphi} - m\,\dot{\varphi}^2)\,\rho_S = k\,\varepsilon + mg\,e^{-i\varphi} \tag{13.28}$$

und die des Wellendurchstoßpunktes durch

$$m\,\ddot{\rho}_W + 2\,i\,m\,\dot{\varphi}\,\dot{\rho}_W + (k + i\,m\,\ddot{\varphi} - m\,\dot{\varphi}^2)\,\rho_W = -m\,\varepsilon\,[e^{i\varphi}]^{\cdot\cdot}\,e^{-i\varphi} + mg\,e^{-i\varphi} \tag{13.29}$$

beschrieben.

Bei konstanter Drehzahl verkürzen sich die Gleichungen zu

$$m\,\ddot{\rho}_S + 2\,i\,m\,\Omega\,\dot{\rho}_S + (k - \Omega^2 m)\,\rho_S = k\,\varepsilon + mg\,e^{-i\Omega t} \tag{13.30}$$

bzw.

$$m\,\ddot{\rho}_W + 2\,i\,m\,\Omega\,\dot{\rho}_W + (k - \Omega^2 m)\,\rho_W = m\,\varepsilon\,\Omega^2 + mg\,e^{-i\Omega t}. \tag{13.31}$$

Die Trennung von Real- und Imaginärteil führt auf die reellen Transformationsgleichungen

$$\begin{aligned} \zeta &= w\cos\varphi + v\sin\varphi \\ \eta &= -w\sin\varphi + v\cos\varphi \end{aligned} \tag{13.32}$$

und die reellen Bewegungsgleichungen

$$\begin{aligned} m\,\ddot{\zeta}_S - 2\,m\,\Omega\,\dot{\eta}_S + (k - \Omega^2 m)\,\zeta_S &= k\,|\varepsilon|\cos\delta + mg\cos\varphi, \\ m\,\ddot{\eta}_S + 2\,m\,\Omega\,\dot{\zeta}_S + (k - \Omega^2 m)\,\eta_S &= k\,|\varepsilon|\sin\delta - mg\sin\varphi \end{aligned} \tag{13.33}$$

bzw.

$$\begin{aligned} m\,\ddot{\zeta}_W - 2\,m\,\Omega\,\dot{\eta}_W + (k - \Omega^2 m)\,\zeta_W &= m\,|\varepsilon|\,\Omega^2\cos\delta + mg\cos\varphi, \\ m\,\ddot{\eta}_W + 2\,m\,\Omega\,\dot{\zeta}_W + (k - \Omega^2 m)\,\eta_W &= m\,|\varepsilon|\,\Omega^2\sin\delta - mg\sin\varphi, \end{aligned} \tag{13.34}$$

wiederum angegeben für den Spezialfall konstanter Drehzahl Ω.

13.1.6 Freie Schwingungen

Die freien Biegeschwingungen des Laval-Rotors folgen aus den beiden reellen homogenen Bewegungsgleichungen

$$\begin{aligned} \ddot{w} + \omega_0^2\, w &= 0\,, \\ \ddot{v} + \omega_0^2\, v &= 0\,, \end{aligned} \tag{13.35}$$

die für Scheibenschwerpunkt S und Wellendurchstoßpunkt W identisch sind. Die Lösungen dieser homogenen Differentialgleichungen haben in reeller Komponentenschreibweise die Form

$$\begin{aligned} w_0 &= \widehat{w}_0 \cos(\omega_0 t + \gamma_z)\,, \\ v_0 &= \widehat{v}_0 \sin(\omega_0 t + \gamma_y)\,, \end{aligned} \tag{13.36}$$

wobei der Index 0 darauf hinweisen soll, daß diese freien Schwingungen auch bei völlig ausgewuchtetem Rotor ($\varepsilon = 0$) auftreten. Die Integrationskonstanten sind die reellen Amplituden $\widehat{w}_0$ und $\widehat{v}_0$ und die reellen Nullphasenwinkel γ_z und γ_y. Sie hängen von den Anfangsbedingungen ab.

Die Kurve, die der Wellendurchstoßpunkt oder der Scheibenschwerpunkt durchläuft, heißt Orbit. Da die harmonischen Lösungen in z- und y-Richtung mit einheitlicher Kreisfrequenz ω_0 ablaufen, durchlaufen Wellendurchstoßpunkt und Scheibenschwerpunkt geschlossene Ellipsenbahnen.

Ist der Rotor gedämpft, was in der Praxis der Regelfall ist, klingen die freien Schwingungen mit der Zeit ab und die Bahnen sind Spiralen.

In komplexer Schreibweise werden die freien Biegeschwingungen von der komplexen Bewegungsgleichung

$$\ddot{r} + \omega_0^2\, r = 0 \tag{13.37}$$

beschrieben. Der Ansatz

$$r_0 = \widehat{r}_0\, e^{\lambda t} \tag{13.38}$$

liefert die Eigenwertgleichung

$$\lambda^2 + \omega_0^2 = 0\,, \tag{13.39}$$

aus der die beiden Eigenwerte

$$\lambda_{1,2} = \pm\, i\, \omega_0 \tag{13.40}$$

folgen. Die allgemeine Lösung der homogenen Dgl. (13.37) lautet somit

$$r_0 = r_{0+}(t) + r_{0-}(t) = \widehat{r}_{0+}\, e^{i\omega_0 t} + \widehat{r}_{0-}\, e^{-i\omega_0 t}\,. \tag{13.41}$$

Die komplexen Amplituden $\widehat{r}_{0+}$ und $\widehat{r}_{0-}$ sind die von den Anfangsbedingungen abhängigen Integrationskonstanten. Die freie Bewegung (13.41) besteht aus zwei entgegengesetzt, aber mit gleicher Frequenz ω umlaufenden Anteilen. Der Anteil $r_{0+}(t)$ rotiert in positive Drehrichtung (gegen den Uhrzeigersinn), der Anteil $r_{0-}(t)$ in negative Drehrichtung (im Uhrzeigersinn). Da beide Zeiger gleich schnell umlaufen, ist ihre Überlagerung eine Ellipse. Die große Halbachse der Ellipse hat die Größe $|\widehat{r}_{0+}|+|\widehat{r}_{0-}|$ und die kleine $||\widehat{r}_{0+}|-|\widehat{r}_{0-}||$. Überwiegt der Betrag des positiv umlaufenden Zeigers $r_{0+}(t)$, so durchlaufen Wellendurchstoßpunkt und Scheibenschwerpunkt die Orbit-Ellipsen in positiver Richtung, überwiegt hingegen der Zeiger $r_{0-}(t)$, ist die freie Bewegung der Rotordrehung entgegengesetzt.

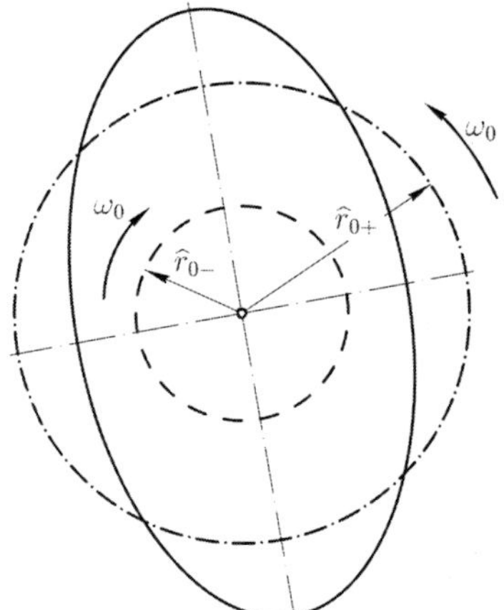

Bild 13.3: Ellipsenbahnen als Überlagerung zweier gegenläufiger Kreisbewegungen mit gleichen Umlauffrequenzen

In mitrotierenden Koordinaten folgen die freien Rotorschwingungen aus der komplexen homogenen Differentialgleichung

$$\ddot{\rho} + 2i\Omega\,\dot{\rho} + (\omega_0^2 - \Omega^2)\,\rho = 0. \tag{13.42}$$

Mit dem Exponentialansatz

$$\rho_0 = \widehat{\rho}_0\, e^{\lambda^* t} \tag{13.43}$$

folgt die Eigenwertgleichung

$$\lambda^{*2} + 2i\Omega\,\lambda^* + (\omega_0^2 - \Omega^2) = 0. \tag{13.44}$$

Die beiden Eigenwerte

$$\lambda_+^* = i(+\omega_0 - \Omega) \qquad \text{und} \qquad \lambda_-^* = i(-\omega_0 - \Omega), \tag{13.45}$$

im mitrotierenden Koordinatensystem unterscheiden sich um $-i\Omega$ von den Eigenwerten λ im festen Koordinatensystem. Dieser Zusammenhang ist von grundsätzlicher Natur: Zwischen den Eigenwerten λ^* im rotorfesten, mit Ω mitrotierenden Koordinatensystem und denen im feststehenden Koordinatensystem, λ, besteht der Zusammenhang

$$\lambda^* = \lambda - i\Omega. \tag{13.46}$$

13.1.7 Unwuchterzwungene Schwingungen

• **Rotorauslenkungen:**

Ist der Rotor unwuchtig ($\varepsilon \neq 0$), treten unwuchterzwungene Biegeschwingungen auf, die bei konstanter Drehzahl Ω der Bewegungsgleichung

$$\ddot{r}_S + \omega_0^2\, r_S = \omega_0^2\, \varepsilon\, e^{i\Omega t} \tag{13.47}$$

genügen. Ein partikuläres Integral findet man mit dem Gleichtaktansatz

$$r_{S\varepsilon} = \widehat{r}_{S\varepsilon}\, e^{i\Omega t}, \tag{13.48}$$

der die Form der rechten Seite der Dgl. (13.49) hat. Einsetzen und Ausrechnen führt auf die unwuchterzwungene Bewegung

$$r_{S\varepsilon} = \varepsilon\, \frac{1}{1-\eta^2}\, e^{i\Omega t} \tag{13.49}$$

des Schwerpunktes. Dabei ist gemäß Gl. (13.12) mit $\eta = \Omega/\omega_0$ das Verhältnis von Erregerfrequenz Ω (Drehzahl) zu Eigenfrequenz ω_0 abgekürzt.

In analoger Weise folgt aus der Bewegungsgleichung

$$\ddot{r}_W + \omega_0^2\, r_W = \Omega^2\, \varepsilon\, e^{i\Omega t} \tag{13.50}$$

die unwuchterzwungene Bewegung

$$r_{W\varepsilon} = \varepsilon\, \frac{\eta^2}{1-\eta^2}\, e^{i\Omega t} \tag{13.51}$$

des Wellendurchstoßpunktes.

Infolge der Unwucht bewegen sich Wellendurchstoßpunkt und Scheibenschwerpunkt mit der konstanten Winkelgeschwindigkeit Ω auf konzentrischen Kreisen mit den Radien

$$|r_{S\varepsilon}| = |\varepsilon|\, \frac{1}{|1-\eta^2|} \tag{13.52}$$

und

$$|r_{W\varepsilon}| = |\varepsilon|\, \frac{\eta^2}{|1-\eta^2|}. \tag{13.53}$$

Die Welle wird quasi-statisch ausgebogen und läuft in diesem Zustand um: Sie führt keine Schwingungen aus und erfährt keine Biegewechselbeanspruchung. Man spricht von Kreisschwingungen (whirl).

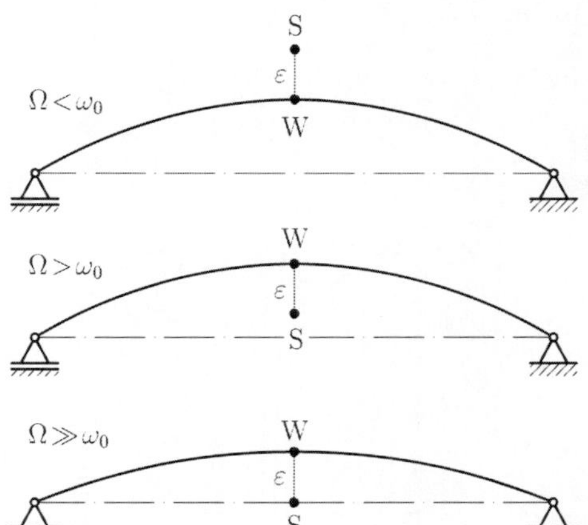

Bild 13.4: Lage von W und S bei unterkritischem Betrieb, überkritischem Betrieb und bei Selbstzentrierung ($\Omega \gg \omega_0$)

Außerhalb der biegekritischen Drehzahl ($\Omega \neq \omega_0$) liegen bei fehlender Dämpfung die drei Punkte 0, W und S auf einer Geraden, wobei im unterkritischen Betrieb der Scheibenschwerpunkt und im überkritischen Betrieb der Wellendurchstoßpunkt außen umlaufen, Bild 13.4. Im unterkritischen Drehzahlbereich ($\Omega < \omega_0$) ist der Orbitradius des Wellendurchstoßpunktes kleiner als der des Scheibenschwerpunktes. Im überkritischen Drehzahlbereich ($\Omega > \omega_0$) ist es genau umgekehrt. Da 0, W und S bei einem dämpfungsfreien Rotor auf einer Geraden liegen, übt die elastische Rückstellkraft F_k kein Moment um den Schwerpunkt aus. Somit sind auch für nicht verschwindende Exzentrizität stationärer Betrieb und stationärer Drehzustand identisch: Zur Aufrechterhaltung der stationären Bewegung (Kreisschwingung) ist im dämpfungsfreien Fall kein Antriebsmoment erforderlich. Dies gilt allerdings nicht, wenn Eigenschwingungen vorhanden sind.

Mit Annäherung an die biegekritische Drehzahl wachsen die unwuchterzwungenen Rotorausschläge des ungedämpften Rotors unbegrenzt an. Aus diesem Grunde nennt man

$$\boxed{\Omega = \omega_0}$$

die biegekritische Drehzahl.

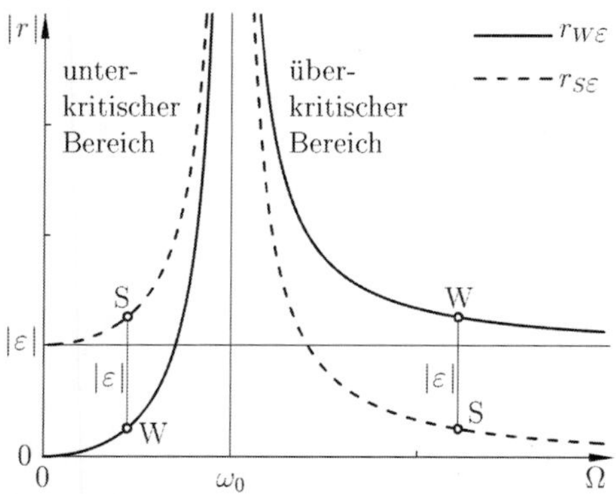

Bild 13.5: Wellen- und Scheibenauslenkung in Abhängigkeit von der Drehzahl Ω

Im überkritischen Bereich ($\Omega > \omega_0$) nimmt die Schwerpunktsauslenkung mit der Drehzahl ab und verschwindet für $\Omega \to \infty$ ganz. Die Kreisbahn des Wellendurchstoßpunktes hat dann nur noch den Radius $|\varepsilon|$. Dieser Effekt heißt Selbstzentrierung. Der Rotor läuft im überkritischen Bereich mit zunehmender Drehzahl ruhiger. Allerdings verschwinden wegen $\hat{r}_{W\varepsilon} \to \varepsilon$ die Lagerkräfte nicht völlig.

- **Lagerkräfte:**

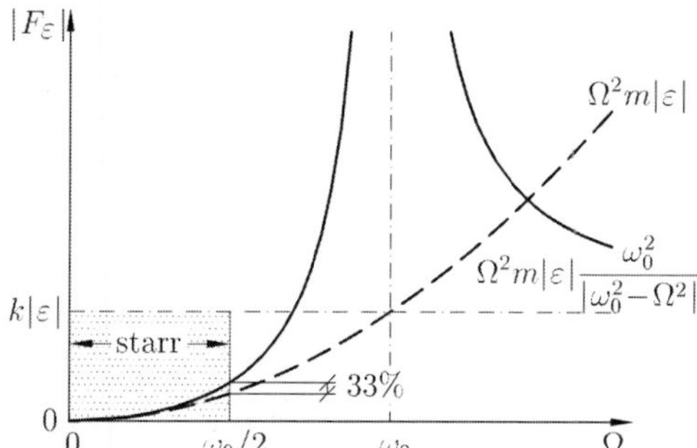

Bild 13.6: Lagerkräfte bei starrer und bei elastischer Welle

Beim elastischen Rotor ist die Summe der Lagerkräfte der Auslenkung des Wellendurchstoßpunktes proportional,

$$|F_\varepsilon| = k\,|r_{W\varepsilon}|. \tag{13.54}$$

Wird der Rotor starr, strebt die Steifigkeit gegen unendlich ($k \to \infty$) und die unwuchterzwungenen Rotorauslenkungen gehen gegen null ($r_{W\varepsilon} \to 0$).

Bild 13.6 zeigt die signifikanten Unterschiede der Lagerkräfte bei starrem Rotor ($\omega_0 \to \infty$) und bei elastischem Laval-Rotor ($\omega_0 < \infty$). Während bei einer starren Welle die Lagerkräfte mit der Drehzahl unbeschränkt zunehmen, nehmen sie beim elastischen Rotor im überkritischen Bereich mit wachsender Drehzahl wieder ab. Aufgrund der Erkenntnisse über diese Selbstzentrierung und der Reduktion der Lager- und Rotorbelastungen im überkritischen Bereich mit zunehmender Drehzahl wagte es LAVAL, die von ihm erfundene Gleichdruckturbine mit Scheibenläufer überkritisch zu betreiben.

13.1.8 Gewichtseinfluß

Das Scheibengewicht führt bei horizontaler Welle dazu, daß sich die Welle durchbiegt. Das partikuläre Integral infolge der Gewichtskraft,

$$r_{WG} = \frac{mg}{k} = \frac{g}{\omega_0^2}, \tag{13.55}$$

ist im festen Koordinatensystem von der Zeit unabhängig. Das bedeutet eine konstante Verlagerung nach unten um den Betrag der statischen Wellendurchbiegung durch das Scheibengewicht. Dieser statische Durchhang ist den freien Schwingungen und der unwuchterzwungenen Bewegung zu überlagern. Die Gesamtbewegung läuft dann so ab, als würde der Nullpunkt um den statischen Durchhang r_{WG} abgesenkt sein.

In mitrotierenden Koordinaten ist das Gewicht gemäß Gl. (4.26) ein entgegen der Rotordrehung umlaufender Zeiger. Demzufolge ist die Gewichtsauslenkung im mitrotierenden Koordinatensystem ebenfalls eine entgegen der Rotordrehung umlaufende Größe,

$$\rho_{WG} = \frac{mg}{k} e^{-i\Omega t} = \frac{g}{\omega_0^2} e^{-i\Omega t}. \tag{13.56}$$

Während die Unwucht den Wellenwerkstoff nur statisch beansprucht, führt das Eigengewicht zu einer Biegewechselbeanspruchung. Bei niedriger Drehzahl kann diese Biegewechselbeanspruchung die Hauptbelastung des Rotors sein.

Die Gl. (13.55) ermöglicht es übrigens, alleine aus der Messung des statischen Gewichtsdurchhanges r_{WG} die biegekritische Drehzahl ω_0 zu berechnen. Setzt man in (13.55) Zahlen ein, so folgt für die Frequenz $f_0 = \omega_0 / 2\pi$ der biegekritischen Drehzahl

$$f_0 = 15.8 \sqrt{\frac{\mathrm{mm}}{r_{WG}}}\,\mathrm{Hz}. \tag{13.57}$$

13.2 Mehrscheibenrotoren

13.2.1 Bewegungsgleichungen

Reale Rotoren haben mehr als einen Freiheitsgrad und weisen daher mehr als eine biegekritische Drehzahl auf. Sie werden in der Regel durch diskrete Rotorsysteme mit N Freiheitsgraden beschrieben. Auch die Modellierung realer Rotoren mittels finiter Elemente führt auf solche diskreten Systeme.

Viele Rotoren lassen es zu, sie durch masselose biegeelastische Wellen zu idealisieren, die mit mehreren starren Scheiben besetzt sind. Dazu werden lange dünne Rotorabschnitte durch masselose biegeelastische Wellenstücke und dicke steife Abschnitte durch starre Scheiben ersetzt. Die Massen der dünnen Abschnitte werden anteilmäßig den benachbarten Scheiben zugeschlagen.

In diesem Kapitel werden die freien und unwuchterzwungenen Biegeschwingungen von elastischen Rotoren mit N Scheiben analysiert. Bild (13.7) zeigt einen solchen Rotor.

Vereinfachend wird angenommen, daß die Welle rund, masselos und linear elastisch ist und daß die N Scheiben starr sind. Jede Scheibe n besitzt ihre Schwerpunktsexzentrizität ε_n. Die Richtungen δ_n der Exzentrizitäten ε_n der einzelnen Scheiben unterscheiden sich in der Regel. Die Welle sei torsionsstarr und starr oder isotrop elastisch gelagert. Die Kreiselwirkungen der Scheiben und der Einfluß des Eigengewichtes werden ebenso vernachlässigt wie Dämpfungen.

Die folgenden Ausführungen beschränken wir auf konstante Drehzahlen Ω. Wir werden erkennen, daß sich die Dynamik von Mehrscheibenrotoren aus der Dynamik von N fiktiven modalen Laval-Rotoren zusammensetzen läßt. Mit diesem Wissen ist es einfach, die instationären Betrachtungen des Laval-Rotors auf Mehrscheibenrotoren zu übertragen, ohne daß wir hier weiter auf diese Fragestellung eingehen.

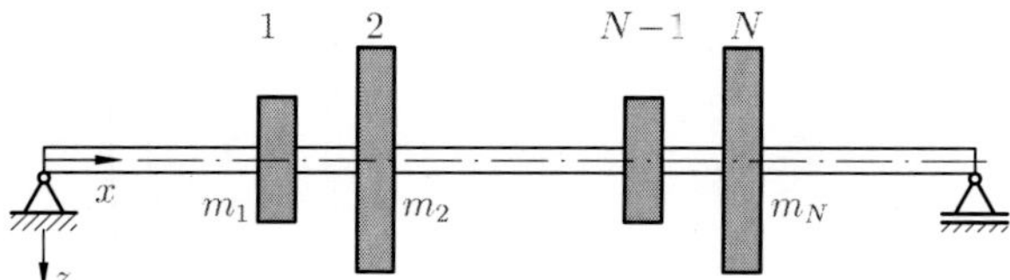

Bild 13.7: Mehrscheibenrotor

- **Kinematik:**

Die aktuelle Lage der Scheibe n wird analog zum Laval-Rotor durch die Position r_{Wn} des Wellendurchstoßpunktes W_n und die Position r_{Sn} des Scheibenschwerpunktes S_n beschrieben. Die komplexe Exzentrizität $\varepsilon_n = |\varepsilon_n| e^{i\delta_n}$ der Scheibe n besteht aus Betrag $|\varepsilon_n|$ und Winkel δ_n.

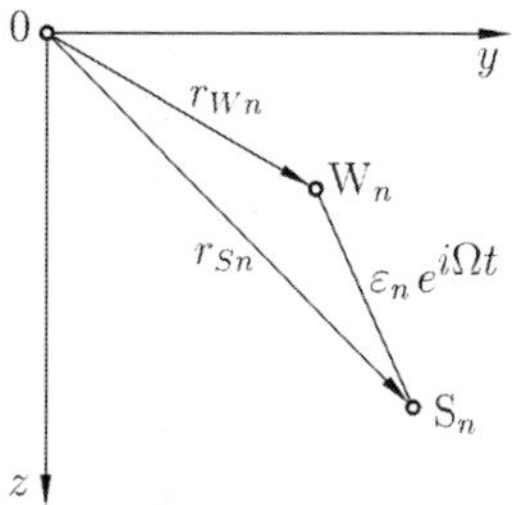

Bild 13.8: Kinematik der Scheibe n bei ausgebogener Welle

An jeder Scheibe n gilt analog zu Gl. (13.18) die kinematische Beziehung

$$r_{Sn} = r_{Wn} + \varepsilon_n e^{i\Omega t}. \tag{13.58a}$$

Die matrizielle Zusammenfassung

$$\begin{bmatrix} r_{S1} \\ r_{S2} \\ \vdots \\ r_{SN} \end{bmatrix} = \begin{bmatrix} r_{W1} \\ r_{W2} \\ \vdots \\ r_{WN} \end{bmatrix} + \begin{bmatrix} \varepsilon_1 \\ \varepsilon_2 \\ \vdots \\ \varepsilon_N \end{bmatrix} e^{i\Omega t} \tag{13.58b}$$

hat in Kurzschreibweise die Form

$$\boldsymbol{r}_S = \boldsymbol{r}_W + \boldsymbol{\varepsilon}\, e^{i\Omega t}. \tag{13.58c}$$

- **Kräftesatz:**

Jede Scheibe n übt auf die Welle eine Kraft F_n aus. Auf die Scheibe wirkt also die Reaktionskraft $-F_n$ und der Kräftesatz für alle Scheiben liefert die N kinetischen Gleichungen

$$m_n\, \ddot{r}_{Sn} = -F_n\,. \tag{13.59a}$$

Auch diese werden matriziell zusammengefaßt,

$$\begin{bmatrix} m_1 & 0 & \cdots & 0 \\ 0 & m_2 & \cdots & 0 \\ \vdots & \vdots & & \vdots \\ 0 & 0 & \cdots & m_N \end{bmatrix} \begin{bmatrix} \ddot{r}_{S1} \\ \ddot{r}_{S2} \\ \vdots \\ \ddot{r}_{SN} \end{bmatrix} = - \begin{bmatrix} F_1 \\ F_2 \\ \vdots \\ F_N \end{bmatrix}, \tag{13.59b}$$

und haben mit der diagonalen Massenmatrix $\boldsymbol{M}$ die Kurzform

$$\boldsymbol{M} \cdot \ddot{\boldsymbol{r}}_S = -\boldsymbol{F}. \tag{13.59c}$$

- **Elastomechanik:**

Die N Kräfte F_n führen zu einer Wellenausbiegung $\mathbf{r}_W$. Nach dem Elastizitätsgesetz gilt für die Wellenausbiegungen an den N Scheibensitzen

$$r_{Wn} = \sum_{k=1}^{N} a_{nk}\, F_k\,, \tag{13.60a}$$

wobei die a_{nk} die MAXWELLschen Einflußzahlen (Durchbiegung an der Stelle n infolge einer Einheitskraft an der Stelle k) sind. In Matrizenform lautet das Elastizitätsgesetz

$$\begin{bmatrix} r_{W1} \\ r_{W2} \\ \vdots \\ r_{WN} \end{bmatrix} = \begin{bmatrix} a_{11} & a_{12} & \cdots & a_{1N} \\ a_{21} & a_{22} & \cdots & a_{2N} \\ \vdots & \vdots & & \vdots \\ a_{N1} & a_{N2} & \cdots & a_{NN} \end{bmatrix} \begin{bmatrix} F_1 \\ F_2 \\ \vdots \\ F_N \end{bmatrix}, \tag{13.60b}$$

oder mit der Nachgiebigkeitsmatrix $\boldsymbol{A}$ in Kurzform

$$\boldsymbol{r}_W = \boldsymbol{A} \cdot \boldsymbol{F}. \tag{13.60c}$$

Nach dem Vertauschungssatz von MAXWELL und BETTY gilt $a_{nk} = a_{kn}$, d. h. die Nachgiebigkeitsmatrix $\boldsymbol{A}$ ist symmetrisch. Die Umkehrung von Gl. (13.60c) liefert eine äquivalente Darstellung mit Steifigkeiten,

$$\boldsymbol{F} = \boldsymbol{K} \cdot \boldsymbol{r}_W. \tag{13.61}$$

Dabei muß die Regularität der Nachgiebigkeitsmatrix $\boldsymbol{A}$ vorausgesetzt werden, was aber in der Regel der Fall ist. Die Matrix $\boldsymbol{K}$ heißt Steifigkeitsmatrix und ist die Kehrmatrix von $\boldsymbol{A}$,

$$\boldsymbol{K} = \boldsymbol{A}^{-1}. \tag{13.62}$$

Auch hierfür gilt der Vertauschungssatz $k_{nk} = k_{kn}$, die Steifigkeitsmatrix $\boldsymbol{K}$ ist ebenfalls symmetrisch.

- **Bewegungsgleichungen:**

Setzt man die kinematischen Gleichungen (13.58a) und die elastischen Gleichungen (13.60a) in die kinetischen Gleichungen (13.59a) ein, folgen die Bewegungsdifferentialgleichungen des Mehrscheibenrotors in Matrizenform,

$$\boldsymbol{M}\,\ddot{\boldsymbol{r}}_W + \boldsymbol{K}\,\boldsymbol{r}_W = \Omega^2\,\boldsymbol{M}\,\boldsymbol{\varepsilon}\,e^{i\Omega t}. \tag{13.63}$$

Die formale Ähnlichkeit mit Gl. (13.21) für die einfach besetzte Welle (LAVAL-Rotor) ist offensichtlich.

Werden statt Wellendurchstoßpunktskoordinaten Schwerpunktskoordinaten benutzt, lautet die Bewegungsdifferentialgleichung

$$\boldsymbol{M}\,\ddot{\boldsymbol{r}}_S + \boldsymbol{K}\,\boldsymbol{r}_S = \boldsymbol{K}\,\boldsymbol{\varepsilon}\,e^{i\Omega t}. \tag{13.64}$$

13.2.2 Freie Biegeschwingungen

- **Bewegungsgleichung:**

Die freien Biegeschwingungen gehorchen der homogenen Bewegungsgleichung

$$\boldsymbol{M}\,\ddot{\boldsymbol{r}}_W + \boldsymbol{K}\,\boldsymbol{r}_W = \boldsymbol{0}. \tag{13.65}$$

- **Lösung der Bewegungsgleichung:**

Der Exponentialansatz

$$\boldsymbol{r}_0 = \hat{\boldsymbol{r}}_0\,e^{\lambda t} \tag{13.66}$$

in das verkürzte Differentialgleichungssystem (13.65) eingesetzt, ergibt das homogene lineare Gleichungssystem

$$(\lambda^2\,\boldsymbol{M} + \boldsymbol{K})\,\hat{\boldsymbol{r}}_0 = \boldsymbol{0}. \tag{13.67}$$

Das ist ein allgemeines Matrizeneigenwertproblem, das nur dann von Null verschiedene Lösungen für $\widehat{\boldsymbol{r}}_0$ hat, wenn die charakteristische Determinante verschwindet,

$$\det(\lambda^2 \boldsymbol{M} + \boldsymbol{K}) = \begin{vmatrix} k_{11}+\lambda^2 m_1 & k_{12} & \cdots & k_{1N} \\ k_{21} & k_{22}+\lambda^2 m_2 & \cdots & k_{2N} \\ \vdots & \vdots & & \vdots \\ k_{N1} & k_{N2} & \cdots & k_{NN}+\lambda^2 m_N \end{vmatrix} = 0 \,. \qquad (13.68)$$

Die Ausrechnung führt auf eine algebraische Gleichung N-ten Grades in λ^2. Sie besitzt $2N$ rein imaginäre Wurzeln

$$\lambda_n^{(\pm)} = \pm\, i\, \omega_n \,, \qquad n = 1, 2, ..., N \,,$$

die paarweise konjugiert komplex sind. Die N Parameter ω_n sind die Biegeeigenkreisfrequenzen.

Die zugehörigen Eigenvektoren $\widehat{\boldsymbol{r}}_{0n}$ $(n=1, 2, ..., N)$ errechnen sich aus der Beziehung

$$\Big[-\omega_n^2\, \boldsymbol{M} + \boldsymbol{K} \Big]\, \widehat{\boldsymbol{r}}_{0n} = \boldsymbol{0} \,. \qquad (13.69)$$

Sie sind nur bis auf einen konstanten Faktor angebbar und im dämpfungsfreien Fall reell. Die Eigenvektoren sind linear unabhängig und bilden eine Basis, mit der jede Rotorausbiegungsform dargestellt werden kann.

Die freien Schwingungen des Rotors – also die allgemeine Lösung des homogenen Differentialgleichungssystems (13.65) – ergeben sich als Überlagerung von N modalen Eigenbewegungen zu

$$\boldsymbol{r}_0 = \sum_{n=1}^{N} \widehat{\boldsymbol{r}}_{0n} \left(A_n\, e^{i\omega_n t} + B_n\, e^{-i\omega_n t} \right) . \qquad (13.70)$$

Die $2\,N$ Konstanten A_n und B_n sind komplexe Integrationskonstanten, die von den Anfangsbedingungen abhängen. Jede modale Teillösung verhält sich so wie die entsprechende Lösung der homogenen Gleichung des Laval-Rotors.

Die Bewegung jedes Wellendurchstoßpunktes W_n ist eine Überlagerung von N Ellipsenbewegungen. Das gleiche gilt für die Scheibenschwerpunkte, da sich die homogenen Differentialgleichungssysteme für $\boldsymbol{r}_W$ und $\boldsymbol{r}_S$ nicht unterscheiden.

- **Orthogonalitätsrelationen:**

Aus Gl. (13.69) folgt für zwei Eigenschwingungen

$$\begin{aligned} \omega_n^2\, \boldsymbol{M}\, \widehat{\boldsymbol{r}}_{0n} &= \boldsymbol{K}\, \widehat{\boldsymbol{r}}_{0n} \,, \\ \omega_k^2\, \boldsymbol{M}\, \widehat{\boldsymbol{r}}_{0k} &= \boldsymbol{K}\, \widehat{\boldsymbol{r}}_{0k} \,. \end{aligned} \qquad (13.71)$$

Wird die erste Gleichung von links mit $\widehat{\boldsymbol{r}}_{0k}^T$ und die zweite mit $\widehat{\boldsymbol{r}}_{0n}^T$ multipliziert, so erhält man wegen der Symmetrie von $\boldsymbol{M}$ und $\boldsymbol{K}$ nach Subtraktion

$$\left(\omega_n^2 - \omega_k^2 \right) \widehat{\boldsymbol{r}}_{0k}^T\, \boldsymbol{M}\, \widehat{\boldsymbol{r}}_{0n} = 0 \,.$$

Für $\omega_n \neq \omega_k$ muß somit das Matrizenprodukt $\widehat{\boldsymbol{r}}_{0k}^T \boldsymbol{M}\, \widehat{\boldsymbol{r}}_{0n}$ verschwinden. Für $n=k$ ist $\widehat{\boldsymbol{r}}_{0n}^T \boldsymbol{M}\, \widehat{\boldsymbol{r}}_{0n}$ eine positiv definite quadratische Form und heißt modale Masse $\widetilde{m}_n$. Die modale Masse ist keine eindeutige und absolut festliegende Größe, denn sie hängt von der Skalierung der Eigenvektoren $\widehat{\boldsymbol{r}}_{0n}$ ab. In Analogie ist das positiv definite Produkt $\widehat{\boldsymbol{r}}_{0n}^T \boldsymbol{K}\, \widehat{\boldsymbol{r}}_{0n}$ die modale Steifigkeit $\widetilde{k}_n$. Das Verhältnis aus den beiden modalen Größen ist das Quadrat der zugehörigen Eigenkreisfrequenzen

$$\frac{\widetilde{k}_n}{\widetilde{m}_n} = \omega_n^2 . \tag{13.72}$$

Die Eigenvektoren zu zwei verschiedenen Eigenwerten sind bezüglich der Massen- und der Steifigkeitsmatrix orthogonal. Es gilt also

$$\widehat{\boldsymbol{r}}_{0k}^T \boldsymbol{M}\, \widehat{\boldsymbol{r}}_{0n} = \begin{cases} 0 & \text{für} \quad \omega_n \neq \omega_k \\ \widetilde{m}_n & \phantom{\text{für}} \quad n=k \end{cases} \tag{13.73a}$$

und auch

$$\widehat{\boldsymbol{r}}_{0k}^T \boldsymbol{K}\, \widehat{\boldsymbol{r}}_{0n} = \begin{cases} 0 & \text{für} \quad \omega_n \neq \omega_k \\ \widetilde{k}_n & \phantom{\text{für}} \quad n=k \end{cases} . \tag{13.73b}$$

13.2.3 Unwuchterzwungene Biegeschwingungen

Die unwuchterzwungenen Biegeschwingungen des Mehrscheibenrotors gehorchen der Bewegungsgleichung

$$\boldsymbol{M}\, \ddot{\boldsymbol{r}}_W + \boldsymbol{K}\, \boldsymbol{r}_W = \Omega^2\, \boldsymbol{M}\, \boldsymbol{\varepsilon}\, e^{i\Omega t}. \tag{13.74}$$

Der Ansatz

$$\boldsymbol{r}_{W\varepsilon} = \widehat{\boldsymbol{r}}_{W\varepsilon}\, e^{i\Omega t} \tag{13.75}$$

in Gl. (13.74) eingesetzt, ergibt das inhomogene lineare Gleichungssystem

$$\left(\boldsymbol{K} - \Omega^2 \boldsymbol{M}\right) \widehat{\boldsymbol{r}}_{W\varepsilon} = \underline{\boldsymbol{K}}\, \widehat{\boldsymbol{r}}_{W\varepsilon} = \Omega^2\, \boldsymbol{M}\, \boldsymbol{\varepsilon} \tag{13.76}$$

für die komplexen Amplituden $\widehat{\boldsymbol{r}}_{W\varepsilon}$, das dann und nur dann eine eindeutige Lösung hat, wenn die Matrix $\underline{\boldsymbol{K}}$ regulär ist. Dies ist der Fall, wenn die Drehzahl nicht mit einer der Biegekritischen ω_n zusammenfällt. Die Auflösung von Gl. (13.76) mit der CRAMERschen Regel führt zu dem Resultat

$$\widehat{\boldsymbol{r}}_{W\varepsilon} = \frac{1}{\det\{\underline{\boldsymbol{K}}\}} \begin{bmatrix} \det\{\underline{\boldsymbol{K}}_1\} \\ \det\{\underline{\boldsymbol{K}}_2\} \\ \vdots \\ \det\{\underline{\boldsymbol{K}}_N\} \end{bmatrix} , \tag{13.77}$$

wobei die komplexen Determinanten $\det\{\underline{\boldsymbol{K}}_n\}$ aus $\det\{\underline{\boldsymbol{K}}\}$ hervorgehen, indem in $\det\{\underline{\boldsymbol{K}}\}$ die Spalte n durch die rechte Seite des Gleichungssystems (13.76) ersetzt wird.

Die Nennerdeterminante $\det\{\underline{\boldsymbol{K}}\}$ stimmt für $\lambda = i\Omega$ mit der charakteristischen Determinante von Gl. (13.68) überein. Nähert sich die Drehzahl Ω einer Eigenfrequenz ω_n, geht der Wert dieser Determinante gegen Null und die erzwungenen Rotorausbiegungen wachsen über alle Grenzen (Resonanz). Die entsprechenden Drehzahlen bezeichnet man daher als die *biegekritischen Drehzahlen* der Welle. Eine mit N Scheiben besetzte Welle hat N biegekritische Drehzahlen,

$$\boxed{\Omega_n = \omega_n \,.} \tag{13.78}$$

Der Ansatz für die Lösung des inhomogenen Differentialgleichungssystems bedeutet, daß die Welle durch die Unwuchten der Scheiben statisch ausgebogen wird und in diesem räumlich ausgebogenen Zustand umläuft ($\widehat{\boldsymbol{r}}_{W\varepsilon}$ komplex). Die Wellendurchstoßpunkte und die Scheibenschwerpunkte der einzelnen Scheiben durchlaufen dabei Kreisbahnen mit der Winkelgeschwindigkeit Ω.

• Modale Darstellung:

Die unwuchterregten Biegeschwingungen lassen sich auch in modaler Form darstellen. Dazu entwickeln wir den Vektor der komplexen Amplituden $\widehat{\boldsymbol{r}}_{W\varepsilon}$ des Lösungsansatzes von Gl. (13.75) nach Eigenvektoren, d. h. nach den linear unabhängigen Lösungsvektoren der freien Schwingungen,

$$\widehat{\boldsymbol{r}}_{W\varepsilon} = \sum_{n=1}^{N} b_n \, \widehat{\boldsymbol{r}}_{0n} \,. \tag{13.79}$$

Dieses in Gl. (13.76) eingesetzt, ergibt

$$\sum_{n=1}^{N} \left(\boldsymbol{K} - \Omega^2 \boldsymbol{M}\right) b_n \, \widehat{\boldsymbol{r}}_{0n} = \Omega^2 \boldsymbol{M} \boldsymbol{\varepsilon} \,. \tag{13.80}$$

Für die Eigenvektoren $\widehat{\boldsymbol{r}}_{0n}$ gilt nach Gl. (13.71)

$$\boldsymbol{K} \, \widehat{\boldsymbol{r}}_{0n} = \omega_n^2 \boldsymbol{M} \, \widehat{\boldsymbol{r}}_{0n} \,.$$

Damit folgt aus Gl. (13.80)

$$\sum_{n=1}^{N} b_n \left(\omega_n^2 - \Omega^2\right) \boldsymbol{M} \, \widehat{\boldsymbol{r}}_{0n} = \Omega^2 \boldsymbol{M} \boldsymbol{\varepsilon} \,. \tag{13.81}$$

Multipliziert man diese Gleichung mit $\widehat{\boldsymbol{r}}_{0k}^T$, so folgt wegen der Orthogonalitätsrelation von Gl. (13.73a) die Beziehung

$$b_k \left(\omega_k^2 - \Omega^2\right) \widehat{\boldsymbol{r}}_{0k}^T \boldsymbol{M} \, \widehat{\boldsymbol{r}}_{0k} = \Omega^2 \, \widehat{\boldsymbol{r}}_{0k}^T \boldsymbol{M} \boldsymbol{\varepsilon} \,, \tag{13.82}$$

aus der sich die Entwicklungskoeffizienten b_n berechnen lassen zu

$$b_n = \frac{\Omega^2}{\omega_n^2 - \Omega^2} \, \frac{\widehat{\boldsymbol{r}}_{0n}^T \boldsymbol{M} \boldsymbol{\varepsilon}}{\widehat{\boldsymbol{r}}_{0n}^T \boldsymbol{M} \, \widehat{\boldsymbol{r}}_{0n}} \,. \tag{13.83}$$

Somit kann die Lösung des inhomogenen Gleichungssystems (13.74) in der modalen Form

$$\boldsymbol{r}_{W\varepsilon} = \widehat{\boldsymbol{r}}_{W\varepsilon} \, e^{i\Omega t} = \sum_{n=1}^{N} \frac{\Omega^2}{\omega_n^2 - \Omega^2} \, a_n \, \widehat{\boldsymbol{r}}_{0n} \, e^{i\Omega t} \tag{13.84}$$

dargestellt werden. Die Größen

$$a_n = \frac{\widehat{\boldsymbol{r}}_{0n}^T \boldsymbol{M}\,\boldsymbol{\varepsilon}}{\widehat{\boldsymbol{r}}_{0n}^T \boldsymbol{M}\,\widehat{\boldsymbol{r}}_{0n}} \tag{13.85}$$

sind die komplexen Entwicklungskoeffizienten der Exzentrizität.

Unter den eingangs getroffenen Voraussetzungen besteht Analogie zwischen dem Verhalten einer rotierenden Welle und den transversalen Schwingungen eines Balkens. Die biegekritischen Drehzahlen einer rotierenden Welle stimmen also mit den Eigenfrequenzen des transversal schwingenden Balkens überein.

Die Unwucht verbiegt den Rotor quasi-statisch. Wenn infolge der stets vorhandenen Dämpfung mögliche freie Biegeschwingungen abgeklungen sind, dann läuft der Rotor in dieser ausgebogenen Form um. Nähert sich die Drehfrequenz Ω einer der N Eigenfrequenzen ω_n, so wird für $a_n \neq 0$ die Rotorausbiegung unendlich groß; es tritt Resonanz auf. Ist aber $a_n = 0$, so spricht man von Scheinresonanz, denn die Rotorausbiegungen bleiben dann auch bei $\Omega = \omega_n$ beschränkt. Dies ist der Fall, wenn die Unwuchtverteilung $\boldsymbol{\varepsilon}$ gerade orthogonal zur n-ten Eigenform $\widehat{\boldsymbol{r}}_{0n}$ ist, wenn also $\widehat{\boldsymbol{r}}_{0n}^T \boldsymbol{M}\boldsymbol{\varepsilon} = 0$ ist.

13.3 Kontinuierliche Rotoren

13.3.1 Bewegungsgleichung

Alle technisch eingesetzten Rotoren haben verteilte Eigenschaften und sind daher kontinuierlich mit Masse und Steifigkeit behaftet. Das Schwingungsverhalten solcher Systeme wird durch partielle Differentialgleichungen beschrieben. Durch teilweise oder vollständige modale Entkopplung lassen sich die partiellen Differentialgleichungen exakt oder näherungsweise auf gewöhnliche Differentialgleichungen zurückführen, deren Lösungen wie in den vorhergehenden Kapiteln berechnet werden können.

Wir betrachten einen kontinuierlichen Rotor gemäß Bild 13.9 mit überall kreisförmigem Querschnitt. Er ist isotrop gelagert und dreht sich mit konstanter Winkelgeschwindigkeit Ω. Die Ausbiegung des Wellenmittelpunktes $\mathrm{W}(x)$ wird durch die orts- und zeitabhängigen Koordinaten $w_W(x,t)$ und $v_W(x,t)$ beschrieben, die zur komplexen Auslenkung

$$r_W(x,t) = w_W(x,t) + i\, v_W(x,t) \tag{13.86}$$

zusammengefaßt werden.

Unter Zugrundelegung der elementaren Biegetheorie nach BERNOULLI gilt

für die Neigung $\psi = \psi_z + i\,\psi_y = -i\,r_W'$, (13.87)

für das Biegemoment $M = M_z + i\,M_y = -i\,EI\,r_W''$, (13.88)

für die Querkraft $Q = Q_z + i\,Q_y = -(EI\,r_W'')'$ und (13.89)

für die Streckenlast $q = q_z + i\,q_y = (EI\,r_W'')''$. (13.90)

Striche $(\ldots)'$ bedeuten dabei Ableitung nach der Längskoordinate x und die Schnittlasten $M(x,t)$ und $Q(x,t)$ werden am positiven Schnittufer in x-Richtung positiv gezählt.

Die elastischen Eigenschaften des Rotors werden durch den Elasitizitätsmodul E des Werkstoffes und das äquatoriale Flächenträgheitsmoment $I(x)$ des Querschnitts beschrieben. Das Produkt $EI(x)$ ist die Biegesteifigkeit des Rotors.

Zwischen den Koordinaten des Wellenmittelpunktes und denen des Schwerpunktes besteht der geometrische Zusammenhang

$$r_S(x,t) = r_W(x,t) + |\varepsilon(x)|\, e^{i\delta(x)}\, e^{i\Omega t}, \tag{13.91}$$

wobei $|\varepsilon(x)|$ die ortsveränderliche Größe der Exzentrizität, $\delta(x)$ der Lagewinkel der Exzentrizität gegenüber einer rotorfesten Nullmarke und $\varphi(t)$ der Drehwinkel des Rotors sind.

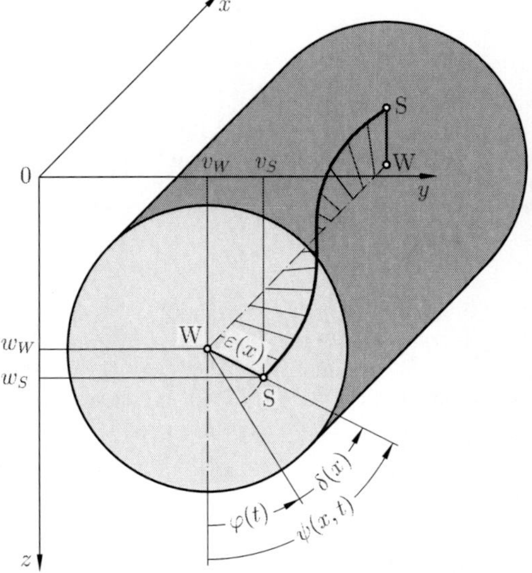

Bild 13.9: Schnitt durch einen Rotor mit kontinuierlichen Massen- und Steifigkeitseigenschaften

Die Kinetik des Rotors mit der Massenbelegung μ wird durch die D'ALEMBERTschen Trägheitskräfte

$$q(x,t) = -\mu(x)\,\ddot{r}_S(x,t) \tag{13.92}$$

beschrieben. Diese wirken auf den von Masse befreiten elastischen Rotor.

Setzt man die kinematischen und die kinetischen Gleichungen (13.91) und (13.92) in die elastische Gleichung (13.90) ein, folgt für die orts- und zeitabhängige Auslenkung $r_W(x,t)$ des Wellendurchstoßpunktes die inhomogene partielle Differentialgleichung

$$\mu(x)\,\ddot{r}_W(x,t) + [EI(x)\,r_W''(x,t)]'' = \Omega^2\,\mu(x)\,\varepsilon(x)\,e^{i\Omega t}. \tag{13.93}$$

Eine entsprechende Darstellung für die Koordinaten $r_S(x,t)$ der Schwerpunkte ist ungünstig, da sie die vierfache Differenzierbarkeit der komplexen Exzentrizität $\varepsilon(x)$ voraussetzen würde.

13.3.2 Freie Biegeschwingungen

• Homogene Bewegungsgleichung:

Die freien Biegeschwingungen des kontinuierlichen Rotors gehorchen der homogenen partiellen Bewegungsdifferentialgleichung

$$\mu(x)\,\ddot{r}_W(x,t) + [EI(x)\,r_W''(x,t)]'' = 0\,. \tag{13.94}$$

• Lösung der homogenen Bewegungsgleichung:

Der Produktansatz nach BERNOULLI

$$r_W(x,t) = X(x)\,T(t) \tag{13.95}$$

liefert zunächst

$$[EI\,X'']''\,T + \mu\,X\,\ddot{T} = 0$$

und nach Division durch $r_W(x,t)$

$$\frac{[EI(x)\,X(x)'']''}{\mu(x)\,X(x)} = -\frac{\ddot{T}(t)}{T(t)} = \omega^2. \tag{13.96}$$

Links steht eine reine Ortsfunktion und rechts eine reine Zeitfunktion. Beide Funktionen können nur dann für alle Stellen x und alle Zeiten t gleich sein, wenn sie orts- und zeitunabhängig sind, also gleich einundderselben Konstanten sind. Im Vorgriff auf das Resultat bezeichnen wir diese Konstante mit ω^2. Durch den Ansatz wird die partielle Dgl. (13.94) in die beiden gewöhnlichen Differentialgleichungen

$$\ddot{T}(t) + \omega^2\,T(t) = 0 \tag{13.97}$$

für die Zeitfunktion $T(t)$ und

$$[EI(x)\,X''(x)]'' - \mu(x)\,\omega^2\,X(x) = 0 \tag{13.98}$$

für die Ortsfunktion $X(x)$ aufgespalten.

Die Lösung

$$T(t) = A\, e^{i\omega t} + B\, e^{-i\omega t} \tag{13.99}$$

der Zeitgleichung setzt sich zusammen aus zwei mit ω gegeneinander umlaufenden Zeigern, wobei deren komplexe Amplituden A und B die Integrationskonstanten sind.

Die Ortsgleichung (13.98) ist zusammen mit den Randbedingungen ein sogenanntes Randwertproblem mit unendlich vielen Eigenkreisfrequenzen ω_n und unendlich vielen reellen Eigenfunktionen $X_n(x)$. Dieses Randwertproblem ist nur in Sonderfällen, z. B. bei einer Welle mit konstantem Querschnitt, in geschlossener Form lösbar. In den meisten Fällen ist man auf numerische Näherungslösungen angewiesen.

Die allgemeine Lösung der homogenen Differentialgleichung ergibt sich durch Überlagerung der unendlich vielen Eigenlösungen zu

$$r_{W0}(x,t) = \sum_{n=1}^{\infty} X_n(x)\, \left[A_n\, e^{i\omega_n t} + B_n\, e^{-i\omega_n t}\right]. \tag{13.100}$$

Die formale Übereinstimmung mit Gl. (13.70) für die mit endlich vielen Scheiben besetzte Welle ist offensichtlich. An die Stelle der N Eigenvektoren $\hat{\boldsymbol{r}}_{0n}$ treten hier die unendlich vielen Eigenfunktionen $X_n(x)$.

- **Orthogonalitätsrelationen:**

Die Eigenfunktionen $X_n(x,t)$ und $X_k(x,t)$ für zwei verschiedene Eigenfrequenzen ω_n und ω_k sind bezüglich der Massen- und Steifigkeitsbelegung orthogonal. Diese Orthogonalität folgt aus der Gleichung (13.98) für zwei verschiedene Eigenschwingungen,

$$\begin{aligned} \omega_n^2\, \mu\, X_n &= [EI\, X_n'']'' , \\ \omega_k^2\, \mu\, X_k &= [EI\, X_k'']'' . \end{aligned} \tag{13.101}$$

Wird die erste Gleichung mit $X_k(x)$ und die zweite mit $X_n(x)$ multipliziert und werden beide Gleichungen über die Rotorlänge l integriert, so erhält man nach Subtraktion

$$\left(\omega_n^2 - \omega_k^2\right) \int_0^l \mu\, X_n\, X_k\, dx = \int_0^l \left\{[EI\, X_n'']''\, X_k - [EI\, X_k'']''\, X_n\right\}\, dx$$

und nach zweimaliger partieller Integration der rechten Seite

$$\begin{aligned} (\omega_n^2 - \omega_k^2) \int_0^l \mu\, X_n\, X_k\, dx \quad = \quad & \Big\{[EI\, X_n'']'\, X_k - [EI\, X_k'']'\, X_n \\ & -EI\, \left[X_n''\, X_k' - X_k''\, X_n'\right]\Big\}_0^l . \end{aligned} \tag{13.102}$$

Es läßt sich zeigen, daß für homogene selbstadjungierte Randbedingungen – dazu gehören die klassischen Lagerungsfälle von Bild 13.10 – die rechte Seite von Gl. (13.102) verschwindet.

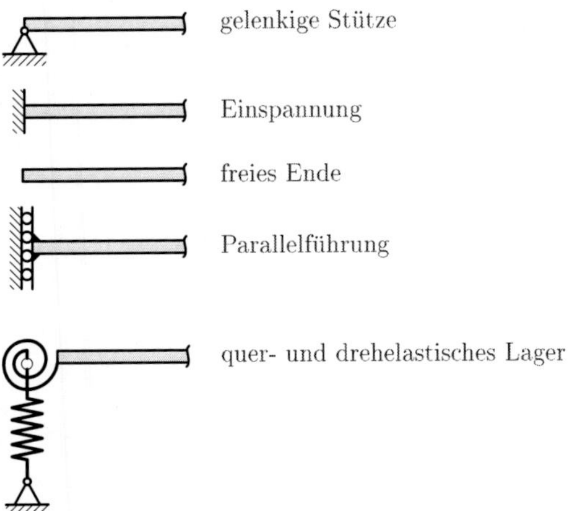

Bild 13.10: Selbstadjungierte Randbedingungen

Die Orthogonalitätsrelation (13.102) lautet für diese Sonderfälle

$$\int_0^l \mu(x)\, X_n(x)\, X_k(x)\, dx \quad = \begin{cases} 0 & \text{für} \quad \omega_n \neq \omega_k\,, \\ \widetilde{m}_n & \qquad\quad n = k\,, \end{cases} \tag{13.103a}$$

und wegen Gl. (13.101) auch

$$\int_0^l [EI(x)\, X_n''(x)]''\; X_k(x)\, dx = \begin{cases} 0 & \text{für} \quad \omega_n \neq \omega_k\,, \\ \widetilde{k}_n & \qquad\quad n = k\,. \end{cases} \tag{13.103b}$$

Wie im vorigen Kapitel sind $\widetilde{m}_n$ und $\widetilde{k}_n$ die modalen Massen und die modalen Steifigkeiten.

13.3.3 Unwuchterzwungene Biegeschwingungen

• **Lösung der inhomogenen Differentialgleichung für $\Omega \neq \omega_n$:**

Wird der Ansatz

$$r_{W\varepsilon}(x,t) = X_\varepsilon(x)\, e^{i\Omega t} \tag{13.104}$$

in die inhomogene partielle Differentialgleichung (13.93) eingesetzt, ergibt sich nach Divsion durch $e^{i\Omega t}$ die gewöhnliche Differentialgleichung

$$[EI(x)\, X_\varepsilon''(x)]'' - \mu(x)\, \Omega^2\, X_\varepsilon(x) = \mu(x)\, \Omega^2\, \varepsilon(x)\,, \tag{13.105}$$

aus der die Ortsfunktion $X_\varepsilon(x)$ direkt analytisch oder numerisch berechnet werden könnte.

Eleganter ist eine modale Darstellung auf der Basis bekannter Eigenformen $X_n(x)$. Dazu entwickeln wir die partikuläre Lösung $X_\varepsilon(x)$ nach den Eigenformen $X_n(x)$,

$$X_\varepsilon(x) = \sum_{n=1}^{\infty} b_n \, X_n(x) , \tag{13.106}$$

und setzen diese Entwicklung in die Differentialgleichung (13.105) ein,

$$\sum_{n=1}^{\infty} b_n \left\{ [EI(x) \, X_n(x)'']'' - \mu \, \Omega^2 \, X_n(x) \right\} = \mu \, \Omega^2 \, \varepsilon(x) . \tag{13.107}$$

Ersetzt man darin den Ausdruck $[EI(x) \, X_n(x)'']''$ vermöge Gl. (13.101) durch $\omega_n^2 \, \mu(x) \, X_n(x)$, so findet man zunächst

$$\mu(x) \sum_{n=1}^{\infty} \left(\omega_n^2 - \Omega^2 \right) b_n \, X_n(x) = \mu(x) \, \Omega^2 \, \varepsilon(x) . \tag{13.108}$$

Multipliziert man diese Gleichung nun noch mit $X_k(x)$ und integriert über die Rotorlänge, so entfallen bei den selbstadjungierten Randbedingungen von Bild 13.10 infolge der Orthogonalitätsrelation (13.103a) alle Glieder der Summe bis auf das k-te, und es verbleibt die Beziehung

$$\int_0^l \mu(x) \, X_k^2(x) \, dx \; b_k \left(\omega_k^2 - \Omega^2 \right) = \Omega^2 \int_0^l \mu(x) \, \varepsilon(x) \, X_k(x) \, dx .$$

Mit den Abkürzungen

$$a_n = \frac{\displaystyle\int_0^l \mu(x) \, \varepsilon(x) \, X_n(x) \, dx}{\displaystyle\int_0^l \mu(x) \, X_n^2(x) \, dx} \tag{13.109}$$

für die Entwicklungskoeffizienten a_n der Exzentrizität $\varepsilon(x)$ ergeben sich die komplexen Entwicklungskoeffizienten der unwuchterzwungenen Rotorschwingungen zu

$$b_n = a_n \, \frac{\Omega^2}{\omega_n^2 - \Omega^2} . \tag{13.110}$$

Für die Auslenkform der unwuchterzwungenen Rotorschwingungen erhält man also

$$X_{W\varepsilon}(x) = \sum_{n=1}^{\infty} a_n \, \frac{\Omega^2}{\omega_n^2 - \Omega^2} \, X_n(x) , \tag{13.111}$$

und für die Schwingungen selbst

$$r_{W\varepsilon}(x, t) = \sum_{n=1}^{\infty} a_n \, \frac{\Omega^2}{\omega_n^2 - \Omega^2} \, X_n(x) \, e^{i\Omega t} . \tag{13.112}$$

Aus Gl. (13.112) ist zu sehen, daß die Welle im räumlich ausgebogenen Zustand mit der Winkelgeschwindigkeit Ω umläuft. Für $\Omega \to \omega_n$ wachsen (bei $a_n \neq 0$) die Rotorausschläge über alle Grenzen. Der Rotor läuft dabei in der n-ten Eigenform eben ausgebogen um. $\Omega = \omega_n$ sind die unendlich vielen biegekritischen Drehzahlen der Welle mit kontinuierlicher Massenbelegung.

Die Lösung der inhomogenen Differentialgleichung bei nichtselbstadjungierten Randbedingungen hat ebenfalls die Form von Gl. (13.112). Lediglich die Ausdrücke für die Entwicklungskoeffizienten a_n der Exzentrizität sind wesentlich komplizierter aufgebaut als in Gl. (13.109).

Kapitel 14

Nomenklatur und Literatur

14.1 Wichtige Formelzeichen

14.1.1 Lateinische Buchstaben

a	Beschleunigung, Anfahrbeschleunigung
$\vec{a}$	Beschleunigungsvektor
a_j	Invarianten eines Tensors, Koeffizienten des charakteristischen Polynoms
a_n	Kosinus-Koeffizienten der FOURIER-Reihe
a_{nk}	MAXWELLsche Einflußzahlen
a_x, a_y, a_z	Versatz des Koordinatensystems
$\arg\{\underline{z}\}$	Winkel der komplexen Größe $\underline{z}$
A	Fläche, Integrationskonstante, Amplitude
A_p	Projektionsfläche, Schattenfläche
A_c	Amplitude des Kosinusanteils
A_s	Amplitude des Sinusanteils
$\boldsymbol{A}_x$	Systemmatrix im Zustandsraum
b	Dämpfungskoeffizient, Ersatzdämpfung
b^*	Ersatz-Dämpfungskonstante
b_T	Dämpfungskonstante des Tilgers
b_{ik}	Glieder der Dämpfungsmatrix
b_n	Sinus-Koeffizienten der FOURIER-Reihe
B	Breite, magnetische Flußdichte, Integrationskonstante
$B(t)$	Abklingkurve
$\boldsymbol{B}$	Dämpfungsmatrix
$\boldsymbol{B}_s$	Dämpfungsmatrix bei Strukturdämpfung
$\widetilde{\boldsymbol{B}}$	generalisierte Dämpfungsmatrix
$\boldsymbol{B}_u$	Eingangsmatrix im Zustandsraum
c	Wellenausbreitungsgeschwindigkeit
c_j	Einflußkoeffizienten der Erregung
c_n	komplexe Koeffizienten der FOURIER-Reihe
c_W	Widerstandsbeiwert
C	Kapazität
C_F	Crest-Faktor
C_n	Integrationskonstante, Amplitude
d, D	Durchmesser
$\det \boldsymbol{K}$	Determinate von $\boldsymbol{K}$
$\mathrm{diag}\{a_i\}$	Diagonalmatrix mit den Elementen a_i

D	Dämpfungsgrad, Lehrsches Dämpfungsmaß
D_n	modaler Dämpfungsgrad
DLF	dynamischer Lastfaktor
e	Stoßzahl, Eulersche Zahl
e	Exzentrizität
$\vec{e}$	Einheitsvektor
$\vec{e}_n$	Normaleneinheitsvektor
$\vec{e}_t$	Tangenteneinheitsvektor
E	Elastizitätsmodul
$\underline{E}$	komplexer Elastizitätsmodul
E'	Speichermodul
E''	Verlustmodul
EA	Dehnsteifigkeit
EI	Biegesteifigkeit
$E(t)$	Relaxationsfunktion
$\boldsymbol{E}$	Einheitsmatrix
$\mathcal{E}\{x(t)\}$	Erwartungswert, wahrscheinlichster Wert von $x(t)$
f	Frequenz
f_0	Eigenfrequenz
f_s	Samplingfrequenz
f_i	Kraft, Element eines Kraftvektors
f^m	d'ALEMBERTsche Trägheitskräfte
f^b	Dämpferkraft
f^k	elastische Kräfte
$\vec{f}$	Kraftvektor
$\boldsymbol{f}(t)$	Spaltenmatrix mit Kräften, Vektor der Erregerkraftamplituden
$\boldsymbol{f}_0$	Vektor der Lagerkräfte zu vorgegebenen Lagerverschiebungen
$\tilde{\boldsymbol{f}}(t)$	generalisierter bzw. modaler Erregerkraftvektor
$\tilde{f}_n(t)$	generalisierte bzw. modale Erregerkräfte
F	Kraft
$\mathcal{F}\{x(t)\}$	FOURIER-Tranformierte von $x(t)$
g	Gravitationskonstante, Erdbeschleunigung
$g(t)$	Sprungantwort
G	Gleitmodul
GI_t	Torsionssteifigkeit
$\boldsymbol{G}$	gyroskopische Matrix, Kreiselmatrix
h	Nachgiebigkeit
h_{ik}	Verschiebungseinflußzahlen, Elemente der Nachgiebigkeitsmatrix $\boldsymbol{H}$
$h(t)$	Stoßantwort
H	Haftkraft
$H(\Omega)$	komplexe Übertragungsfunktion, Frequenzgang
$H_{ik}(\Omega)$	komplexe Übertragungsfunktionen von k nach i
$\boldsymbol{H}$	Nachgiebigkeitsmatrix
$\boldsymbol{H}(\Omega)$	Matrix der Übertragungsfunktionen, dynam. Nachgiebigkeitsmatrix, Frequenzgangmatrix

$\widetilde{\boldsymbol{H}}(\Omega)$	Matrix der modalen Übertragungsfunktionen
i	imaginäre Einheit, elektrischer Strom
I	Flächenträgheitsmoment
I_p	polares Flächenträgheitsmoment
I_t	Torsionsflächenträgheitsmoment
I_y, I_z	axiale Flächenträgheitsmomente
$\Im\{\underline{q}\}$	Imaginärteil von $\underline{q}$
$J(t)$	Kriechfunkion
k	Steifigkeit, Ersatzsteifigkeit
k_φ	Drehfedersteifigkeit
k^*	Ersatzsteifigkeit, aktuelle Steifigkeit
k_{ik}	Krafteinflußzahlen, Elemente der Steifigkeitsmatrix $\boldsymbol{K}$
k_T	Tilgersteifigkeit
$\widetilde{k}_n$	generalisierte bzw. modale Steifigkeiten, Diagonalelemente von $\widetilde{\boldsymbol{K}}$
k	Klirrfaktor
k_x, k_y, k_z	Trägheitsradien
$k_n l$	Eigenwerte der Ortsfunktionen
K	Anzahl der Frequenzstützstellen im Frequenzbereich
$K_i(t)$	Zeitvariationen der Integrationskonstanten C_i
$\boldsymbol{K}$	Steifigkeitsmatrix
$\boldsymbol{K}(\Omega)$	komplexe dynamische Steifigkeitsmatrix
$\boldsymbol{K}_n(\Omega)$	modifizierte dynamische Steifigkeitsmatrix
$\widetilde{\boldsymbol{K}}$	generalisierte Steifigkeitsmatrix
l	Länge, Leiterlänge
l_{red}	reduzierte Länge
L	Gesamtlänge, Induktivität
L	LAGRANGEsche Funktion
$\vec{L}^A(t)$	Drall bezüglich Punkt A
$\hat{\boldsymbol{l}}_n$	n-ter Linkseigenvektor
$\mathcal{L}\{x(t)\}$	LAPLACE-Transformierte von $x(t)$
m	Masse, Ersatzmasse
m_{ik}	Elemente der Massenmatrix $\boldsymbol{M}$
m_T	Tilgermasse
$\widetilde{m}_n$	generalisierte Masse, modale Masse, Diagonalelement von $\widetilde{\boldsymbol{M}}$
M	Moment, Biegemoment
M_T	Torsionsmoment
$\vec{M}$	Momentenvektor
$\vec{M}^A(t)$	Resultierende der Momente bezüglich Punkt A
$\overline{M}$	Biegemoment infolge einer Einheitsbelastung
$\overline{M}_T$	Torsionsmoment infolge einer Einheitsbelastung
$\boldsymbol{M}$	Massenmatrix
$\widetilde{\boldsymbol{M}}$	generalisierte bzw. modale Massenmatrix

n	Polytropenexponent
n	Index der Harmonischen
$n(x,t)$	Längsstreckenlast
$\widetilde{n}_n(t)$	n-te modale Längsstreckenlast
$\vec{n}$	Normalenvektor
N	Normalkraft, Axialkraft
$\overline{N}$	Normalkraft infolge einer Einheitsbelastung
N	Anzahl der Freiheitsgrade
N	Anzahl der Mittelungen, Anzahl der Zeitstützstellen bei Meßwerten
$\boldsymbol{N}$	zirkulatorische Matrix
$p(t)$	Erregerfunktion
p_j	Werkstoffparameter
p	Druck
$p_n(t)$	Hauptkoordinate, modale Koordinate
$\boldsymbol{p}(t)$	Vektor der Hauptkoordinaten, der modalen Koordinaten
$\vec{p}$	Impuls
P	Leistung, Kraft
$P(\lambda)$, $P(i\omega)$	charakteristisches Polynom
$P(i\Omega)$	Determinate der dynamischen Steifigkeitsmatrix $\boldsymbol{K}(\Omega)$
$q(t)$	Verschiebung, Zustandsgröße
$q_h(t)$	Lösung der homogenen Differentialgleichung für $q(t)$
$q_p(t)$	Partikularlösung der Bewegungsgleichung für $q(t)$
q_j	Werkstoffparameter
$q(x,t)$	Streckenlast
$\widetilde{q}_n(t)$	modale Querstreckenlast
$\boldsymbol{q}(t)$	Verschiebungsvektor, Zustandsvektor
$\boldsymbol{q}_{ges}$	Vektor aller Verschiebungen aus äußeren und Lagerkräften
$\widehat{\boldsymbol{q}}_n$	n-ter Eigenvektor
$\widehat{q}_{n,i}$	i-tes Element des n-ten Eigenvektors $\widehat{\boldsymbol{q}}_n$
$\boldsymbol{q}_s$, $\boldsymbol{q}_{stat}$, $\boldsymbol{q}_{st}$	statische Gleichgewichtslage
$\boldsymbol{q}_0$	Vektor der Lagerverschiebungen, Anfangsauslenkung
Q	Querkraft, elektrische Ladung
$\overline{Q}$	Querkraft infolge einer Einheitslast
$Q(\Omega)$	FOURIER-Transformierte von $q(t)$
Q_n^*	generalisierte Kraft
$Q(t)$	instationäre Amplitude
$\boldsymbol{Q}$	Modalmatrix, Matrix mit den Eigenvektoren $\widehat{\boldsymbol{q}}_n$
r, R	Radius, Krümmungsradius, spezielle Gaskonstante
$r(t)$	Rauschsignal
$\vec{r}$	Ortsvektor
$\mathrm{rect}(T)$	zentriertes Rechteckfenster der Dauer T
R	Dämpfungskonstante auf Werkstoffbasis, Reibkraft
R	elektrischer Widerstand
$R\{\widetilde{\boldsymbol{q}}\}$	RAYLEIGH-Quotient zur Auslenkung $\widetilde{\boldsymbol{q}}$
$\Re\{\underline{q}\}$	Realteil von $\underline{q}$

s	Bogenkoordinate
$s = i\Omega + \delta$	LAPLACE-Variable
$\mathrm{sgn}(x)$	Vorzeichen von x
S	Seilkraft, Stabkraft
So	Sommerfeldzahl
$S_{xx}(\Omega)$	Autoleistungsdichte des Signals $x(t)$
$S_{xy}(\Omega)$	Kreuzleistungsdichte der Signal $x(t)$ und $y(t)$
t	Zeit
t_j	spezieller Zeitpunkt
t_0	Anfangszeitpunkt
t	Wandstärke
T	Tangentialkraft
T	Kinetische Energie
T^*	bezogene kinetische Energie (mit Ausschlägen statt Geschwindigkeit)
T	Temperatur
T	Eigenschwingungsdauer, Periodendauer, Zeitverschiebung
T_d	Quasi-Periodendauer des gedämpften Systems
$T_{meß}$	Meßdauer, Signaldauer
$T(t)$	Funktion der Zeit t
$\boldsymbol{T}$	Transformationsmatrix
$u(t)$	vorgegebene Verschiebung, wirksame Erregerfunktion
$u(x,t)$	ortsabhängige Verschiebung
u, U	elektrische Spannung
u	Verschiebung in x-Richtung
$\boldsymbol{u}(t)$	Erregervektor im Zustandsraum
U	Potentielle Energie
U	Unwucht
$U(x)$	Verschiebungsfunktion
$U_n(x)$	n-te Ansatz- oder Eigenfunktion
v	Verschiebung in y-Richtung
$v(x,t)$	ortsabhängige Verschiebung
v	Strömungsgeschwindigkeit, Geschwindigkeit
$\vec{v}$	Geschwindigkeitsvektor
v_{rel}	Relativgeschwindigkeit
V	Volumen
$V(\eta,D)$	Vergrößerungsfunktion, Betrag von $\underline{V}(\eta,D)$
$\underline{V}(\eta,D)$	komplexe Vergrößerungsfunktion
w	vorgegebene Verschiebung, Verschiebung in z-Richtung
$w(x,t)$	orts- und zeitabhängige Verschiebung in z-Richtung
$w(x,t)$	Auslenkung der Balkenmittellinie
W	Arbeit
W_D	Dämpfungsarbeit pro Zyklus
W^a	Arbeit der äußeren Kräfte
W^*	Arbeit der nichtkonservativen Kräfte
δW	virtuelle Arbeit

δW^m	virtuelle Arbeit der Trägheitskräfte
$W_n(x)$	Ansatz- bzw. Eigenfunktionen für z-Verschiebungen
$\mathcal{W}\{x\}$	Wahrscheinlichkeit von x
x	Koordinate im Inertialsystem
$\boldsymbol{x}(t)$	Zustandsvektor
$X(x)$	Funktion des Ortes x
$X_n(x)$	n-te Eigenfunktion eines kontinuierlichen Systems
y	Koordinate im Inertialsystem
$\boldsymbol{y}(t)$	Vektor der Ausgangsgrößen im Zustandsraum
z	Koordinate im Inertialsystem
$Z_n(i\Omega)$	n-ter komplexer Zähler

14.1.2 Griechische Buchstaben

α	Nullphasenwinkel
α_i	Koeffizient der CAUGHEY-Dämpfungsmatrix
β	Nullphasenwinkel
β	Wellenzahl
β_{ij}	bezogene Lagerdämpfung
γ	Schubverformung, Scherwinkel
γ_{ij}	bezogene Lagersteifigkeit
γ^2_{xy}	Kohärenzfunktion der Signale $x(t)$ und $y(t)$
δ	Abklingkoeffizient
δ_n	n-ter modaler Abklingkoeffizient
δ	Verlustwinkel
δ	Lagerspiel
$\delta(t)$	DIRAC-Funktion, DIRAC-Stoß
δ	Variationssymbol
δu	virtuelle Verschiebung
δU	virtuelle potentielle Energie
δW	virtuelle Arbeit
Δ	Abweichung
Δp_V	Druckverlust
Δ	Determinante
Δ_ν	ν-te HURWITZ-Determinante
Δt	Zeitauflösung bei Meßsignalen
$\Delta\Omega$	Frequenzauflösung im Spektrum
ε	Exzentrizität
ε	Dehnung
ε	kleine Größe
ζ	Verlustziffer

η	Verhältnis von Erregerfrequenz Ω zu Eigenfrequenz ω_0 des Systems
η	dynamische Zähigkeit
ϑ	Verdrehwinkel
$\mathbf{\Theta}^A$	Trägheitsmomententensor bezüglich Punkt A
Θ_1, Θ_2, Θ_3	Hauptträgheitsmomente
Θ_{ik}	Deviations-, Zentrifugalmomente, Elemente von $\mathbf{\Theta}$
Θ_p	polares Massenträgheitsmoment
κ	Normalkraftparameter bei Biegeschwingungen
κ	Adiabatenexponent
κ	Schubfaktor, Abkürzung für dimensionslose Eigenfrequenz
λ	Wellenlänge
λ	Widerstandsziffer
λ_n	n-ter Eigenwert
$\mathbf{\Lambda}$	Diagonalmatrix der Eigenwerte λ_n
Λ	logarithmisches Dekrement
μ	Reibungskoeffizient
μ	Massenbelegung, Verhältnis der Massen von Tilger und Hauptsystem
μ_0	Haftbeiwert
ν	Querkontraktionszahl
ν	Verhältnis
ϱ	Dichte
ϱ_n	n-ter mathematischer Eigenwert $\varrho = -\lambda^2$
$\vec{\varrho}_{AB}$	Vektor von A nach B
σ	Normalspannung
$\sigma(t)$	Einheitssprungfunktion
σ_x	Standardabweichung der Variable $x(t)$
τ	Zeitpunkt, Zeitverschiebung, Eigenzeit
τ	Schubspannung
φ	Winkel, Drehwinkel, Polarkoordinate
$\dot{\varphi}$	Winkelgeschwindigkeit
$\Phi_{xy}(\tau)$	Kreuzkorrelationsfunktion der Signal $x(t)$ und $y(t)$
$\Phi_{xx}(\tau)$	Autokorrelation des Signals $x(t)$
χ	Verlustfaktor
ψ	Verdrehwinkel, relatives Lagerspiel
$\psi(\eta,D)$	Phasenverschiebung gegenüber der Erregung, Nacheilwinkel, Phasengang
$\psi(\Omega)$	Phasenspektrum, Phasengang, Phasenverschiebungswinkel
ω_0	Kennkreisfrequenz
ω_n	n-te Eigenkreisfrequenz, Eigenfrequenz
ω_d	Quasi-Eigenkreisfrequenz des gedämpften Schwingers
ω_n^d	n-te Quasi-Eigenkreisfrequenz des gedämpften Schwingers

ω_T	Eigenfrequenz des Tilgers
ω_m	Modulationsfrequenz
ω_D	DUNKERLEY-Frequenz
$\vec{\omega}$	Winkelgeschwindigkeitsvektor
Ω	Frequenz der äußeren Erregung, konstante Winkelgeschwindigkeit, Frequenzvariable im Spektrum
Ω_{Sn}	Frequenz bei Scheinresonanz
Ω_{Tn}	n-te Tilgungsfrequenz
Ω_{Rk}	k-te Resonanzfrequenz
Ω_n	n-faches der Grund-Kreisfrequenz Ω

14.1.3 Indizes und Exponenten

w'	Ableitungen der Funktion w nach der Ortskoordinate x
$\dot{w}$	Ableitungen der Funktion w nach der Zeit t
l_{red}	reduzierte (Länge)
w_{krit}	kritische Größe von w
w_{min}	minimale Größe von w
w_{max}	maximale Größe von w
$\widetilde{\boldsymbol{B}}_{gek}$	nichtdiagonalisierbare Dämpfungsmatrix (gekoppelt, fast modal)
D_{opt}	optimale Größe von D
Ω_0	Anfangs-(winkelgeschwindigkeit)
m_u	Unwucht-(masse)
w_{rel}	relative Größe von w
w_{res}	resultierende Größe von w
x_{eff}	Effektivwert von $x(t)$
x_{ss}	Spitze-Spitze-Wert von $x(t)$
$T_{meß}$	Meß-(dauer)
q_0	Anfangswert von $q(t)$
q_T	(Bewegung des) Tilgers
$\underline{z}$	komplex ergänzte Funktion von $z(t)$, Kennzeichnung einer komplexen Größe
$\underline{z}^*$	konjugiert komplexe Zahl zu $\underline{z}$
$\lvert\underline{z}\rvert$	Betrag von $\underline{z}$
$\vec{a}$	Vektor der physikalischen Größe a
$\boldsymbol{a}$	Spaltenmatrix (Vektor)
$\boldsymbol{A}$	Matrix mit den Elementen a_{ik}
$\boldsymbol{A}^T$	Transponierte der Matrix $\boldsymbol{A}$
$\widetilde{\boldsymbol{M}}$	Matrix mit den generalisierten bzw. modalen Größen von $\boldsymbol{M}$
$\vec{v}_{rel}$	Relativ-(geschwindigkeit)
$\widehat{q}$	Amplitude von $q(t)$
$\boldsymbol{K}_{ges}$	Gesamt-(steifgkeitsmatrix)
$\boldsymbol{q}_{st}$; $\boldsymbol{q}_{stat}$	statische Antwort
$\boldsymbol{q}_{dyn}(t)$	dynamische Antwort
W	bezogen auf den Wellenmittelpunkt
S	bezogen auf den Schwerpunkt
c^+	Amplitude einer mit ω umlaufenden harmonischen Funktion

c^-	Amplitude einer entgegen ω umlaufenden harmonischen Funktion
f^m	d'ALEMBERTsche Trägheitskraft
f^k	elastische Kraft
f^b	dämpfende Kraft
$x_T(t)$	Ausschnitt der Dauer T aus dem Signal $x(t)$
$\widetilde{X}(\Omega)$	auf die Meßdaten $T_{meß}$ bezogene FOURIER-Transformierte von $x(t)$
$\overline{M}$	virtuelle Größe bzw. Schnittlast infolge Einheitsbelastung
$\tilde{x}$	gestörtes Signal
k^*	Ersatz-(steifigkeit)
$\overline{x}$	Mittelwert von $x(t)$

14.2 Literatur

Bathe, K.-J.: *Finite-Elemente-Methoden.*
Springer: Berlin/Heidelberg/New York, 1986

Craig Jr., R.: *Structural Dynamics.*
John Wiley & Sons: New York, 1981

Fischer, U. und W. Stephan: *Mechanische Schwingungen.*
Fachbuchverlag: Leipzig, 3. Aufl., 1993

Gasch, R. und K. Knothe: *Strukturdynamik, Bd. 1, Diskrete Systeme.*
Springer: Berlin/Heidelberg/New York, 1987

Gasch, R. und K. Knothe: *Strukturdynamik, Bd. 2, Kontinua und ihre Diskretisierung.* Springer: Berlin/Heidelberg/New York, 1989

Gasch, R., R. Nordmann und H. Pfützner: *Rotordynamik.*
Springer: Berlin/Heidelberg/New York, 2. Aufl., 2002

Gross, D., W. Hauger und P. Wriggers: *Technische Mechanik IV.*
Springer: Berlin/Heidelberg/New York, 1999

Hagedorn, P. und S. Otterbein: *Technische Schwingungslehre, Bd. 1, Lineare Schwingungen diskreter mechanischer Systeme.*
Springer: Berlin/Heidelberg/New York, 1987

Hagedorn, P.: *Technische Schwingungslehre, Bd. 2, Lineare Schwingungen kontinuierlicher mechanischer Systeme.* Springer: Berlin/Heidelberg/New York, 1989

Hagedorn, P.: *Nichtlineare Schwingungen.*
Akademische Verlagsgesellschaft: Wiesbaden, 1978

Hurty, W. C. and M. F. Rubinstein: *Dynamics of Structures.*
Prentice-Hall, 1964

Krämer, E.: *Maschinendynamik.*
Springer: Berlin/Heidelberg/New York, 1984

Lalanne, C.: *Mechanical Vibration & Shock, Vol. 1., Sinusoidal Vibration.* Hermes Science Publication: London, 2002

Lalanne, C.: *Mechanical Vibration & Shock, Vol. 2., Mechanical Shock.* Hermes Science Publication: London, 2002

Lalanne, C.: *Mechanical Vibration & Shock, Vol. 3., Random Vibration.* Hermes Science Publication: London, 2002

Lalanne, C.: *Mechanical Vibration & Shock, Vol. 4., Fatigue Damage.* Hermes Science Publication: London, 2002

Lalanne, C.: *Mechanical Vibration & Shock, Vol. 5., Specification Development.* Hermes Science Publication: London, 2002

Link, M.: *Finite Elemente in der Statik und Dynamik.* Teubner: Stuttgart, Leipzig, Wiesbaden, 1984

Magnus, K. und K. Popp: *Schwingungen.* Teubner: Stuttgart, 5. Aufl., 1997

Marguerre, K. und H. P. Wölfel: *Technische Schwingungslehre.* B.I.-Verlag: Mannheim, Wien, Zürich, 1979

Meirovitch, L.: *Analytical Methods in Vibrations.* Collier-Macmillan Ltd.: London, 1967

Müller, P. C. und W. O. Schiehlen: *Lineare Schwingungen.* Akademische Verlagsgesellschaft: Wiesbaden, 1976

Nayfeh, A. H. and D. T. Mook: *Nonlinear Oscillations.* John Wiley & Sons: New York, Singapore, 1979

Riemer, M., J. Wauer und W. Wedig: *Mathematische Methoden der Technischen Mechanik.* Springer: Berlin/Heidelberg/New York, 1993

Strogatz, S. H.: *Nonlinear Dynamics and Chaos.* Westview Press: Cambridge, 1994

Szabó, I.: *Höhere Technische Mechanik.* Springer: Berlin/Heidelberg/New York, 6. Aufl., 2001

Zurmühl, R.: *Praktische Mathematik für Ingenieure und Physiker.* Springer: Berlin/Heidelberg/New York, 5. Aufl., 1965

VDI-Richtlinie: *VDI 3830, Werkstoff- und Bauteildämpfung.* VDI Verlag: Düsseldorf, 2005

Kapitel 15

Tafeln und Tabellen

15.1 Schwerpunkte

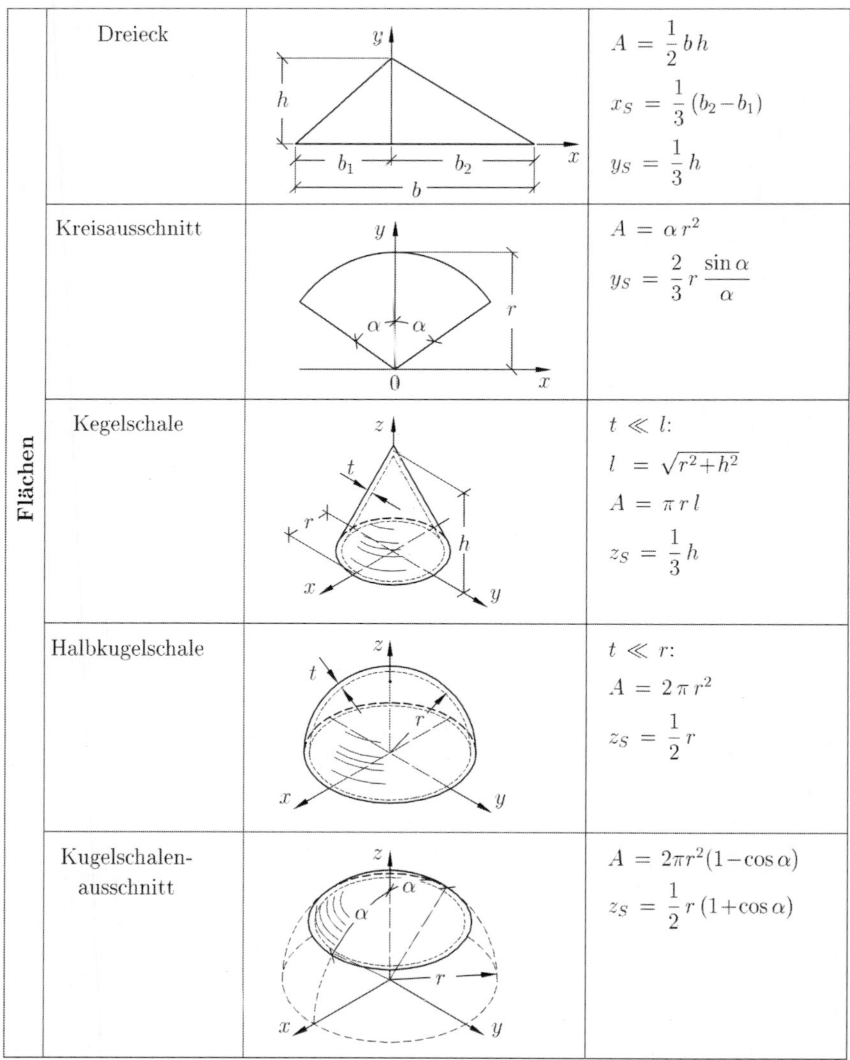

Flächen	Dreieck		$A = \frac{1}{2} b h$ $x_S = \frac{1}{3}(b_2 - b_1)$ $y_S = \frac{1}{3} h$
	Kreisausschnitt		$A = \alpha r^2$ $y_S = \frac{2}{3} r \frac{\sin\alpha}{\alpha}$
	Kegelschale		$t \ll l$: $l = \sqrt{r^2+h^2}$ $A = \pi r l$ $z_S = \frac{1}{3} h$
	Halbkugelschale		$t \ll r$: $A = 2\pi r^2$ $z_S = \frac{1}{2} r$
	Kugelschalen-ausschnitt		$A = 2\pi r^2(1-\cos\alpha)$ $z_S = \frac{1}{2} r (1+\cos\alpha)$

Linie	Kreisbogen	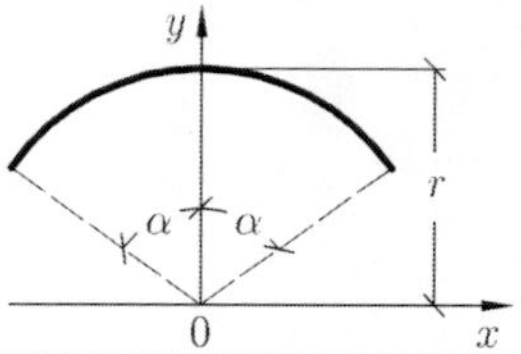	$s = 2\,\alpha\,r$ $y_S = r\,\dfrac{\sin\alpha}{\alpha}$
Volumen	Kegel	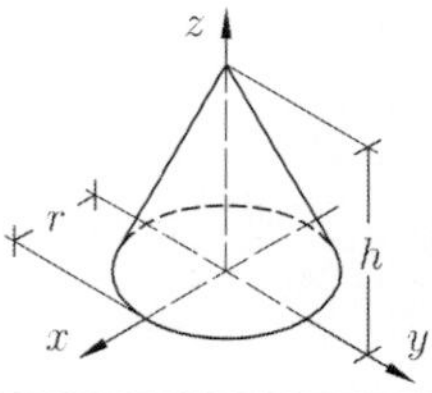	$V = \dfrac{1}{3}\,\pi\,r^2\,h$ $z_S = \dfrac{1}{4}\,h$
	Halbkugel	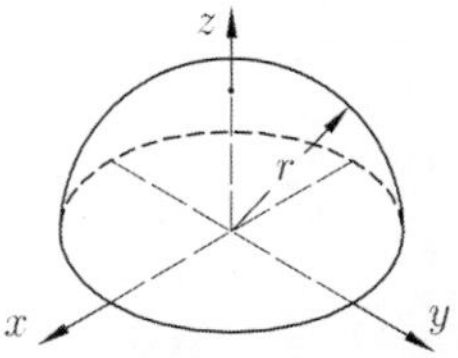	$V = \dfrac{2}{3}\,\pi\,r^3$ $z_S = \dfrac{3}{8}\,r$
	Kugelausschnitt	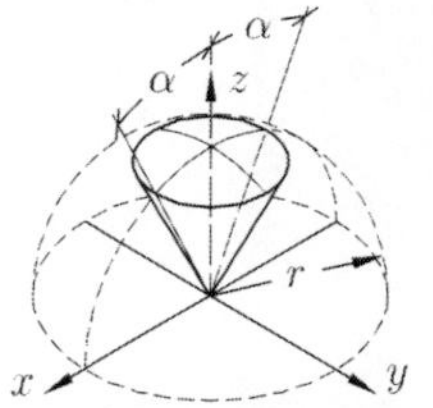	$V = \dfrac{2}{3}\,\pi\,r^3\,(1-\cos\alpha)$ $z_S = \dfrac{3}{8}\,r\,(1+\cos\alpha)$

Tabelle 15.1: Schwerpunke von speziellen Flächen, Linien und Körpern

15.2 Flächenträgheitsmomente

Querschnitte	I_y	I_z	I_{yz}
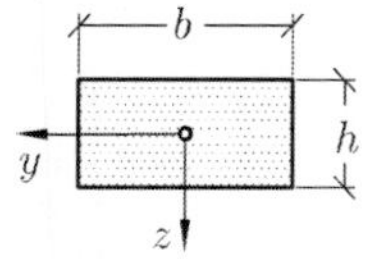 Rechteck (b, h)	$\frac{bh^3}{12}$	$\frac{hb^3}{12}$	0
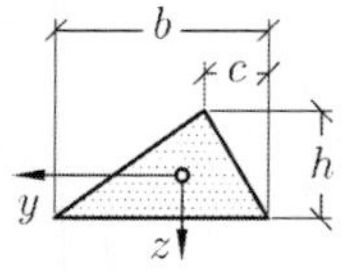 Dreieck (b, c, h)	$\frac{bh^3}{36}$	$\frac{bh}{36}(b^2-bc+c^2)$	$\frac{bh^2}{72}(b-2c)$
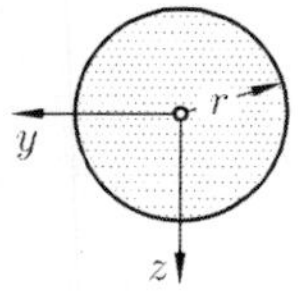 Kreis (r)	$\frac{\pi}{4}r^4$	$\frac{\pi}{4}r^4$	0
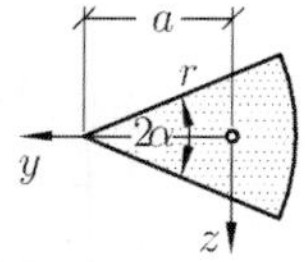 Kreisausschnitt (a, r, 2α)	$\frac{r^4}{4}\alpha\left[1-\frac{\sin 2\alpha}{2\alpha}\right]$	$\frac{r^4}{4}\alpha\left[1+\frac{\sin 2\alpha}{2\alpha}-\frac{16\sin^2\alpha}{9\alpha^2}\right]$	0
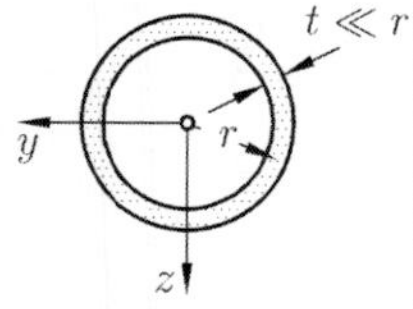 Kreisring (r, $t \ll r$)	$\pi t r^3$	$\pi t r^3$	0

Tabelle 15.2: Zentrale Flächenträgheitsmomente

15.3 Werkstoffwerte

	Dichte ρ [kg/dm^3]	Elastizitäts-modul E [N/mm^2]	Gleit-modul G [N/mm^2]	Querkon-traktions-zahl ν [1]	Längsaus-dehnungs-koeffizient α [K^{-1}]
Stahl	7.85	$2.1 \cdot 10^5$	$0.83 \cdot 10^5$	0.3	$11 \ldots 17 \cdot 10^{-6}$
Aluminium	2.7	$0.72 \cdot 10^5$	$0.27 \cdot 10^5$	0.34	$24 \cdot 10^{-6}$
Kupfer	8.9	$1.25 \cdot 10^5$	$0.46 \cdot 10^5$	0.35	$17 \cdot 10^{-6}$
Magnesium	1.7	$0.44 \cdot 10^5$	$0.17 \cdot 10^5$	0.28	$26 \cdot 10^{-6}$
Gummi	0.92			0.5	$80 \cdot 10^{-6}$
Beton	1.7	$0.1 \ldots 0.4 \cdot 10^5$	$0.1 \cdot 10^5$	0.17	$10 \cdot 10^{-6}$
Plexiglas	1.2	$0.03 \cdot 10^5$	$0.012 \cdot 10^5$	0.35	
Kunststoff	1.4				$100 \ldots 200 \cdot 10^{-6}$
Holz	$0.5 \ldots 1.0$	$0.1 \ldots 0.15 \cdot 10^5$			
Wasser	1.0	Kompressionsmodul $0.02 \cdot 10^5$			
Luft	0.0013				

Tabelle 15.3: Werkstoffdaten

15.4 Haftbeiwerte und Reibkoeffizienten

Materialpaarung	Richtwerte für: Reibkoeffizient μ		Haftbeiwert μ_0	
	trocken	geschmiert	trocken	wenig geschmiert bzw. naß
Stahl – Stahl	0.12	0.01	0.15	0.13
Stahl – Bronze	0.18	0.07	0.19	0.10
Grauguß – Bronze	0.21	0.08	0.28	0.18
Eiche – Eiche	0.34	0.1	0.54	0.18
Bremsbelag – Stahl	0.55	0.3		
Luftreifen – Asphalt	0.3	0.15	0.55	0.3

Tabelle 15.4: Haftbeiwerte und Reibkoeffizienten ausgewählter Werkstoffpaarungen

15.5 Biegelinien

Belasteter Balken der Länge l mit konstanter Biegesteifigkeit EI

Abkürzungen: $\xi = \frac{x}{l}$; $\alpha = \frac{a}{l}$; $\beta = \frac{b}{l}$; $\frac{d}{dx}(\ ) = (\ )'$

	Lagerung und Belastung	Biegelinie $EI\,w(x) =$	Linker Rand $EI\,w'_A =$	Rechter Rand $EI\,w'_B =$
1	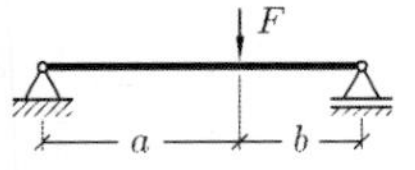 F; a, b	$\frac{F\,l^3}{6}[\beta\xi(1-\beta^2-\xi^2) + \langle\xi-\alpha\rangle^3]$	$\frac{F\,l^2}{6}(\beta-\beta^3)$	$-\frac{F\,l^2}{6}(\alpha-\alpha^3)$
	Sonderfall $\alpha = \beta = \frac{1}{2}$	$EIw_{max} = \frac{F\,l^3}{48}$	$\frac{F\,l^2}{16}$	$-\frac{F\,l^2}{16}$
2	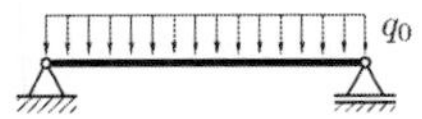 q_0	$\frac{q_0\,l^4}{24}(\xi-2\xi^3+\xi^4)$ $EIw_{max} = \frac{5}{384}q_0\,l^4$	$\frac{q_0\,l^3}{24}$	$-\frac{q_0\,l^3}{24}$
3	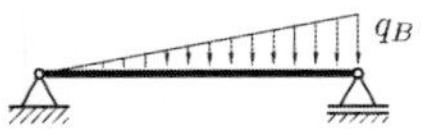 q_B	$\frac{q_B\,l^4}{360}(7\xi-10\xi^3+3\xi^5)$	$\frac{7}{360}q_B\,l^3$	$-\frac{1}{45}q_B\,l^3$
4	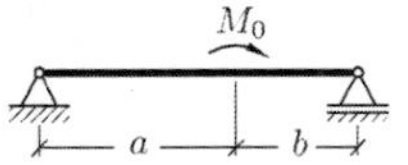 M_0; a, b	$\frac{M_0\,l^2}{6}[\xi(3\beta^2-1) + \xi^3 - 3\langle\xi-\alpha\rangle^2]$	$\frac{M_0\,l}{6}(3\beta^2-1)$	$\frac{M_0\,l}{6}(3\alpha^2-1)$
	Sonderfall $a = 0, b = l$	$\frac{M_0\,l^2}{6}[2\xi - 3\xi^2 + \xi^3]$	$\frac{M_0\,l}{3}$	$-\frac{M_0\,l}{6}$
	Sonderfall $a = l, b = 0$	$\frac{M_0\,l^2}{6}[-\xi + \xi^3]$	$-\frac{M_0\,l}{6}$	$\frac{M_0\,l}{3}$
5	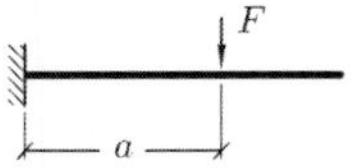 F; a	$\frac{F\,l^3}{6}[3\xi^2\alpha - \xi^3 + \langle\xi-\alpha\rangle^3]$	0	$\frac{F\,a^2}{2}$
	Sonderfall $a = l$	$EIw_{max} = \frac{F\,l^3}{3}$	0	$\frac{F\,l^2}{2}$
6	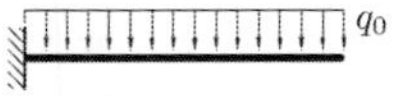 q_0	$\frac{q_0\,l^4}{24}(6\xi^2-4\xi^3+\xi^4)$ $EIw_{max} = \frac{q_0\,l^4}{8}$	0	$\frac{q_0\,l^3}{6}$
7	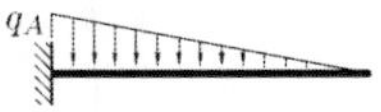 q_A	$\frac{q_A\,l^4}{120}(10\xi^2-10\xi^3+5\xi^4-\xi^5)$	0	$\frac{q_A\,l^3}{24}$
8	M_0	$M_0\frac{x^2}{2}$	0	$M_0\,l$

Tabelle 15.5: Biegelinien bei Standardlagerungen und -belastungen

15.6 Koppeltafel

	Spalte	1	2	3	4	5	6
Zeile		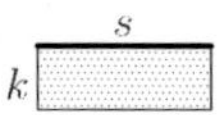 s, k	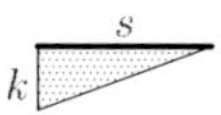 s, k	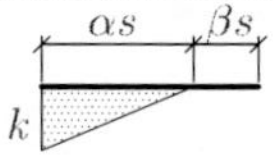 αs, βs, k	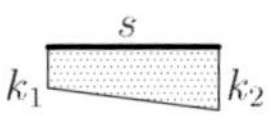 s, k_1, k_2	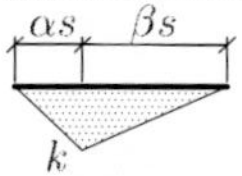 αs, βs, k	$I(x)I(x)$
1	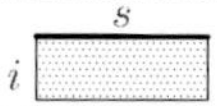 s, i	iks	$\frac{1}{2}\,iks$	$\frac{1}{2}\,\alpha\,iks$	$\frac{1}{2}\,i(k_1+k_2)s$	$\frac{1}{2}\,iks$	i^2s
2	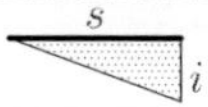 s, i	$\frac{1}{2}\,iks$	$\frac{1}{6}\,iks$	$\frac{1}{6}\,\alpha^2 iks$	$\frac{1}{6}\,i(k_1+2k_2)s$	$\frac{1}{6}\,ik(1+\alpha)s$	$\frac{1}{3}\,i^2s$
3	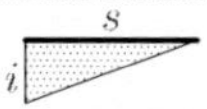 s, i	$\frac{1}{2}\,iks$	$\frac{1}{3}\,iks$	$\frac{ik}{6}\,(3\alpha-\alpha^2)s$	$\frac{1}{6}\,i(2k_1+k_2)s$	$\frac{1}{6}\,ik(1+\beta)s$	$\frac{1}{3}\,i^2s$
4	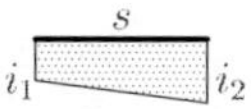 s, i_1, i_2	$\frac{k}{2}\,(i_1+i_2)s$	$\frac{k}{6}\,(2i_1+i_2)s$	$\frac{k}{6}\left[(3\alpha-\alpha^2)i_1+\alpha^2 i_2\right]s$	$\frac{1}{6}\left[i_1(2k_1+k_2)+i_2(k_1+2k_2)\right]s$	$\frac{k}{6}\left[i_1(1+\beta)+i_2(1+\alpha)\right]s$	$\frac{i_1^2+i_1i_2+i_2^2}{3}\,s$
5	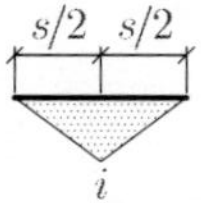 $s/2$, $s/2$, i	$\frac{1}{2}\,iks$	$\frac{1}{4}\,iks$	$\alpha \geq 1/2$: $\frac{ik}{3\alpha}\left[\alpha\left(3\alpha-\alpha^2-\frac{3}{2}\right)+\frac{1}{4}\right]s$ $\alpha \leq 1/2$: $\frac{ik}{3\alpha}\,\alpha^3 s$	$\frac{1}{4}\,i(k_1+k_2)s$	$\alpha \geq 1/2$: $\frac{ik}{3\alpha}\left(\frac{3}{4}-\beta^2\right)s$ $\alpha \leq 1/2$: $\frac{ik}{3\beta}\left(\frac{3}{4}-\alpha^2\right)s$	$\frac{1}{3}\,i^2s$
6	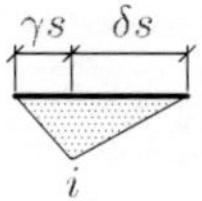 γs, δs, i	$\frac{1}{2}\,iks$	$\frac{ik}{6}\,(1+\delta)s$	$\alpha \geq \gamma$: $\frac{ik}{6\alpha\delta}\left[\alpha\left(3\alpha-\alpha^2-3\gamma\right)+\gamma^2\right]s$ $\alpha \leq \gamma$: $\frac{ik}{6\alpha\gamma}\,\alpha^3 s$	$\frac{i}{6}\left[k_1(1+\delta)+k_2(1+\gamma)\right]s$	$\alpha \geq \gamma$: $\frac{ik}{6\alpha\delta}(1-\beta^2-\gamma^2)s$ $\alpha \leq \gamma$: $\frac{ik}{6\beta\gamma}\,(1-\alpha^2-\delta^2)s$	$\frac{1}{3}\,i^2s$

Zeile	Spalte	1	2	3	4	5	6
		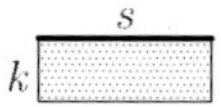 k, s	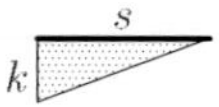 k, s	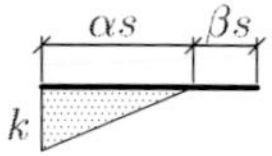 k, αs, βs	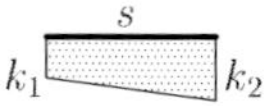 k_1, s, k_2	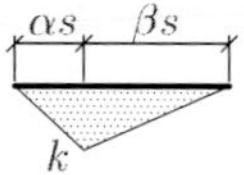 αs, βs, k	$I(x)I(x)$
7	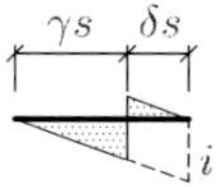 γs, δs, i	$\frac{1}{2}(\gamma-\delta)\,iks$	$\frac{ik}{6}(1-3\delta^2)s$	$\alpha \geq \gamma$: $\frac{ik}{6\alpha}\left[\alpha^3-3(\alpha-\gamma)^2\right]s$ $\alpha \leq \gamma$: $\frac{ik}{6\alpha}\alpha^3 s$	$\frac{i}{6}\left[k_1(1-3\delta^2)-k_2(1-3\gamma^2)\right]s$	$\alpha \geq \gamma$: $\frac{ik}{6\alpha}(1-\beta^2-3\gamma^2)s$ $\alpha \leq \gamma$: $\frac{ik}{6\beta}(1-\alpha^2-3\delta^2)s$	$\frac{i^2}{3}(\gamma^3+\delta^3)s$
8	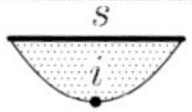 s, i	$\frac{2}{3}iks$	$\frac{1}{3}iks$	$\frac{1}{3}ik\alpha^2(2-\alpha)s$	$\frac{1}{3}i(k_1+k_2)s$	$\frac{1}{3}ik(1+\alpha\beta)s$	$\frac{8}{15}i^2s$
9	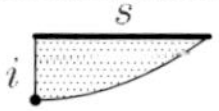 s, i	$\frac{2}{3}iks$	$\frac{5}{12}iks$	$\frac{1}{12}ik\alpha(6-\alpha^2)s$	$\frac{1}{12}i(5k_1+3k_2)s$	$\frac{ik}{12}(5-\alpha-\alpha^2)s$	$\frac{8}{15}i^2s$
10	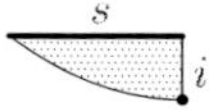 s, i	$\frac{2}{3}iks$	$\frac{1}{4}iks$	$\frac{1}{12}ik\alpha^2(4-\alpha)s$	$\frac{1}{12}i(3k_1+5k_2)s$	$\frac{ik}{12}(5-\beta-\beta^2)s$	$\frac{8}{15}i^2s$
11	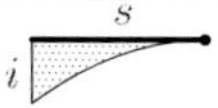 s, i	$\frac{1}{3}iks$	$\frac{1}{4}iks$	$\frac{1}{12}ik\alpha(\alpha^2-4\alpha+6)s$	$\frac{1}{12}i(3k_1+k_2)s$	$\frac{ik}{12}(1+\beta+\beta^2)s$	$\frac{1}{5}i^2s$
12	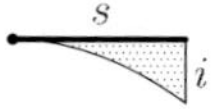 s, i	$\frac{1}{3}iks$	$\frac{1}{12}iks$	$\frac{1}{12}ik\alpha^3s$	$\frac{1}{12}i(k_1+3k_2)s$	$\frac{ik}{12}(1+\alpha+\alpha^2)s$	$\frac{1}{5}i^2s$

Der Scheitel der quadratischen Parabel ist durch • gekennzeichnet. Jede der angegebenen Ordinaten kann auch negativ sein.

Tabelle 15.6: Koppeltafel zur Berechnung von Integralen der Form $\int_0^s I(x)\,K(x)\,dx$

15.7 Torsionsflächenträgheitsmomente

Querschnitte	I_T	τ_{max}	Bemerkungen
Vollkreisquerschnitt R	$\frac{\pi R^4}{2} = I_\rho$	$\frac{2 M_T}{\pi R^3}$	$\tau(r) = \frac{M_T}{I_T} r$ größte Schubspannung am Rand bei $r = R$
Ellipse b, a	$\frac{\pi a^3 b^3}{a^2 + b^2}$	$\frac{2 M_T}{\pi a b^2}$	größte Schubspannung in den Endpunkten der kleinen Achse
Quadrat a, a	$0.141\, a^4$	$\frac{M_T}{0.208\, a^3}$	größte Schubspannung am Rand, in der Mitte der Seiten
dickwandiges Kreisrohr R_i, R_a $\alpha = \frac{R_i}{R_a}$	$\frac{\pi R_a^4}{2}(1 - \alpha^4)$	$\frac{2 M_T}{\pi R_a^3 (1 - \alpha^4)}$	größte Schubspannung am äußeren Rand R_a
dünnwandige geschlossene Hohlquerschnitte t_{min}	$\frac{4 A_m^2}{\oint \frac{1}{t} ds}$	$\frac{M_T}{2 A_m t_{min}}$	A_m ist die von der Profilmittellinie eingeschlossene Fläsche. $\oint 1/t\, ds$ ist das Linienintegral längs der Profilmittellinie. Schubfluß $\tau t = \frac{M_T}{2 A_m} = \text{const.}$ größte Schubspannung an der Stelle der kleinsten Wanddicke t_{min}

Querschnitte	I_T	τ_{max}	Bemerkungen
dünnwandiges Kreisrohr 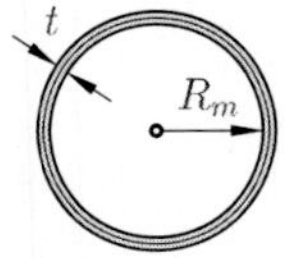 t, R_m	$2\pi R_m^3 t$	$\dfrac{M_T}{2\pi R_m^2 t}$	
schmales Rechteck 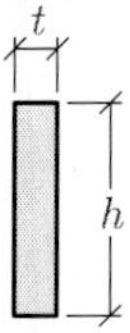 t, $t \ll h$, h	$\dfrac{1}{3} h t^3$	$\dfrac{3 M_T}{h t^2}$	
aus schmalen Rechtecken zusammengesetzte Profile 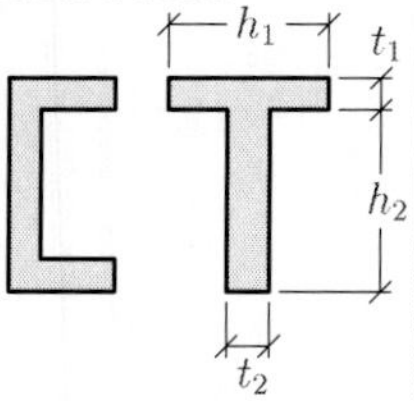 h_1, t_1, h_2, t_2	$\approx \dfrac{1}{3} \sum h_i t_i^3$	$\approx \dfrac{M_T}{\sum h_i t_i^3 / (3 t_{max})}$	größte Schubspannung im Querschnittsteil mit der größten Wanddicke t_{max}

Tabelle 15.7: Torsionsflächenträgheitsmomente und maximale Torsionsschubspannungen

15.8 Krafteinflußzahlen aus Einheitsverschiebung

	Lagerung und Belastungen	Krafteinflußzahlen
1	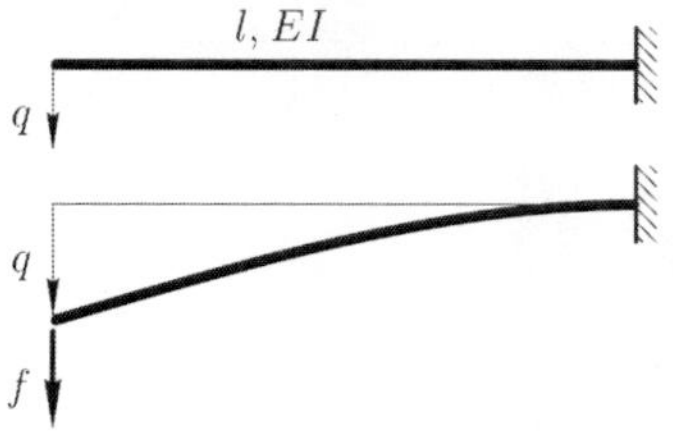 l, EI; q; f	$f = \frac{3\,EI}{l^3}\,q$ (Kraft)
2	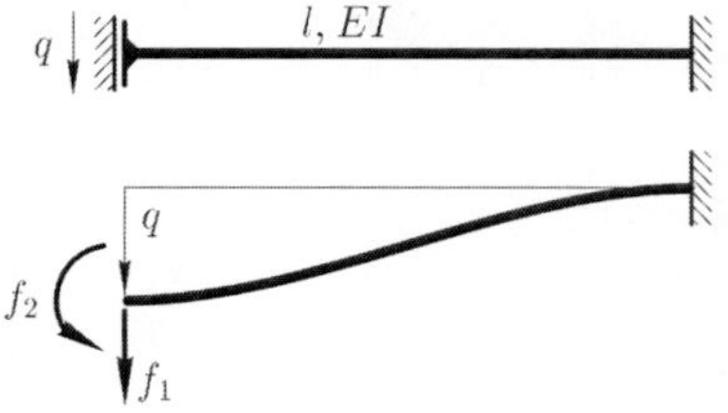 l, EI; q; f_2; f_1	$f_1 = \frac{12\,EI}{l^3}\,q$ (Kraft) $f_2 = -\frac{6EI}{l^2}\,q$ (Moment)
3	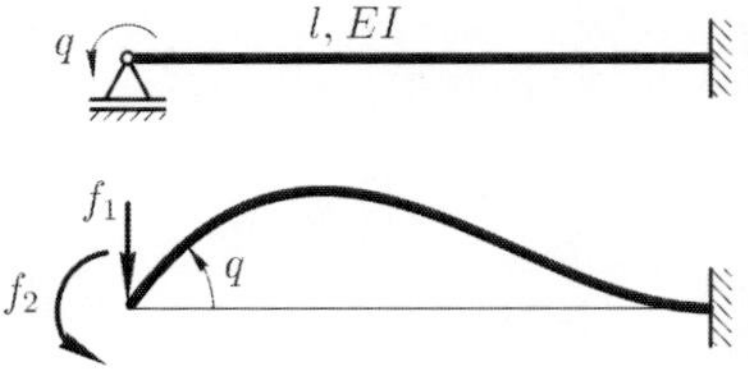 l, EI; q; f_1; f_2	$f_1 = -\frac{6EI}{l^2}\,q$ (Kraft) $f_2 = \frac{4EI}{l}\,q$ (Moment)
4	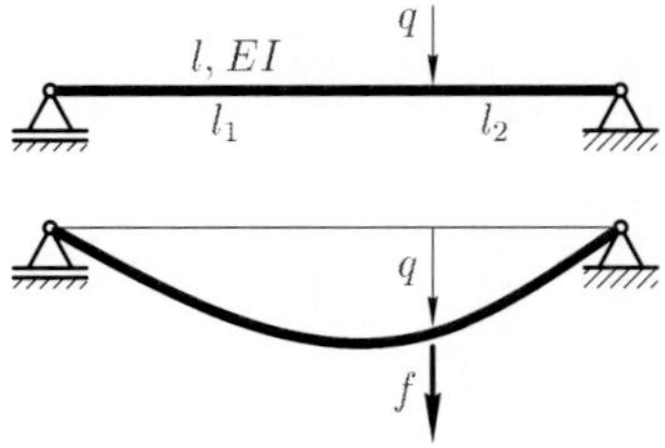 l, EI; q; l_1; l_2; f	$f = \frac{3\,EI\,l}{l_1^2\,l_2^2}\,q$ (Kraft) mit $l = l_1 + l_2$
5	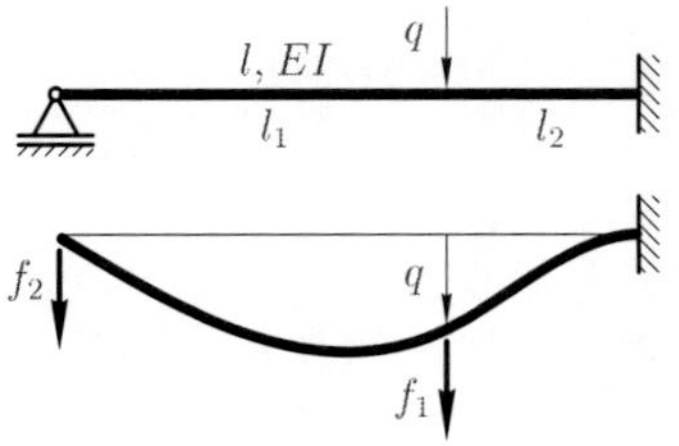 l, EI; q; l_1; l_2; f_2; f_1	$f_1 = \frac{12EI\,l^3}{l_1^2\,l_2^3(3\,l + l_1)}\,q$ (Kraft) $f_2 = -f_1\left(\frac{l_2}{l}\right)^2\left(\frac{2\,l + l_1}{2\,l}\right)$ mit $l = l_1 + l_2$

Tabelle 15.8: Krafteinflußzahlen aus Einheitsverschiebungen (Teil 1)

	Lagerung und Belastungen	Krafteinflußzahlen
6	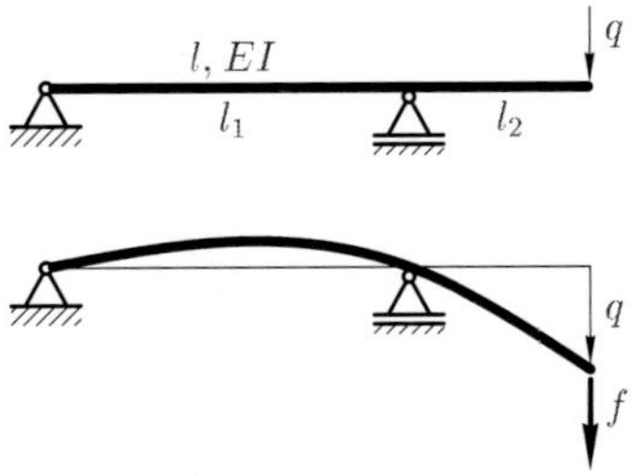 l, EI; l_1; l_2; q; f	$f = \frac{3EI}{l_2^2\, l}\, q$ (Kraft) mit $l = l_1 + l_2$
7	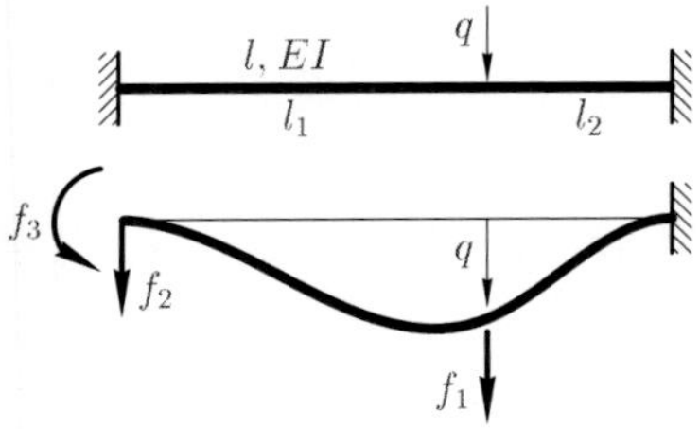 l, EI; l_1; l_2; q; f_1; f_2; f_3	$f_1 = \frac{3EI\, l^3}{l_1^3\, l_2^3}\, q$ (Kraft) $f_2 = -f_1 \left(\frac{l_2}{l}\right)^2 \left(\frac{l + 2\, l_1}{l}\right)$ $f_3 = f_1\, l_1 \left(\frac{l_2}{l}\right)^2$ (Moment) mit $l = l_1 + l_2$

Tabelle 15.8: Krafteinflußzahlen aus Einheitsverschiebungen (Teil 2)

15.9 Nachgiebigkeiten aus Einheitsbelastungen

	Lagerung und Belastung	Nachgiebigkeitszahlen
1	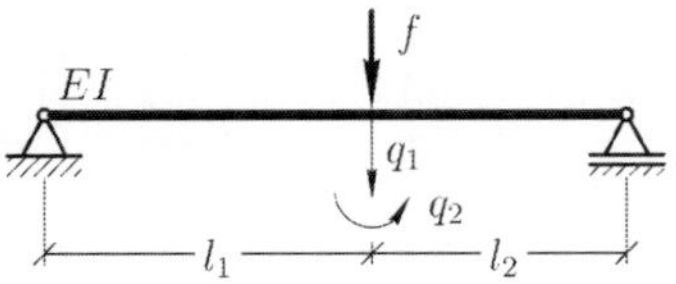 EI, f, q_1, q_2, l_1, l_2	Durchbiegung: $q_1 = \frac{l_1^2\, l_2^2}{3\,EI\,l} f$ Neigung: $q_2 = \frac{l_1 l_2\,(l_2 - l_1)}{3\,EI\,l} f$
2	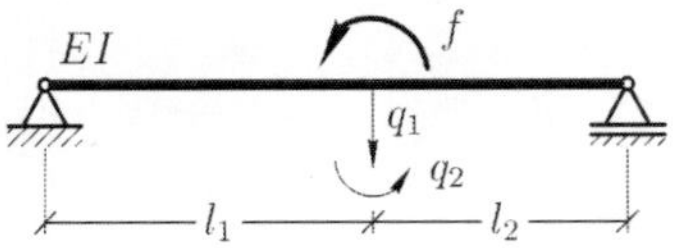 EI, f, q_1, q_2, l_1, l_2	Durchbiegung: $q_1 = \frac{l_1 l_2\,(l_2 - l_1)}{3\,EI\,l} f$ Neigung: $q_2 = \frac{l_1^2 - l_1 l_2 + l_2^2}{3\,EI\,l} f$
3	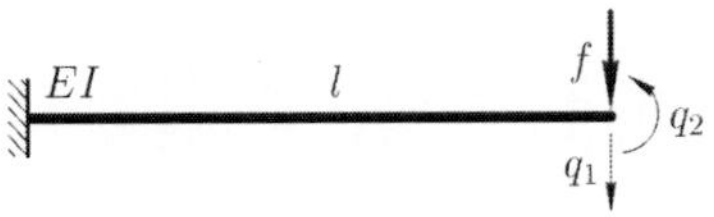 EI, l, f, q_1, q_2	Durchbiegung: $q_1 = \frac{l^3}{3\,EI} f$ Neigung: $q_2 = \frac{l^2}{2\,EI} f$
4	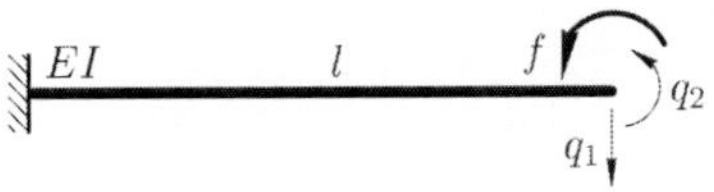 EI, l, f, q_1, q_2	Durchbiegung: $q_1 = \frac{l^2}{2\,EI} f$ Neigung: $q_2 = \frac{l}{EI} f$

Tabelle 15.9: Nachgiebigkeiten aus Einheitsbelastungen ($l = l_1 + l_2$)

15.10 Massenträgheitsmomente

Körper		Massenträgheitsmomente
Dünner Stab	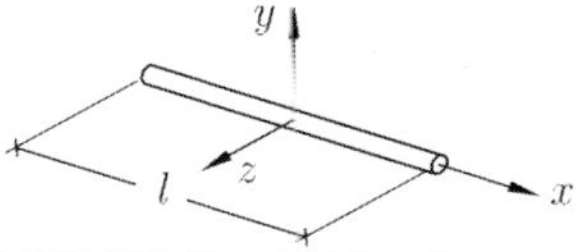	$\Theta_x = 0$ $\Theta_y = \Theta_z = \frac{1}{12}\, m\, l^2$
Dünne rechteckige Platte	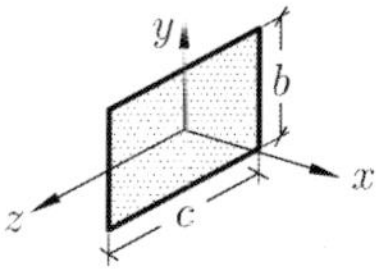	$\Theta_x = \frac{1}{12}\, m\,(b^2 + c^2)$ $\Theta_y = \frac{1}{12}\, m\, c^2$ $\Theta_z = \frac{1}{12}\, m\, b^2$
Rechteckiges Prisma	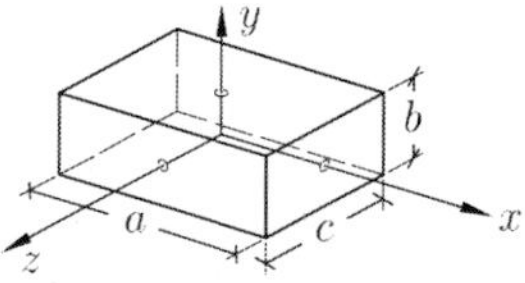	$\Theta_x = \frac{1}{12}\, m\,(b^2 + c^2)$ $\Theta_y = \frac{1}{12}\, m\,(c^2 + a^2)$ $\Theta_z = \frac{1}{12}\, m\,(a^2 + b^2)$
Dünne Scheibe	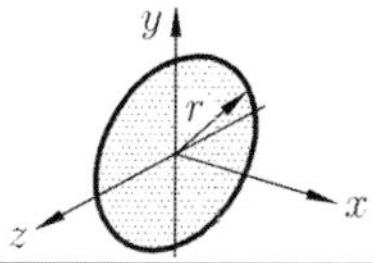	$\Theta_x = \frac{1}{2}\, m\, r^2$ $\Theta_y = \Theta_z = \frac{1}{4}\, m\, r^2$
Kreiszylinder	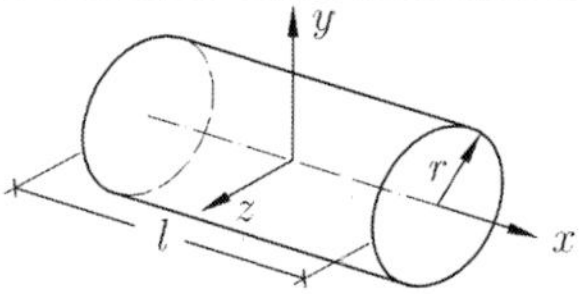	$\Theta_x = \frac{1}{2}\, m\, r^2$ $\Theta_y = \frac{1}{12}\, m\,(3r^2 + l^2)$ $\Theta_z = \Theta_y$
Dickwandiger Hohlzylinder	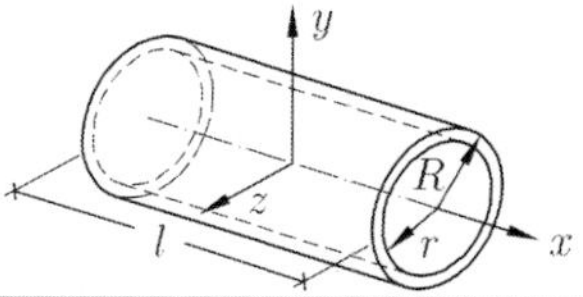	$\Theta_x = \frac{1}{2}\, m\,(R^2 + r^2)$ $\Theta_y = \frac{1}{12}\, m\,(3R^2 + 3r^2 + l^2)$ $\Theta_z = \Theta_y$
Kreiskegel	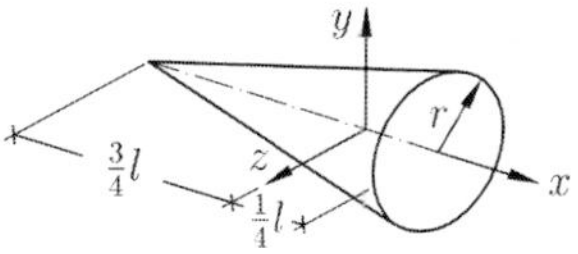	$\Theta_x = \frac{3}{10}\, m\, r^2$ $\Theta_y = \frac{3}{20}\, m \left(r^2 + \frac{1}{4} l^2\right)$ $\Theta_z = \Theta_y$
Kugel	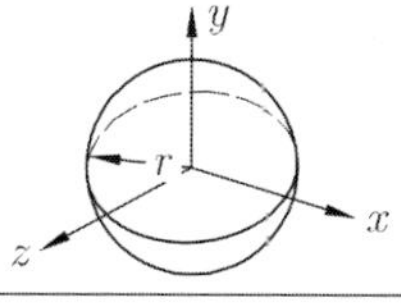	$\Theta_x = \frac{2}{5}\, m\, r^2$ $\Theta_y = \Theta_z = \Theta_x$

Tabelle 15.10: Zentrale Massenträgheitsmomente einfacher Körper

15.11 Fourier-Koeffizienten spezieller Funktionen

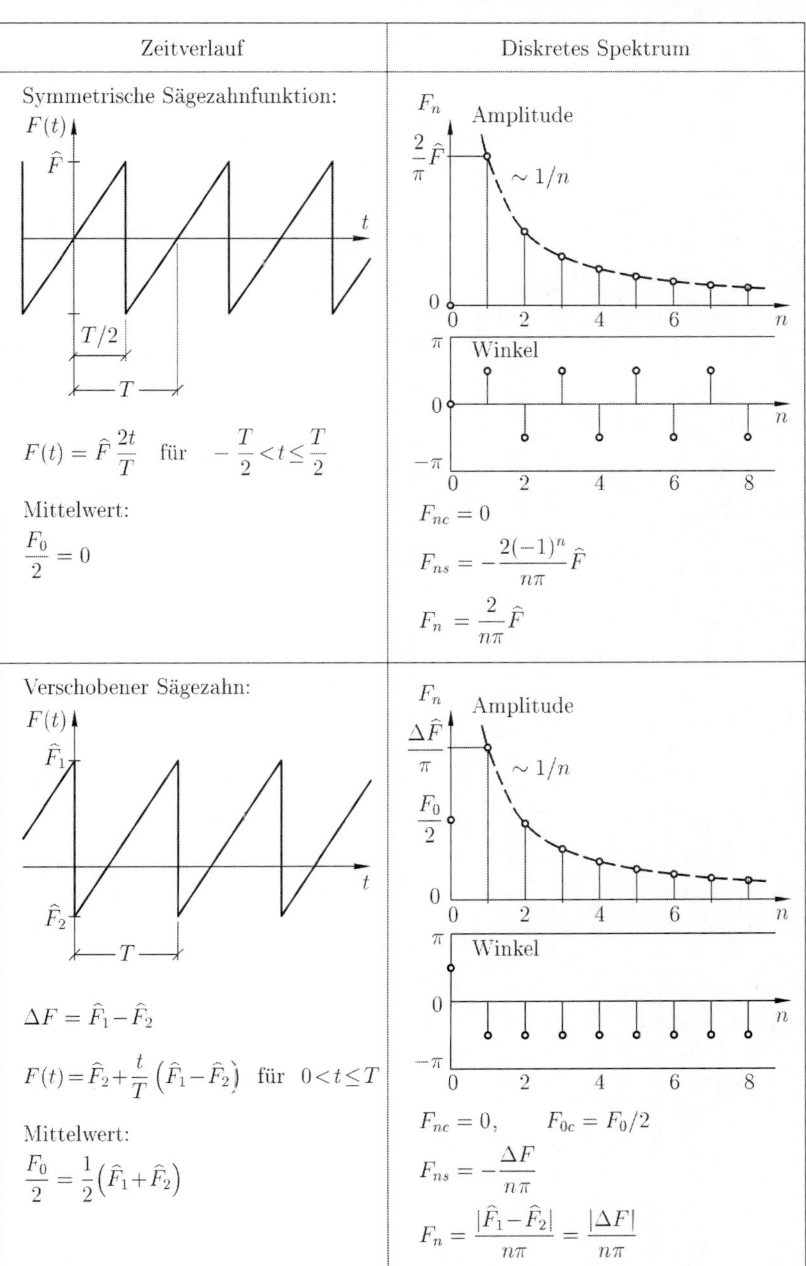

Tabelle 15.11: Zeitverläufe und Fourierkoeffizienten spezieller Funktionen (1. Teil)

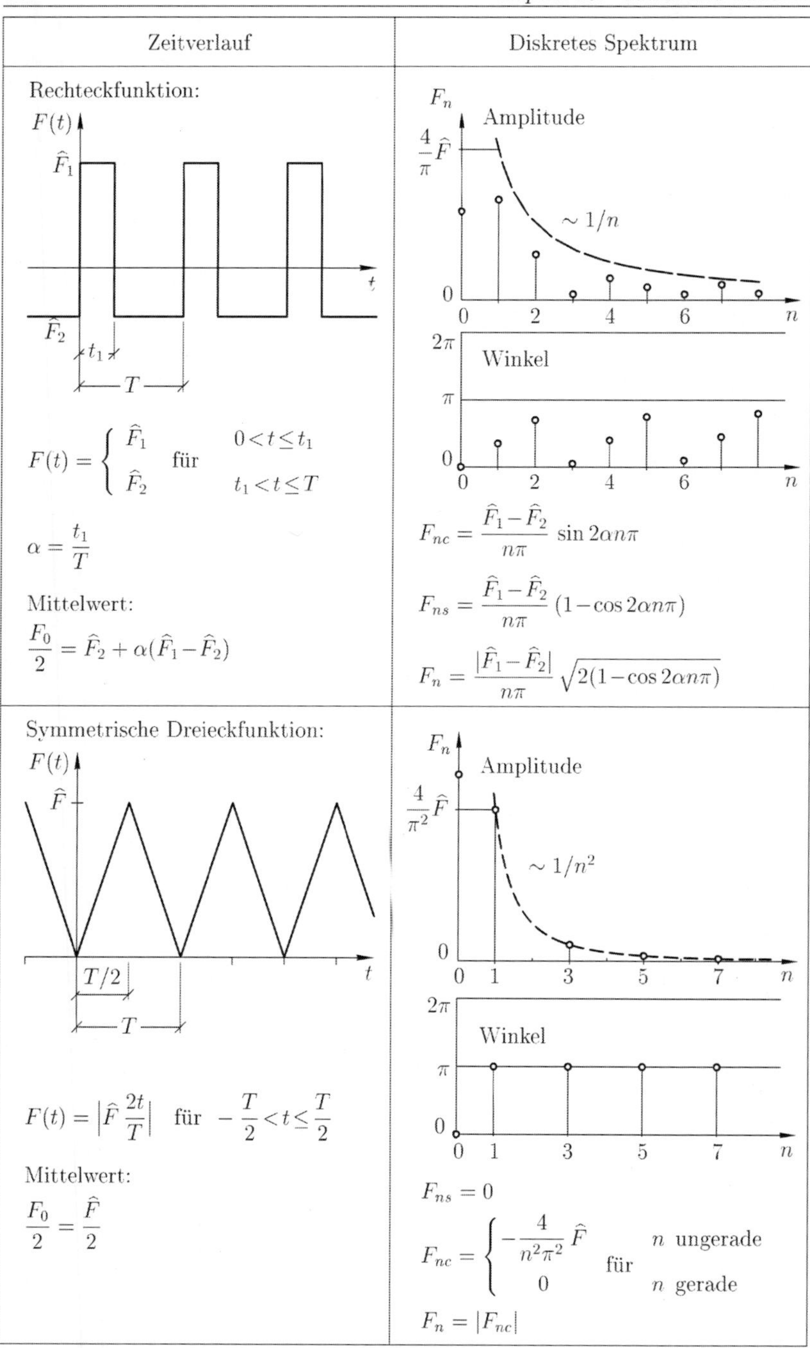

Zeitverlauf	Diskretes Spektrum
Rechteckfunktion: $F(t) = \begin{cases} \widehat{F}_1 & \text{für } 0<t\leq t_1 \\ \widehat{F}_2 & \text{für } t_1<t\leq T \end{cases}$ $\alpha = \frac{t_1}{T}$ Mittelwert: $\frac{F_0}{2} = \widehat{F}_2 + \alpha(\widehat{F}_1 - \widehat{F}_2)$	Amplitude, $\sim 1/n$; Winkel. $F_{nc} = \frac{\widehat{F}_1 - \widehat{F}_2}{n\pi} \sin 2\alpha n\pi$ $F_{ns} = \frac{\widehat{F}_1 - \widehat{F}_2}{n\pi} (1 - \cos 2\alpha n\pi)$ $F_n = \frac{\lvert\widehat{F}_1 - \widehat{F}_2\rvert}{n\pi} \sqrt{2(1-\cos 2\alpha n\pi)}$
Symmetrische Dreieckfunktion: $F(t) = \left\lvert \widehat{F}\,\frac{2t}{T} \right\rvert$ für $-\frac{T}{2}<t\leq\frac{T}{2}$ Mittelwert: $\frac{F_0}{2} = \frac{\widehat{F}}{2}$	Amplitude, $\sim 1/n^2$; Winkel. $F_{ns} = 0$ $F_{nc} = \begin{cases} -\frac{4}{n^2\pi^2}\widehat{F} & \text{für } n \text{ ungerade} \\ 0 & \text{für } n \text{ gerade} \end{cases}$ $F_n = \lvert F_{nc} \rvert$

Tabelle 15.10: Zeitverläufe und Fourierkoeffizienten spezieller Funktionen (2. Teil)

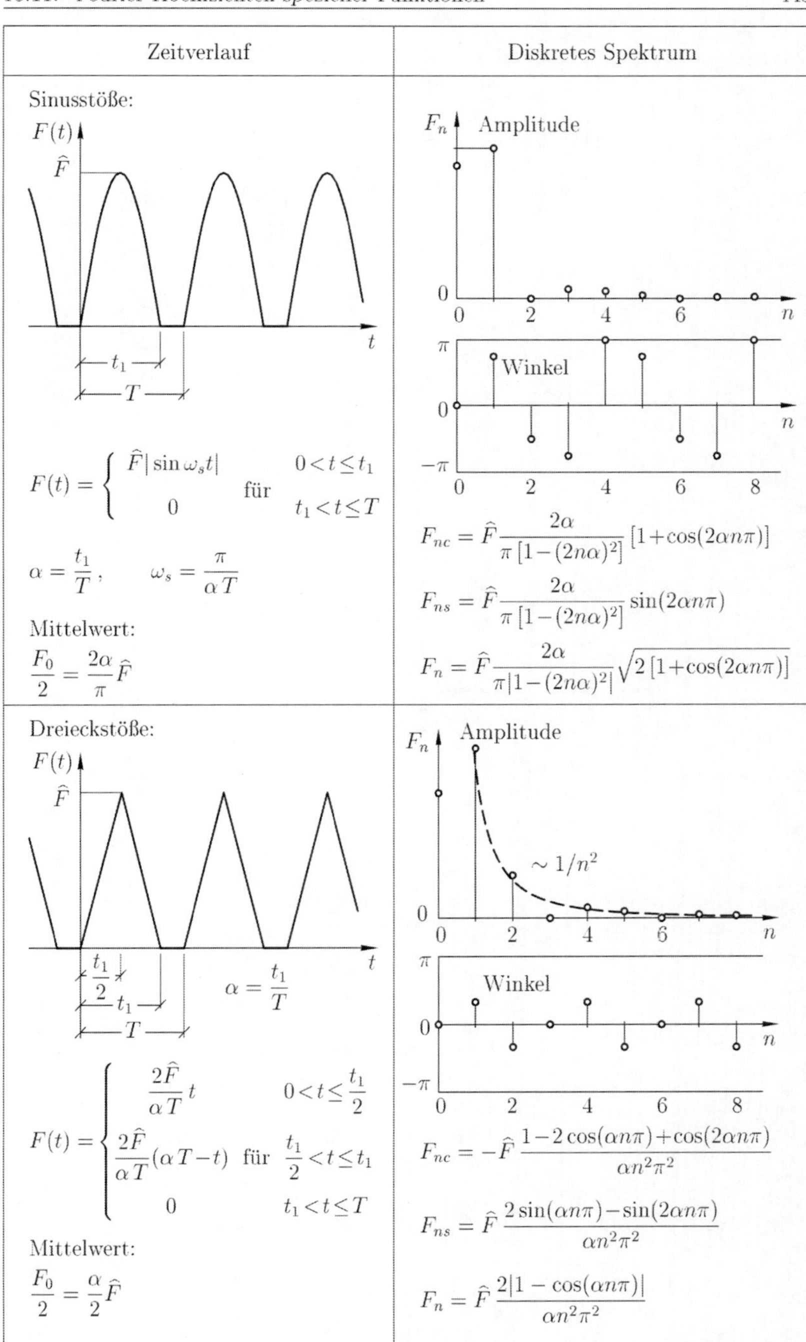

Zeitverlauf	Diskretes Spektrum
Sinusstöße: $F(t) = \begin{cases} \widehat{F}\lvert\sin\omega_s t\rvert & 0<t\leq t_1 \\ 0 & t_1<t\leq T \end{cases}$ für $\alpha = \frac{t_1}{T}, \qquad \omega_s = \frac{\pi}{\alpha T}$ Mittelwert: $\frac{F_0}{2} = \frac{2\alpha}{\pi}\widehat{F}$	$F_{nc} = \widehat{F}\frac{2\alpha}{\pi\,[1-(2n\alpha)^2]}\,[1+\cos(2\alpha n\pi)]$ $F_{ns} = \widehat{F}\frac{2\alpha}{\pi\,[1-(2n\alpha)^2]}\sin(2\alpha n\pi)$ $F_n = \widehat{F}\frac{2\alpha}{\pi\lvert 1-(2n\alpha)^2\rvert}\sqrt{2\,[1+\cos(2\alpha n\pi)]}$
Dreieckstöße: $\alpha = \frac{t_1}{T}$ $F(t) = \begin{cases} \frac{2\widehat{F}}{\alpha T}t & 0<t\leq\frac{t_1}{2} \\ \frac{2\widehat{F}}{\alpha T}(\alpha T-t) & \frac{t_1}{2}<t\leq t_1 \\ 0 & t_1<t\leq T \end{cases}$ für Mittelwert: $\frac{F_0}{2} = \frac{\alpha}{2}\widehat{F}$	$F_{nc} = -\widehat{F}\,\frac{1-2\cos(\alpha n\pi)+\cos(2\alpha n\pi)}{\alpha n^2\pi^2}$ $F_{ns} = \widehat{F}\,\frac{2\sin(\alpha n\pi)-\sin(2\alpha n\pi)}{\alpha n^2\pi^2}$ $F_n = \widehat{F}\,\frac{2\lvert 1-\cos(\alpha n\pi)\rvert}{\alpha n^2\pi^2}$

Tabelle 15.10: Zeitverläufe und Fourierkoeffizienten spezieller Funktionen (3. Teil)

15.12 Fourier-Spektren spezieller Funktionen

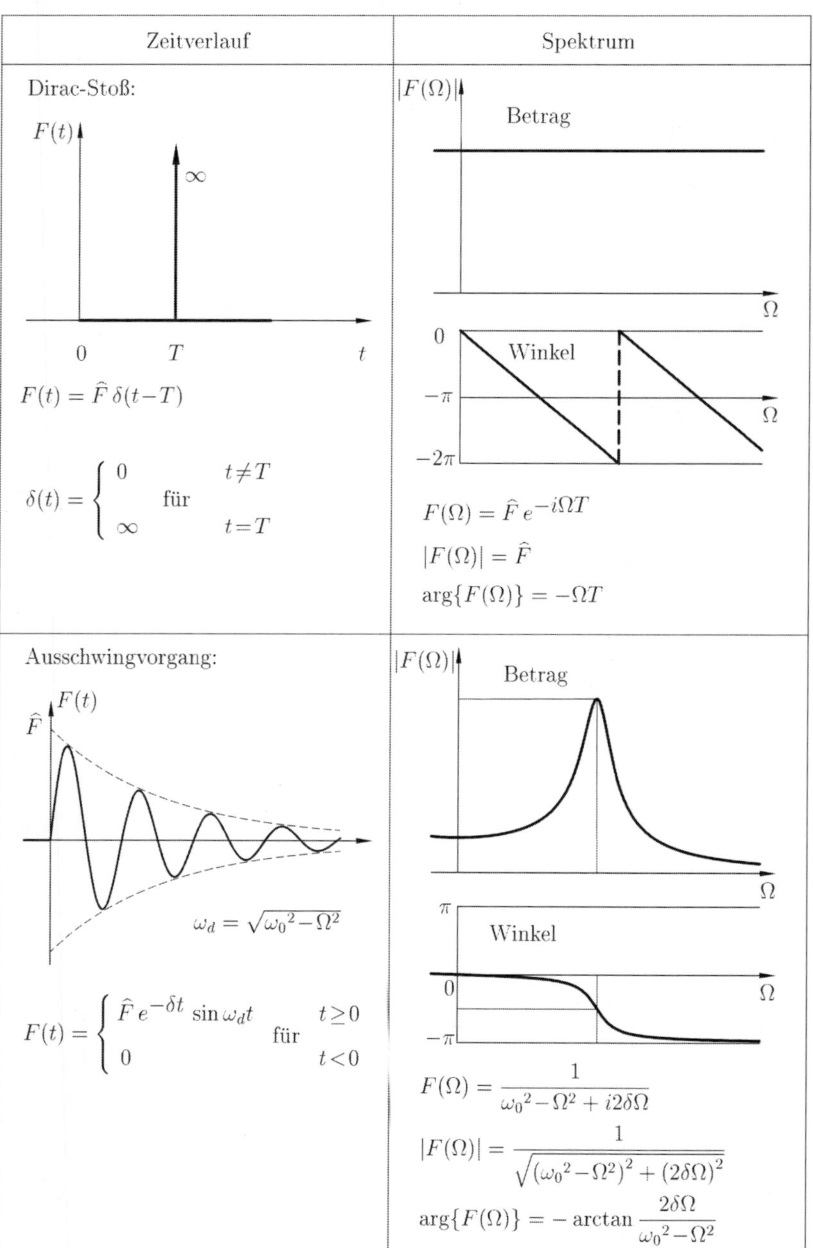

Tabelle 15.11: Zeitverläufe und Fourierspektren einmaliger Vorgänge (1. Teil)

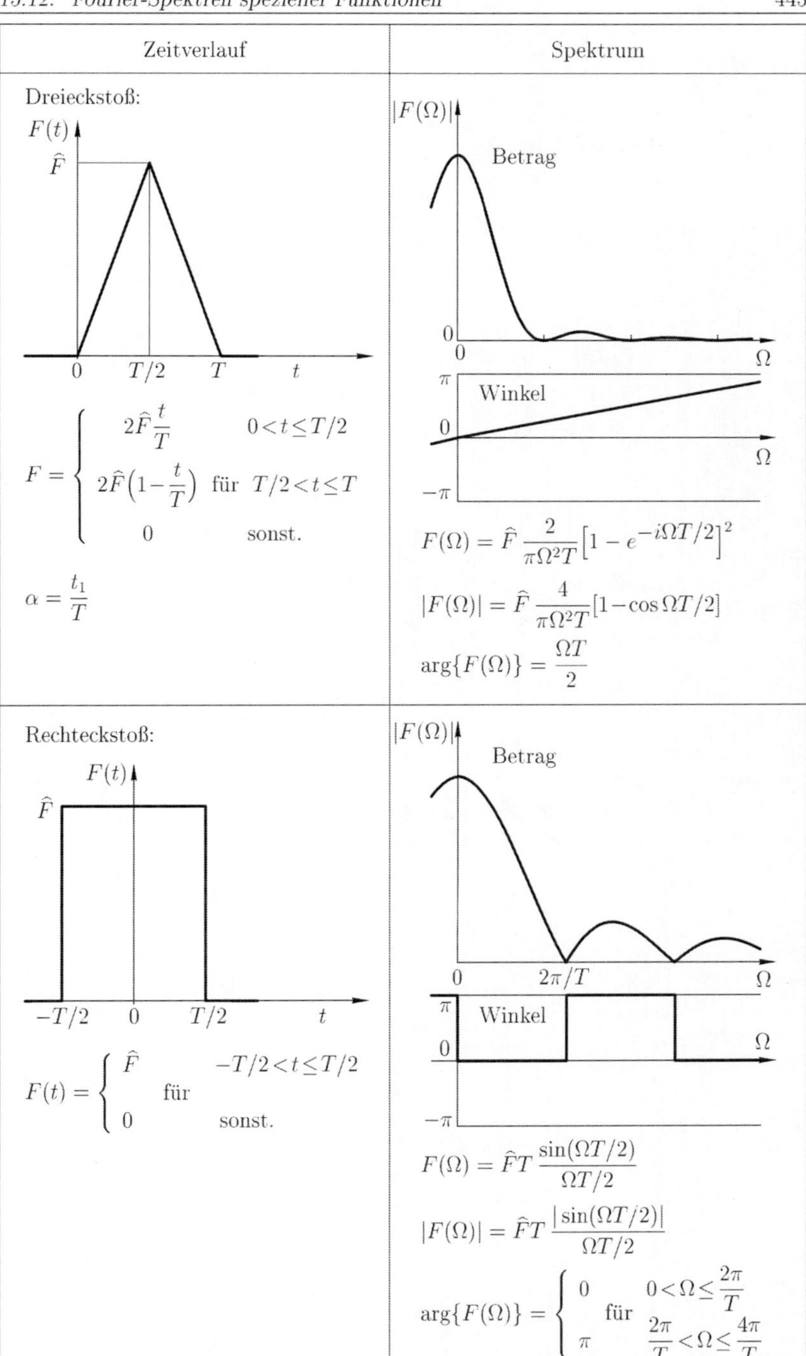

Zeitverlauf	Spektrum
Dreieckstoß: $F = \begin{cases} 2\widehat{F}\frac{t}{T} & 0<t\le T/2 \\ 2\widehat{F}\left(1-\frac{t}{T}\right) \quad \text{für} & T/2<t\le T \\ 0 & \text{sonst.} \end{cases}$ $\alpha = \frac{t_1}{T}$	$F(\Omega) = \widehat{F}\,\frac{2}{\pi\Omega^2 T}\left[1-e^{-i\Omega T/2}\right]^2$ $\lvert F(\Omega)\rvert = \widehat{F}\,\frac{4}{\pi\Omega^2 T}[1-\cos\Omega T/2]$ $\arg\{F(\Omega)\} = \frac{\Omega T}{2}$
Rechteckstoß: $F(t) = \begin{cases} \widehat{F} & \\ & \text{für} \quad -T/2<t\le T/2 \\ 0 & \text{sonst.} \end{cases}$	$F(\Omega) = \widehat{F}T\,\frac{\sin(\Omega T/2)}{\Omega T/2}$ $\lvert F(\Omega)\rvert = \widehat{F}T\,\frac{\lvert\sin(\Omega T/2)\rvert}{\Omega T/2}$ $\arg\{F(\Omega)\} = \begin{cases} 0 & 0<\Omega\le\frac{2\pi}{T} \\ \quad \text{für} & \\ \pi & \frac{2\pi}{T}<\Omega\le\frac{4\pi}{T} \end{cases}$

Tabelle 15.11: Zeitverläufe und Fourierspektren einmaliger Vorgänge (2. Teil)

Kapitel 16

Stichwortverzeichnis